珠江口深圳海域环境容量及污染总量控制管理研究

孙省利　张际标　主编
陈春亮　梁春林　赵利容　副主编

海洋出版社

2017年·北京

图书在版编目（CIP）数据

珠江口深圳海域环境容量及污染总量控制管理研究/孙省利，张际标主编. —北京：海洋出版社，2017.6

ISBN 978-7-5027-9763-8

Ⅰ.①珠…　Ⅱ.①孙…　②张…　Ⅲ.①海洋环境-环境容量-研究-深圳②海洋污染-污染控制-研究-深圳　Ⅳ.①X55

中国版本图书馆 CIP 数据核字（2017）第 081202 号

责任编辑：赵　娟
责任印制：赵麟苏

海洋出版社　**出版发行**

http://www.oceanpress.com.cn
北京市海淀区大慧寺路 8 号　邮编：100081
北京朝阳印刷厂有限责任公司印刷　新华书店北京发行所经销
2017 年 6 月第 1 版　2017 年 6 月第 1 次印刷
开本：889mm×1194mm　1/16　印张：24.75
字数：760 千字　定价：188.00 元
发行部：62132549　邮购部：68038093　总编室：62114335
海洋版图书印、装错误可随时退换

《珠江口深圳海域环境容量及污染总量控制管理研究》编委会名单

主　编： 孙省利　张际标

副主编： 陈春亮　梁春林　赵利容

统　稿： 张际标

编委会（按姓氏笔画排列）

王湘文　卢仕严　冯　研　张才学　张瑜斌

杨国欢　柯　盛　施玉珍　侯秀琼　赵子科

谢　群　曾　珍

前　言

深圳是我国最早的经济特区，经过 30 多年的改革开放，深圳地区的社会经济从一个沿海小渔村快速成长为我国沿海经济发达的超大型城市。2015 年，深圳市国民生产总值达到 17 500 亿元，地区常住人口达到 1 077 万人。在伴随深圳国民经济持续高速发展的同时，深圳市管辖海域也承受了因人类活动而产生的巨大环境压力，尤其是深圳所辖西部海域水体和沉积物环境质量不容乐观，海洋生物种群数量锐减、结构单一，海洋生态系统的脆弱性逐步体现，给深圳市海岸带地区社会经济的持续发展带来了严重威胁。

深圳西部海域涉及两大海洋生态系统：一个是珠江河口生态系统；另一个是包括深圳湾和大铲湾的海湾生态系统。珠江河口有着“三江汇流、八口入海、河网密布、整体互动”的特点，是一个极其复杂的大尺度河口系统，涵盖一个巨大、独特的感潮河网区和河口湾，三江汇流，八口出海，携带大量的水、泥沙、污染物等流经河网区，经多通道从不同口门汇入珠江口，并输往南海。珠江上游及珠江口周边沿岸大量的污染物排入珠江口，给珠江河口区的生态环境带来了巨大的压力，致使河口水质恶化，原有生态环境遭到破坏，反过来制约了经济的发展。深圳湾和大铲湾为典型的半封闭海湾，湾内水体交换能力较差，同时由于两湾沿岸有多条河流或排污渠携带大量的污染物入湾，导致湾内海域营养盐超标，富营养化程度较高，赤潮发生频率有所上升，湾顶及入海口附近海域环境质量极差，已成为两湾的重大生态环境问题，亟须采取有效的海洋环境管理措施。

海洋环境容量的核算和污染总量控制方案的研究是加强河口和海湾海域环境管理的基础工作之一，只有正确地认识我们所处海域的环境状态，知晓其水体交换能力，了解海域所能承受的人类活动的能力，才能制定切合实际的海洋管理措施，有效地开展必要的海洋管理，才能实现海岸带区域社会经济的可持续发展。

本研究的主要内容包括深圳西部海岸带入海污染源现状调查和入海通量核算；深圳西部海域生态环境现状调查与分析；深圳西部海域水文动力现状调查与分析；深圳西部海域环境容量估算（包括深圳湾、大铲湾及珠江口深圳海域）及分配。根据以上结果，开展污染物入海总量控制的海域管理对策研究，提出基于海洋环境容量的排放总量控制方案、陆海统筹保护模式和流域管理协调机制，以期在较短时间内达到缓解和减轻珠江口深圳海域环境质量长期恶化的态势，提升珠江口深圳海域的生态服务功能，促进深圳西部海岸带社会经济和生态文明建设的协调发展。

本研究从立项到实施过程中得到了深圳市规划与国土委员会（深圳市海洋局）的大力支持，在此致以诚挚的感谢！深圳市规划与国土委员会（深圳市海洋局）海域管理处在项目实施协调、进度检查、结题验收等方面做了大量的工作，并提供了宝贵的资料；深圳市海洋环境与资源监测中心、深圳市人居环境委员会、深圳市水务局、深圳市海监渔政处、深圳市宝安管理局、深圳市规划国土发展研究中心等单位在本项目的资料收集及外业调查中给予的热情帮助，在此表示衷心的感谢！

由于项目完成的时间紧迫，项目组掌握的文献、数据、资料有限，在结构、内容、观点和文字等方面难免存在不足，敬请有关同行专家和读者批评指正。

作者

2016 年 6 月 5 日

目　录

第1章 绪 论

1.1 研究背景

深圳是一个海洋大市，海洋是深圳国土的重要组成部分，海域总面积与陆地总面积的比为0.59∶1，海岸线总长257 km，平均每平方千米陆地拥有海岸线132 m。深圳海域主要包括“三湾一口”，分别为大亚湾、大鹏湾、深圳湾及珠江口4个大海域。海洋为深圳的经济、社会和文化的发展提供了跨越陆地的广阔空间。2012年，深圳海洋生产总值约1 000亿元，约占全市生产总值的8.3%，占广东省海洋生产总值的10%。2006—2012年，全市海洋交通运输业、海洋油气业、滨海旅游业三大优势产业增加值合计均占当年全市海洋生产总值的95%以上。根据《深圳市海洋产业发展规划（2013—2020）》确立的发展目标，到2020年，全市海洋生产总值达到3 000亿元，建设规模宏大、技术领先的现代海洋产业群。

在伴随深圳海洋经济持续高速发展的同时，深圳市海洋生物资源和空间资源日益枯竭，深圳所辖珠江口、深圳湾海域水环境质量和生态环境质量不容乐观，陆源污染物排放超标现象一直存在，入海排污口和入海河口邻近海域污染较为严重，海洋生态环境恶化态势未得到根本好转，已成为制约深圳海洋资源可持续利用和海洋经济可持续发展的瓶颈问题。为此，《广东省近岸海域污染防治“十二五”规划》中特别指出，要加大重点污染源的监控，控制工业、生活污染源和规模化畜禽养殖污染源，削减陆源污染物排放总量，使近岸海域水质总体保持稳定，遏制近岸海域生态系统健康恶化趋势。《深圳市海洋经济发展“十二五”规划》也明确指出，要对重点海域实施入海污染物排放总量控制制度，建立海洋环境容量陆海统筹的保护模式；加快陆上污染水体处理设施建设和配套管网完善，严格控制工业污染和生活污水污染。因此，开展珠江口深圳海域主要污染物的环境容量研究、探寻污染总量控制和污染物排放的海洋环境管理对策迫在眉睫。

为此，深圳市规划与国土资源委员会（深圳市海洋局）委托深圳市采购中心于2013年启动了“珠江口深圳海域环境容量（污染排放及总量控制）管理研究项目”采购招标工作（采购项目编号：SZCG2013040968）。广东海洋大学积极参与该项目的竞投标工作，且以深厚的研究实力、良好的行业声誉和合理的价格中标，并于2013年12月与深圳市规划与国土资源委员会（深圳市海洋局）签订了该项目的技术服务合同——《珠江口深圳海域环境容量（污染排放及总量控制）管理研究项目》（合同编号：1895#）。本研究报告则是依据该项目合同中约定的相关条款开展研究后获得的研究成果。

1.2 项目研究目标和研究内容

1.2.1 研究目标

（1）全面查清珠江口深圳海域在不同水情和潮期下的流速、流向、潮位及纳潮量等潮流动力特征及海域水环境、沉积环境和生态环境质量现状。

（2）调查并掌握珠江口深圳海域主要陆源入海污染源包括污染源地理信息、排污特征、常规污染物和特征污染物含量与分布特征等基本信息。

（3）查明营养盐、石油类、需氧有机污染物等主要污染物在海洋环境中的迁移转化规律，计算出主要污染物在珠江口深圳海域的环境容量。

（4）从管理政策方面系统提出基于海洋环境容量的排放总量控制制度、陆海统筹保护模式和流域管理协调机制，持续改善该海域生态环境质量，以缓解和减轻珠江口深圳海域海洋生态环境恶化态势，促进珠江口海洋资源的可持续利用和深圳海洋经济的可持续发展。

1.2.2 研究内容

本项目拟开展的研究内容主要包括：

（1）珠江口深圳海域潮流动力现状调查分析并建立水动力模型；

（2）珠江口深圳海域主要入海污染源现状调查分析及污染物入海通量核算；

（3）珠江口深圳海域生态环境质量现状调查和评价；

（4）陆源主要入海污染物迁移转化规律研究和水质模型建立；

（5）污染物环境容量计算模型筛选及环境容量计算及分配；

（6）基于污染总量控制的海洋环境管理对策研究。

1.3 研究思路和技术路线

根据联合国海洋污染专家小组（GESAMP，1986）对环境容量的定义：环境容量是环境的特性，在不造成环境不可承受的影响下，环境所能容纳某物质的能力。尽管环境容量有不同的表达形式，目前我国比较一致的是把环境容量定义为“一定水体环境在规定的环境目标下所能容纳的污染物量”。海洋环境容量则定义为“在充分利用海洋的自净能力和对海洋环境不造成污染损害的前提下，某一特定海域所能容纳的污染物的最大负荷量”。环境目标、海域环境特性、污染物特性是影响海洋环境容量的3类主要因素。根据上述定义，本项目确定了以下的研究思路和技术路线。

1.3.1 研究思路

（1）本项目拟通过已有资料和数据的集成与分析，结合现状补充调查结果，获取环境容量计算所需的各类特征值。

（2）根据深圳西部海域海洋环境特征，结合国内外应用的成功案例，确定适合于深圳西部海域半封闭型海湾和开放海域的环境容量模型，计算目标污染物的环境容量并进行容量分配。

（3）根据珠江、深圳西部海域陆域河流和排污渠等污染物的输入特征，结合主要污染物的总量控制目标，制定基于环境容量总量控制的陆海统筹海洋环境管理对策。

1.3.2 技术路线

根据本项目研究目标和研究内容，“珠江口深圳海域环境容量（污染排放及总量控制）管理研究项目”采用的技术路线如图1-1所示。

（1）相关资料的收集和分析：收集深圳及珠江口周边城市社会经济发展的现状与历史资料（近10年），开展社会经济发展现状和回顾性评价；收集珠江口海域（尤其是深圳西部海域）海洋功能区划、海洋生态环境历史资料（近10年），并分析其演变趋势；收集珠江口海域（尤其是深圳西部海域）周边资源及其开发利用现状，开展资源价值评估；收集深圳城市发展历史、产业变迁及相关规划等资料，分析其发展规模演变趋势及产污变化；收集与环境容量计算和分配、污染总量控制等方面的文献、政策资料，结合其他资料分析结果，确定珠江口深圳海域环境容量计算的环境目标。

（2）基础数据的采集与分析：根据历史资料的集成成果，对研究区域内的海洋水文及潮流动力、海洋生态环境质量、陆源入海污染通量、污染物迁移转化及其他相关基础数据进行补充采集和调查，评估珠江口深圳西部海域海洋水文及潮流动力、海洋生态环境质量、陆源入海污染通量等现状并分析它们的演变态势，确定主要污染物的背景值、入海通量及其迁移转化系数等海洋环境容量计算的关键环境参数值。

（3）海域功能目标、环境目标和规划目标的确定：首先对珠江口深圳海域划分为五大海区，根据海洋功能区划、深圳市城市发展总体规划等相关区划、规划和政策的要求，结合珠江口深圳海域各海区功能定位，确定珠江口深圳海域5个区块的功能目标、环境目标和规划目标。

（4）环境容量的模型筛选和容量计算：集成国内外环境容量计算相关模型，结合研究区域的自然地理特征和潮流动力现状，筛选适合研究区域污染物环境容量计算的潮流动力方程、水质方程等计算模型，确定污染物环境容量计算的边界条件和相关特征参数，开展珠江口深圳海域石油类、COD、无机氮、无机磷等主要污染物环境容量计算。

（5）环境容量分配与污染总量控制方案：集成已有环境容量分配模式，筛选适合珠江口深圳海域环境容量分配的方法，根据珠江口深圳海域主要污染物环境容量计算结果，确定主要污染物的环境容量分配或消减方式；根据珠江口深圳海域五大海区的功能目标、环境目标和规划目标，制定石油类、COD、无机氮、无机磷等污染物的污染总量控制方案。

（6）基于环境容量和总量控制的陆海统筹海洋环境管理对策：根据深圳西部入海河流和排污渠的污染物流域排放特征调查结果、珠江口深圳海域环境容量分配结果，结合深圳城市发展相关规划要求，以改善深圳西部海域生态环境质量为出发点，确定不同发展阶段污染物排放总量管控目标，提出基于陆海统筹的深圳西部海域海洋环境管理对策。

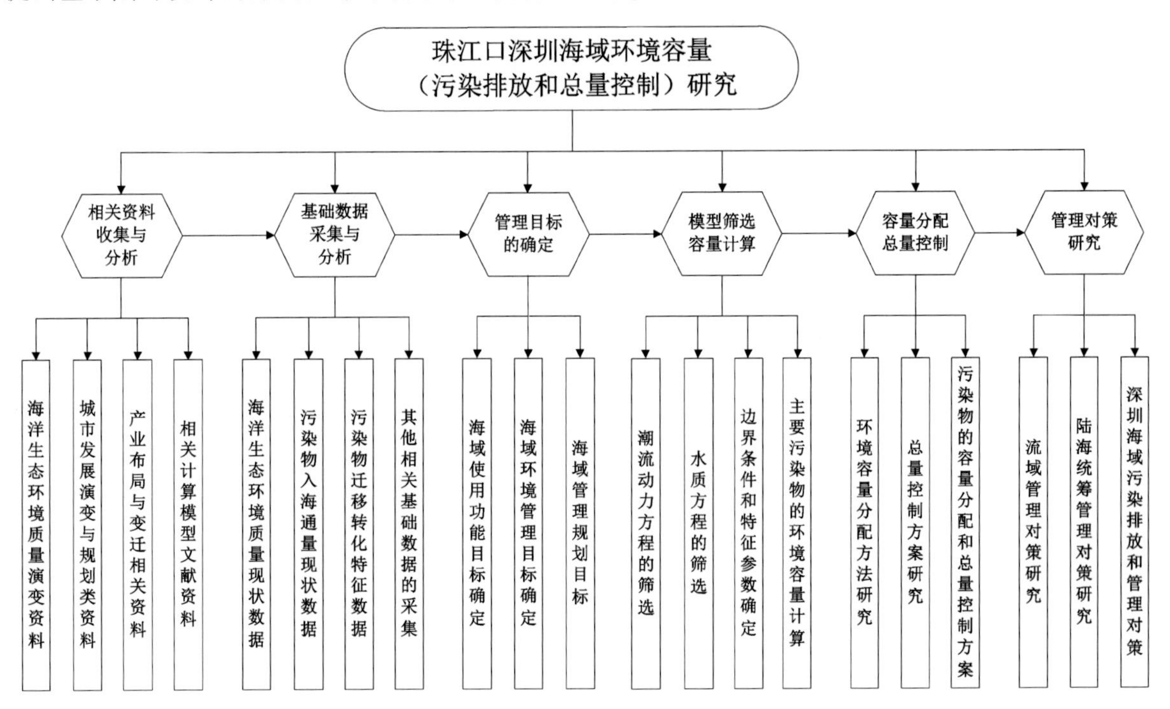

图1-1 本项目研究采用的技术路线

第2章　研究区域地理位置和自然概况

2.1　地理位置

珠江口深圳海域位于珠江入海口东边伶仃洋海域（图2-1）的东北侧，其东岸为深圳市西部海岸线，长度约97 km，与东莞市、香港特别行政区相接。该海域涵盖了大铲湾（又称前海湾）及深圳湾两个半封闭式海湾。

深圳湾是一伸向内陆的半封闭型海湾，是离中心市区最近的海岸。从湾顶福田保税区至湾口三突堤的长度约17 km，宽度4~8 km，湾口较窄为6.5 km。海湾平均水深2.9 m，平均水容积为3.3×10^{8}。内湾的后海湾是平坦的泥滩地，海床横坡平缓，一般水深1~4 m。外湾蛇口港区—突堤附近海水较深，水流较急（郭婷婷，2011）。

大铲湾（又称前海湾）海域由宝安区和前海合作区共同管理，位于伶仃洋东岸，蛇口半岛西部。水域面积约6 km^2，约为1978年水域面积的18.8%，2004—2007年大铲湾港区大突堤的建设，使得前海湾口宽度从5 km缩窄至1 km，导致湾内水域变成相对封闭的港池，海床淤积态势明显增强。

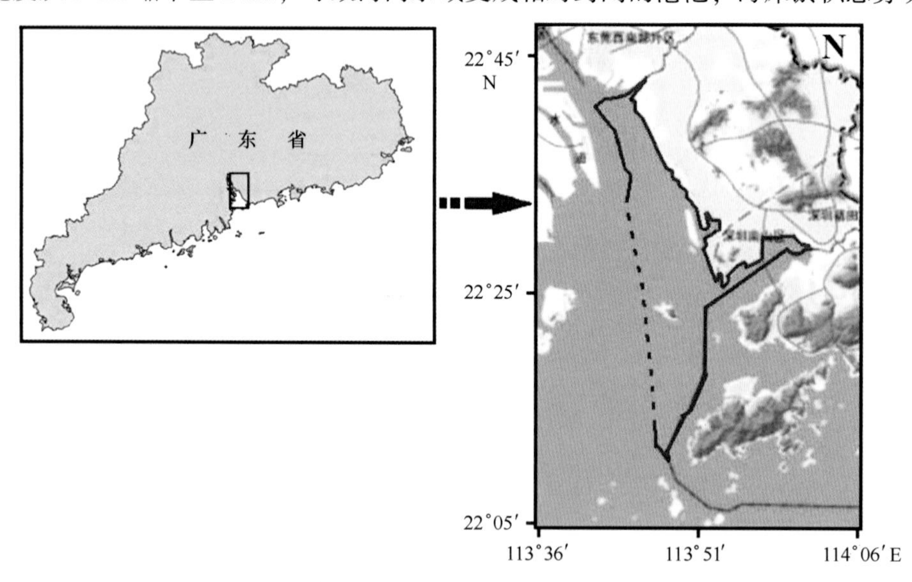

图2-1　珠江口深圳海域示意图

2.2　陆域自然条件

2.2.1　深圳市自然概况

深圳市位于祖国的南疆；陆域位置位于22°27′—22°52′N、113°46′—114°37′E；东临大亚湾、大鹏湾并与惠州市相连，西濒珠江口伶仃洋，与中山市、珠海市隔海相望，南至深圳河与香港毗邻，北与东莞市、惠州市接壤。

深圳市下辖6个行政区，4个功能新区（图2-2）。其中，珠江口深圳海域的东岸陆域岸线涉及的行政区分别为宝安区、南山区以及福田区。

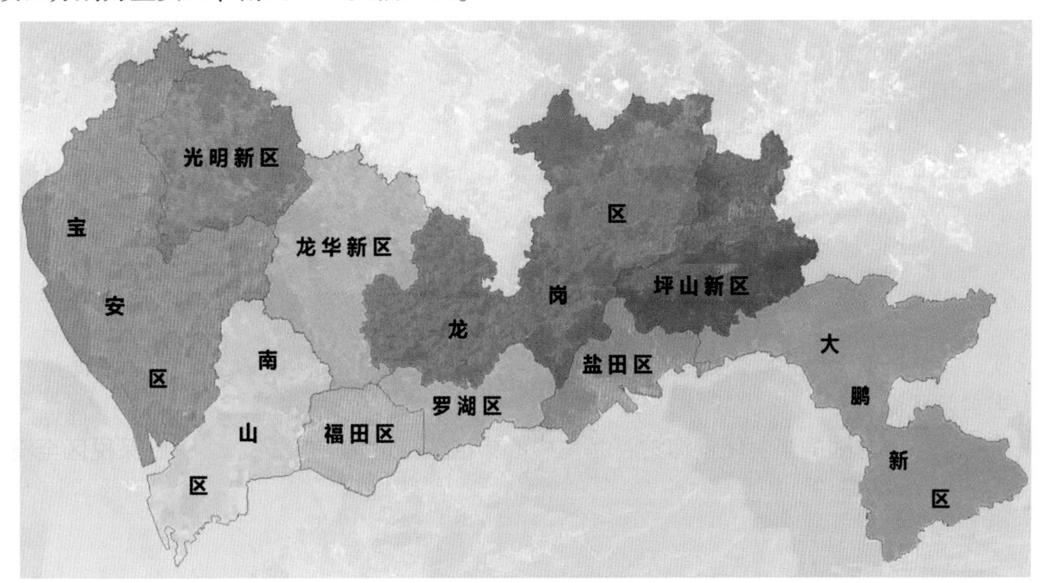

图2-2　深圳市行政区分布

深圳市全境地势东南高、西北低，大部分为低丘陵地，间以平缓的台地，西部沿海一带为滨海平原，最高山峰为梧桐山、海拔943.7 m。全市陆地总面积1 996.85 km^2。2014年间深圳市主要天气气候特点表现为“入汛早，暴雨强，内涝重，台风少，高温多，灰霾轻”的特征（深圳政府在线www.sz.gov.cn）。

淡水资源——深圳市依山临海，有大小河流160余条，分属东江、海湾和珠江口水系，但集雨面积和流量不大。流域面积大于100 km^2 的河流有深圳河、茅洲河、龙岗河、观澜河和坪山河等，主要河流深圳河全长35 km。

土地资源——深圳市土地总面积为1 996.85 km^2，土地形态以低山、平缓台地和阶地丘陵为主，平原占陆地面积22.1%，森林覆盖率44.6%。

矿产资源——发现的有23种，部分已探明具有一定的工业储量，主要为花岗岩、大理石等建筑材料，金属矿产可采量较小，油、气等能源完全靠外界输入。

旅游资源——主要以“深圳八景”为主：大鹏所城（大鹏守御千户所城，建于公元1394年）、深南溢彩（深南大道）、侨城锦绣（深圳华侨城）、莲山春早（福田莲花山）、梧桐烟雨（罗湖梧桐山）、梅沙踏浪（盐田大小梅沙海滨）、一街两制（沙头角中英街）、羊台叠翠（宝安羊台山）。

2.2.2　宝安区自然概况

宝安位于广东南海之滨，地处22°35′N、113°52′E，海岸线长30.62 km^2。宝安南接深圳经济特区，北连东莞市，东濒大鹏湾，临望香港新界、元朗，是未来现代化经济中心城市——深圳的工业基地和西部中心。2007年5月28日，在宝安区光明、公明两个街道的基础上成立光明新区，新区辖区总面积155.33 km^2（宝安区政府在线www.baoan.gov.cn）。

宝安区地处北回归线以南，属亚热带海洋性气候。日照时间长，年平均气温为22.5℃，最高气温为38.7℃，无霜期为355 d。年均降雨量约为6.54×10^8 m^3。该区地形较为复杂，主要地貌类型为低山、丘陵、台地和平原，最高海拔为羊台山山顶734 m。东北部主要为低山，中部及北部主要为丘陵台地，西部主要是冲积平原，并残存一些低丘，而西南海岸多为泥岸，滩涂资源丰富。宝安区共有大小河流99条，属雨源型河流，汛期径流量占全年的90%以上，其中流域面积大于100 km^2 的河流有西、中部的茅洲河、东部的观澜河；以及河流域达 50 ~100 km^2 的西乡河。整个区内各流域分属于两个不同的水系：珠江口水系（主要为西乡河流域、茅洲河流域、珠江口小河流）；东江水系（主要为观澜河流域）。

2.2.3 南山区自然概况

位于深圳市西南部，地理坐标为 22°24′—22°39′N、113°53′（陆上）—114°1′E，总面积 185.49 km^2（包括内伶仃岛和大铲岛）；行政区域东起侨城东路与福田区相连，西濒珠江口与珠海市水域相接，南至深圳湾和内伶仃岛与香港隔海相望，北背羊台山与宝安区毗邻。

本区地形北高南低，北部为山丘盆地，中部为低丘台地，南部为低丘平地。主要山丘有羊台山、塘朗山、大南山、小南山；主要海湾有深圳湾、妈湾、赤湾、蛇口湾；岛屿有内伶仃岛、大铲岛、孖洲岛、大矾石岛、小矾石岛；主要河流大沙河纵贯全区南北，全长 18.8 km，为深圳市第二大河流；较大的水库有西丽水库、长岭皮水库，另有牛淇坑水库、留仙洞水库、钳颈水库、碑肚水库 4 座小二型水库。区内有国家级自然保护区内伶仃岛：鸟类、兽类、爬行类、两栖类野生动物 28 目 69 科 282 种（南山政府在线 www.szns.gov.cn）。

2.2.4 福田区自然概况

福田区位于深圳经济特区中部，该区总面积 78.65 km^2。地理位置得天独厚，东接罗湖，西连南山，北靠宝安龙华，南临深圳河、深圳湾与香港新界的米埔、元朗相望。

该区位于北回归线以南，属亚热带海洋性气候，年平均气温为 22.4℃，多年平均降雨量为 1 948.4 mm，多年平均雨日为 144.7 d，4—9 月为雨季。福田区属低山丘陵滨海地貌，北边地势较高，为成片连绵山地，属砂页岩和花岗岩赤红壤，适于发展林果；中部东西走向为宽谷冲积台地和剥蚀平原，适于开发建设与耕作；南部为滨海地带，有国家级红树林保护区。土壤类型主要为赤红壤、山地黄壤和滨海沙土。成土母岩多为花岗岩和砂岩。赤红壤为主要地带性土壤，分布在海拔 300 m 以下的丘陵山地和坡地；滨海沙土属非地带性土壤，主要分布在深圳湾滨海地区。区内水资源较为丰富，福田河、新洲河等多条河流贯穿区内，福田河是纵贯中心区的一条河流，发源于北部山区梅林山坳，南至深圳河，属深圳河的一级支流，干流全长 6.8 km。深圳河流域位于深圳市的中部，主要包括特区境内的福田区和罗湖区，属于珠江水系，自北向南汇入深圳湾（福田政府在线 www.szft.gov.cn）。

2.3 区域气候与气象

2014 年深圳年降雨量 1 725.5 mm，年平均气温 23.2℃，年日照总时数为 2 034.6 h。主要天气气候特点表现为“入汛早，暴雨强，内涝重，台风少，高温多，灰霾轻”的特征（《2014 年深圳气象年鉴》）。

2.3.1 气温

2014 年全年平均气温 23.2℃，较同期气候平均值略高 0.2℃。全年 2 月、12 月平均气温较同期气候平均值低 1.4℃和 1.7℃，6—7 月、9—11 月平均气温均较同期气候平均值高 0.7℃以上，其余各月与气候平均值持平或小幅波动。按气象四季划分标准，2014 年入冬、入春、入夏、入秋均偏晚。受强冷空气影响，2 月 10—15 日出现了连续 6 d 的中度低温阴雨天气过程 。夏季（5 月 8 日入夏至 11 月 6 日入秋前一天）期间平均气温 28.2℃，为有气象记录以来同期最高值。2014 年深圳国家基本气象站观测到全年极端最高气温 35.0℃，出现在 6 月 13 日和 7 月 9 日；高温（最高气温≥

35℃）天数 2 d；全年极端最低气温 4.4℃，出现在 2 月 12 日；低温（最低气温≤5℃）天数 2 d。

2.3.2 降雨

2014 年深圳年累计降水量 1 725.5 mm，比同期降雨量平均值（1 935.8 mm）偏少 11%，属正常年份 。全年降水分布严重不均，强降水集中多发于 3 月和 5 月，导致 3 月和 5 月的雨量异常偏多。3—5 月累计雨量 886.7 mm，为历史同期第三多，占全年总降水量的 51%。12 月受冷暖气流交互影响，降水异常偏多 87%，其余各月降水正常或偏少，其中又以 1 月为异常偏少。3 月 30 日入汛，比平均入汛时间（4 月 20 日）提前 21 d。全年降雨天数（不含雨量 0.0 mm 天数）为 129 d，比同期降雨量平均天数（143 d）少 14 d，比近 5 年同期平均（126 d）多 3 d。2014 年降水分布极为不均、降水阶段性集中、雨强大，全年降水主要集中在 3 月和 5 月。

2.3.3 日照与湿度

2014 年深圳全年总日照时数 2 034.6 h，比同期日照平均值（1 837.6 h）偏多 197 h，比近 5 年同期平均值（1 901.1 h）偏多 133.5 h。全年除 11—12 月日照偏少 30 h 以上，其余各月均偏多或在日照平均值上下小幅波动，其中 1 月日照异常偏多。

2014 年深圳全年平均相对湿度为 73%，比同期湿度平均值（74%）略低 1%。其中 1 月、10 月、12 月天气干燥，月平均相对湿度较同期湿度平均值略偏低，5 月、11 月平均相对湿度较同期湿度平均值略偏高，其余月份均与同期湿度平均值相当或小幅波动。

2.3.4 风况

珠江口深圳海域属于南亚热带季风性气候，风向、风速具有季节性变化特点，根据赤湾海洋站（1992—2010 年）风的资料统计分析，赤湾海洋站多年平均风速为 3.6 m/s。各风向多年平均风速以 S 向最大，为 4.7 m/s，SSW 向次之，为 4.6 m/s，WSW 向为 4.5 m/s，ENE 向为 4.3 m/s，其余各向多年平均风速均小于 4.0 m/s。各要素特征值如表 2-1 和图 2-3 所示（《赤湾石油基地工作船码头改扩建工程海域使用论证报告书》，2011）。

表 2-1 赤湾风况统计

风向	平均风速（m/s）	最大风速（m/s）	频率（%）
N	3.4	22.0	6
NNE	3.5	22.7	7
NE	3.7	17.7	13
ENE	4.3	27.0	15
E	3.7	24.0	16
ESE	3.7	33.0	4
SE	3.4	21.0	4
SSE	3.7	26.0	3
S	4.7	21.3	10
SSW	4.6	22.0	6
SW	2.9	21.0	3
WSW	4.5	23.3	2
W	2.4	22.8	2
WNW	2.9	22.0	2
NW	3.2	17.0	3
NNW	3.6	21.0	3
C	0.0	0.0	1

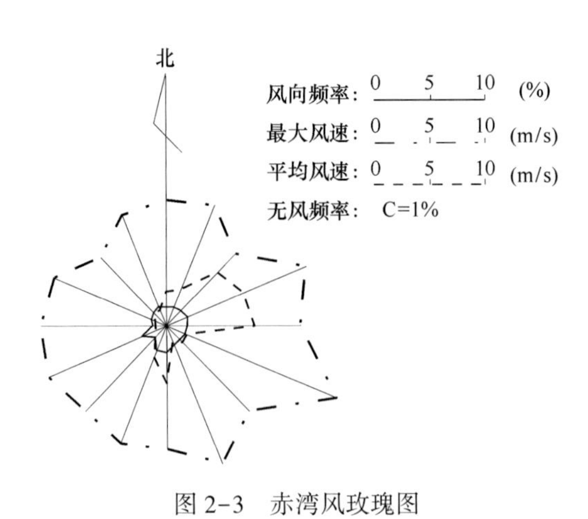

图 2-3　赤湾风玫瑰图

2.3.5　雾

据陈元昭等 2008 年报道，深圳 2007 年平均雾日数为 6.7 d；全年中从 12 月至翌年 5 月雾日较多，其中 2 月、3 月、4 月居多，平均雾日数分别为 1.7 d、1.9 d 和 1.5 d；其余各月雾日较少，特别是 9—11 月；最长连续雾日数为 2.5 d，出现在 1992 年 12 月 27 日至 29 日夜间（《赤湾石油基地工作船码头改扩建工程海域使用论证报告书》，2011）。

2.4　海洋水文

2.4.1　盐度

珠江口深圳海域地处季风气候区，降水大多集中在夏季，冬季仅有少量降雨，造成流域降水年内分配不均，这就导致径流量在一年内有明显的洪枯季变化。受到上游淡水的冲淡和顶托作用，珠江口盐度也出现相应的洪枯季季节变化，洪季低，枯季高（贾后磊等，2011）。

根据 1981—2005 年珠江口盐度资料统计（表 2-2），丰水期珠江口盐度多年变化范围为 0.03~31.72，多年平均为 9.95；枯水期多年变化范围为 0.79~33.08，多年平均为 24.43；平水期多年变化范围为 0.22~32.32，多年平均为 18.55，呈现枯水期大于平水期大于丰水期的变化特征。珠江口表层水体盐度含量最低，底层水体盐度含量最高，呈现明显的梯度现象。并且珠江口盐度具有明显的纵向分布，大致为从下游到上游盐度逐渐降低，这是入海河口盐度分布的普遍现象。珠江口盐度季节变化和年际变化与流域径流有很大关系，而垂直分布与咸淡水混合程度有关，其纵向分布与径流量的大小关系密切（贾后磊等，2011）。

表 2-2　珠江口海域不同水期盐度变化（1981—2005 年）

水期	多年平均	多年最大值	多年最小值
枯水期	0.79~33.08	2.59~34.49	0.01~31.36
	24.43	29.81	15.92
丰水期	0.03~31.72	0.12~34.34	0.01~19.05
	9.95	18.78	2.33
平水期	0.22~32.82	2.55~33.75	0.01~30.2
	18.55	26.22	9.39

2.4.2 潮汐潮流特征

2.4.2.1 潮汐特征

深圳西部开阔海域的潮汐类型属不正规半日潮类型，变化特征为：在一个太阳日中，潮汐相邻的两个高潮或低潮的潮高不等。呈日潮不等现象。回归潮期间有个别天数形成日潮，分点潮期间相邻两个高潮几乎为0。一天内海域潮汐的涨落潮历时相差不多，但靠近珠江口海域受径流下泄的影响，往往落潮时较涨潮时会更长些（林祖亨等，1996）。

2.4.2.2 基面关系

根据国家海洋局南海工程勘察中心于2012年在深圳港赤湾港区附近进行的海流观测调查，统一采用当地理论最低潮面（即珠江统一基面103.09 m），基面关系见图2-4。

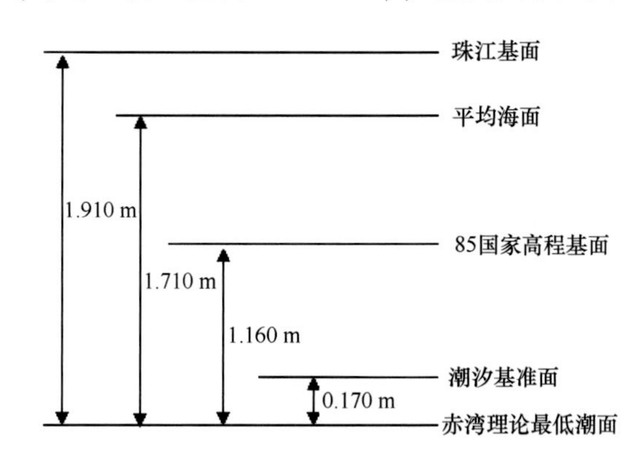

图2-4　基面关系示意图

2.4.2.3 潮位特征值

历年最高潮位：3.71 m（1969年）；
历年最低潮位：-0.22 m（1968年）；
平均高潮位：2.31 m；
平均低潮位：0.95 m；
平均海平面：1.67 m；
最大潮差：3.44 m；
平均潮差：1.36 m；
平均涨潮历时：6 h 17 min；
平均落潮历时：6 h 25 min。

2.4.2.4 潮流特征

1）表层瞬时流

表层瞬时流况均呈现以西南偏南瞬时流为主。平水期表层瞬时流速最大为117 cm/s，枯水期底层瞬时偏北流最为明显，流向306°~48°，流速达108 cm/s。

2）潮流

海域的潮流潮性系数为1.61，属不正规半日潮流。潮流略带有旋转型的往复流，往复流主轴主要是沿伶仃洋水道取南北向。在珠江口海域，潮流略呈逆时针方向旋转，以偏西南向往复的潮流为多见。表层潮流流向夏季为188°~308°，冬季为196°~268°，底层潮流流向夏季为183°~328°，冬季为194°~289°（林祖亨等，1996）。

3）余流（陈相铨等，2010）

珠江口海域的余流，以东南或西南向的余流为主，余流较明显受珠江径流下泄入海的影响，反映了径流下泄的主要去向（图2-5）。海域内的最大余流流速仅为最大潮流流速的1/3弱，因此珠江口海域的余流是较弱的。以全年来看，余流流速表层为11~23 cm/s，底层为4~8 cm/s。在洪季，表层的余流流向为175°~180°，呈南偏东流向；底层流向为348°~4°，呈正北流向。在枯季，表层流向为176°~241°，呈西南流向；底层流向为320°~351°，呈北偏西流向。

由图2-5可以看到，在所观测的海域，余流垂向分布的年际变化呈现以下特点：第一，余流的垂向分布具有明显的上溯流河下泄流分层现象，下泄流厚度从洪季的上4层变薄到枯季的表层，同时上溯流厚度从洪季的底下2层变厚到底下4层，呈现出明显的月不等现象，这与径流流量的控制作用有很大的关系；第二，各月余流最大流速均出现在表层。从春季到仲秋，表层平均余流流速比其余季节的大，流速在10 cm/s以上，流向基本为S向，只有个别月份为偏东南或西南向，呈下泄流形式。各月0.2*H*层也主要表现为下泄流，但冬季的11月至翌年2月表现为上溯流。第三，靠底2层的流态相对稳定，余流速度维持在10 cm/s以下，同时由于底摩擦耗散等影响，底层流速比0.8*H*层稍小或持平。各月靠底2层流向都较为单一，角度相差较小，多为偏N向，呈上溯流形态；同时，靠近底面2层的年内变化呈现出明显的双周期现象。第四，0.4*H*层介于下泄流河上溯流之间，为上溯流河下泄流交替作用层，其稳定性相对较差，流速分层的界限也不明显。流向从年初到年末呈顺时针方向转动，从洪季的下泄流状态转变成枯季的上溯流状态，这是由于径流减少而导致盐水流向伶仃洋上游河口入侵造成的。

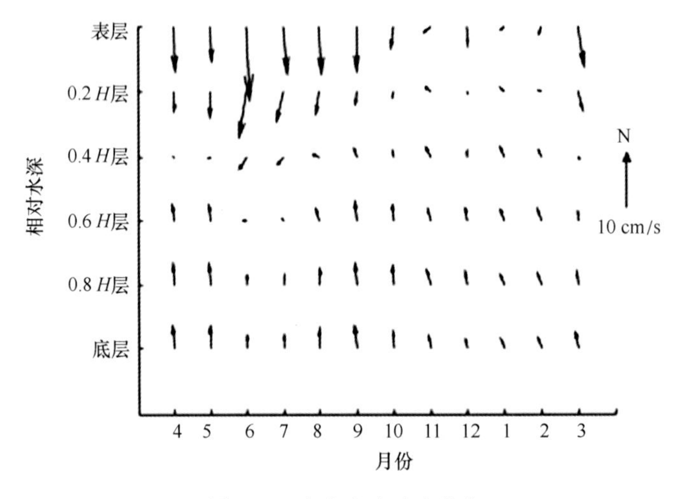

图2-5　余流流速垂直分布

4）大潮与小潮

大潮期间，夏季表层最大潮流位于伶仃洋水道，而底层最大潮流亦出现于夏季（位于金门水道）。与夏季相比，冬季的大潮期间的潮流则较弱。

小潮期间的潮流状况，无论冬季河夏季，表、底层最大潮流出现的地点均与大潮一致，而流速则较大潮为小（林祖亨等，1996）。

2.4.3　波浪

珠江口深圳海域以风浪为主，涌浪少见。常波向为SSE向，频率为13%；次常浪向为SE、S向，其出现频率为9.8%，强波向为SSW向（图2-6）（《赤湾石油基地工作船码头改扩建工程海域使用论证报告书》，2011）。

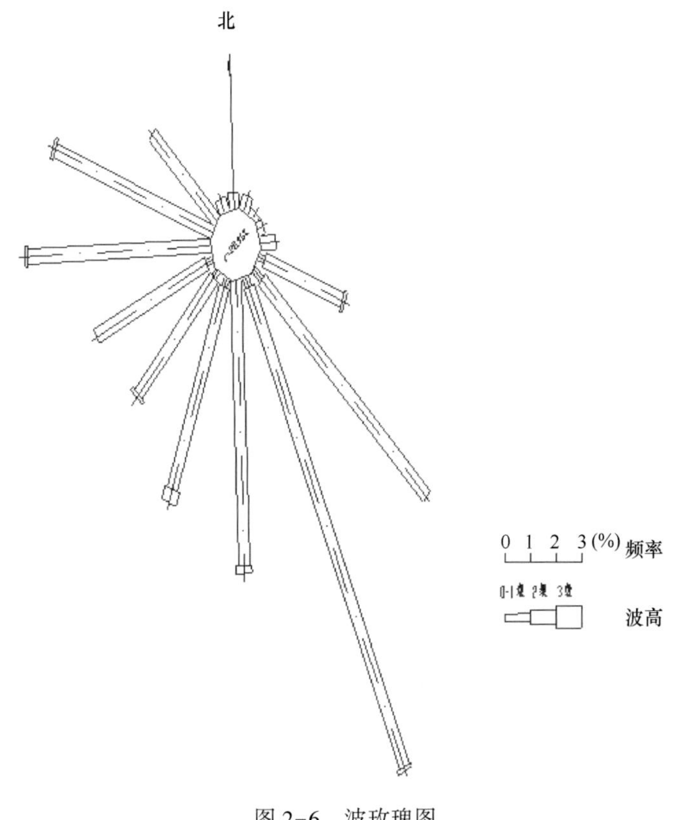

图 2-6　波玫瑰图

2.4.4　悬沙

珠江深圳海域所在的伶仃洋为喇叭形河口湾，其西侧海区以径流作用为主，径流来沙占珠江的38.4%，浅滩不断淤涨；东侧海区以潮流作用为主、来沙占珠江的9.3%［《深圳前海湾清淤工程海洋环境影响报告书（报批稿）》，2014］。

2.5　区域地质条件

珠江口深圳海域地区，地层基本为海成沉积和河流沉积共同构成，地表大多为第四纪沉积物（《深圳湾海洋地质调查报告》）。

2.5.1　上全新统灯笼沙组（Q_4^3）

分布于沿海的海陆交互相沉积平原、海湾潟湖、沙堤、沙滩和深圳湾、前海湾水下浅滩一带，在沙井地区上段为砂或含砂黏土，厚1~5 m，下段为灰黑色含砂黏土或含砂淤泥，厚0.5~1.6 m，C^{14}年龄（957±100）a。前海湾和深圳湾为淤泥或淤泥质黏土，厚4~22 m，C^{14}年龄（480±50）~（1 590±60）a。福田保税区为淤泥，底部为淤泥质粉砂，厚4~10 m，C^{14}年龄（2 530±90）a。

2.5.2　中全新统（Q_4^2）

可分上、下两段。

（1）上段万顷沙组（Q_4^{2-2}）分布于沿海浅滩，滨海海陆交互相沉积平原，海湾潟湖之下，在沙井为灰黑色含贝壳淤泥质粉细砂，含孔虫，厚5.5~5.62 m。在赤湾为淤泥或淤泥质粉砂，C^{14}年龄

(3 860±110) a。福田保税区为淤泥质黏土及淤泥质粉砂夹淤泥，厚 1.0~6.9 m，C^{14}年龄（5 530±160）a。

（2）下段横栏组（Q_4^{2-1}）分布于沿海浅滩，海陆交互相沉积平原和海湾潟湖之下。在沙井为灰黑色含贝壳、腐木、淤泥质粉细砂，含有孔虫，厚 3.25~4.06 m，C^{14}年龄（7 080±120）a。深圳湾、赤湾为含贝壳、腐木、淤泥质粉细砂，厚 1.0~5 m，C^{14}年龄（6 470±180）~（7 080±160）a。

2.5.3 下全新统杏坛组（Q_4^1）

主要分布于深圳湾水下浅滩及福田保税区海陆交互沉积层之下，由黑灰及黄灰色砾砂组成，局部含较多圆砾，主要成分为石英砂粒，含少量淤泥或黄色黏性土，厚 3.7~6.9 m。

2.5.4 上更新统三角组（Q_3^3）

普遍分布于沿海河海积平原和近岸水下浅滩之下。沙井地区分布有杂色（花斑状）黏土，厚 1.85~2.36 m。在大铲湾和深圳海湾域钻探揭露，为杂色有机质粉质黏土，底部常有粗砂与粉质黏土互层。深圳湾口揭露厚为 1.5~13.4 m。大铲湾揭露厚度为 13.8 m，并在埋深 8 m 与 11 m 处分别测得 C^{14}年龄为距今（14 380±280）a 和（20 030±370）a。本组地层在粤东沿海地区划分为陆丰组，上部被称作“老红砂”和中下部的风化花斑黏土与河相沙砾层，是划分上更新统的标志层。本组代表晚冰期低海面的产物，气候比前期凉爽。

2.5.5 中更新统（Q_3^2）

可以分为上下两段。

（1）上段西南镇组 Q_3^{2-2}：沙井地区为灰黄色粗砂、细砂夹淤泥质黏土及砂质淤泥含有孔虫 Elphidium、hispidum 等组合，厚 3~6.04 m，C^{14}年龄为距今（30 360±580）a。在大铲湾水下钻探揭露，埋深 15 m 和 17.5 m 的有机质粉质黏土的 C^{14}年龄分别为距今（22 750±360）a 和（25 010±400）a。在深圳湾口海域下揭露，前述杂色黏土层之下为中砂层，厚 1.7~7 m，到福田保税区一带，揭露为浅黄色中粗砂层，厚 14.1 m。总结本组地层获得的 C^{14}年龄值为距今（22 750±360）~（30 360±580）a。

（2）下段石排组 Q_3^{2-1}：在沙井一带揭露为灰白、灰黄色沙砾层，厚 1.5~8.4 m。大铲湾水下揭露为粉质黏土及砾砂，厚 4 m。深圳湾口海域下揭露为砾砂及卵石，厚 4.1~15.2 m。福田保税区揭露为黄色砾砂混卵石，厚度小于 12 m。本组地层常不整合于基岩全风化层之上，属冲洪积相沉积。

2.5.6 未分统残积层（Q^{el}）

广泛分布于低丘陵、台地和冲洪积平原、海陆交互相沉积平原、浅海湾沉积层的底部，按母岩的岩性，可分为花岗岩风化残积土，火山岩、碎屑岩和变质岩风化的残积土，厚度 5~30 m。推测其形成年代为晚第三纪至晚更新世初期。

深圳湾海底岩层是燕山期花岗岩，表层已经强烈风化，风化层厚度 5~10 m。有的已呈红土状。风化壳上堆积了河流相的砂层及亚黏土层。海底表层是海相淤泥层。

2.6 区域地形与地貌

2.6.1 地形特征

珠江口深圳海域内水下地形具有以下特征：①水下地形东西方向起伏相间——珠江四大口门由

内伶仃洋入海，在水下形成了三滩两槽的布局，由于水流流向总体呈 SN 向，由此形成的水下地形也受其影响。②水下地形变化大——该海域特点是滩多、槽（水道）多 、岛屿多，珠江四大口门从此入海，加上潮流的涨落冲淤，岛屿的屏障分流作用，使水下地形变化较大。③水下地形分布有规律——水下地形受三滩两槽影响，水深线大致沿水道呈 NNW —NW 方向分布 。中部为矾石浅滩，水深线北窄南宽，坡降小，南端水深小于北端；矾石水道水深线为 NW 向分布，在大铲岛以北呈北宽南窄状，大铲岛附近及以南水深变化较大，水深线呈封闭、半封闭状近 SN 向分布。矾石水道东北部水下地形变化较大，水深线无分布规律，但大致呈 NW 走向（夏真等，2008）。

2.6.2　地貌特征

珠江口深圳海域的水下地貌类型主要包括槽沟、沙波、洼地和浅滩等（图 2-7）。

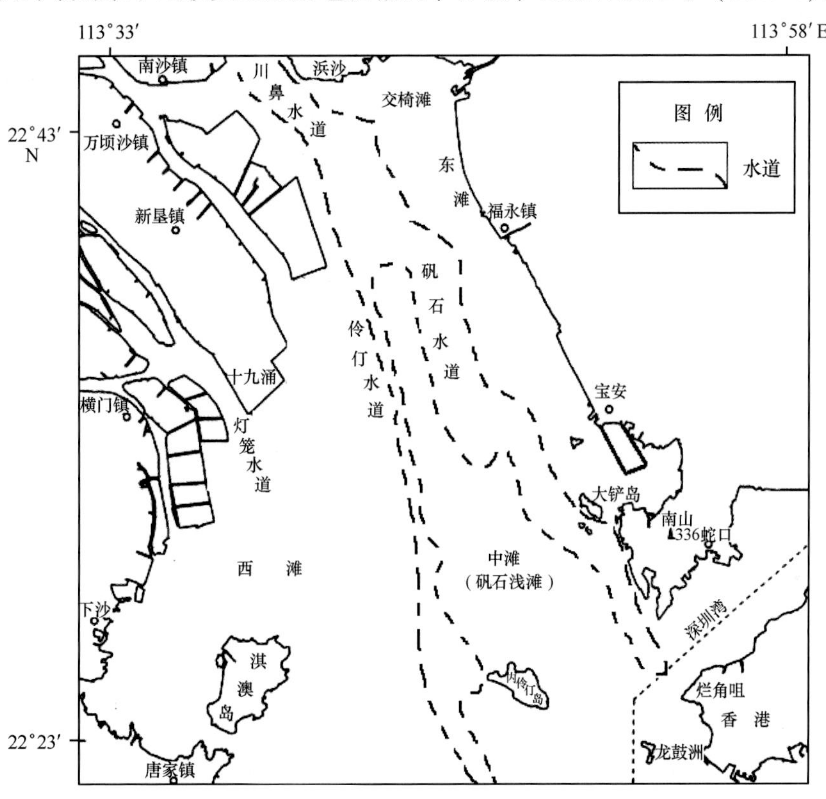

图 2-7　珠江口海域水下特征

2.6.2.1　*浅滩与槽沟*

珠江口深圳海域主要呈现“三滩两槽”的地貌特征。

“三滩”包括西滩、中滩和东滩：西滩属于河口浅滩，由陆向海淤长，是现代西、北江三角洲前缘的滩槽沉积；中滩为伶仃洋河口湾轴拦门沙，大致以内伶仃岛为中心向南北伸长，水深多在 4~5 m 之间；东滩为北起虎门沙角经交椅沙、大铲岛，南止于赤湾的一条呈西北走向的滩地，呈带状与岸线平行分布，属于边滩或潮滩。

“两槽”则为西槽（伶仃水道）和东槽（矾石水道）已成为出海的主航道。西槽的宽度一般为 500~600 m，最窄处约为 250 m，最宽处位于内伶仃岛西侧，距离约为 2 550 m；槽沟发育较均匀，东西两侧较对称，平均坡降约 13.11×10^{-3}；东槽的宽度为 1 250~1 750 m 。宝安以北至两水道交汇处，槽沟加宽，最大距离约为 5 100 m；大铲岛以南槽沟较宽，为 2 000~2 250 m；槽沟东西两侧有差异，具有东陡西缓的趋势（夏真等，2008）。

2.6.2.2 沙波

有多处水下沙波，沙波主要沿槽沟分布。沙波波峰线走向以 NE 向为主，也有近 EW 向的沙波存在，沙波一般为微小型沙波，波高小于 1 m，波长一般为 2~3 m，有的沙波波长可达4~5 m，其中川鼻水道附近的沙波较多，范围也较大（夏真等，2008）。

2.6.2.3 洼地

洼地主要是地势低洼的地貌形态。海域内水下洼地较多，其长轴方向多为 NW —NNW 向，洼地的范围一般较小，面积多在 0.4~0.8 km^2 之间。最大的洼地位于矾石水道以北，面积约为 4.34 km^2，长轴为 NW 向，最深处为 10 m，与周围地形高差为 1~2 m；最小的洼地面积约为 0.05 km^2，最深处为 10 m，与周围地形高差为 2~3 m 洼地多为挖沙造成（夏真等，2008）。

2.7 沉积环境

表层沉积物类型有：砂、黏土质砂、砂-粉砂-黏土、砂质黏土、黏土质粉砂 、粉砂质黏土共 6 种类型（图 2-8，表 2-3）。

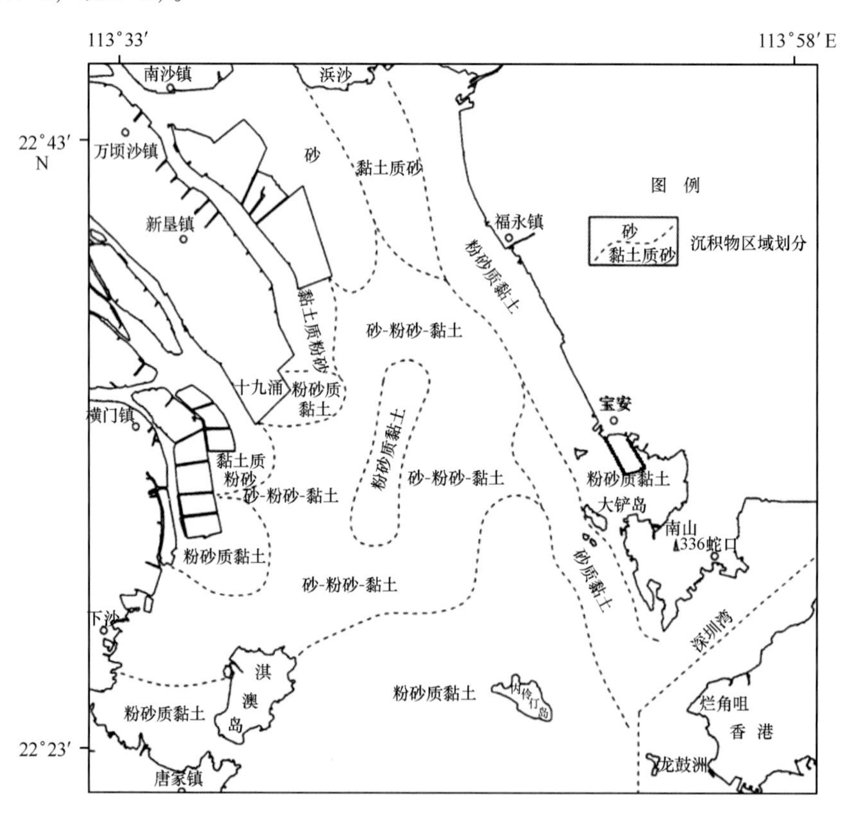

图 2-8 珠江口海域表层沉积物类型分布

表 2-3 珠江口海域沉积类型分布

沉积类型	分布	备注
砂（S）	南沙开发区东南方的川鼻水道一带	粗砂含量大于 85%，砂含量 12 %左右 ，粉砂和黏土极少
黏土质砂（YS）	虎门浜沙东南部的水域，呈舌状	砂含量 45%~60%，粉砂含量 10%~25%，黏土含量 20%~30%
砂-粉砂-黏土（STY）	三滩两槽均有分布	砂、粉砂、黏土含量介于 27%~39%之间

续表

沉积类型	分布	备注
砂质黏土（SY）	东槽的大铲岛西侧一带	砾含量16%左右，砂含量28%左右，粉砂和黏土含量分别为17%和39%左右
黏土质粉砂（YT）	横门口湾0~5 m等深线内	以粉砂为主，含量45%~48%，黏土32%~43%，砂12%~19%
粉砂质黏土（TY）	范围最广	以黏土为主，含量41%~65%，粉砂30%~46%，砂3%~22%，不含砾石

根据表层沉积物沉积环境和地貌条件，珠江口海域可划分为3种沉积组合：①近河口砂质沉积——径流作用强烈，沉积物因水体扩散流速骤减而沉积在珠江口门附近；②岛屿水域砂、粉砂、黏土混合沉积——其特征是沉积物源丰富，沉积速度快，分选很差，呈不规则带状或席状分布在岛屿周围；③河口湾和湾外浅海粉砂、黏土沉积——它们的物源主要来自珠江水系，受径流、潮流、近岸流以及盐水异重流的影响，形成了广大的细颗粒沉积分布区（夏真，2005）。

2.8　海洋资源

2.8.1　港口资源

深圳港位于广东省珠江三角洲南部，它东临大亚湾、西抵珠江口、南连香港，是我国沿海主枢纽港和华南地区集装箱干线港。全市260 km的海岸线被九龙半岛分割为东、西两大部分：西部港口包括西部港区（蛇口、赤湾、妈湾、前海湾）、大铲港区、福永港区（表2-4），位于珠江口伶仃洋的矾石水道东岸，水深港阔，具有天然的深水航道并可建深水码头，是我国少有的深水河口港湾；水路南距香港20 nm，北至广州40 nm，经珠江水系可与珠江三角洲其他内河港口相连，经暗士顿水道出海可到达国内沿海及世界各地港口。深圳西部港口的货物吞吐量一直占全港吞吐量的60%以上，其中，大宗干散货占全港的100%，散杂货、件杂货占全港98%，集装箱吞吐总量约占全港吞吐量的50%。东部位于大鹏湾内，现有盐田、下洞及沙鱼涌、秤头角3个港区。

表2-4　西部港区的基本概况

地点	可利用岸线（km）	近岸水深（m）	航道条件	利用方向	备注
蛇口港区	2.8	5.9	开发铜鼓航道	客运综合港区	规划建设
赤湾港区	2.5	5.9	开发铜鼓航道	货运综合港区	规划建设
妈湾港区	3.0	12.0	开发铜鼓航道	货运综合港区	规划建设
大铲港湾区	15.0	3.0	开发铜鼓航道	集装箱为主	规划
西乡港区	1.0	3.0	开发铜鼓航道	小型港口	规划
大、小铲连岛港区	8.9	12.0	开发铜鼓航道		规划
深圳国际机场港区	0.3	7.0	东槽航道	机场油码头	建成
福永港区	0.4	3.0	东槽航道	小型货运港	规划建设
宝安工业港区	3.3	3.0	东槽航道	工业未用港	规划
东角头港区	0.9	4.0	深槽	客货运港区	建成

2.8.2 锚地资源

据《深圳市海洋功能区划（2004年）》，项目所在西部港区锚地用海面积共4 321.6 hm^2，其中液货船待泊锚地（309.3 hm^2）、货船待泊锚地（1 085.8 hm^2）、小型船舶待泊锚地（433.8 hm^2），东角头油轮待泊锚地（98.3 hm^2）、大屿山1号锚地（827.9 hm^2）、大屿山2号锚地（614.4 hm^2）、孖洲西危险品锚地（440.9 hm^2）、大铲锚地（76.5 hm^2）、黄田1号锚地（133.7 hm^2）、黄田2号锚地（127.4 hm^2）、黄田3号锚地（173.6 hm^2）；引航锚地因跨越香港海域，未计用海面积。

2.8.3 航道资源

深圳西部海域所在的伶仃洋是广州、深圳及珠江三角洲通往内陆、内河和外海的交汇地带，自北向南分布有川鼻水道、龙穴水道、伶仃水道和矾石水道。通过内河水网和虎门川鼻水道可通三角洲及珠江流域腹地；通过伶仃水道出珠江外海连接世界各地，区位条件优越。

大铲水道——大铲岛西面，大铲岛与孖洲岛之间的海域。水道北起大铲灯桩以西约0.5 n mile，连接矾石水道，南至妈湾码头对开，连接妈湾航道（北航道）。水道中心线为（22°29′22″N、113°51′33″E）点和（22°31′12″N、113°49′48″E）点连线，航向138°~318°，宽度约300 m，水深8~10 m，长约2.4 n mile。

矾石水道——水道北接龙穴水道南端，南至大铲岛灯桩以西约0.5 n mile，连接大铲水道北端整个水道宽约500 m，水深6~7 m，长约9.1 n mile。

公沙水道——水道南起前海湾，北接交椅沙湾海域，航向为144°~324°，水深2~4.5 m，全长约12 n mile。

福永（机场）码头进港航道——进出深圳机场客运码头的人工航道，与公沙水道连接，方向27.6°~152.4°，航道长约1.1 n mile，宽度约40 m，水深3~3.5 m。

2.8.4 自然保护区

珠江口深圳海域共有3个自然保护区，分别是福田红树林鸟类自然保护区、珠江口中华白海豚自然保护区和内伶仃岛猕猴自然保护区。

福田红树林鸟类自然保护区——深圳湾内湾的潮间带泥滩地是具有国际性保护意义的湿地生境，它是世界上各类生态环境中最具生产力的生态环境之一，既可以养殖耕种，在暴雨时也可以间接起到“水塘”作用，减少雨水泛滥成灾，还可以作为多种野生生物栖息繁衍的场所。深圳湾内在深圳一侧有福田红树林鸟类自然保护区，在香港一侧有米埔沼泽自然保护区。生长在海滩上的红树林，既是防风固沙、防波保堤的海上森林，又是迁徙鸟类和海洋生物栖息、繁衍的良好的场所。到这里既可看到红树林的各种奇特景观，又可观赏群鸟飞翔的千姿百态，令人心旷神怡。

珠江口中华白海豚自然保护区——位于内伶仃岛至淇澳岛以南的珠江口海域，该保护区（不含香港海域保护区）海域面积约44 613.2 hm^2，有国家一级保护动物中华白海豚生长、繁育。根据各方面研究资料反映，目前在珠江口海域栖息的中华白海豚种群数量有1 000多头，该种群是我国目前数量最大的中华白海豚群体。

内伶仃岛猕猴自然保护区——内伶仃岛位于珠江口伶仃洋东侧海域，全岛面积447.8 hm^2，地势东高西低，最高点海拔340.9 m，海岸线长约11 km，岛上植物茂密，植物覆盖度达80%以上，高等植被有400多种，有榕树、荔枝、香石榴、买麻藤等。动物有兽类、鸟类、两栖爬行类70多种。1984年建立自然保护区，面积8.7 km^2，岛上有国家重点保护动物猕猴、穿山甲、蟒蛇、虎纹蛙等生存繁衍，其中以重点保护对象猕猴数量最多，共有10群300余只（郭婷婷，2011）。

2.8.5 海砂资源

在深圳市海域范围内，海砂资源主要分布在深圳湾内、深圳湾口海域、妈湾港口海域和大、小铲岛海域等。据《深圳市海洋功能区划》，海域中具有开采价值的海砂储量主要有深圳湾约 4 900×10^4 m^3，深圳湾口约 9 044×10^4 m^3，妈湾港区外约 555×10^4 m^3，以及大、小铲岛海域砂源。

根据《珠江口海砂开采海域使用规划（2007）》，珠江口海域的海砂以粉砂、细砂为主，中、粗砂和沙砾较少。珠江口探明程度较高的海砂资源分布有以下 8 块（图 2-9），各区块估算储量见表 2-5。

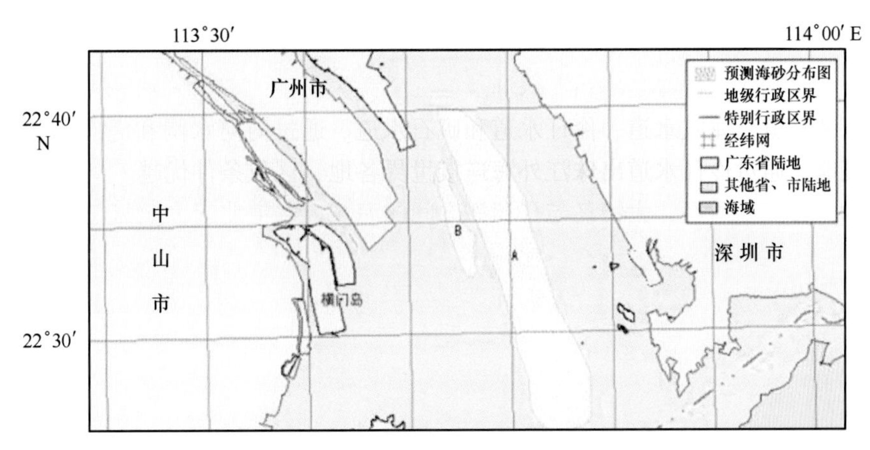

图 2-9　珠江口海域海砂调查工作量及其分布

表 2-5　各区块面积储量一览表

区块	经纬度	面积（km^2）	平均厚度（m）	储量（$×10^8$ m^3）	砂层状况
A	东至 113°48′48″E 南至 22°25′37″N 西至 113°41′31″E 北至 22°40′04″N	116	10	11.6	砂-粉砂-黏土 粉砂质黏土
B	东至 113°43′19″E 南至 22°32′33″N 西至 113°41′24″E 北至 22°37′47″N	12	5	0.63	粉砂质黏土 砂-粉砂-黏土

2.8.6 生物资源

2.8.6.1 底栖动物

相关研究表明，珠江口深圳海域秋季期间多毛类和软体动物都有 5 科 6 种，甲壳类 2 科 2 种，棘皮动物 1 科 1 种。春季期间则获多毛类 8 科 10 种，软体动物 3 科 4 种，甲壳类 3 科 3 种，棘皮动物 2 科 2 种，肠腔动物和扁形动物都为 1 科 1 种。两个航次共鉴定出底栖动物共 28 科 32 种，其中秋季有 13 科 15 种，春季有 18 科 21 种（黄洪辉等，2002）。

2.8.6.2 浮游植物

珠江口深圳海域内春季共鉴定浮游植物 4 门 37 属 85 种，其中硅藻 28 属 69 种，占总种数的 81.2%，甲藻 6 属 13 种，占总种数的 18.8%，蓝藻 2 属 2 种，绿藻 1 属 1 种；秋季共鉴定浮游植物 36 属 102 种，其中硅藻 28 属 85 种，占总种数的 833%甲藻 2 属 3 种，占总种数的 3.5%，蓝藻 4 属 8 种，绿藻 2 属 6 种（刘凯然，2008）。

2.8.6.3 浮游动物

珠江口深圳海域共鉴定出终生浮游动物 71 种和阶段性浮游幼虫 7 个类群（共 10 个类型），其中甲壳动物占优势，共 43 种，占总种数的 60.56%。在所有浮游动物中，桡足类 37 种，占总种数的 52.11%；其次是水母类，有 16 种，占总种数的 22.54 %；毛颚类 6 种，被囊类 4 种，樱虾类 3 种，栉水母类、软体动物、枝角类、介形类和糠虾类各 1 种（李开枝等，2005）。

2.8.7 渔业资源

珠江口深圳海域内，国家和省级重点保护的水生动物有中华白海豚、黄唇鱼。中华白海豚属鲸目海豚科，为暖温性沿岸种类，国家一级保护动物，在我国东海、南海均有分布。一般单独或数头一起活动，多栖息于沿岸及河口一带，性活泼，喜跃出水面，常跟随船只游泳。中华白海豚摄食对象是河口的咸淡水鱼类，主要有棘头梅童鱼、凤鲚、斑鰶、银鲳、白姑鱼、龙头鱼、大黄鱼等珠江口常见种类，食性以中小型鱼类为主。其中，黄唇鱼隶属于鲈形目石首鱼科黄唇鱼属，俗称白花、大沃，为我国特有的珍稀种类，属国家二级保护动物，分布于南海北部和东海，珠江口是黄唇鱼的分布区之一。黄唇鱼的鱼鳔为名贵的补品，价格昂贵，可供药用。黄唇鱼的成鱼主要栖息在浅近海水域，常进入河口区捕食鱼虾蟹类，幼鱼多栖息于河口或江河下游，以虾类为主要饵料。

2.9 海洋灾害

2.9.1 气象灾害

2.9.1.1 热带气旋（胡娅敏等，2012）

热带气旋是影响本海域的主要灾害性天气。根据 1961—2010 年的台风年鉴统计（图 2-10，图 2-11），影响本海域的热带气旋共 212 个，年均 4.24 个，其中台风以上等级的 51 个，占热带气旋总数的 24.1%，年均 1.02 个。50 年间影响本海域的热带气旋个数和台风以上强度的热带气旋个数均每 10 年减少 0.3 个。

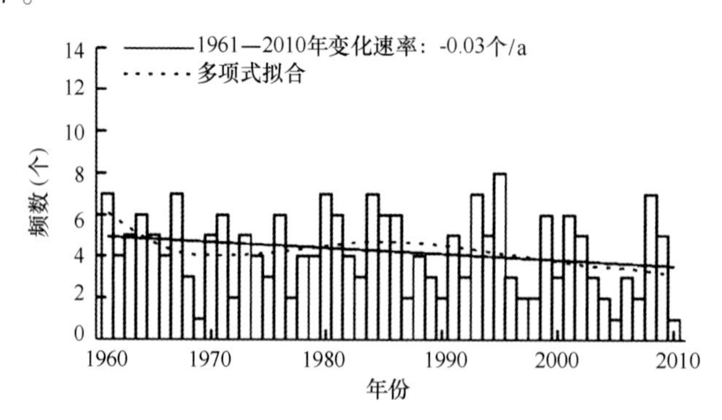

图 2-10 1961—2010 年影响珠江流域地区的热带气旋频数及其变化趋势（总个数）

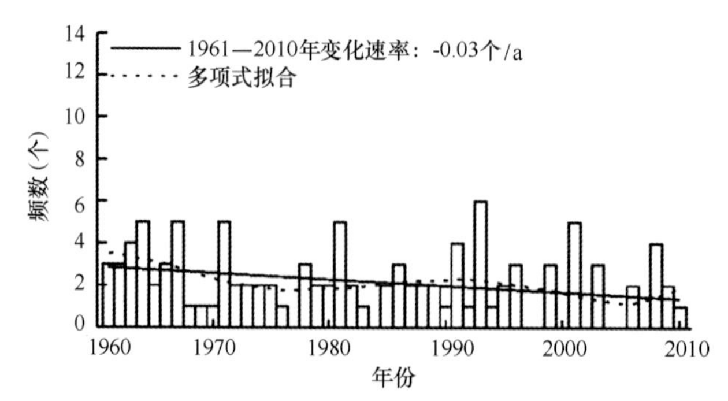

图 2-11 1961—2010 年影响珠江流域地区的热带气旋频数及其变化趋势（台风以上强度的个数）

1961—2010 年期间影响本海域热带气旋的平均中心气压为 984.0 hPa（图 2-12、图 2-13），平均风力等级 9.4 级，介于热带风暴河强热带风暴之间，平均中心气压没有明显的线性变化趋势。平均极端最低气压为 968.7 hPa，以 1996 年 9 月 9 日影响本海域的热带气旋强度最强，登陆时其中心气压为 935 hPa，风力等级为 15 级。50 年间，极端最低气压每 10 年减弱 1.4 hPa。

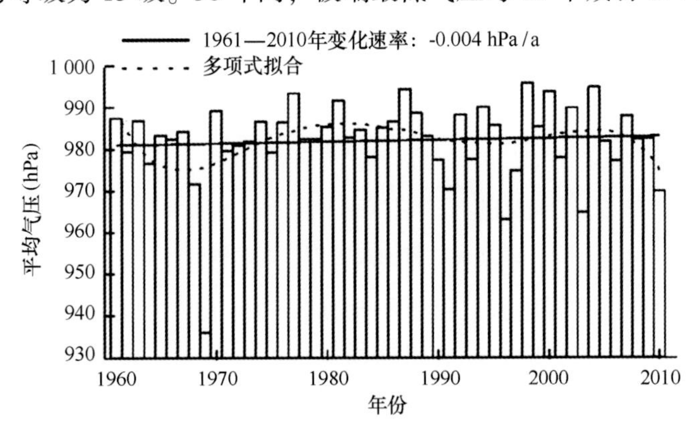

图 2-12 1961—2010 年影响珠江流域地区的热带气旋强度及其变化趋势（平均中心气压）

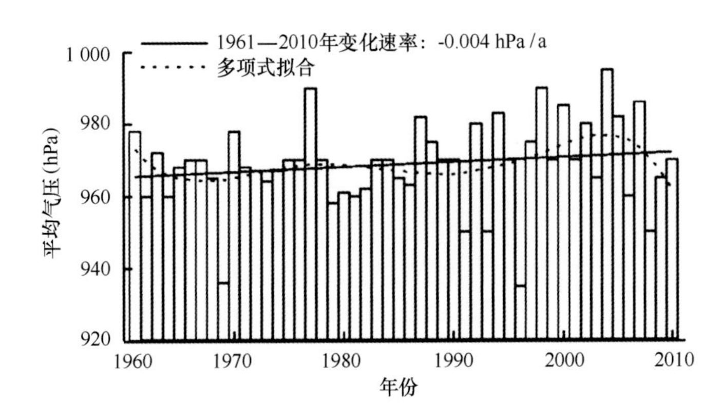

图 2-13 1961—2010 年影响珠江流域地区的热带气旋强度及其变化趋势（极端最低气压）

2.9.1.2 风暴潮

风暴潮是指由强烈的大气扰动（台风或温带风暴）引起的海面异常升高现象，影响深圳的风暴潮大多数都是台风风暴潮，台风风暴潮的灾害程度主要受 4 个因子的制约：①台风的强度；②路径；③沿岸地形条件；④天文大潮高潮位的叠加河区域的社会经济发展状况（承灾体的状况）。

地形条件主要（海岸形状、岸上和海底地形、岸外屏障物的分布）是通过风暴潮水的能量聚积河水体入侵范围来影响风暴潮增水值大小的。深圳沿岸主要是以平原河口和港湾的地形，这种口袋状港湾深入陆地，沿岸地势低平，当台风把海水推向岸边时，海水易于堆积而难于扩散，加之水深逐渐变浅，从而使风暴潮波能逐渐集中，风暴潮波波高相对增大，因此最大增水值由海向陆递增。西部靠近珠江口的平原河口区在台风季节往往受上游洪水影响抬高了正常潮位，当上游洪水下泄而遇台风风暴潮时，风暴潮波上传受阻与洪水叠加，此时若适逢天文大潮往往造成潮灾。沿岸地势低平有利于加大潮水侵入陆地的面积，从而增大受灾面积（《深圳海洋灾害规律特点及防灾减灾建议的报告》，2011）。

珠江口深圳海域的附近有广东省水文局赤湾水文站的验潮观测站和国家海洋局南海分局的赤湾验潮站，这两个验潮站都有长期、丰富的风暴潮增水资料。该海域的潮汐特征、海洋环境状况变化以及由风暴影响引起增水的幅度与赤湾站相比较差异不大，因此风暴增水以赤湾港验潮资料进行叙述。

根据1964—2000年风暴潮资料统计，受风暴影响并由此引起赤湾港以及赤湾站附近沿岸50 cm以上增水的热带气旋有59个，平均每年1.6个。在59个热带气旋中，有43个生成于西北太平洋，占72.9%；有16个生成于南海，占27.1%。每年的7月、8月、9月是风暴潮发生最多的月份，共占71.2%，其中7月最甚，达30.5%。每年5—11月，当赤湾港沿岸受热带气旋登陆影响时，能发生50 cm增水以上的风暴潮［《深圳前海湾清淤工程海洋环境影响报告书（报批稿）》，2014］。

2.9.1.3 其他灾害天气

据2000—2007年深圳市气象灾情资料统计，深圳市区及本海域范围曾多次受暴雨、台风和雷暴等极端天气事件影响（表2-6）（吴亚玲，2009）。

表2-6 其他灾害天气汇总统计

灾害性天气	集中发生时间	灾害次数（次）
暴雨	4—9月	30
台风	7—9月	9
雷电	6—9月	253
高温	6—9月	10
低温	11月至翌年3月	8
雷雨大风	7—8月	7
大雾	2—5月	7
灰霾	全年	9
干旱	秋、冬、春	5
冰雹	—	4
合计		342

2.9.2 赤潮

根据2007—2014年《深圳市海洋环境质量公报》，深圳湾海域所发生的赤潮记录，具体见表2-7。

表2-7 2007—2014年深圳湾海域发生的赤潮记录

发生日期	发生海域	赤潮面积（km^2）	持续时间（d）	赤潮生物种名
2007年6月5日至6月8日	深圳湾蛇口海域	70	3	无纹环沟藻 *Gyrodinium instriatum*
2007年11月15日至11月20日	深圳湾蛇口海域	10	6	旋沟藻 *Cochlodinium* sp.
2008年2月19日至2月22日	深圳湾海域	15	3	赤潮异湾藻 *Heterosigm akashiwo*
2009年10月26日至10月27日	深圳湾蛇口海域	5	2	条纹环沟藻 *Gyrodinium instriatum*

续表

发生日期	发生海域	赤潮面积（km^2）	持续时间（d）	赤潮生物种名
2011 年 4 月 27 日至 5 月 5 日	深圳湾蛇口海域	9	9	短角湾角藻 *Eucampiazodiacas*
2014 年 2 月 27 日至 3 月 3 日	深圳湾蛇口海域	2	5	红色裸甲藻 *Gymnodiniun sanguincum* 褐色，无毒
2014 年 2 月 8 日至 2 月 10 日	深圳湾蛇口海域	2. 5	3	赤潮异湾藻 *Heterosigm akashiwo* 褐色，有毒

根据相关研究指出，5 种最易引发南海（珠江口）赤潮的典型天气形势场：①冬春季节，冷空气过后的回暖过程可能在珠江口海域引发赤潮；②春夏季节，700 hPa 风场珠江口地区有西南气流或偏西气流与偏南气流的辐合，地面低压持续控制中国海，黄渤海、东海赤潮大爆发，南海同时有发生小面积赤潮的可能；③夏秋季节，北部湾地面出现 1 002. 5 hPa 闭合低压，易引发珠江口赤潮；④台风移动至巴士海峡以东时，其暖舌扫过珠江地区，有利于珠江口地区赤潮的发生；⑤台风登陆后减弱为低压，盘踞在广西、广东沿海，有利于珠江口赤潮的发生（任湘湘等，2007）。

参考文献

陈相铨，朱良生，王青，等. 2010. 珠江伶仃洋余流垂向分布的季节变化及其与径流的关系研究. 热带海洋学报，29（5）：24-28.

郭婷婷 . 2011. 深圳湾滨海休闲带海洋工程对海洋环境影响的研究. 青岛：中国海洋大学，6.

胡娅敏，杜尧东，罗晓玲，等. 2012. 近 50 年影响珠江流域热带气旋的气候特征分析. 广东气象，34（6）：1-3.

黄洪辉，林燕棠，李纯厚，等. 2002. 珠江口底栖动物生态学研究. 生态学报，22（4）：603-607.

贾后磊，谢健，吴桑云，等. 2011. 近年来珠江口盐度时空变化特征. 海洋湖沼通报，2：142-146.

李开枝，尹健强，黄良民，等. 2005. 珠江口浮游动物的群落冬天及数量变化. 热带海洋学报，24（5）：60-68.

林祖享，梁舜华. 1996. 珠江口水域的潮流分析. 海洋通报，15（2）：11-22.

刘凯然. 2008. 珠江口浮游植物生物多样性变化趋势. 大连：大连海事大学，10.

任湘湘，何恩业，李海，等. 2007. 珠江口赤潮生成的天气分型研究. 海洋预报，24（3）：46-58.

吴亚玲，李辉. 2009. 深圳市 2000 年以来气象灾害及其风险评估. 广东气象，31（3）：43-45.

夏真，马胜中，梁开，等. 2008. 珠江口伶仃洋海底沉积. 海洋地质与第四纪地质，28（2）：1-13.

夏真. 2005. 珠江口内伶仃洋水下地形地貌特征. 海洋地质与第四纪地质，25（1）：19-24.

第3章 研究区域周边社会经济与海洋环境概况

3.1 社会经济状况

3.1.1 深圳市社会经济状况

2014年深圳市生产总值16 001.98亿元，人均生产总值149 497元（各年生产总值变化见图3-1）。其中，现代服务业增加值6 201.06亿元，先进制造业增加值4 823.98亿元，高技术制造业增加值4 056.85亿元；交通运输、仓储和邮政业增加值532.86亿元，批发和零售业增加值1 963.38亿元，住宿和餐饮业增加值286.26亿元，房地产业增加值1 441.93亿元；民营经济增加值6 132.25亿元。四大支柱产业中，金融业增加值2 237.54亿元，物流业增加值1 614.18亿元，文化产业增加值1 213.78亿元，高新技术产业增加值5 173.49亿元。六大战略性新兴产业中，生物产业增加值242.83亿元，互联网产业增加值576.44亿元，新能源产业增加值368.55亿元，新一代信息技术产业增加值2 569.80亿元，新材料产业增加值383.98亿元，文化创意产业增加值1 553.64亿元。全年完成公共财政预算收入2 082.44亿元。

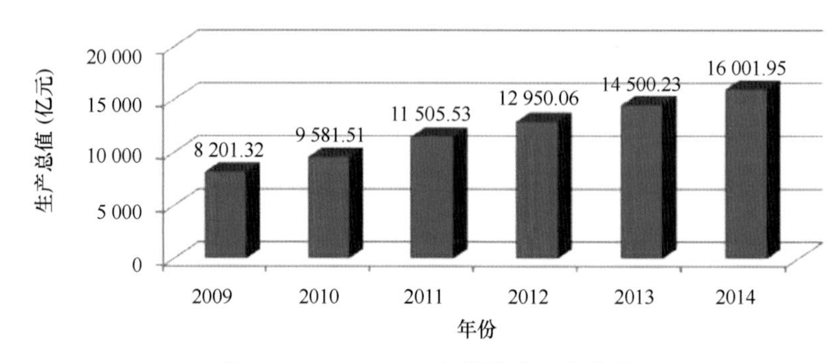

图3-1 2009—2014年深圳市生产总值

2014年年末全市常住人口1 077.89万人，其中户籍人口332.21万人，非户籍人口745.68万人。南山区113.59万人，其中户籍人口71.03万人，非户籍人口42.56万人。宝安区273.65万人，其中户籍人口42.13万人，非户籍人口231.52万人。根据深圳居民家庭抽样调查资料显示，2014年深圳居民人均可支配收入40 948元，居民人均消费支出28 853元，恩格尔系数为33.1%（深圳市2014年国民经济和社会发展统计公报）。

2014年深圳港港口货物吞吐量22 323.73×10^4 t，集装箱吞吐量2 403.74×10^4 TEU，拥有港口泊位数153个，其中万吨级泊位67个。旅游住宿设施接待过夜游客4 991.06万人次。2012年，深圳海洋生产总值约1 000亿元，约占全市生产总值的8.3%，占广东省海洋生产总值的10%。2006—2012年，全市海洋交通运输业、海洋油气业、滨海旅游业3大优势产业增加值合计均占当年全市海洋生产总值的95%以上。根据《深圳市海洋产业发展规划（2013—2020）》确立的发展目标，到2020年，全市海洋生产总值达到3 000亿元，建设规模宏大、技术领先的现代海洋产业群。

2013年10月以来，深圳市有1 017家涉海法人单位进入深圳市涉海法人单位名录库，其中涉海企业共951家，涉海行政事业单位及社会团体共66家；主要分布在罗湖区、福田区和南山区，分别占比 29.01%、23.89%和 22.12%。其他各区涉海法人数量相对较少。其中涉海法人单位中滨海旅游企业 634 家，占比 62%，海洋交通运输企业 173 家，占比 17%，其他产业涉海法人单位占比 21%，具体情况见图 3-2 和表 3-1（深圳市海洋经济统计数据直报系统）。

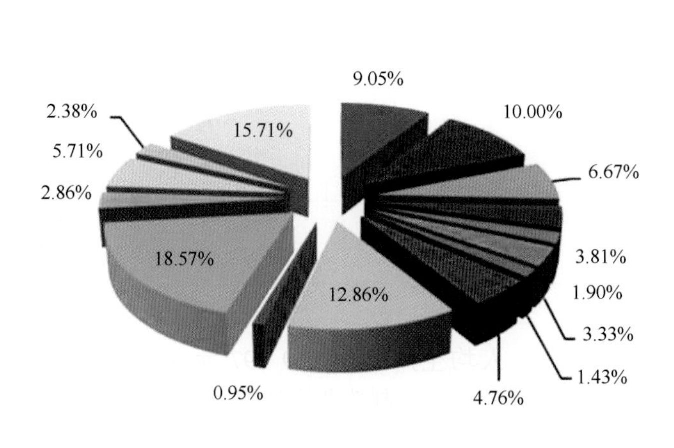

图 3-2　深圳市涉海法人单位行业分布

表 3-1　2006—2010 年深圳市海洋产业增加值及海洋生产总值　　单位：亿元

年份	海洋产业						海洋相关产业		海洋生产总值	海洋经济占本市生产总值比重
	海洋交通运输业	滨海旅游业	海洋油气业	海洋船舶工业	海洋生物医药业	海洋渔业	海洋设备制造业	涉海产品及材料制造业		
2006 年	273.74	117.27	415.51	2.19	—	6.75	14.85	2.74	833.04	14.33%
2007 年	311.01	130.05	411.74	3.87	0.19	5.16	18.14	2.73	882.88	12.98%
2008 年	328.6	131.76	485.31	8.28	0.12	6.59	17.19	3.39	981.25	12.57%
2009 年	301.22	138.48	297.52	5.70	—	5.17	3.34	10.70	762.13	9.29%
2010 年	343.73	159.79	339.40	9.31	0.16	4.93	15.22	15.16	887.70	9.26%

数据来源：《深圳统计年鉴》（2007—2011 年）。

3.1.2　广州市社会经济状况

2014 年，广州市生产总值（GDP）16 706.87 亿元，其中，第一产业增加值 237.52 亿元，第二产业增加值 5 606.41 亿元，第三产业增加值 10 862.94 亿元。近年来广州市生产总值见图 3-3。

2014 年年末广州市常住人口 1 308.05 万人，其中，户籍人口 842.42 万人。2014 年广州市财政总预算收入 4 834 亿元，其中，国税部门组织收入 2 838 亿元，地税部门组织收入 1 418 亿元，一般公共预算收入 1 241.53 亿元。固定资产投资中科学研究和技术服务业 66.09 亿元，水利、环境和公共设施管理业 332.98 亿元。全年城市常住居民家庭人均可支配收入 42 955 元，农村常住居民家庭人均可支配收入 17 663 元。常住居民家庭人均消费支出 33 385 元，农村常住居民家庭人均消费支出 12 868 元。城市常住居民恩格尔系数为 32.9 %（广州市 2014 年国民经济和社会发展统计公报）。

2014 年广州市开展空气治理，实施燃煤机组超洁净排放改造，完成一批重点企业脱硫脱硝工作，淘汰 1 016 座小锅炉和 8.7 万辆黄标车、老旧车，新增管道燃气用户 32.2 万户，中心城区基本建成“无燃煤区”，会同周边城市开展联防联控。全年空气优良天数 282 d，占 77.5%，增加 22 d，

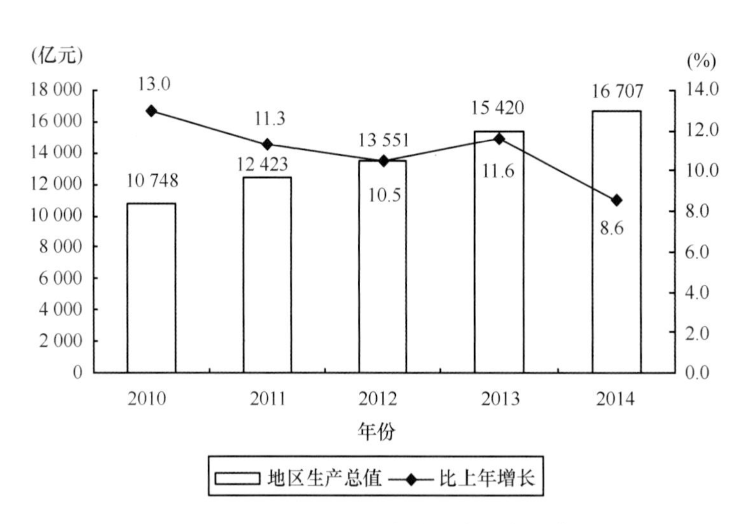

图 3-3　2010—2014 年广州市生产总值

PM2. 5 年均浓度下降 7. 5%。开展水环境治理，推进市内河涌和广佛跨界河涌整治，新（扩）建一批污水处理设施，城乡自来水改造工程基本完成，北江引水、北部水厂一期抓紧推进，珠江广州河段平均水质为四类（2015 年广州市政府工作报告）。

3. 1. 3　珠海市社会经济状况

2014 年珠海市生产总值（GDP）1 857. 32 亿元，其中，第一产业增加值 48. 79 亿元，第二产业增加值 939. 04 亿元，第三产业增加值 869. 49 亿元；现代服务业增加值 501. 07 亿元，民营经济增加值 599. 92 亿元。分区域看，香洲、金湾和斗门 3 个行政区分别实现地区生产总值 1 192. 79 亿元、402. 19 亿元和 262. 34 亿元。2014 年，珠海市一般公共预算收入 224. 31 亿元，一般公共预算支出 275. 89 亿元。

2014 年珠海市规模以上港口完成货物吞吐量 $10\ 693\times10^4$ t，港口集装箱吞吐量 117.01×10^4 TEU。全市共有生产性泊位 155 个，非生产性泊位 5 个，万吨级以上生产性泊位 27 个，设计年通过能力 1.52×10^8 t，集装箱吞吐能力 191×10^4 TEU；干散货泊位 25 个，年吞吐能力 $8\ 113\times10^4$ t；油、气、化工品液体散货泊位 41 个，年吞吐能力 $4\ 474\times10^4$ t；多用途泊位 30 个，年货物吞吐能力 719×10^4 t，集装箱 105×10^4 TEU；集装箱专用泊位 4 个，年吞吐能力 86×10^4 TEU；件杂货泊位 16 个，年吞吐能力 377×10^4 t；客运及陆岛交通泊位 39 个，年周转（吞吐）能力旅客 946 万人，货物 2×10^4 t。

2014 年年末全市常住人口 161. 42 万人，其中，户籍人口 110. 22 万人。全年珠海全体居民人均可支配收入 33 234. 9 元，其中，全年城镇常住居民人均可支配收入 35 287. 3 元。全年接待入境旅游人数 460. 43 万人次，实现旅游总收入 261. 79 亿元（珠海市 2014 年国民经济和社会发展统计公报）。

3. 1. 4　东莞市社会经济状况

2014 年东莞生产总值（GDP）5 881. 18 亿元，其中，第一产业增加值 20. 84 亿元，第二产业增加值 2 697. 90 亿元，第三产业增加值 3 162. 44 亿元。人均地区生产总值 70 604 元。

2014 年年末全市户籍人口 191. 39 万人，常住人口 834. 31 万人，其中城镇常住人口 740. 95 万人。2014 年东莞城镇常住居民人均可支配收入 36 764 元，农村常住居民人均可支配收入 22 327 元（东莞市 2014 年国民经济和社会发展统计公报）。

3.1.5 中山市社会经济状况

2014 年中山市生产总值（GDP）2 823 亿元，其中，第一产业增加值 70.91 亿元，第二产业增加值 1 559.94 亿元，第三产业增加值 1 192.15 亿元。全市人均 GDP 为 88 682 元。

2014 年年末中山市常住人口 319.27 万人，其中户籍人口 156.06 万人。居民人均可支配收入 32 847 元，其中城镇常住居民人均可支配收入 34 304 元，农村常住居民人均可支配收入 22 166 元。

2014 年中山市已建成污水处理厂 21 座，全市污水日处理能力达 97×10^4 t。2014 年年末中山市水库蓄水总量 2 450×10^4 m^3。全市监测评价河长 274 km，其中达标河长 206 km，超标河长 68 km。全市共监测 14 个水库，水质全部优良（中山市 2014 年国民经济和社会发展统计公报）。

3.2 海洋环境概况

3.2.1 珠江河口海域环境资源概况

3.2.1.1 珠江河口资源概况

珠江河口海域位于珠江三角洲地区核心区域，北起黄埔港、新会港，南至领海线，包括狮子洋、伶仃洋、黄茅海等海域，面积约 9 689 km^2。珠江河口海域具有泄洪纳潮、交通运输、生态屏障、水产资源保护等重要功能。

珠江河口海域是东江、西江、北江三大水系的出海口。东江、西江、北江汇集于珠江三角洲后，通过八大口门注入珠江河口海域，八大口门海域总面积 210.1 km^2。其中，东边注入伶仃洋的口门有 4 个，依次为虎门、蕉门、洪奇门、横门，称为“东四门”，面积为 157.4 km^2；西边注入南海的 4 个口门，分别为磨刀门、鸡啼门、虎跳门和崖门，称为“西四门”，面积约 52.7 km^2。珠江八大口门基本情况见表 3-2。

表 3-2 珠江八大口门基本情况

<table>
<tr><th>地理位置</th><th>口门上游海域面积（km^2）</th><th>口门上游海岸线长度（km）</th><th colspan="2">径流量（$\times10^8$ m^3/a）</th><th colspan="2">输沙量（$\times10^4$ t/a）</th><th>平均潮差（m）</th></tr>
<tr><td>虎门</td><td>138.1</td><td>149.2</td><td>578</td><td rowspan="4">1 669</td><td>495</td><td rowspan="4">3164</td><td>1.63</td></tr>
<tr><td>蕉门</td><td>4.6</td><td>11.3</td><td>541</td><td>1 323</td><td>1.36</td></tr>
<tr><td>洪奇门</td><td>13.7</td><td>43.7</td><td>200</td><td>489</td><td>1.21</td></tr>
<tr><td>横门</td><td>1.0</td><td>2.9</td><td>350</td><td>857</td><td>1.15</td></tr>
<tr><td>磨刀门</td><td>6.7</td><td>9.2</td><td>884</td><td rowspan="2">1 073</td><td>2 160</td><td rowspan="2">2 633</td><td>0.86</td></tr>
<tr><td>鸡啼门</td><td>4.3</td><td>12.0</td><td>189</td><td>473</td><td>1.01</td></tr>
<tr><td>虎跳门</td><td>2.0</td><td>8.8</td><td>194</td><td rowspan="2">382</td><td>473</td><td rowspan="2">814</td><td>1.20</td></tr>
<tr><td>崖门</td><td>39.7</td><td>64.8</td><td>188</td><td>341</td><td>1.20</td></tr>
<tr><td>合计</td><td>210.1</td><td>301.9</td><td>—</td><td>—</td><td>—</td><td>—</td><td>—</td></tr>
</table>

注：口门上游海域面积、口门上游海岸线长度数据按照工作范围采用 GIS 软件量算；径流量、输沙量、平均潮差数据引自《广东省海域地名志》。

虎门，位于东莞沙角与广州大角山之间，口门上游河口海域（包括狮子洋）面积 138.1 km^2，海岸线长 149.2 km。虎门以北为狮子洋，其上游有流溪河、北江的支汊及东江水系汇入，入海年径流量约 578×10^8 m^3，年输沙量约 495×10^4 t；其下游接川鼻水道；平均潮差 1.63 m，属强潮汐作用口门；上横挡、下横挡将河口海域分为东西水道，主航道虎门水道处东，连接广州港、虎门港等重要港口；分布有淡水鱼类和咸淡水鱼类的产卵场。

蕉门，位于广州南沙中西部海域，为蕉门水道出海口，口门上游河口海域面积 4.6 km^2，海岸线长 11.3 km。蕉门上游有蕉门水道、上横沥水道、下横沥水道汇入，入海年径流量约 541×10^8 m^3，年输沙量约 1 323×10^4 t，平均潮差 1.36 m；口门外有龙穴岛，将其下游分为两条深槽，北深槽由南沙向东延伸，称凫洲水道，南深槽由口门沿万顷沙向南延伸，连接佛山、中山等地的内河通道。

洪奇门，位于万顷沙西侧海域，为洪奇沥水道出海口，口门上游河口海域面积 13.7 km^2，海岸线长 43.7 km。洪奇门上游有李家沙水道、容桂水道、桂洲水道、黄圃水道、黄沙沥等汇入，入海年径流量约 200×10^8 m^3，年输沙量约 489×10^4 t，平均潮差 1.21 m；其下游接灯笼水道注入伶仃洋，口门外多沙洲浅滩发育。

横门，位于中山东部海域，为横门水道出海口，口门上游河口海域面积 1.0 km^2，海岸线长 2.9 km。横门东邻洪奇门，其上游有小榄水道、鸡鸦水道汇入，入海年径流量约 350×10^8 m^3，年输沙量约 857×10^4 t，平均潮差 1.15 m；口门外有横门岛，滩涂发育，将其下游分为南汊和北汊，南汊沿芙蓉峡谷、北汊经灯笼水道分别注入伶仃洋，是中山的主要海上通道。

磨刀门，位于珠海洪湾企人石附近海域，为西江主要出海口，口门上游河口海域面积 6.7 km^2，海岸线长 9.2 km。磨刀门上游有西江干流汇入，入海年径流量约 884×10^8 m^3，年输沙量约 2 160×10^4 t，经磨刀门水道、洪湾水道注入南海，泥沙在口门海域淤积，滩涂发育，鹤洲山附近海域已形成围垦区；平均潮差 0.86 m，属弱潮汐作用河口，枯水年枯季易受咸潮上溯影响口门上游局部地区供水安全；口门外有交杯岛、横琴岛等海岛，分布有红树林湿地生态系统。

鸡啼门，位于珠海西南部的三灶与南水之间海域，形成于 1959 年坭湾门堵海工程完成后，为鸡啼门水道出海口，口门上游河口海域面积 4.3 km^2，海岸线长 12.0 km。鸡啼门水道自文鱼沙至大霖，入海年径流量约 189×10^8 m^3，年输沙量约 473×10^4 t，平均潮差 1.01 m；口门外有两条深槽，深槽两侧均为浅滩，由三灶、南水和高栏环绕，形成鸡啼门浅海区。

虎跳门，位于黄茅海东北端，为西江通海汊道虎跳门水道出海口，口门上游河口海域面积 2.0 km^2，海岸线长 8.8 km。虎跳门入海年径流量约 194×10^8 m^3，年输沙量约 473×10^4 t，平均潮差 1.2 m；口门外深槽偏向黄茅海东部，为西江通粤西、海南沿海港口的捷径。

崖门，位于黄茅海北端，为银洲湖出海口，口门上游河口海域面积 39.7 km^2，海岸线长 64.8 km。崖门上游为银洲湖，由潭江汇入，入海年径流量约 188×10^8 m^3，年输沙量约 341×10^4 t，平均潮差 1.2 m；口门外西侧滩涂发育，已形成崖南围垦区；与虎跳门交汇注入黄茅海，形成深槽，为江门新会通粤西、海南沿海港口的主要通道（珠江河口海域围填海红线划定方案）。

3.2.1.2 珠江河口海域环境

1）无机氮

据统计，珠江八大出海口门多年（1997—2007 年）平均净泄量为 3 260×10^8 m^3，无机氮年平均变化浓度在 0.690~1.49 mg/L，多年均值 1.17 mg/L。无机氮中以 NO_3-N 为主，约占总量的 60%~90%，其次是 NH_3-N 占 5%~30%，最少的是 NO_2-N，一般只占不到 10%。在八大出海口门中，无机氮浓度以虎门最高，污染最严重，但污染物入海通量以年水文年为例最大的则是磨刀门，依次为虎门、横门、蕉门、洪奇门、崖门、鸡啼门、虎跳门。通过比较八大出海口门入海径流量相对值与无机氮相对值，分析结果为二者负相关，即径流量大时无机氮含量降低。因此，八大出海口门的污染类型总体来看点源污染占优势。八大出海口门的入海通量与国内生产总值、农业总产值、工业增加值、人口及废污水排放量呈正相关，说明随着珠江三角洲经济社会的发展，人口的膨胀，无机氮污染物的入河排放量逐年增大，点源与面源污染呈加剧趋势，导致珠江口的水体质量不断下降。珠江八大出海口门无机氮浓度呈逐年上升趋势，随着经济社会的发展，点源污染的加剧导致了无机氮含量的升高；另一方面，上游来水量的减少也导致了无机氮含量的升高。

无机氮的入海通量东四口门大于西四口门，东四口门占总入海通量的63%，西四口门占37%。

2）磷酸盐、石油类和COD

磷酸盐年平均浓度变化在0.003 13~0.047 6 mg/L之间，多年均值0.016 6 mg/L；石油类年平均浓度变化在0.018~0.25 mg/L之间，多年均值0.079 mg/L；COD年平均浓度变化在1.32~4.48 mg/L之间，多年均值为2.60 mg/L。

3）珠江口上游污染物来源的贡献分析

一般而言，以稳定点源污染为主的河流多呈现枯水期水质较丰水期差，而面源污染为主的由于冲刷带来污染物使得丰水期较差，但有时也会大量径流增加稀释作用而使污染物浓度下降。为分析珠江口上游污染物来源的贡献，本项目收集了近20年珠江口八大口门的水质监测数据，结果表明：污染物来源与水期不明显，贡献没有规律。这是由于珠江流域广阔，点源面源俱有，污染来源及成因复杂多变，各年份降水量又不同，加上河网纵横交错，水流交汇点众多，出海口门分散，且各口门的水文状况复杂，径潮作用强弱不一，因此污染物浓度随机性变化大，无规律可循。

总之，珠江八大口门污染物浓度变化，呈现营养盐类不断上升、重金属和石油类总体下降、COD先升后降的变化趋势。在枯、丰、平3个水期中，污染物并没有集中在某一个水期，各污染物浓度分布没有规律，随机性较大。

3.2.2　深圳市西部入海流域环境概况

3.2.2.1　污水处理概况

近年来深圳全力推进水污染治理，以空前力度开展污水处理厂、污水收集管网及污泥处理三大设施的建设和改造。目前，全市已建成污水处理厂28座，2014年平均处理能力479.5×10^4 t/d，产生的污泥全部实现减量化、稳定化和无害化处置。深圳市污水处理厂基本情况见表3-3（深圳水务网）。

表3-3　2014年深圳市污水处理厂运营情况统计

污水处理厂	设计规模（×10^4 t/d）	运营单位
滨河污水处理厂	30	深圳市水务集团
罗芳污水处理厂	35	深圳市水务集团
南山污水处理厂	56	深圳市水务集团
蛇口污水处理厂	3	深圳市水务集团
盐田污水处理厂	12	深圳市水务集团
西丽再生水厂	5	深圳市水务集团
南山区小计	141	
平湖污水处理厂	8	深圳市南方水务有限公司
横岗污水处理厂	10	深圳市瀚洋污水处理有限公司
横岭污水处理厂	20	深圳北控丰泰投资有限公司
坂雪岗污水处理厂	4	深圳市南方水务有限公司
布吉河水质净化厂	20	深圳市国祯环保科技有限公司
布吉污水处理厂	20	深圳北控环保科技有限公司
横岭污水处理厂（二期）	40	深圳市北控创新投资有限公司
埔地吓污水处理厂	5	深圳市南方水务有限公司
鹅公岭污水处理厂	5	深圳市南方水务有限公司

续表

污水处理厂	设计规模（$\times 10^4$ t/d）	运营单位
横岗污水处理厂（二期）	10	深圳市南方水务有限公司
龙岗区小计	167	
观澜污水处理厂	6	深圳市观澜南方水务有限公司
龙华污水处理厂	15	深圳市中环水务有限公司
观澜污水处理厂（二期）	20	深圳市观澜南方水务有限公司
龙华污水处理厂（二期）	25	成都市兴蓉投资股份有限公司
龙华新区小计	51	
沙井污水处理厂	15	通用沙井污水处理有限公司
固戍污水处理厂	24	深圳市瀚洋水质净化有限公司
福永污水处理厂	12.5	深圳市首创水务有限公司
燕川污水处理厂	15	深圳市首创水务有限公司
公明污水处理厂	10	深圳市首创水务有限公司
宝安区小计	66.5	
龙田污水处理厂	8	深圳市深水龙岗污水处理有限公司
上洋污水处理厂	20	深圳市深水龙岗污水处理有限公司
沙田污水处理厂	3	深圳市深水龙岗污水处理有限公司
坪山新区小计	31	
光明污水处理厂	15	深圳市深水光明污水处理有限公司
光明新区小计	15	
葵涌污水处理厂	4	深圳市深水龙岗污水处理有限公司
水头污水处理厂	4	深圳市深水龙岗污水处理有限公司
大鹏新区小计	8	
全市合计	479.5	

1）沙井污水处理厂

沙井污水处理厂位于宝安区沙井街道民主村，占地面积约 23.7 万 m^2，一期建设规模：15×10^4 t/d，项目总投资 1.5 亿元。工程采用改良 A2/O 二级生化处理工艺，出水达到国家《城镇污水处理厂污染物排放标准》一级 B 标准，主要处理沙井、石岩街道及松岗洋涌河以南大部分地区排入珠江口沿岸的生活污水。固戍、龙华、沙井 3 个污水处理厂预计一年削减污染物 COD 达 4.49×10^4 t，大大减少对深圳水体的污染负荷。

2）福永污水处理厂

福永污水处理厂位于福永街道的孖庙涌、虾山涌之间，规划占地面积 21.36×10^4 m^2，主要负责处理福永片区的生活污水，一期规划处理规模为 12.5×10^4 t/d，投资约 2.3 亿元。采用合流制水量，旱季平均流量 12.5×10^4 m^3/d，雨季平均流量 37.5×10^4 m^3/d。污水处理采用二级生化脱氮除磷的多模式 A2/O 工艺，执行国家一级 A 排放标准，全厂采用生物除臭。燕川、福永污水处理厂的投入使用，将年均削减化学需氧量 8 000 余吨，削减氨氮 1 000 余吨。

3）固戍污水处理厂

固戍污水处理厂位于宝安区西乡街道固戍开发区，规划建设面积约 31.67×10^4 m^2，一期设计规模：24×10^4 t/d，工程总投资 2.7 亿元，污水处理厂采用改良 A2/O 二级生化处理工艺，出水可达到国家《城镇污水处理厂污染物排放标准》中的一级 B 排放标准，主要处理新安、西乡街道、航空城及福永街道西南部沿珠江口地区的生活污水。

4）南山污水处理厂

南山污水处理厂于1988年3月动工，1989年11月竣工投产，一期工程规模水处理5×10^4 t/d，投资4 500万元，其服务范围为南头、南油以及蛇口的部分地区，服务人口为8.5万人；二期工程于1989年12月动工，1997年6月25日海洋放流管及厂区污泥部分建成并投入使用。全部工程完工后服务人口为121.68万人，污水处理为73.6×10^4 m^3/d；占地面积15.416 hm^2。

5）蛇口污水处理厂

蛇口工业区污水处理厂位于南港一湾，总投资7 000多万元，于1999年6月正式投入运行。项目占地面积3 hm^2，日处理污水能力3×10^4 t，服务人口8万人，服务面积11 km^2。蛇口污水厂执行GB 18918—2002污染物排放二级标准，2014年1—9月深水集团蛇口分公司水质监测数据显示，pH值：7.3，SS：14.8 mg/L，BOD_5：10.1 mg/L，COD_{Cr}：42.3 mg/L。2014年8月蛇口污水厂移交南山污水处理厂管理。

6）福田污水处理厂

在建，未投产。位于深圳市福田区竹子林片区，一期工程规模污水处理40×10^4 t/d，总投资6.8亿元。

7）滨河污水处理厂

滨河污水处理厂始建于20世纪80年代中期，是深圳最早的污水处理厂。项目占地面积13.87 hm^2，主要处理罗湖区西部和福田区东部的城市生活污水，服务人口约54万人，日处理污水30×10^4 t。工程总投资4.5亿元（深圳水务网）。

3.2.2.2　深圳水系（河流）概况

深圳有河流310条（集雨面积大于1 km^2），全市河道总长999 km，其中独立河流98条（内陆河流仅8条，90条为直接入海河流），见图3-4。在这310条河流中，流域面积大于100 km^2的河流有5条（即深圳河、茅洲河、龙岗河、坪山河、观澜河）；流域面积大于50 km^2，小于100 km^2的河流有5条（即丁山河、沙湾河、布吉河、西乡河、大沙河）；集雨面积大于10 km^2的河流69条；集雨面积大于5 km^2的河流106条。

深圳湾水系位于深圳市的中南部，主要包括特区境内的南山区、福田区，控制面积174.62 km^2。该分区内共有大小河流26条，独立河流5条，一级支流13条，二三级支流8条。流域面积大于50 km^2的河流仅1条（大沙河），流域面积大于10 km^2的河流4条，流域面积大于5 km^2的河流6条。

深圳河流域位于深圳市的中部，自北向南汇入深圳湾，主要包括龙岗区的布吉镇、横岗镇、平湖镇和特区境内的罗湖区、福田区，控制面积172.06 km^2。该分区内共有大小河流36条，独立河流1条（深圳河），一级支流5条，二三级支流30条。流域面积大于50 km^2的河流仅3条（深圳河、沙湾河、布吉河），流域面积大于10 km^2的河流8条，流域面积大于5 km^2的河流13条。

珠江口水系位于深圳市的西南部，主要包括宝安区的沙井镇、福永镇、西乡镇、新安街办和南山区，控制面积260.46 km^2。该分区内共有大小河流38条，独立河流31条，一级支流7条。流域面积大于50 km^2的河流仅1条（西乡河），流域面积大于10 km^2的河流2条，流域面积大于5 km^2的河流6条。

茅洲河流域位于深圳市的西北角，属宝安区境内，与东莞市搭界，主要包括宝安区的石岩镇、光明街办、公明镇、松岗镇、沙井镇，控制面积310.85 km^2。该分区内共有大小河流41条，其中干流1条，一级支流23条，二三级支流17条。流域面积大于50 km^2的河流仅1条，即茅洲河。与东莞市的界河2条：茅洲河与塘下涌，其界河河段总长度为15.03 km。咸潮河流11条，咸潮河段

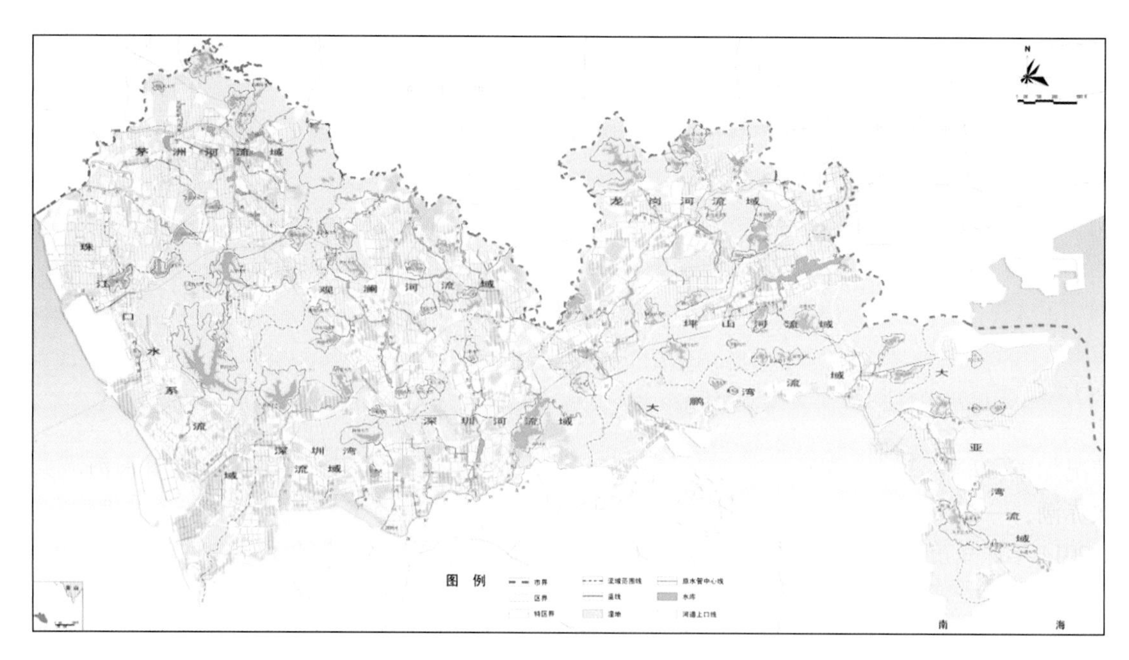

图 3-4　深圳水系（河流）分布

总长 31.58 km（深圳水务网）。

3.2.2.3　深圳市西部海域海水水质概况

2014 年珠江口深圳海域水质均劣于四类海水水质标准，主要超标因子为无机氮和活性磷酸盐。5 月、8 月珠江口海域各监测站位的无机氮含量均超过四类海水水质标准，10 月无机氮含量的站位超标率为 90%；活性磷酸盐含量超四类海水水质标准的监测站位比例分别为 15%、75%和 50%。与 2013 年相比，活性磷酸盐含量升高了近 1 倍，石油类含量降低到 2013 年的 1/6。从 2011 年开始，珠江口海域的平均污染水平变化不大。2014 年深圳湾海域水质污染严重，各监测站位的无机氮含量均超四类海水水质标准。5 月、8 月和 10 月，深圳湾海域活性磷酸盐含量超四类海水水质标准的监测站位比例分别是 60%、100%和 100%。与 2013 年相比，活性磷酸盐含量升高约 50%，石油类含量降低了约 28%。2013 年和 2014 年，深圳湾海水平均污染水平较 2012 年略有上升，但仍低于 2010 年的污染水平（深圳市 2014 年海洋环境质量公报）。

3.2.3　广州市海洋环境概况

2014 年广州市 3 条主要入海河流中，莲花山水道入海河口水质为三至四类，洪奇沥水道入海河口水质为二至三类，蕉门水道入海河口水质达到二类，均达到或优于入海排污口污染物排放标准，但仍对广州海域环境质量造成一定影响。特征污染物多环芳烃、多氯联苯、部分重金属等普遍检出，底栖生物量和栖息密度离排污口越远越大。虎门、蕉门、洪奇门和横门等口门全年排放入海的污染物总量变化不大（2014 年广州市环境状况通报）。

近年来广州海域海洋环境总体污染趋势有所减缓，但不容乐观。海水中主要污染物是无机氮、活性磷酸盐和化学需氧量（COD_{Mn}），各海洋功能区的海水水质基本上能满足其使用功能的需要；局部海域沉积物中重金属镉和铜含量超标；海洋贝类生物质量总体良好，部分监测站所在海域的海洋贝类受到六六六和滴滴涕污染，残留水平总体呈现上升趋势；浮游动物多样性指数和均匀度呈现上升趋势；海洋垃圾数量处于较低水平。

3.2.4 珠海市海洋环境概况

2013 年珠海海域水质总体较好，但受污染海域的面积呈逐年上升趋势，个别养殖区的铜含量略超标。全年监测结果显示：2013 年珠海海域海水环境状况总体较好，主要污染物为无机氮，其次为活性磷酸盐、石油类；其他监测指标化学需氧量、溶解氧以及重金属汞、砷、锌、镉、铅、铜、铬的含量均处于《海水水质标准》一类和二类水平。在珠海市 6 135 km^2 的海域面积中，5 月、8 月、11 月符合四类海水水质标准和劣于四类海水水质标准的海域面积分别占全市所辖海域面积的 100%、65.6%和 100%，与 2012 年同期相比均有所增加。2011 年至 2013 年间，海水水质处于四类和劣四类水平的海域面积比例在逐年增大，由近岸海域逐渐向近海海域扩大。海水富营养化海域主要分布在北部和西部近岸海域。与 2012 年相比，北部海域的富营养化情况有所减轻，西部海域的富营养化情况加重，群岛海域的富营养化情况基本与上年持平。在海洋灾害方面，2013 年珠海海域共发生两次赤潮，一起突发性海洋污染事件（珠海市 2013 年海洋环境质量公报）。

2014 年珠海市水环境质量处于较好水平，集中式饮用水源地水质达标率 100%。全年水资源总量 15.08×10^8 m^3，人均水资源 941.16 m^3。2014 年总用水量 4.98×10^8 m^3，其中居民用水 $10\ 544\times10^4$ m^3，工业用水 $11\ 295\times10^4$ m^3。建成污水处理厂 14 座，城市污水日处理能力达 66.4×10^4 t。全市 29 个水质监测断面中，一至二类水质的断面比例 51.0%，三类水质的断面比例 16.6%，四类水质的断面比例 18.5%，五类水质的断面比例 9.6%，超过五类水质的断面比例 4.2%。近岸海域 29 个海水质量监测点中，达到一类海水水质标准的海域面积占 50.6%；二类海水水质面积占 16.3%；三类海水水质面积占 5.0%；四类、劣四类海水水质面积占 28.1%（珠海市 2014 年国民经济和社会发展统计公报）。

3.2.5 东莞市海洋环境概况

2013 年，东莞市海域海水质量基本保持稳定，水质状况总体较差，海水中主要污染物依然为无机氮、活性磷酸盐和石油类等，含量较上年有所下降。全部监测站位无机氮含量均劣于四类海水水质标准；93.3%的监测站位活性磷酸盐含量劣于四类海水水质标准，6.7%的监测站位活性磷酸盐含量符合四类海水水质标准；全部监测站位石油类含量符合三类海水水质标准。与深圳比邻的长安近岸海域：水质状况总体较差，主要污染物为无机氮、活性磷酸盐和石油类。无机氮、活性磷酸盐含量劣于四类海水水质标准，石油类含量符合三类海水水质标准。与上年相比，活性磷酸盐含量有所上升；无机氮、石油类含量有所下降（东莞市 2013 年海洋环境质量公报）。

3.2.6 中山市海洋环境概况

近年来中山市海域海水水质受陆源污染影响较大，河口区、近岸海域海水质量较差，超标项目主要是无机氮和磷酸盐，其次是石油类，达标项目有化学需氧量（COD）、锌、汞、镉、铅和砷。

第4章　深圳西部海域开发利用现状与涉海规划

珠江河口海域位于珠江三角洲地区核心区域，北起黄埔港、新会港，南至领海线，包括狮子洋、伶仃洋、黄茅海等海域，面积约 9 689 km^2。珠江河口海域具有良好的生物栖息环境和丰富的饵料基础，是多种经济鱼类的产卵场、索饵场和洄游通道，全年均有鱼类产卵，并且有 7 个国家级、省、市（县）级自然保护区，分布有国家一级保护动物中华白海豚、二级保护动物黄唇鱼等珍稀濒危水生动物，被誉为南海渔业资源的摇篮。珠江口沿海各市的围填海情况见表 4-1 和表 4-2。

表 4-1　珠江口沿海各市围垦用海情况　　单位：km^2

时间	类别	深圳	东莞	广州	中山	珠海	江门东部	合计
1950—2013 年	围垦面积	136. 65	33. 77	153. 38	53. 43	408. 00	79. 50	864. 73
	年均围垦	2. 17	0. 54	2. 43	0. 85	6. 48	1. 26	13. 73

表 4-2　2002—2013 年珠江口沿海各市填海情况　　单位：hm^2

地区	填海面积	总确权填海面积	区规内填海面积		区规外填海面积				
				其中确权面积	2002 年前围堰，2002 年后成陆面积	2002—2008 年间围填成陆，已划入陆地	国管重点工程，未确权但取得施工许可	未批先填面积	确权面积
深圳西部	3 465	3 319	—	—	—	1	—	144	3 319
东莞	113	107	—	—	—	—	—	6	107
广州	2 128	200	1 279	184	578	5	248	2	16
中山	437	—	—	—	161	—	100	175	—
珠海	4 961	631	2 999	344	837	579	250	9	287
江门东部	349	7	140	—	—	1	158	41	7
合计	11 453	4 264	4 418	528	1 576	586	756	377	3 736

注：数据来源于广东省海域动态监管中心。

4.1　深圳西部海域开发利用现状

深圳市海岸线全长约 248 km，其中，东部海岸线长约 151 km，位于大鹏湾、大亚湾，与香港特别行政区、惠州市相接；西部海岸线长约 97 km，位于珠江口东岸，与东莞市、香港特别行政区相接，陆域总面积与海域总面积的比为 1∶0. 59，每平方千米陆地拥有海岸线 130 m。全市滩涂面积约 70 km^2，有大、小岛屿约 39 个。深圳市海域范围见图 4-1。

2011 年年末珠江口西部近岸海岸带用海项目 55 个，海砂开采用海项目 17 个，详细成果见表 4-3、表 4-4 和图 4-2、图 4-3。

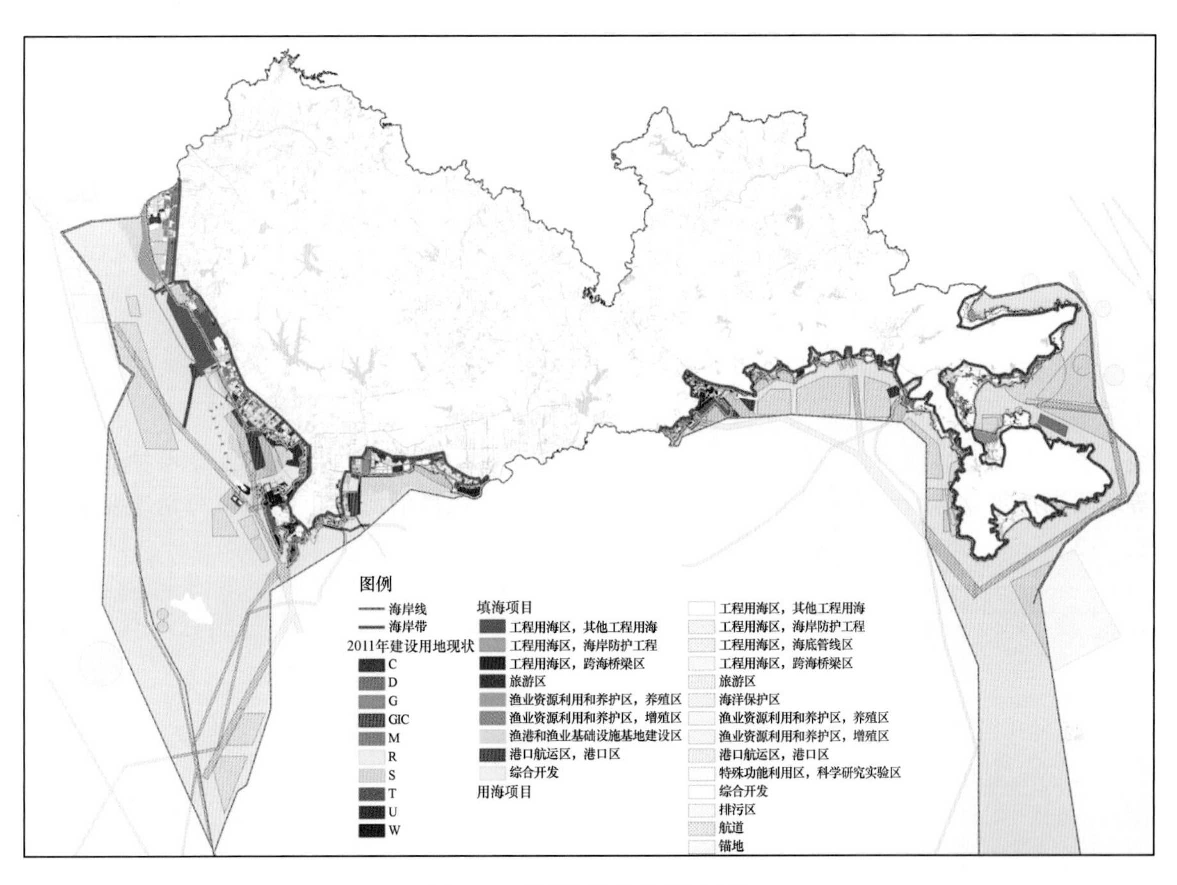

图 4-1 深圳市海岸带利用现状

表 4-3 深圳西部海域海岸带用海项目调查

序号	项目名称	批准用海（hm^2）	用海设施（m）		海岸线长（m）	用海功能
			码头	栈桥		
1	福田国家级红树林自然保护区	277.076 5			5 950.8	自然保护
2	深圳湾滨海 15 km 休闲带海滨公园	215.704 5		480.0	12 430.25	滨海休闲
3	深圳市土地投资开发中心后海填海	570.955 0				居民地带
4	深圳湾公路大桥	6.50		600.0	66.0	交通运输
5	深圳地铁 2 号线东角头站	7.35			420.0	居民地带
6	东角头码头		120.0		123.3	港口码头
7	中石化深圳石油分公司蛇口油库码头	15.51	409.4		64.8	港口码头
8	姑婆角水上公安检查站	0.25			41.7	港口码头
9	姑婆角利安码头				198.6	港口码头
10	半岛城邦观光塔				17.0	滨海休闲
11	蛇口渔港				2 369.1	港口码头
12	蛇口边防工作站海上警务区		78.5		144.0	港口码头
13	海上世界用海	7.32			612.3	居住地带
14	蛇口豪华游艇会（深圳湾游艇会）	13.880			319.6	滨海休闲
15	蛇口港客运站码头 1		71.7		15.3	港口码头
16	蛇口港客运站码头 2		140.5		40.2	港口码头
17	招商局太子湾	79.07			1 250.0	港口码头

续表

序号	项目名称	批准用海（hm^2）	用海设施（m）		海岸线长（m）	用海功能
			码头	栈桥		
18	大成食品（蛇口）有限公司码头	0.78	30.0		108.5	港口码头
19	蛇口招商股份有限公司 11 号码头		1 010.0		1 031.7	港口码头
20	南海救助局深圳基地		180.0		180.4	港口码头
21	深圳港蛇口港区 12 号泊位码头	4.39	860.0		524.7	港口码头
22	蛇口集装箱码头有限公司 SCT 码头	42.57	4 010.0		5 021.5	港口码头
23	蛇口水上消防中队码头		150.0		153.9	港口码头
24	西部监督码头（深圳市海事局快速反应基地）	0.80	120.0		160.7	港口码头
25	招商石化气码头		60.0		183.4	港口码头
26	华英石油联营有限公司		100.7		257.3	港口码头
27	赤湾壳牌石油公司	4.97	200.0		379.0	港口码头
28	赤湾胜宝旺工程有限公司 3 号滑道		405.0		928.1	港口码头
29	赤湾集装箱码头		3 850.0		4 972.3	港口码头
30	深圳妈湾电厂		985.0		986.8	港口码头
31	深圳前海湾保税港区		700.0		1 076.7	港口码头
32	深圳海星港口发展有限公司码头		1 145.0		890.5	港口码头
33	妈湾港区		300.0		800.7	港口码头
34	深圳亿升液体仓储有限公司妈湾油库码头	16.081 2	234.0		25.0	港口码头
35	深圳中石油美视妈湾油港油库码头	15.519 1	300.0		435.9	港口码头
36	蛇口友联客运码头		80.0		140.6	港口码头
37	南海救助局深圳基地	4.12	170.0		350.8	港口码头
38	驻港部队码头		125.0		739.7	港口码头
39	深圳前湾燃机电厂	5.36	100.0		94.3	港口码头
40	深圳市土地投资开发中心月亮湾填海	589.96			8 745.5	港口码头
41	宝安中心区填海	415.65			11 376.5	港口码头
42	深圳大铲湾港口区	1 339.28	2 950.0		3 469.2	港口码头
43	前湾 220 kV 输电项目	28.85				港口码头
44	大铲湾港区疏港通道	12.46			95.8	交通运输
45	宝安西乡基围养殖用海				1 409.2	水产养殖
46	深圳机场南侧填海				412.4	港口码头
47	深圳机场客运码头	184.64	3 122.0			港口码头
48	深圳宝安机场二跑道填海区	1 189.81			9 080.0	港口码头
49	广深高速公路用海区	243.97		22 900.0		交通运输
50	虾山涌口南侧填海				159.5	港口码头
51	虾山涌口北侧填海				196.7	港口码头
52	福永沙井基围养殖用海				7 255.9	水产养殖
53	东宝河口填海				382.4	港口码头
54	东宝河口边防码头		67.9		2.9	港口码头
55	招商局深圳孖洲岛友联修船基地	273.43			11 376.5	港口码头

表 4-4 深圳西部海域海砂开采用海项目调查

序号	用海单位	用海面积（hm^2）	登记时间	终止时间
1	广州瑞吉砂石有限公司	21.357 4	2013年10月21日	2014年7月31日
2	广州瑞吉砂石有限公司	19.692 6	2013年5月27日	2014年5月27日
3	广东恒洋投资发展有限公司	80.940 0	2012年8月29日	2014年8月15日
4	广州市迪阳砂石有限公司	75.850 0	2013年4月26日	2014年4月26日
5	广东海建港务有限公司	33.410 6	2013年3月4日	2014年2月28日
6	广东海建港务有限公司	22.589 4	2013年10月21日	2014年5月31日
7	广州市方维贸易有限公司	60.842 0	2012年2月21日	2014年2月21日
8	广东港源建设有限公司	45.259 5	2012年9月3日	2013年9月3日
9	佛山市顺德区汇星房产有限公司	42.005 4	2012年8月14日	2013年8月14日
10	广东长江船务有限公司	35.440 2	2013年9月29日	2015年9月29日
11	深圳天誉沙石有限公司	67.641 6	2012年9月24日	2014年9月24日
12	广东中阳实业投资有限公司	58.358 4	2012年5月31日	2014年5月31日
13	深圳市海岸金湾砂业投资发展有限公司	54.922 9	2013年2月27日	2014年2月27日
14	珠海国际经济技术合作有限公司	56.640 0	2013年9月29日	2015年12月15日
15	珠海市钰成砂石有限公司	60.712 2	2013年3月15日	2015年9月29日
16	珠海市腾远商贸有限公司	58.974 5	2009年6月5日	
17	珠海市腾远商贸有限公司	58.974 5		2013年6月26日

4.1.1 主要涉海项目情况概述

4.1.1.1 福田国家级红树林自然保护区

位于深圳湾东北岸，东起新州河口，西至海滨生态公园，南达滩涂外海域和深圳河口，北至广深高速公路，已批准的保护区用海面积为 277.076 5 hm^2。广东内伶仃岛—福田自然保护区建于1984年10月，1988年5月晋升为国家级自然保护区，是全国唯一处在城市腹地、面积最小的国家级森林和野生动物类型的自然保护区。保护区内红树林繁多，管护完好。

4.1.1.2 深圳湾 15 km 休闲带海滨公园

位于南山区东南部，面向深圳湾，是深圳特区内唯一的密集城区滨海带，是市政府确定的重大建设项目，项目已批准总用海面积为 215.704 5 hm^2，其中填海面积为 49.736 8 hm^2，一般性用海面积为 165.967 7 hm^2。15 km 长的海滨长廊上实现“生态”与“生活”的紧密结合，在连接西部通道跨海大桥的同时，为市民创造一个享受大海的休闲场所，把深圳真正打造成亚热带风光的滨海城市，成为深圳的城市名片。目前从福田国家级自然保护区红树林段到东角头已建成并开放，沿岸风景优美，是市民休闲娱乐、缓解压力的好去处。

4.1.1.3 深圳湾公路大桥

深圳湾公路大桥起于深圳湾 15 km 休闲带海滨公园，连接深圳蛇口东角头和香港元朗鳌堪石，亦称“深港西部通道”。已批准的用海类型为跨海桥梁用海，面积为 6.5 hm^2。2007年7月1日通车，全长 5 545 m，为目前国内标准较高的公路大桥之一，每日可通关车辆约 5.86 万辆次。

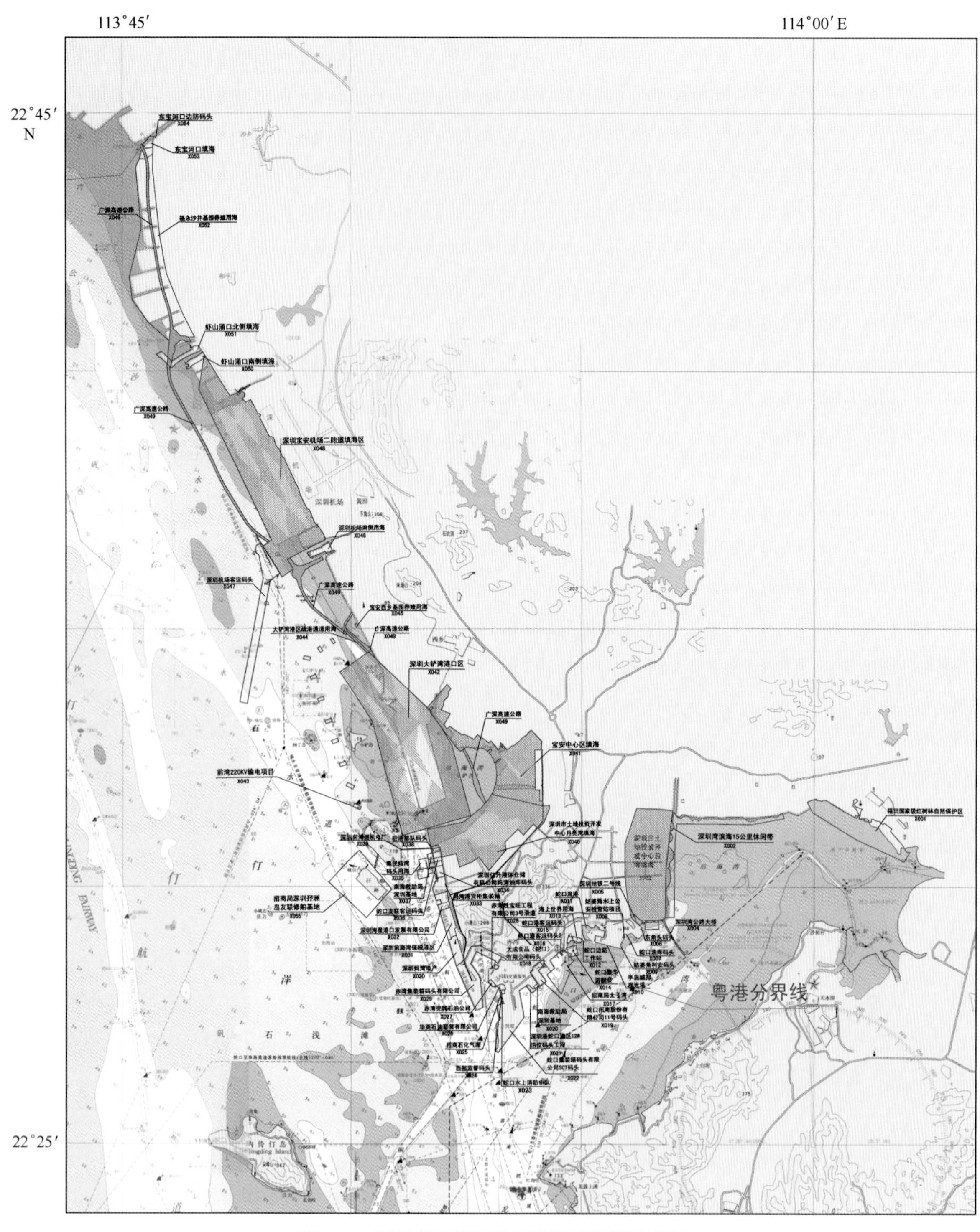

图 4-2　深圳市西部海域海岸带开发利用现状

4.1.1.4　蛇口豪华游艇会（深圳湾游艇会）

位于深圳市南山区蛇口工业一路南海酒店旁，毗邻太子湾和海上世界。已批准的用海面积为 13.880 hm^2，其中建设填海面积为 0.728 hm^2，港池用海面积为 13.152 hm^2，占用海岸线长度约为 319.6 m，作为 21 世纪的国际级游艇会所，港粤国际游艇会将建设占地逾万平方米的会所，以现代风格建筑，成功打造出超六星级豪华气派，在建的 4 层高会所大楼，设有全天候室内暖水泳池、网球场、海中高尔夫球练习场、美容及水疗护理、豪华会员住宿设施等。

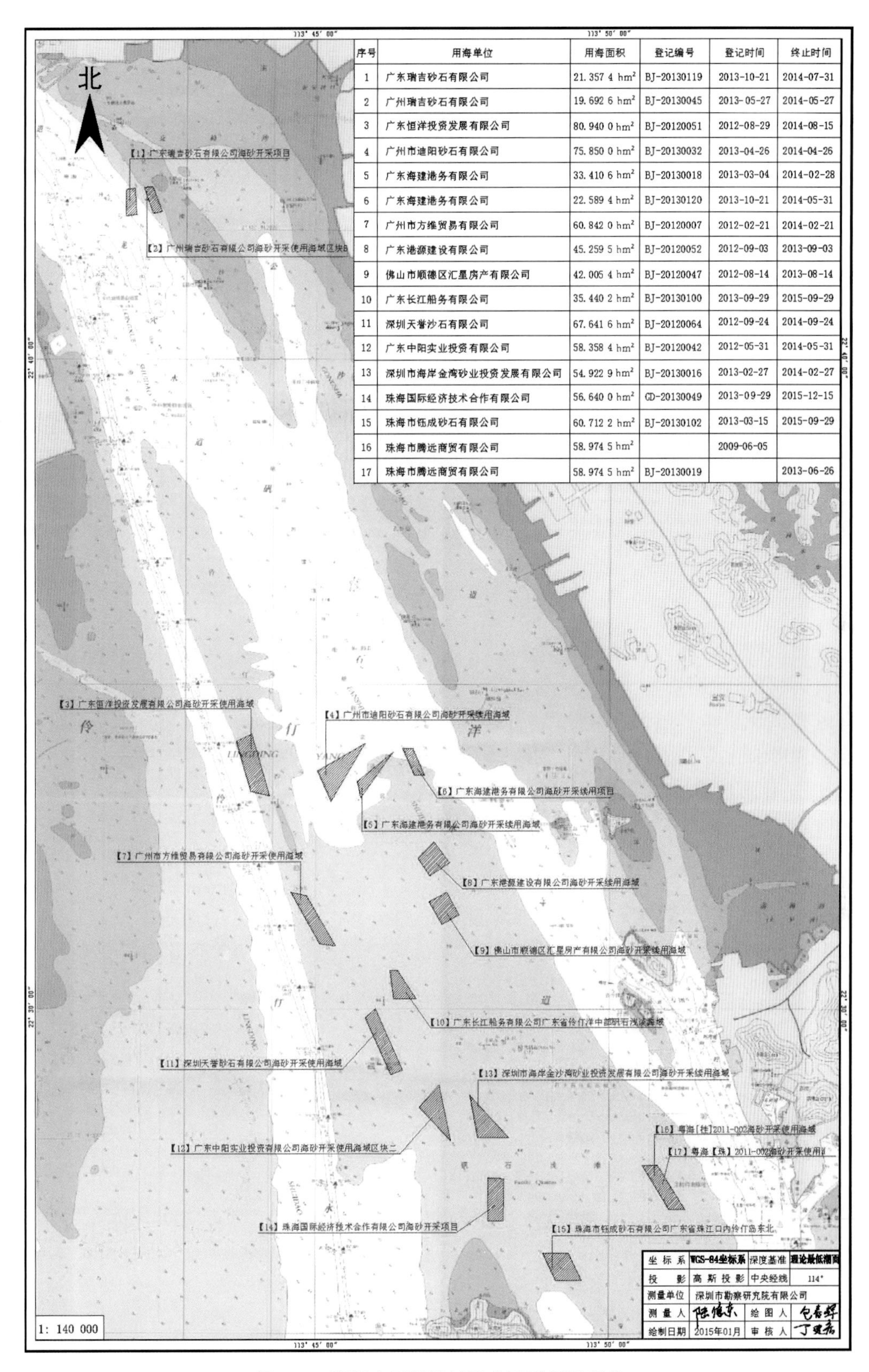

序号	用海单位	用海面积	登记编号	登记时间	终止时间
1	广东瑞吉砂石有限公司	21.357 4 hm²	BJ-20130119	2013-10-21	2014-07-31
2	广州瑞吉砂石有限公司	19.692 6 hm²	BJ-20130045	2013-05-27	2014-05-27
3	广东恒洋投资发展有限公司	80.940 0 hm²	BJ-20120051	2012-08-29	2014-08-15
4	广州市迪阳砂石有限公司	75.850 0 hm²	BJ-20130032	2013-04-26	2014-04-26
5	广东海建港务有限公司	33.410 6 hm²	BJ-20130018	2013-03-04	2014-02-28
6	广东海建港务有限公司	22.589 4 hm²	BJ-20130120	2013-10-21	2014-05-31
7	广州市方维贸易有限公司	60.842 0 hm²	BJ-20120007	2012-02-21	2014-02-21
8	广东港源建设有限公司	45.259 5 hm²	BJ-20120052	2012-09-03	2013-09-03
9	佛山市顺德区汇星房产有限公司	42.005 4 hm²	BJ-20120047	2012-08-14	2013-08-14
10	广东长江船务有限公司	35.440 2 hm²	BJ-20130100	2013-09-29	2015-09-29
11	深圳天誉沙石有限公司	67.641 6 hm²	BJ-20120064	2012-09-24	2014-09-24
12	广东中阳实业投资有限公司	58.358 4 hm²	BJ-20120042	2012-05-31	2014-05-31
13	深圳市海岸金湾砂业投资发展有限公司	54.922 9 hm²	BJ-20130016	2013-02-27	2014-02-27
14	珠海国际经济技术合作有限公司	56.640 0 hm²	GD-20130049	2013-09-29	2015-12-15
15	珠海市钰成砂石有限公司	60.712 2 hm²	BJ-20130102	2013-03-15	2015-09-29
16	珠海市腾远商贸有限公司	58.974 5 hm²		2009-06-05	
17	珠海市腾远商贸有限公司	58.974 5 hm²	BJ-20130019		2013-06-26

图4-3　深圳市西部海域海砂开采用海现状

4.1.1.5　蛇口港客运站码头（一期）

位于深圳市南山区蛇口一突堤东侧，紧邻蛇口豪华游艇会，码头长71.7 m，服务于蛇口港客运站，蛇口港客运站建于1981年，隶属香港招商局辖下招商局蛇口工业区有限公司。它是深圳市水上客运的枢纽，也是深圳海上口岸之一，是国内、港澳及国际人士出入深圳乃至中国的一条首选口岸通道。

4.1.1.6 蛇口集装箱码头有限公司SCT码头

位于深圳市南山蛇口工业区，东侧为深圳港蛇口港区12#泊位码头，西侧为蛇口水上消防中队。其所在的蛇口集装箱码头有限公司成立于1989年，注册简称“SCT”，于1991年正式投入运营，目前公司由招商局国际及香港现代货箱码头共同投资拥有。SCT码头是深圳市专业化集装箱码头之一，年最大处理能力将达到600×10^4 TEU。岸线为稳定人工岸线，占用海岸线长为5 021.5 m。为货主提供了一项更为经济、便捷的水路中转服务。

4.1.1.7 赤湾集装箱码头

位于深圳市南山赤湾港区内，占地总面积约为3.5 km^2，占用海岸线长4 972.3 m。它是连接世界各地与珠江三角洲经济圈乃至中国内陆腹地的“海上门户”之一。赤湾集装箱码头是深圳港三大集装箱码头之一，经过15年的发展，赤湾集装箱码头已经成为一个设施先进，管理完善的国际性专业集装箱码头。码头的泊位数量共9个，泊位总长度3 850.0 m，可提供365 d 24 h全天候的优质服务。

4.1.1.8 深圳妈湾电厂码头

位于深圳市南山妈湾港，紧邻赤湾港区，占用海岸线长986.8 m，其所在的电厂成立于1989年9月11日，公司注册资本19.2亿元人民币，主要从事电力开发建设及电厂生产经营，先后建成并拥有月亮湾燃机电厂（180 MW燃气蒸汽联合循环机组1台）和妈湾发电厂（320 MW燃煤机组2台、300 MW燃煤机组4台）两座现代化电厂，并配套建成1万吨级油码头1座、5万吨级煤码头2座。自成立以来累计发电量达$1\ 349\times10^8$ kW·h，连续多年入选广东省纳税百强企业。

4.1.1.9 深圳亿升液体仓储有限公司妈湾油库

位于深圳市南山区妈湾港，已批准的用海面积为16.081 2 hm^2，其中港池用海为14.417 5 hm^2，码头用海为1.663 7 hm^2，码头长234 m。码头所在的公司成立于1989年4月，是新加坡Eastern Tank Store（S）Pte Ltd与深圳南油集团有限公司的合资企业，是当时全中国第一家公众液体保税仓储公司，经营范围涉及散装液态化学品、石油产品的仓储、包装及码头装卸、过驳等服务。仓储区占地面积7万多平方米，四期储罐74个，总容量达11.4×10^4 m^3。公司拥有自己的3.5万吨级和5 000吨级专用码头各1个，所有操作已全部实现计算机联网。

4.1.1.10 深圳中石油美视妈湾油库

位于深圳市南山区妈湾大道西侧，紧邻深圳亿升液体仓储有限公司妈湾油库码头和蛇口友联船厂陆域码头，已批准的港池用海面积为15.519 1 hm^2，占用海岸线长435.9 m。其所在的公司2001年4月合资成立，是以油品仓储为核心业务的储运企业，公司注册资本18 850万元人民币，中国石油天然气股份有限公司出资比例为70%，美视电力集团（控股）有限公司出资比例为30%。

4.1.1.11 深圳前湾燃机电厂码头

位于深圳市南山区妈湾港，紧邻驻港部队码头，已批准建设填海面积为5.36 hm^2，占用海岸线长94.3 m。码头服务于深圳前湾燃机电厂。

4.1.1.12 深圳市土地投资开发中心月亮湾填海

位于深圳市宝安中心区前海湾处，紧邻深圳市土地开发中心填海，已批准的建设填海总面积为

589.96 hm^2，占用海岸线长度约为 8 745.5 m。填海区域内各种项目正在规划建设中。

4.1.1.13 宝安中心区填海

位于深圳市宝安中心区前海湾处，紧邻深圳市大铲湾港口投资发展有限公司填海区域和深圳市土地投资开发中心月亮湾填海，已批准的建设填海总面积为 415.65 hm^2，占用海岸线长度为 11 376.5 m。填海区域内各种项目正在规划建设中。

4.1.1.14 深圳大铲湾港区

深圳大铲湾港区已批准的建设填海总面积约为 436 hm^2，港池用海总面积约为 903 hm^2，占用海岸线长度为 3 469.2 m。所在公司成立于 2003 年 7 月 25 日。经营范围为开发建设、管理和经营大铲湾港口区、物流园区、工业园区、商业贸易区、生活区等；从事及经营与客货运业、港口业务有关的装卸、货物处理、储存、运输、营销、信息咨询、顾问服务等，目前注册资本为 19.73 亿元。

4.1.1.15 深圳宝安机场二跑道填海区

位于深圳市宝安区福永街道虾山涌口南侧，已批准的建设填海面积为 1 189.81 hm^2，占用海岸线长度为 9 080.0 m，主要为机场二跑道的用地范围，目前项目正在建设中。

4.1.1.16 广深高速公路（深圳段）

广深高速公路（深圳段）北起东宝河口，南至前海湾，该项目已批准的用海为透水构筑物用海，用海总面积为 243.97 hm^2，深圳段设计总长 22 900.0 m，目前项目已投入使用。

4.1.1.17 招商局深圳孖洲岛友联修船基地

位于深圳市南山区孖洲岛上，北邻大铲岛，东眺妈湾港，南望内伶仃岛，已批准的用海面积为 273.43 hm^2，其中建设填海面积为 54.468 6 hm^2，码头用海面积为 0.687 4 hm^2，港池用海面积为 216.093 3 hm^2，基地从 2004 年 12 月正式开工，到 2008 年 4 月全部建成，仅用短短 4 年的时间完成整个基地工程的建设，建成大小泊位 15 个，码头岸线长 3 232 m，2 个 30 万吨级以上干船坞，各类土建建筑面积 14.4×10^4 m^2，陆域形成 63.25×10^4 m^2，并建设有 1 124.0 m 过海管廊。基地年产值可达 30 多亿元，安排就业人员 1 万多人。

4.1.2 小结

深圳西部海域海岸带开发项目有 55 个，其中，港口码头用海 43 个，占用岸线 89 248.5 m；海洋渔业用海 2 个，占用岸线 26 490.0 m；交通运输用海 3 个，占用岸线 161.8 m；滨海休闲用海 3 个，占用岸线 33 550.1 m；其他用海 4 个，占用岸线 6 986.9 m。深圳西部海域海岸线总长 96 502.9 m，其中，生物海岸线 7 861.5 m，人工稳定海岸线 66 236.6 m，人工不稳定海岸线 22 404.8 m。

4.2 深圳市涉海规划

4.2.1 深圳市海岸带保护与利用规划

深圳拥有海域面积 1 145 km^2，海岸线长达 257.3 km，海域水深湾阔，具有优良的港湾资源，沿岸海域生物资源丰富。深圳拟立法建立海岸带项目退出机制，不符合保护利用规划的，要求制定搬迁方案，逐步实施搬迁工作。深圳市结合陆海资源特征，将全市划分为 12 个特色岸段，西部岸段包括空港新城段、航口枢纽段、前海—宝安段、南山港区段、深圳湾休闲段 5 段，东部岸段包括盐田休闲段、大鹏湾段、柚柑湾—鹿嘴段、核电科普段、坝光休闲段 6 段，以及连接东西岸段的深圳河段。通过强化各岸段在功能定位与空间布局的规划指引，促进岸段错位发展、凸显优势。见图 4-4。

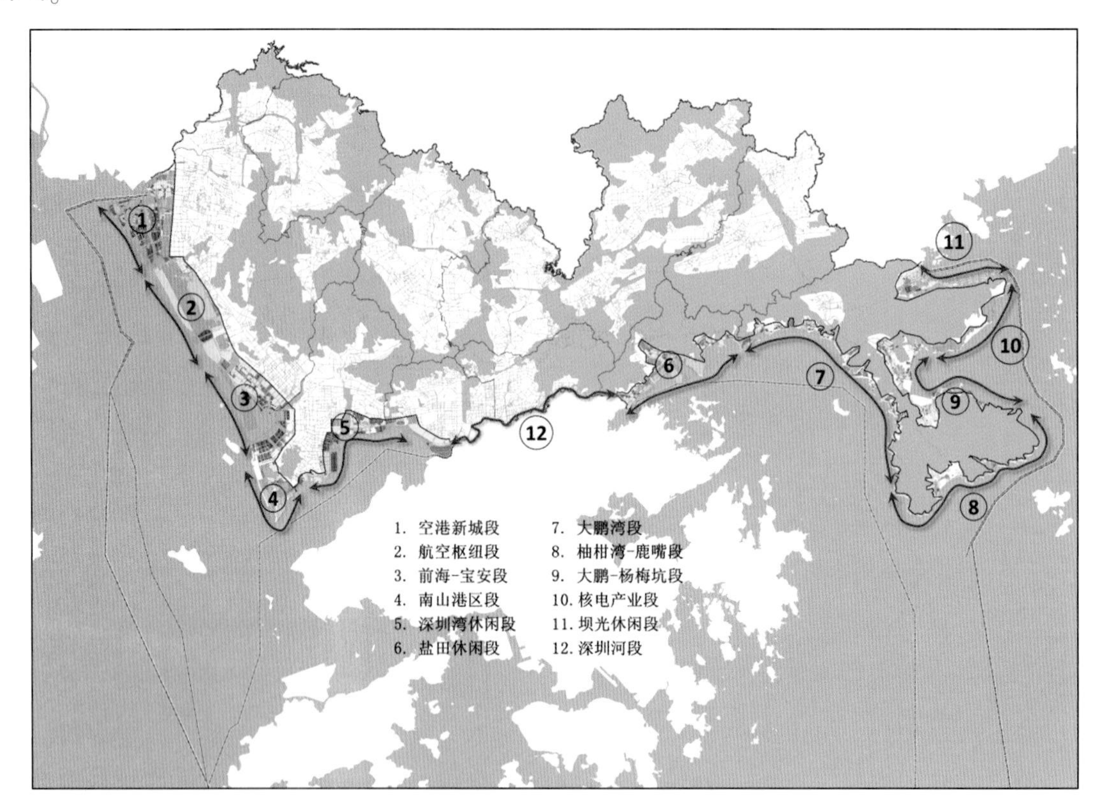

图 4-4　深圳市 12 个特色岸段划分示意图

4.2.2　深圳市海洋经济发展“十二五”规划

“十二五”期间，深圳市将以“四大战略、九大工程和五大保障”为抓手，在转变海洋经济发展方式、有序拓展海洋经济发展空间、集约利用海洋资源、有效提升海洋综合管理能力、塑造海洋城市精神等方面推动全市海洋产业向高端化迈进，形成人海和谐的良好局面。同时，根据国务院要求深圳市积极创建全国海洋经济科学发展示范市的精神，积极采取有效措施，一如既往地发挥好改革、示范的先锋作用。

4.2.2.1　海岸带更新优化

坚持陆海统筹，合理规划开发岸带和保留岸带，创新开发模式。通过岸带更新、改造和整理，提升经济、生态、人文价值，实现岸带空间优化、合理利用。

1）珠江口岸带

一是按照珠江治导线的要求，对已形成的工业、机场、港口、基围养殖等设施进行环境治理与改善，加强港口岸带集约利用，结合机场扩建工程探索岸带适度混合利用的模式，保障滨海公共空间。

二是修复以河口湿地为代表的海岸带自然生态系统，适当安排与城市配合的大型滨海基础设施，建设生产、生活、生态功能兼顾的滨海城市海岸景观带。

三是加强区域建设用海规划前期研究，坚持科学论证、合理布局，利用数学模型实验及物理模型实验分析结果，研究人工岛式、多突堤式、区块组团式等形态的填海工程，统筹珠江口填海整体布局，同时为城市规划建设做好岸带资源储备。

四是将西海堤防洪标准提高到100年一遇标准，加强防灾减灾能力建设。

五是充分协调宝安综合港区、大铲湾港区三期、远洋渔业基地与大空港地区之间的关系，建设都市型海洋产业集群。

2）深圳湾岸带

一是保护和重建滨海滩涂红树林生态系统，联系香港特区政府，开展深圳湾综合整治工作，保持岸带生态与景观资源的完整性和特殊性。

二是结合南山商业文化中心建设，协调生态岸带与生活岸带的关系，保证市民滨海休闲需求，形成以城市生活和休闲为主要功能的海岸景观带。

三是发挥深圳湾与香港水域相连的特性，积极推进深港滨海旅游合作。

4.2.2.2　海洋综合管理保障工程

优势海洋产业提升工程项目：盐田东港区项目、宝安综合港区项目、下沙滨海旅游度假区项目、太子湾邮轮母港项目、游艇产业集群项目、宝安远洋渔业基地项目。

海洋新兴产业培育工程项目：龙岗海洋生物产业园项目、深能源滨海电厂项目、前湾电厂二期项目、中石油LNG接收站项目。

南海远洋资源开发工程项目：赤湾基地深水码头项目。

岸带更新布局优化工程项目：海洋文化科普园项目、前海深港现代服务业合作区项目、坝光新兴产业基地项目。

海洋生态环境修复工程项目：海上田园滩涂红树林恢复项目。

4.2.3　深圳市海洋城市布局规划

《深圳市海洋城市布局规划》（以下简称《规划》）是通过深圳城市与海洋发展互动关系的历史回顾、现状特征和问题的系统分析，结合已有各相关规划的解读，正确把握海洋城市发展形势，在海洋城市发展总体目标下，明确深圳海洋城市空间发展的总体思路与原则，提出区域合作拓展、功能转型提效、生态资产储备、滨海特色塑造四大发展策略，并立足东西差异，确定“西城东憩”的总体结构，以滨海地区为重点，提出岸线与海岛的空间布局指引。同时借鉴国际经验，提出海岸带综合管理的基本框架，促进陆海资源管理水平的提升。为未来深圳与香港共建全球海洋中心城市，实现我国的海洋强国梦想。

《规划》明确了“三轴两带多中心”的轴带组团结构，强化与区域的空间联系与功能衔接。以城市空间结构为基础，通过前海中心、西部发展轴的功能集聚与强化，城市向海发展、珠江口湾区城镇群体系优化的整体格局日益明显。《规划》进一步明确了能源设施、交通设施等滨海重大设施的布局，西部滨海地区机场、港口、高快速路、轨道等交通设施密集分布，东部滨海地区保留了区域性能源设施。《规划》明确了“海岸带生态环境示范区建设”，见图4-5。

4.2.4　深圳市土地利用总体规划（2006—2020年）

根据规划，未来滨海地区在新增用地方面有较大潜力，初步估算海岸线周边有条件建设区约59 km^2，主要集中在围填海区域，其中西部为31 km^2，东部为28 km^2。结合2008年上报国家的岸线，其中约30 km^2分布于海岸线以外（图4-6）。

4.2.5　深圳市海洋产业发展规划（2013—2020年）

《深圳市海洋产业发展规划》的依据有《珠江三角洲地区改革发展规划纲要（2008—2020年）》《国务院关于广东海洋经济综合试验区发展规划的批复》（国函〔2011〕81号）和《深圳市

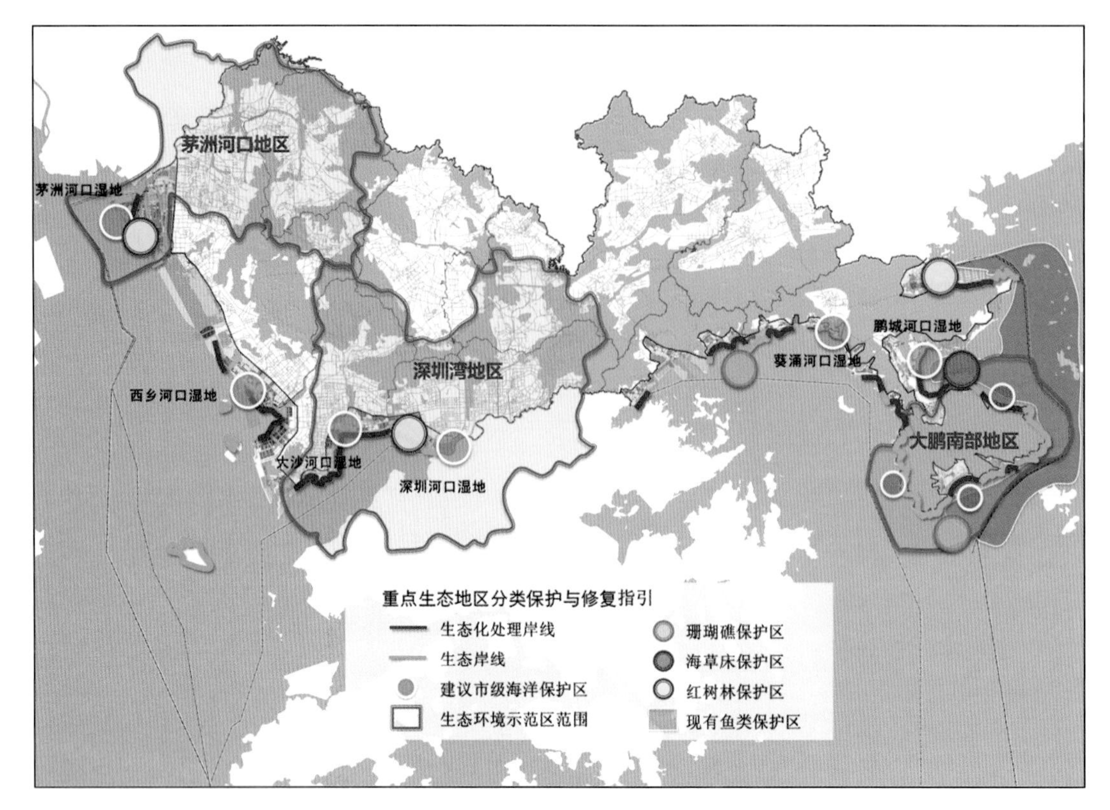

图 4-5 重点生态环境保护修复区规划布局指引

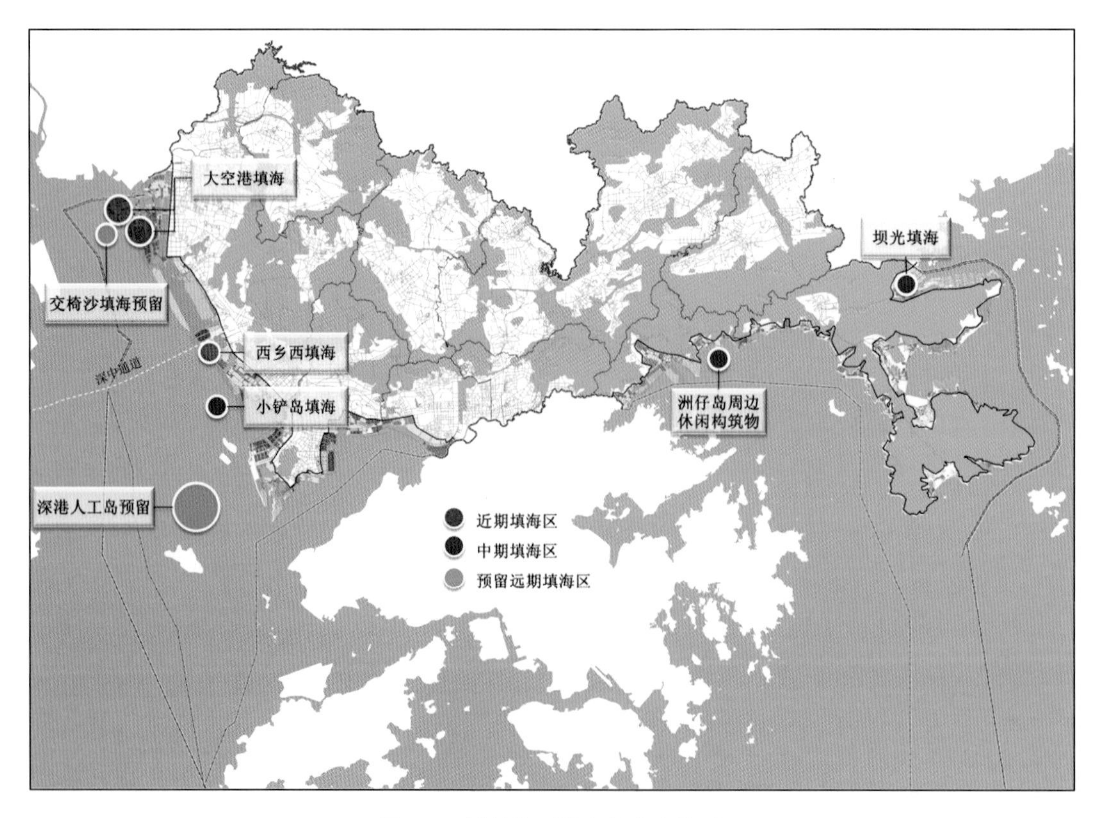

图 4-6 围填海区域空间分布指引

国民经济和社会发展第十二个五年规划纲要》等，规划中所述的海洋产业是指利用海洋资源和空间所进行的各类生产和服务活动，包括直接从海洋获取产品的生产和服务；直接从海洋获取的产品的一次加工生产和服务；直接应用于海洋和海洋开发活动的产品的生产和服务；利用海水或海洋空间作为生产过程的基本要素所进行的生产和服务；与海洋密切相关的海洋科学研究教育、社会服务和管理。

通过“两区、三湾、四带”构建规划有序、定位明确的海洋产业发展格局：以前海、大鹏东西两翼为重点，深圳西部重点发展海洋电子信息、海洋高端装备等产业，打造大型海洋企业总部集聚区；深圳东部重点发展海洋生物、游艇等产业，打造中小企业总部基地及研发设计中心。

整合空间资源，引导产业适度集聚，统筹协调产业空间布局，打造“海洋产业蓝色湾区”：南山区重点规划建设海工装备制造研发中心、蛇口太子湾邮轮母港、游艇和帆船基地，在前海、蛇口和后海规划大型海洋企业总部集聚区、高端服务业和交易中心区，在高新区搭建海洋生物产业研发技术平台和公共服务平台。宝安区重点规划建设海洋电子信息产业园、海工装备设计研发中心，在西部岸线规划游艇码头。

4.2.6 《珠江河口海域围填海红线划定方案》

《珠江河口海域围填海红线划定方案》所称红线是由大陆海岸线、海岛岸线、自然保护区的外缘线、内湾湾口的连接线以及海岸线离岸 1 km 的分界线所构成的围填海控制线。通过红线进行范围界定，将珠江河口海域划分为禁填区、限填区、可填区三种围填海的管理类型，从严控制珠江河口海域围填海活动。结合珠江河口海域分布紧密性、生态功能相似性，以及国家及地方发展的战略、区划和规划，对珠江河口海域进行围填海分区选划，总计选划禁填区 1 个，分为 7 个区块，面积 276 381 hm^2；选划限填区 1 个，面积 395 292 hm^2；选划可填区 1 个，面积 297 199 hm^2。

4.2.7 《深圳市海域使用管理条例》

《深圳市海域使用管理条例》已经完成征求意见稿，正在按立法程序有序推进。该条例将海岸带保护与利用作为重点规范的内容，提出海岸带管理要遵循海陆统筹、科学规划、生态优先、合理开发、综合管理的原则；要严格保护沙坝、沙滩、岩礁等典型自然岸线资源；要严格控制海岸带开发强度与用途，建立海岸带项目退出机制，对海岸带范围内已有的产业项目，凡不符合海岸带保护利用规则的，要求制定搬迁方案，逐步实施搬迁工作。

4.2.8 《深圳市海洋功能区划》(正在修编)

海洋功能区划是海洋管理的基础，是海域使用管理和海洋环境保护的重要制度，是海域资源开发、保护和综合管理以及编制各类涉海规划的法定依据。国务院批复《广东省海洋功能区划》要求广东省大陆自然岸线保有率到2020年不低于35%，而目前全省大陆自然岸线保有率只有38%，这意味着，可开发利用的岸线空间极其有限。明确了：狮子洋—伶仃洋主要功能为港口航运、工业与城镇建设、旅游娱乐。推进海洋产业高端要素集聚重点建设南沙、前海和横琴 3 个新区。围填海分布在南沙、交椅湾、横门、深圳西部、横琴等。深圳市仍在实施《深圳市海洋功能区划》(2004年)，已经不适用深圳市的用海及海洋环境保护要求。新的《深圳市海洋功能区划》正在修编中，主要的任务是要摸清深圳所辖海域的自然条件状况和开发利用与保护现状，分析评价海域、海岸的生态环境保护要求，掌握深圳市社会经济发展的用海需求以及涉及海域、海岸利用的社会经济发展规划与相关行业规划等，明确深圳市海洋功能区划实施的主要目标，在广东省海洋功能区划确定的一级类海洋基本功能区内科学划分二级类海洋基本功能区，制定各基本功能区的管理要求，建立以海域和海岸基本功能管制为核心的管理机制。

4.2.9 《深圳市海洋环境保护规划》(正在编制)

《深圳市海洋环境保护规划》根据深圳市不同海域的主导海洋功能和海洋环境的特点，结合深圳市海洋资源开发利用现状和海洋经济的发展布局，依据省海洋功能区划，参考正在编制的深圳市海洋功能区划，将规划海域划分为禁止开发区、限制开发区、优化开发区、重点开发区4类管理区，确定各分区不同时期的环境质量管理目标和开发利用的管制要求。落实国家、广东省对海洋环境保护的总体要求，结合天津、青岛、香港、新加坡等国内外滨海城市的比较分析，明确深圳海洋环境保护与发展的总体目标，结合近、远分期，提出目标指标体系。

4.2.10 深圳市地区性规划

4.2.10.1 宝安综合规划（2013—2020年）

规划提出新区“国际化滨海城区，现代化产业强区”的战略定位，并以“城市宜居、产业发达、山水秀美、人文丰富、人民幸福”为主要发展目标，将宝安打造为山川河流更美更清、湾区岸线更加具有活力、多元文化更加凸显、产业更加高端、城市环境更加宜居的现代化国际化城区。规划确立了“三带两心一谷”的空间结构，提出将西部滨海活力带通过北、中、南三个主题海岸带的规划建设，形成宝安滨海新城魅力的重要窗口和深圳最具魅力的城市岸线之一。

4.2.10.2 前海深港现代化服务业合作区综合发展规划

规划提出前海地区重点发展金融、现代物流、信息服务、科技服务和其他专业服务，目标“将前海合作区建设成为具有国际竞争力的现代服务业区域中心和现代化国际化滨海城市中心”。规划确定了“三区两带”的空间结构，即桂湾片区、铲湾片区、妈湾片区和滨海休闲带、综合功能发展带。

4.2.10.3 大空港地区综合规划

规划提出将“面向国际的专业型创新走廊”作为深圳西部滨海地区的战略目标，前海/宝安中心区向高端金融为核心的生产性服务业中心转变，深圳机场地区向国际贸易为核心的临空专业化经济区转变，大空港新城向以科技创新为核心的未来之城、国际化枢纽、创新型新区转变。规划提出结合茅洲河口填海建设大空港新城，功能定位为“国际化科技创新基地、区域生产组织中枢区、珠三角产城融合创新区”。空港新城功能布局由南向北演进，环境品质由南向北逐步提升，功能布局与开发强度也以机场为基点依次递进，规划“贸—研—居”三大功能板块。

第 5 章　珠江口深圳海域海洋环境质量现状和回顾性分析

5.1　研究方法

5.1.1　海洋环境现状调查和测试方法

本项目调查的方法依据国家和海洋行业现行有效的标准、规范和相关技术规程规定的方法进行，主要有《海洋调查规范》（GB/T 12763—2007）、《海洋监测规范》（GB 17378—2007）等规定的方法，以及本中心根据国家认证认可监督管理委员会认可的相关方法。

海水水质现状调查水样的采集层次安排如下：水深不大于 10 m，采表层（0.5 m）；水深不小于 10 m，不大于 25 m，采表层（0.5 m）、底层；水深不小于 25 m，采表层（0.5 m）、中层（1/2 水深层）、底层水样。

水样采集后根据相关标准和规范要求进行现场处理，当天运至实验室后进行进一步的处理或测试。

海洋沉积物质量现状调查样品只采集 0~5 cm 的表层沉积物，采集的样品立即置于有冰的泡沫箱保存，运至实验室后再进行相关处理。

5.1.1.1　海水水质现状调查监测项目和检测方法

海水环境质量现状调查的项目包括：水温、透明度、盐度、pH 值、溶解氧（DO）、化学需氧量（COD_{Mn}）、石油类、悬浮物（SS）、无机氮包括亚硝氮（NO_2-N）、硝氮（NO_3-N）和氨氮（NH_3-N）、活性磷酸盐、硅酸盐、总汞（Hg）、砷（As）、铜（Cu）、铅（Pb）、锌（Zn）、镉（Cd）、总铬（Cr）、挥发性有机物、多环芳烃、TOC、硫化物、挥发酚共 25 项。各调查项目的分析方法如表 5-1 所示。

表 5-1　海水水质调查项目、检测方法及仪器

序号	检测项目	引用标准及分析方法	仪　器
1	温度	《海洋监测规范》GB 17378.4—2007/25.1 表层水温计法	玻璃温度计
2	透明度	《海洋调查规范》GB/T 12763.2—2007/10 海水透明度、水色和海发光观测	透明度盘
3	pH 值	《海洋监测规范》GB 17378.4—2007/26 pH 计法	热电奥立龙 3-star pH 计
4	盐度	《海洋监测规范》GB 17378.4—2007/29.1 盐度计法	国家海洋技术中心 SYA2-2 盐度计
5	溶解氧	《海洋监测规范》GB 17378.4—2007/31 碘量法	滴定管
6	化学需氧量	《海洋监测规范》GB 17378.4—2007/32 碱性高锰酸钾法	滴定管

续表

序号	检测项目	引用标准及分析方法	仪 器
7	石油类	《海洋监测规范》GB 17378.4—2007/13.2 紫外分光光度法	岛津 UV-2450 紫外可见分光光度计
8	悬浮物	《海洋监测规范》GB 17378.4—2007/27 重量法	梅特勒 AB104-S 电子分析天平
9	亚硝酸盐氮	《海洋监测规范》GB 17378.4—2007/37 盐酸萘乙二胺分光光度法	岛津 UV-2450 紫外可见分光光度计
10	硝酸盐氮	《海洋监测规范》GB 17378.4—2007/38.2 锌镉还原比色法	岛津 UV-2450 紫外可见分光光度计
11	氨氮	《海洋监测规范》GB 17378.4—2007/36.1 次溴酸盐氧化法	岛津 UV-2450 紫外可见分光光度计
12	磷酸盐	《海洋监测规范》GB 17378.4—2007/39.1 磷钼蓝分光光度法	岛津 UV-2450 紫外可见分光光度计
13	硅酸盐	《海洋监测规范》GB 17378.4—2007/17.1 硅钼黄法	岛津 UV-2450 紫外可见分光光度计
14	铜	中华人民共和国国家环境保护标准 HJ 700—2014 《水质 65 种元素的测定电感耦合等离子体质谱法》	Agilent 7500Cx ICP-MS
15	锌	中华人民共和国国家环境保护标准 HJ 700—2014 《水质 65 种元素的测定电感耦合等离子体质谱法》	Agilent 7500Cx ICP-MS
16	镉	中华人民共和国国家环境保护标准 HJ 700—2014 《水质 65 种元素的测定电感耦合等离子体质谱法》	Agilent 7500Cx ICP-MS
17	铅	中华人民共和国国家环境保护标准 HJ 700—2014 《水质 65 种元素的测定电感耦合等离子体质谱法》	Agilent 7500Cx ICP-MS
18	总铬	中华人民共和国国家环境保护标准 HJ 700—2014 《水质 65 种元素的测定电感耦合等离子体质谱法》	Agilent 7500Cx ICP-MS
19	砷	《海洋监测规范》GB 17378.4—2007/5.1 原子荧光法	SK-博析 AFS 原子荧光光谱仪
20	总汞	《海洋监测规范》GB 17378.4—2007/5.1 原子荧光法	SK-博析 AFS 原子荧光光谱仪
21	多环芳烃	《海水中 16 种多环芳烃的测定》GB/T 26411—2010 气相色谱-质谱法	日本岛津 QP2010 气相色谱质谱联用仪
22	挥发性有机物	中华人民共和国水利行业标准 SL 393—2007 《吹扫捕集气相色谱/质谱分析法（GC/MS） 测定水中挥发性有机污染物》	日本岛津 QP2010 气相色谱质谱联用仪
23	硫化物	《海洋监测规范》GB 17378.4—2007/18.1 亚甲基蓝分光光度法	意大利 FLOWSYS 连续流动比色分析仪
24	挥发酚	《海洋监测规范》GB 17378.5—2007/19 4-氨基安替比林分光光度法	意大利 FLOWSYS 连续流动比色分析仪
25	有机碳	《海洋监测规范》GB 17378.4—2007/34.1 总有机碳仪器法	岛津 TOC-VCSH 总有机碳分析仪

5.1.1.2　海洋沉积物现状调查监测项目和检测方法

表层沉积物环境质量现状调查的项目包括：氧化还原电位（Eh）、有机碳（TOC）、硫化物、总汞（Hg）、砷（As）、铜（Cu）、铅（Pb）、锌（Zn）、镉（Cd）、总铬（Cr）、多环芳烃、石油类共12项。各调查项目的分析方法如表5-2所示。

表5-2　表层沉积物监测项目、方法和仪器

序号	项目	引用标准及分析方法	仪　器
1	有机碳	《海洋监测规范》 GB 17378.5—2007/18.2 热导法	岛津 TOC-VCSH 总有机碳分析仪
2	石油类	《海洋监测规范》GB 17378.5—2007/13.2 紫外分光光度法	岛津 UV-2450 紫外可见分光光度计
3	硫化物	《海洋监测规范》GB 17378.5—2007/17.1 亚甲基蓝分光光度法	岛津 UV-2450 紫外可见分光光度计
4	总氮	《海洋监测规范》GB 17378.5—2007/D 凯氏滴定法	岛津 UV-2450 紫外可见分光光度计
5	总磷	《海洋监测规范》GB 17378.5—2007/C 分光光度法	岛津 UV-2450 紫外可见分光光度计
6	铜	《海底沉积物化学分析方法》 GB/T 20260—2006/10 电感耦合等离子体质谱法	Agilent 7500Cx ICP-MS
7	锌	《海底沉积物化学分析方法》 GB/T 20260—2006/10 电感耦合等离子体质谱法	Agilent 7500Cx ICP-MS
8	镉	《海底沉积物化学分析方法》 GB/T 20260—2006/10 电感耦合等离子体质谱法	Agilent 7500Cx ICP-MS
9	铅	《海底沉积物化学分析方法》 GB/T 20260—2006/10 电感耦合等离子体质谱法	Agilent 7500Cx ICP-MS
10	铬	《海底沉积物化学分析方法》 GB/T 20260—2006/10 电感耦合等离子体质谱法	Agilent 7500Cx ICP-MS
11	砷	《海洋监测规范》GB 17378.5—2007/11.1 原子荧光法	SK-博析 AFS 原子荧光光谱仪
12	总汞	《海洋监测规范》GB 17378.5—2007/5.1 原子荧光法	SK-博析 AFS 原子荧光光谱仪

5.1.2 海洋环境现状评价方法

5.1.2.1 海水环境现状评价方法

参照《近岸海域监测规范》(HJ 442—2008)水质评价方法，水质现状评价采用单因子污染指数法确定水质类别，其指数计算方法如下：

$$Q_j = \frac{C_j}{C_o} \tag{5-1}$$

式中，C、j 为单项水质在 j 点的实测浓度；Co 为该项水质的标准值。

对于溶解氧（DO）采用以下计算公式：

$$S_j = \frac{|DO_f - DO_j|}{DO_f - DO_s} \quad DO_j \geq DO_s \tag{5-2}$$

$$S_j = 10 - 9\frac{DO_j}{DO_s} \quad DO_j < DO_s \tag{5-3}$$

$$DO_f = \frac{468}{31.6 + T} \tag{5-4}$$

式中，DO_j 为溶解氧实测值；DO_f 为饱和溶解氧；DO_s 为溶解氧标准值；T 为水温（℃）。

对于 pH 采用以下计算公式：

$$S_j = \frac{|2pH_j - pH_{su} - pH_{sd}|}{pH_{su} - pH_{sd}} \tag{5-5}$$

式中，pH_j 为 pH 的实测值；pH_{sd} 为 pH 评价标准极限的下限值；pH_{su} 为 pH 评价标准极限的上限值。

水质评价因子的标准指数大于 1，则表明该项水质已超过了规定的水质标准。

5.1.2.2 海洋沉积物现状评价方法

评价项目包括汞（Hg）、铜（Cu）、铅（Pb）、锌（Zn）、镉（Cd）、铬（Cr）、砷（As）、硫化物、有机碳、石油类 10 项。

参照《近岸海域监测规范》(HJ 442—2008)沉积物评价方法，单因子评价采用标准指数法。标准指数法，单项污染物因子 i 在第 j 点的标准指数为

$$S_{i,j} = c_{i,j}/c_{si} \tag{5-6}$$

式中，$S_{i,j}$为单项污染物的标准指数；$c_{i,j}$为实际监测值；c_{si}为评价标准值。

污染物的标准指数大于 1，表明该污染物超过了规定的沉积物质量标准，已经不能满足环境保护要求。

此外，分项进行达标率评价，达标率计算公式如下：

$$\text{达标率}(\%) = 100\% - \text{超标率}(\%) \tag{5-7}$$

超标率是指沉积污染物测定值超过《海洋沉积物质量》中的沉积物质量标准的样品数与总样品数之比，即：

$$\text{超标率}(\%) = \frac{\text{超标样品数}}{\text{总样品数}} \times 100\% \tag{5-8}$$

5.1.3 海洋环境现状评价标准

5.1.3.1 海水水质环境现状评价标准

根据国家环境保护局和国家海洋局共同提出《中华人民共和国国家标准 海水水质标准》(GB 3097—1997)，按照海域的不同使用功能和保护目标，海水水质分为四类。

一类　适用于海洋渔业水域，海上自然保护区和珍稀濒危海洋生物保护区。

二类　适用于水产养殖区，海水浴场，人体直接接触海水的海上运动或娱乐区，以及与人类食用直接有关的工业用水区。

三类　适用于一般工业用水区，滨海风景旅游区。

四类　适用于海洋港口水域，海洋开发作业区。

海水水质标准如表 5-3 所示。

表 5-3　《中华人民共和国海水水质标准》(GB 3097—1997)

序号	项目	一类	二类	三类	四类
1	悬浮物质	人为增加的量≤10		人为增加的量≤100	人为增加的量≤150
2	pH 值	7. 8~8. 5，且不能超过该海域正常变动范围 0. 2pH 单位		6. 8~8. 8，且不能超过该海域正常变动范围 0. 5pH 单位	
3	溶解氧（DO）＞	6	5	4	3
4	化学需氧量≤（COD_{Mn}）	2	3	4	5
5	无机氮≤（以 N 计）	0. 20	0. 30	0. 40	0. 50
6	活性磷酸盐≤（以 P 计）	0. 015	0. 030		0. 045
7	汞≤	0. 000 05	0. 000 2		0. 000 5
8	镉≤	0. 001	0. 005	0. 010	
9	铅≤	0. 001	0. 005	0. 010	0. 050
10	总铬≤	0. 05	0. 10	0. 20	0. 50
11	砷≤	0. 020	0. 030	0. 050	
12	铜≤	0. 005	0. 010	0. 050	
13	锌≤	0. 020	0. 050	0. 10	0. 50
14	硫化物≤（以 S 计）	0. 02	0. 05	0. 10	0. 25
15	挥发酚≤	0. 005		0. 010	0. 050
16	石油类≤	0. 05		0. 30	0. 50

注：除 pH 值为无量纲外，其他指标的单位均为 mg/L。

5. 1. 3. 2　海洋沉积物环境现状评价

根据国家海洋局国家海洋环境监测中心编制《海洋沉积物质量》（GB 18668—2002），按照海域的不同使用功能和环境保护的目标，海洋沉积物质量分为三类。

一类　适用于海洋渔业水域，海洋自然保护区，珍稀与濒危生物自然保护区，海水养殖区，海水浴场，人体直接接触沉积物的海上运动或娱乐区，与人类食用直接有关的工业用水区。

二类　适用于一般工业用水区、滨海风景旅游区。

三类　适用于海洋港口水域，特殊用途的海洋开发作业区。

海洋沉积物质量标准如表 5-4 所示。

表 5-4　海洋沉积物质量标准

项目	指标		
	一类	二类	三类
汞（$\times10^{-6}$）≤	0.20	0.50	1.00
砷（$\times10^{-6}$）≤	20.0	65.0	93.0
镉（$\times10^{-6}$）≤	0.50	1.50	5.00
铅（$\times10^{-6}$）≤	60.0	130.0	250.0
锌（$\times10^{-6}$）≤	150.0	350.0	600.0
铜（$\times10^{-6}$）≤	35.0	100.0	200.0
铬（$\times10^{-6}$）≤	80.0	150.0	270.0
有机碳（$\times10^{-2}$）≤	2.0	3.0	4.0
硫化物（$\times10^{-6}$）≤	300.0	500.0	600.0
石油类（$\times10^{-6}$）≤	500.0	1 000.0	1 500.0

5.1.4　海洋环境回顾性分析方法

主要收集来自深圳市海洋环境与资源监测中心丰水期对珠江口深圳海域近十几年的监测资料，并对其进行整理和分析。大铲湾（又称前海湾）的资料主要来自于2010年4月本中心《大铲湾港区水文测验和海洋环境监测报告》以及2013年11月中国水产科学研究院东海水产研究所《深圳前海湾清淤工程海洋环境影响报告书》。将珠江口深圳海域划分为5个区域，对5个区域中的站位监测指标进行平均，分析不同区域不同指标随时间的变化趋势。

5.1.5　珠江口周边污染对深圳海域环境影响分析方法

5.1.5.1　因子分析

因子分析法（Factor Analysis）又称为析因分析，它是主成分分析的推广和发展，也是利用降维的思想，由研究原始变量相关矩阵和协方差矩阵的内部依赖关系出发，把一些具有错综复杂关系的变量（或样品）归结为少数几个综合因子并给出原始变量与综合因子之间相关关系的一种多元统计分析方法。它的基本思想是将观测变量进行分类，将相关性较高，即联系比较紧密的分在同一类中，而不同类变量之间的相关性则较低，那么每一类变量实际上就代表了一个基本结构，即公共因子（徐艳秋等，2011）。对于所研究的问题就是试图用最少个数的不可测的所谓公共因子的线性函数与特殊因子之和来描述原来观测的每一分量。

5.1.5.2　聚类分析

聚类分析是将物理或抽象对象的集合分组成为由类似的对象组成的多个类的分析过程。聚类是将数据分类到不同的类或者簇这样的一个过程，所以同一个簇中的对象有很大的相似性，而不同簇间的对象有较大的相异性（谢群等，2014）。

5.2　珠江口深圳海域环境质量

5.2.1　珠江口深圳海域海水环境现状调查和评价

5.2.1.1　调查频次

海水水质现状调查分别在2014年2月23日枯水期小潮，2014年2月28日枯水期大潮；2014

年6月28日丰水期大潮，2014年7月6日丰水期小潮；2014年11月15日平水期小潮，2014年11月23日平水期大潮进行了6个航次的野外作业。

5.2.1.2　调查范围的确定

本项目调查的范围和监测站位需覆盖珠江口深圳海域，从深圳湾—内伶仃岛—交椅湾海域布设18个水质监测点，各监测站位经纬度如表5-5和图5-1所示。

表5-5　2014年珠江口深圳海域调查监测站位经纬度一览表

站位	纬度（N）	经度（E）	备注	站位	纬度（N）	经度（E）	备注
1	22°43′43.14″	113°44′45.65″	①	10	22°33′32.48″	113°43′42.46″	②
2	22°43′12.62″	113°43′13.89″	②	11	22°31′0.98″	113°51′25.43″	①
3	22°42′33.37″	113°41′26.42″	①	12	22°29′40.04″	113°49′25.73″	①
4	22°39′39.57″	113°45′56.21″	①	13	22°28′30.33″	113°47′23.26″	②
5	22°39′14.28″	113°44′49.31″	②	14	22°26′56.73″	113°44′45.15″	①
6	22°38′34.36″	113°43′28.93″	①	15	22°25′45.87″	113°52′30.90″	①
7	22°35′40.21″	113°48′40.06″	①	16	22°24′29.07″	113°50′16.37″	②
8	22°35′4.23″	113°47′18.45″	②	17	22°22′43.49″	113°47′9.64″	②
9	22°34′26.12″	113°45′46.40″	①	18	22°19′22.03″	113°49′26.79″	①

注：①表示采样项目有水质、沉积物和生态；②表示采样项目仅有水质。

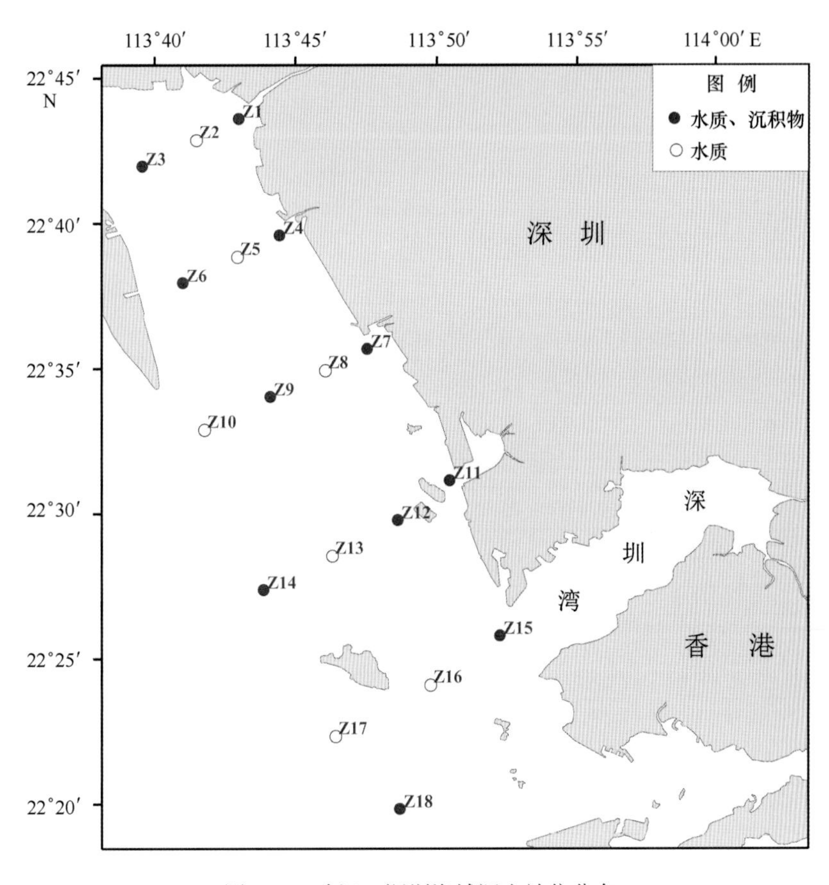

图5-1　珠江口深圳海域调查站位分布

5.2.1.3 调查项目

海水环境质量现状调查的项目包括：水温、透明度、盐度、pH 值、溶解氧（DO）、化学需氧量（COD_{Mn}）、石油类（Oil）、悬浮物（SS）、无机氮包括亚硝氮（NO_2-N）、硝氮（NO_3-N）和氨氮（NH_3-N）、活性磷酸盐、硅酸盐、总汞（Hg）、砷（As）、铜（Cu）、铅（Pb）、锌（Zn）、镉（Cd）、总铬（Cr）、TOC、硫化物、挥发酚 23 项。

5.2.1.4 珠江口深圳海域海水环境现状调查结果

海洋水体质量现状调查的结果如表 5-6 所示。

表 5-6 珠江口深圳海域海水检测结果

指标		枯水期		丰水期		平水期	
		小潮期 2014-02-23	大潮期 2014-02-28	小潮期 2014-07-06	大潮期 2014-06-28	小潮期 2014-11-16	大潮期 2014-11-22
水深（m）	范围	3.0~17	2.5~16	2.2~15.4	3.0~18	2.5~18	3.0~18
	均值	7.2	7.8	7.4	10.5	8.1	7
透明度（m）	范围	0.1~1.6	0.3~1.0	0.2~0.7	0.1~1.0	0.3~2.0	0.5~2.0
	均值	1.1	0.7	0.5	0.6	1.1	1.2
水温（℃）	范围	14.7	16.6~19.9	30.0~34.1	30.6~33.6	24.9~27.1	24.8~27.0
	均值	18.0	17.8	32.5	32.1	25.6	25.8
盐度	范围	13.5~33.3	17.6~31.2	1.0~12.4	0~22.8	17.4~31.3	3.4-29.9
	均值	24.5	24.1	3.3	—	24.3	18.3
pH 值	范围	7.4~8.1	7.77~8.28	7.29~8.44	6.98~8.27	7.89~8.59	7.34~8.43
	均值	7.9	8.02	7.72	7.63	8.24	7.91
亚硝氮（mg/L）	范围	0.008~0.143	0.022~0.137	0.003~0.934	0.14~0.459	0.05~0.236	0.014~0.125
	均值	0.070	0.063	0.141	0.122	0.127	0.075
硝氮（mg/L）	范围	0.040~0.663	0.128~0.463	0.399~1.446	0.189~1.64	0.045~0.725	0.042~0.496
	均值	0.291	0.299	0.921	0.893	0.386	0.266
氨氮（mg/L）	范围	0.035~0.425	0.031~0.334	0.021~0.305	0.007~0.297	0.032~0.336	0.043~0.314
	均值	0.237	0.169	0.090	0.078	0.104	0.145
磷酸盐（mg/L）	范围	0.019~0.088	0.007~0.103	0.005~0.147	0.004~0.107	0.015~0.163	0.015~0.083
	均值	0.037	0.043	0.028	0.027	0.047	0.036
硅酸盐（mg/L）	范围	0.143~3.15	0.195~1.26	1.18~9.31	2.97~10.3	—	—
	均值	0.905	0.723	5.81	5.94	—	—
叶绿素（μg/L）	范围	1.14~28.8	5.15~24.1	7.68~131	3.78~34.8	0.757~24.1	—
	均值	7.19	15.2	38.2	14.9	6.97	—
溶解氧（mg/L）	范围	6.10~8.90	6.58~10.1	6.23~8.74	4.05~7.38	5.55~9.63	7.06~11.86
	均值	7.32	8.03	7.57	5.52	7.31	9.23
悬浮物（mg/L）	范围	3.9~21.3	15.2~102	2.8~20.7	3.2~28.2	0.0~15.0	2.8~9.9
	均值	8.2	36.2	8.6	10.5	3.7	5.1
汞（μg/L）	范围	0.011~0.034	0.007~0.041	0.008~0.030	0.01~0.029	0.007~0.029	0.011~0.027
	均值	0.022	0.025	0.014	0.020	0.020	0.018
砷（μg/L）	范围	0.86~2.35	0.89~2.80	1.49~3.01	1.07~2.35	1.44~2.30	0.95~1.82
	均值	1.26	1.63	2.04	1.83	1.74	1.46

续表

指标		枯水期		丰水期		平水期	
		小潮期 2014-02-23	大潮期 2014-02-28	小潮期 2014-07-06	大潮期 2014-06-28	小潮期 2014-11-16	大潮期 2014-11-22
铬（μg/L）	范围	未检出~0.68	0.03~0.67	未检出	未检出	0.02~1.04	0.26~0.91
	均值	0.41	0.30	未检出	未检出	0.34	0.48
铜（μg/L）	范围	1.00~5.66	0.98~8.89	1.42~6.76	0.78~3.54	1.65~7.70	1.92~5.21
	均值	3.13	3.20	2.63	1.62	3.23	2.85
锌（μg/L）	范围	2.21~5.60	1.37~4.32	1.13~87.1	1.03~9.79	1.75~70.5	0.84~13.0
	均值	3.49	2.09	16.5	4.24	19.8	4.91
镉（μg/L）	范围	0.03~0.25	0.04~0.19	0.05~0.18	0.02~0.18	0.07~0.21	0.07~0.28
	均值	0.11	0.11	0.10	0.09	0.14	0.12
铅（μg/L）	范围	0.17~0.80	0.04~0.24	0.32~0.82	0.04~0.51	0.16~2.37	0.01~2.83
	均值	0.34	0.12	0.58	0.27	0.75	0.79
总有机碳（mg/L）	范围	1.03~6.36	1.50~4.43	0.79~19.8	0.71~28.5	—	—
	均值	2.38	2.45	3.07	7.72	—	—
化学需要量（mg/L）	范围	0.56~3.64	0.87~4.44	0.87~3.20	1.62~3.36	0.88~3.81	0.95~5.38
	均值	1.68	2.03	2.03	2.26	1.66	1.72
石油类（mg/L）	范围	0.020~0.087	0.024~0.266	0.005~0.070	0.002~0.082	0.027~0.149	0.013~0.071
	均值	0.049	0.074	0.019	0.027	0.046	0.029
硫化物（μg/L）	范围	—	—	—	—	0.870~69.0	1.30~22.1
	均值	—	—	—	—	32.8	6.31
挥发酚（μg/L）	范围	—	—	—	—	0.278~2.22	0.606~2.42
	均值	—	—	—	—	0.845	1.36

注：“—”代表未检测。

5.2.1.5　珠江口深圳海域海水环境现状评价结果

根据广东省海洋功能区划（2011—2020年）如图5-2所示，本次调查区域为沙井—福永工业与城镇用海区和大铲湾—蛇口湾港口航运区以及伶仃洋保留区用海区，功能类型主要是工业与城镇用海区、港口航运区以及保留区用海，工业与城镇用海区、港口航运区对海域的管理要求：执行四类海水水质标准、三类海洋沉积物标准和三类海洋生物质量标准；保留区对海域的管理要求：海水水质、海洋沉积物质量和海域生物质量标准维持现状。因此，本项目海域海水水质评价各调查站位执行《中华人民共和国海水水质标准》（GB 3079—1997）（表5-3）中的四类标准。

根据计算，枯水期、丰水期、平水期水质现状单因素指数评价结果见表5-7至表5-12。

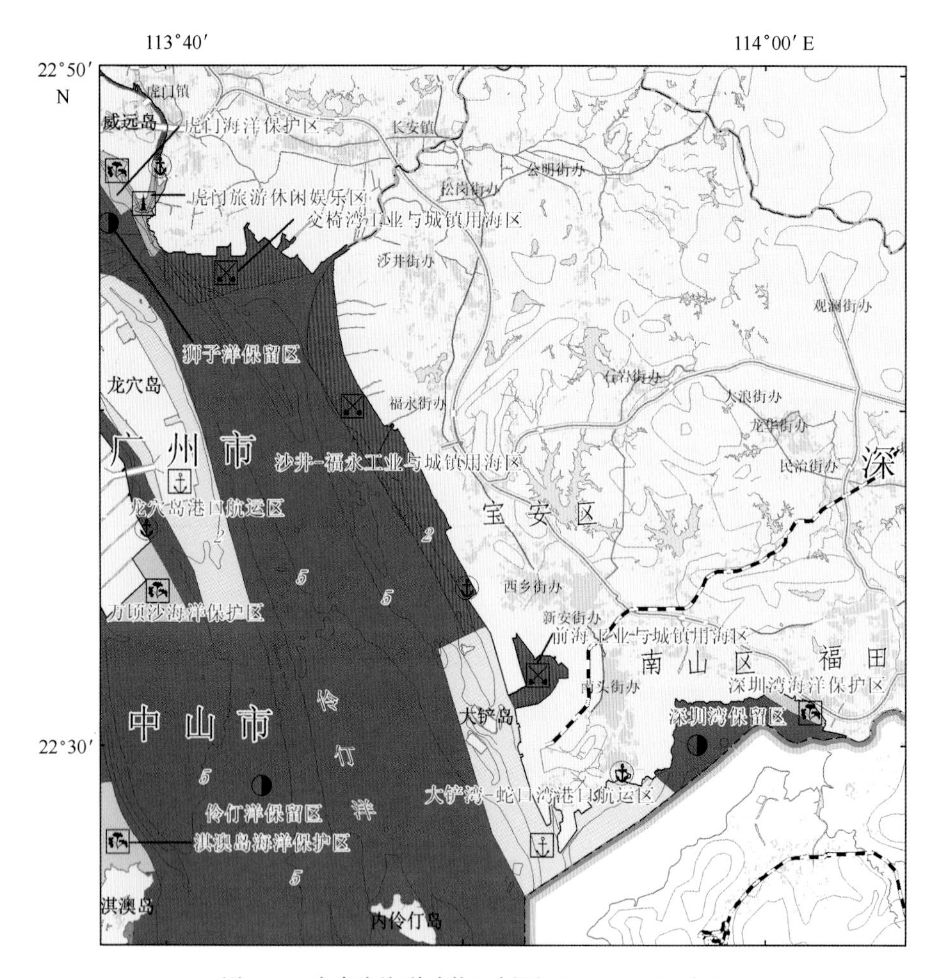

图 5-2　广东省海洋功能区划图（2011—2020 年）

表 5-7　枯水期小潮期海水评价指数（2014 年 2 月 23 日航次）

站位	pH 值	无机氮	磷酸盐	溶解氧	汞	砷	铬	铜	锌	镉	铅	COD_{Mn}	石油类
Z1 表	0.410	1.622	1.491	0.559	0.039	0.019	0.001	0.076	0.011	0.025	0.005	0.496	0.137
Z2 表	0.190	2.165	0.496	0.462	0.041	0.027	0.001	0.108	0.010	0.016	0.006	0.488	0.085
Z3 表	0.150	1.925	0.567	0.530	0.039	0.021	0.001	0.052	0.006	0.013	0.007	0.474	0.072
Z3 底	0.120	1.309	0.444	0.388	0.035	0.052	0.000	0.059	0.007	0.014	0.005	0.384	—
Z4 表	0.130	1.569	1.949	0.499	0.026	0.020	0.001	0.042	0.008	0.019	0.005	0.393	0.120
Z5 表	0.040	1.873	1.086	0.449	0.023	0.021	0.001	0.074	0.010	0.012	0.009	0.413	0.154
Z6 表	0.040	1.407	1.006	0.377	0.064	0.025	0.001	0.064	0.005	0.015	0.003	0.367	0.174
Z6 底	0.010	1.162	0.640	—	0.073	0.021	0.000	0.066	0.005	0.013	0.005	0.284	—
Z7 表	0.200	1.347	1.077	0.193	0.065	0.027	0.001	0.022	0.009	0.017	0.016	0.728	0.151
Z8 表	0.120	1.138	1.255	0.335	0.058	0.029	0.000	0.020	0.006	0.013	0.005	0.321	0.080
Z9 表	0.090	2.150	0.481	0.352	0.037	0.047	0.000	0.113	0.006	0.011	0.011	0.305	0.106
Z10 表	0.020	1.054	0.419	0.372	0.069	0.021	0.000	0.048	0.006	0.010	0.010	0.344	0.059
Z11 表	0.090	0.778	0.418	0.203	0.049	0.023	0.001	0.049	0.005	0.010	0.006	0.367	0.116
Z11 底	0.150	0.542	0.462	0.441	0.039	0.037	—	0.038	0.004	0.003	0.005	0.172	—
Z12 表	0.310	1.116	0.588	0.131	0.060	0.019	—	0.089	0.006	0.008	0.005	0.504	0.040
Z13 表	0.190	1.291	0.607	0.276	0.032	0.018	—	0.064	0.005	0.007	0.005	0.208	0.044

续表

站位	pH 值	无机氮	磷酸盐	溶解氧	汞	砷	铬	铜	锌	镉	铅	COD_{Mn}	石油类
Z14 表	0.140	1.365	0.671	0.339	0.035	0.022	—	0.051	0.005	0.008	0.005	0.150	0.142
Z15 表	0.250	1.220	0.897	0.151	0.050	0.031	—	0.054	0.005	0.009	0.004	0.254	0.056
Z16 表	0.190	1.188	0.745	0.324	0.025	0.027	—	0.045	0.005	0.006	0.006	0.176	0.052
Z17 表	0.220	0.510	0.647	0.418	0.024	0.019	—	0.043	0.005	0.006	0.008	0.127	0.061
Z18 表	0.160	0.268	0.889	0.405	0.053	0.023	—	0.054	0.009	0.003	0.004	0.132	0.094
Z19 表	0.310	0.176	0.690	0.344	0.047	0.031	—	0.076	0.004	0.005	0.006	0.111	0.070
Z20 表	0.310	0.173	0.637	0.353	0.028	0.017	—	0.084	0.007	0.003	0.010	0.273	0.049
超标率	0	73.9%	26.1%	0	0	0	0	0	0	0	0	0	0
最大超标倍数	—	1.16	0.95	—	—	—	—	—	—	—	—	—	—

注："—"代表未参与评价。

表 5-8 枯水期大潮期海水水质评价指数（2014 年 2 月 28 日航次）

站位	pH 值	无机氮	磷酸盐	溶解氧	汞	砷	铬	铜	锌	镉	铅	COD_{Mn}	石油类
Z1 表	0.030	1.322	2.290	0.440	0.083	0.042	0.001	0.046	0.009	0.019	0.002	0.540	0.222
Z2 表	0.010	1.381	1.540	0.383	0.082	0.026	0.001	0.107	0.005	0.015	0.002	0.428	0.229
Z3 表	0.010	1.329	1.299	0.466	0.063	0.027	0.001	0.058	0.004	0.015	0.001	0.461	0.203
Z3 底	0.020	0.992	1.046	0.411	0.036	0.022	0.001	0.088	0.005	0.015	0.005	0.433	—
Z4 表	0.090	1.475	1.378	0.332	0.038	0.026	0.001	0.178	0.009	0.017	0.002	0.632	0.127
Z5 表	0.150	1.513	1.009	0.311	0.078	0.031	0.000	0.065	0.003	0.015	0.002	0.370	0.105
Z6 表	0.170	1.395	1.184	0.342	0.047	0.034	0.000	0.074	0.004	0.013	0.002	0.397	0.139
Z6 底	0.140	1.628	1.034	0.244	0.037	0.048	0.000	0.049	0.003	0.011	0.003	0.266	—
Z7 表	0.080	1.332	1.442	0.158	0.062	0.027	0.001	0.097	0.004	0.016	0.005	0.583	0.110
Z8 表	0.180	1.259	1.301	0.196	0.056	0.056	0.000	0.104	0.004	0.012	0.003	0.474	0.084
Z9 表	0.220	1.411	0.923	0.292	0.065	0.048	0.000	0.051	0.003	0.013	0.001	0.272	0.052
Z9 底	0.210	1.365	0.815	0.284	0.064	0.048	0.000	0.054	0.003	0.013	0.003	—	—
Z10 表	0.300	1.287	0.536	0.106	0.053	0.042	0.001	0.072	0.003	0.015	0.003	0.407	0.133
Z11 表	0.360	0.930	0.785	0.103	0.042	0.022	—	0.072	0.003	0.008	0.003	0.315	0.049
Z11 底	0.360	0.631	0.524	0.133	0.021	0.021	—	0.037	0.003	0.007	0.002	0.250	—
Z12 表	0.480	0.716	0.997	0.106	0.036	0.028	—	0.020	0.003	0.005	0.003	0.888	0.238
Z13 表	0.330	0.788	0.401	0.153	0.064	0.017	—	0.040	0.003	0.006	0.001	0.309	0.078
Z13 底	0.300	0.719	0.600	0.166	0.092	0.027	—	0.038	0.007	0.009	0.001	0.228	—
Z14 表	0.280	0.588	0.149	0.132	0.014	0.032	—	0.037	0.003	0.007	0.002	0.276	0.105
Z15 表	0.380	0.704	0.690	0.149	0.025	0.048	—	0.035	0.003	0.006	0.001	0.260	0.111
Z16 表	0.350	0.798	0.487	0.185	0.015	0.018	—	0.028	0.003	0.007	0.002	0.493	0.074
Z17 表	0.360	0.753	0.604	0.277	0.055	0.021	—	0.047	0.005	0.005	0.002	0.180	0.532
Z18 表	0.390	0.415	0.490	0.188	0.044	0.030	—	0.036	0.003	0.004	0.001	0.174	0.084
超标率	0	52.0%	44.0%	0	0	0	0	0	0	0	0	0	0
最大超标倍数	—	0.63	1.29	—	—	—	—	—	—	—	—	—	—

注："—"代表未参与评价。

表 5-9 丰水期大潮期海水水质评价指数（2014 年 6 月 28 日航次）

站位	pH 值	无机氮	磷酸盐	溶解氧	汞	砷	铬	铜	锌	镉	铅	COD_{Mn}	石油类
Z1 表	0.820	3.773	2.379	0.629	0.053	0.042	—	0.064	0.006	0.006	0.005	0.654	0.156
Z2 表	0.790	3.390	0.960	0.621	0.045	0.043	—	0.032	0.008	0.005	0.002	0.459	0.164
Z3 表	0.780	2.904	0.487	0.750	0.057	0.043	—	0.031	0.003	0.007	0.006	0.415	0.073
Z3 底	0.780	2.455	0.548	0.855	0.056	0.038	—	0.020	0.007	0.010	0.010	0.371	—
Z4 表	0.770	4.339	1.279	0.532	0.059	0.043	—	0.071	0.020	0.007	0.010	0.672	0.084
Z5 表	0.440	2.316	0.407	0.117	0.057	0.047	—	0.042	0.008	0.008	0.009	0.574	0.063
Z6 表	0.460	1.881	0.296	0.461	0.059	0.040	—	0.020	0.011	0.010	0.007	0.444	0.104
Z6 底	0.490	1.710	0.751	0.577	0.044	0.037	—	0.016	0.006	0.010	0.007	0.424	—
Z7 表	0.770	2.890	0.803	0.426	0.036	0.045	—	0.028	0.003	0.010	0.007	0.526	0.057
Z8 表	0.480	3.020	0.189	0.386	0.033	0.038	—	0.026	0.003	0.006	0.009	0.526	0.032
Z9 表	0.520	1.559	0.275	0.477	0.045	0.040	—	0.049	0.015	0.011	0.008	0.438	0.051
Z9 底	0.500	0.508	0.029	0.546	0.038	0.035	—	0.017	0.008	0.012	0.006	0.415	—
Z10 表	0.160	1.433	0.413	0.023	0.037	0.030	—	0.016	0.002	0.007	0.008	0.329	0.045
Z11 表	0.160	0.807	1.070	0.284	0.019	0.038	—	0.034	0.013	0.013	0.007	0.483	0.015
Z11 底	0.020	0.439	0.877	0.750	0.028	0.031	—	0.042	0.019	0.010	0.008	0.399	—
Z12 表	0.070	0.692	0.490	0.755	0.042	0.035	—	0.031	0.013	0.018	0.007	0.372	0.014
Z12 底	0.110	0.933	0.481	0.742	0.017	0.036	—	0.032	0.016	0.015	0.005	0.368	—
Z13 表	0.030	0.887	0.269	0.413	0.038	0.030	—	0.018	0.004	0.012	0.007	0.395	0.015
Z13 底	0.080	0.646	0.413	0.763	0.034	0.035	—	0.033	0.012	0.014	0.001	0.380	—
Z14 表	0.470	1.549	0.094	0.032	0.038	0.027	—	0.036	0.018	0.002	0.001	0.335	0.003
Z15 表	0.140	2.125	0.256	0.480	0.037	0.044	—	0.023	0.009	0.013	0.001	0.411	0.019
Z16 表	0.000	1.021	0.186	0.404	0.021	0.021	—	0.024	0.012	0.014	0.001	0.403	0.026
Z17 表	0.170	3.429	0.269	0.268	0.031	0.027	—	0.019	0.004	0.008	0.002	0.372	0.018
Z18 表	0.110	1.419	0.604	0.325	0.026	0.027	—	0.023	0.004	0.010	0.001	0.324	0.014
超标率	0	73.1	19.2	0	0	0	0	0	0	0	0	0	0
最大超标倍数	—	3.34	1.96	—	—	—	—	—	—	—	—	—	—

注：“—”代表未参与评价。

表 5-10 丰水期小潮期海水水质评价指数（2014 年 7 月 6 日航次）

站位	pH 值	无机氮	磷酸盐	溶解氧	汞	砷	铬	铜	锌	镉	铅	COD_{Mn}	石油类
Z1 表	0.490	4.856	3.257	0.225	0.060	0.060	—	0.135	0.174	0.008	0.016	0.267	0.120
Z2 表	0.450	4.815	2.486	0.005	0.042	0.058	—	0.120	0.037	0.011	0.012	0.173	0.140
Z3 表	0.380	2.429	0.634	0.175	0.050	0.044	—	0.063	0.014	0.008	0.006	0.556	0.053
Z3 底	0.410	1.850	0.342	0.419	0.039	0.042	—	0.040	0.011	0.011	0.012	0.399	—
Z4 表	0.230	2.477	0.576	0.060	0.030	0.044	—	0.058	0.031	0.014	0.013	0.641	0.048
Z5 表	0.510	2.020	0.425	0.236	0.028	0.044	—	0.054	0.010	0.007	0.011	0.506	0.030
Z6 表	0.410	3.076	0.564	0.261	0.029	0.044	—	0.036	0.007	0.011	0.011	0.504	0.042
Z6 底	0.450	1.709	0.342	0.391	0.033	0.042	—	0.033	0.007	0.009	0.009	0.528	—
Z7 表	0.250	1.484	0.247	0.081	0.032	0.040	—	0.043	0.119	0.011	0.013	0.554	0.026
Z8 表	0.380	1.618	0.453	0.092	0.023	0.041	—	0.042	0.013	0.007	0.008	0.554	0.026
Z9 表	0.130	2.496	0.361	0.021	0.025	0.036	—	0.035	0.009	0.005	0.010	0.483	0.014
Z9 底	0.400	0.844	0.342	0.625	0.025	0.040	—	0.030	0.040	0.010	0.012	0.486	—
Z10 表	0.080	1.739	0.490	0.005	0.022	0.032	—	0.034	0.002	0.005	0.008	0.293	0.011
Z11 表	0.120	1.152	0.419	0.201	0.021	0.041	—	0.048	0.020	0.006	0.011	0.452	0.033
Z12 表	0.030	2.241	0.121	0.124	0.019	0.042	—	0.028	0.035	0.011	0.012	0.376	0.018
Z13 表	0.070	2.228	0.303	0.137	0.018	0.040	—	0.032	0.013	0.010	0.011	0.371	0.015
Z13 底	0.240	2.103	0.260	0.821	0.021	0.035	—	0.039	0.020	0.016	0.017	0.395	—
Z14 表	0.270	1.571	0.275	0.202	0.021	0.031	—	0.035	0.015	0.011	0.010	0.367	0.011
Z15 表	0.290	2.730	0.189	0.353	—	0.038	—	0.044	0.023	0.018	0.012	0.259	0.029
Z16 表	0.260	1.997	0.253	0.302	0.016	0.038	—	0.066	0.015	0.010	0.014	0.251	0.021
Z17 表	0.420	1.590	0.195	0.280	0.021	0.031	—	0.038	0.014	0.012	0.016	0.341	0.013
Z18 表	0.450	0.969	0.149	0.335	—	0.030	—	0.036	0.041	0.015	0.014	0.347	0.018
超标率	0	91.7	8.3%	0	0	0	0	0	0	0	0	0	0
最大超标倍数	—	3.86	2.26	—	—	—	—	—	—	—	—	—	—

注：“—” 代表未参与评价。

表 5-11 平水期小潮期海水水质评价指数（2014 年 11 月 15 日航次）

站位	pH 值	无机氮	磷酸盐	溶解氧	汞	砷	铬	铜	锌	镉	铅	COD_{Mn}	石油类	硫化物	挥发酚
Z1 表	0.460	2.001	3.632	0.504	0.054	0.046	0.002	0.154	0.076	0.021	0.009	0.761	0.030	0.276	0.019
Z2 表	0.120	1.926	1.046	0.401	0.057	0.037	0.001	0.042	0.022	0.015	0.006	0.382	0.008	0.265	0.017
Z3 表	0.070	1.693	0.852	0.319	0.051	0.035	0.000	0.033	0.039	0.009	0.010	0.240	0.006	0.251	0.022
Z4 表	0.130	1.083	0.729	0.374	0.057	0.035	0.001	0.059	0.109	0.017	0.035	0.374	0.007	0.217	0.017
Z5 表	0.150	1.323	0.803	0.292	0.056	0.037	0.000	0.083	0.141	0.016	0.047	0.390	0.009	0.257	0.022
Z6 表	0.000	1.357	0.776	0.332	0.048	0.038	0.000	0.044	0.057	0.014	0.033	0.398	0.008	0.270	0.006
Z7 表	0.050	1.896	1.457	0.303	0.026	0.036	0.000	0.062	0.029	0.015	0.015	0.342	0.007	0.101	0.017
Z8 表	0.110	1.930	2.360	0.354	0.035	0.039	0.001	0.085	0.085	0.017	0.036	0.462	0.008	0.178	0.028
Z9 表	0.030	1.305	0.720	0.232	0.047	0.037	0.001	0.051	0.033	0.016	0.008	0.497	0.008	0.283	0.014
Z9 底	0.010	1.004	0.849	0.312	0.032	0.032	0.000	0.052	0.018	0.015	0.011	0.244	—	0.100	0.028
Z10 表	0.030	1.264	0.858	0.283	0.045	0.036	0.000	0.041	0.021	0.012	0.012	0.342	0.005	0.137	0.044

续表

站位	pH 值	无机氮	磷酸盐	溶解氧	汞	砷	铬	铜	锌	镉	铅	COD_{Mn}	石油类	硫化物	挥发酚
Z11 表	0. 030	1. 404	1. 304	0. 199	0. 023	0. 035	0. 000	0. 059	0. 016	0. 018	0. 011	0. 250	0. 008	0. 042	0. 017
Z12 表	0. 250	1. 040	0. 834	0. 098	0. 045	0. 033	0. 000	0. 049	0. 016	0. 016	0. 009	0. 245	0. 007	0. 070	0. 017
Z13 表	0. 130	0. 991	0. 791	0. 135	0. 029	0. 034	0. 001	0. 046	0. 016	0. 015	0. 007	0. 358	0. 007	0. 071	0. 022
Z13 底	0. 170	0. 914	0. 671	0. 187	0. 021	0. 030	0. 001	0. 053	0. 010	0. 010	0. 004	0. 230	—	0. 057	0. 011
Z14 表	0. 150	1. 161	0. 763	0. 138	0. 038	0. 034	0. 001	0. 101	0. 025	0. 011	0. 009	0. 353	0. 009	0. 013	0. 006
Z15 表	0. 500	0. 504	0. 447	0. 231	—	0. 029	0. 001	0. 062	0. 008	0. 009	0. 005	0. 178	0. 016	0. 014	0. 011
Z16 表	0. 510	0. 342	0. 554	0. 335	0. 014	0. 031	0. 001	0. 065	0. 017	0. 013	0. 009	0. 250	0. 008	0. 003	0. 006
Z17 表	0. 420	0. 764	0. 521	0. 322	0. 016	0. 029	0. 001	0. 058	0. 009	0. 007	0. 005	0. 182	0. 007	0. 004	0. 011
Z18 表	0. 460	0. 413	0. 324	0. 300	—	0. 029	0. 001	0. 065	0. 003	0. 009	0. 003	0. 176	0. 007	0. 004	0. 008
超标率	0	68. 2%	31. 8%	0	0	0	0	0	0	0	0	0	0	0	0
最大超标倍数	—	1. 00	2. 63	—	—	—	—	—	—	—	—	—	—	—	—

注：“—”代表未参与评价。

表 5-12　平水期大潮期海水水质评价指数（2014 年 11 月 22 日航次）

站位	pH 值	无机氮	磷酸盐	溶解氧	汞	砷	铬	铜	锌	镉	铅	COD_{Mn}	石油类	硫化物	挥发酚
Z1 表	0. 200	1. 369	1. 421	0. 100	0. 037	0. 035	0. 001	0. 064	0. 024	0. 019	0. 057	0. 386	0. 069	0. 061	0. 036
Z2 表	0. 170	1. 777	1. 310	0. 136	0. 042	0. 036	0. 001	0. 052	0. 012	0. 012	0. 015	0. 359	0. 066	0. 061	0. 024
Z3 表	0. 090	1. 392	0. 628	0. 227	0. 055	0. 036	0. 001	0. 040	0. 011	0. 011	0. 025	0. 383	0. 027	0. 088	0. 030
Z3 底	0. 090	1. 349	0. 745	0. 338	0. 048	0. 036	0. 001	0. 043	0. 010	0. 015	0. 004	0. 370	—	0. 071	0. 030
Z4 表	0. 200	1. 661	1. 847	0. 009	0. 033	0. 034	0. 001	0. 068	0. 026	0. 014	0. 012	0. 326	0. 075	0. 024	0. 030
Z5 表	0. 270	1. 551	1. 113	0. 003	0. 040	0. 033	0. 001	0. 054	0. 019	0. 011	0. 035	0. 358	0. 072	0. 030	0. 048
Z6 表	0. 230	1. 455	0. 914	0. 150	0. 044	0. 036	0. 001	0. 046	0. 014	0. 007	0. 021	0. 350	0. 058	0. 034	0. 018
Z6 底	0. 230	1. 246	0. 819	0. 119	0. 049	0. 035	0. 001	0. 042	0. 011	0. 010	0. 010	0. 358	—	0. 043	0. 015
Z7 表	0. 330	1. 264	0. 944	0. 161	0. 036	0. 034	0. 001	0. 057	0. 012	0. 012	0. 013	0. 281	0. 080	0. 005	0. 024
Z8 表	0. 440	0. 955	0. 788	0. 171	0. 032	0. 033	0. 001	0. 104	0. 015	0. 028	0. 021	1. 077	0. 064	0. 009	0. 024
Z9 表	0. 300	1. 282	0. 941	0. 008	0. 042	0. 034	0. 001	0. 054	0. 014	0. 013	0. 029	0. 266	0. 072	0. 025	0. 036
Z9 底	0. 310	0. 500	0. 447	0. 001	0. 039	0. 030	0. 001	0. 049	0. 008	0. 010	0. 021	0. 249	—	0. 014	0. 030
Z10 表	0. 360	0. 943	0. 487	0. 001	0. 046	0. 026	0. 001	0. 038	0. 007	0. 008	0. 010	0. 278	0. 046	0. 021	0. 042
Z11 表	0. 600	0. 487	0. 502	0. 354	0. 022	0. 025	0. 001	0. 056	0. 003	0. 009	0. 014	0. 217	0. 037	0. 006	0. 024
Z12 表	0. 550	0. 704	0. 557	0. 303	0. 026	0. 030	0. 001	0. 054	0. 005	0. 008	0. 002	0. 206	0. 048	0. 029	0. 018
Z12 底	0. 550	0. 591	0. 465	0. 235	0. 026	0. 031	0. 001	0. 056	0. 002	0. 030	0. 022	0. 254	—	0. 007	0. 030
Z13 表	0. 440	0. 834	0. 379	0. 386	0. 028	0. 024	0. 001	0. 052	0. 004	0. 008	0. 001	0. 246	0. 028	0. 009	0. 018
Z13 底	0. 510	0. 612	0. 594	0. 265	0. 029	0. 024	0. 001	0. 057	0. 004	0. 009	0. 001	0. 225	—	0. 011	0. 024
Z14 表	0. 550	0. 778	0. 668	0. 455	0. 053	0. 027	0. 001	0. 039	0. 003	0. 009	0. 002	0. 286	0. 044	0. 017	0. 012
Z15 表	0. 700	0. 534	0. 585	0. 721	0. 029	0. 025	0. 002	0. 063	0. 002	0. 016	0. 001	0. 281	0. 052	0. 018	0. 018
Z16 表	0. 670	0. 414	0. 450	0. 479	0. 030	0. 021	0. 001	0. 057	0. 003	0. 010	0. 000	0. 302	0. 032	0. 011	0. 024
Z17 表	0. 710	0. 402	0. 554	0. 605	0. 029	0. 019	0. 002	0. 061	0. 004	0. 017	0. 016	0. 241	0. 199	0. 011	0. 024
Z18 表	0. 710	0. 198	0. 336	0. 546	0. 030	0. 019	0. 002	0. 063	0. 003	0. 007	0. 004	0. 190	0. 032	0. 007	0. 030
超标率	0	42. 3%	19. 2%	0	0	0	0	0	0	0	0	0	0	0	0
最大超标倍数	—	0. 66	0. 42	—	—	—	—	—	—	—	—	—	—	—	—

注：“—”代表未参与评价。

5.2.1.6　珠江口深圳海域海水水质分析和讨论

1）无机氮时空分析（图5-3和图5-4）

由图5-3可以看出，枯水期小潮无机氮含量范围为0.086~1.08 mg/L，平均含量为0.597 mg/L；枯水期大潮无机氮含量范围为0.207~0.757 mg/L，平均含量为0.532 mg/L；丰水期小潮无机氮含量范围为0.484~2.43 mg/L，平均含量为1.15 mg/L；丰水期大潮无机氮含量范围为0.346~2.17 mg/L，平均含量为1.09 mg/L；平水期小潮无机氮含量范围为0.171~1.00 mg/L，平均含量为0.617 mg/L；平水期大潮无机氮含量范围为0.099~0.888 mg/L，平均含量为0.486 mg/L；珠江口深圳海域海水中无机氮不同时期的小潮含量均高于大潮，说明海水受珠江口上游河流影响较大，枯水期无机氮平均含量较丰水期要低，枯水期和平水期无机氮含量相差不大，通过SPSS 17.0对枯水期、平水期和丰水期无机氮的数据进行差异性分析，得出枯水期和平水期海水中无机氮的差异性不显著，但枯水期和平水期海水中的无机氮与丰水期相比较存在显著差异性。

根据海洋功能区划的要求，珠江口深圳海域无机氮为四类海水水质标准，从图5-3还可以看出珠江口深圳海域无机氮含量严重超标，绝大部分站位均属于劣四类海水，枯水期小潮无机氮超标率为81.2%，最大超标倍数为1.17倍，珠江口入海口处无机氮下降较为显著；枯水期大潮超标率为48.0%，最大超标倍数为0.63倍，珠江口入海口处于三四类海水水质；丰水期无机氮超标率为95.8%，最大超标倍数为3.86倍；丰水期大潮超标率为85.7%，最大超标倍数为3.34倍，丰水期基本整个珠江口海域无机氮都超标；平水期小潮无机氮超标率为68.2%，最大超标倍数为1倍；平水期大潮超标率为37.5%，最大超标倍数为0.77倍，平水期珠江口入海口处由内向外无机氮含量逐渐降低，海水水质显著改善。

由图5-4可以看出，氨氮在三氮中的比例枯水期最高，平水期次之，丰水期最低；丰水期三氮中百分之八九十都是硝氮，亚硝氮和氨氮所占比例较低，枯水期和平水期硝氮比例较为接近；亚硝氮在三氮比例中平水期最高，枯水期次之，丰水期最低。这是由于丰水期生物和微生物种类和数量最大，来自珠江口上游入海污水主要是有机氮和氨氮，在生物和微生物的作用下进行硝化反应，将有机氮和氨氮转化为硝氮和亚硝氮。在枯水期和平水期浮游植物繁殖旺盛，消耗水体中的硝氮和亚硝氮。

2）活性磷酸盐（简称磷酸盐）时空分析（图5-5）

通过图5-5得出，枯水期小潮磷酸盐含量范围为0.019~0.088 mg/L，平均含量为0.037 mg/L；枯水期大潮磷酸盐含量范围为0.007~0.103 mg/L，平均含量为0.043 mg/L；丰水期小的潮磷酸盐含量范围为0.005~0.147 mg/L，平均含量为0.028 mg/L；丰水期大潮磷酸盐含量范围为0.004~0.107 mg/L，平均含量为0.027 mg/L；平水期小潮磷酸盐含量范围为0.015~0.163 mg/L，平均含量为0.047 mg/L；平水期大潮磷酸盐含量范围为0.015~0.083 mg/L，平均含量为0.036 mg/L。珠江口深圳海域磷酸盐含量丰水期最低，枯水期和平水期磷酸盐含量接近。通过SPSS 17.0对枯水期、平水期和丰水期磷酸盐的数据进行差异性分析，得出枯水期、丰水期和平水期海水中磷酸盐的差异性不显著。磷酸盐枯水期超标范围主要集中在珠江口上游海域，大潮期靠近珠海的海域磷酸盐含量逐渐降低；丰水期磷酸盐超标范围缩小，但小潮期和大潮期均主要集中在珠江口上游海域。从图5-5（d）中看出磷酸含量超标基本是整个珠江口深圳沿岸海域。平水期小潮同样是深圳沿岸海域磷酸盐含量超标，大潮期主要珠江口上游磷酸盐超标。由此可以推论磷酸盐受内陆污水排放影响较大，且扩散缓慢，污染严重的地方主要集中在海域沿岸和海水动力较差区域。

根据海洋功能区划的要求，珠江口深圳海域活性磷酸盐为四类海水水质标准，但从图5-5可以看出珠江口深圳海域枯水期和丰水期大潮期磷酸盐较小潮期超标严重，而平水期则小潮期超标更为严重。枯水期小潮期磷酸盐超标率为30%，最大超标倍数为0.95倍，45%的站位符合二类海水水质标准，25%的站位符合四类海水水质标准；枯水期大潮超标率为45%，最大超标倍数为1.23倍，

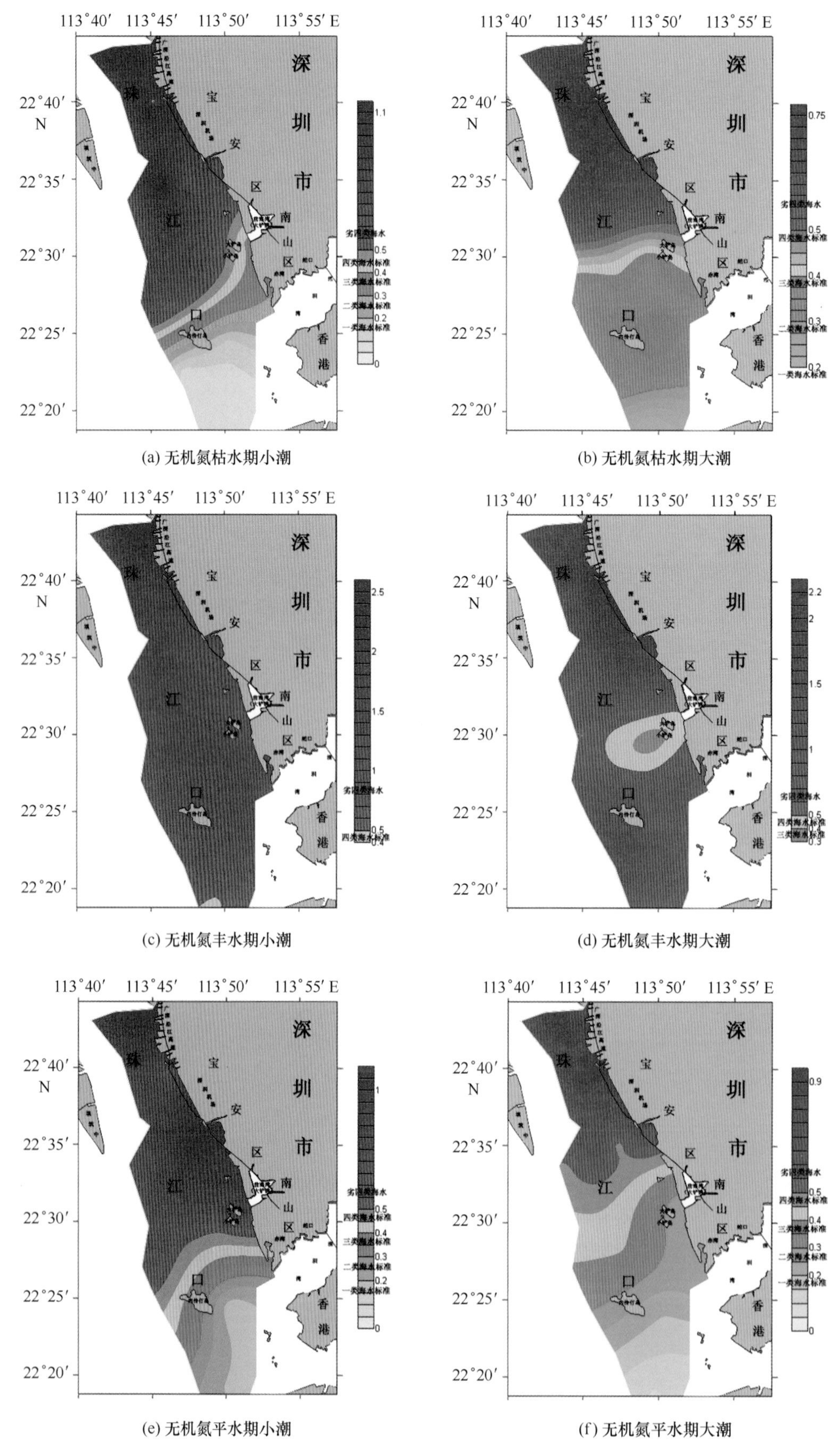

(a) 无机氮枯水期小潮　(b) 无机氮枯水期大潮

(c) 无机氮丰水期小潮　(d) 无机氮丰水期大潮

(e) 无机氮平水期小潮　(f) 无机氮平水期大潮

图 5-3　珠江口深圳海域不同水期无机氮空间分布

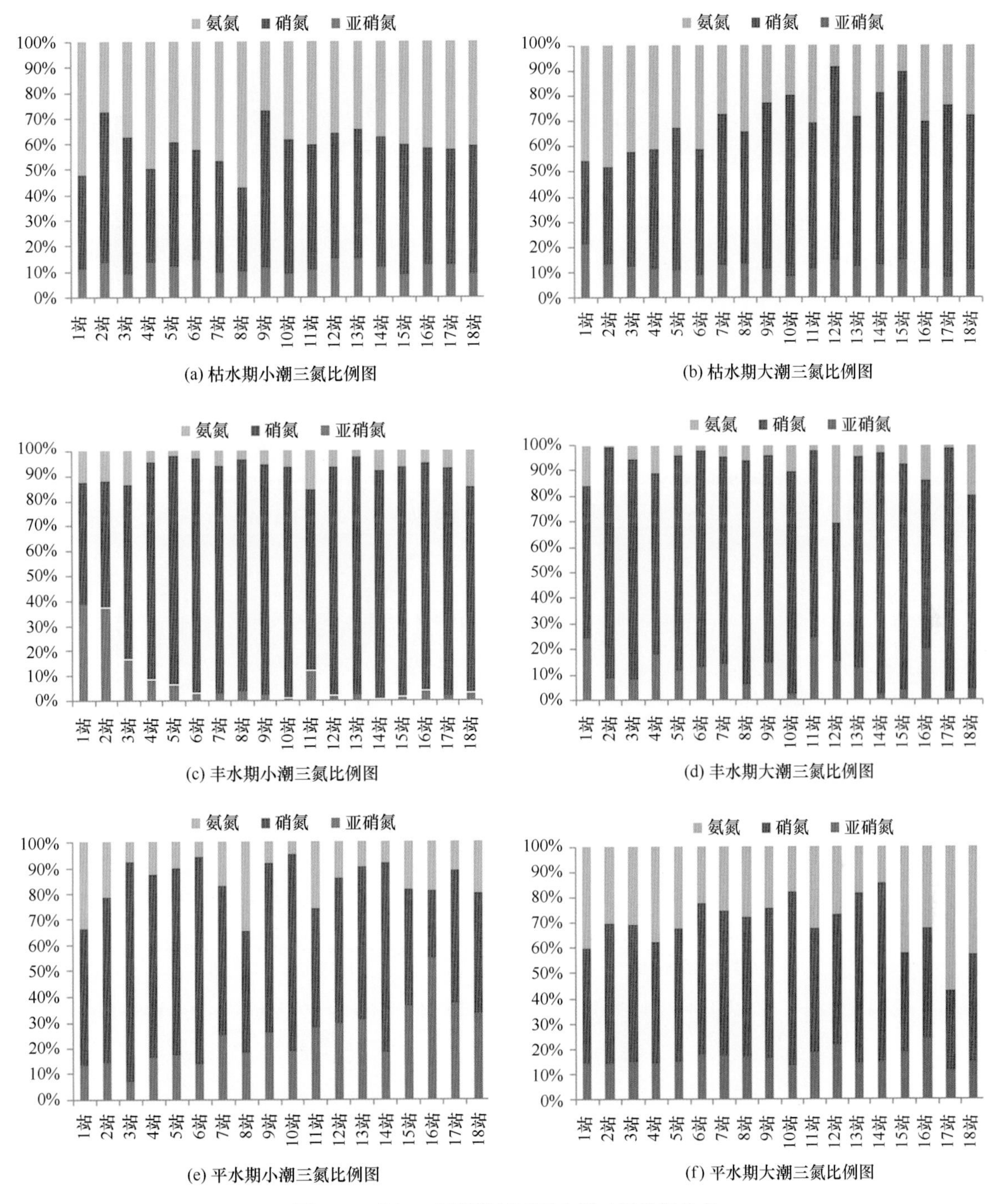

图 5-4　珠江口深圳海域不同水期三氮比例分布

5%的站位符合一类海水水质标准，30%的站位符合二类海水水质标准，20%的站位符合四类海水水质标准；丰水期磷酸盐小潮期超标率为 10%，最大超标倍数为 2. 26 倍，50%的站位符合一类海水水质标准，40%的站位符合二类海水水质标准，丰水期大潮期磷酸盐超标率为 25%，最大超标倍数为 1. 95 倍，35%的站位符合一类海水水质标准，30%的站位符合二类海水水质标准，10%的站位符合四类海水水质标准；平水期小潮磷酸盐超标率为 35%，最大超标倍数为 2. 63 倍，5%的站位符合一类海水水质标准，15%的站位符合二类海水水质标准，45%的站位符合四类海水水质标准，平水期大潮超标率为 25%，最大超标倍数为 0. 85 倍，50%的站位符合二类海水水质标准，25%的站位符合四类海水水质标准。

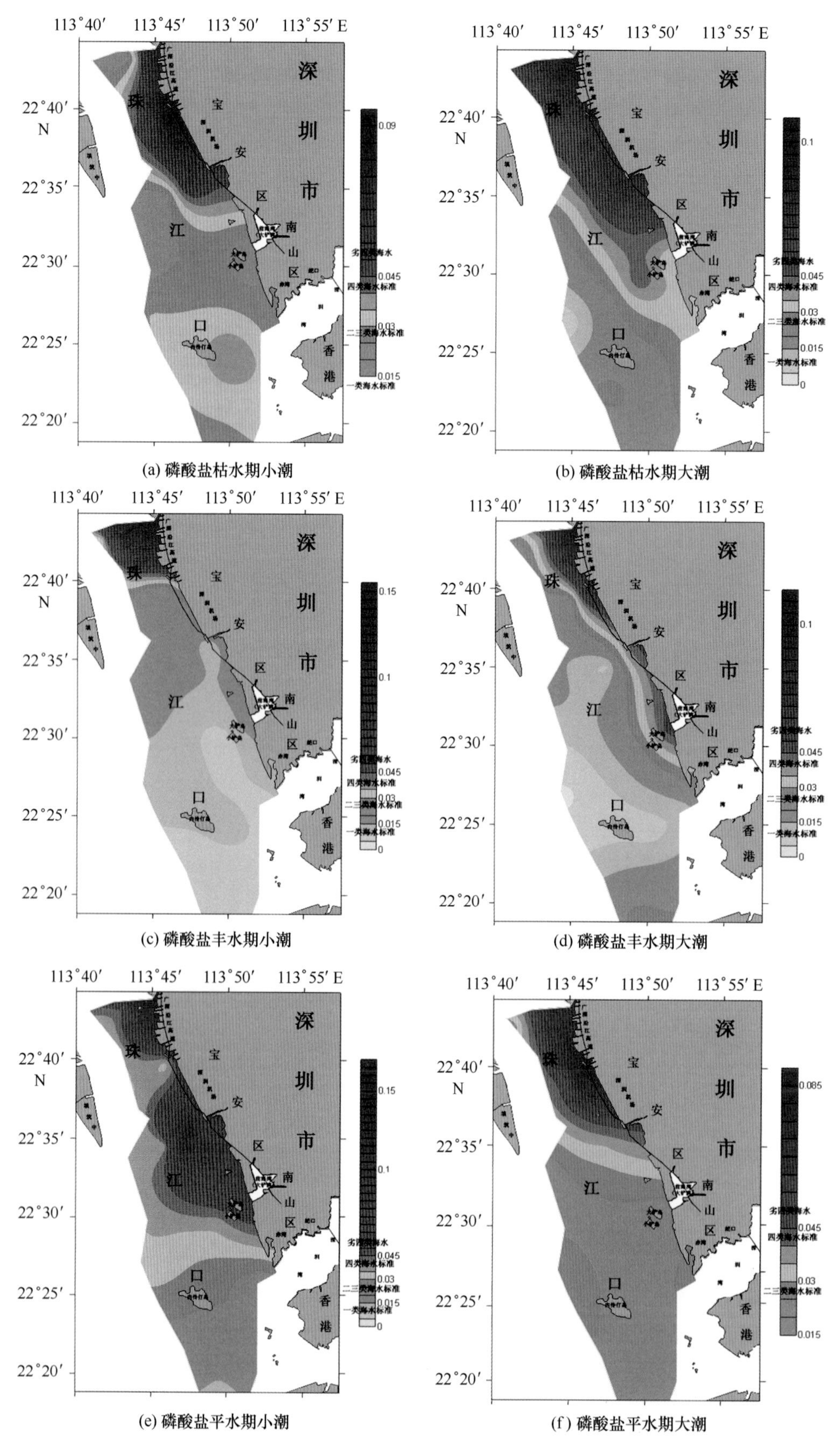

(a) 磷酸盐枯水期小潮

(b) 磷酸盐枯水期大潮

(c) 磷酸盐丰水期小潮

(d) 磷酸盐丰水期大潮

(e) 磷酸盐平水期小潮

(f) 磷酸盐平水期大潮

图 5-5　珠江口深圳海域不同季节磷酸盐空间分布

3）COD_{Mn}时空变化（图 5-6）

由图 5-11 可知，枯水期 COD_{Mn}含量范围为 0. 73～3. 48 mg/L，平均含量为 1. 86 mg/L；丰水期 COD 含量范围为 1. 55～3. 28 mg/L，平均含量为 2. 14 mg/L；平水期 COD 含量范围为 0. 91～3. 85 mg/L，平均含量为 1. 69 mg/L。海水中 COD 含量丰水期最高，枯水期次子，平水期最低，COD_{Mn}含量的高低受上游河流的影响较大。通过 SPSS 17. 0 对枯水期、平水期和丰水期 COD_{Mn}的数据进行差异性分析，得出枯水期与丰水期和平水期海水中 COD 的差异性均不显著，但丰水期和平水期海水 COD_{Mn}的差异性显著。

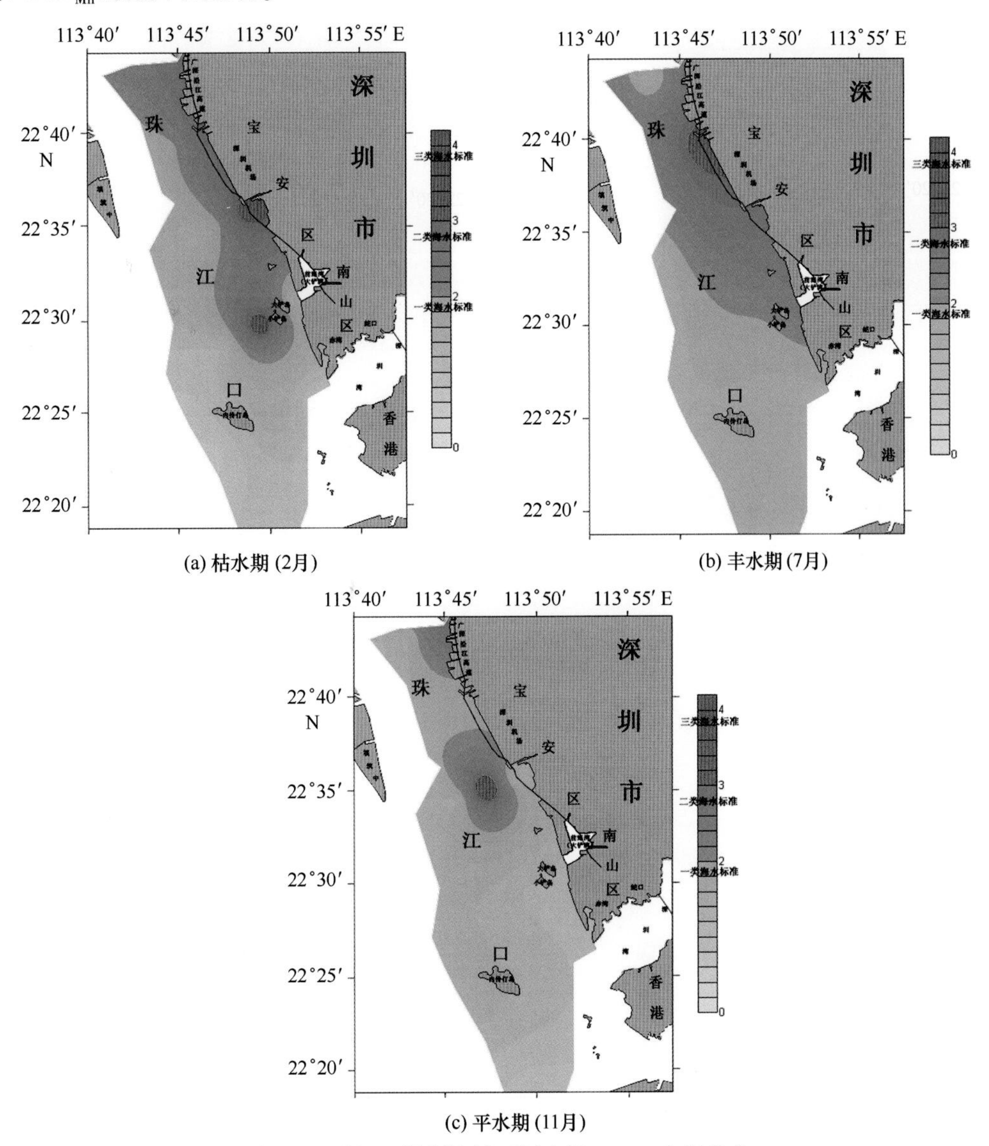

(a) 枯水期 (2月)

(b) 丰水期 (7月)

(c) 平水期 (11月)

图 5-6　珠江口深圳海域不同水期 COD_{Mn}空间分布

由图 5-6 可以看出珠江口上游海域以及珠江口沿岸海域 COD_{Mn}含量较高，上游向下，向出海口 COD_{Mn}含量逐渐降低。

根据海洋功能区划的要求，COD_{Mn}指标均不超四类海水水质标准，枯水期有 66. 7%的站位符合一类海水水质标准，有 22. 2%的站位符合二类海水水质标准，11. 1%的站位符合三类海水水质标准；丰水期有 50. 0%的站位符合一类海水水质标准，有 44. 4%的站位符合二类海水水质标准，5. 6%的站位符合三类海水水质标准，平水期有 88. 9%的站位符合一类海水水质标准，有 5. 6%的站位符合二类海水水质标准，5. 6%的站位符合三类海水水质标准。

4）石油类时空变化（图 5-7）

由图 5-7 可知，枯水期石油类含量范围为 0.031～0.151 mg/L，平均含量为 0.061 mg/L；丰水期石油类含量范围为 0.004～0.076 mg/L，平均含量为 0.023 mg/L；平水期石油类含量范围为 0.022～0.092 mg/L，平均含量为 0.037 mg/L。通过 SPSS 17.0 对枯水期、平水期和丰水期石油类的数据进行差异性分析，得出枯水期与丰水期、平水期海水中石油类的差异性显著，但丰水期和平水期之间差异性不显著。海水中石油类含量枯水期最高，平水期次子，丰水期最低。海域中石油类含量的高低除了与上游河流入海污水有关外还与通航船只的种类、数量以及运行航道有关。

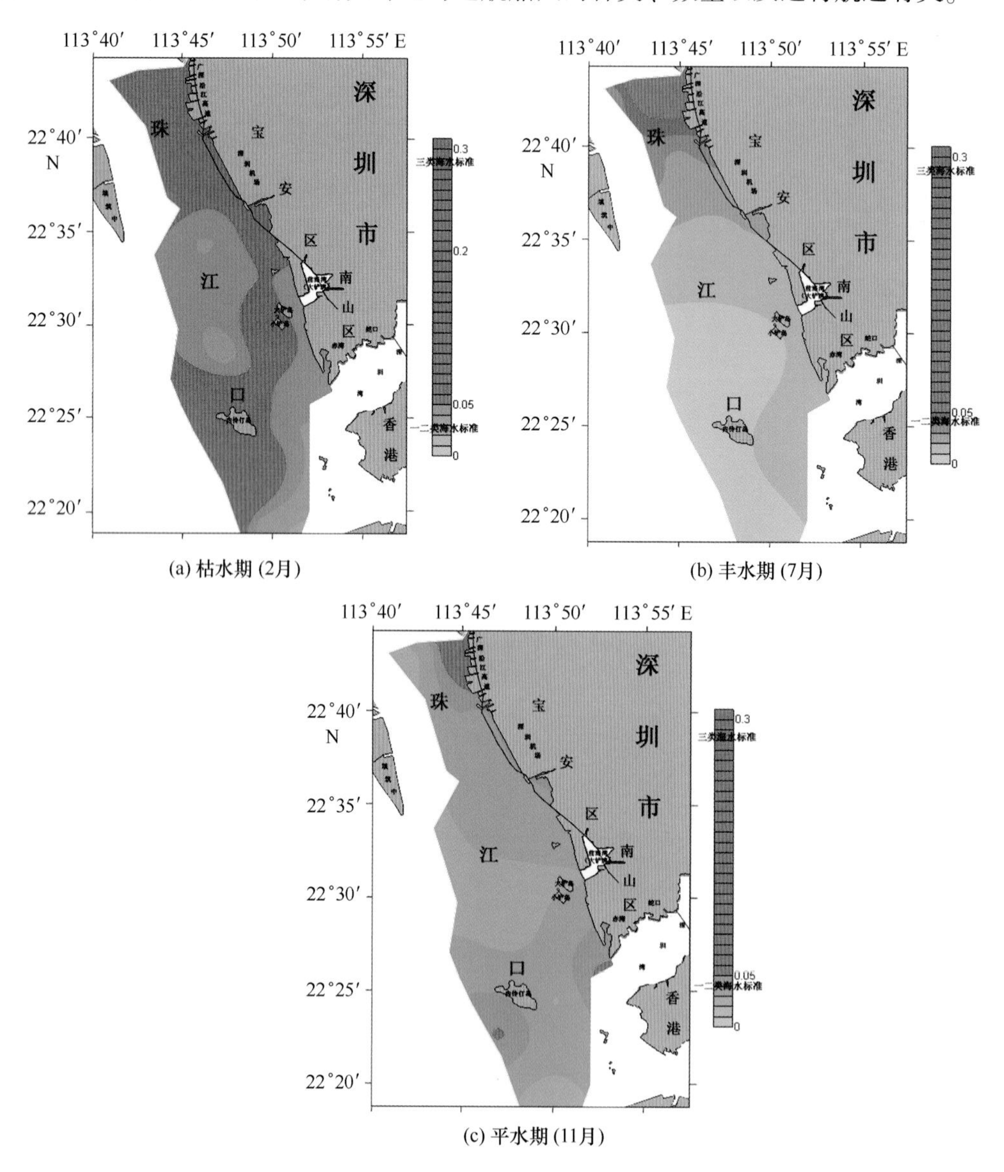

图 5-7　珠江口深圳海域不同水期石油类空间分布

根据海洋功能区划的要求，石油类指标均不超四类海水水质标准，枯水期珠江口深圳海域有 55.6%的站位符合三类海水水质标准，44.4%的站位符合一类海水水质标准，丰水期和平水期只有靠近东宝河附近的海域石油类含量大一些，其他海域海水中石油类含量均符合一类海水水质标准，由此可见，东宝河排出海水中的水体石油类含量较高。

5）重金属时空分布

根据表 5-6 至表 5-11 可知，珠江口深圳海域海水中汞（Hg）、砷（As）、铬（Cr）和镉（Cd）

含量非常低，均符合一类海水水质标准，枯水期海水中汞含量范围为 0.011~0.032 μg/L，平均含量为 0.023 μg/L，砷含量范围为 1.01~2.38 μg/L，平均含量为 1.44 μg/L，铬含量范围为未检出~0.53 μg/L，平均含量为 0.34 μg/L，镉含量范围为 0.04~0.22 μg/L，平均含量为 0.11 μg/L；丰水期海水中汞含量范围为 0.009~0.028 μg/L，平均含量为 0.017 μg/L，砷含量范围为 1.43~2.55 μg/L，平均含量为 1.98 μg/L，铬含量均未检出，镉含量范围为 0.06~0.15 μg/L，平均含量为 0.10 μg/L；平水期海水中汞含量范围为 0.011~0.026 μg/L，平均含量为 0.018 μg/L，砷含量范围为 1.20~2.02 μg/L，平均含量为 1.59 μg/L，铬含量范围为 0.19~0.74 μg/L，平均含量为 0.43 μg/L，镉含量范围为 0.06~0.23 μg/L，平均含量为 0.13 μg/L。由此可知，珠江口深圳海域不同水期重金属含量从高到低排列为汞：枯水期、平水期、丰水期，砷：丰水期、平水期、枯水期，铬：平水期、枯水期、丰水期，镉：平水期、枯水期、丰水期。通过 SPSS 17.0 对枯水期、平水期和丰水期汞、砷、铬和镉的数据进行差异性分析，得出汞在枯水期与丰水期、平水期时的差异性显著，但丰水期和平水期之间差异性不显著；砷和铬则在丰水期与枯水期、平水期时的差异性显著，但枯水期和平水期之间差异性不显著；镉在枯水期、平水期和丰水期的数值结果差异性均不显著。纵观整个海域汞、砷、铬和镉含量较低，不会构成珠江口海域的主要污染因素。

铜（Cu）时空分布：枯水期铜含量范围为 1.95~5.50 μg/L，平均含量为 3.16 μg/L；丰水期铜含量范围为 1.23~4.99 μg/L，平均含量为 2.13 μg/L；平水期铜含量范围为 1.82~5.44 μg/L，平均含量为 3.04 μg/L。通过 SPSS 17.0 对枯水期、平水期和丰水期铜的数据进行差异性分析，得出丰水期与枯水期、平水期海水中铜的差异性显著，枯水期和平水期之间差异性不显著。枯水期在虾山涌入海口附近海水中的铜含量稍高一些，而在平水期则在东宝河入海口附近铜含量稍高。整个海域由上至下铜含量逐渐降低。

根据海洋功能区划的要求，铜不超四类海水水质标准，珠江口深圳海域枯水期有 11.1%的站位、平水期有 5.6%的站位符合二类海水水质标准，其余站位均符合一类海水水质标准，丰水期整个海域铜都符合一类海水水质标准。

锌（Zn）时空分布：枯水期锌含量范围为 1.91~4.93 μg/L，平均含量为 2.79 μg/L；丰水期锌含量范围为 1.08~45.0 μg/L，平均含量为 10.4 μg/L；平水期锌含量范围为 1.50~39.9 μg/L，平均含量为 12.3 μg/L。通过 SPSS 17.0 对枯水期、平水期和丰水期锌的数据进行差异性分析，得出枯水期与丰水期、平水期海水中锌的差异性显著，丰水期和平水期之间差异性不显著。丰水期和平水期在珠江口海域上游和沿岸锌的含量均有不同程度处于二类海水水质范围。整个海域由上至下锌的含量同样是逐渐降低。

根据海洋功能区划的要求，锌不超四类海水水质标准，珠江口深圳海域丰水期有 5.6%的站位、平水期有 22.2%的站位符合二类海水水质标准，其余站位均符合一类海水水质标准，枯水期整个海域锌都符合一类海水水质标准。

铅（Pb）时空分布：枯水期铅含量范围为 0.14~0.52 μg/L，平均含量为 0.23 μg/L；丰水期铅含量范围为 0.28~0.57 μg/L，平均含量为 0.42 μg/L；平水期铅含量范围为 0.14~2.07 μg/L，平均含量为 0.77 μg/L。珠江口深圳海域中铅含量在平水期最高，丰水期次之，枯水期最低。通过 SPSS 17.0 对枯水期、平水期和丰水期铅的数据进行差异性分析，得出不同时期海水中锌的差异性均为显著，且随时间变化有逐渐升高的趋势；整个海域由上至下铅的含量逐渐降低。

根据海洋功能区划的要求，铅不超四类海水水质标准，珠江口深圳海域平水期有 27.8%的站位符合二类海水水质标准，其余站位均符合一类海水水质标准，枯水期和丰水期整个海域铅都符合一类海水水质标准。

6）温度、盐度、pH 值、溶解氧、悬浮物、硫化物和挥发酚等指标的时空分布

枯水期海水水温变化范围为 15.7℃~17.8℃，平均值为 16.8℃，盐度变化范围为 17.0~32.3，平均值为 24.1，pH 值变化范围为 7.58~8.20，平均值为 7.95，溶解氧含量范围为 6.34~9.52 mg/L，

平均含量为7.67 mg/L，悬浮物含量范围为10.9~55.2 mg/L，平均含量为22.2 mg/L；丰水期水温变化范围为31.5℃~33.4℃，平均值为32.5℃，盐度为1.0~9.7，平均值为3.0，pH变化范围为7.15~8.17，平均值为7.60，溶解氧含量范围为5.32~7.75 mg/L，平均含量为6.54 mg/L，悬浮物含量范围为4.3~24.3 mg/L，平均含量为9.6 mg/L；平水期水温变化范围为24.9℃~26.8℃，平均值为25.7℃，海水盐度为10.8~30.4，平均值为20.8，pH变化范围为7.67~8.47，平均值为8.05，溶解氧含量范围为6.64~10.74 mg/L，平均含量为8.27 mg/L，悬浮物含量范围为1.4~9.9 mg/L，平均含量为4.4 mg/L，硫化物含量范围为1.37~42.5 μg/L，平均含量为19.5 μg/L，挥发酚含量范围为0.442~2.17 μg/L，平均含量为1.10 μg/L。

枯水期水温最低，其次平水期，丰水期水温最高，这与不同时期对应的季节有关，枯水期在2月份采样，属于初春，天气较冷，水温较低，丰水期在7月采样，属于盛夏，天气较热，水温较高，平水期在11月采样，属于秋季，天气较为凉爽，水温适中。丰水期海水盐度显著低于枯水期和平水期，由此推断丰水期采样期间，大量河流淡水以及陆源污水涌向海域，导致海水盐度大大降低。丰水期由于其河流淡水涌入不均匀，导致海水盐度空间变化不显著。通过SPSS 17.0对枯水期、平水期和丰水期pH值数据进行方差分析，可以得出丰水期海水中pH值与枯水期、平水期存在显著差异性，而枯水期和平水期之间不存在差异性。

海水中溶解氧在丰水期含量最低，枯水期次之，平水期最高，海水中溶解氧含量的高低受温度影响较大，温度越低，水体中溶解氧含量越高，温度越高水体中溶解氧含量越低。枯水期水温在14.8℃~19.9℃之间，丰水期水温在31.7℃~34.1℃之间，平水期水温在24.8℃~27.1℃之间，但是平水期的溶解氧较枯水期还高一些，这是由于平水期采样调查时发现在深圳湾外出现赤潮带，海水中的浮游生物含量较高，进行光合作用产生氧气，导致水体中形成过饱和现象。通过SPSS 17.0对枯水期、平水期和丰水期溶解氧数据进行方差分析，可以得出不同时期的海水中溶解氧存在显著差异性。珠江口由上游至下游溶解氧逐渐升高，特别是大铲湾和深圳湾的出口溶解氧含量较高。平水期深圳湾以及珠江入海口位置发生赤潮带，因此15站位至18站位区域的溶解氧含量格外高，海域中的溶解氧基本处于过饱和状态。海水中悬浮物在平水期含量最低，丰水期次之，枯水期最高，通过SPSS 17.0对枯水期、平水期和丰水期悬浮物数据进行方差分析，可以得出不同时期的海水中溶解氧存在显著差异性。

珠江口深圳海域中硫化物含量小潮期高于大潮期，尤其是珠江口上游海域硫化物含量较高，接近入海口位置硫化物含量降至10 μg/L以下。珠江口深圳海域中挥发酚含量较低，大潮期略高于小潮期。由于海水中挥发酚较低，其空间分布规律并不显著。

根据海洋功能区划的要求，珠江口深圳海域不超四类海水水质标准，枯水期溶解氧有100%的站位符合一类海水水质标准，悬浮物有100%的站位符合三类海水水质标准；丰水期DO有77.8%的站位符合一类海水水质标准，22.2%的站位符合二类海水水质标准，悬浮物有66.7%的站位符合一类海水水质标准，33.3%的站位符合二类海水水质标准；平水期溶解氧、悬浮物和挥发酚均100%的站位符合一类海水水质标准，硫化物有55.6%的站位符合一类海水水质标准，44.4%的站位符合二类海水水质标准。

7）*珠江口深圳海域海水水质现状小结*

将珠江口深圳海域不同时期不同指标所属水质类别进行汇总，如表5-13所示，参照《近岸海域环境监测规范》（HJ 442—2008）对水质类别的归纳，见表5-14，可以得出珠江口深圳海域COD_{Mn}、溶解氧、重金属（Cu、Zn、Cd、Pb、Cr、Hg、As）均属于一类海水水质标准，石油类和悬浮物在枯水期含量较高，属于三类海水水质，其余时间属于一类海水水质，磷酸盐丰水期含量较低，属于一二类海水，枯水期和平水期较高，属于四类、劣四类海水，无机氮全部属于劣四类海水。

表 5-13　珠江口深圳海域不同时期水质类别所占比例　　单位:%

水期	水质类别	无机氮	磷酸盐	COD_{Mn}	石油类	重金属							溶解氧	悬浮物	硫化物	挥发酚
						铜	锌	镉	铅	铬	汞	砷				
枯水期	一类	5.6	0	66.7	44.4	88.9	100	100	100	100	100	100	100			
	二类	11.1	33.3	22.2		11.1										
	三类	11.1		11.1	55.6									100		
	四类	11.1	27.8													
	劣四类	61.1	38.9													
丰水期	一类		44.4	50.0	88.9	100	94.4	100	100	100	100	100	77.8	66.7		
	二类		33.3	44.4			5.6						22.2			
	三类			5.6	22.2									33.3		
	四类	5.6	11.1													
	劣四类	94.4	11.1													
平水期	一类	11.1	5.6	88.9	83.3	94.4	88.9	100	72.2	100	100	100	100	100	55.6	100
	二类	5.6	22.2	5.6		5.6	22.2		27.8						44.4	
	三类	5.6		5.6	16.7											
	四类	22.2	44.4													
	劣四类	55.5	27.8													

表 5-14　珠江口深圳海域不同时期海水水质指标所属类别

水期	一类海水	二类海水	三类海水	四类海水	劣四类海水
枯水期	COD_{Mn}、溶解氧、重金属（Cu、Zn、Cd、Pb、Cr、Hg、As）		石油类、悬浮物	磷酸盐	无机氮、磷酸盐
丰水期	磷酸盐、COD_{Mn}、石油类、重金属（Cu、Zn、Cd、Pb、Cr、Hg、As）、溶解氧、悬浮物	磷酸盐			无机氮
平水期	COD_{Mn}、石油类、重金属（Cu、Zn、Cd、Pb、Cr、Hg、As）、溶解氧、悬浮物、硫化物和挥发酚			磷酸盐	无机氮、磷酸盐

由此可以看出珠江口深圳海域主要受营养盐污染较为严重，无机氮全年超标率基本在50%以上，尤其丰水期最为严重，基本整个海域的无机氮都超标，三氮中又以硝氮为主，氨氮次之，亚硝氮最少；磷酸盐全年超标率也有20%以上，枯水期最为严重，平水期次之，丰水期最低。其他指标不是珠江口深圳海域污染的主要因素，除了河流的入海口或很靠近陆地的沿岸位置含量较高外，其他区域含量均较低。

通过表5-15得出绝大部分测试指标均显示出珠江口上游向下游、近岸向远岸逐渐递减的规律，盐度和pH值则显示上游向下游、近岸向远岸递增的规律，温度、溶解氧和悬浮物以及丰水期的盐度规律性不显著。珠江口顶点东宝河入海口附近污染最为严重，绝大部分测试指标含量最高，而珠江口入海口附近测试指标含量较低。

表 5-15　珠江口深圳海域海水水质变化规律汇总

水期＼规律	上游向下游递减	上游向下游递增	近岸向远岸递减	近岸向远岸递增	规律变化不显著
枯水期	无机氮、磷酸盐、重金属、COD_{Mn}、石油类	盐度、pH 值	盐度、无机氮、磷酸盐、重金属、COD_{Mn}、石油类	pH 值	温度、溶解氧、悬浮物
丰水期	无机氮、磷酸盐、重金属、COD_{Mn}、石油类	pH 值	无机氮、磷酸盐、重金属、COD_{Mn}、石油类	pH 值	温度、溶解氧、悬浮物、盐度
平水期	无机氮、磷酸盐、重金属、COD_{Mn}、石油类	盐度、pH 值、溶解氧	盐度、无机氮、磷酸盐、重金属、COD_{Mn}、石油类	pH 值	温度、悬浮物

5.2.2　珠江口深圳海域海水水质回顾性分析

根据深圳市海洋环境与资源监测中心丰水期对珠江口深圳海域近 10 年的监测资料进行整理和分析。

1）pH 值

珠江口深圳海域海水 pH 值 10 年变化趋势图如图 5-8 所示，由图可知，pH 值变化范围为 6.70~8.19，宝安区 pH 值较南山区要低，宝安区 10 年 pH 平均值为 7.35，南山区 10 年 pH 平均值为 7.65，2008 年至 2013 年宝安区的 pH 值变化幅度较大。2013 年宝安区 pH 值最低，为 6.70，受陆源河流影响较大。

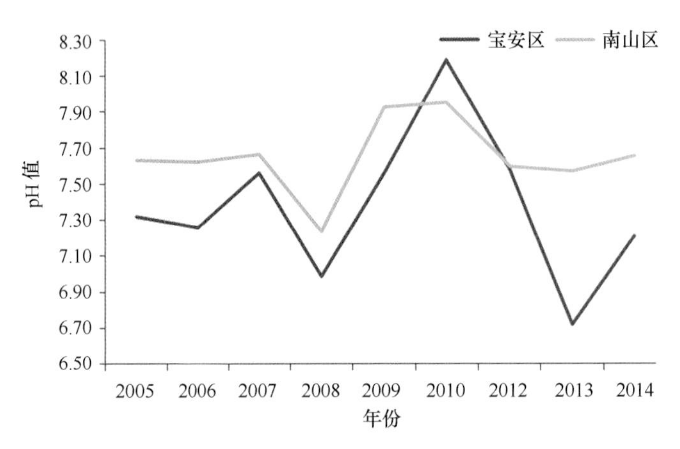

图 5-8　珠江口深圳海域 pH 值 10 年变化趋势

2）溶解氧（DO）

珠江口深圳海域海水溶解氧（DO）10 年变化趋势如图 5-9 所示，由图可知，溶解氧变化范围为 1.94~6.25 mg/L，宝安区 10 年溶解氧平均值为 3.71 mg/L，属于三类和四类海水水质，南山区 10 年溶解氧平均值为 4.58 mg/L，属于二类和三类海水水质，2009 年至 2012 年珠江口深圳海域溶解氧值相对较高，2013 年海水中溶解氧值最低，尤其是宝安区，海水中平均溶解氧只有 1.94 mg/L。

3）化学需氧量（COD_{Mn}）

珠江口深圳海域海水化学需氧量（COD_{Mn}）10 年变化趋势图如图 5-10 所示，由图可知，COD_{Mn} 变化范围为 0.22~3.57 mg/L，宝安区 10 年 COD_{Mn} 平均值为 2.11 mg/L，属二类海水，南山区

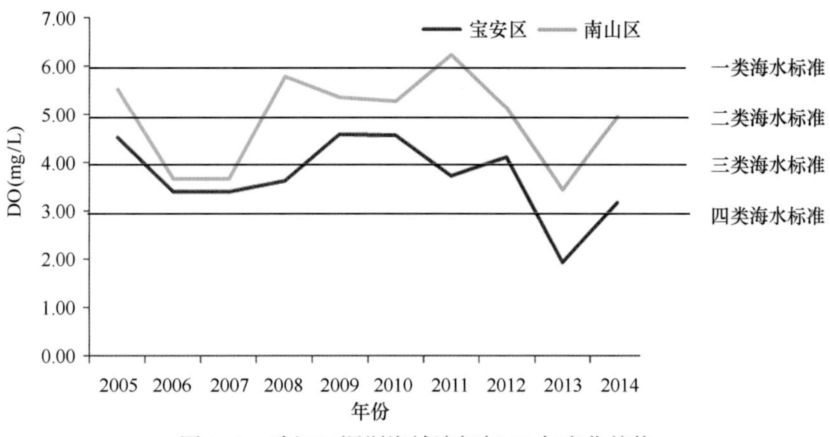

图 5-9 珠江口深圳海域溶解氧 10 年变化趋势

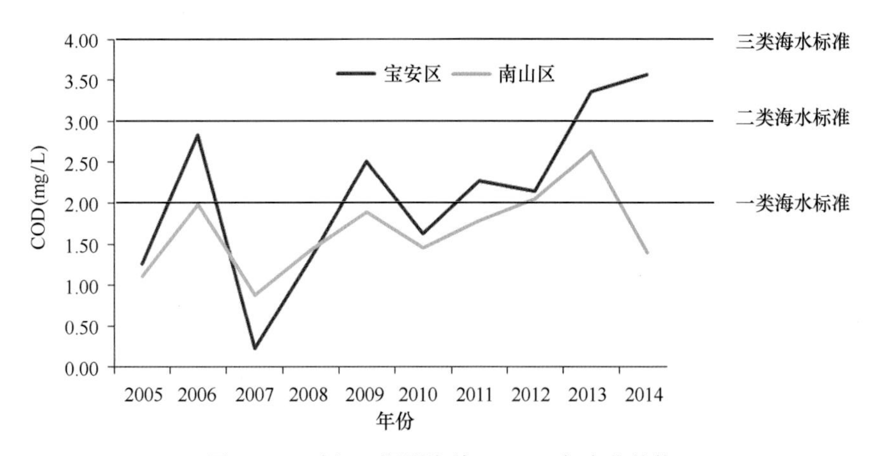

图 5-10 珠江口深圳海域 COD 10 年变化趋势

10 年 COD_{Mn}平均值为 1.66 mg/L，属于一类海水水质，2007 年珠江口深圳海域 COD_{Mn}含量最低，随着时间的推移，COD_{Mn}含量呈现逐渐升高的趋势。

4）石油类

珠江口深圳海域海水石油类 10 年变化趋势图如图 5-11 所示，由图可知，石油类变化范围为 0.011~0.652 mg/L，宝安区 10 年石油类平均值为 0.139 mg/L，属三类海水水质，南山区 10 年石油类平均值为 0.081 mg/L，同样属于三类海水水质，但南山区海水中的石油类显著低于宝安区。2013 年珠江口深圳海域中石油类含量最高，这可能与当年陆源河流中石油污染汇入海域有关。

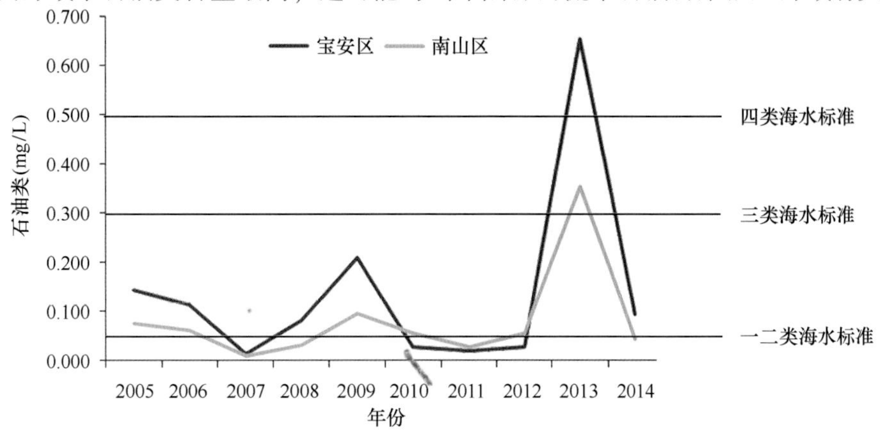

图 5-11 珠江口深圳海域石油类 10 年变化趋势

5）无机氮

珠江口深圳海域海水无机氮10年变化趋势图如图5-12所示，由图可知，无机氮变化范围为0.41~3.63 mg/L，宝安区10年无机氮平均值为2.14 mg/L，属劣四类海水水质，超四类海水水质标准3.28倍；南山区10年无机氮平均值为1.78 mg/L，同样属于劣四类海水水质，超四类海水水质标准2.56倍。2010年珠江口深圳海域中无机氮含量最高，2009年无机氮含量最低，纵观近10年无机氮的变化，基本全部属于劣四类海水水质。

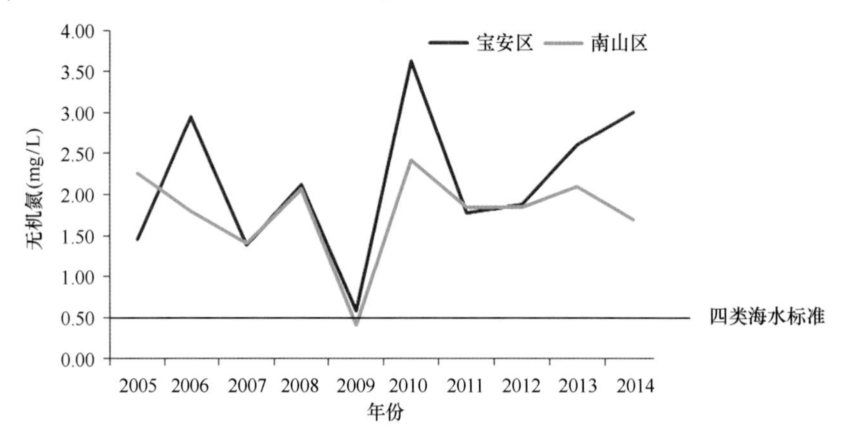

图5-12 珠江口深圳海域无机氮10年变化趋势

6）磷酸盐

珠江口深圳海域海水磷酸盐10年变化趋势图如图5-13所示，由图可知，磷酸盐变化范围为0.013~0.247 mg/L，宝安区10年磷酸盐平均值为0.096 mg/L，属劣四类海水水质，超四类海水水质标准1.13倍；南山区10年磷酸盐平均值为0.049 mg/L，同样属于劣四类海水水质，超四类海水水质标准0.09倍。2012年珠江口深圳海域中磷酸盐含量最高，2007年磷酸盐含量最低，从2007年以后随时间推移，磷酸含量逐渐升高，2013年有所下降。2007年和2008年宝安区磷酸盐含量一二类海水水质，其余年份均属于劣四类海水水质；南山区在2005年至2010年间海域中磷酸盐属于三四类海水水质，在2011年之后磷酸盐含量均超四类海水水质标准。

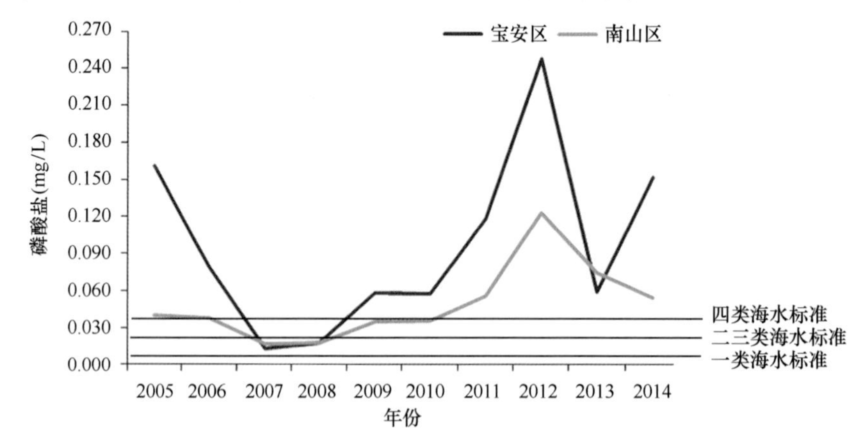

图5-13 珠江口深圳海域磷酸盐10年变化趋势

5.2.3　海洋沉积物环境质量现状调查与结果

5.2.3.1　调查频次

海洋沉积物现状调查分别在 2014 年 2 月 23 日枯水期和 2014 年 11 月 22 日平水期进行两个航次的野外作业。

5.2.3.2　调查范围的确定

本项目调查的范围和监测站位需覆盖珠江口深圳海域，从深圳湾—内伶仃岛—交椅湾海域布设 11 个沉积物，如图 5-1 所示，各监测站位经纬度如表 5-5 所示。

5.2.3.3　珠江口深圳海域海洋沉积物环境现状调查结果

珠江口深圳海洋生态环境 2014 年枯水期、平水期调查航次的海洋沉积物环境质量现状调查的结果如表 5-16 所示。

表 5-16　珠江口深圳海域表层沉积物检测结果

指标	枯水期（2014 年 2 月 23 日）		平水期（2014 年 11 月 15 日）	
	范围	均值	范围	均值
硫化物（$\times10^{-6}$）	1.30~481	40.6	0.21~456	69.7
汞（$\times10^{-6}$）	0.014~0.312	0.101	0.017~0.326	0.120
砷（$\times10^{-6}$）	9.82~32.1	19.9	10.8~35.0	20.4
铜（$\times10^{-6}$）	7.94~647	78.8	16.8~772	149
锌（$\times10^{-6}$）	35.6~312	106	81.4~401	173
镉（$\times10^{-6}$）	0.100~2.47	0.518	0.206~3.13	0.970
铅（$\times10^{-6}$）	17.0~65.8	38.2	31.2~66.9	49.0
铬（$\times10^{-6}$）	21.8~268	74.0	64.4~340	125
石油类（$\times10^{-6}$）	未检出~2.46×10^3	540	（6.01~3.54）$\times10^3$	705
总氮（$\times10^{-3}$）	0.341~2.31	0.971	0.974~1.82	1.27
总磷（$\times10^{-3}$）	0.268~1.61	0.497	0.283~1.56	0.728
总有机碳（$\times10^{-2}$）	0.37~1.68	0.96	0.50~1.88	1.16

5.2.3.4　沉积物环境质量评价

根据广东省海洋功能区划，珠江口深圳海域功能类型主要是工业与城镇用海区、港口航运区以及保留区用海，工业与城镇用海区、港口航运区，其沉积物环境质量现状评价采用三类海洋沉积物质量标准。

根据计算，枯水期和平水期沉积物现状单因素指数评价结果见表 5-17 和表 5-18。

表 5-17　枯水期沉积物监测结果标准指数

站位	硫化物	汞	砷	铜	锌	镉	铅	铬	油浓度	总有机碳
1站	0.014	0.312	0.047	3.234	0.520	0.493	0.169	0.991	1.641	0.420
2站	0.002	0.085	0.033	0.346	0.208	0.101	0.151	0.254	0.060	0.144
3站	0.802	0.113	0.052	0.220	0.164	0.076	0.149	0.235	1.518	0.310
4站	0.014	0.129	0.049	0.898	0.241	0.184	0.163	0.431	0.764	0.311
5站	0.002	0.128	0.039	0.301	0.176	0.127	0.161	0.237	0.204	0.315
6站	0.003	0.032	0.012	0.051	0.059	0.029	0.078	0.092	0.002	0.137
7站	0.020	0.127	0.041	0.669	0.275	0.172	0.220	0.420	0.865	0.293
8站	0.005	0.050	0.037	0.145	0.111	0.053	0.109	0.147	0.038	0.107
9站	0.003	0.089	0.032	0.177	0.198	0.095	0.202	0.309	0.131	0.276
10站	0.141	0.046	0.018	0.060	0.066	0.023	0.068	0.131	0.009	0.203
11站	0.026	0.100	0.029	0.252	0.185	0.097	0.187	0.254	0.368	0.246
12站	0.014	0.062	0.027	0.172	0.183	0.084	0.194	0.277	0.112	0.269
14站	0.193	0.077	0.033	0.197	0.168	0.098	0.162	0.302	0.148	0.197
15站	0.009	0.079	0.019	0.120	0.156	0.053	0.159	0.269	0.083	0.315
16站	0.006	0.014	0.016	0.040	0.070	0.020	0.102	0.081	—	0.093
17站	0.008	0.084	0.050	0.123	0.120	0.086	0.136	0.208	0.038	0.213
18站	0.004	0.188	0.033	0.081	0.104	0.038	0.100	0.161	0.004	0.145
超标率(%)	0	0	0	5.9	0	0	0	0	11.8	0

注："—"表示未参与评价。

表 5-18　平水期沉积物监测结果标准指数

站位	硫化物	汞	砷	铜	锌	镉	铅	铬	油浓度	总有机碳
1站	0.761	0.326	0.239	3.862	0.668	0.626	0.236	1.257	2.360	0.470
3站	0.004	0.224	0.376	0.284	0.293	0.238	0.268	0.353	0.184	0.323
4站	0.470	0.228	0.246	2.335	0.563	0.466	0.243	0.980	1.698	0.418
6站	0.012	0.101	0.221	0.314	0.240	0.171	0.185	0.322	0.214	0.275
7站	0.080	0.151	0.242	0.917	0.331	0.219	0.210	0.528	0.643	0.345
9站	0.006	0.083	0.229	0.219	0.222	0.170	0.154	0.353	0.056	0.240
11站	0.001	0.017	0.278	0.171	0.197	0.041	0.207	0.341	0.024	0.125
12站	0.004	0.057	0.193	0.153	0.189	0.085	0.183	0.301	0.025	0.263
14站	0.002	0.031	0.175	0.140	0.159	0.076	0.159	0.278	0.025	0.203
15站	0.000	0.026	0.117	0.084	0.136	0.047	0.125	0.238	0.004	0.298
18站	0.000	0.083	0.158	0.149	0.176	0.051	0.160	0.288	0.026	0.208
超标率(%)	0	0	0	9.1	0	0	0	9.1	18.2	0

5.2.3.5　海洋沉积物现状分析

针对珠江口深圳海域进行了两次海洋沉积物的调查。一次是在春季（2014年2月23日）进行，共调查了17个站位，仅13站位未采集到样品，这是由于13站位为砂质地质；另一次是在秋季

（2014年11月15日）进行，共调查了11个站位。海洋沉积物的环境质量并不受季节的影响，春秋两季的环境质量相当，海洋沉积物的污染是常年累积后的效应，它与所处的地理位置的关系比较大。通过图5-14可以看出，硫化物主要集中在1号、3号、4号、7号、10号、14号站位含量较高，Hg主要集中在1号、3号、4号、5号、7号、18号站位含量较高，As主要集中在1号、3号、4号、5号、7号、11号站位含量较高，Cu主要集中在1号、4号、7号站位含量较高，Zn主要集中在1号、4号、7号、9号站位含量较高，Cd主要集中在1号、3号、4号、7号站位含量较高，Pb主要集中在1号、3号、4号、7号、9号、12号站位含量较高，Cr主要集中在1号、4号、7号、9号站位含量较高，石油类主要集中在1号、3号、4号、7号、11号站位含量较高，总氮和总磷主要集中在1号、4号、9号、11号、12号、18号站位含量较高，TOC主要集中在1号、4号、7号、15号站位含量较高，综合以上分析可以得出珠江口深圳海域各污染测试指标普遍较高的站位是1号、4号、7号、11号和15号站位。1号站位位于珠江口的最上游，东宝河入海口附近，4号站位位于虾山涌入海口附近，7号站位位于珠江口中游，福永河入海口附近，这3个站位也是最靠近沿岸海域位置，11号站位和15号站位分别位于大铲湾和深圳湾出口处。由于海洋沉积物不受季节影响变化，通过春秋两次的沉积物调查发现所测试标准的数据非常接近，由此可以说明数据调查的准确性和可靠性。

根据海洋功能区域的要求，珠江口海域海洋沉积物须符合三类海洋沉积物质量标准，各指标评价限值见表5-4。通过图5-14可以看出，硫化物没有超标站位，95%的站位均符合一类海洋沉积物质量标准，5%的站位符合二类海洋沉积物质量标准外，Hg没有超标站位，85%的站位符合一类海洋沉积物质量标准，15%的站位为二类海洋沉积物质量标准；As没有超标站位，60%的站位符合一类海洋沉积物质量标准，40%的站位为二类海洋沉积物质量标准；Cu有超标站位，超标率为10%，最大超标倍数为2.23倍，其中50%的站位符合一类海洋沉积物质量标准，30%的站位符合二类海洋沉积物质量标准，10%的站位符合三类海洋沉积物质量标准；Zn没有超标站位，85%的站位符合一类海洋沉积物质量标准，10%的站位符合二类海洋沉积物质量标准，5%的站位符合三类海洋沉积物质量标准；Cd有超标站位，超标率为5%，最大超标倍数为0.57倍，60%的站位符合一类海洋沉积物质量标准，30%的站位符合二类海洋沉积物质量标准，5%的站位符合三类海洋沉积物质量标准；Pb没有超标站位，95%的站位符合一类海洋沉积物质量标准，5%的站位符合二类海洋沉积物质量标准；Cr有超标站位，超标率为5%，最大超标倍数为0.26倍，75%的站位符合一类海洋沉积物质量标准，15%的站位符合二类海洋沉积物质量标准，5%的站位符合三类海洋沉积物质量标准；石油类有超标站位，超标率为10%，最大超标倍数为1.36倍，75%的站位符合一类海洋沉积物质量标准，5%的站位符合二类海洋沉积物质量标准，10%的站位符合三类海洋沉积物质量标准；TOC没有超标站位，所有站位均符合一类海洋沉积物质量标准；总氮总磷没有标准，因此无法评判。

5.3　深圳湾海域环境质量

5.3.1　深圳湾海域海水环境现状调查和评价

5.3.1.1　调查频次

海水水质现状调查分别在2014年4月11日平水期和2014年12月4日枯水期进行两个航次的野外作业。

5.3.1.2　调查范围的确定

本项目调查的范围和监测站位需覆盖深圳湾海域，根据深圳湾排污口的位置共布设23个水质监测点，各监测站位经纬度如表5-19和图5-15所示。

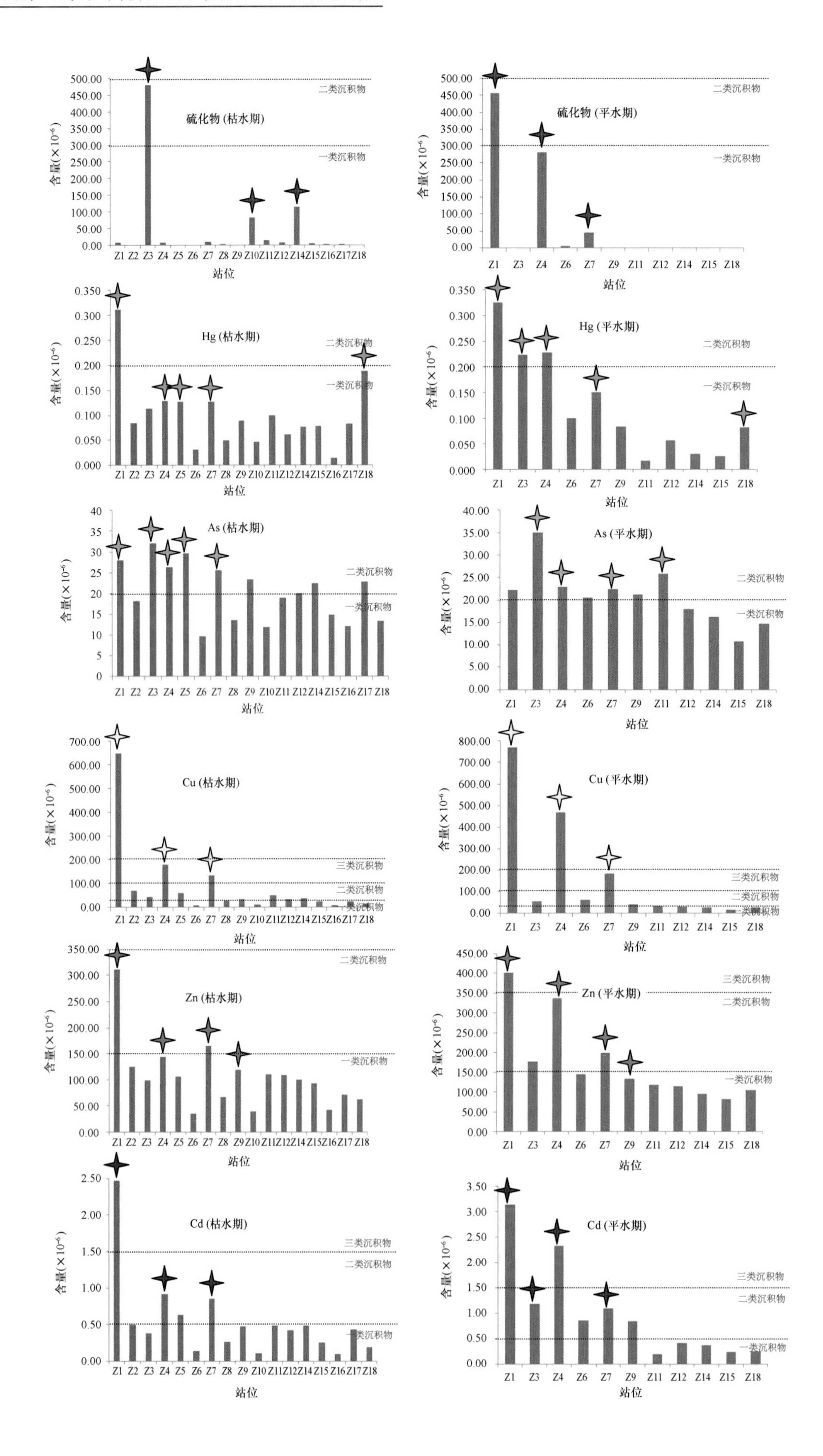
硫化物 (枯水期)
硫化物 (平水期)
Hg (枯水期)
Hg (平水期)
As (枯水期)
As (平水期)
Cu (枯水期)
Cu (平水期)
Zn (枯水期)
Zn (平水期)
Cd (枯水期)
Cd (平水期)
含量(×10⁻⁶)
站位
一类沉积物
二类沉积物
三类沉积物

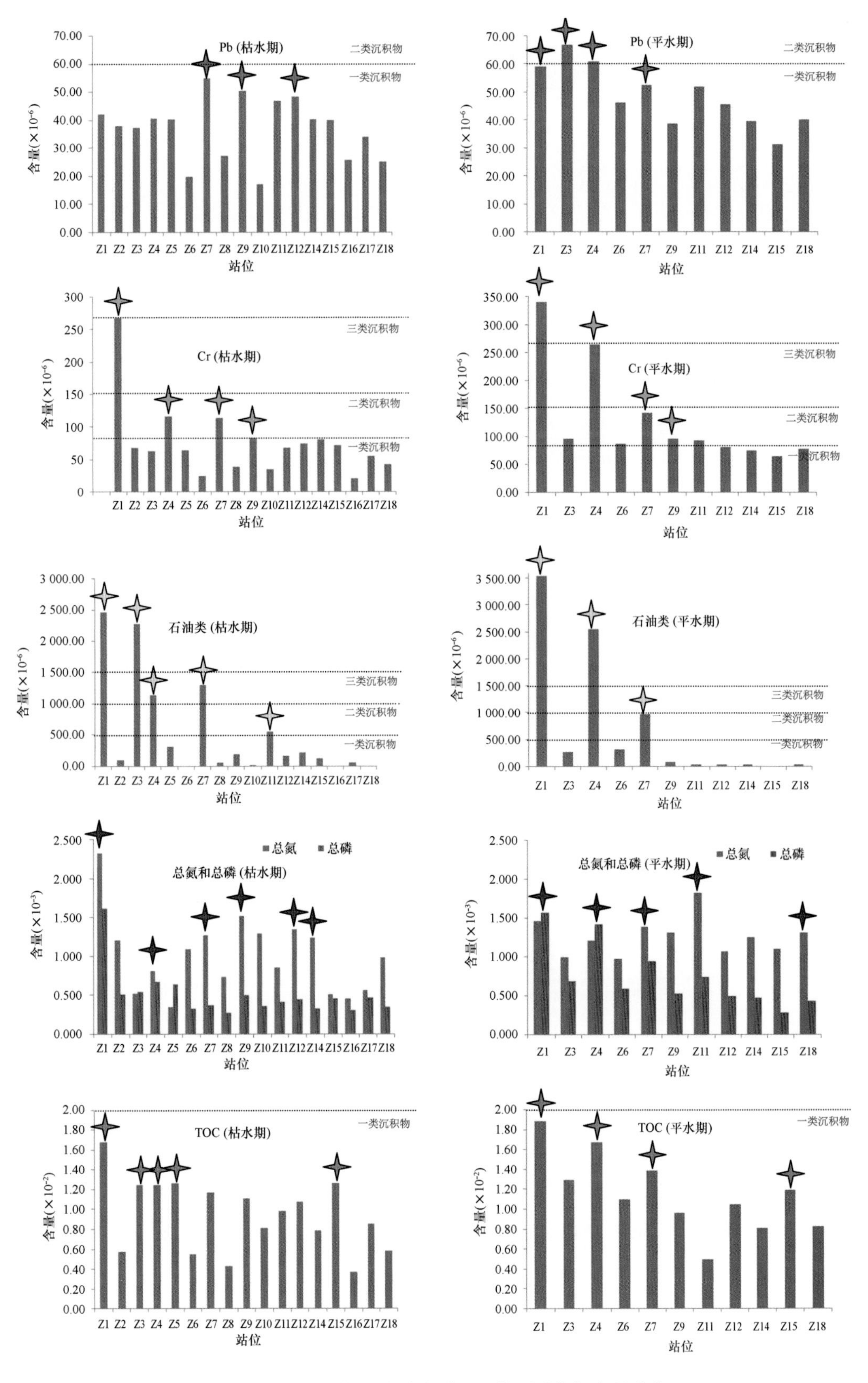

图 5-14　珠江口深圳海域海洋沉积物测试指标含量分布

表 5-19　2014 年深圳湾海域调查监测站位经纬度一览表

站位	北纬（N）	东经（E）	备注	站位	北纬（N）	东经（E）	备注
S1	22°30′25. 93″	114° 1′33. 79″	①	S13	22°29′11. 03″	113°56′24. 20″	①
S2	22°29′52. 42″	114° 0′56. 85″	②	S14	22°28′33. 75″	113°56′35. 23″	②
S3	22°31′9. 83″	114° 0′47. 41″	①	S15	22°28′56. 22″	113°55′14. 48″	①
S4	22°30′33. 16″	114° 0′52. 86″	②	S16	22°28′50. 42″	113°54′58. 74″	①
S5	22°31′12. 33″	113°59′47. 20″	②	S17	22°28′33. 97″	113°54′44. 71″	②
S6	22°31′1. 95″	113°58′36. 94″	②	S18	22°28′39. 29″	113°55′43. 18″	②
S7	22°31′2. 69″	113°57′16. 26″	①	S19	22°28′18. 25″	113°55′14. 59″	①
S8	22°30′23. 30″	113°58′6. 79″	②	S20	22°28′1. 74″	113°54′31. 84″	②
S9	22°29′59. 26″	113°59′10. 96″	①	S21	22°27′49. 50″	113°53′48. 19″	①
S10	22°30′8. 61″	113°57′13. 86″	②	S22	22°27′30. 48″	113°54′26. 94″	①
S11	22°29′23. 66″	113°58′4. 82″	②	S23	22°27′12. 27″	113°53′47. 59″	②
S12	22°28′53. 40″	113°57′18. 26″	②				

注：①表示采样项目有水质、沉积物；②表示采样项目仅有水质。

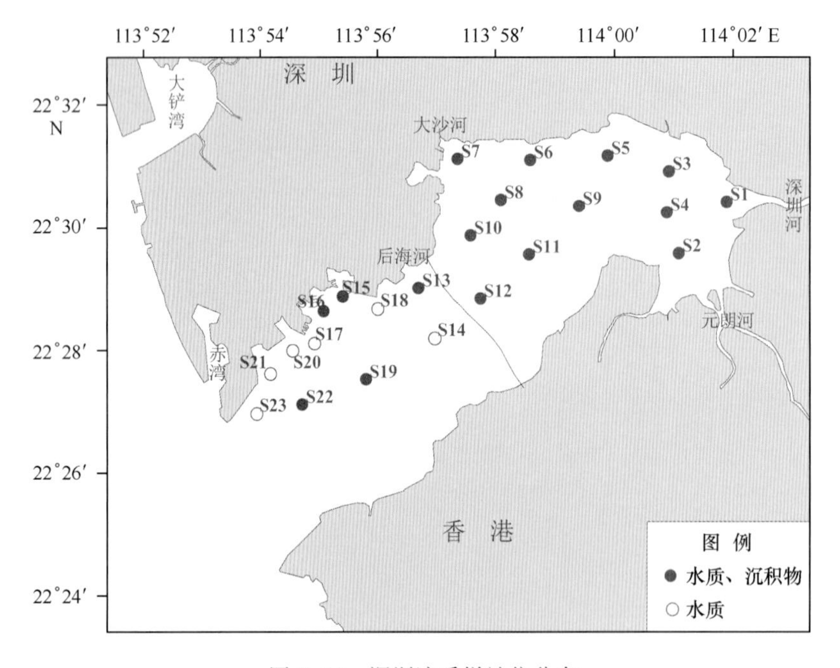

图 5-15　深圳湾采样站位分布

5.3.1.3　调查项目

海水环境质量现状调查的项目包括：水温、透明度、盐度、pH 值、溶解氧（DO）、化学需氧量（COD_{Mn}）、生化需氧量（BOD_5）、石油类、悬浮物（SS）、无机氮包括亚硝氮（NO_2-N）、硝氮（NO_3-N）和氨氮（NH_3-N）、活性磷酸盐、总氮、总磷、总汞（Hg）、砷（As）、铜（Cu）、铅（Pb）、锌（Zn）、镉（Cd）、总铬（Cr）、总有机碳（TOC）、硫化物、挥发酚共 23 项。

5.3.1.4　深圳湾海洋水体环境质量现状调查结果

海水水体质量调查结果如表 5-20 所示。

表 5-20　深圳湾海域海水检测结果

指标	平水期 2014 年 4 月 11 日		枯水期 2014 年 12 月 3 日	
	范围	均值	范围	均值
水深（m）	1.0~38	5.6	1.0~18.0	4.6
透明度（m）	0.2~1.3	0.7	0.3~1.3	0.7
水温（℃）	23.1~24.8	24.0	18.8~22.8	21.1
盐度	12.6~20.3	17.8	14.1~30.5	26.2
pH 值	7.52~8.52	8.05	7.49~8.17	7.94
溶解氧（mg/L）	6.24~15.4	10.5	4.11~6.78	6.01
悬浮物（mg/L）	4.9~95.5	18.2	2.5~25.7	6.2
亚硝氮（mg/L）	0.038~0.154	0.092	0.023~0.273	0.087
硝氮（mg/L）	0.330~1.01	0.607	0.074~0.471	0.212
氨氮（mg/L）	0.092~0.448	0.274	0.180~0.338	0.251
磷酸盐（mg/L）	0.031~0.100	0.055	0.035~0.247	0.119
总氮（mg/L）	0.76~4.36	2.30	0.65~1.34	1.02
总磷（mg/L）	0.048~0.241	0.114	0.055~0.342	0.176
总有机碳（mg/L）	2.26~7.92	3.77	1.37~7.16	3.20
化学需氧量（mg/L）	0.43~8.62	2.84	0.75~4.92	1.82
石油类（mg/L）	0.036~1.18	0.155	未检出~0.079	0.040
生化需氧量（mg/L）	2.35~3.99	3.23	0.96~2.83	1.49
硫化物（μg/L）	20.2~45.4	28.6	0.302~13.4	4.01
挥发酚（μg/L）	0.946~5.36	2.23	0.748~3.49	1.64
汞（μg/L）	0.009~0.026	0.014	0.013~0.025	0.019
砷（μg/L）	1.25~2.74	1.87	1.32~2.03	1.66
铬（μg/L）	未检出~0.64	0.06	0.54~1.15	0.92
铜（μg/L）	0.62~3.90	1.75	1.64~3.31	2.85
铅（μg/L）	0.42~0.55	0.46	未检出~1.03	0.21
锌（μg/L）	3.05~18.9	7.26	未检出~13.4	3.44
镉（μg/L）	0.055~0.125	0.082	0.039~0.193	0.086

5.3.1.5　深圳湾海域海水环境现状评价结果

根据广东省海洋功能区划（2011—2020 年）（图 5-2），深圳湾调查区域为大铲湾-蛇口湾港口航运区和深圳湾保留区，采样站位未进入深圳湾海洋保护区，因此功能类型主要是港口航运区和保留区，对港口航运区海域的管理要求：执行四类海水水质标准、三类海洋沉积物质量标准和三类海洋生物质量标准；保留区海域的管理要求：海水水质、海洋沉积物质量和海洋生物质量等维持现状。因此，本项目海域海水水质评价各调查站位执行《中华人民共和国海水水质标准》（GB 3079—1997）（表 5-4）中四类海水水质标准。

根据计算，平水期、枯水期水质现状单因素指数评价结果见表 5-21 和表 5-22。

表 5-21　深圳湾平水期海水水质评价指数（4 月）

站位	pH 值	溶解氧	无机氮	磷酸盐	化学需氧量	石油类	生化需氧量	硫化物	挥发酚	汞	砷	铜	锌	镉	铅	铬
S1 表	0.240	0.085	3.144	1.123	1.408	0.291	0.470	0.171	0.019	0.037	0.053	0.037	0.038	0.007	0.009	0.001
S2 表	0.100	0.071	3.039	1.989	1.250	0.112	0.611	0.151	0.082	0.025	0.045	0.044	0.021	0.007	0.009	—
S3 表	0.150	0.120	2.303	1.507	1.724	0.111	0.590	0.180	0.024	0.038	0.038	0.042	0.021	0.008	0.009	—
S4 表	0.210	0.223	2.449	1.356	1.380	0.162	0.473	0.182	0.019	0.031	0.037	0.078	0.016	0.007	0.011	0.001
S5 表	0.050	0.372	2.052	0.855	0.704	0.155	0.648	0.154	0.019	0.025	0.033	0.028	0.014	0.007	0.009	0.000
S6 表	0.100	0.025	2.320	1.313	0.642	0.072	0.625	0.139	0.063	0.052	0.026	0.049	0.011	0.007	0.009	0.000
S7 表	0.050	0.063	1.887	1.273	1.002	0.089	0.621	0.165	0.107	0.025	0.053	0.032	0.010	0.006	0.010	—
S8 表	0.350	0.550	2.186	1.697	0.436	0.112	0.719	0.107	0.101	0.021	0.046	0.012	0.013	0.005	0.011	—
S9 表	0.280	0.409	2.758	2.231	0.428	0.114	0.654	0.099	0.107	0.026	0.033	0.043	0.016	0.009	0.009	—
S10 表	0.200	0.464	1.520	1.359	0.373	0.156	0.570	0.092	0.069	0.022	0.027	0.013	0.015	0.007	0.009	—
S11 表	0.450	0.544	1.038	0.969	0.365	0.085	0.727	0.097	0.025	0.030	0.025	0.034	0.010	0.009	0.009	—
S12 表	0.200	1.237	1.361	1.089	0.404	0.090	0.698	0.095	0.022	0.024	0.027	0.048	0.014	0.011	0.009	—
S13 表	0.720	0.327	1.627	1.236	0.353	0.134	0.730	0.091	0.019	0.026	0.055	0.065	0.021	0.012	0.009	—
S14 表	0.500	0.552	1.895	1.009	0.293	0.118	0.595	0.086	0.069	0.025	0.046	0.013	0.007	0.009	0.009	—
S15 表	0.460	0.602	2.438	1.660	0.087	0.203	0.785	0.100	0.050	0.025	0.048	0.046	0.009	0.009	0.009	—
S16 表	0.370	0.478	1.660	1.027	0.301	0.169	0.578	0.100	0.025	0.031	0.034	0.030	0.010	0.010	0.010	—
S17 表	0.470	0.554	1.562	0.858	0.086	0.227	0.675	0.095	0.025	0.018	0.025	0.030	0.006	0.009	0.009	—
S18 表	0.360	0.469	1.851	1.301	0.323	0.165	0.643	0.087	0.038	0.021	0.044	0.029	0.011	0.008	0.009	—
S19 表	0.550	0.631	2.013	0.680	0.333	0.538	0.567	0.094	0.019	0.027	0.031	0.021	0.007	0.007	0.009	—
S20 表	0.520	0.616	1.366	0.997	0.292	1.316	0.798	0.086	0.032	0.024	0.039	0.033	0.016	0.006	0.009	—
S21 表	0.590	0.778	1.530	1.018	0.250	2.360	0.766	0.081	0.038	0.028	0.032	0.018	0.034	0.008	0.008	—
S22 表	0.540	0.666	1.502	0.708	0.325	0.187	0.772	0.087	0.019	0.034	0.029	0.035	0.006	0.010	0.009	—
S23 表	0.500	0.443	1.301	0.874	0.309	0.154	0.539	0.095	0.032	0.022	0.035	0.024	0.009	0.008	0.009	—
超标率	0	4.3%	100%	69.6%	21.7%	8.7%	0	0	0	0	0	0	0	0	0	0
最大超标倍数	—	0.24	2.14	1.23	0.72	1.36	—	—	—	—	—	—	—	—	—	—

注：“—”代表未参与评价。

表 5-22　深圳湾枯水期海水水质评价指数（12 月）

站位	pH 值	溶解氧	无机氮	磷酸盐	化学需氧量	石油类	生化需氧量	硫化物	挥发酚	汞	砷	铜	锌	镉	铅	铬
S1 表	0.310	0.822	1.945	5.489	0.763	0.158	0.361	0.039	0.055	0.033	0.038	0.033	0.024	0.004	0.001	0.001
S2 表	0.200	0.647	1.860	4.228	0.677	0.124	0.385	0.054	0.040	0.037	0.041	0.047	0.027	0.005	0.021	0.001
S3 表	0.240	0.739	1.862	4.655	0.590	0.136	0.565	0.034	0.015	0.025	0.039	0.051	0.021	0.007	0.012	0.001
S4 表	0.160	0.609	1.374	3.813	0.546	0.085	0.432	0.016	0.015	0.030	0.037	0.061	0.019	0.005	0.013	0.001
S5 表	0.150	0.645	1.453	3.380	0.434	0.088	0.286	0.012	0.015	0.035	0.037	0.056	0.018	0.008	0.001	0.002

续表

站位	pH 值	溶解氧	无机氮	磷酸盐	化学需氧量	石油类	生化需氧量	硫化物	挥发酚	汞	砷	铜	锌	镉	铅	铬
S6 表	0. 060	0. 558	1. 629	4. 169	0. 463	0. 097	0. 322	0. 009	0. 035	0. 031	0. 038	0. 057	0. 015	0. 012	—	0. 002
S7 表	0. 070	0. 798	0. 996	2. 999	0. 362	0. 128	0. 413	0. 015	0. 030	0. 036	0. 032	0. 051	0. 007	0. 008	0. 000	0. 002
S8 表	0. 200	0. 406	1. 184	2. 729	0. 329	0. 098	0. 288	0. 015	0. 020	0. 038	0. 038	0. 058	0. 004	0. 019	0. 014	0. 002
S9 表	0. 000	0. 515	1. 445	4. 381	0. 481	0. 096	0. 313	0. 022	0. 065	0. 040	0. 040	0. 057	0. 015	0. 019	0. 007	0. 002
S10 表	0. 250	0. 490	0. 905	2. 225	0. 249	0. 071	0. 225	0. 026	0. 030	0. 036	0. 034	0. 058	0. 002	0. 005	0. 001	0. 002
S11 表	0. 070	0. 464	1. 177	2. 375	0. 345	0. 094	0. 244	0. 020	0. 042	0. 049	0. 031	0. 060	0. 003	0. 005	—	0. 002
S12 表	0. 250	0. 370	1. 128	2. 803	0. 270	0. 064	0. 238	0. 012	0. 018	0. 047	0. 034	0. 061	0. 001	0. 009	—	0. 002
S13 表	0. 160	0. 471	1. 011	2. 757	0. 321	0. 115	0. 325	0. 010	0. 065	0. 047	0. 034	0. 057	—	0. 004	—	0. 002
S14 表	0. 290	0. 388	0. 924	1. 967	0. 984	0. 044	0. 279	0. 009	0. 055	0. 042	0. 031	0. 057	0. 003	0. 006	—	0. 002
S15 表	0. 310	0. 426	0. 692	1. 218	0. 198	0. 085	0. 234	0. 012	0. 020	0. 042	0. 031	0. 055	—	0. 013	0. 001	0. 002
S16 表	0. 310	0. 430	0. 726	3. 709	0. 177	0. 091	0. 325	0. 013	0. 070	0. 038	0. 028	0. 063	—	0. 006	—	0. 002
S17 表	0. 290	0. 391	0. 661	1. 092	0. 158	0. 069	0. 235	0. 021	0. 040	0. 035	0. 026	0. 064	0. 001	0. 009	0. 002	0. 002
S18 表	0. 260	0. 472	0. 936	1. 967	0. 254	0. 074	0. 256	0. 008	0. 028	0. 036	0. 032	0. 056	0. 002	0. 010	0. 007	0. 002
S19 表	0. 360	0. 349	0. 740	1. 000	0. 184	0. 062	0. 314	0. 009	0. 035	0. 045	0. 030	0. 062	—	0. 010	0. 009	0. 002
S20 表	0. 370	0. 339	1. 258	3. 650	0. 422	0. 065	0. 347	0. 009	0. 050	0. 043	0. 037	0. 058	0. 009	0. 009	—	0. 002
S21 表	0. 280	0. 363	0. 779	0. 994	0. 177	0. 066	0. 199	0. 001	0. 015	0. 045	0. 029	0. 058	—	0. 005	—	0. 002
S21 底	0. 270	0. 343	0. 627	0. 938	0. 174	—	0. 211	0. 001	0. 015	0. 037	0. 030	0. 058	—	0. 004	—	0. 002
S22 表	0. 270	0. 364	0. 808	1. 339	0. 213	0. 040	0. 242	0. 015	0. 020	0. 042	0. 030	0. 059	—	0. 007	—	0. 002
S23 表	0. 330	0. 358	0. 688	0. 776	0. 172	—	0. 200	0. 009	0. 015	0. 028	0. 029	0. 066	0. 002	0. 010	0. 000	0. 002
S23 底	0. 320	0. 368	0. 711	1. 264	0. 150	0. 057	0. 192	0. 010	0. 015	0. 029	0. 028	0. 064	—	0. 014	0. 015	0. 002
超标率	0	0	48. 0%	88. 0%	0	0	0	0	0	0	0	0	0	0	0	0
最大超标倍数	—	—	0. 95	4. 49	—	—	—	—	—	—	—	—	—	—	—	—

注："—"代表未参与评价。

5. 3. 1. 6 深圳湾海域海水水质分析和讨论

1) 无机氮时空分布（图 5-16 和图 5-17）

深圳湾海域海水中无机氮时空变化分布如图 5-16 所示，深圳湾平水期无机氮含量的变化范围为 0. 519~1. 57 mg/L，平均值为 0. 974 mg/L；枯水期无机氮含量的变化范围为 0. 314~0. 973 mg/L，平均含量为 0. 550 mg/L。深圳湾平水期无机氮含量显著高于枯水期。通过 SPSS 17. 0 对平水期和枯水期无机氮数据进行方差分析，可以得出不同时期的海水中无机氮存在显著差异性，大桥内外也存在着差异性。

根据海洋功能区划的要求，深圳湾保留区和港口航运区海域须符合四类海水水质标准。从图 5-16 可以看出平水期深圳湾海域无机氮含量严重超标，所有站位均属于劣四类海水水质，超标率为 100%，最大超标倍数为 2. 14 倍，深圳湾大桥内靠近红树林保护区和野生动物保护区海域无机氮超标尤为严重；枯水期超标率为 48. 0%，最大超标倍数为 0. 95 倍，深圳湾大桥内海域均超四类

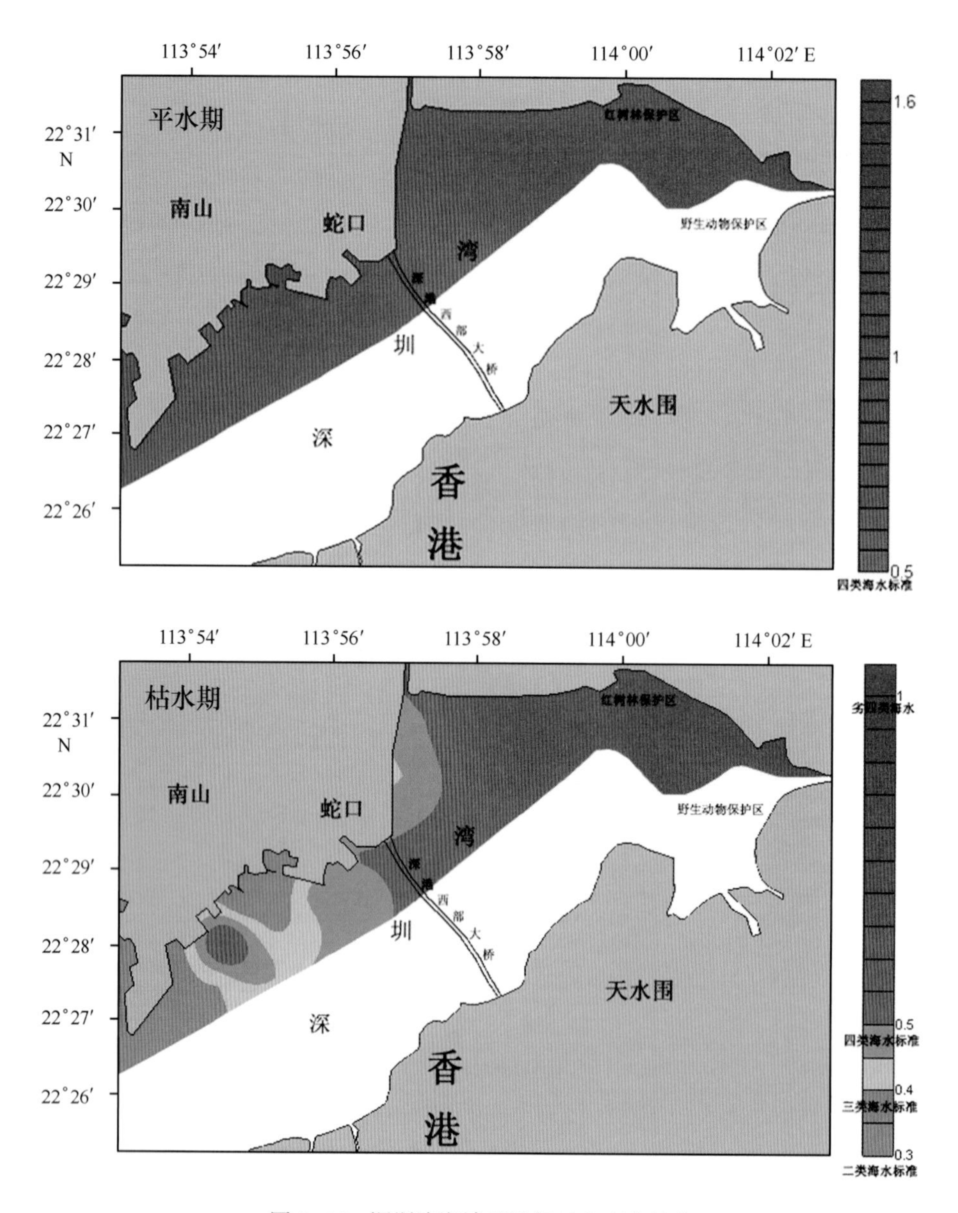

图 5-16　深圳湾海域无机氮时空变化趋势

海水水质标准，深圳湾大桥外海域基本满足四类海水水质的要求。枯水期深圳湾海域32%的站位符合三类海水水质标准，20%的站位符合四类海水水质标准，48%的站位超四类海水水质标准。

无机氮的组成比例如图5-17所示，平水期硝氮比例最高，约占百分之六七十，而枯水期则氨氮比例最高，尤其是深圳大桥外11个站位，氨氮约占百分之六七十左右。深圳湾的采样站位主要靠近沿岸排污口区域，枯水期水环境动力小，水体自净能力较弱，受陆源污染影响较大，尽管，浮游植物对氨氮的吸收远高于硝酸盐，但氨氮的输入量也较大，包括浮游动物的代谢溶出产物中有75%为氨氮，细菌分解有机物也产生氨氮等，因此，氨氮来不及转化成硝酸盐而与浮游植物形成直接循环，造成枯水期氨氮比例较高。

2）磷酸盐时空分布（图5-18）

深圳湾海域海水中磷酸盐时空变化分布如图5-18所示，深圳湾平水期磷酸盐含量的变化范围为0.031~0.100 mg/L，平均值为0.055 mg/L；枯水期磷酸盐含量的变化范围为0.035~0.247 mg/L，平均含量为0.119 mg/L。深圳湾平水期磷酸盐含量显著低于枯水期。通过SPSS 17.0对平水期和枯水期磷酸盐数据进行方差分析，可以得出不同时期的海水中磷酸盐存在显著差异性，大桥内外也存

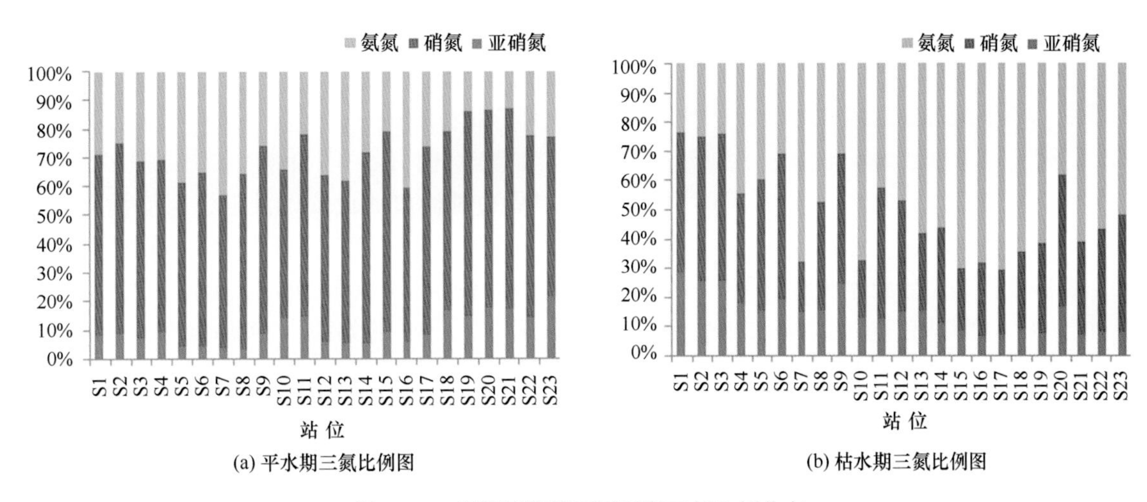

图 5-17　深圳湾海域不同时期三氮比例分布

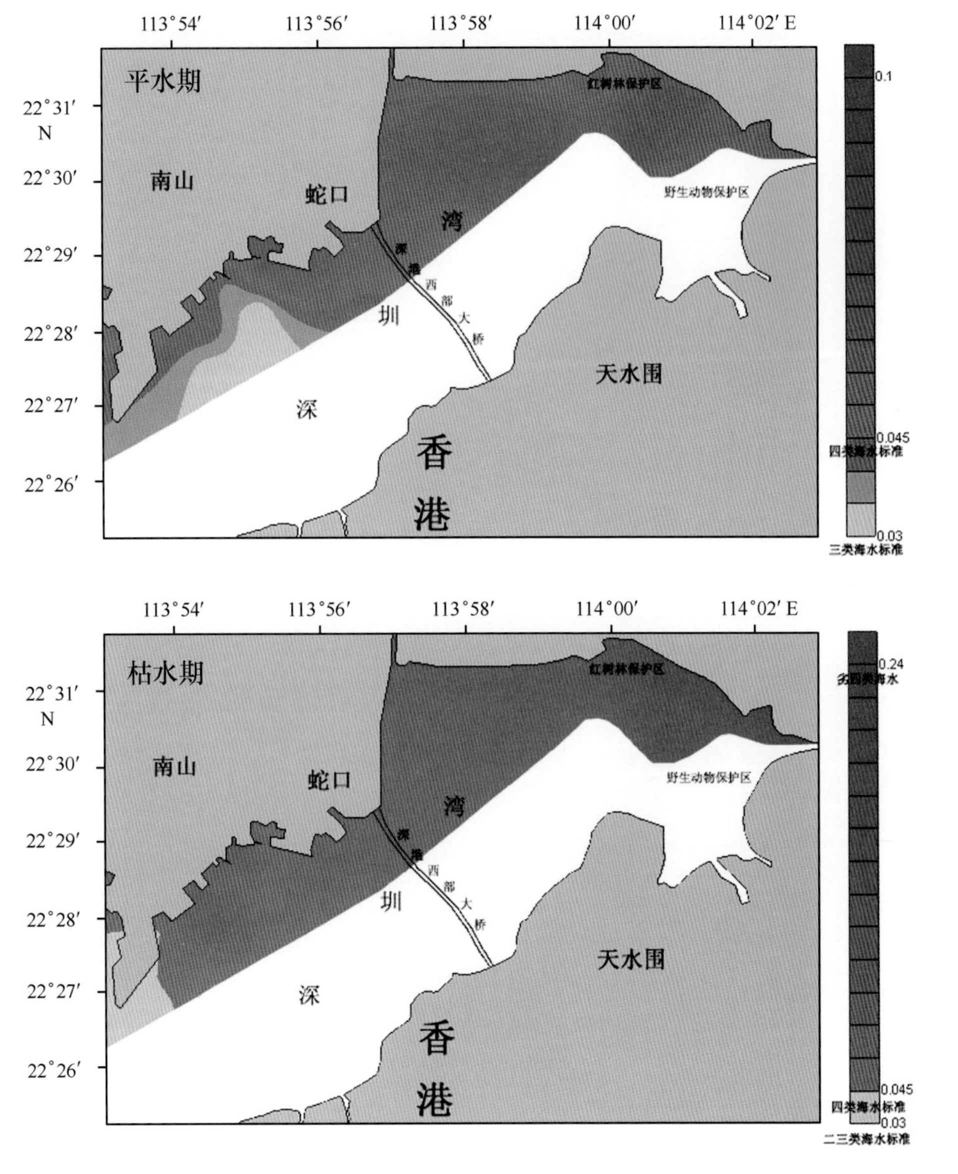

图 5-18　深圳湾海域磷酸盐时空分布趋势

在着差异性。

根据海洋功能区划的要求，深圳湾保留区和港口航运区须符合四类海水水质标准。从图 5-18 可以看出枯水期深圳湾海域磷酸盐含量严重超标，大部分站位均超三四类海水水质标准，超标率为 88.0%，最大超标倍数为 4.49 倍，深圳湾大桥内由于涉及红树林保护区和野生动物保护区，以及周边设有旅游观光设施，本应对水质要求更高一些，但周边排污口的设置以及上游河流污染源的汇入，导致深圳湾内部营养盐污染极为严重，再加上深圳湾为半封闭湾口，海水动力较弱，环境容量有限，自净能力差，导致水体富营养化风险较大。平水期深圳湾海域 21.7%的站位符合四类海水水质标准，78.3%的站位超四类海水水质标准；枯水期有 12.0%的站位符合四类海水水质标准，88.0%的站位超四类海水水质标准。

3）COD_{Mn}时空分布（图 5-19）

深圳湾海域海水中 COD_{Mn}时空变化分布如图 5-19 所示，深圳湾平水期 COD 含量的变化范围为 0.43~8.62 mg/L，平均值为 2.84 mg/L；枯水期 COD 含量的变化范围为 0.75~4.92 mg/L，平均含量为 1.82 mg/L。深圳湾平水期 COD 含量高于枯水期。通过 SPSS 17.0 对平水期和枯水期 COD_{Mn}数

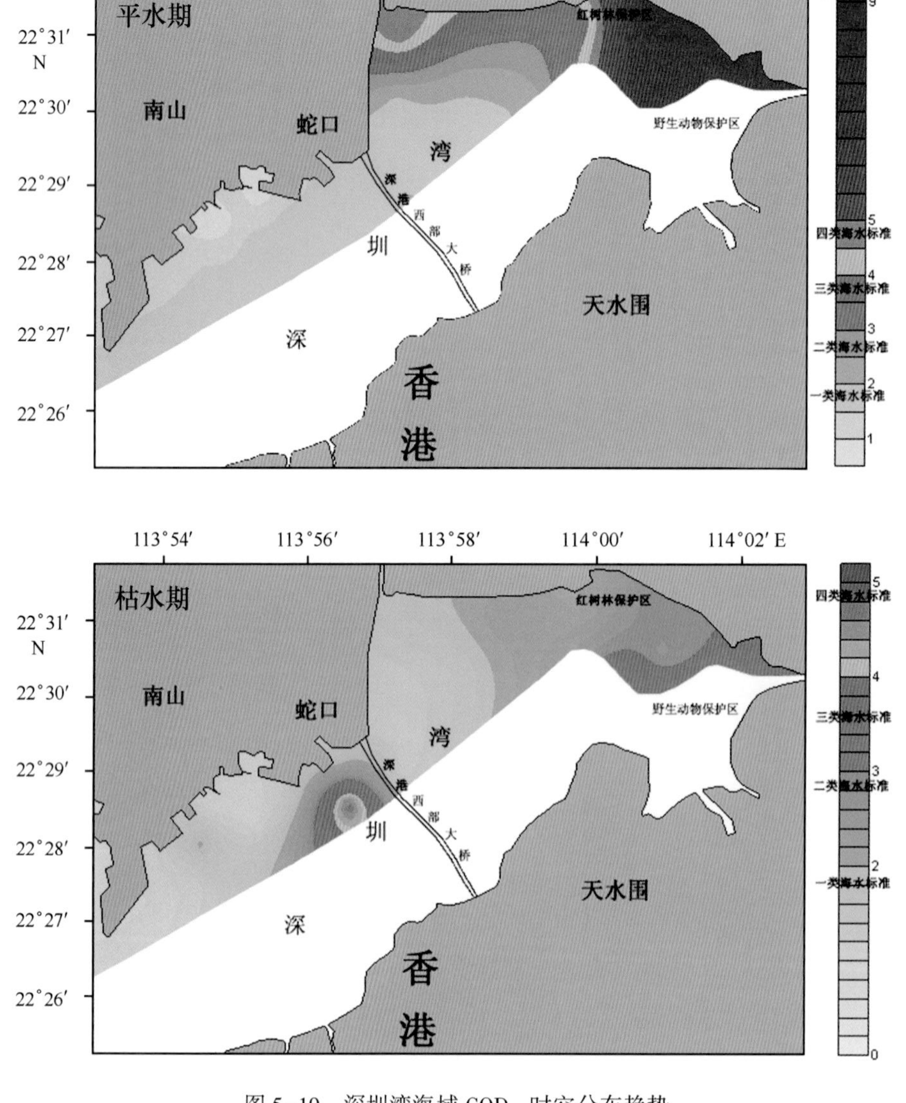

图 5-19　深圳湾海域 COD_{Mn}时空分布趋势

据进行方差分析，可以得出不同时期的海水中 COD_{Mn} 存在显著差异性，大桥内外也存在着差异性。

根据海洋功能区划的要求，深圳湾保留区和港口航运区须符合三类海水水质标准，由图 5-19 可知平水期深圳湾海域 COD_{Mn} 含量超标，超标率为 21.7%，最大超标倍数为 0.72 倍，枯水期 COD_{Mn} 均符合海水水质要求。平水期深圳湾海域 56.5%的站位符合一类海水水质标准，13.0%的站位符合二类海水水质标准，8.7%的站位符合三类海水水质标准，21.7%的站位超四类海水水质标准；枯水期 64.0%的站位符合一类海水水质标准，24.0%的站位符合二类海水水质标准，8.0%的站位符合三类海水水质标准，4.0%的站位符合四类海水水质标准。

4）石油类时空分布（图 5-20）

深圳湾海域海水中石油类时空变化分布如图 5-20 所示，深圳湾平水期石油类含量的变化范围为 0.036~1.18 mg/L，平均值为 0.155 mg/L；枯水期石油类含量的变化范围为未检出~0.079 mg/L，平均含量为 0.040 mg/L。平水期石油类含量显著高于枯水期。通过 SPSS 17.0 对平水期和枯水期石油类数据进行方差分析，可以得出不同时期的海水中石油类存在显著差异性，大桥内外差异性不显著。

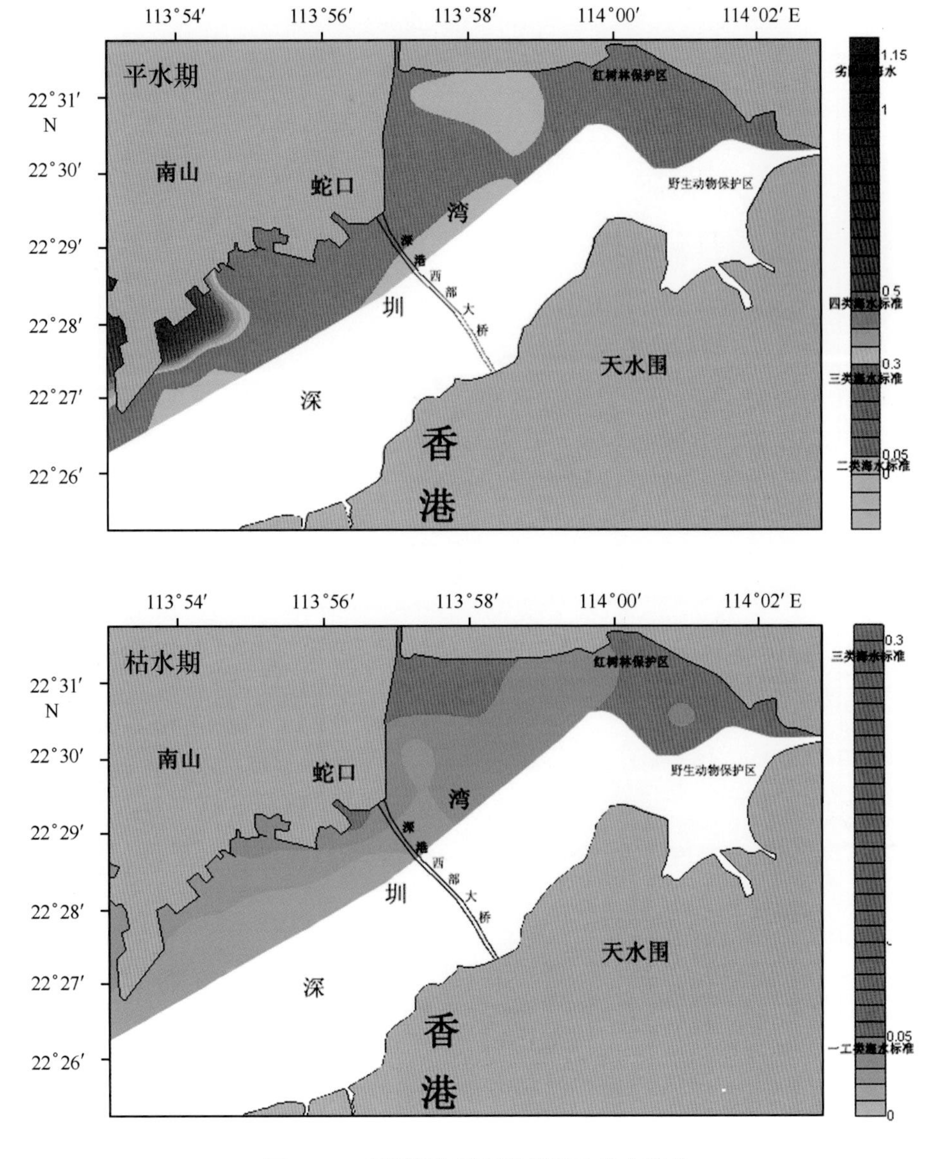

图 5-20 深圳湾海域石油类时空分布趋势

根据海洋功能区划的要求，深圳湾保留区和港口航运区须符合三类海水水质标准，平水期在S21和S22站位海水中石油类超标，最大超标倍数为1.36倍，这两个站位附近是蛇口港客运码头、蛇口太子湾港码头以及蛇口港集装箱码头，该海域有较多货船停靠，船上的油污废水排放海中，导致海水中石油类含量较高。枯水期石油类均符合海水水质要求。平水期深圳湾海域17.4%的站位符合一二类海水水质标准，73.9%的站位符合三类海水水质标准，8.7%的站位超四类海水水质标准；枯水期80.0%的站位符合一二类海水水质标准，20.0%的站位符合三类海水水质标准。

5）总氮和总磷时空分析（图5-21和图5-22）

深圳湾海域海水中总氮时空变化分布如图5-21所示，深圳湾平水期总氮的变化范围为0.76～4.36 mg/L，平均值为2.30 mg/L；枯水期总氮的变化范围为0.65～1.34 mg/L，平均含量为1.02 mg/L。平水期总氮含量显著高于枯水期。通过SPSS 17.0对平水期和枯水期总氮数据进行方差分析，可以得出不同时期的海水中总氮存在显著差异性，大桥内外差异性不显著。

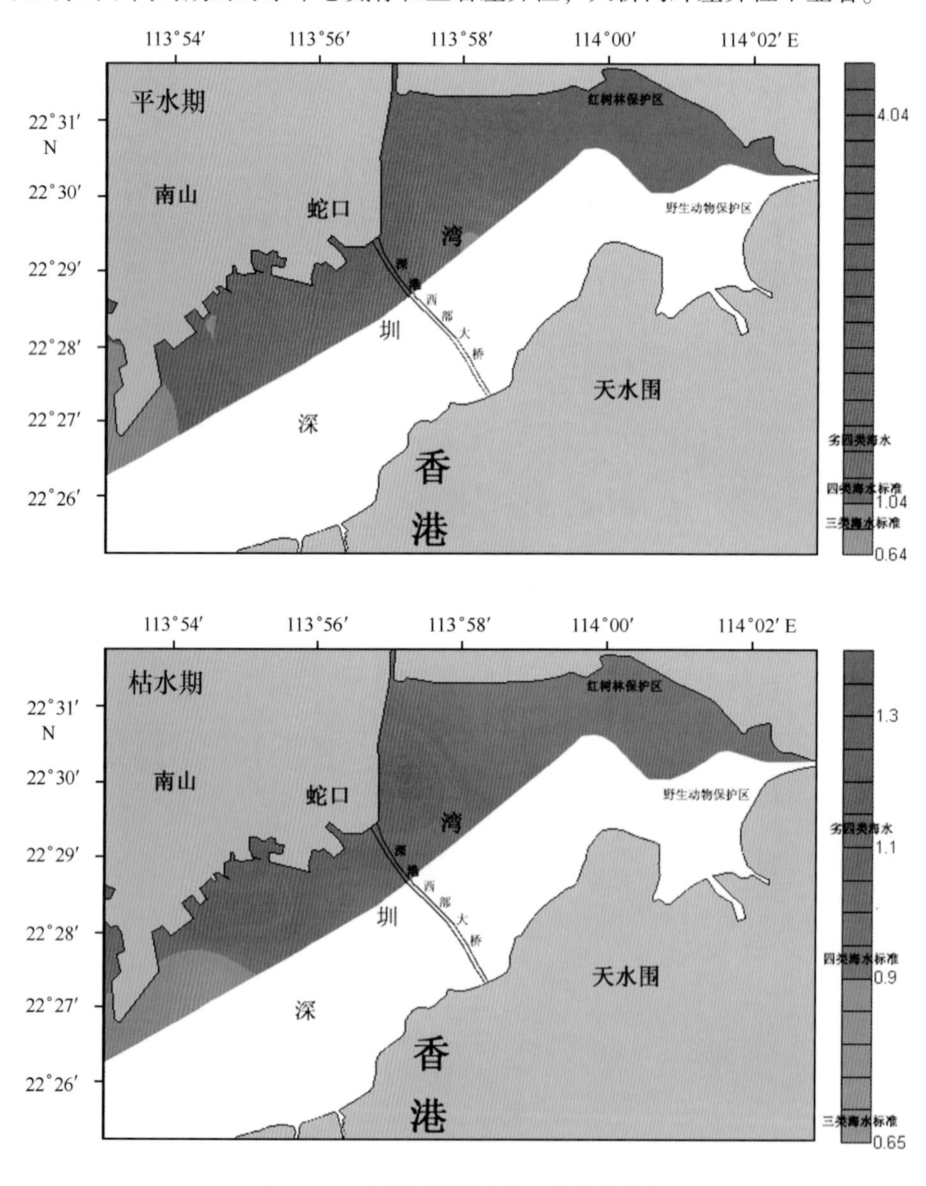

图5-21　深圳湾海域总氮时空分布趋势

总氮按照与无机氮之间的比值计算不同水质标准对应总氮的要求。平水期深圳湾海域除个别站位外，绝大部分站位超四类海水水质标准，枯水期在蛇口港以及蛇口集装箱码头附近总氮超四类海水水质标准，深圳湾大桥内为四类海水水质，深圳湾桥外为三、四类海水水质。

深圳湾海域海水中总磷时空变化分布如图 5-22 所示，深圳湾平水期总磷的变化范围为 0.048～0.241 mg/L，平均值为 0.114 mg/L；枯水期总磷的变化范围为 0.055～0.342 mg/L，平均含量为 0.176 mg/L。平水期总磷含量低于枯水期。通过 SPSS 17.0 对平水期和枯水期总磷数据进行方差分析，可以得出不同时期的海水中总磷差异性显著，大桥内外差异性不显著。

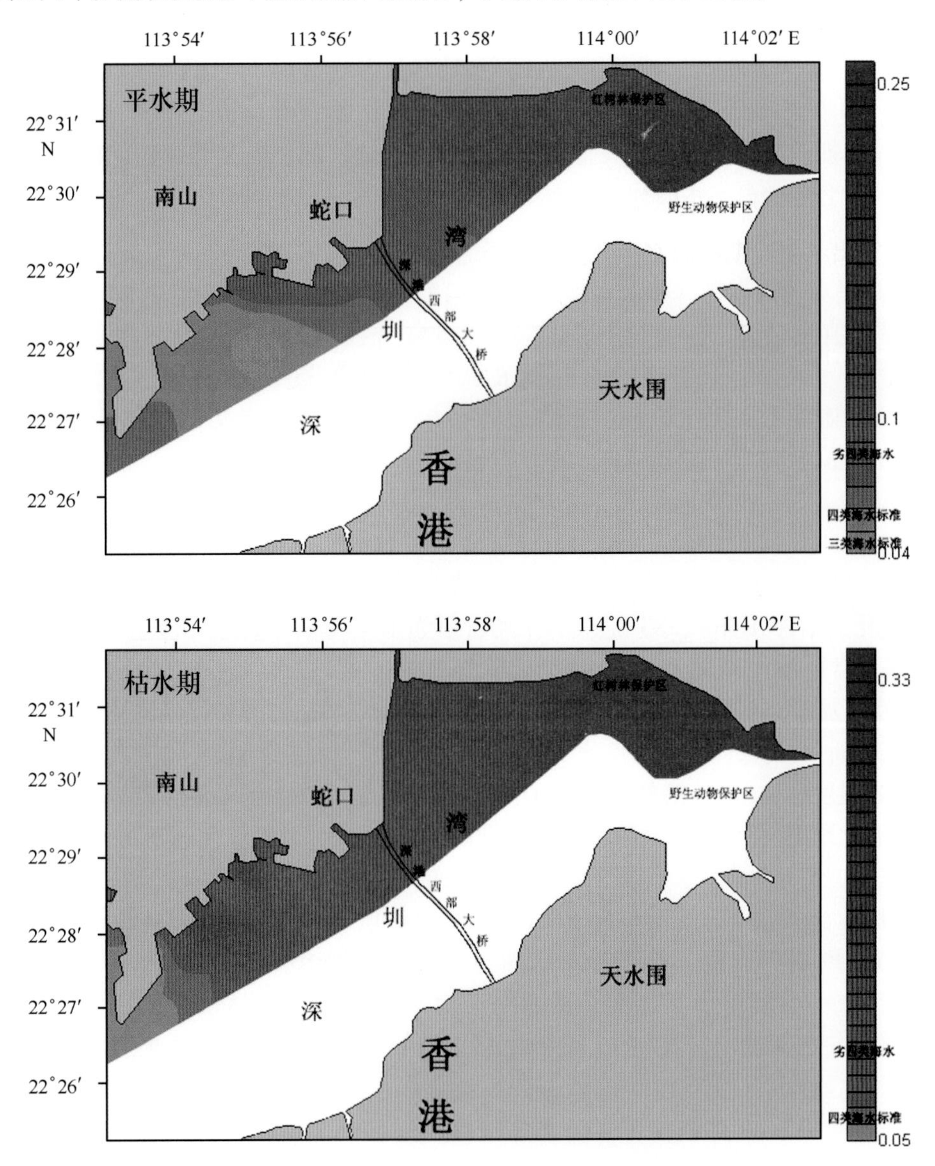

图 5-22 深圳湾海域总磷时空分布趋势

总磷按照与活性磷酸盐之间的比值计算不同水质标准对应总磷的要求。平水期深圳湾大桥内海域基本超四类海水水质标准，深圳湾大桥外符合四类海水水质标准要求。枯水期深圳湾基本整个海域都超四类海水水质标准，仅靠近深圳湾出口处海水总磷符合四类海水水质标准要求。

6）重金属含量时空分布

根据表 5-20 至表 5-21 可知，深圳湾海域海水中汞（Hg）、砷（As）、铜（Cu）、锌（Zn）、铅（Pb）、铬（Cr）和镉（Cd）含量非常低，除个别站位外，绝大部分站位的重金属指标均符合一类海水水质标准。平水期海水中汞含量范围为 0.009～0.026 μg/L，平均含量为 0.014 μg/L，砷含量范围为 1.25～2.74 μg/L，平均含量为 1.87 μg/L，铜含量范围为 0.62～3.90 μg/L，平均含量为

1.75 μg/L，锌含量范围为3.05~18.9 μg/L，平均含量为7.26 μg/L，铅含量范围为0.42~0.55 μg/L，平均含量为0.46 μg/L，铬含量范围为未检出~0.64 μg/L，平均含量为0.06 μg/L，镉含量范围为0.055~0.125 μg/L，平均含量为0.082 μg/L；枯水期海水中汞含量范围为0.013~0.025 μg/L，平均含量为0.019 μg/L，砷含量范围为1.32~2.03 μg/L，平均含量为1.66 μg/L，铜含量范围为1.64~3.31 μg/L，平均含量为2.85 μg/L，锌含量范围为未检出~13.4 μg/L，平均含量为3.44 μg/L，铅含量范围为未检出~1.03 μg/L，平均含量为0.21 μg/L，铬含量为0.54~1.15 μg/L，平均含量为0.92 μg/L，镉含量范围为0.039~0.193 μg/L，平均含量为0.086 μg/L。

由此可知，深圳湾海域汞、铜和铬：平水期大于枯水期，砷、锌、铅：枯水期大于平水期，镉：平水期与枯水期差异不显著。纵观整个海域重金属含量较低，根据海洋功能区划的要求，深圳湾海域重金属均符合一类海水水质标准，海域未受重金属污染。

7）水温、盐度、pH值、溶解氧、BOD_5、悬浮物、硫化物、挥发酚、TOC等指标的时空分布

2014年4月平水期深圳湾海水水温范围为23.1℃~24.8℃，平均水温为24.0℃，盐度范围为12.6~20.3，平均值为17.8，pH值范围为7.52~8.52，平均值为8.05，溶解氧含量的变化范围为6.24~15.4 mg/L，平均值为10.6 mg/L，BOD_5的变化范围为2.35~3.99 mg/L，平均值为3.23 mg/L，悬浮物的变化范围为4.9~95.5 mg/L，平均值为18.2 mg/L，硫化物的变化范围为20.17~45.42 mg/L，平均值为28.6 mg/L，挥发酚的变化范围为0.95~5.36 mg/L，平均值为2.23 mg/L，TOC的变化范围为2.26~7.92 mg/L，平均值为3.77 mg/L；2014年12月份枯水期深圳湾海水水温范围为18.8℃~22.8℃，平均水温为21.1℃，盐度范围为14.1~30.5，平均值为26.2，pH值范围为7.49~8.17，平均值为7.94，溶解氧含量的变化范围为4.11~6.78 mg/L，平均含量为6.01 mg/L，BOD_5含量的变化范围为0.96~2.83 mg/L，平均含量为1.49 mg/L，悬浮物含量的变化范围为2.5~25.7 mg/L，平均含量为6.2 mg/L，硫化物的变化范围为0.30~13.44 mg/L，平均含量为4.01 mg/L，挥发酚的变化范围为0.75~3.49 mg/L，平均含量为1.64 mg/L，TOC的变化范围为1.37~7.36 mg/L，平均含量为3.20 mg/L。

深圳湾海域温度、pH值、溶解氧、BOD_5、悬浮物、硫化物、挥发酚和TOC均呈现平水期大于枯水期，仅有盐度是枯水期大于平水期。根据海洋功能区划的要求，这些指标均未超标，平水期溶解氧有站位均超过一类海水水质标准，部分站位有过饱和现象，BOD_5有34.8%的站位符合二类海水水质标准，65.2%的站位符合三类海水水质标准，悬浮物有39.1%的站位符合一二类海水水质标准，60.9%的站位符合三类海水水质标准，硫化物100%站位符合二类海水水质标准，挥发酚有站位符合一类海水水质标准；枯水期溶解氧有68.0%的站位符合一类海水水质标准，20.0%的站位符合二类海水水质标准，12.0%的站位符合三类海水水质标准，BOD_5有8.0%的站位符合一类海水水质标准，92.0%的站位符合二类海水水质标准，悬浮物有88.0%的站位符合一二类海水水质标准，12.0%的站位符合三类海水水质标准，硫化物和挥发酚有100%站位均符合一类海水水质标准。

8）深圳湾海域海水水质现状小结

将深圳湾海域不同时期不同指标所属水质类别进行汇总，如表5-23所示，参照《近岸海域环境监测规范》（HJ 442—2008）对水质类别的归纳，见表5-24，可以得出深圳湾海域COD_{Mn}、溶解氧、重金属（Cu、Zn、Cd、Pb、Cr、Hg、As）、挥发酚均属于一类海水水质标准，石油类、BOD_5和悬浮物在平水期含量较高，属于三类海水水质，枯水期相对较好，无机氮和磷酸盐全年属于劣四类海水水质，因此，可以得出深圳湾海域同样是受营养盐污染，平水期是无机氮、总氮超标严重，枯水期是无机磷和总磷超标较为严重。平水期无机氮以硝氮为主，枯水期则以氨氮比例最高。

表 5-23 珠江口深圳海域不同时期水质类别所占比例 单位:%

水期	水质类别	无机氮	磷酸盐	COD_{Mn}	石油类	重金属							溶解氧	BOD_5	悬浮物	硫化物	挥发酚
						铜	锌	镉	铅	铬	汞	砷					
平水期	一类			56.5	17.4	100	100	100	100	100	100	100	100		39.1		87.0
	二类			13.0										34.8		100	13.0
	三类			8.7	82.6									65.2	60.9		
	四类		26.1														
	劣四类	100	73.9	21.7													
枯水期	一类			60.9	78.3	100	100	100	95.7	100	100	100	65.2	4.3	87.0	100	100
	二类			26.1					4.3				21.7	95.7			
	三类	30.4		8.7	21.7								13.0		13.0		
	四类	17.4	8.7	4.3													
	劣四类	52.2	91.3														

表 5-24 深圳湾海域不同时期海水水质指标所属类别

水期	一类海水水质	二类海水水质	三类海水水质	四类海水水质	劣四类海水水质
平水期	COD_{Mn}、溶解氧、重金属（Cu、Zn、Cd、Pb、Cr、Hg、As）、挥发酚	硫化物	石油类、悬浮物、BOD_5		无机氮、磷酸盐
枯水期	COD_{Mn}、石油类、重金属（Cu、Zn、Cd、Pb、Cr、Hg、As）、溶解氧、悬浮物、硫化物、挥发酚	BOD_5			无机氮、磷酸盐

通过表 5-25 可以看出深圳湾大桥内污染要重于深圳湾大桥外，绝大部分指标呈现湾内向湾外逐渐降低的规律，盐度、pH 值和溶解氧则呈现湾内向湾外递增的规律，平水期重金属、石油类和 BOD_5 湾内外规律不显著，蛇口港和蛇口港码头附近个别指标高于其他站位。

表 5-25 深圳湾海域海水水质变化规律汇总

水期	湾内向湾外递减	湾内向湾外递增	规律变化不显著
平水期	温度、无机氮、磷酸盐、总氮、总磷、悬浮物、COD_{Mn}、硫化物、挥发酚	盐度、pH 值、溶解氧	重金属、石油类、BOD_5
枯水期	无机氮、磷酸盐、总氮、总磷、重金属、COD_{Mn}、石油类、BOD_5、硫化物、挥发酚	温度、盐度、pH 值、溶解氧	重金属

5.3.2 深圳湾海域海水水质回顾性分析

根据深圳市海洋环境与资源监测中心丰水期对深圳湾海域近 13 年的监测资料进行整理和分析。

1）pH 值

深圳湾海域海水 pH 值 12 年变化趋势如图 5-23 所示，由图可知，pH 值变化范围为 6.57～8.09，深圳湾大桥内 pH 值较桥外要低，桥内 12 年 pH 平均值为 7.61，桥外 12 年 pH 平均值为 7.73，除 2008 年外 pH 值较低外，2005 年至 2014 年深圳湾海域 pH 值变化幅度不显著。

2）溶解氧

深圳湾海域海水溶解氧（DO）12 年变化趋势如图 5-24 所示，由图可知，溶解氧变化范围为

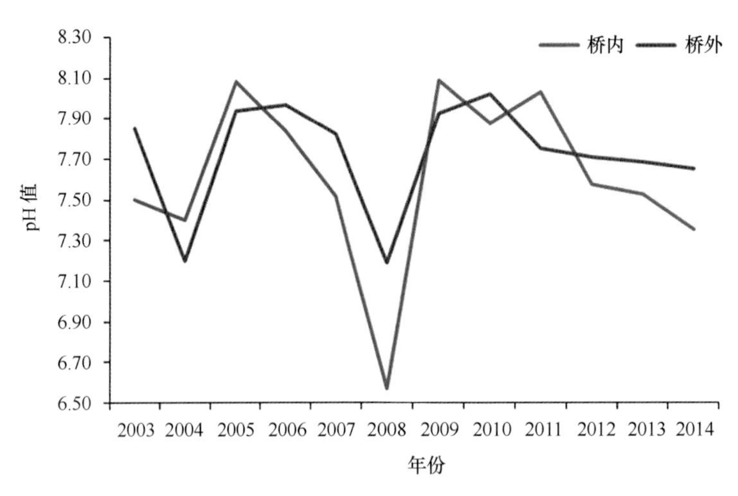

图 5-23　深圳湾海域 pH 值 12 年变化趋势

2.67~10.2 mg/L，深圳湾大桥内溶解氧值较桥外要低，桥内 10 年溶解氧平均值为 4.53，属于三四类海水水质；桥外 10 年溶解氧平均值为 5.42；2005 年海水中溶解氧含量最高，出现了过饱和现象，2011 年溶解氧含量最低，特别是桥内，个别站位甚至出现低于 1 mg/L 的厌氧状态，纵观深圳湾近 12 年溶解氧含量的变化，大都在二类海水水质至四类海水水质的范围。

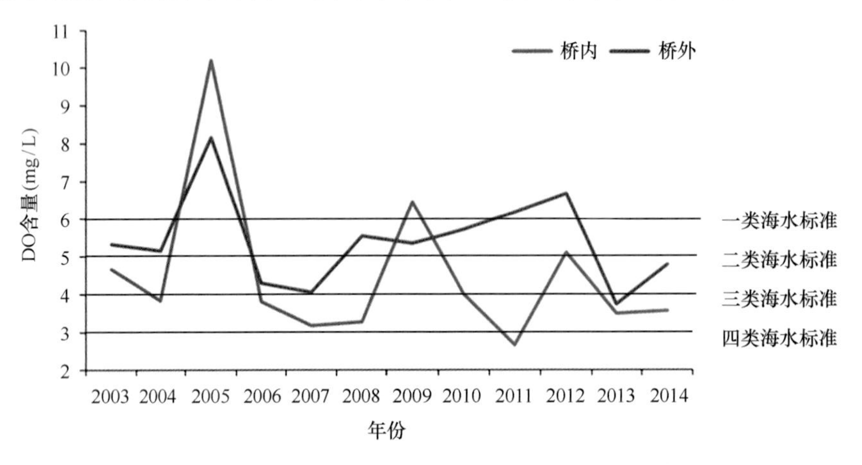

图 5-24　深圳湾海域溶解氧（DO）12 年变化趋势

3）无机氮

深圳湾海域海水无机氮 13 年变化趋势如图 5-25 所示，2003 年和 2004 年数据不可靠，未列入图中，由图可知，无机氮变化范围为 1.14~9.47 mg/L，深圳湾大桥内海域无机氮含量显著高于桥外，桥内 13 年无机氮平均值为 3.63 mg/L，劣四类海水水质；桥外 13 年无机氮平均值为 2.19 mg/L；2006 年海水中无机氮含量最低，但依然超过四类海水水质标准，2010 年无机氮含量最高，特别是桥内，靠近深圳湾大桥附近的一个站位氨氮含量高达 14.6 mg/L，硝氮含量为 3.75 mg/L，导致整个桥内海水无机氮平均值含量较高。纵观深圳湾近 13 年无机氮的变化发现，深圳湾无机氮超标相当严重，从未低于四类海水水质标准，即使最低一年仍超标 1.28 倍，最高则超标 17.94 倍。虽未随时间变化有逐渐增大趋势，但也说明政府对深圳湾海域的监督、管理以及治理措施也未取得任何成效。

4）磷酸盐

深圳湾海域海水磷酸盐 13 年变化趋势如图 5-26 所示。

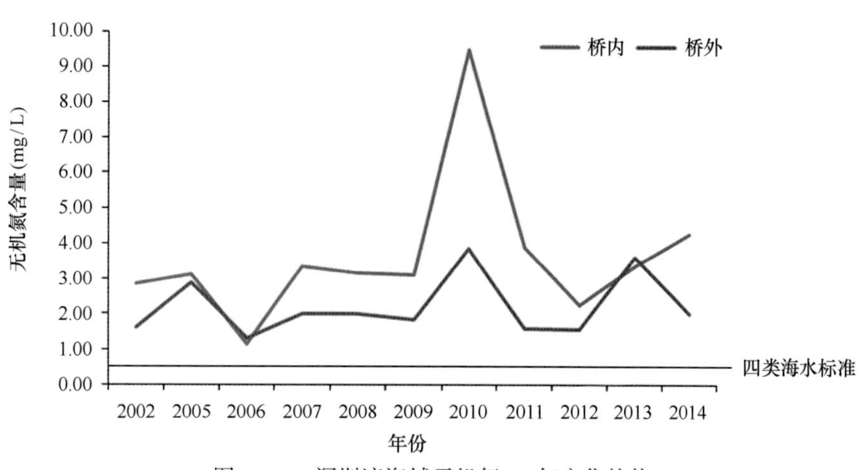

图 5-25 深圳湾海域无机氮 13 年变化趋势

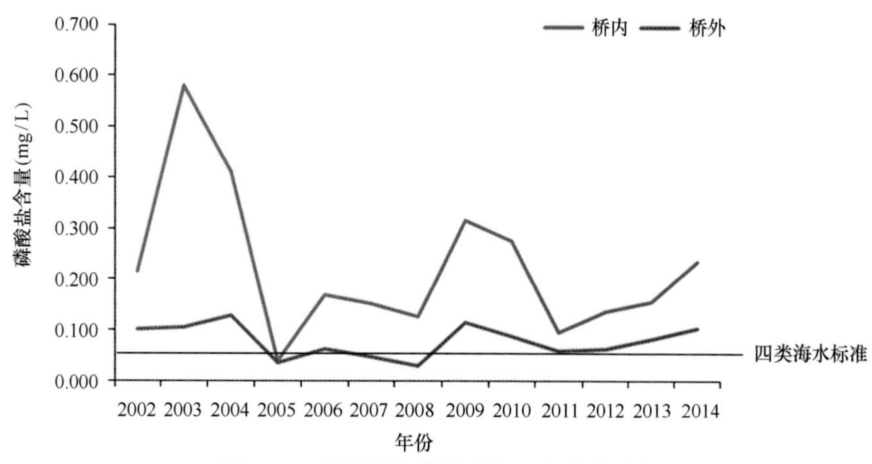

图 5-26 深圳湾海域磷酸盐 13 年变化趋势

由图可知，磷酸盐变化范围为 0. 030～0. 580 mg/L，深圳湾大桥内海域磷酸盐含量显著高于桥外，桥内 13 年磷酸盐平均值为 0. 223 mg/L，桥外 13 年磷酸盐平均值为 0. 078 mg/L，均超四类海水水质；2005 年海水中磷酸盐含量最低，桥内符合四类海水水质标准，桥外符合三类海水水质标准；2003 年磷酸盐含量最高，桥内的一个站位现在已形成陆地，当时这个站位的磷酸盐含量高达 0. 86 mg/L，这可能与当时的环境有关。纵观深圳湾近 13 年磷酸盐的变化发现，深圳湾磷酸盐的超标同样严重，除 2005 年和 2008 年部分海域达标外，其余时间深圳湾磷酸盐含量超四类海水水质标准，不同时间海水中磷酸盐含量变化幅度较大。

5）COD_{Mn}

深圳湾海域海水 COD_{Mn} 13 年变化趋势如图 5-27 所示，由图可知，COD_{Mn}变化范围为 0. 93～8. 95 mg/L，深圳湾大桥内海域 COD_{Mn}含量显著高于桥外，桥内 13 年 COD_{Mn}平均值为 3. 65，属于三四类海水水质；桥外 13 年 COD_{Mn}平均值为 2. 33，属于二三类海水水质；2007 年海水中 COD_{Mn}含量最低，深圳湾大桥内外均符合一类海水水质标准；2005 年 COD_{Mn}含量最高，深圳湾大桥内外均超过四类海水水质标准。纵观深圳湾近 13 年 COD_{Mn}的变化，深圳湾大桥外海域 2006 年之前 COD_{Mn}含量较高，2006 年之后有转好迹象，基本在一类海水水质标准值上下波动。深圳湾大桥内海域 COD_{Mn}含量较高，同样是 2006 年之后稍有好转，但在三四类海水水质范围波动，波动幅度较桥外大一些。

6）石油类

深圳湾海域海水石油类 13 年变化趋势如图 5-28 所示，由图可知，石油类变化范围为 0. 019～

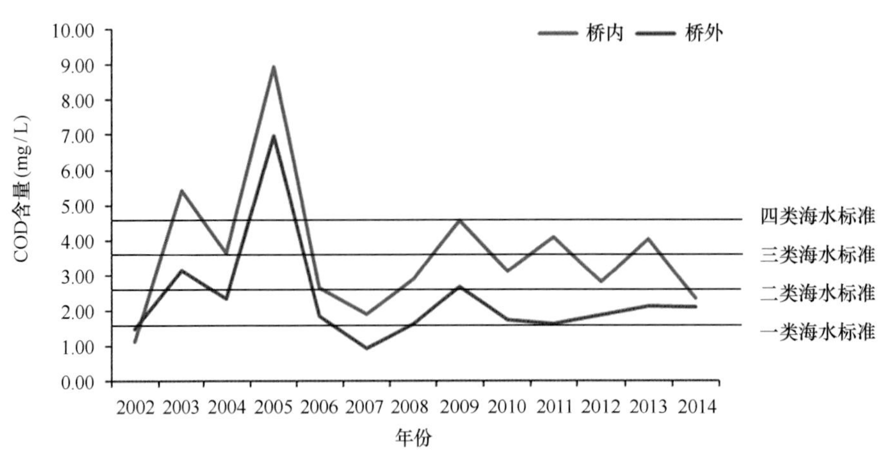

图 5-27　深圳湾海域 COD_{Mn} 13 年变化趋势

0.335 mg/L，深圳湾大桥内海域石油类含量显著高于桥外，桥内 13 年石油类平均值为 0.131 mg/L，属于三类海水水质；桥外 13 年石油类平均值为 0.059 mg/L，属于二三类海水水质；2010 年海水中石油类含量最低，深圳湾大桥内外均符合一类海水水质标准；2003 年石油类含量最高，深圳湾大桥内为四类海水水质，桥外为三类海水水质。纵观深圳湾近 13 年石油类的变化，深圳湾 2003—2010 年，海水中石油类含量逐渐降低，但 2010—2014 年又有升高的趋势。

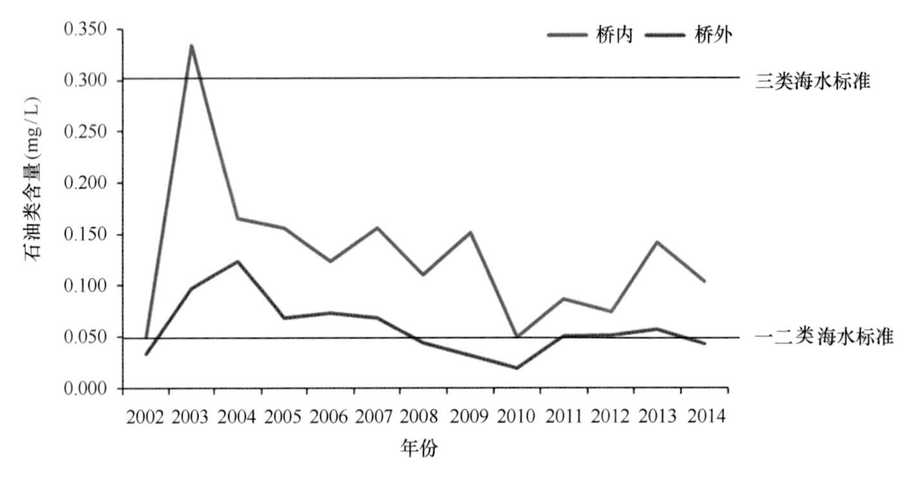

图 5-28　深圳湾海域石油类 13 年变化趋势

5.3.3　深圳湾海洋沉积物环境质量现状调查与结果

5.3.3.1　调查频次

海洋沉积物现状调查在 2014 年 4 月 11 日平水期进行一个航次的野外作业。

5.3.3.2　调查范围的确定

本项目调查的范围和监测站位需覆盖深圳湾海域，布设 17 个沉积物的监测站位，如图 5-15 所示，各监测站位经纬度见表 5-19 所示。

5.3.3.3　深圳湾海域海洋沉积物环境现状调查结果

深圳湾海洋生态环境 2014 年平水期调查航次的海洋沉积物环境质量现状调查的结果如表 5-26 所示。

表 5-26　深圳湾海域海洋沉积物调查结果

指标	平水期 2014 年 4 月 11 日	
	范围	均值
总氮（$\times10^{-3}$）	0.727~4.83	1.62
总磷（$\times10^{-3}$）	0.415~0.806	0.568
Cu（$\times10^{-6}$）	18.8~98.7	59.9
Zn（$\times10^{-6}$）	70.7~325	188
Cd（$\times10^{-6}$）	0.234~1.32	0.679
Pb（$\times10^{-6}$）	27.2~75.9	61.1
Cr（$\times10^{-6}$）	27.0~97.4	75.6
As（$\times10^{-6}$）	1.24~2.89	2.05
Hg（$\times10^{-6}$）	0.091~0.497	0.204
硫化物（$\times10^{-6}$）	1.16~1.89×10^3	372
石油类（$\times10^{-6}$）	132~1.87×10^3	779
TOC（$\times10^{-2}$）	0.98~2.35	1.49

5.3.3.4　深圳湾海域海洋沉积物环境质量评价结果

本项目海域深圳湾大桥内海洋沉积物调查站位执行《海洋沉积物质量》（GB 18668—2002）（表 5-4）中的二类标准，深圳湾大桥外海洋沉积物调查站位执行《海洋沉积物质量》（GB 18668—2002）（表 5-4）中的三类标准。通过计算，深圳湾海洋沉积物现状单因素指数评价结果见表 5-27。

表 5-27　深圳湾海域海洋沉积物单因素评价结果

站位	Cu	Zn	Cd	Pb	Cr	As	Hg	硫化物	石油类	TOC
S1	0.908	0.929	0.710	0.557	0.623	0.318	0.978	3.097	1.849	0.676
S2	0.893	0.924	0.879	0.536	0.623	0.158	0.652	3.775	1.866	0.783
S3	0.801	0.722	0.628	0.584	0.649	0.412	0.382	0.002	0.387	0.578
S4	0.987	0.875	0.718	0.581	0.640	0.251	0.994	0.014	0.927	0.623
S5	0.763	0.690	0.492	0.576	0.647	0.390	0.372	2.036	1.162	0.591
S6	0.188	0.202	0.156	0.210	0.180	0.267	0.280	0.007	0.170	0.477
S7	0.460	0.486	0.535	0.548	0.391	0.347	0.374	2.479	1.782	0.529
S8	0.641	0.560	0.406	0.508	0.606	0.244	0.278	0.066	0.400	0.479
S9	0.698	0.690	0.559	0.477	0.501	0.242	0.414	0.008	0.912	0.600
S10	0.501	0.499	0.414	0.498	0.482	0.196	0.270	0.018	0.445	0.427
S11	0.623	0.559	0.527	0.460	0.503	0.213	0.298	1.070	1.011	0.498
S12	0.288	0.294	0.222	0.413	0.401	0.292	0.292	0.004	0.132	0.327
S13	0.167	0.159	0.074	0.210	0.238	0.218	0.140	0.016	0.307	0.261
S15	0.474	0.230	0.142	0.253	0.303	0.208	0.101	0.026	0.595	0.339
S16	0.169	0.203	0.068	0.188	0.217	0.168	0.091	0.002	0.106	0.256
S19	0.203	0.199	0.074	0.213	0.257	0.182	0.125	0.007	0.270	0.280
S22	0.203	0.200	0.077	0.196	0.272	0.212	0.221	0.003	0.188	0.256
超标率(%)	0	0	0	0	0	0	0	23.5	17.6	0

5.3.3.5 海洋沉积物现状分析

针对深圳湾海域进行了一次海洋沉积物的调查，在春季（2014 年 4 月 11 日）进行，共调查了 17 个站位。通过图 5-29 可以看出，在 Cu 主要集中在 S4、S15 站位含量较高，Zn、Cd 和 TOC 主要集中在 S1、S2、S4 站位含量较高，Pb 和 Cr 主要集中在 S3、S4、S5 站位含量较高，Hg 主要集中在 S1、S4 站位含量较高，As 主要集中在 S3、S5、S7 站位含量较高，硫化物主要集中在 S1、S2、S5、S7 站位含量较高，石油类主要集中在 S1、S2、S7 站位含量较高，总氮主要集中在 S15 站位含量较高，总磷主要集中在 S1、S2、S5、S9 站位含量较高，综合以上分析可以得出深圳湾海域各污染测试指标普遍较高的站位是 S1、S2、S3、S4、S5、S7 和 S9 站位。S1、S2、S3、S4、S5 和 S9 站位位于深圳湾最内，在红树林保护区和野生动物保护区外围附近，受陆源排污影响最大，且水环境动力最小区域，因此沉积物受污染最为严重。S7 站位位于大沙河河口处，该区域的沉积物受大沙河排污的影响。

根据海洋功能区域的要求，深圳湾海域深圳湾大桥内海洋沉积物须符合二类海洋沉积物质量标准，深圳湾大桥外海洋沉积物须符合三类海洋沉积物质量标准，通过图 5-29 可以看出，Cu 没有超标站位，100%的站位符合一类海洋沉积物质量标准；Zn 和 Pb 没有超标站位，41.2%的站位符合一类海洋沉积物质量标准，58.8%的站位符合二类海洋沉积物质量标准；Cd 没有超标站位，35.3%的站位符合一类海洋沉积物质量标准，64.7%的站位符合二类海洋沉积物质量标准；Cr 没有超标站位，58.8%的站位符合一类海洋沉积物质量标准，41.2%的站位符合二类海洋沉积物质量标准；Hg 没有超标站位，70.6%的站位符合一类海洋沉积物质量标准，29.4%的站位为二类海洋沉积物质量标准；As 没有超标站位，70.6%的站位符合一类海洋沉积物质量标准，29.4%的站位为二类海洋沉

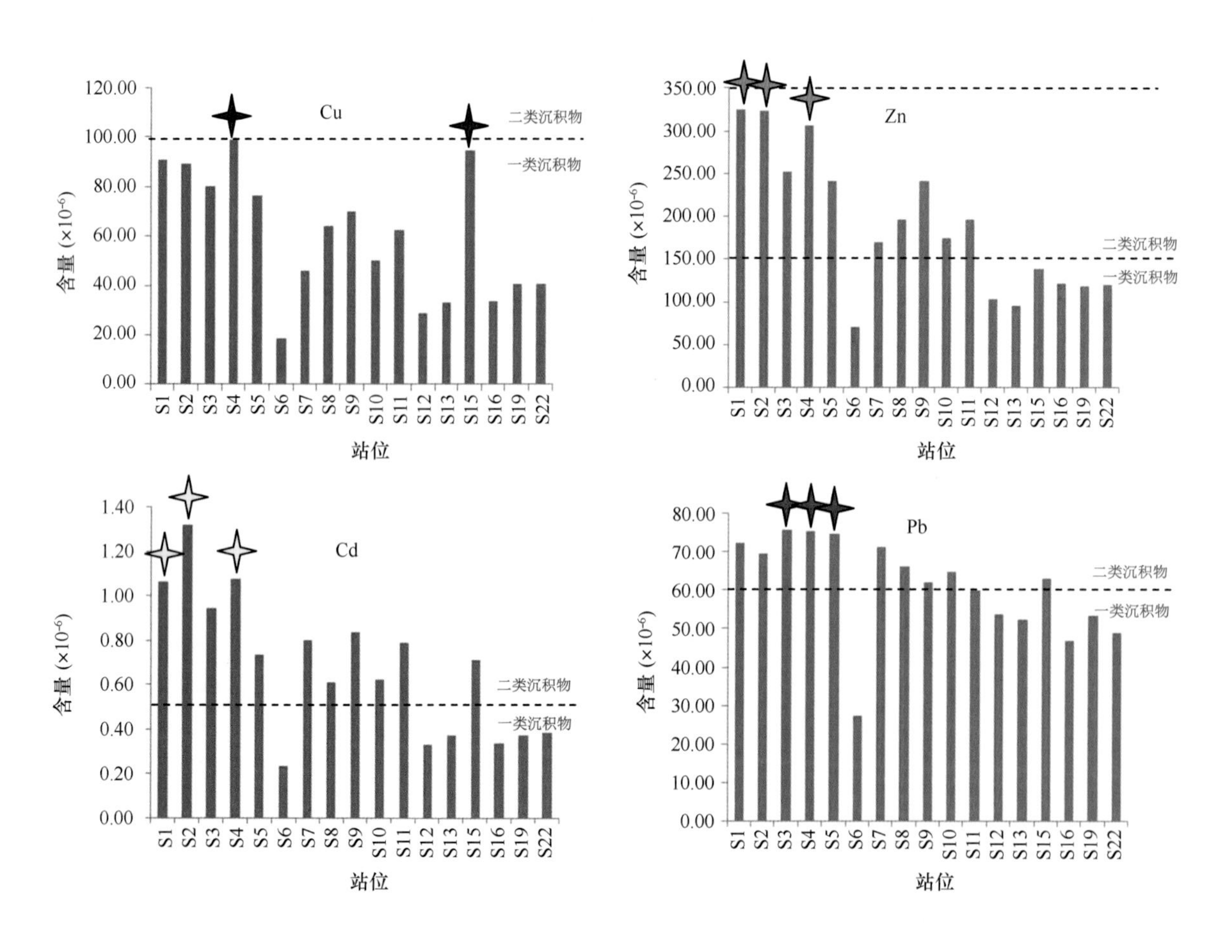

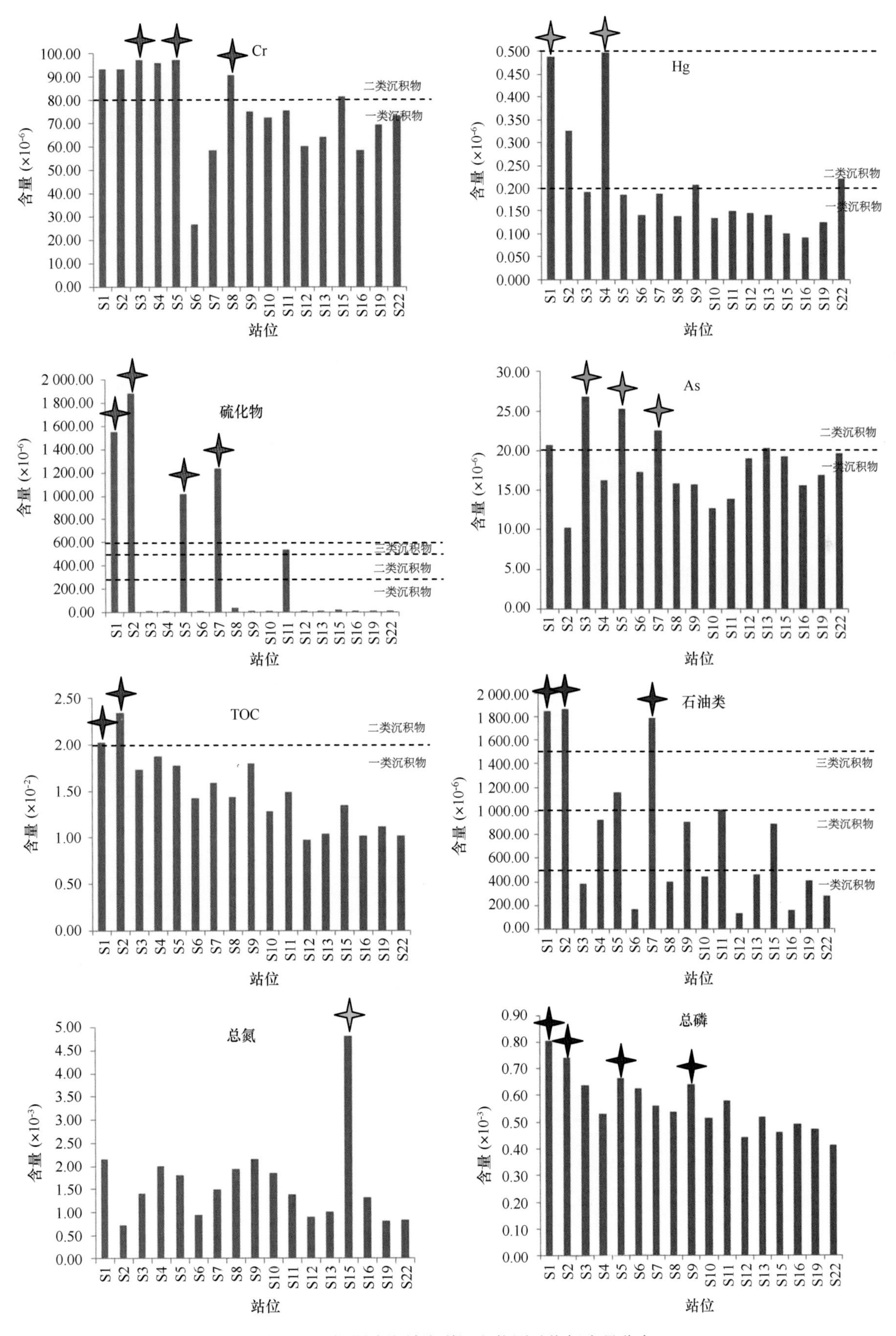

图 5-29　深圳湾海域海洋沉积物测试指标含量分布

积物质量标准；硫化物有超标站位，超标率为23.5%，最大超标倍数为2.78倍，70.6%的站位均符合一类海洋沉积物质量标准，5.9%的站位符合二类海洋沉积物质量标准，23.5%的站位超三类海洋沉积物质量标准；石油类有超标站位，超标率为17.6%，最大超标倍数为0.87倍，52.9%的站位符合一类海洋沉积物质量标准，23.5%的站位符合二类海洋沉积物质量标准，5.9%的站位符合三类海洋沉积物质量标准，17.6%的站位超三类海洋沉积物质量标准；TOC没有超标站位，88.2%的站位符合一类海洋沉积物质量标准，11.8%的站位符合二类海洋沉积物质量标准；总氮和总磷没有标准，因此无法评判。

5.4 深圳大铲湾海域环境质量

5.4.1 深圳大铲湾海域海水环境现状调查和评价

5.4.1.1 调查频次

海水水质现状调查分别在2014年5月25日丰水期和2014年12月4日枯水期进行两个航次的野外作业。

5.4.1.2 调查范围的确定

本项目调查的范围和监测站位需覆盖大铲湾海域，根据大铲湾的环境现状共布设10个水质监测点，如图5-30所示，各监测站位经纬度如表5-28所示。

表5-28 深圳大铲湾海域调查监测站位经纬度一览

站位	纬度（N）	经度（E）	备注
Y1	22°32′33.68″	113°52′56.64″	水质、沉积物
Y2	22°32′22.51″	113°53′3.62″	水质、沉积物
Y3	22°32′2.35″	113°53′5.11″	水质、沉积物
Y4	22°32′12.39″	113°52′34.96″	水质、沉积物
Y5	22°31′49.09″	113°52′41.09″	水质、沉积物
Y6	22°33′9.39″	113°51′43.85″	水质、沉积物
Y7	22°32′35.22″	113°52′0.85″	水质、沉积物
Y8	22°31′58.87″	113°52′18.29″	水质、沉积物
Y9	22°31′30.01″	113°52′26.01″	水质、沉积物
Y10	22°31′14.27″	113°51′39.68″	水质、沉积物

5.4.1.3 调查项目

海水环境质量现状调查的项目包括：水温、透明度、盐度、pH值、溶解氧（DO）、化学需氧量（COD_{Mn}）、生化需氧量（BOD_5）、石油类、悬浮物（SS）、无机氮包括亚硝氮（NO_2-N）、硝氮（NO_3-N）、活性磷酸盐、总氮、总磷、总汞（Hg）、砷（As）、铜（Cu）、铅（Pb）、锌（Zn）、镉（Cd）、总铬（Cr）、总有机碳（TOC）、硫化物、挥发酚等。

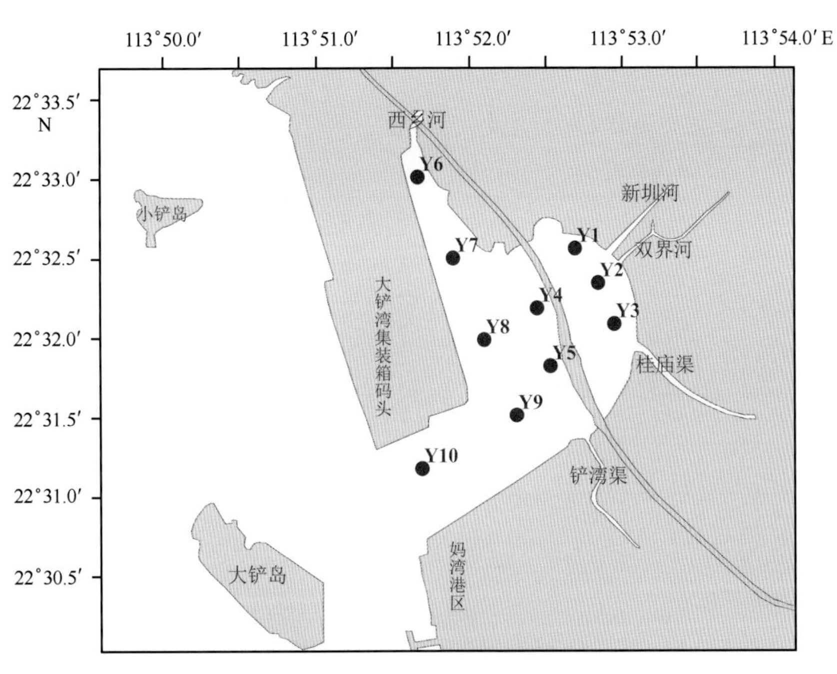

图 5-30 深圳大铲湾采样站位分布

5.4.1.4 深圳大铲湾海洋水体环境质量现状调查结果

海水水体质量调查结果如表 5-29 和表 5-30 所示。

表 5-29 大铲湾海域海水检测结果

指标	丰水期（2014 年 5 月 25 日）		枯水期（2014 年 12 月 4 日）	
	范围	均值	范围	均值
水深（m）	1.5~5.0	2.4	0.5~1.8	1.2
透明度（m）	—	—	0.1~0.4	0.2
水温（℃）	27.8~28.7	28.2	18.5~19.3	18.9
盐度	1.2~5.1	2.7	22.5~27.7	26.3
pH 值	7.24~7.46	7.36	7.73~7.95	7.86
溶解氧（mg/L）	0.41~4.41	2.44	3.99~6.25	5.05
悬浮物（mg/L）	6.0~18.7	12.1	6.0~75.9	27.4
亚硝氮（mg/L）	0.001~0.293	0.183	0.045~0.098	0.071
硝氮（mg/L）	0.028~1.18	0.674	0.256~0.415	0.342
氨氮（mg/L）	0.212~0.459	0.355	0.257~0.304	0.282
磷酸盐（mg/L）	0.088~0.543	0.282	0.071~0.132	0.097
总氮（mg/L）	0.949~2.63	1.83	0.747~1.08	0.924
总磷（mg/L）	0.342~0.635	0.450	0.094~0.385	0.218
总有机碳（mg/L）	2.96~8.80	4.36	1.87~9.75	4.78
COD_{Mn}（mg/L）	2.24~4.66	2.97	1.24~3.12	1.75

续表

指标	丰水期（2014年5月25日）		枯水期（2014年12月4日）	
	范围	均值	范围	均值
石油类（mg/L）	0.035~0.134	0.066	0.042~0.130	0.063
BOD_5（mg/L）	2.38~3.09	2.82	1.15~3.33	1.62
挥发酚（μg/L）	0.400~2.00	0.980	0.499~2.24	1.67
硫化物（μg/L）	68.6~91.5	78.6	13.8~23.7	18.4
叶绿素（μg/L）	3.17~29.7	8.72	—	—
汞（μg/L）	0.010~0.036	0.019	0.013~0.037	0.022
砷（μg/L）	1.23~1.81	1.60	1.27~1.44	1.34
铬（μg/L）	0.07~1.52	0.79	0.61~0.85	0.77
铜（μg/L）	2.71~6.72	4.23	2.42~3.14	2.68
铅（μg/L）	0.016~0.648	0.175	未检出~1.71	0.34
锌（μg/L）	3.05~11.3	4.93	0.61~13.0	5.34
镉（μg/L）	0.125~0.202	0.172	0.03~0.20	0.11

注："—"代表未检测。

5.4.1.5 深圳大铲湾海域海水环境现状评价结果

根据广东省海洋功能区划（2011—2020年）（图5-2），深圳大铲湾调查区域为前海工业与城镇用海区，功能类型主要是工业与城镇用海区，对其海域的管理要求：①加强前海海域环境综合整治，改善海域环境质量；②执行三类海水水质标准、二类海洋沉积物质量标准和二类海洋生物质量标准。因此，本项目海域海水水质评价各调查站位执行《中华人民共和国海水水质标准》（GB 3079—1997）（表5-3）中三类海水水质标准。

根据计算，丰水期、枯水期水质现状单因素指数评价结果见表5-30和表5-31。

表5-30 深圳大铲湾丰水期海水水质评价指数（5月）

站位	pH值	溶解氧	无机氮	磷酸盐	COD_{Mn}	石油类	BOD_5	硫化物	挥发酚	汞	砷	铬	铜	铅	锌	镉
Y1	0.340	6.378	1.751	18.094	0.827	0.235	0.772	0.754	0.080	0.097	0.060	0.000	0.054	0.007	0.035	0.012
Y2	0.400	6.895	1.753	17.477	0.850	0.291	0.594	0.686	0.040	0.179	0.055	0.001	0.134	0.065	0.113	0.019
Y3	0.380	6.805	1.793	14.966	0.920	0.250	0.695	0.697	0.120	0.104	0.054	0.005	0.076	0.003	0.055	0.013
Y4	0.540	3.430	4.251	5.158	0.618	0.175	0.736	0.798	0.120	0.077	0.050	0.001	0.101	0.004	0.047	0.017
Y5	0.560	3.070	4.781	4.549	0.607	0.159	0.740	0.818	0.180	0.066	0.057	0.008	0.081	0.028	0.045	0.019
Y6	0.460	9.078	0.602	15.643	1.165	0.448	0.668	0.915	0.080	0.096	0.041	0.000	0.079	0.026	0.046	0.020
Y7	0.410	4.510	3.623	5.839	0.712	0.193	0.747	0.766	0.040	0.126	0.054	0.007	0.075	0.002	0.030	0.018
Y8	0.550	0.891	4.296	2.942	0.560	0.145	0.705	0.835	0.040	0.075	0.053	0.007	0.091	0.011	0.043	0.018
Y9	0.350	2.958	3.473	4.729	0.591	0.174	0.731	0.755	0.200	0.051	0.057	0.005	0.068	0.022	0.037	0.018
Y10	0.410	1.810	4.003	4.586	0.568	0.118	0.662	0.839	0.080	0.099	0.053	0.003	0.087	0.009	0.042	0.017
超标率（%）	0	90.0	90.0	100.0	10.0	0	0	0	0	0	0	0	0	0	0	0

表 5-31　深圳大铲湾枯水期海水水质评价指数（12 月）

站位	pH 值	溶解氧	无机氮	磷酸盐	COD_{Mn}	石油类	BOD_5	硫化物	挥发酚	汞	砷	铬	铜	铅	锌	镉
Y1	0.010	0.971	1.751	3.974	0.547	0.433	0.833	0.237	0.175	0.178	0.026	0.003	0.048	0.029	0.074	0.009
Y2	0.110	0.813	1.851	2.515	0.310	0.209	0.371	0.217	0.224	0.184	0.028	0.004	0.063	0.171	0.130	0.016
Y3	0.130	0.772	1.674	2.629	0.407	0.187	0.460	0.202	0.175	0.155	0.025	0.003	0.053	—	0.108	0.020
Y4	0.040	0.775	1.525	3.035	0.781	0.191	0.288	0.209	0.050	0.081	0.029	0.004	0.057	0.004	0.109	0.017
Y5	0.110	0.675	1.818	2.567	0.367	0.194	0.361	0.202	0.162	0.064	0.026	0.004	0.052	0.014	0.027	0.010
Y6	0.070	1.024	1.738	4.387	0.397	0.179	0.326	0.209	0.200	0.064	0.026	0.004	0.054	0.001	0.034	0.003
Y7	0.010	0.851	1.863	4.371	0.371	0.140	0.404	0.139	0.212	0.065	0.029	0.004	0.050	0.024	0.006	0.012
Y8	0.050	0.854	1.875	3.941	0.411	0.170	0.394	0.138	0.125	0.089	0.026	0.004	0.050	0.016	0.022	0.007
Y9	0.130	0.579	1.493	2.355	0.347	0.218	0.303	0.140	0.175	0.079	0.028	0.004	0.056	—	0.007	0.007
Y10	0.150	0.725	1.781	2.449	0.431	0.187	0.299	0.146	0.175	0.125	0.027	0.004	0.053	0.015	0.015	0.006
超标率（%）	0	10.0	100.0	100.0	0	0	0	0	0	0	0	0	0	0	0	0

注：“—”代表未参与评价。

5.4.1.6　深圳大铲湾海域海水水质分析和讨论

1）无机氮时空变化（图 5-31 和图 5-32）

深圳大铲湾海域海水中无机氮时空变化分布如图 5-31 所示，大铲湾平水期无机氮含量的变化范围为 0.241～1.91 mg/L，平均值为 1.21 mg/L；枯水期无机氮含量的变化范围为 0.597～0.750 mg/L，平均含量为 0.695 mg/L。大铲湾丰水期无机氮含量显著高于枯水期。通过 SPSS 17.0 对丰水期和枯水期无机氮数据进行方差分析，可以得出不同时期的海水中无机氮存在显著差异性。从图 5-31 中可以看出，西乡河入海口 Y6 站的无机氮含量较低，根据此站位的总氮和磷酸数据进行比对发现，Y6 站总氮、磷酸盐含量均较高，唯独无机氮含量较低，由此可以推断，汇入此处的淡水主要以有机氮为主。丰水期大铲湾呈现湾内向湾外逐渐升高的趋势，枯水期大铲湾空间分布不显著。

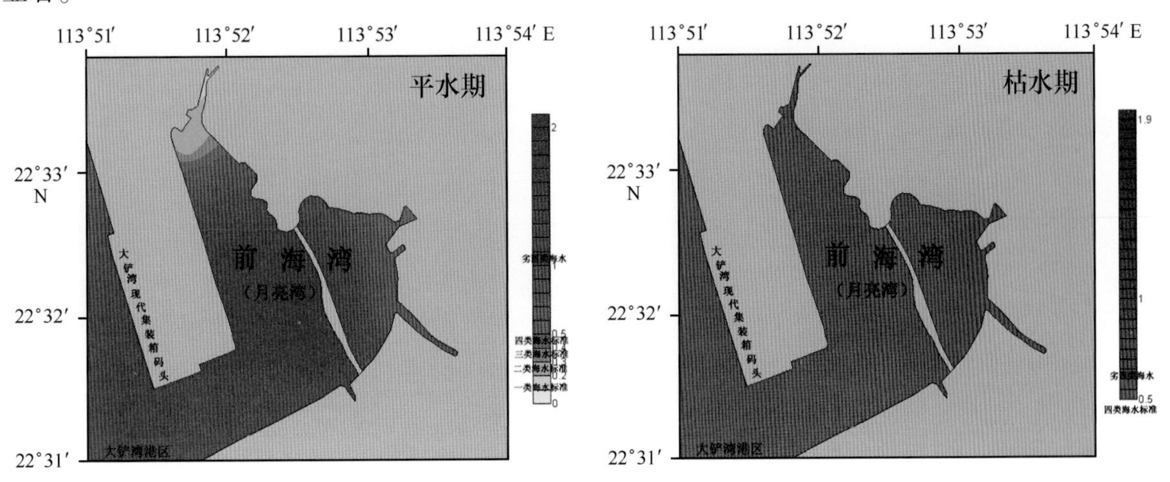

图 5-31　深圳大铲湾海域无机氮时空变化趋势

根据海洋功能区划的要求，大铲湾海域无机氮须符合三类海水水质标准。大铲湾海域无机氮含量严重超标，除 Y6 站位外其余站位均属于劣四类海水水质，丰水期无机氮超标率为 90%，最大超标倍数为 3.78 倍；枯水期超标率为 100%，最大超标倍数为 0.88 倍，丰水期有 10%的站位符合二类海水水质标准，其余站位均超四类海水水质标准，枯水期 100%超四类海水水质标准。

由图 5-32 可以看出，丰水期硝氮比例较高，湾内向湾外逐渐升高，Y6 站位的氨氮比例较高；枯水期仍然是硝氮比例最高，但是氨氮比例相对于丰水期上升了不少，枯水期三氮比例空间分布不显著。

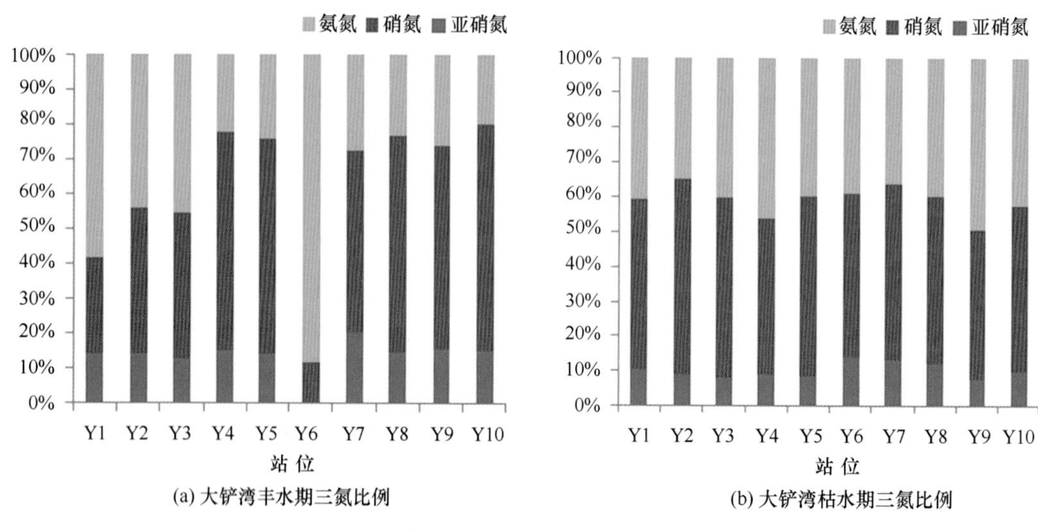

图 5-32　深圳大铲湾海域不同时期三氮比例分布

2）磷酸盐时空分析（图 5-33）

深圳大铲湾海域海水中磷酸盐时空变化分布如图 5-33 所示，大铲湾丰水期磷酸盐含量的变化范围为 0.088~0.543 mg/L，平均值为 0.282 mg/L；枯水期磷酸盐含量的变化范围为 0.071~0.132 mg/L，平均含量为 0.097 mg/L。深圳湾丰水期磷酸盐含量显著高于枯水期。通过 SPSS 17.0 对平水期和枯水期磷酸盐数据进行方差分析，可以得出不同时期的海水中磷酸盐存在显著差异性。

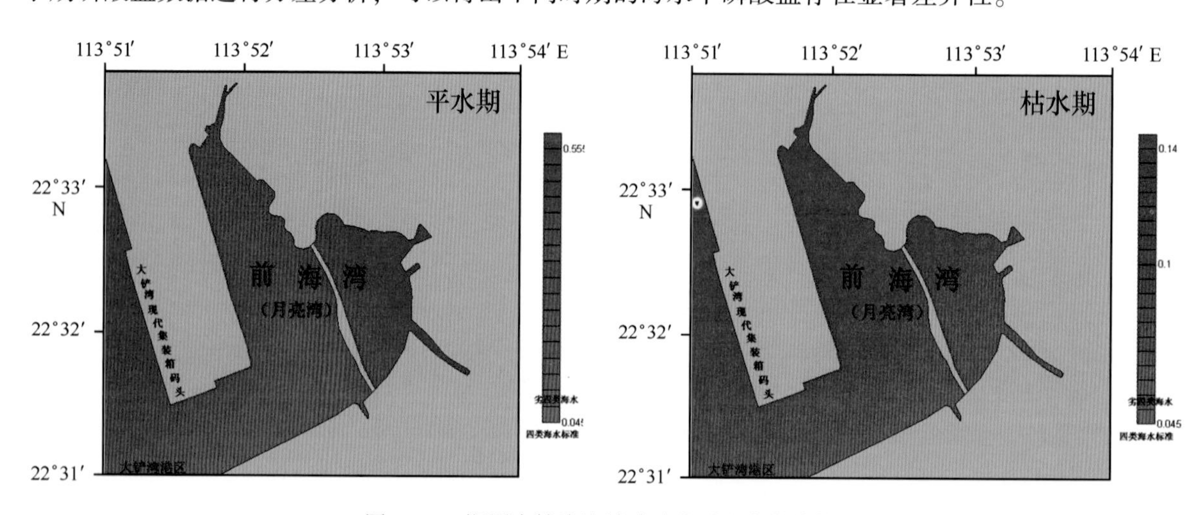

图 5-33　深圳大铲湾海域磷酸盐时空变化趋势

根据海洋功能区划的要求，大铲湾海域磷酸盐须符合三类海水水质标准。大铲湾海域磷酸盐含量严重超标，丰水期和枯水期超标率均为100%，丰水期磷酸盐最大超标倍数达17.1倍，枯水期最大超标倍数为3.39倍。

3）总氮和总磷时空分布（图5-34和图5-35）

深圳大铲湾海域海水中总氮时空变化分布如图5-34所示，大铲湾丰水期总氮的变化范围为0.95~2.63 mg/L，平均值为1.83 mg/L；枯水期总氮的变化范围为0.75~1.08 mg/L，平均含量为0.92 mg/L。丰水期总氮含量显著高于枯水期。通过SPSS 17.0对丰水期和枯水期总氮数据进行方差分析，可以得出不同时期的海水中总氮存在显著差异性。丰水期大铲湾湾顶总氮含量较低，湾内向湾外逐渐降低的趋势，枯水期则湾顶较高，湾内向湾外逐渐升高的趋势。

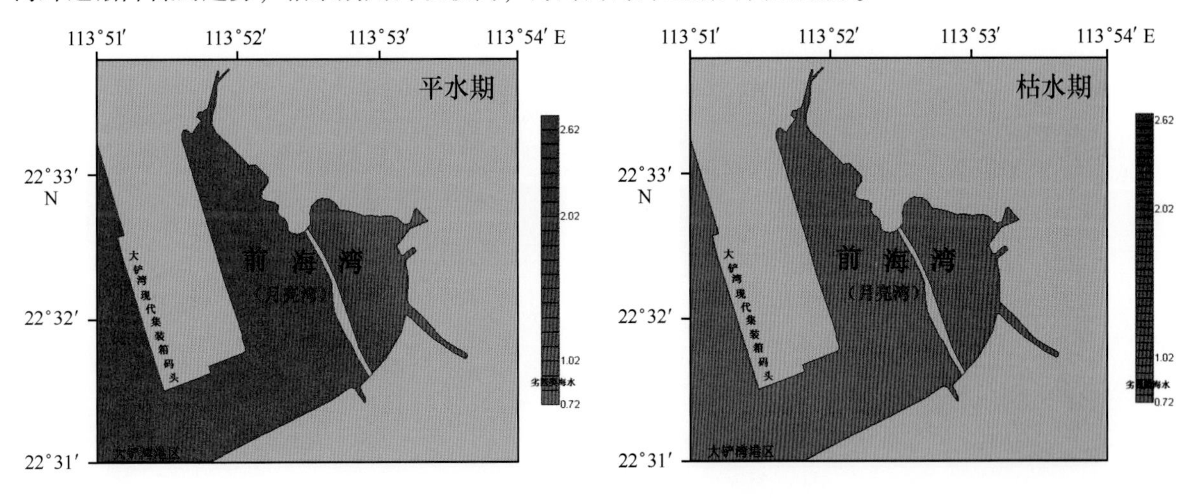

图5-34 深圳大铲湾海域总氮时空变化趋势

总氮按照与无机氮之间的比值计算不同水质标准对应总氮的要求。丰水期和枯水期大铲湾整个海域总氮均超四类海水水质标准，丰水期超标较枯水期更为严重。

深圳大铲湾海域海水中总磷时空变化分布如图5-35所示，深圳湾丰水期总磷的变化范围为0.342~0.635 mg/L，平均值为0.450 mg/L；枯水期总磷的变化范围为0.094~0.385 mg/L，平均含量为0.218 mg/L。丰水期总磷含量显著高于枯水期。通过SPSS 17.0对丰水期和枯水期总磷数据进行方差分析，可以得出不同时期的海水中总磷差异性显著。丰水期大铲湾总磷呈现湾内向湾外逐渐降低的趋势，枯水期则湾外较湾内高。

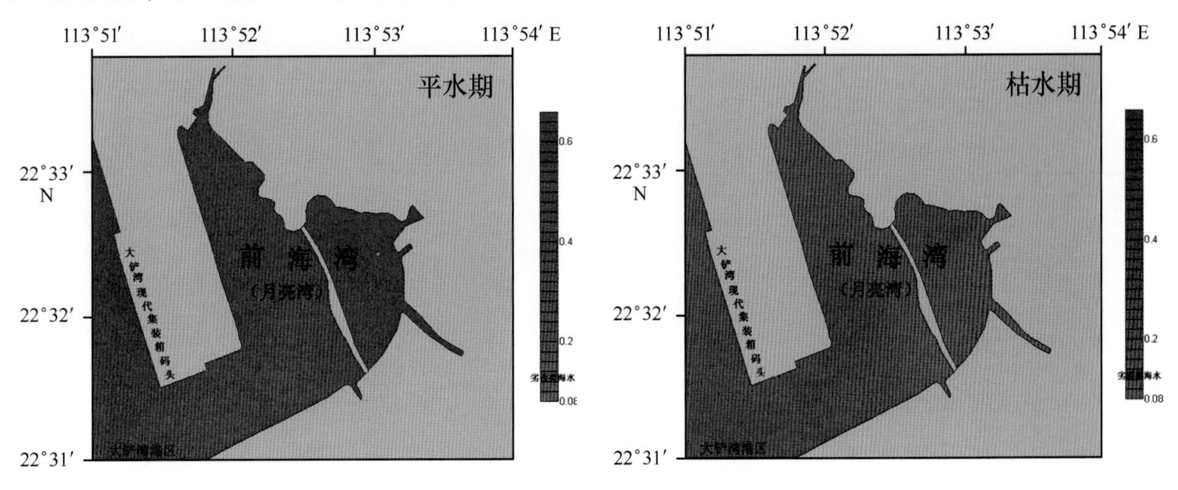

图5-35 深圳大铲湾海域总磷时空变化趋势

总磷按照与活性磷酸盐之间的比值计算不同水质标准对应总磷的要求。丰水期和枯水期大铲湾整个海域总磷均超四类海水水质标准，同样丰水期超标较枯水期更为严重。

4）COD_{Mn}和 BOD_5 时空分布（图 5-36 和图 5-37）

深圳大铲湾海域海水中 COD_{Mn}时空变化分布如图 5-36 所示，大铲湾丰水期 COD_{Mn}含量的变化范围为 2.24~4.66 mg/L，平均值为 2.97 mg/L；枯水期 COD_{Mn}含量的变化范围为 1.24~3.12 mg/L，平均含量为 1.75 mg/L。大铲湾丰水期 COD_{Mn}含量显著高于枯水期。通过 SPSS 17.0 对丰水期和枯水期 COD_{Mn}数据进行方差分析，可以得出不同时期的海水中 COD_{Mn}存在显著差异性。丰水期大铲湾 COD_{Mn}呈现湾内向湾外逐渐降低的趋势，枯水期 COD_{Mn}则主要集中在大铲湾游艇码头附近海域较高。

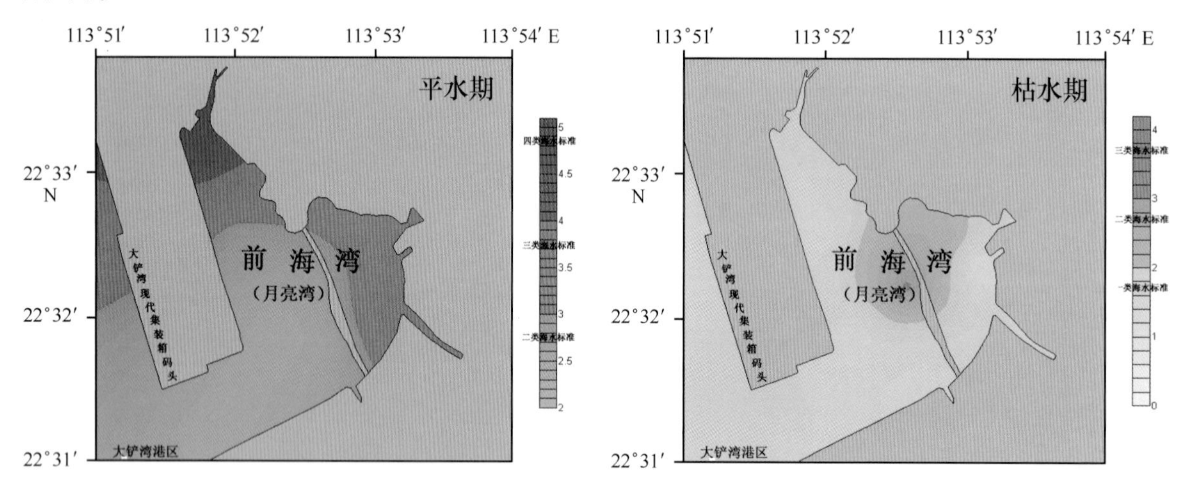

图 5-36　深圳大铲湾海域 COD_{Mn}时空变化趋势

深圳大铲湾海域海水中 BOD_5 时空变化分布如图 5-37 所示，大铲湾丰水期 BOD_5 含量的变化范围为 2.38~3.09 mg/L，平均值为 2.82 mg/L；枯水期 BOD_5 含量的变化范围为 1.15~3.33 mg/L，平均含量为 1.61 mg/L。大铲湾丰水期 BOD_5 含量显著高于枯水期。通过 SPSS 17.0 对丰水期和枯水期 BOD_5 数据进行方差分析，可以得出不同时期的海水中 BOD_5 存在显著差异性，整体上大铲湾 BOD_5 主要集中在游艇码头附近较高。

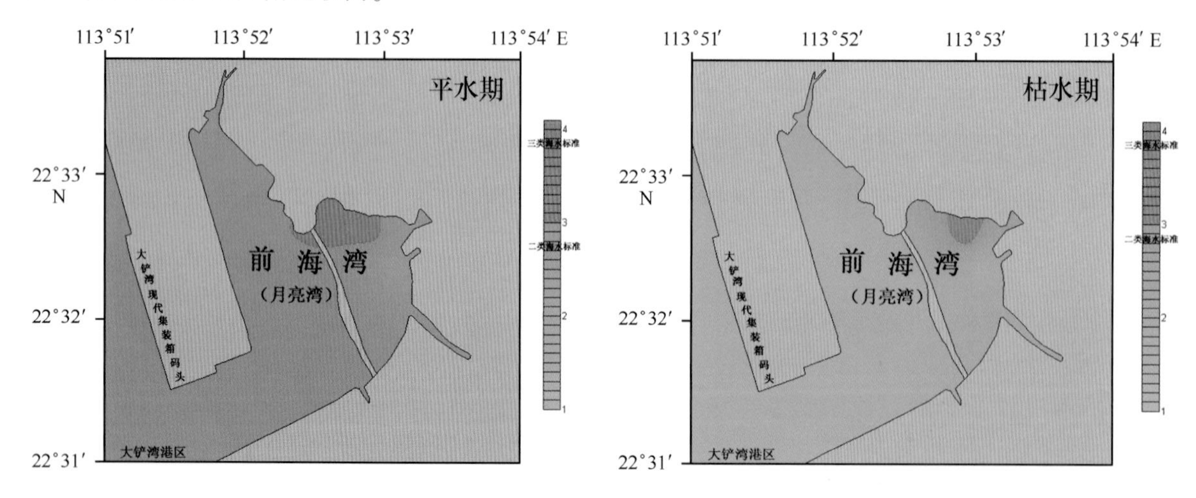

图 5-37　深圳大铲湾海域 BOD_5 时空变化趋势

根据海洋功能区划的要求，大铲湾海域须符合三类海水水质标准。大铲湾海域 COD_{Mn} 和 BOD_5 均不超标。丰水期 COD_{Mn} 有 60%的站位，BOD_5 有 90%的站位符合二类海水水质标准，COD_{Mn} 有 30%的站位，BOD_5 有 10%的站位符合三类海水水质标准，COD_{Mn} 有 10%的站位符合四类海水水质标准；枯水期 COD_{Mn} 有 80%的站位符合一类海水水质标准，COD_{Mn} 有 10%的站位，BOD_5 有 90%的站位符合二类海水水质标准，COD_{Mn} 有 10%的站位，BOD_5 有 10%的站位符合三类海水水质标准。

5）石油类时空变化（图 5-38）

深圳大铲湾海域海水中石油类时空变化分布如图 5-38 所示，大铲湾丰水期石油类含量的变化范围为 0.035~0.134 mg/L，平均值为 0.066 mg/L；枯水期石油类含量的变化范围为 0.042~0.130 mg/L，平均含量为 0.063 mg/L。大铲湾丰水期和枯水期石油类含量水平相当。通过 SPSS 17.0 对丰水期和枯水期石油类数据进行方差分析，可以得出不同时期的海水中石油类差异性不显著。丰水期大铲湾石油类呈现湾内向湾外逐渐降低的规律，枯水期则空间分布不显著。

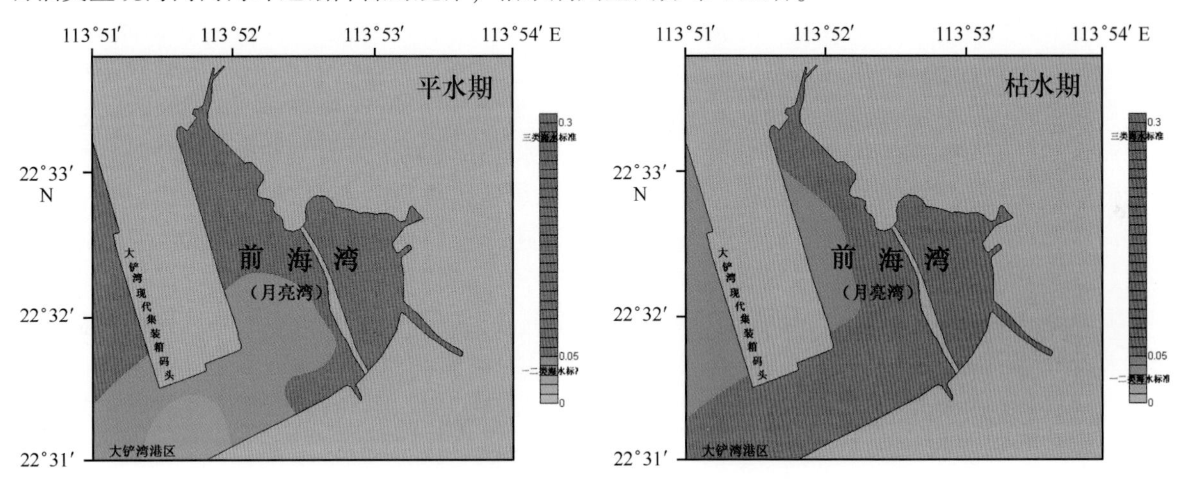

图 5-38　深圳大铲湾海域石油类时空变化趋势

根据海洋功能区划的要求，大铲湾海域须符合三类海水水质标准。大铲湾海域石油类不超标。丰水期石油类有 30%的站位符合一二类海水水质标准，70%的站位符合三类海水水质标准；枯水期石油类有 10%的站位符合一二类海水水质标准，90%的站位符合三类海水水质标准。

6）重金属时空分布

根据表 5-29 和表 5-30 可知，大铲湾海域海水中汞（Hg）、砷（As）、铬（Cr）、锌（Zn）和镉（Cd）含量非常低，均符合一类海水水质标准，丰水期海水中汞含量范围为 0.010~0.036 μg/L，平均含量为 0.019 μg/L，砷含量范围为 1.23~1.81 μg/L，平均含量为 1.60 μg/L，铜含量范围为 2.71~6.72 μg/L，平均含量为 4.23 μg/L，锌含量范围为 3.05~11.3 μg/L，平均含量为 4.93 μg/L，铅含量范围为 0.02~0.65 μg/L，平均含量为 0.18 μg/L，铬含量范围为未检出~1.52 μg/L，平均含量为 0.79 μg/L，镉含量范围为 0.13~0.20 μg/L，平均含量为 0.17 μg/L；枯水期海水中汞含量范围为 0.013~0.037 μg/L，平均含量为 0.022 μg/L，砷含量范围为 1.27~1.44 μg/L，平均含量为 1.34 μg/L，铜含量范围为 2.42~3.14 μg/L，平均含量为 2.68 μg/L，锌含量范围为 0.61~13.0 μg/L，平均含量为 5.34 μg/L，铅含量范围为 0.01~1.71 μg/L，平均含量为 0.33 μg/L，铬含量 0.61~0.85 μg/L，平均含量为 0.77 μg/L，镉含量范围为 0.04~0.20 μg/L，平均含量为 0.11 μg/L。

由此可知，深圳湾海域汞、锌、铅：丰水期小于枯水期，砷、铜、铬、镉：丰水期大于枯水期。纵观整个海域重金属含量较低，海域未受重金属污染。

7）水温、盐度、pH 值、溶解氧、悬浮物、硫化物、挥发酚、TOC 等指标的时空分布

2014 年 5 月丰水期大铲湾海水水温范围为 27.8℃～28.7℃，平均水温为 28.2℃，盐度范围为 1.2～5.1，平均值为 2.7，pH 值范围为 7.24～7.46，平均值为 7.36，溶解氧含量范围为 0.41～4.41 mg/L，平均含量仅为 2.44 mg/L，悬浮物含量的变化范围为 6.0～18.7 mg/L，平均值为 12.1 mg/L，硫化物含量的变化范围为 68.6～91.5 mg/L，平均值为 78.6 mg/L，挥发酚含量的变化范围为 0.40～2.00 mg/L，平均值为 0.98 mg/L，TOC 的变化范围为 2.96～8.80 mg/L，平均值为 4.36 mg/L；2014 年 12 月枯水期大铲湾海水水温范围为 18.5℃～19.3℃，平均水温为 18.9℃，盐度范围为 22.5～22.7，平均值为 26.3，pH 范围为 7.73～7.95，平均值为 7.86，溶解氧含量范围为 4.15～6.25 mg/L，平均含量为 5.05 mg/L，悬浮物含量的变化范围为 6.0～75.9 mg/L，平均含量为 27.4 mg/L，硫化物含量的变化范围为 13.76～23.72 mg/L，平均含量为 18.39 mg/L，挥发酚含量的变化范围为 0.50～2.24 mg/L，平均含量为 1.67 mg/L，TOC 的变化范围为 1.87～9.75 mg/L，平均含量为 4.78 mg/L。

受季节影响，丰水期在初夏，枯水期在冬季，因此丰水期海水温度显著高于枯水期。从空间分布来看，月亮湾整体海域水温变化不显著，由于大铲湾海域较小，且其是一个半封闭型小港湾，海水动力较小，流速较慢，整个海域温度基本相当。由于大铲湾面积较小，半封闭性特征，湾内海水与外海水体交换缓慢，其受陆域排污以及雨水汇入等影响较大，导致大铲湾整体海域盐度较低。枯水期期间排入湾内的淡水较少，因此，海域盐度较高。丰水期的 pH 值低于枯水期，大铲湾整体海域 pH 值较其他海域要低，靠近沿海高速海域的 pH 值较低，靠近湾口海域 pH 值较高。

大铲湾海域温度、pH 值、硫化物呈现丰水期大于枯水期，而盐度、溶解氧、悬浮物、挥发酚以及 TOC 则是枯水期大于平水期。丰水期受陆源污染影响较大，有机无污染物含量较高，微生物在降解有机物的过程中消耗水中大量氧气，导致水体呈现厌氧状态。根据海洋功能区划的要求，大铲湾须符合三类海水水质标准，丰水期溶解氧超标率达 90%，最大超标倍数为 8.1 倍，10%的站位符合三类海水水质标准，30%的站位符合四类海水水质标准，60%的站位超四类海水水质标准，悬浮物有 10%的站位符合一二类海水水质标准，90%的站位符合三类海水水质标准，硫化物和挥发酚 100%的站位符合三类海水水质标准；枯水期溶解氧的超标率为 10%，最大超标倍数为 0.02 倍，10%的站位符合一类海水水质标准，40%的站位符合二类海水水质标准，40%的站位符合三类海水水质标准，10%的站位符合四类海水水质标准，悬浮物有 30%的站位符合一二类海水水质标准，70%的站位符合三类海水水质标准，硫化物有 40%的站位符合一类海水水质标准，60%的站位符合二类海水水质标准，挥发酚丰水期和枯水期均 100%的站位符合一类海水水质标准。

8）深圳大铲湾海域海水水质现状小结

将深圳大铲湾海域不同时期不同指标所属水质类别进行汇总，如表 5-32 所示，参照《近岸海域环境监测规范》（HJ 442—2008）对水质类别的归纳，见表 5-33，可以得出大铲湾（前海湾）海域重金属（Cu、Zn、Cd、Pb、Cr、Hg、As）和挥发酚属于一类海水水质标准，石油类、悬浮物、硫化物含量较高，属于三类海水水质，丰水期溶解氧含量较低，属于劣四类海水水质，枯水期有所缓和。无机氮和磷酸盐污染较为严重，均属于劣四类海水水质。通过之前的分析可以得出大铲湾海域主要受营养盐污染较为严重，丰水期和枯水期无机氮、总氮、无机磷和总磷均超标严重。丰水期和枯水期无机氮均以硝氮为主，但枯水期氨氮比例显著上升。

表 5-32　深圳大铲湾海域不同时期水质类别所占比例　　单位:%

水期	水质类别	无机氮	磷酸盐	COD_{Mn}	石油类	重金属							溶解氧	BOD_5	悬浮物	硫化物	挥发酚
						铜	锌	镉	铅	铬	汞	砷					
丰水期	一类				20.0	80.0	100	100	100	100	100	100			10.0		100
	二类	10.0		60.0		20.0								90.0			
	三类			30.0	80.0								10.0	10.0	90.0	100	
	四类			10.0									30.0				
	劣四类	90.0	100										60.0				
枯水期	一类			80.0	10.0	100	100	100	90.0	100	100	100	10.0		30.0	40.0	100
	二类			10.0					10.0				40.0	90.0		60.0	
	三类			10.0	90.0								40.0	10.0	70.0		
	四类												10.0				
	劣四类	100	100														

表 5-33　深圳大铲湾海域不同时期海水水质指标所属类别

水期	一类海水水质	二类海水水质	三类海水水质	四类海水水质	劣四类海水水质
丰水期	重金属（Cu、Zn、Cd、Pb、Cr、Hg、As）、挥发酚	COD_{Mn}、BOD_5	石油类、悬浮物、硫化物		无机氮、磷酸盐、溶解氧
枯水期	COD_{Mn}、重金属（Cu、Zn、Cd、Pb、Cr、Hg、As）、挥发酚	BOD_5、溶解氧、硫化物	石油类、溶解氧、悬浮物		无机氮、磷酸盐

大铲湾面积较小，属半封闭海湾，海水动力小，水流缓慢，海水交换能力弱，环境容量小，极易受陆源排污以及雨水影响，大铲湾只有 COD_{Mn} 和石油类有呈现湾内向湾外递减的趋势，盐度、pH 值、溶解氧有湾内向湾外递增的规律，其他温度、重金属、无机氮、磷酸盐硫化物、挥发酚等相关指标的规律性都不显著，西乡河入海处 Y6 站位和湾顶新圳河、双界河入海处环境质量较差（表 5-34）。

表 5-34　深圳大铲湾海域海水水质变化规律汇总

水期	湾内向湾外递减	湾内向湾外递增	规律变化不显著
丰水期	磷酸盐、总磷、悬浮物、COD_{Mn}、石油类	盐度、pH 值、溶解氧、无机氮、总氮	温度、重金属、BOD_5、悬浮物、硫化物、挥发酚
枯水期	COD_{Mn}、石油类、BOD_5、硫化物	盐度、pH 值、溶解氧	温度、重金属、BOD_5、无机氮、总氮、磷酸盐、总磷、挥发酚

5.4.2　深圳大铲湾海域海水水质回顾性分析

回顾性分析（表 5-35）主要根据以下资料整理分析：①广东海洋大学海洋资源与环境监测中心《大铲湾港区水文测验和海洋环境监测报告》，2010 年 4 月调查；②中国水产科学研究院东海水产研究所《深圳前海湾清淤工程海洋环境影响报告书》，2013 年 11 月调查；③2014 年广东海洋大学海洋资源与环境监测中心大铲湾海域生态环境质量现状调查。据查证，大铲湾、前海湾、大铲湾均指同一个湾，以下统称大铲湾。

表 5-35 深圳大铲湾今年指标测试结果汇总 单位：mg/L

年份	溶解氧	悬浮物	无机氮	磷酸盐	COD_{Mn}	石油类
2010	6.36	18.2	2.930	0.105	2.10	0.017
2013	5.28	15.0	1.570	0.098	1.05	0.027
2014	3.75	19.8	0.954	0.190	2.36	0.065

通过表 5-35 可以看出，溶解氧、磷酸盐、COD、石油类 2014 年均有不同程度的恶化，悬浮物变化不大，无机氮有显著的下降趋势。

5.4.3 海洋沉积物环境质量现状调查与结果

5.4.3.1 调查频次

海洋沉积物现状调查在 2014 年 5 月 25 日丰水期进行一个航次的野外作业。

5.4.3.2 调查范围的确定

本项目调查的范围和监测站位需覆盖大铲湾海域，布设 10 个沉积物的监测站位，如图 5-31 所示，各监测站位经纬度如表 5-28 所示。

5.4.3.3 深圳大铲湾海域海洋沉积物环境现状调查结果

深圳大铲湾海洋生态环境 2014 年丰水期调查航次的海洋沉积物环境质量现状调查的结果见表 5-36。

表 5-36 深圳大铲湾海域海洋沉积物调查结果

指标	范围	均值
砷 $(\times10^{-6})$	0.60～4.16	2.54
汞 $(\times10^{-6})$	0.097～0.562	0.195
铜 $(\times10^{-6})$	55.8～178	86.8
锌 $(\times10^{-6})$	139～350	194
镉 $(\times10^{-6})$	0.517～2.63	1.09
铅 $(\times10^{-6})$	58.6～89.9	67.3
铬 $(\times10^{-6})$	85.2～129	108
硫化物 $(\times10^{-6})$	1.01～261	80.8
石油含量 $(\times10^{-6})$	60.9～2.01 $(\times10^{3})$	905
TOC 浓度 $(\times10^{-2})$	1.02～3.37	1.78

5.4.3.4 深圳大铲湾海域海洋沉积物环境质量评价结果

本项目海域大铲湾海洋沉积物调查站位执行《海洋沉积物质量》（GB 18668—2002）（表 5-4）中的二类质量标准。

根据计算，深圳大铲湾海洋沉积物现状单因素指数评价结果见表 5-37。

表 5-37　深圳大铲湾海域海洋沉积物单因素评价结果

站位	砷	汞	铜	锌	镉	铅	铬	硫化物	石油类	TOC
Y1	0.211	0.248	0.814	0.529	0.587	0.501	0.713	0.302	1.971	0.809
Y2	0.245	0.230	0.949	0.712	1.545	0.691	0.768	0.234	1.361	0.647
Y3	0.247	0.578	0.664	0.525	0.616	0.494	0.568	0.200	1.948	0.745
Y4	0.298	0.346	0.861	0.464	0.476	0.451	0.707	0.002	0.105	0.462
Y5	0.285	0.352	0.836	0.550	0.584	0.514	0.770	0.321	1.070	0.536
Y6	0.158	1.124	1.782	1.000	1.756	0.623	0.862	0.521	2.011	1.125
Y7	0.346	0.352	0.730	0.416	0.448	0.473	0.672	0.003	0.224	0.462
Y8	0.360	0.258	0.871	0.493	0.490	0.496	0.790	0.010	0.061	0.409
Y9	0.308	0.222	0.558	0.398	0.399	0.465	0.589	0.017	0.157	0.340
Y10	0.347	0.194	0.612	0.458	0.345	0.465	0.785	0.006	0.142	0.411
超标率(%)	0	10.0	10.0	10.0	20.0	0	0	0	50.0	10.0

5.4.3.5　海洋沉积物现状分析

针对大铲湾海域进行了一次海洋沉积物的调查，在夏季（2014 年 5 月 25 日）进行，共调查了 10 个站位。通过图 5-39 可以看出，在 Cu 、Zn、Hg、硫化物、TOC 都主要集中在 Y6 站位含量较高，Cd 和 Pb 主要集中在 Y2 和 Y6 站位含量较高，Cr 主要集中在 Y5、Y6、Y8、Y10 站位含量较高，As 主要集中在 Y7、Y8、Y10 站位含量较高，石油类主要集中在 S1 、S2、S7 站位含量较高，总氮主要集中在 S15 站位含量较高，总磷主要集中在 Y1 、Y3、Y6 站位含量较高，综合以上分析可以得出深圳湾海域各污染测试指标普遍较高的站位是 Y2 和 Y6 站位。Y6 站位位于西乡河入海河口处，Y2 在大铲湾湾顶新圳河入海口。

根据海洋功能区域的要求，大铲湾海域海洋沉积物须符合二类海洋沉积物质量标准，通过图 5-39 可以看出，Cu、Zn、Hg 和 TOC 均有 10%的站位超标，Cu 有 90%的站位符合二类海洋沉积物质量标准，Zn 有 20%的站位符合一类海洋沉积物质量标准，80%的站位符合二类海洋沉积物质量标准，Hg 有 80%的站位符合一类海洋沉积物质量标准，10%的站位符合二类海洋沉积物质量标准，10%的站位符合三类海洋沉积物质量标准，TOC 有 70%的站位符合一类海洋沉积物质量标准，20%的站位符合二类海洋沉积物质量标准，10%的站位符合三类海洋沉积物质量标准；Cd 有 20%的站位超标，80%的站位符合二类海洋沉积物质量标准，20%的站位符合三类海洋沉积物质量标准；石油类有 50%的站位超标，最大超标倍数为 1.01 倍，50%的站位符合一类海洋沉积物质量标准，20%的站位符合三类海洋沉积物质量标准，30%的站位超三类海洋沉积物质量标准；Pb、Cr、As 和硫化物没有超标站位，Pb 有 10%的站位符合一类海洋沉积物质量标准，90%的站位符合二类海洋沉积物质量标准，Cr 有 100%的站位符合二类海洋沉积物质量标准，As 有 60%的站位符合一类海洋沉积物质量标准，40%的站位为二类海洋沉积物质量标准；硫化物有 100%的站位符合一类海洋沉积物质量标准。由此可以看出大铲湾石油类污染较为严重。

5.5　珠江口不同区域环境质量现状综合比较

珠江口划分为 5 个区域，分别为深圳湾大桥内（Ⅰ）、深圳湾大桥外（Ⅱ），大铲湾（Ⅲ）、珠江口下游南山区（Ⅳ）、珠江口上游宝安区海域（Ⅴ）。将广东海洋大学海洋资源与环境监测中心（简称“广海资环中心”）2014 年对珠江口海域、深圳湾海域以及大铲湾海域调查的无机氮、磷酸盐、COD_{Mn}以及石油类数据进行统计和比较，并于深圳市海洋环境与资源监测中心（简称“深海资环中心”）历年调查数据进行对比和分析，结果如表 5-38 所示，为了更为直观和可比性，均采用丰水期的数据进行作图，如图 5-40 和图 5-41 所示。

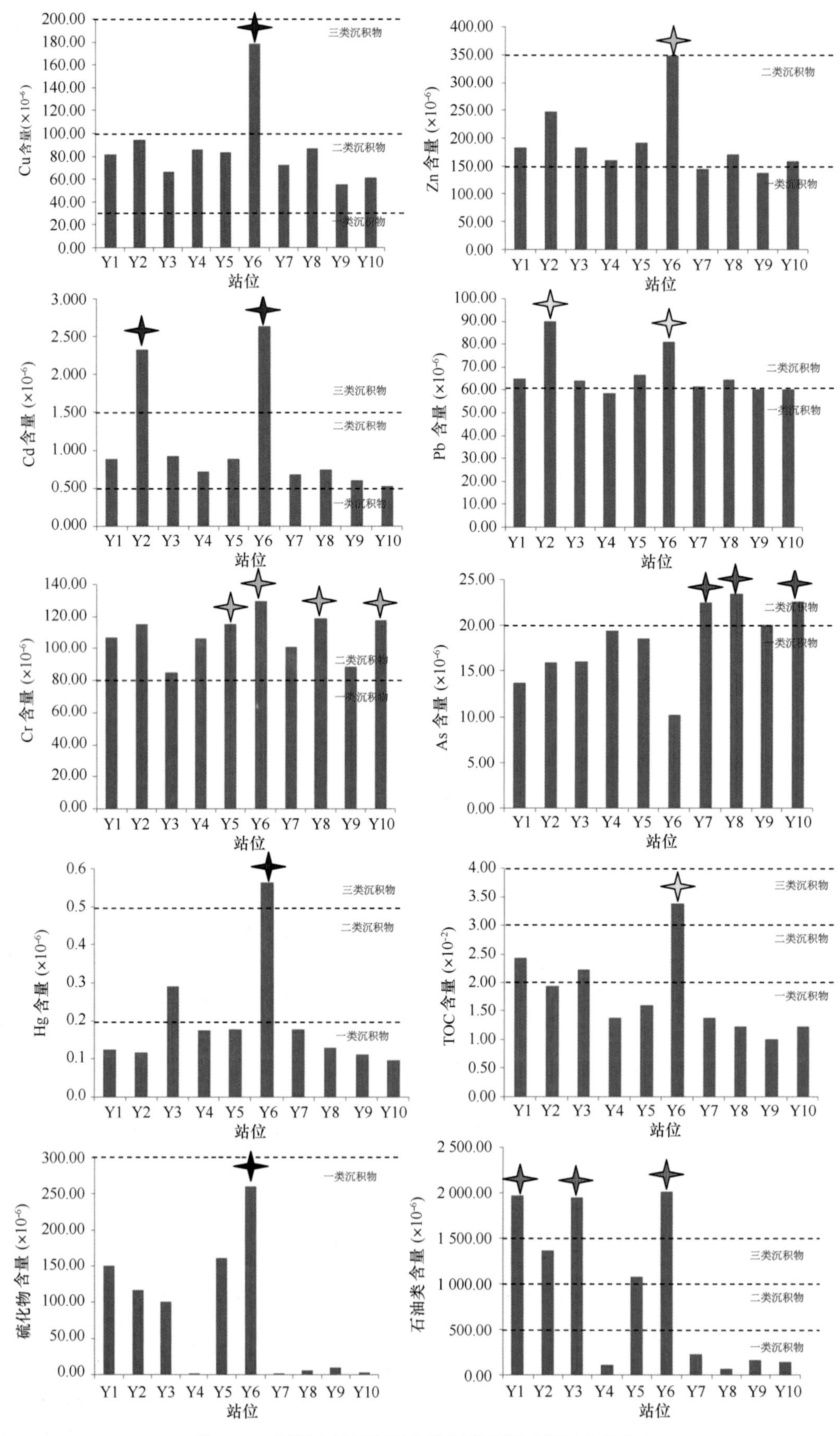

图 5-39　深圳大铲湾海域海洋沉积物测试指标含量分布

表 5-38　珠江口深圳不同海域环境现状对比结果　　单位：mg/L

区域	无机氮			磷酸盐			COD_{Mn}			石油类		
	2014 年均值	2014 年丰水期	历年丰水期	2014 年均值	2014 年丰水期	历年丰水期	2014 年均值	2014 年丰水期	历年丰水期	2014 年均值	2014 年丰水期	历年丰水期
Ⅰ	0.896	1.086	3.63	0.113	0.063	0.223	3.26	4.215	3.65	0.058	0.065	0.131
Ⅱ	0.634	0.852	2.19	0.066	0.047	0.078	1.41	1.342	2.33	0.144	0.253	0.059
Ⅲ	0.954	1.213	2.25	0.189	0.282	0.102	2.36	2.97	1.58	0.064	0.066	0.022
Ⅳ	0.503	0.825	1.78	0.023	0.014	0.049	1.51	1.831	1.66	0.034	0.009	0.081
Ⅴ	0.941	1.361	2.14	0.047	0.039	0.096	2.20	2.390	2.11	0.046	0.034	0.139

由表 5-38 和图 5-40 可以看出，深海资环中心历年对无机氮的调查数据相对于广海资环中心的调查数据要大。

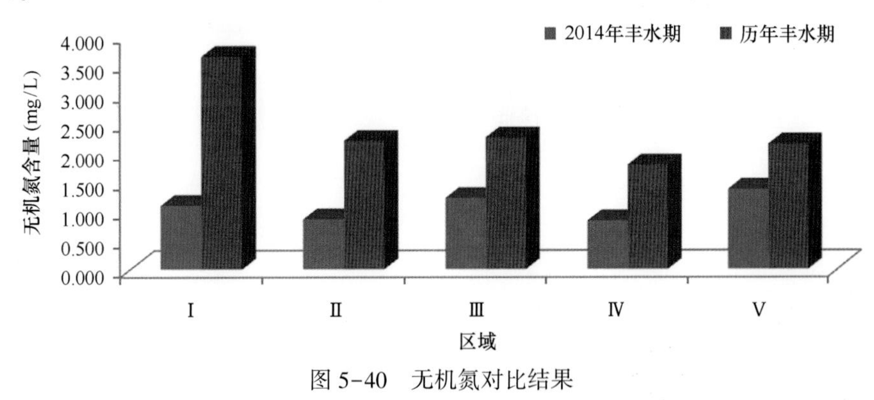

图 5-40　无机氮对比结果

5 个区域进行比较可以发现，广海资环中心 2014 年的无机氮的数据显示从高到低排列为宝安区（Ⅴ）、大铲湾（Ⅲ）、深圳湾桥内（Ⅰ）、深圳湾桥外（Ⅱ）、南山区（Ⅳ）；但深海资环中心历年调查数据显示从高到低排列为深圳湾桥内（Ⅰ）、大铲湾（Ⅲ）、深圳湾桥外（Ⅱ）、宝安区（Ⅴ）、南山区（Ⅳ）。

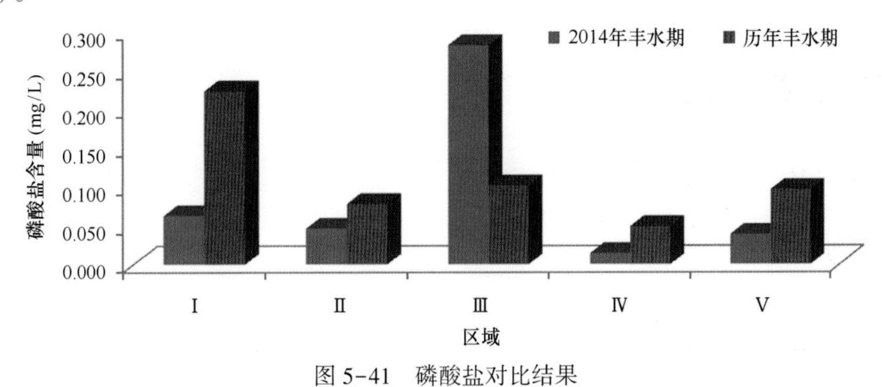

图 5-41　磷酸盐对比结果

由表 5-38 和图 5-41 可以看出，深海资环中心历年对磷酸盐的调查数据同样大于广海资环中心的调查数据。5 个区域进行比较可以发现，广海资环中心 2014 年的数据显示从高到低排列为大铲湾（Ⅲ）、深圳湾桥内（Ⅰ）、深圳湾桥外（Ⅱ）、宝安区（Ⅴ）、南山区（Ⅳ）；但深海资环中心历年调查数据显示从高到低排列为深圳湾桥内（Ⅰ）、大铲湾（Ⅲ）、宝安区（Ⅴ）、深圳湾桥外（Ⅱ）、南山区（Ⅳ）。

由表 5-38 和图 5-42 可以看出，深海资环中心历年对 COD_{Mn} 的调查数据与广海资环中心的调查数据较为接近。5 个区域进行比较可以发现，广海资环中心 2014 年的数据显示从高到低排列为深圳湾桥内（Ⅰ）、大铲湾（Ⅲ）、宝安区（Ⅴ）、南山区（Ⅳ）、深圳湾桥外（Ⅱ）；而深海资环中心历年调查数据显示从高到低排列为深圳湾桥内（Ⅰ）、深圳湾桥外（Ⅱ）、宝安区（Ⅴ）、南山区（Ⅳ）、大铲湾（Ⅲ）。

由表5-38和图5-43可以看出，深海资环中心历年对石油类的调查数据与广海资环中心的调查数据有一些差别。5个区域进行比较可以发现，广海资环中心2014年的数据显示从高到低排列为深圳湾桥外（Ⅱ）、大铲湾（Ⅲ）、深圳湾桥内（Ⅰ）、宝安区（Ⅴ）、南山区（Ⅳ）；而深海资环中心历年调查数据显示从高到低排列为宝安区（Ⅴ）、深圳湾桥内（Ⅰ）、南山区（Ⅳ）、深圳湾桥外（Ⅱ）、大铲湾（Ⅲ）。

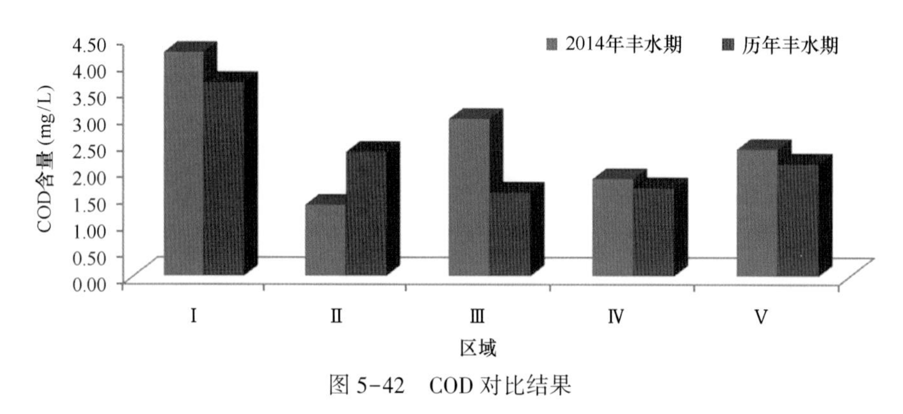

图5-42　COD对比结果

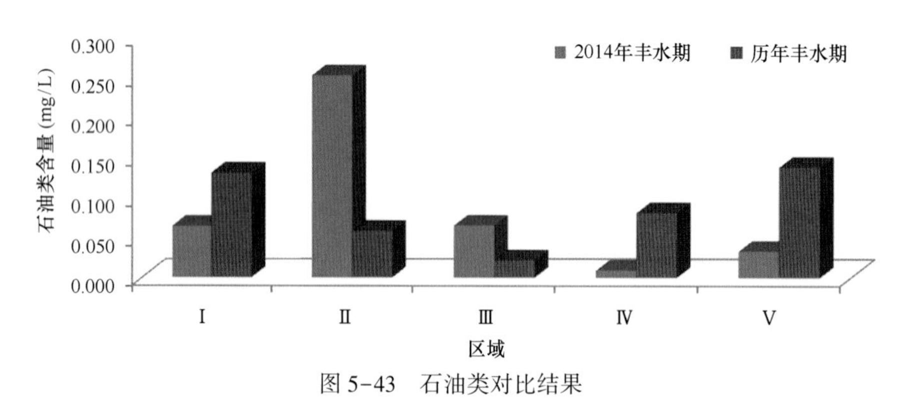

图5-43　石油类对比结果

5.6　珠江口深圳海域主要污染指标不同区域影响的统计分析

2014年5月在珠江口做了一次大规模的调查，将广州、东莞、深圳、珠海、中山、香港围成的海域进行监测。监测站位见表5-39和图5-44。主要对COD、硝氮、亚硝氮、氨氮、磷酸盐等指标进行因子分析和聚类分析。

表5-39　珠江口海域五月调查监测站位经纬度一览表

站位	纬度（N）	经度（E）	站位	纬度（N）	经度（E）
X1	22°46′58.88″	113°38′40.67″	X10	22°22′41.03″	113°38′56.08″
X2	22°44′6.81″	113°38′4.41″	X11	22°27′32.82″	113°49′55.68″
X3	22°43′54.40″	113°40′10.55″	X12	22°25′46.14″	113°47′1.92″
X4	22°39′14.28″	113°44′49.31″	X13	22°22′39.18″	113°43′50.08″
X5	22°35′39.39″	113°42′34.34″	X14	22°19′10.26″	113°38′29.94″
X6	22°35′4.23″	113°47′18.45″	X15	22°19′10.92″	113°45′19.33″
X7	22°31′34.41″	113°40′24.85″	X16	22°19′16.74″	113°51′14.40″
X8	22°30′50.10″	113°49′56.94″	X17	22°15′19.77″	113°49′6.42″
X9	22°28′7.02″	113°38′42.05″	X18	22°16′11.49″	113°41′55.98″

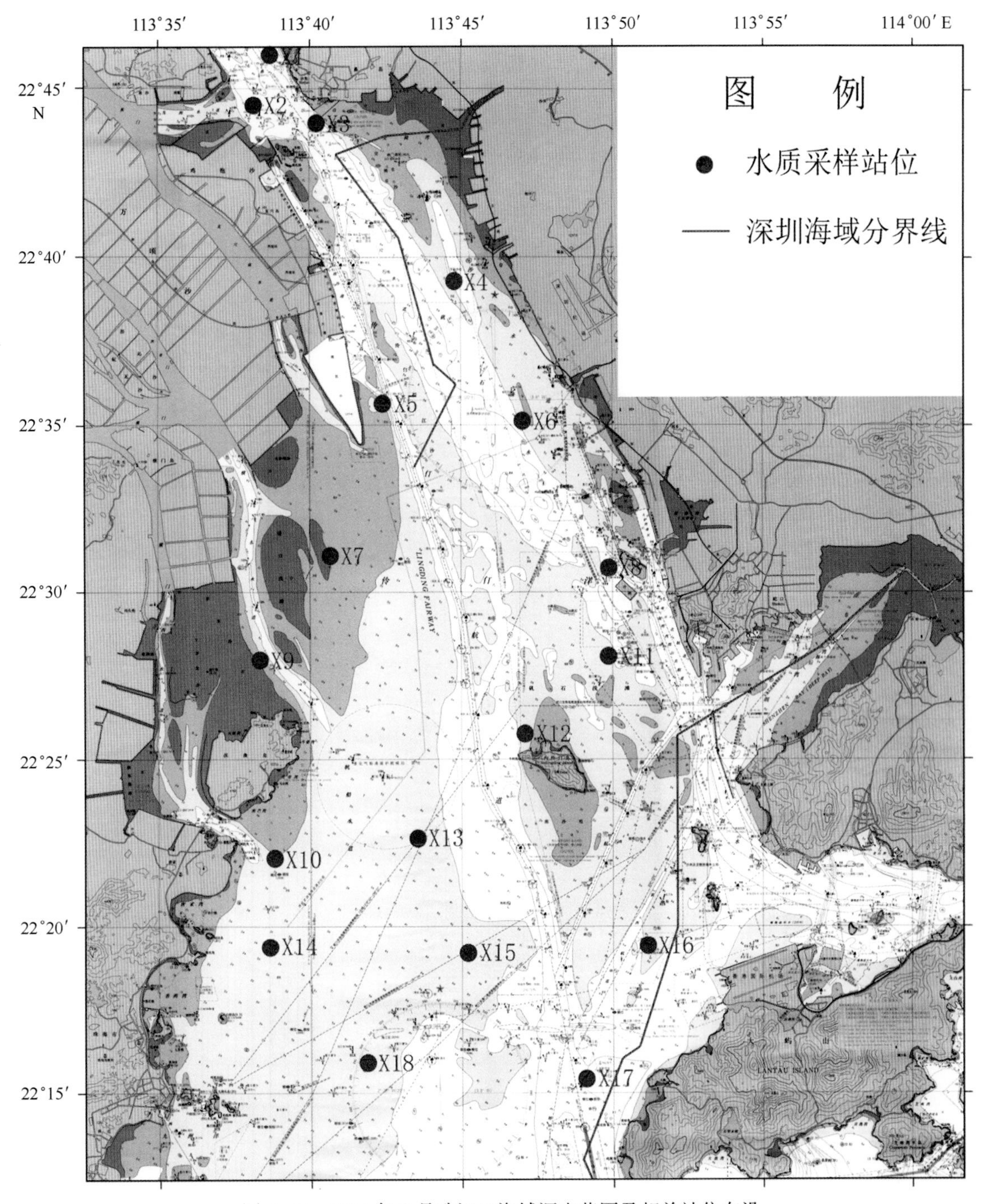

图 5-44　2014 年 5 月珠江口海域调查范围及相关站位布设

调查结果见表 5-40。

表 5-40　珠江口海域补充调查海水检测结果（2014 年 5 月航次）

指标	范围	均值
COD_{Mn}	0.15～1.87	0.90
硝氮	0.034～1.33	0.484
亚硝氮	0.008～0.294	0.133
氨氮	未检出～0.843	0.275
无机氮	0.193～1.99	0.893
磷酸盐	0.009～0.063	0.035

5.6.1 因子分析

利用 SPSS 17.0 对表 5-40 中的数据进行统计，可以得出数据相关性特征，见表 5-41。

表 5-41 2014 年 5 月各站位不同指标的相关系数

指标	COD_{Mn}	硝氮	亚硝氮	氨氮	磷酸盐
COD	1.000	0.581**	0.407*	0.233	0.277
硝氮		1.000	0.597**	0.470*	0.400*
亚硝氮			1.000	0.664**	0.903**
氨氮				1.000	0.777**
磷酸					1.000

注：** 表示在 0.01 水平（双测）上显著相关；* 表示在 0.05 水平（双测）上显著相关。

从表 5-41 可以看出 COD_{Mn} 和硝氮以及亚硝氮有显著相关性，硝氮和 COD_{Mn}、亚硝氮、氨氮以及磷酸盐都具有显著相关性，亚硝氮与 COD_{Mn}、硝氮、氨氮、磷酸盐具有显著相关性，氨氮和硝氮、亚硝氮、磷酸盐具有相关性，磷酸盐和硝氮、亚硝氮、氨氮具有显著相关性，亚硝氮和磷酸盐的相关性最强。

由于珠江口不同站位表底层差异较大，为了能更好地说明珠江口环境现状之间的关系，现对表底层海水指标平均后进行因子分析，按照特征根从大到小的次序排列，得出方差贡献率，累积贡献率等参数，如表 5-42 所示。

表 5-42 2014 年 5 月珠江口调查站位表层解释的总方差

成分	初始特征值		提取平方和载入				旋转平方和载入		
	合计	方差的%	累积%	合计	方差的%	累积%	合计	方差的%	累积%
1	3.054	61.081	61.081	3.054	61.081	61.081	2.639	52.782	52.782
2	1.361	27.214	88.295	1.361	27.214	88.295	1.074	21.482	74.263
3	0.334	6.678	94.973	0.334	6.678	94.973	1.035	20.709	94.973
4	0.202	4.033	99.006						
5	0.050	0.994	100.000						

提取方法：主成分分析。

由表 5-42 可以得出表层水体中提取了 3 个主成分进行计算，3 个主成分的累积贡献率为 94.9% 以上。SPSS 17.0 对数据进行统计得出 3 个主成分的因子得分，将各因子的方差贡献率占 4 个公共因子总方差贡献率的比重作为权数进行加权汇总可得出不同站位的综合得分，结果如表 5-43 所示。

表 5-43 珠江口不同站位表层海水中 4 个主成分的得分和综合得分汇总

区域	站位	F1	F2	F3	F	综合排名	区域排名
珠江口海域上游	X1	2.022 3	1.678 84	−0.161 09	1.469	1	1
	X2	1.316 38	−0.238 43	0.621 29	0.813	3	
	X3	1.685 85	−0.497 48	1.028 45	1.049	2	

续表

区域	站位	F1	F2	F3	F	综合排名	区域排名
珠江口深圳海域	X4	-0.981 05	1.993 54	0.888 29	0.099	7	3
	X6	-1.500 42	0.963 65	2.428 51	-0.086	10	
	X8	1.067 76	-0.790 64	-0.529 66	0.299	6	
	X11	0.189 61	0.816 37	-1.317 08	0.003	8	
	X12	0.006 15	0.745 78	-1.137 73	-0.076	9	
珠江口西面海域	X5	0.480 61	-0.744 86	1.245 03	0.370	4	2
	X7	0.308 82	0.110 61	0.560 65	0.319	5	
珠江口下游海域	X9	-0.934 92	-0.064 64	-0.681 42	-0.683	16	4
	X10	-0.813 85	0.527 24	-1.225 65	-0.600	15	
	X13	-0.170 11	0.291 82	-0.812 08	-0.206	11	
	X14	-0.282 26	-0.304 59	-0.370 23	-0.306	12	
	X15	-0.767 87	-1.843 66	0.132 18	-0.815	17	
	X16	-0.268 39	-0.814 49	-0.697 08	-0.485	14	
	X17	-1.120 68	-0.487 77	-0.434 86	-0.828	18	
	X18	-0.237 92	-1.341 28	0.462 5	-0.335	13	

由表5-43可以看出，在整个珠江口海域，上游入海河流对珠江口的环境影响最为大，X1、X2、X3站位分别排在前3位；X5和X7位于珠江口西北面管辖海域，污染较为严重，它对珠江口的环境影响紧随其后排在第4和第5；X4、X6、X11、X12站位均属于深圳管辖海域，存在一定的污染，但相对于之前的站位，污染贡献要小一些，分别排在第6位至第10位。第四梯度的站位环境质量状况要最好，主要是X9、X10、X13、X14、X15、X16、X17、X18站位，其综合得分排位在第11位至第18位，它对整个珠江口环境质量状况贡献率最低。

5.6.2 聚类分析

聚类分析是将物理或抽象对象的集合分组成为由类似的对象组成的多个类的分析过程。聚类是将数据分类到不同的类或者簇这样的一个过程，所以同一个簇中的对象有很大的相似性，而不同簇间的对象有较大的相异性（谢群等，2014）。

根据因子分析中对主成分的提取，可以看出COD_{Mn}、硝氮、亚硝氮可以作为主要变量对珠江口18个站位的监测数据进行分析，由此通过SPSS 17.0作系统对COD_{Mn}、硝氮、亚硝氮不同站位的聚类分析（图5-45），可以看出珠江口海域18个监测站位海水中将X1、X2、X3、X5、X7站位归为一类，X4和X6站位归为一类，其余站位为一类。说明珠江口海域受珠江口上游汇入的污染物影响最大，其次是珠江口深圳海域排入的污染物，而受珠江口下游海域的污染影响较小。

5.7 珠江口深圳海域海洋环境质量状况小结及存在的主要问题

5.7.1 珠江口深圳海域海洋环境质量现状小结

5.7.1.1 珠江口深圳海域

珠江口深圳海域主要受营养盐污染较为严重，无机氮全年超标率基本在50%以上，尤其丰水期最为严重，基本整个海域的无机氮都超标，三氮中又以硝氮为主，氨氮次之，亚硝氮最少；磷酸盐

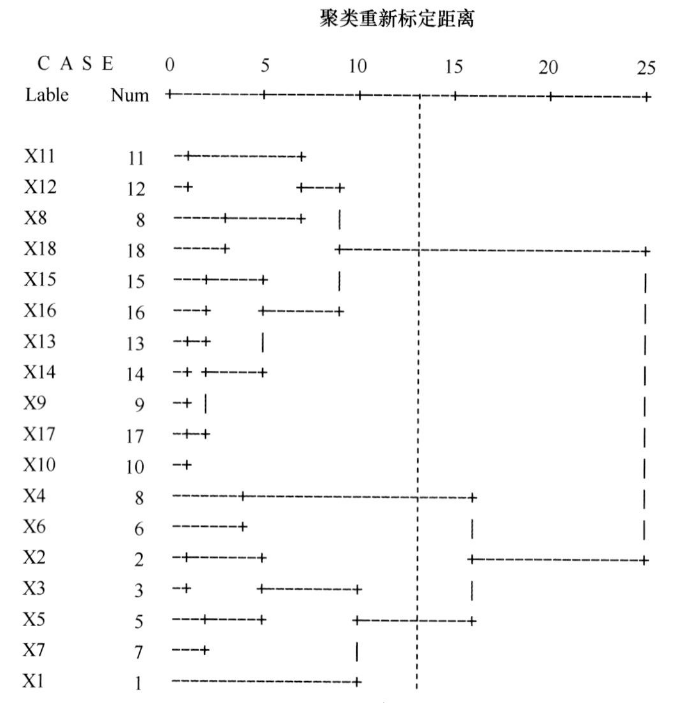

图 5-45 2014 年 5 月珠江口海域 18 个监测站位表层海水环境现状聚类分析树状图

全年超标率也有 20%以上，枯水期最为严重，平水期次之，丰水期最低。其他指标不是珠江口深圳海域污染的主要因素，除了河流的入海口或很靠近陆地的沿岸位置含量较高外，其他区域含量均较低。

绝大部分测试指标显示珠江口上游向下游、近岸向远岸逐渐递减的规律，盐度和 pH 值则显示上游向下游、近岸向远岸递增的规律，温度、溶解氧和悬浮物以及丰水期的盐度规律性不显著。珠江口顶点东宝河入海口附近污染最为严重，大部分测试指标含量最高，而珠江口入海口附近测试指标含量较低。

珠江口深圳海域沉积物污染区域主要集中在 1 号、4 号、7 号站位，分别为东宝河入海口、虾山涌入海口和福永河入海口，3 个站位又以 1 号站位东宝河入海口位置的沉积物污染最为严重，沉积物污染的主要因素有铜、镉、铬和石油类，其中石油污染最为严重，最大超标倍数为 1.36 倍。

5.7.1.2 深圳湾海域

深圳湾海域同样是受营养盐污染，平水期是无机氮、总氮超标严重，枯水期是无机磷和总磷超标较为严重。平水期无机氮以硝氮为主，枯水期则以氨氮比例最高。

深圳湾大桥内污染要重于深圳湾大桥外，绝大部分指标呈现湾内向湾外逐渐降低的规律，盐度、pH 值和溶解氧则呈现湾内向湾外递增的规律，平水期重金属、石油类和 BOD_5 湾内外规律不显著，蛇口港和蛇口港码头附近个别指标高于其他站位。

深圳湾海域沉积物受污染的区域主要集中在红树林保护区和野生动物保护区外围附近和大沙河河口处。这些区域受陆源排污影响较大，且水环境动力较小，因此沉积物受污染最为严重。

总体上深圳湾大桥内海域污染要重于深圳湾大桥外，蛇口港和蛇口港码头附近个别指标要严重于其他站位外，整体上深圳湾海域环境呈现湾内向湾外逐渐转好的规律。

5.7.1.3 深圳大铲湾海域

大铲湾海域主要受营养盐污染较为严重，丰水期和枯水期无机氮、总氮、无机磷和总磷均超标严重。丰水期和枯水期无机氮均以硝氮为主，但枯水期氨氮比例显著上升。

大铲湾面积较小，属半封闭海湾，海水动力小，水流缓慢，海水交换能力弱，环境容量小，极易受陆源排污以及雨水影响，大铲湾只有COD_{Mn}和石油类有呈现湾内向湾外递减的趋势，盐度、pH值、溶解氧有湾内向湾外递增的规律，其他温度、重金属、无机氮、磷酸盐硫化物、挥发酚等相关指标的规律性都不显著，西乡河入海处Y6站位和湾顶新圳河、双界河入海处环境质量较差。

深圳大铲湾海域沉积物受污染的区域大铲湾湾顶新圳河和双界河入海口以及西乡河入海河口处，其潜在生态风险指数最大，尤其是西乡河入海河口处属于重程度污染。大铲湾海域海洋沉积物污染的主要因素是石油类和镉，其中石油类污染最为严重，最大超标倍数为1.01倍。

5.7.1.4　深圳海域海洋环境质量历史回顾小结

通过深圳市海洋环境与资源监测中心对珠江口深圳海域十几年的监测数据进行汇总、整理和分析，可以得出珠江口深圳海域主要受营养盐的污染，无机氮和磷酸盐是珠江口整个海域的主要污染指标，基本属于四类或劣四类海水水质，珠江口深圳海域，深圳湾海域以及大铲湾海域十几年的无机氮从未低于四类海水水质标准，超标较为严重。磷酸盐除2007—2008年稍好一些外，其他时间也超过四类海水水质标准。溶解氧、COD_{Mn}和石油类都有不同程度的污染，pH值为弱碱性。所有监测数据均来自丰水期（8月）的数据，因此，海域环境受陆源污染影响较为显著。

5.7.1.5　深圳海域不同区域海洋环境质量综合分析小结

将珠江口划分为5个区域，分别为深圳湾大桥内（Ⅰ）、深圳湾大桥外（Ⅱ），大铲湾（Ⅲ）、珠江口下游南山区（Ⅳ）和珠江口上游宝安区海域（Ⅴ）。对比本中心2014年对不同区域的环境质量调查数据，结合深圳海洋环境与资源监测中心的历史调查数据，得出海域污染严重程度由重至轻依次是深圳湾大桥内（Ⅰ）、大铲湾（Ⅲ）、珠江口上游宝安区海域（Ⅴ）、深圳湾大桥外（Ⅱ）、珠江口下游南山区（Ⅳ）。

5.7.1.6　深圳海域受周边城市排污影响分析小结

在整个珠江口海域，上游广州、东莞入海河流对珠江口的环境影响最为严重，其次是深圳管辖海域，深圳市沿岸入海河流对珠江口的环境影响也较为严重，尤其是深圳宝安区管辖海域环境要重于下游南山区管辖海域，而中山、珠海、澳门和香港管辖海域对珠江口的环境影响最小。

5.7.2　珠江口深圳海域存在的主要环境问题

5.7.2.1　水体营养盐超标

经过珠江口深圳海域、深圳湾以及大铲湾海域的调查和历史资料研究分析得出珠江口深圳海域的营养盐污染超标较为严重，尤其是丰水期，受陆源上游河流的污染影响，无机氮被大量地排入海域，而磷酸盐则是枯水期含量最高，由此导致丰水期和枯水期的氮磷比差距较大。

5.7.2.2　沉积物石油重金属超标

珠江口深圳海域、深圳湾以及大铲湾海域部分站位的石油类超标严重，特别是入海河口区域以及港口、码头附近海域。重金属如铜、铬、镉等部分站位有超标现象。

5.7.2.3　海湾污染较为严重

在调查中发现，深圳湾和大铲湾的污染要重于珠江口海域的污染，由于海湾的半封闭性特点，海水水动力小，海水交换能力弱，排入海湾的污染物经历稀释、扩散、降解、转化的过程较为缓慢，越是靠近湾内的海域环境污染越是严重。

5.7.2.4　沿岸污染较为严重

由于有多个入海河流、涌等向珠江口深圳海域排污，使得靠近沿岸的海域污染更为严重。随着污染物逐渐向外向下游扩散，污染物浓度逐渐降低。

5.7.2.5 丰水期小潮期污染较为严重

整个调查过程中发现，丰水期海域污染更为严重，丰水期河流水位较高，流量大，排入海域的污染物总量较多，同时期广东雨季的到来，雨水对陆源面源污染物的冲刷最终汇入海洋，导致海域污染更为严重。小潮期海域污染更为严重，潮汐现象主要针对海洋，海水受潮汐影响，在大潮期涨潮落潮时大量外来海水进入河口和海湾，能迅速将陆源排入海域的污染物进行稀释、迁移带走，而小潮期进入河口和海湾的外来海水量较少，若又是丰水期，则上游排入的污染物较多，而下游进入的外来海水较少，就会导致整个海域污染最为严重，因此，得出的结论是珠江口深圳海域丰水期小潮期污染最为严重。

参考文献

徐艳秋，毛军，朱辉 . 2011. SPSS 统计分析方法及应用 . 北京：中国水利水电出版社 .

谢群，张瑜斌，张际标，等 . 2014. 雷州半岛夏季近海海水环境质量聚类分析和综合评价 . 海洋环境科学，33（4）：543-549.

第6章　研究区海域生态现状与回顾性评价

6.1　研究内容和研究方法

6.1.1　研究内容

本报告研究内容包括叶绿素a和初级生产力、浮游植物、浮游动物、底栖生物等指标的现状评价和回顾性评价。

叶绿素a（Chl a）是叶绿素的主要色素。叶绿素是自养植物细胞中一类很重要的色素，是植物进行光合作用时吸收和传递光能的主要物质。海水中的叶绿素是海洋生态系统的物质基础，其叶绿素a的含量是反映海洋水质状况的一个重要的生物指标，可用于估算海域的初级生产力（黄云峰等，2012）。初级生产力是自养生物通过光合作用生产有机物的能力，通常以单位时间（年或天）内单位面积（或体积）中所产生的有机物（一般以有机碳表示）的质量计算，相当于该时间内相同面积（或体积）中的初级生产量（海洋调查规范，GB/T 12763.6—2007）。浮游植物是海洋最重要的初级生产者，其种类组成、群落结构和密度变动直接或间接地制约着海洋生产力的发展。浮游动物在海洋生态系统中是消费者，以浮游植物为食，同时又是经济鱼类的饵料，尤其是海岸带海洋动物幼体的重要食料，因此在生态系的食物链或食物网中起着承前启后的重要作用。底栖生物在海洋食物链中亦占有相当重要的位置，有些种类本身就有一定的经济价值，是渔业资源开发利用的重要对象。

6.1.2　研究方法

6.1.2.1　基础数据获取方法

深圳西部海域生态环境现状评估与演变分析涉及的基础数据来自于本项目课题组2014年开展的海洋生态环境现状调查结果及收集的深圳西部海域相关研究历史资料和数据。其中本报告中的珠江口深圳海域生态现状数据来源于本项目课题组2014年2月、7月和11月的生物调查，回顾性评价资料来源于南京水利科学研究院的《深圳西部沿海围填工程生态环境影响初步研究（专题报告五）》（南京水利科学研究院等，2012）、《招商局蛇口工业区太子湾片区综合开发项目观景平台工程海洋环境影响报告书（报批稿）》（国家海洋局南海海洋工程勘察与环境研究院，2014）、《深圳前海湾清淤工程海洋环境影响报告书（报批稿）》（中国水产科学研究院东海水产研究所，2014）等，及本单位自2008年以来在深圳西部海域开展相关研究的基础数据等。

6.1.2.2　现状调查方法

叶绿素a、浮游植物、浮游动物、大型底栖生物等生物要素的现状调查根据《海洋调查规范》（GB/T 12763.6—2007）与《海洋监测规范》（GB 17378.7—2007）等相关国家和行业标准规定的调查方法进行，初级生产力根据海水表层叶绿素a的含量估算（深圳市海洋环境与资源监测中心等，2014）。

6.1.2.3　生态要素评估方法

初级生产力以叶绿素a含量按Cadée公式（6-1）进行估算。

$$P = C_a QLt/2 \tag{6-1}$$

式中，P 为初级生产力［mg · C/（m^2 · d）］；C_a 为叶绿素 a 含量（mg/m^3）；Q 为同化系数［mg · C/（mgChl-a · h）］；L 为真光层的深度（m），为透明度的 3 倍，若透明度的 3 倍大于水深，则直接以水深计算；t 为白昼时间（h）。

根据南海水产研究所以往调查结果，不同季节的光照时间和同化系数的取值如表 6-1 所示（深圳市海洋环境与资源监测中心等，2014）。

表 6-1　南海北部不同季节初级生产力计算的光照时间和同化系数的取值

月份	光照时间 D（h）	同化系数 Q
3—5	11	3. 32
6—8	13	3. 12
9—11	10. 5	3. 42
12—翌年 2	9. 5	3. 52

浮游植物、浮游动物和大型底栖生物的优势度、多样性指数、均匀度按以下公式计算。

1）优势度

采用公式（6-2）计算。

$$Y = \frac{n_i}{N} f_i \tag{6-2}$$

式中，Y 为优势度；n_i 为第 i 种在所有站位中的个体总数；f_i 为该种在所有站位中出现的频率，即该种出现的站位总数与所有站位总数之比值；N 为所有种在所有站位中出现的个体总数之和。$Y \geq$ 0. 02 作为优势种（沈国英等，2010）。

2）多样性指数

采用香农-威弗多样性指数（Shannon-Weaver index，沈国英等，2010；GB/T 12763. 9—2007），采用公式（6-3）计算。

$$H' = -\sum_{i=1}^{S} P_i \log_2 P_i \tag{6-3}$$

式中，H'为物种多样性指数；S 为某站位中的种类总数；P_i 为该站位中第 i 种的个体数与该站位中所有种的个体总数之比值。

生物多样性评价参照《近岸海域环境监测规范》（HJ 442—2008）中的生物多样性指数评价标准（表 6-2）。

表 6-2　生物多样性指数分级评价标准

指数 H'	$H' < 1.0$	$1.0 \leq H' < 2.0$	$2.0 \leq H' < 3.0$	$H' \geq 3.0$
生境质量等级	极差	差	一般	优良

3）均匀度

采用 Pielou 均匀度（沈国英等，2010；GB/T 12763. 9—2007），采用公式（6-4）计算。

$$J = H'/\log_2 S \tag{6-4}$$

式中，J 为均匀度；H'为前式中某站位的多样性指数；S 为该站位中的种类总数。

6.2 珠江口深圳海域生态现状与回顾性评价

6.2.1 珠江口深圳海域生态现状评价

6.2.1.1 调查范围及站点布设

2014年2月至11月项目调查组对珠江口深圳海域的海洋生物进行了5个断面的大面调查，站位布设均与水质站位相同（表6-3、图5-1）。2月，叶绿素a与浮游植物的调查站位均为18个，浮游动物站位17个，底栖生物站位8个。7月，叶绿素a、浮游植物与浮游动物的站位均为11个，底栖生物未调查。11月，叶绿素a站位、浮游植物站位、浮游动物站位、底栖生物的站位与7月相同，均为11个。

表6-3 2014年珠江口深圳海域调查时间、站位与内容

时间	叶绿素a	浮游植物	浮游动物	底栖生物
2月	Z1~Z18	Z1~Z18	Z2~Z18	Z1、Z3、Z5、Z7、Z10、Z11、Z14、Z16
7月	Z1、Z3、Z4、Z6、Z7、Z9、Z11、Z12、Z14、Z15、Z18	Z1、Z3、Z4、Z6、Z7、Z9、Z11、Z12、Z14、Z15、Z18	Z1、Z3、Z4、Z6、Z7、Z9、Z11、Z12、Z14、Z15、Z18	未调查
11月	Z1、Z3、Z4、Z6、Z7、Z9、Z11、Z12、Z14、Z15、Z18	Z1、Z3、Z4、Z6、Z7、Z9、Z11、Z12、Z14、Z15、Z18	Z1、Z3、Z4、Z6、Z7、Z9、Z11、Z12、Z14、Z15、Z18	Z1、Z3、Z4、Z6、Z7、Z9、Z11、Z12、Z14、Z15、Z18

6.2.1.2 叶绿素a和初级生产力

1）叶绿素a

珠江口深圳海域叶绿素a的调查结果如表6-4所示。

表6-4 2014年珠江口深圳海域叶绿素a调查结果 单位：mg/m^3

站位	2月	7月	11月
Z1	13.38	131.72	10.80
Z2	1.81	—	—
Z3	2.14	39.52	1.33
Z4	3.62	53.30	0.92
Z5	1.68	—	—
Z6	1.60	22.69	0.96
Z7	21.55	39.62	1.28
Z8	3.67	—	—

续表

站位	2月	7月	11月
Z9	1.51	13.74	0.76
Z10	3.68	—	—
Z11	28.84	59.96	5.75
Z12	27.21	23.58	5.71
Z13	4.58	—	—
Z14	2.90	7.68	1.32
Z15	12.22	36.98	5.98
Z16	4.52	—	—
Z17	1.14	15.51	24.07
Z18	4.23	—	—
Z19	4.70	—	—
Z20	1.19	12.39	23.83

注："—"表示未检测。

珠江口深圳海域2014年3个航次的叶绿素a调查结果表明，调查海域表层叶绿素a的变化范围在0.76~131.72 mg/m^3，变化幅度较大，平均值为15.58 mg/m^3，位于河口的1站、4站、7站、11站相对含量较高，有离岸越远叶绿素a含量越低的趋势。总体上看，7月的叶绿素a含量比2月、11月高。

2）*初级生产力*

珠江口深圳海域2014年3个航次的初级生产力的调查结果如表6-5所示。由表列数据可知，调查海域初级生产力的变化范围在35.82~2 333.75 mg/（m^2·d）之间，变化幅度较大，平均为584.13 mg/（m^2·d）。2月初级生产力的变化范围在62.90~2 025.26 mg/（m^2·d）之间，平均为393.32 mg/（m^2·d），7站、11站、12站相对较高；7月初级生产力的变化范围在327.08~1 602.77 mg/（m^2·d）之间，平均为944.49 mg/（m^2·d），1站、4站、7站、11站、15站相对较高；11月初级生产力的变化范围在35.82~2 333.75 mg/（m^2·d）之间，平均为541.81 mg/（m^2·d），12站、17站、20站相对较高。

表6-5 2014年珠江口深圳海域初级生产力调查结果 单位：mg/（m^2·d）

站位	2月	7月	11月
Z1	335.57	1 602.77	290.87
Z2	90.79	—	—
Z3	118.08	961.76	35.82
Z4	127.11	1 297.11	39.64
Z5	117.98	—	—
Z6	96.31	828.28	77.57
Z7	1 080.95	1 446.29	137.89
Z8	276.13	—	—
Z9	121.19	501.56	40.94
Z10	184.59	—	—

续表

站位	2 月	7 月	11 月
Z11	2 025. 26	1 459. 19	464. 59
Z12	1 364. 85	860. 76	615. 14
Z13	252. 71	—	—
Z14	160. 01	327. 08	56. 88
Z15	551. 66	1 124. 93	483. 17
Z16	294. 74	—	—
Z17	62. 90	471. 81	2 333. 75
Z18	233. 39	—	—
Z19	306. 48	—	—
Z20	65. 66	452. 28	1 925. 40

注："—" 表示未检测。

总体上看，7 月的初级生产力比 2 月和 11 月都高，其在调查海区的水平分布与叶绿素 a 的水平分布特征比较接近。

6. 2. 1. 3　浮游植物

1）种类组成

2014 年珠江口深圳海域浮游植物的种类数量见表 6-6，浮游植物种类名录见表 6-7。

表 6-6　2014 年珠江口深圳海域浮游植物的种类数量　　单位：种

门类	2 月	7 月	11 月
硅藻门	26	30	45
甲藻门	11	—	12
绿藻门	—	34	4
黄藻门	—	1	1
蓝藻门	—	31	3
隐藻门	—	1	—
裸藻门	—	3	—
合计	37	100	65

表 6-7　2014 年珠江口深圳海域的浮游植物种类名录

序号	种名	2 月	7 月	11 月
1	波缘曲壳藻 *Achnanthes crenulata*		+	
2	集星藻 *Actinastrum hantzschii*		+	
3	环状辐裥藻小形变种 *Actinoptychus annulatus* v. *minor*			+
4	三叉状辐裥藻 *Actinoptychus trinacriformis*	+		
5	塔马亚历山大藻 *Alexandrium tamarense*	+		+
6	卵形双眉藻 *Amphora ovalis*	+	+	

续表

序号	种名	2月	7月	11月
7	阿氏项圈藻 *Anabaenopsis arnoldii*		+	
8	螺旋鱼腥藻 *Anabana spiroides*		+	
9	针形纤维藻 *Ankistrodesmus acicularis*		+	
10	卷曲纤维藻 *Ankistrodesmus convolutus*		+	
11	镰形纤维藻 *Ankistrodesmus falcatus*		+	
12	水花束丝藻 *Aphanizomenin flos-apuae*		+	
13	巴纳隐球藻 *Aphanocapsa banaresensis*		+	
14	隐球藻 *Aphanocapsa* sp.		+	
15	克氏星脐藻 *Asteromphalus cleveanus*			+
16	中华盒形藻 *Biddulphia sensis*	+		
17	大角管藻 *Cerataulina daemon*		+	
18	叉状角藻 *Ceratium furca*	+	+	
19	梭角藻 *Ceratium fusus*	+		
20	海洋卡盾藻 *Chattonella marina*			+
21	长绿梭藻 *Chlorogonium elongatum*			+
22	湖沼色球藻 *Chroococcus limneticus*		+	
23	微小色球藻 *Chroococcus minutus*		+	
24	箱形藻 *Cisiula lorenziana*		+	
25	串珠梯楔藻 *Climacosphenia moniligera*			+
26	小新月藻 *Closterium parvulum*		+	
27	盘形卵形藻 *Cocconeis scutellum*		+	
28	居氏腔球藻 *Coelosphaerium kuetzingiaauum*		+	
29	蛇目圆筛藻 *Coscinodiscus argus*			+
30	星脐圆筛藻 *Coscinodiscus asteromphalus*	+	+	
31	有翼圆筛藻 *Coscinodiscus bipartitus*	+		
32	中心圆筛藻 *Coscinodiscus centralis*	+		+
33	巨圆筛藻 *Coscinodiscus gigas*			+
34	关闭圆筛藻 *Coscinodiscus inclusus*	+		
35	琼氏圆筛藻 *Coscinodiscus jonesianus*	+		
36	宽缘翼圆筛藻 *Coscinodiscus latimarginatus*	+		
37	线形圆筛藻 *Coscinodiscus lineatus*			+
38	具边圆筛藻 *Coscinodiscus marginatus*			+
39	小眼圆筛藻 *Coscinodiscus oculatus*			+
40	孔圆筛藻 *Coscinodiscus perferatus*	+		
41	辐射圆筛藻 *Coscinodiscus radiatus*	+	+	+
42	苏氏圆筛藻 *Coscinodiscus thorii*			+
43	威利圆筛藻 *Coscinodiscus wailesii*			+
44	美丽鼓藻 *Cosmarium formosulum*		+	
45	近胡瓜鼓藻 *Cosmarium subcucumis*		+	
46	四角十字藻 *Crucigenia quardrata*		+	
47	直角十字藻 *Crucigenia rectangularis*		+	

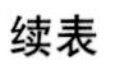

续表

序号	种名	2月	7月	11月
48	四足十字藻 *Crucigenia tetrapedia*		+	
49	十字藻 *Crucigenia*			+
50	雪松蓝菌藻 *Cyanobacteum cedrorum*		+	
51	杯胞藻 *Cyathomonas truncata*		+	
52	扭曲小环藻 *Cyclotella canta*		+	
53	梅尼小环藻 *Cyclotella meneghiniana*		+	
54	具盖小环藻 *Cyclotella operculata*		+	
55	星芒小环藻 *Cyclotella stelligera*		+	
56	柱状小环藻 *Cyclotella stylorum*			+
57	扭曲小环藻 *Cyclotellacanta*			+
58	条纹小环藻 *Cyclotellastriata*			+
59	脆指管藻 *Dactyliosolen fragilissima*		+	
60	针状蓝纤维藻 *Dactylococcopsis acicularis*		+	
61	与舍蓝纤维藻 *Dactylococcopsis mucicola*		+	
62	网球藻 *Dictyosphaeria cavernosa*			+
63	具尾鳍藻 *Dinophysis caudata*			+
64	光亮双壁藻 *Diploneis nitcscens*		+	
65	史密斯双壁藻 *Diploneis smithii*		+	
66	布氏双尾藻 *Ditylum brightwellii*		+	+
67	短角弯角藻 *Eucampia zodiacus*	+		
68	尾实裸藻 *Euglena caudata*		+	
69	近轴裸藻 *Euglena proxima*		+	
70	柔弱布纹藻 *G. tenuissimum*	+		
71	具毒冈比甲藻 *Gamibierdiscus toxicus*			+
72	棒形鼓藻 *Gonatozygon monotaenium*		+	
73	膝口藻 *Gonyostomum* sp.			+
74	柔弱几内亚藻 *Guinardia delicatula*		+	
75	薄壁几内亚藻 *Guinardia flaccida*	+	+	
76	链状裸甲藻 *Gymnodinium catenatum*	+		
77	血红裸甲藻 *Gymnodinum sanguineum*	+		
78	条纹环沟藻 *Gyrodinium instriatum*	+		
79	螺旋环沟藻 *Gyrodinium spirale*	+		
80	尖布纹藻 *Gyrosigma acuminatum*	+	+	+
81	直形布纹藻 *Gyrosigma recyum*		+	
82	柔弱布纹藻 *Gyrosigma tenuissimum*		+	+
83	特里布纹藻 *Gyrosigma terryanum*		+	
84	双尖菱板藻 *Hantzschia amphioxys*	+		
85	狭细贾丝藻 *Jaaginema pseudogeminatum*		+	
86	米氏凯伦藻 *Karenia mikimotoi*	+		
87	灰白下沟藻 *Katodinium glaucum*	+		+
88	北方娄氏藻 *Lauderia borealis*			+

续表

序号	种名	2月	7月	11月
89	丹麦细柱藻 *Leptocylindrus danicus*		+	
90	胶质细鞘丝藻 *Leptoyngbya gelatinosa*		+	
91	楔形藻 *Licmophora*			+
92	多边舌甲藻 *Lingulodinium polyedrum*	+		
93	颗粒直链藻 *M. granulata*			+
94	颗粒直链藻 *Melosira granulata*		+	
95	冰岛直链藻 *Melosira islandica*		+	
96	意大利直链藻 *Melosira italica*	+		
97	念珠直链藻 *Melosira moniliformis*	+		
98	具槽直链藻 *Melosira sulcata*			+
99	旋折平裂藻 *Merismopedia convoluta*		+	
100	大平裂藻 *Merismopedia major*		+	
101	马孙平裂藻 *Merismopedia marssonii*		+	
102	裂孔平裂藻 *Merismopedia perforatas*		+	
103	微小平裂藻 *Merismopedia tenuissima*		+	
104	中带藻 *Mesotaenium*		+	
105	不定微囊藻 *Microcystis mrginata*		+	
106	盘形菱形藻维多变种 *N. tryblionella var. victoriae*			+
107	膜状舟形藻 *Navicula membranacea*			+
108	舟形藻 *Navicula* sp.			+
109	新月拟菱形藻 *Nittzschia closterium*		+	
110	弯菱形藻 *Nittzschia sigma*	+	+	+
111	卵形菱形藻 *Nitzschia cocconeiformis*			+
112	簇生菱形藻 *Nitzschia fasciculata*	+	+	
113	长菱形藻 *Nitzschia longissima*		+	
114	夜光藻 *Noctiluca scintillans*	+		
115	单球卵囊藻 *Oocystis eremosphaeria*		+	
116	小型黄管藻 *Ophiocytium parvulum*		+	
117	尖头颤藻 *Oscillatoria acutissima*		+	
118	两栖颤藻 *Oscillatoria amphibia*		+	
119	绿色颤藻 *Oscillatoria chloarina*		+	
120	美丽颤藻 *Oscillatoria formosa*		+	
121	艳绿颤藻 *Oscillatoria laeterirens*		+	
122	沼泽颤藻 *Oscillatoria limnetica*		+	
123	泥生颤藻 *Oscillatoria limosa*		+	
124	针尖颤藻 *Oscillatoria peronata*		+	
125	巨颤藻 *Oscillatoria princeps*			+
126	简单颤藻 *Oscillatoria simplicissima*		+	
127	似镰头颤藻 *Oscillatoria subbrevis*		+	
128	细微颤藻 *Oscillatoria subtillissima*		+	
129	实球藻 *Pandorina morum*			+

续表

序号	种名	2月	7月	11月
130	短棘盘星藻 *Pediastrum boryanum*		+	
131	二角盘星藻 *Pedrastrum duplex*		+	
132	多甲藻 *Peridinium* sp.			+
133	哈曼褐多沟藻 *Pheopolykrikos hartmannii*	+		
134	席藻 *Phormidium tenu*			+
135	相似曲舟藻 *Pleurosigma affine*			+
136	优美斜纹藻 *Pleurosigma decorum*			+
137	镰刀斜纹藻 *Pleurosigma flax*		+	
138	中型斜纹藻 *Pleurosigma intermedium*	+		+
139	斯氏多沟藻 *Polykrikos schwarzii*	+		
140	海洋原甲藻 *Prorocentrum micans*			+
141	微小原甲藻 *Prorocentrum minimum*			+
142	五角原多甲藻 *Protoperidinium quinquecorne*			+
143	*Protoperidinium tamarensis*			+
144	尖刺拟菱形藻 *Pseudo-nitzschia pungens*			+
145	小伪菱形藻 *Pseudo-Nitzschia sicula*	+		
146	柔弱根管藻 *Rhizosolenia delicatula*			+
147	长刺根管藻 *Rhizosolenia longiseta*		+	
148	斯氏根管藻 *Rhizosolenia stolterforthii*			+
149	斜生栅藻 *Scenedesmus ablipuus*		+	
150	尖细栅藻 *Scenedesmus acuminatus*		+	+
151	弯曲栅藻 *Scenedesmus arcuatus*		+	
152	被甲栅藻 *Scenedesmus armatus*		+	
153	巴西栅藻 *Scenedesmus brasiliensis*		+	
154	龙骨栅藻 *Scenedesmus cavinatus*		+	
155	齿牙栅藻 *Scenedesmus denticulatus*		+	
156	二形栅藻 *Scenedesmus dimotphus*		+	
157	瓜哇栅藻 *Scenedesmus javaensis*		+	
158	四尾栅藻 *Scenedesmus quadricauda*		+	
159	拟菱形弓形藻 *Schroederia nitzschioides*		+	
160	硬弓形藻 *Schroederia robusta*		+	
161	锥状斯克里普藻 *Scrippsiella trochoidea*			+
162	纤细月牙藻 *Selenastrum gracile*		+	
163	中肋骨条藻 *Skeletonema costatum*	+		+
164	极大螺旋藻 *Spirulina maxima*		+	+
165	钝顶螺旋藻 *Spirulina pltensis*		+	
166	为首螺旋藻 *Spirulina princeps*		+	
167	芒角角星鼓藻 *Staurastrum aristiferum*		+	
168	掌状冠盖藻 *Stephanopyxis palmeriana*			+
169	双菱藻 *Surirella* sp.			+
170	华丽针形藻 *Synedra formosa*		+	

续表

序号	种名	2月	7月	11月
171	菱形海线藻 *Thalassionema nizschioides*			+
172	圆海链藻 *Thalassiosira rotula*	+		+
173	细弱海链藻 *Thalassiosira subtilis*			+
174	长海毛藻 *Thalassiothrix longissima*		+	
175	华丽囊裸藻 *Trachelomonas superba*		+	
176	小形粗纹藻 *Trachyneis minor*		+	
177	近缘黄丝藻 *Tribonema affine*		+	
178	美丽三角藻 *Triceratium formosum*			+
179	长龙骨藻 *Tropidoneis longa*			+
180	多形丝藻 *Ulothrix variabibis*		+	
181	韦丝藻 *Westella boryoides*		+	

注："+" 表示该种类有出现。

2月有2门37种，硅藻门26种，甲藻门11种，分别占2月种类总数的70.3%和29.7%；硅藻门种类最多。

7月有6门100种，硅藻门有30种，占30.0%；绿藻门有34种，占34.0%；黄藻门和隐藻门均只有1种，各占1.0%；蓝藻门有31种，占31.0%；裸藻门有3种，占3.0%；硅藻、绿藻和蓝藻三者占主要地位。

11月有5门65种，硅藻门有45种，占69.2%；甲藻门有12种，占18.5%；绿藻门有4种，占6.2%；黄藻门仅1种，占1.5%；蓝藻门有3种，占4.6%；硅藻占主导地位。

全年种类共有7门181种，以硅藻为主，数量以7月最多、2月最少。3个月份均出现的有3种（辐射圆筛藻、尖布纹藻、弯菱形藻），占1.7%；2个月份均出现的有15种（塔马亚历山大藻、卵形双眉藻、叉状角藻、星脐圆筛藻、中心圆筛藻、布氏双尾藻、薄壁几内亚藻、柔弱布纹藻、灰白下沟藻、簇生菱形藻、中型斜纹藻、尖细栅藻、中肋骨条藻、极大螺旋藻、圆海链藻），占8.3%；单月出现的有163种，占90.1%，表明浮游植物种类组成的季节变化明显、种类更替频繁。

2）密度分布

时间变化上，比较3个月份均有的11个调查站位（Z1、Z3、Z4、Z6、Z7、Z9、Z11、Z12、Z14、Z15、Z18）可发现，除Z12站外，同一站位的密度均以7月值最高，且明显高于另外两个月份；除Z4站外，均以2月值最低。这与文献中南海浮游植物数量的季节变化规律相符：其繁殖高峰期为6—10月（厦门水产学院，1979）。Z12站的密度以2月最高而非7月最高，是因为该站在2月中出现了高密度的环沟藻类、多沟藻类和裸甲藻类（血红裸甲藻是优势种）。Z4站的密度不以2月最低，是因为该站在2月中出现了较高密度的优势种中肋骨条藻，为3.60×10^4 cells/L。各月份的站位平均密度（即站均值）范围为（6.25~47.90）$\times10^4$ cells/L，2月值最低，7月值最高。

平面分布上，18个站位（Z1~Z18）2月的密度范围为（0.15~52.25）$\times10^4$ cells/L，Z11站位和Z18站位同时为最低值，Z12站位为最高值；最高值是最低值的348倍。Z1、Z3等11个站位7月的密度范围为（3.25~139.30）$\times10^4$ cells/L，Z18站位为最低值，Z3站位为最高值；后者为前者的43倍。Z1、Z3等11个站位11月的密度范围为（0.8~102.58）$\times10^4$ cells/L，Z3站位为最低值，Z1站位为最高值；后者为前者的128倍。

将调查站位由北向南划分为5个断面，分别为：断面1（Z1、Z2、Z3）、断面2（Z4、Z5、Z6）、断面3（Z7、Z8、Z9、Z10）、断面4（Z11、Z12、Z13、Z14）、断面5（Z15、Z16、Z17、Z18）。从各个断面来看，3个月份大体上呈现离珠江入海口越远密度越低的趋势（表6-8），7月最明显，其密度从断面 1 到断面 5 由北向南明显递减，即离珠江入海口越远，密度越低；同一断面在 3 个月份的比较中还可看出：5 个断面大体上均呈现离岸越远密度越低的趋势，2 月较明显。形成离岸越远密度越低、离珠江入海口越远密度越低的趋势，是由于近岸和河口海区的营养盐丰富，促进浮游植物大量生长繁殖。

表 6-8　2014 年珠江口深圳海域浮游植物密度的断面均值　　单位：$\times10^4$ cells/L

断面	2 月	7 月	11 月
断面 1	10.67	132.75	51.69
断面 2	1.78	84.73	1.68
断面 3	0.68	20.83	2.83
断面 4	17.44	13.68	4.02
断面 5	0.68	4.63	2.08

各站位在同一月份的密度差异为 7 月的差值最大（表 6-9，图 6-1）；3 个月份的最低值除 11 月出现在 Z3 站外，另两个月份均出现在 Z18 站，而最大值的出现站位则各不相同。各断面在相同月份中呈现离岸越远密度越低、离珠江入海口越远密度越低的趋势。各站位的月份平均密度（即月均值）也有差异，范围为（0.20~85.04）$\times10^4$ cells/L，Z10 站位最低，Z1 站位最高。Z10 离岸远、离珠江入海口也远，故其密度最低；Z1 则近岸、近珠江入海口，故其密度最高。

表 6-9　2014 年珠江口深圳海域浮游植物的密度　　单位：$\times10^4$ cells/L

站位	2 月	7 月	11 月	月均值
Z1	26.35	126.20	102.58	85.04
Z2	5.35	—	—	5.35
Z3	0.30	139.30	0.80	46.80
Z4	3.75	108.45	1.40	37.87
Z5	0.90	—	—	0.90
Z6	0.70	61.00	1.95	21.22
Z7	0.30	14.70	3.40	6.13
Z8	0.65	—	—	0.65
Z9	1.55	26.95	2.25	10.25
Z10	0.20	—	—	0.20
Z11	0.15	25.6	2.25	9.33
Z12	52.25	5.05	1.05	19.45
Z13	17.00	—	—	17.00
Z14	0.35	10.4	8.75	6.50
Z15	0.25	6	2.9	3.05
Z16	0.40	—	—	0.40
Z17	1.90	—	—	1.90
Z18	0.15	3.25	1.25	1.55
站均值	6.25	47.90	11.69	—

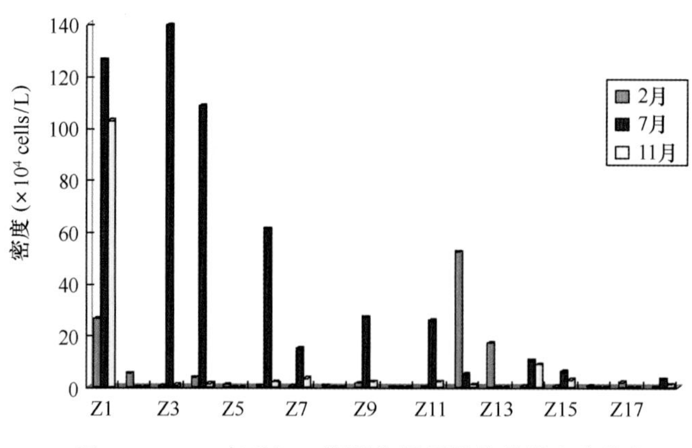

图 6-1　2014 年珠江口深圳海域浮游植物的密度分布

3）*群落结构*

（1）优势种

2014 年珠江口深圳海域浮游植物的优势种见表 6-10。2 月的优势种有 2 种，为中肋骨条藻和血红裸甲藻，后者优势度较高，达 0.126；7 月优势种有 8 种，为集星藻、针形纤维藻、隐球藻、丹麦细柱藻、斜生栅藻、二形栅藻、四尾栅藻和多形丝藻，其中以多形丝藻优势度最高，为 0.190，其余优势度均在 0.1 以下；11 月优势种数量和 2 月相同，也是 2 种，为中肋骨条藻和长菱形藻，二者优势度均在 0.1 以上，后者更是高达 0.337，优势特征明显。

表 6-10　2014 年珠江口深圳海域浮游植物的优势度

种名	2 月	7 月	11 月
中肋骨条藻 *Skeletonema costatum*	0.048		0.191
血红裸甲藻 *Gymnodinum sanguineum*	0.126		
集星藻 *Actinastrum hantzschii*		0.073	
针形纤维藻 *Ankistrodesmus acicularis*		0.034	
隐球藻 *Aphanocapsa* sp.		0.022	
丹麦细柱藻 *Leptocylindrus danicus*		0.024	
斜生栅藻 *Scenedesmus ablipuus*		0.025	
二形栅藻 *Scenedesmus dimotphus*		0.045	
四尾栅藻 *Scenedesmus quadricauda*		0.079	
多形丝藻 *Ulothrix variabibis*		0.190	
长菱形藻 *Nitzschia longissima*			0.337

全年共有 11 种优势种，3 个月份均有优势种出现，7 月的优势种数量最多，但没有一种均在 3 个月份出现，只有中肋骨条藻在两个月份出现，其余的均只在 1 个月份出现，表明浮游植物优势种的季节差异较大。

（2）物种多样性

在时间变化上，比较 3 个月份均有的 11 个调查站位可看出（表 6-11），同一站位在 3 个月份中的多样性指数呈现明显的规律，即从小到大排列为 2 月、11 月、7 月。11 个站位的均匀度在 3 个不同月份的变化则无统一规律，但多数站位（有 7 个）的最低值出现在 2 月，只有 Z3、Z11 两个站位的最低值在 7 月，Z14、Z18 两个站位的最低值在 11 月；最高值的分布则无明显规律。各月份的站位平均多样性指数（即站均值）范围为 1.042~3.578，均匀度的站均值范围为 0.602~0.793，两者从小到大排列为 2 月、11 月、7 月。

表 6-11　2014 年珠江口深圳海域浮游植物的多样性指数及均匀度

站位	2月		7月		11月		月均值	
	多样性指数	均匀度	多样性指数	均匀度	多样性指数	均匀度	多样性指数	均匀度
Z1	0.040	0.025	4.226	0.794	1.561	0.345	1.942	0.388
Z2	1.120	0.560	—	—	—	—	1.120	0.560
Z3	1.459	0.921	3.838	0.807	3.250	0.939	2.849	0.889
Z4	0.279	0.176	3.313	0.732	2.990	0.864	2.194	0.591
Z5	1.053	0.664	—	—		—	1.053	0.664
Z6	1.095	0.691	3.724	0.792	3.205	0.866	2.675	0.783
Z7	0.650	0.650	3.359	0.822	2.748	0.743	2.252	0.738
Z8	2.500	0.890	—	—	—	—	2.500	0.890
Z9	0.206	0.206	2.997	0.733	2.389	0.719	1.864	0.553
Z10	1.000	1.000	—	—	—	—	1.000	1.000
Z11	1.585	1.000	4.120	0.785	3.295	0.843	3.000	0.876
Z12	2.404	0.758	3.950	0.930	2.849	0.858	3.068	0.849
Z13	0.344	0.172	—	—	—	—	0.344	0.172
Z14	1.149	0.725	2.817	0.632	1.342	0.352	1.769	0.570
Z15	0.615	0.308	3.515	0.843	2.103	0.633	2.078	0.595
Z16	1.811	0.906	—	—	—	—	1.811	0.906
Z17	0.524	0.262	—	—	—	—	0.524	0.262
Z18	0.918	0.918	3.494	0.855	1.950	0.694	2.121	0.822
站均值	1.042	0.602	3.578	0.793	2.517	0.714	—	—

在平面分布上，各站位的多样性指数分布情况为：2 月多样性指数范围为 0.040~2.500，Z1 站为最低值，Z8 站为最高值；7 月范围为 2.817~4.226，Z14 站为最低值，Z1 站为最高值；11 月范围为 1.342~3.295，Z14 站为最低值，Z11 站为最高值。各站位的均匀度分布情况为：2 月均匀度范围为 0.025~1.000，Z1 站为最低值，Z10 和 Z11 站为最高值；7 月范围为 0.632~0.930，Z14 站为最低值，Z12 站为最高值；11 月范围为 0.345~0.939，Z1 站为最低值，Z3 站为最高值。可见，多样性指数和均匀度在 2 月、7 月和 11 月均无明显的平面分布规律。

各站位的月份平均多样性指数（即月均值）范围为 0.344~3.068，Z13 站为最低值，Z12 站为最高值；各站位均匀度的月均值范围为 0.172~1.000，Z13 为最低值，Z10 站为最高值。总体上，2014 年珠江口深圳海域的浮游植物多样性（2.145）属"一般"水平。

6.2.1.4　*浮游动物*

1）*种类组成*

2014 年珠江口深圳海域浮游植物的种类数量见表 6-12，浮游植物种类名录见表 6-13。

表 6-12　2014 年珠江口深圳海域浮游动物的种类数量　单位：种

门类	2 月	7 月	11 月
原生动物	1		1
腔肠动物	8	2	4
枝角类	2	4	
介形类	1		1
桡足类	21	14	29
蔓足类	1	1	
糠虾类	1	1	
端足类	1	1	1
十足类	2	2	1
毛颚类	5	1	2
被囊类	5	2	1
浮游幼虫	16	14	10
合计	64	42	50

2 月有 12 个类群 64 种，以桡足类最多，有 21 种，占 32.8%，浮游幼虫次之，有 16 种，占 25.0%。7 月有 10 个类群 42 种，桡足类和浮游幼虫的种类数并列居首，均为 14 种，分别占 33.3%。11 月有 9 个类群 50 种，桡足类最多，前者有 29 种，占 58.0%，浮游幼虫次之，有 10 种，占 20.0%。

全年共有 12 个类群 110 种。3 个月份均有出现的种类有腔肠动物、桡足类、端足类、十足类、毛颚类、被囊类和浮游幼虫这 7 个类群；种类组成以桡足类和浮游幼虫为主；种类数量以 2 月最多，7 月最少。

表 6-13　2014 年珠江口深圳海域的浮游动物种类名录

序号	种名	2 月	7 月	11 月
1	刺糠虾幼体 *Acanthomysis larva*	+	+	+
2	宽尾刺糠虾 *Acanthomysis laticauda*	+		
3	长额刺糠虾 *Acanthomysis longirostris*		+	
4	红纺锤水蚤 *Acartia erythraea*			+
5	太平洋纺锤水蚤 *Acartia pacifica*	+	+	+
6	刺尾纺锤水蚤 *Acartia spinicauda*			+
7	中华异水蚤 *Acartiella sinensis*	+	+	+
8	毛虾幼虫 *Acetes larva*	+		
9	驼背隆哲水蚤 *Acrocalanus gibber*	+		+
10	半口壮丽水母 *Aglaura hemistoma*	+		
11	阿利马幼体 *Alima larva*		+	
12	异尾类幼虫 *Anomura larva*	+		
13	瓜水母 *Beroe cucumis*	+		
14	厦门矮隆哲水蚤 *Bestiolina amoyensis*			+
15	双壳类幼虫 *Bivalve larva*			+
16	多手无光水母 *Blackfordia polytenteculata*		+	

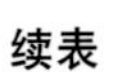

续表

序号	种名	2月	7月	11月
17	弗洲指突水母 *Blockfordia virginica*	+	+	+
18	瘦尾简角水蚤 *Pontellopsis tenuisauda*	+		
19	长额象鼻溞 *Bosmina longrostris*		+	
20	短尾类溞状幼虫 *Brachyura zoea*	+	+	+
21	椭形长足水蚤 *Calanopia elliptica*			+
22	中华哲水蚤 *Calanus sinicus*	+		
23	鱼虱 *Caligus* sp.	+		
24	伯氏平头水蚤 *Canolacia bradyi*			+
25	微刺哲水蚤 *Canthocalanus panper*	+		+
26	麦秆虫 *Caprellidea*			+
27	叉胸刺水蚤 *Centropaga furcatus*			+
28	瘦尾胸刺水蚤 *Centropages tenuicermis*	+		
29	蔓足类无节幼体 *Cirripedia nanplins*			+
30	单囊美螅水母 *Clytia folleata*	+		
31	美螅水母幼体 *Clytia larva*	+		
32	桡足类无节幼体 *Copepoda nauplius*		+	
33	桡足幼体 *Copepodite larva*		+	
34	奇浆剑水蚤 *Copilia mirabilis*			+
35	美丽大眼剑水蚤 *Copilia speciosus*			+
36	近缘大眼剑水蚤 *Corycaeus affinis*	+		
37	细大眼水蚤 *Corycaeus subtili*			+
38	剑水蚤幼虫 *Cyclopoida larva*		+	
39	短尾秀体溞 *Diaphanosoma brachyurum*		+	
40	双生水母 *Diphyes chamissonis*	+		+
41	小齿海樽 *Doliolum denticulata*	+	+	
42	精致真刺水蚤 *Euchaeta concinna*	+		
43	真刺水蚤幼体 *Euchaeta larva*	+		
44	热带真唇水母 *Eucheilota tropica*			+
45	针刺真浮萤 *Euconchoecia aculeata*	+		+
46	肥胖三角溞 *Evadne tergestina*	+		
47	鱼卵 *Fish eggs*	+	+	+
48	仔鱼 *Fish larva*	+	+	
49	钩虾 *Gammaridea*	+	+	
50	活泼泥溞原为 *Ilyocryptus agilis* Iliocryptus		+	
51	细长涟虫 *Iphionoe tenera*		+	
52	唇角水蚤幼体 *Labidocera larva*	+		
53	小唇角水蚤 *Labidocera minuta*			+
54	圆唇角水蚤 *Labidocera rotunda*	+		+
55	软水母幼体 *Leptomedusae larva*	+	+	
56	亨生莹虾 *Lucifer hanseni*	+	+	+
57	莹虾幼体 *Lucifer larva*	+		+
58	长尾类幼虫 *Macrura larva*	+	+	+

续表

序号	种名	2月	7月	11月
59	大眼幼虫 *Megalopa larva*	+	+	
60	欧氏后哲水蚤 *Metacalanus aurivillii*			+
61	多刺裸腹溞 *Moina macrocopa*		+	
62	五角水母 *Muggiaea atlantica*	+		
63	右突新镖水蚤 *Neodiaptomus schmackeri*		+	
64	夜光虫 *Noctiluca scientillans*	+		+
65	晶蝶水母 *Ocyropsis crystalina*	+		
66	白住囊虫 *Oikopleura albicans*	+		
67	异体住囊虫 *Oikopleura dioica*	+	+	+
68	长尾住囊虫 *Oikopleura longicauda*	+		
69	红住囊虫 *Oikopleura rufescens*	+		
70	简长腹剑水蚤 *Oithona simplex*			+
71	短角长腹剑水蚤 *Oithona brevicornis*			+
72	长腹剑水蚤幼体 *Oithona larva*		+	+
73	羽长腹剑水蚤 *Oithona plumifera*			+
74	丽隆剑水蚤 *Oncaea venusta*	+		
75	长腕幼体 *Ophiopluteus larva*	+		
76	针刺拟哲水蚤 *Paracalanus aculeatns*			+
77	小拟哲水蚤 *Paracalanus parvus*	+	+	
78	强额孔雀水蚤 *Pavocalanus crassirostris*	+	+	+
79	鸟喙尖头溞 *Penilia avirostris*	+		
80	舌状叶镖水蚤 *Phyllodiaptomus tunguidus*		+	
81	球型侧腕水母 *Pleuxobrachia globosa*	+		+
82	多毛类幼虫 *Polychaeta lavra*	+	+	+
83	瘦尾简角水蚤 *Pontellopsis tenuicauda*	+		
84	磁蟹蚤状幼虫 *Porcellana zoea larva*		+	+
85	缺刻伪镖水蚤 *Psendodiaptomus incisus*			+
86	火腿伪镖水蚤 *Psendodiaptomus poplesia*	+	+	+
87	假磷虾幼体 *Pseudeuphausia larva*	+		
88	百陶箭虫 *Sagitta bedoti*	+	+	+
89	弱箭虫 *Sagitta delicata*	+		
90	肥胖箭虫 *Sagitta enflata*	+		+
91	凶形箭虫 *Sagitta ferox*	+		
92	箭虫幼体 *Sagitta larva*	+		
93	中华箭虫 *Sagitta sinica*	+		
94	黑点叶剑水蚤 *Sapphirina nigromacnlata*			+
95	长刺小厚壳水蚤 *Scelecithricella longispinesa*	+		
96	丹氏厚壳水蚤 *Scolecithria danae*			+
97	缘齿厚壳水蚤 *Scolecithrix nicobarica*	+		
98	中华新哲水蚤 *Sinocalanus sinensis*		+	
99	新哲水蚤 *Sinocalanus tenellus*		+	
100	亚强次真哲水蚤 *Subeucalanus subcrassus*	+	+	

续表

序号	种名	2月	7月	11月
101	异尾宽水蚤 *Temora discaudata*	+		
102	锥形宽水蚤 *Temora turbinata*	+		+
103	等刺温剑水蚤 *Thermocyclops kawamurai*		+	
104	透明温剑水蚤 *Thermocyclops hyalinus*		+	
105	剑水蚤幼体 *Thermocyclops larva*		+	
106	特氏歪水蚤 *Tortanus derjugini*			+
107	右突歪水蚤 *Tortanus dextrilobatus*		+	
108	瘦歪水蚤 *Tortanus gracilis*			+

注："+" 表示该种类有出现。

2）密度和生物量分布

（1）时间分布

2014 年珠江口深圳海域浮游动物的密度和生物量见表 6-14。3 个月份均有调查的站位包括 Z3、Z4、Z6、Z7、Z9、Z11、Z12、Z14、Z15、Z18，将同一站位不同月份的密度进行比较可发现：除 Z6 站的最低值在 2 月外，其他站位的最低值均在 11 月；密度大小排列有 3 种情况：Z3 和 Z4 站从小到大排列为 11 月、2 月、7 月，Z6 站从小到大排列为 2 月、11 月、7 月，Z7、Z9、Z11、Z12、Z14、Z15 和 Z18 站从小到大排列为 11 月、7 月、2 月。

表 6-14　2014 年珠江口深圳海域浮游动物的密度和生物量

单位：密度 ind/m^3，生物量 mg/m^3

站位	2月		7月		11月		月均值	
	密度	生物量	密度	生物量	密度	生物量	密度	生物量
Z1	—	—	3 350. 56	657. 22	38. 00	61. 11	1 694. 28	359. 17
Z2	688. 66	452. 31	—	—	—	—	688. 66	452. 31
Z3	542. 42	4 705. 56	1 107. 29	213. 54	55. 76	79. 09	568. 49	1 666. 06
Z4	2 290. 24	595. 12	12 220. 45	2 662. 12	752. 87	452. 87	5 087. 85	1 236. 70
Z5	615. 94	277. 54	—	—	—	—	615. 94	277. 54
Z6	130. 56	583. 33	558. 33	109. 78	169. 09	219. 66	285. 99	304. 26
Z7	162 672. 62	1 019. 64	77. 38	176. 19	62. 98	106. 40	54 270. 99	434. 08
Z8	1 060. 00	207. 62	—	—	—	—	1 060. 00	207. 62
Z9	108 231. 67	2 445. 00	2 427. 68	660. 71	114. 97	157. 33	36 924. 77	1 087. 68
Z10	5 625. 44	1 607. 02	—	—	—	—	5 625. 44	1 607. 02
Z11	6 744. 79	600. 00	176. 67	146. 67	35. 02	62. 87	2 318. 83	269. 85
Z12	7 591. 67	357. 58	1 372. 73	278. 03	62. 87	89. 45	3 009. 09	241. 69
Z13	3 087. 12	304. 92	—	—	—	—	3 087. 12	304. 92
Z14	6 030. 95	977. 98	317. 23	94. 19	225. 31	412. 19	2 191. 16	494. 79
Z15	36 029. 17	4 076. 39	636. 54	275. 64	219. 41	463. 29	12 295. 04	1 605. 11
Z16	3 429. 71	915. 22	—	—	—	—	3 429. 71	915. 22
Z17	3 588. 73	770. 59	—	—	—	—	3 588. 73	770. 59
Z18	3 487. 18	802. 56	454. 41	218. 14	425. 64	647. 18	1 455. 74	555. 96
站均值	20 696. 87	1 217. 55	2 063. 57	499. 29	196. 54	250. 13	—	—

10 个站位的生物量除 Z4 站的最大值在 7 月外，其他站位的最大值均在 2 月；各站位不同月份的生物量大小排列也和密度一样没有统一规律，有 3 种情况：Z3、Z7、Z9、Z11 和 Z12 这 5 个站位从小到大排列为 11 月、7 月、2 月，Z4 站从小到大排列为 11 月、2 月、7 月，Z6、Z14、Z15 和 Z18 这 4 个站位从小到大排列为 7 月、11 月、2 月。

密度站均值范围为 196.54～20 696.87 ind/m^3，生物量的站均值范围为 250.13～1 217.55 mg/m^3，两者最低值均在 11 月，最高值均在 2 月。

(2) 平面分布

2 月浮游动物的密度范围为 130.56～162 672.62 ind/m^3，最低值在 Z6 站，最高值在 Z7 站。7 月范围为 77.38～12 220.45 ind/m^3，最低值在 Z7 站，最高值在 Z4 站。11 月范围为 35.02～752.87 ind/m^3，最低值在 Z11 站，最高值在 Z4 站。

2 月浮游动物的生物量范围为 207.62～4 705.56 mg/m^3，最低值在 Z8 站，最高值在 Z3 站。7 月范围为 94.19～2 662.12 mg/m^3，最低值在 Z14 站，最高值在 Z4 站。11 月范围为 61.11～647.18 mg/m^3，最低值在 Z1 站，最高值在 Z18 站。

密度月均值范围为 285.99～54 270.99 ind/m^3，最低值出现在 Z6 站，最高值在 Z7 站，另外，Z9 站（36 924.77 ind/m^3）、Z15（12 295.04 ind/m^3）站也和 Z7 站一样，远远高于其他站位的密度月均值。生物量的月均值范围为 207.62～1 666.06 mg/m^3，最小值在 Z8 站，最大值在 Z3 站。

3) 群落结构

(1) 优势种

2014 年珠江口深圳海域浮游动物的优势度见表 6-15。2 月优势种只有夜光虫 1 种，其优势特征十分突出，优势度高达 0.930。7 月优势种有 4 种，优势度相差较大，最高者火腿伪镖水蚤约为最低者短尾秀体蚤的 16 倍。11 月优势种有 9 种，占该月种类总数的 18.37%，最高者中华异水蚤约为最低者缺刻伪镖水蚤的 10 倍。

表 6-15　2014 年珠江口深圳海域浮游动物的优势度

种名	2 月	7 月	11 月
夜光虫 *Noctiluca scientillans*	0.930		
中华异水蚤 *Acartiella sinensis*		0.103	
火腿伪镖水蚤 *Psendodiaptomus poplesia*		0.522	
短尾秀体蚤 *Diaphanosoma brachyurum*		0.033	
多刺裸腹溞 *Moina macrocopa*		0.180	
太平洋纺锤水蚤 *Acartia pacifica*			0.112
刺尾纺锤水蚤 *Acartia spinicauda*			0.023
中华异水蚤 *Acartiella sinensis*			0.224
驼背隆哲水蚤 *Acrocalanus gibber*			0.041
微刺哲水蚤 *Canthocalanus panper*			0.022
针刺拟哲水蚤 *Paracalanus aculeatns*			0.123
缺刻伪镖水蚤 *Psendodiaptomus incisus*			0.021
亚强次真哲水蚤 *Subeucalanus subcrassus*			0.030
长尾类幼虫 *Macrura larva*			0.024

全年共有 14 种优势种，各月份的种类互不相同，组成的月份变化较大，数量以 2 月最少、11 月最多。

(2) 物种多样性

时间变化上，比较 3 个月份均有调查的站位的多样性指数大小（表 6-16），可以得出 3 种情况：Z3 站从小到大排列为 11 月、2 月、7 月，Z4、Z9、Z11、Z12、Z14、Z15 和 Z18 这 7 个站位从小到大排列为 2 月、7 月、11 月，Z6 和 Z7 站从小到大排列为 2 月、11 月、7 月。除 Z4 站外，均匀度大小变化也几乎全部与多样性指数的相同，Z4 站从小到大排列为 2 月、11 月、7 月。站均值为 0. 544~2. 416，最小值在 2 月，最大值在 11 月；均匀度的站均值为 0. 139~0. 610，最小值在 2 月，最大值在 11 月，与多样性指数站均值的季节变化相同。

表 6-16　2014 年珠江口深圳海域浮游动物的多样性指数及均匀度

站位	2 月		7 月		11 月		月均值	
	多样性指数	均匀度	多样性指数	均匀度	多样性指数	均匀度	多样性指数	均匀度
Z1	—	—	1. 234	0. 389	1. 534	0. 462	1. 384	0. 426
Z2	0. 523	0. 128	—	—	—	—	0. 523	0. 128
Z3	1. 381	0. 363	3. 104	0. 718	1. 217	0. 352	1. 901	0. 478
Z4	0. 155	0. 043	1. 063	0. 354	1. 155	0. 267	0. 791	0. 221
Z5	1. 006	0. 303	—	—	—	—	1. 006	0. 303
Z6	1. 384	0. 364	2. 968	0. 742	1. 794	0. 430	2. 049	0. 512
Z7	0. 012	0. 004	2. 850	0. 824	1. 688	0. 422	1. 517	0. 417
Z8	0. 866	0. 228	—	—	—	—	0. 866	0. 228
Z9	0. 028	0. 008	1. 408	0. 370	2. 874	0. 736	1. 437	0. 371
Z10	0. 306	0. 077	—	—	—	—	0. 306	0. 077
Z11	0. 823	0. 182	2. 452	0. 628	2. 842	0. 768	2. 039	0. 526
Z12	0. 308	0. 074	1. 606	0. 422	2. 708	0. 783	1. 541	0. 426
Z13	0. 628	0. 154	—	—	—	—	0. 628	0. 154
Z14	0. 548	0. 144	2. 634	0. 692	3. 983	0. 847	2. 388	0. 561
Z15	0. 066	0. 015	1. 664	0. 392	3. 195	0. 818	1. 642	0. 408
Z16	0. 232	0. 053	—	—	—	—	0. 232	0. 053
Z17	0. 454	0. 098	—	—	—	—	0. 454	0. 098
Z18	0. 527	0. 122	2. 529	0. 567	3. 584	0. 829	2. 213	0. 506
站均值	0. 544	0. 139	2. 137	0. 554	2. 416	0. 610	—	—

平面分布上，Z2~Z18 站在 2 月的多样性指数范围为 0. 012~1. 384，最小值在 Z7 站，最大值在 Z6 站；7 月范围为 1. 063~3. 104，最小值在 Z4 站，最大值在 Z3 站；11 月范围为 1. 155~3. 983，最小值在 Z4 站，最大值在 Z14 站。各站在 2 月的均匀度范围为 0. 004~0. 364，最小值在 Z7 站，最大值在 Z6 站；7 月范围为 0. 354~0. 824，最小值在 Z4 站，最大值在 Z7 站；11 月范围为 0. 267~0. 847，最小值在 Z4 站，最大值在 Z14 站。月均值为 0. 232~2. 388，最小值在 Z16 站，最大值在 Z14 站；均匀度的月均值为 0. 053~0. 561，最小值在 Z16 站，最大值在 Z14 站。

总体上，2014 年珠江口深圳海域的浮游动物多样性（1. 521）属“差”水平。

6. 2. 1. 5　大型底栖生物

1）种类组成

2014 年珠江口深圳海域大型底栖生物的种类数量见表 6-17，底栖生物种类名录见表 6-18。

表 6-17　2014 年珠江口深圳海域大型底栖生物的种类数量　　单位：种

门类	2月	11月
环节动物门	9	2
软体动物门	15	9
节肢动物门	2	
棘皮动物门	1	1
刺胞动物门	2	1
纽形动物门	2	
星虫动物门	1	
脊索动物门		2
合计	32	15

2 月大型底栖生物共有 7 门 25 科 32 种。其中，软体动物门有 10 科 15 种，占 46.9%，种类最多；环节动物门有 7 科 9 种，占种类总数的 28.1%，种类数量居第二位；节肢动物门、刺胞动物门和纽形动物门均有 2 科 2 种，分别占 6.3%；棘皮动物门和星虫动物门，均只有 1 科 1 种，分别占 3.1%，种类最少。

11 月大型底栖生物共有 5 门 14 科 15 种。其中，软体动物门有 8 科 9 种，占 60.0%，种类最多；环节动物门、脊索动物门各有 2 科 2 种，各占总种类数的 13.3%；棘皮动物门和刺胞动物门均只有 1 科 1 种，分别占 6.7%，种类最少。

全年共有 8 门 49 种，数量以 2 月居多；种类组成总体以软体动物为主，2 月以环节动物和软体动物为主、软体动物较多，11 月以软体动物为主。

表 6-18　2014 年珠江口深圳海域大型底栖生物种类名录

序号	种名	2月	11月
1	长吻吻沙蚕 *Glycera chirori*	+	
2	日本角吻沙蚕 *Goniada japonica*	+	
3	寡节甘吻沙蚕 *Glycinde gurjanovoae*	+	
4	斑角吻沙蚕 *Goniada maculata*	+	
5	长手沙蚕 *Magelona* sp.	+	
6	线沙蚕 *Drilonereis filum*		+
7	岩虫 *Marphysa sanguinea*		+
8	哈鳞虫 *Harmothoe* sp.	+	
9	才女虫 *Polydora* sp.	+	
10	智利巢沙蚕 *Diopatra chiliensis*	+	
11	不倒翁虫 *Sternaspis scutata*	+	
12	等栉虫 *Isolda pulchella*		+
13	寡毛虫 *Oligochaeta* und.	+	
14	杓形小更蛤 *Saccella cuspidata*	+	
15	强肋心满月蛤 *Cardiolucina rugosa*	+	
16	杜比圆蛤 *Cycladicama dubia*	+	

续表

序号	种名	2月	11月
17	半糙圆蛤 *Cycladicama semiasperoides*	+	
18	尖顶绒蛤 *Pseudopythina tsurumaru*	+	
19	彩虹明樱蛤 *Moerella iridescens*	+	
20	中国仿樱蛤 *Tellinides chinensis*	+	
21	白樱蛤 *Macoma* sp.		+
22	菲律宾蛤仔 *Ruditapes philippinarum*	+	+
23	光滑河蓝蛤 *Potamocorbula laevis*	+	+
24	灰异蓝蛤 *Anisocorbula pallida*		+
25	核螺 *Mitrella bella*	+	+
26	光织纹螺 *Nassarius*（*Zeuxis*）*dorsatus*	+	
27	粒织纹螺 *Nassarius graniferus*	+	
28	轭螺 *Zeuxis* sp.		+
29	短沟蜷 *Semisulcospira* sp.	+	
30	方格短沟蜷 *Semisulcospira cancellata*（*Benson*）	+	
31	棒锥螺 *Turritella bacillum*		+
32	唇毛蚶 *Scapharca labiosa*	+	
33	角毛蚶 *S. cornea*	+	
34	对称拟蚶 *Arcopsis symmetrica*	+	
35	唇毛蚶 *Scapharca labiosa*		+
36	翡翠贻贝 *Perna viridis*		+
37	薄片蜾蠃蜚 *Corophium lamellatum*	+	
38	豆形短眼蟹 *Xenophthalmus pinnotheroides*	+	
39	棘刺锚参 *Protankyra　bidentata*	+	
40	洼颚倍棘蛇尾 *Amphioplus*（*Lymanella*）*depressus*	+	+
41	爱氏海葵 *Edwardsia* sp.	+	
42	花群海葵 *Zoanthus* sp.	+	
43	沙箸海鳃 *Virgularia* sp.	+	
44	细首纽虫 *Procephalathrix* sp.	+	
45	脑纽虫 *Cerebratulus* sp.	+	
46	锥形珊瑚 *Balanophyllia* sp.		+
47	弓形革囊星虫 *Phascolosoma arcuatum*	+	
48	触角沟鰕虎鱼 *Oxyurichthys tentacularis*		+
49	卵鳎 *Solea ovata*		+

2）密度和生物量分布

（1）时间分布

两个月份均有调查的站位有5个：Z1、Z3、Z7、Z11、Z14，对同一站位不同月份的密度比较可以看出（表6-19），5个站位中除Z11站外，其余4个站位均为2月值高于11月值，Z11站则相反。生物量的情况则与密度的变化一致，均为除Z11站外，其余4个站位均为2月值高于11月值。

表 6-19　2014 年珠江口深圳海域大型底栖生物的密度和生物量

单位：密度 ind/m²，生物量 g/m²

站位	2月		11月		月均值	
	密度	生物量	密度	生物量	密度	生物量
Z1	890	42.00	0	0.00	445	21.00
Z3	50	6.30	0	0.00	25	3.15
Z4	—	—	0	0.00	0	0.00
Z5	200	1.60	—	—	200	1.60
Z6	—	—	10	37.00	10	37.00
Z7	30	0.90	0	0.00	15	0.45
Z9	—	—	10	28.10	10	28.10
Z10	10	0.10	—	—	10	0.10
Z11	200	144.50	2320	6 461.20	1 260	3 302.85
Z12	—	—	0	0.00	0	0.00
Z14	680	41.30	250	16.40	465	28.85
Z15	—	—	20	1.60	20	1.60
Z16	144	35.28	—	—	144	35.28
Z18	—	—	20	5.20	20	5.20
站均值	275.5	34.00	239.1	595.41	—	—

密度和生物量的月份差异大，密度的站均值范围为 239.1～275.5 ind/m²，11 月较小，2 月较大；生物量的站均值范围为 34.00～595.41 g/m²，2 月较小，11 月较大，这与密度站均值的分布相反。

（2）平面分布

2 月底栖生物的密度范围为 10～890 ind/m²，Z10 站最小，Z1 站最大；11 月范围为 0～2 320 ind/m²，Z1、Z3、Z4 和 Z7 这 4 个站位均为最小值，即该 4 个站位样品中未发现生物，Z11 站最大。2 月的生物量范围 0.10～144.50 g/m²，Z10 站最小，Z11 站最大；11 月时范围为 0.00～6 461.20 g/m²，与密度一样为 Z1、Z3、Z4 和 Z7 这 4 个站位最小，Z11 站最大。

底栖生物密度的月均值范围为 0～1 260 ind/m²，Z4 和 Z12 站最小，Z11 站最大。密度和生物量的站位间差异均较大，尤其是 11 月，站位差异非常明显，但均无统一规律。生物量的月均值范围为 0.00～3 302.85 g/m²，与密度一样为 Z4 和 Z12 站最小，Z11 站最大。

3）*群落结构*

（1）优势种

2014 年珠江口深圳海域大型底栖生物的优势度见表 6-20。

表 6-20　2014 年珠江口深圳海域大型底栖生物的优势度

种名	2月	11月
长手沙蚕 *Magelona* sp.	0.028	
光滑河蓝蛤 *Potamocorbula laevis*	0.039	
短沟蜷 *Semisulcospira* sp.	0.044	
薄片蜾蠃蜚 *Corophium lamellatum*	0.020	
菲律宾蛤仔 *Ruditapes philippinarum*		0.069

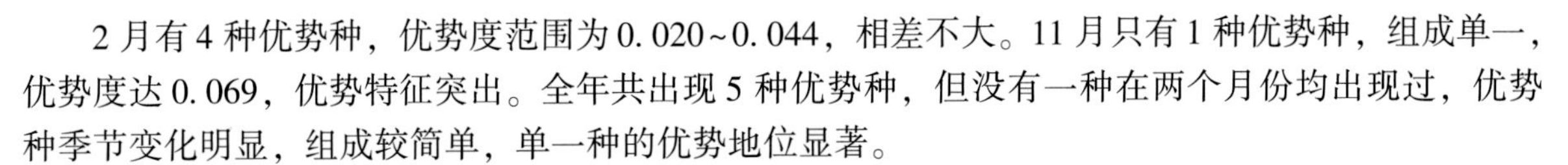

2月有4种优势种，优势度范围为0.020~0.044，相差不大。11月只有1种优势种，组成单一，优势度达0.069，优势特征突出。全年共出现5种优势种，但没有一种在两个月份均出现过，优势种季节变化明显，组成较简单，单一种的优势地位显著。

（2）物种多样性

时间分布上，Z1、Z3、Z7、Z11、Z14共5个站位在两个月份均有调查，比较各站的多样性指数可发现（表6-21），2月的多样性指数比11月的高，11月有些站位只有1种生物甚至没有生物，其物种明显没有2月的多样化；均匀度的变化也与多样性指数一样，2月的均匀度比11月高。站均值为0.318~1.333，11月值较小，2月值较大；均匀度的站均值为0.249~0.695，与多样性指数一样，也是11月值较小，2月值较大。

表6-21　2014年珠江口深圳海域大型底栖生物的多样性指数及均匀度

站位	2月		11月		月均值	
	多样性指数	均匀度	多样性指数	均匀度	多样性指数	均匀度
Z1	0.749	0.375	/	/	0.375	0.188
Z3	1.922	0.961	/	/	0.961	0.480 5
Z4	—	—	/	/	/	/
Z5	0.884	0.558	—	—	0.884	0.558
Z6	—	—	1种生物	1种生物	1种生物	1种生物
Z7	0.918	0.918	/	/	0.459	0.459
Z9	—	—	1种生物	1种生物	1种生物	1种生物
Z10	1种生物	1种生物	—	—	1种生物	1种生物
Z11	2.759	0.831	0.855	0.331	1.807	0.581
Z12	—	—	/	/	/	/
Z14	1.485	0.469	0.640	0.404	1.063	0.437
Z15	—	—	1.000	1.000	1.000	1.000
Z16	1.949	0.754	—	—	1.949	0.754
Z18	—	—	1.000	1.000	1.000	1.000
站均值	1.333	0.695	0.318	0.249	—	—

注：“—”表示非调查站位；“/”表示本次调查未发现生物。

平面分布上，2月多样性指数的范围为0.749~2.759，Z1站为最小值，Z11站为最大值；11月范围为0.640~1.000，Z14站为最小值，Z15和Z18站均为最大值。2月均匀度的范围为0.375~0.961，Z1站为最小值，Z3站为最大值；11月范围为0.331~1.000，Z11站为最小值，Z15和Z18站均为最大值。月均值范围为0.375~1.949（除去无生物和1种生物的站位），Z1站为最小值，Z16站为最大值；均匀度的月均值范围为0.188~1.000，Z1站为最小值，Z15和Z18站均为最大值。

总体上，2014年珠江口深圳海域大型底栖生物的物种多样性（0.745）属“极差”水平。

6.2.2　珠江口深圳海域生态状况回顾性评价

6.2.2.1　叶绿素a

黄邦钦等（黄邦钦等，2005）于1996年7月对珠江口的内伶仃洋水域进行了叶绿素a调查，其中9602~9603站设于深圳西海岸，其叶绿素a含量范围为2.17~6.10 mg/m^3，平均值为4.50 mg/m^3。

深圳市海洋与渔业环境监测站对珠江口深圳海域的叶绿素 a 含量进行了常年监测，2001—2006 年监测结果见表 6-22。

表 6-22　珠江口深圳海域叶绿素 a 监测数据　　单位：mg/m^3

项目	2001 年	2002 年	2003 年	2004 年	2005 年	2006 年
叶绿素 a	4.2	3.7	8.4	6.0	2.9	3.4

南京水利科学研究院等于 2011 年 4 月对深圳西海岸进行了叶绿素 a 调查，其含量变化于 14.6~29.3 mg/m^3 之间，平均为 21.0 mg/m^3，叶绿素 a 的分布具有距岸越远含量越低的趋势。本报告调查结果与之相比可知，叶绿素 a 的变化范围更广，各站位分布更不均匀，叶绿素 a 含量均值比 2011 年有所降低。但叶绿素 a 的分布特征没有改变，即遵循距岸越远含量越低的变化趋势。

珠江口深圳海域叶绿素 a 在 2006 年之前呈现较为稳定的低含量状态，但之后出现大增长（图 6-2），这与深圳沿岸陆源污染物排放增加，海水富营养化导致浮游植物大量繁殖有关。

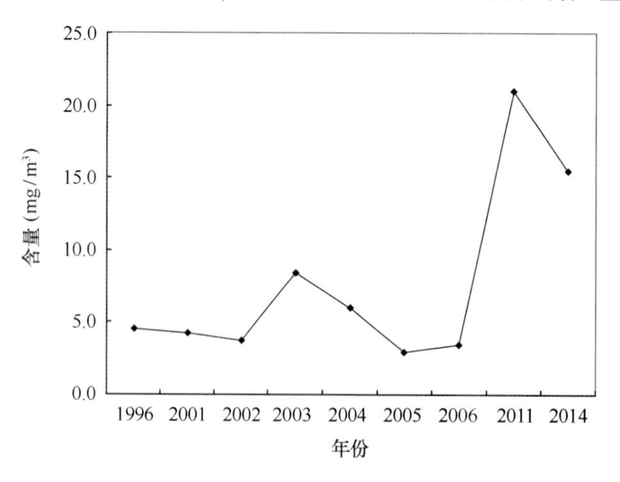

图 6-2　珠江口深圳海域叶绿素 a 的变化趋势

6.2.2.2　浮游植物

1）种类组成

珠江口深圳海域浮游植物种类数呈现上升—下降—上升的趋势，1998 年的种数为 125 种，2001 年为 155 种，之后种类数显著下降，2011 年仅发现 82 种，但在 2014 年又上升到 181 种，比 2011 年增长了 1.21 倍，为历次调查最多（表 6-23，图 6-3），这与近几年深圳沿岸陆源污染物排放增加导致海水富营养化有关。种数组成都以硅藻为主，2001 年的甲藻也占优势。

表 6-23　近年珠江口深圳海域浮游植物种类数、优势种的变化

调查年份	总种数（种）	种类组成	优势种	资料来源
1998	125	硅藻为主	骨条藻	张冬鹏等
2001	155	硅藻、甲藻为主	—	深圳市海洋与渔业环境监测站
2011	82	硅藻为主	中肋骨条藻、菱形海线藻、旋链角毛藻、格氏圆筛藻、柔弱角毛藻	南京水利科学研究院等
2014	181	硅藻为主	中肋骨条藻	本项目研究组

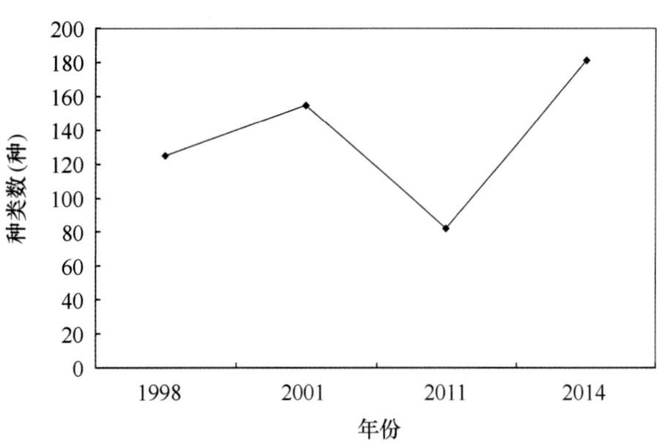

图 6-3 珠江口深圳海域浮游植物种类数的变化趋势

2) 细胞密度

细胞密度方面，1998 年、2001 年的平均值相差不大，2011 年无论是密度范围还是平均值都低于其他年份，2014 年调查的浮游植物密度为历年最大，密度范围为（6.25～47.90）$\times10^4$ cells/L，平均值为 25.55$\times10^4$ cells/L，与 2011 年的结果相比，该海域浮游植物密度增 10～100 倍（表 6-24）。总体上也是与种类数变化规律一致，呈现上升—下降—上升的趋势。

表 6-24 近年珠江口深圳海域浮游植物密度的变化

调查年份	密度范围（$\times10^4$ cells/L）	平均值（$\times10^4$ cells/L）	资料来源
1998	2.0～11.7	4.50	张冬鹏等
2001	—	6.14	深圳市海洋与渔业环境监测站
2011	0.015～1.255	0.429	南京水利科学研究院等
2014	6.25～47.90	25.55	本项目研究组

3) 优势种

优势种方面，除 2001 年外，历年均有出现的种类是骨条藻（表 6-23）。1998 年、2014 年均只出现该藻一种，2011 年除了出现该优势种外，还有其他藻类，分别为菱形海线藻、旋链角毛藻、格氏圆筛藻、柔弱角毛藻。

6.2.2.3 浮游动物

1) 种类组成

根据已有资料比较分析可知，珠江口深圳海域浮游动物种类数呈现下降—上升的趋势，2001 年的种数为 71 种，之后种类数显著下降，2011 年仅发现 48 种，但在 2014 年又上升到 110 种，比 2011 年增长了 1.29 倍，为历次调查最多（表 6-25，图 6-4），这与浮游植物的变化趋势类似。种数组成都以桡足类为主，占种类数的 1/3 以上。

表 6-25 近年珠江口深圳海域浮游动物种类数、优势种的变化

调查年份	总种数（种）	种类组成	优势种	资料来源
2002—2003	71	以桡足类为主，占 52.11%	中华异水蚤、火腿伪镖水蚤、刺尾纺锤水蚤、驼背隆哲水蚤等	李开枝等
2011	48	以桡足类为主，占 37.78%	圆钝拟铃虫、细弱拟铃虫和半球美螅水母	南京水利科学研究院等
2014	110	以桡足类为主，占 41.37%	中华异水蚤、火腿伪镖水蚤、刺尾纺锤水蚤、驼背隆哲水蚤等	本项目研究组

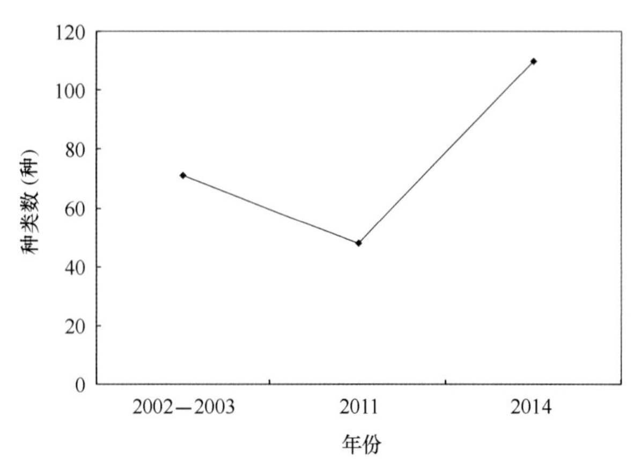

图 6-4　珠江口深圳海域浮游动物种类数的变化趋势

2）细胞密度

珠江口深圳海域浮游动物细胞密度统计资料结果显示（表 6-26），珠江口深圳海域浮游动物细胞密度年际波动大，极不均衡，无明显变化规律。2012 年调查深圳西部海域的 2 个站位浮游动物密度范围仅为 90~210 ind/m^3，2002—2003 年的密度范围为 230~3 293 ind/m^3，平均值为 816 ind/m^3，2011 年的密度平均值都高于其他年份，为 21 804 ind/m^3，而 2014 年调查的浮游动物密度平均值也达到了 9 659.18 ind/m^3。可见珠江口深圳海域浮游动物群落极不稳定。

表 6-26　近年珠江口深圳海域浮游动物密度的变化

调查年份	密度范围（ind/m^3）	平均值（ind/m^3）	资料来源
2002—2003	230~3 293	816	李开枝等
2011	—	21 804	南京水利科学研究院等
2012	90~210	150	深圳市海洋局
2014	35.02~162 672.62	9 659.18	本项目研究组

3）优势种

优势种方面，2011 年出现的优势种与其他年份的不同，为拟铃虫和水母类。2002—2003 年与 2014 年出现的优势种具有明显的季节交替现象，如 7 月都出现的中华异水蚤、火腿伪镖水蚤、刺尾纺锤水蚤等，或 1 月和 2 月出现的驼背隆哲水蚤等（表 6-25）。

4）多样性指数

珠江口深圳海域浮游动物多样性指数统计资料结果显示（表 6-27）。

表 6-27　近年珠江口深圳海域浮游动物多样性指数的变化

调查年份	指数范围	平均值	资料来源
2002—2003	1.05~3.75	2.36	李开枝等
2011	1.08~2.54	1.72	南京水利科学研究院等
2012	3.0~3.5	3.25	深圳市海洋局
2014	0.544~2.416	1.27	本项目研究组

与种类数类似，珠江口深圳海域浮游动物多样性指数年际波动大，极不均衡，无明显变化规律。2012 年调查深圳西部海域的 2 个站位浮游动物多样性指数平均值为 3.25，2002—2003 年的范围为 1.05~3.75，平均值为 2.36，2011 年的平均值为 1.72，而 2014 年调查的浮游动物多样性指数平均值仅为 1.27。可见珠江口深圳海域浮游动物群落极不稳定。

6.2.2.4 大型底栖生物

1）种类组成

由表 6-28 可知，珠江口深圳海域大型底栖生物 2014 年种类数最多，以软体类动物为主。1996 年 7 月调查（刘玉等，2001）发现 27 种，其中节肢类 20 种（占总数的 44.4%），软体类 5 种（占总数的 11.1%），环节类 2 种（占总数的 4.5%）。2011 年 4 月调查（南京水利科学研究院等，2012）共鉴定出 11 种，其种类数由大到小依次为软体类、多毛类、甲壳类，其中软体动物 8 种，占总种类数的 72.73%；多毛类 2 种，占总种类数的 18.18%；甲壳类最少，有 1 种，占总种类数的 9.09%。2014 年本项目研究组调查发现 49 种大型底栖生物，软体动物占优势，其他门类的底栖生物分布较无规律。

表 6-28 近年珠江口深圳海域大型底栖生物种类数的变化

调查年份	总种数（种）	种类组成	资料来源
1996	27	以节肢类为主	刘玉等
2011	11	以软体类为主	南京水利科学研究院等
2014	49	以软体类为主	本项目研究组

2）密度和生物量

1996 年 7 月，珠江口深圳海域大型底栖生物密度范围为 0.0~110.0 ind/m^2，均值为 55.0 ind/m^2；生物量为 0.15~14.45 g/m^2，均值为 19.95 g/m^2；密度和生物量分布特征均为南部高于北部。

2011 年，南京水利科学研究院调查发现有底栖生物 3 类，以软体动物为主，另有多毛类和甲壳类，软体动物的栖息密度为 68 ind/m^2，平均生物量为 32.5 g/m^2。

2014 年，本项目研究组调查的 2 月底栖生物的密度范围为 10~890 ind/m^2，11 月范围为 0~2 320 ind/m^2，密度均值为 254.42 ind/m^2；2 月的生物量范围为 0.10~144.50 g/m^2，11 月时范围为 0.00~6 461.20 g/m^2，生物量均值为 359.03 g/m^2。

统计结果显示，珠江口深圳海域大型底栖生物的密度和生物量总体上呈现逐年增多的趋势，2011 年比 1996 年的略有增多，但 2014 年的密度、生物量均值比之前增大几倍。

3）优势种

1996 年 7 月，调查发现珠江口深圳海域的优势种为软体类的红肉河蓝蛤和节肢类的白虾。

2011 年，南京水利科学研究院调查发现主要优势种有软体类的阿莫抱蛤、光滑河蓝蛤和多毛类的微赤根丝蚓。

2014 年调查发现的优势种有 5 种，分别为长手沙蚕、光滑河蓝蛤、短沟蜷、薄片蜾蠃蜚、菲律宾蛤仔。

对比调查结果可见，珠江口深圳海域大型底栖生物的优势种为软体动物，尤其是蛤的种类，3 次调查出现的优势种为红肉河蓝蛤、阿莫抱蛤、光滑河蓝蛤和菲律宾蛤仔。

4）多样性指数

2011 年，南京水利科学研究院调查深圳海区底栖生物种类多样性指数的变化范围为 1.26~4.24，平均为 2.27，均匀度的变化范围为 0.40~1.83，平均为 0.91，按多样性指数评价标准，多数站位为轻度或中度污染。

与本报告的调查结果相比，2014 年深圳海域大型底栖生物生物多样性（0.745）和均匀度均有所降低，特别是一些近岸站位的多样性较低，反映出该海域受到更多陆源污染的影响。也有部分生物多样性低是种类分布不均匀造成的，如 11 月在 11 站采集的样品，绝大部分生物为菲律宾蛤仔。

6.3 深圳湾海域生态现状与回顾性评价

6.3.1 深圳湾海域生态现状评价

6.3.1.1 调查范围及站点布设

2013 年 9 月国家海洋局南海海洋工程勘察与环境研究院对深圳湾进行了生物调查，叶绿素 a、底栖站位设 5 个站位，为 Z1、Z3、Z5、Z6、Z8，具体站位布设见表 6-29、图 6-5。

表 6-29 2013 年 9 月深圳湾生物调查站位经纬度

站位	纬度（N）	经度（E）	调查内容
Z1	22°30′ 32.92″	113°58′ 58.36″	水质、沉积物、海洋生物
Z3	22°28′ 32.16″	113°56′ 31.09″	水质、沉积物、海洋生物
Z5	22°28′ 26.00″	113°54′ 33.75″	水质、沉积物、海洋生物
Z6	22°27′ 38.73″	113°55′ 06.20″	水质、海洋生物
Z8	22°26′ 29.30″	113°52′ 43.61″	水质、沉积物、海洋生物

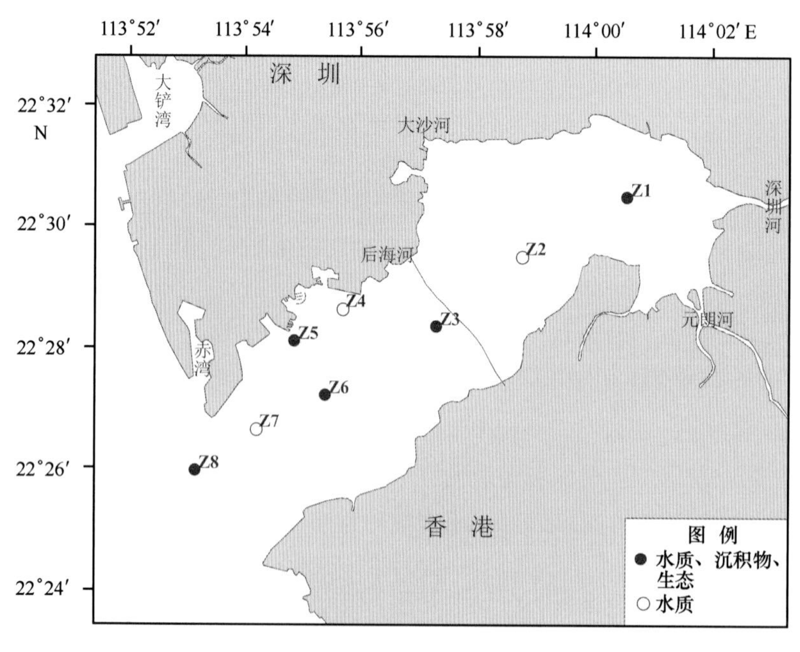

图 6-5 2013 年 9 月深圳湾生物调查站位分布

2013 年 10 月本单位对深圳湾的海洋浮游生物进行了调查，设 6 个站位，为 S2、S3、S5、S7、S8、S9，具体站位布设见表 6-30、图 6-6。

表 6-30 2013 年 10 月深圳湾生态调查站位经纬度

站位	纬度（N）	经度（E）	调查内容
2	22°30′ 23.88″	114°01′ 24.29″	水质、沉积物、生态
3	22°31′ 15.97″	114°00′ 0.78″	水质、沉积物、生态
5	22°30′ 19.80″	113°58′ 50.20″	水质、沉积物、生态
7	22°28′ 24.03″	113°56′ 25.30″	水质、沉积物、生态
8	22°28′ 38.97″	113°55′ 17.40″	水质、沉积物、生态
9	22°27′ 33.27″	113°54′ 53.23″	水质、沉积物、生态

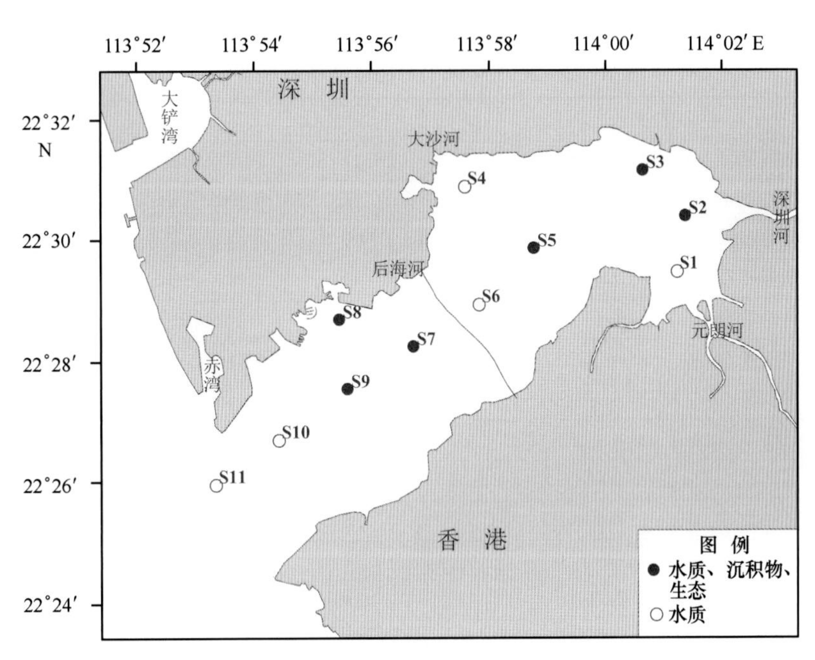

图 6-6 2013 年 10 月深圳湾生态调查站位分布

6.3.1.2 叶绿素和初级生产力

2013 年 9 月调查的叶绿素 a 含量变化范围为 2.07~6.07 mg/m³，平均值为 4.05 mg/m³（表 6-31）。其中，以 Z8 站的叶绿素 a 含量最高（6.07 mg/m³），Z6 站次之（4.75 mg/m³），Z5 站的叶绿素 a 含量最低（2.07 mg/m³）；最高值约为最低值的 2.9 倍。调查海域的叶绿素 a 含量的平面分布有一定的差异，总体水平较低。

表 6-31 2013 年深圳湾的叶绿素 a 和初级生产力

站位	叶绿素 a（mg/m³）	初级生产力（以碳计）[mg/（m²·d）]
Z1	2.77	44.70
Z3	4.58	197.38
Z5	2.07	55.77
Z6	4.75	153.60
Z8	6.07	196.30
平均值	4.05	129.55

初级生产力的变化范围以碳计为 44.70~197.38 mg/（m²·d），平均值为 129.55 mg/（m²·d）。

其中，以 Z3 站［197.38 mg/（m^2·d）］的初级生产力水平最高，其次为 Z8 站［196.30 mg/（m^2·d）］，以 Z1 站［44.70 mg/（m^2·d）］最低；最高值约为最低值的 4.4 倍。

叶绿素 a 和初级生产力的分布状况略有差异，分布的最高和最低的站位不一致，但两者的水平变化均呈无规则分布，均处于较低水平。

6.3.1.3 浮游植物

1）种类组成

2013 年 10 月调查共鉴定出浮游植物 4 门 51 种（表 6-32），其中硅藻门 27 属 38 种，占浮游植物种类数的 74.5%；甲藻门 7 属 11 种，占 21.5%；异鞭藻门针胞藻纲 1 属 1 种，占 2.0%；蓝藻门 1 属 1 种，占 2.0%。

表 6-32　2013 年深圳湾的浮游植物种类名录

序号	种类名	序号	种类名
1	环状辐裥藻 *Actinoptychus annulafus*	27	覆瓦根管藻 *Rhizosolenia imbricate*
2	卵形双眉藻 *Amphora ovalis*	28	脆根管藻 *Rhizosolenia fragilissima*
3	鞍形藻 *Campyloneis greviliei*	29	中肋骨条藻 *Skeletonema costatum*
4	大洋角管藻 *Cerataulina pelagica*	30	热带骨条藻 *Skeletonema troicum*
5	窄隙角毛藻 *Chaetoceros affinis*	31	掌状冠盖藻 *Stephanopyxis palmeriana*
6	扭链角毛藻 *Chaetoceros tortissimus*	32	波状针杆藻 *Synedra undulata*
7	星脐圆筛藻 *Coscinodiscus asteromphalus*	33	菱形海线藻 *Thalassionema nitzschioides*
8	中心圆筛藻 *Coscinodiscus centralis*	34	诺氏海链藻 *Thalassiosira nordenskioeldii*
9	格氏圆筛藻 *Coscinodiscus granii*	35	圆海链藻 *Thalassiosira rotula*
10	辐射圆筛藻 *Coscinodiscus radiatus*	36	佛氏海毛藻 *Thalassiothrix frauenfeldii*
11	条纹小环藻 *Cyclotella striata*	37	美丽三角藻 *Triceratium arcticum*
12	布氏双尾藻 *Ditylum brightwellii*	38	长龙骨藻 *Tropidonels longa*
13	柔弱几内亚藻 *Guinardia delicatula*	39	叉分角藻 *Ceratium furca*
14	尖布纹藻 *Gyrosigma aluminatum*	40	尖锐鳍藻 *Dinophysis acuta*
15	环纹娄氏藻 *Lauderia annulata*	41	具尾鳍藻 *Dinophysis caudata*
16	亚德里亚海细柱藻 *Leptocylindrus adriaticus*	42	螺旋环沟藻 *Gyrodinium spirale*
17	丹麦细柱藻 *Leptocylindrus danicus*	43	夜光藻 *Noctiluca scintillans*
18	波状石丝藻 *Lithodesmium undulafum*	44	具刺多甲藻 *Peridinium spiniferum*
19	扁中节胸隔藻延长变型 *Mastogloia brauni*	45	哈曼褐多沟藻 *Pheopolykrikos hartmannii*
20	颗粒直链藻 *Melosira granulate*	46	具齿原甲藻 *Prorocentrum dentaum*
21	具槽直链藻 *Melosira sulcata*	47	利马原甲藻 *Prorocentrum lima*
22	帽形菱形藻 *Nitzschia palea*	48	海洋原甲藻 *Prorocentrum micans*
23	叉翼羽纹藻 *Pinnularia stauroptera*	49	微小原甲藻 *Prorocentrum minimum*
24	粗毛斜纹藻 *Pleuosigma strigosum*	50	海洋卡盾藻 *Chattonella marina*
25	翼根管藻 *Rhizosolenia alate*	51	大螺旋藻 *Spirulina major*
26	柔弱根管藻 *Rhizosolenia delicatula*		

2）群落结构

（1）优势种

2013 年 10 月调查共出现 7 种优势种（表 6-33），优势度范围为 0.030~0.123，最高的是尖布纹藻，为 0.123，占细胞总量的 12.3%；其次是条纹小环藻，为 0.121，占细胞总量的 36.4%；两者共占浮游植物细胞总量的 48.7%。

表 6-33　2013 年深圳湾浮游植物的优势种

种类	出现频度	占细胞总量百分比（%）	优势度
尖布纹藻 *Gyrosigma aluminatum*	0.833	12.3	0.123
条纹小环藻 *Cyclotella striata*	0.333	36.4	0.121
丹麦细柱藻 *Leptocylindrus danicus*	0.833	8.2	0.068
具槽直链藻 *Melosira sulcata*	0.500	6.2	0.031
中肋骨条藻 *Skeletonema costatum*	1.000	9.1	0.091
波状针杆藻 *Synedra undulata*	1.000	5.5	0.055
海洋卡盾藻 *Chattonella marina*	1.000	3.0	0.030

（2）物种多样性

2013 年 10 月调查中，各站点浮游植物多样性指数的变化范围在 1.52～3.25（表 6-34），平均为 2.35；均匀度变化范围为 0.36～0.77，平均为 0.57；两者均为 5 站最低，2 站最高。总体上，2013 年深圳湾浮游植物的物种多样性属“一般”水平。

表 6-34　2013 年深圳湾浮游植物的物种多样性

站位	2	3	5	7	8	9	平均
多样性指数	3.25	2.64	1.52	2.27	1.92	2.50	2.35
均匀度	0.77	0.63	0.36	0.52	0.5	0.64	0.57

6.3.1.4　浮游动物

1）种类组成

经初步鉴定，2013 年 10 月深圳湾浮游动物共有 21 种，其中桡足类 10 种，莹虾 1 种，毛虾 1 种，端足类 6 种，毛颚类 2 种，腔肠动物 1 种；浮游幼虫 9 类（表 6-35）。种类数以桡足类占主导地位。

表 6-35　2013 年深圳湾浮游动物种类组成

序号	种类名	序号	种类名
1	太平洋纺锤水蚤 *Acartia pacifica*	16	麦秆虫 *Caprellidea*
2	刺尾纺锤镖水蚤 *Acartia spinicauda*	17	涟虫 *Cumacea*
3	底栖剑水蚤 *Benthic Cyclocoida*	18	钩虾 *Gammaridea*
4	短口鱼虱 *Caligus brevisoris*	19	细长涟虫 *Iphonoe tenera*
5	斜刺鱼虱 *Caligus chiastos*	20	弗洲指突水母 *Blackfordia virginica*
6	短角长腹剑水蚤 *Oithona brevicornis*	21	百陶箭虫 *Sagitta bedoti*
7	安氏伪镖水蚤 *Psendodiaptomus annandalei*	22	肥胖箭虫 *S. enflata*
8	瘦尾简角水蚤 *Pontella tenuicauda*	23	箭虫幼体 *Sagitta larva*
9	拟哲水蚤幼体 *Paracalanus larva*	24	双壳类幼虫 *Bivalve larva*
10	强额孔雀水蚤 *Pavocalanus crassirostris*	25	短尾类溞状幼虫 *Brachyura zoea*
11	亚强次真哲水蚤 *Subeucalanus subcrassus*	26	鱼卵 *Fish eggs*
12	锥形宽水蚤 *Temora turbinata*	27	仔鱼 *Fish larva*
13	中华异水蚤 *Acartiella sinensis*	28	长尾类幼虫 *Macrura larva*
14	日本毛虾 *Acetes japonicus*	29	多毛类幼虫 *Polychaeta larva*
15	亨生莹虾 *Lucifer hanseni*	30	磁蟹蚤状幼虫 *Porcellana zoea larva*

2）密度和生物量的平面分布

2013 年 10 月深圳湾各站位浮游动物密度的变化范围为 0.8~30.0 ind/m³，平均为 15.1 ind/m³，湾顶和湾口较高，湾中部则较低（表 6-36，图 6-7）。生物量的变化范围为 24.1~4 050.0 mg/m³，平均为 963.2 mg/m³，湾顶较高，湾中部较低，从湾中部往湾口逐渐增大（表 6-36，图 6-8）。

表 6-36　2013 年深圳湾浮游动物的密度和生物量

站位	2	3	5	7	8	9	平均
密度（ind/m³）	8.7	26.8	11.9	12.5	0.8	30.0	15.1
生物量（mg/m³）	853.3	4 050.0	169.0	302.8	24.1	380.0	963.2

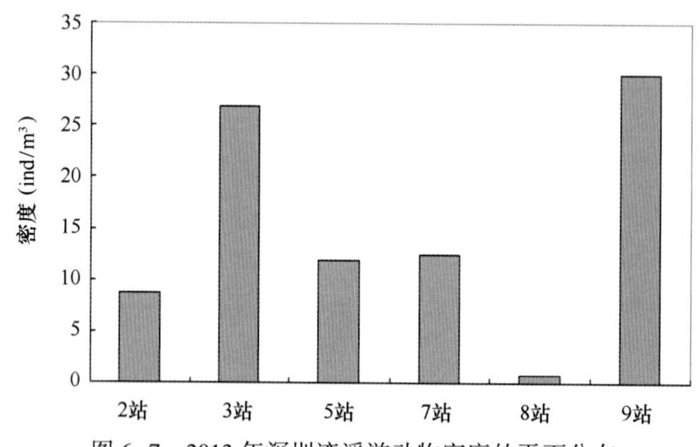

图 6-7　2013 年深圳湾浮游动物密度的平面分布

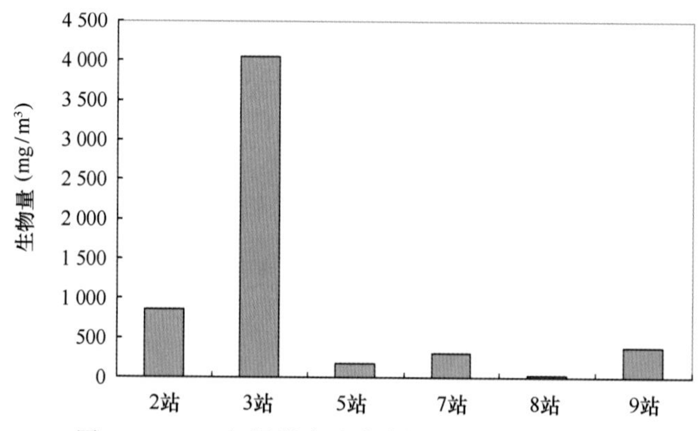

图 6-8　2013 年深圳湾浮游动物生物量的平面分布

3）物种多样性

2013 年 10 月调查深圳湾各站位浮游动物多样性指数的变化范围在 0.50~2.42，平均为 1.71；均匀度变化范围在 0.25~0.89，平均为 0.69（表 6-37）。总体上，2013 年深圳湾浮游动物的物种多样性属“差”水平。

表 6-37　2013 年深圳湾浮游动物的多样性指数和均匀度

站位	2	3	5	7	8	9	平均
多样性指数	2.08	0.50	1.89	1.75	1.62	2.42	1.71
均匀度	0.89	0.25	0.67	0.75	0.7	0.86	0.69

6.3.1.5　底栖生物

1）种类组成

2013 年 9 月调查共发现了包括腔肠动物、多毛类动物、螠虫动物、软体动物、甲壳类动物、棘皮动物和脊索动物在内的 5 大门类的底栖生物 23 科 23 种，以多毛类动物的种类最多，共 9 种，占总种类数的 39.13%；其次为软体动物，有 8 种，占总种类数的 34.78%；而其他类群出现的种类较少（表 6-38）。

表 6-38　2013 年深圳湾大型底栖生物的主要种类

门类	科数（种）	种类数（种）	占总种类数的比例（%）
多毛类	9	9	39.13
棘皮动物	3	3	13.04
脊索动物	1	1	4.35
甲壳类	2	2	8.70
软体动物	8	8	34.78
合计	23	23	100.00

2）密度和生物量的分布

2013 年 9 月调查中，栖息密度组成方面，最高为多毛类动物，其密度为 88 ind/m^2，占总栖息密度的 42.31%，其次为软体动物，其密度为 72 ind/m^2，占总栖息密度的 34.62%，其他类动物占的比例较低。生物量的组成为软体动物占优势，其次为多毛类动物。软体动物的生物量为 40.34 g/m^2，占生物总量的 66.31%；多毛类动物的生物量为 8.66 g/m^2，占总生物量的 14.23%；其他类动物的生物量较低。

2013 年，深圳湾底栖生物的平均栖息密度为 208 ind/m^2，平均生物量为 60.84 g/m^2（表 6-39、图 6-9）。

表 6-39　2013 年深圳湾大型底栖生物的平均栖息密度及生物量

单位：栖息密度 ind/m^2，生物量 g/m^2

项目	合计	多毛类	软体动物	甲壳类	棘皮动物	其他
栖息密度	208	88	72	30	16	2
生物量	60.84	8.66	40.34	4.68	6.00	1.16

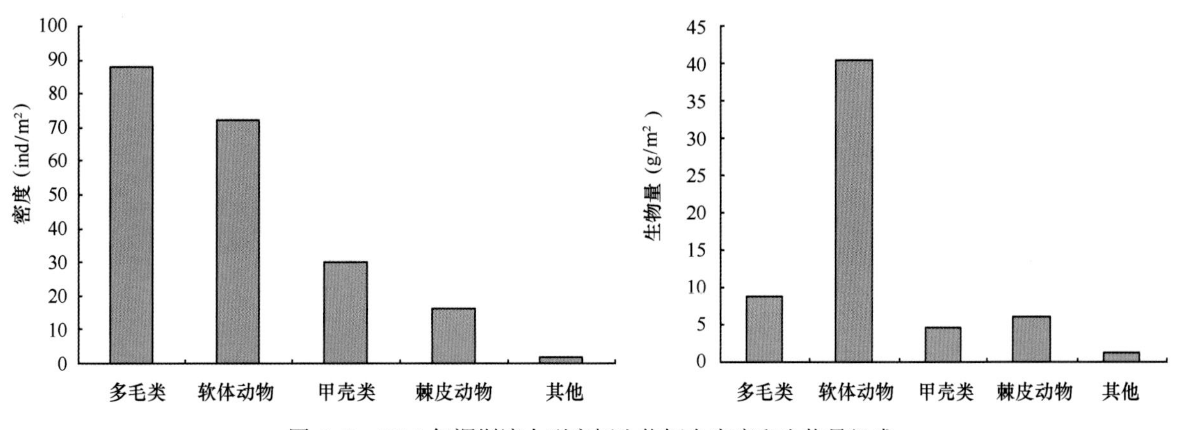

图 6-9　2013 年深圳湾大型底栖生物栖息密度和生物量组成

本次调查海域内各站位底栖生物的栖息密度差别不大，最高出现在Z6号站，其栖息密度为260 ind/m²（该站位出现了数量较大的小型双壳贝类——蓝蛤类）；其次为Z5号站，密度为240 ind/m²（出现了数量较大的多毛类——奇异稚齿虫）；最低密度出现在Z8号站海域，其密度为170 ind/m²，最高密度是最低密度的1.53倍（表6-40）。生物量则有较大的差异，最高生物量出现在Z8号站，其生物量达100.80 g/m²；其次为Z1号站，其生物量为72.70 g/m²；最低生物量出现在Z3号站，其生物量为27.60 g/m²，最高生物量是最低生物量的3.65倍。

表6-40　2013年深圳湾大型底栖生物的栖息密度和生物量

单位：栖息密度 ind/m²，生物量 g/m²

站位	项目	合计	多毛类	软体动物	甲壳类	棘皮动物	其他
Z1	栖息密度	190	60	60	40	20	10
	生物量	72.70	6.10	52.90	5.10	2.80	5.80
Z3	栖息密度	180	100	50	20	10	—
	生物量	27.60	10.80	11.40	4.10	1.30	—
Z5	栖息密度	240	160	20	40	20	—
	生物量	36.90	18.20	6.40	5.50	6.80	—
Z6	栖息密度	260	70	130	50	10	—
	生物量	66.20	4.30	39.60	8.70	13.60	—
Z8	栖息密度	170	50	100	—	20	—
	生物量	100.80	3.90	91.40	—	5.50	—

3）群落结构

统计分析显示，本次调查海域底栖生物多样性指数分布范围在2.592~3.052之间，平均为2.842，多样性指数最高出现在Z8站，其次是Z5站，以Z6站为最低。均匀度方面，其分布范围在0.818~0.925之间，平均为0.899（表6-41）。均匀度指数最高出现在Z3站，而最低出现在Z6站。总体上，2013年深圳湾大型底栖生物的物种多样性属“一般”水平，接近“优良”水平。

表6-41　2013年深圳湾大型底栖生物的多样性指数及均匀度

站位	出现种类数（种）	多样性指数	均匀度
Z1	8	2.755	0.918
Z3	8	2.774	0.925
Z5	10	3.037	0.914
Z6	9	2.592	0.818
Z8	10	3.052	0.919
平均	—	2.842 9	0.892

6.3.2　深圳湾海域生态状况回顾性评价

6.3.2.1　叶绿素a

2008年11月，本项目研究组调查深圳湾的叶绿素a含量，其变化范围为3.89~25.75 μg/L；站位平均值为14.66 μg/L。与此相比，2013年10月调查的叶绿素a含量的站位变化范围较小，平均值较低。

6.3.2.2 浮游植物

1）种类组成

种类组成方面，2010—2011年的总种数最多，在此之前，总种数呈上升趋势；在此之后则呈下降趋势（表6-42，图6-10）。硅藻种数的变化趋势与总种数的一致，也是2010—2011年时种类最多。甲藻种数与前两者不同，其在2008年之前呈下降趋势，2008年之后则呈上升趋势，故2008年时种数最少，2013年时最多。在本项目研究组的两次调查中，2008年11月调查共有3门31属54种，硅藻门25属46种，占85.2%；甲藻门5属7种，占13.0%；蓝藻门1属1种，占1.9%。2013年调查与2008年调查相比，浮游植物种类的组成和数量相差不大，均为硅藻占主要地位，甲藻其次，蓝藻最少。

表6-42 近10年深圳湾浮游植物种类数的变化 单位：种

调查年份	总种数	硅藻		甲藻		资料来源
		种数	占总种数的比例	种数	占总种数的比例	
2006年	34	18	52.94%	10	29.41%	孙金水等
2008年	54	46	85.2%	7	13.0%	本项目研究组
2010—2011年	83	69	83.1%	9	10.8%	袁超等
2013年	51	38	74.5%	11	21.5%	本项目研究组

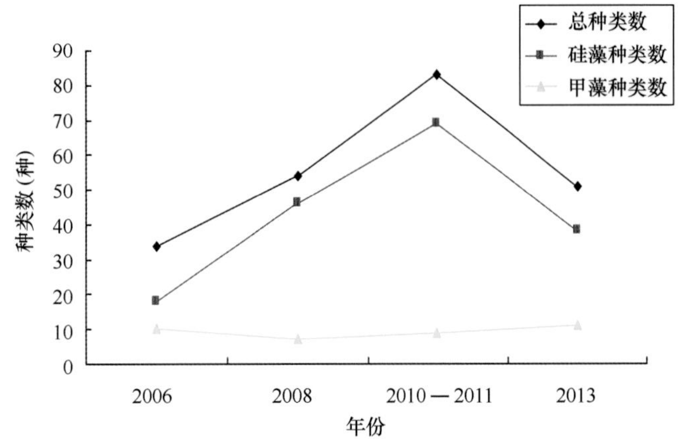

图6-10 深圳湾浮游植物种类数的变化趋势

2）细胞密度

细胞密度方面，2006年至2011年间明显呈下降趋势（表6-43）。2006年调查是1—12月每月取样一次所得的监测数据，2008年调查是11月的调查数据，2010—2011年调查是春、夏、秋、冬4个航次的数据。调查年份越往后，密度范围越大，最低值越小，最高值越大，最高值和最低值相差也越大。2006年，密度的平面分布表现为由海湾中部向湾口处递减的格局，2008年也有越趋湾口密度越小的变化趋势，这可能与深圳湾营养物质的来源有关，越近河口和排污口营养物质越丰富，越靠近湾口远离河口营养物质越贫乏。

表6-43 近10年深圳湾浮游植物密度的变化 单位：$\times10^4$ cells/L

调查年份	密度范围	平均值	资料来源
2006年	213~415	292	孙金水等
2008年	8.09~588.07	134.86	本项目研究组
2010—2011年	0.963~1 990.4	96.45	袁超等

3）优势种

优势种方面，历年均有出现的种类是中肋骨条藻（表 6-44）。2008 年和 2010—2011 年均只出现该藻 1 种，2006 年和 2013 年除了出现该优势种外，还有其他藻类，2013 年出现的优势种数量最多，达到 7 种。

表 6-44　近 10 年深圳湾浮游植物优势种的变化

调查年份	优势种种类	资料来源
2006 年	中肋骨条藻、海链藻（*Thalassiosira* spp.）、斯氏藻（*Scrippsiella* spp.）	孙金水等
2008 年	中肋骨条藻	本项目研究组
2010—2011 年	中肋骨条藻	袁超等
2013 年	中肋骨条藻、尖布纹藻、条纹小环藻、丹麦细柱藻、具槽直链藻、波状针杆藻、海洋卡盾藻	本项目研究组

4）多样性指数

多样性指数方面，总体上呈上升趋势（表 6-45）。多样性指数平均值由 2008 年逐步增大，多样性水平也由 2008 年的“极差”水平上升至 2013 年的“一般”水平，由此可见，深圳湾浮游植物的单一化群落结构有所改善，生态系统抗干扰能力有所增强。

表 6-45　近 10 年深圳湾浮游植物多样性指数的变化

调查时间	指数范围	平均值	多样性水平	资料来源
2006 年全年	0.76~2.52	—	极差至一般	孙金水等
2008 年 11 月	0.084~1.615	0.823	极差	本项目研究组
2010 年 11 月	0.22~1.64	1.15	差	袁超等
2013 年 10 月	1.52~3.25	2.35	一般	本项目研究组

6.3.2.3　浮游动物

2008 年 11 月调查中，种类有 33 种，其中桡足类 14 种，莹虾 1 种，毛虾 1 种，毛颚类 2 种，腔肠动物 3 种，被囊类 1 种，介形类 1 种，磷虾类 1 种，多毛类 2 种，原生动物 7 种；浮游幼虫 15 类；密度范围为 16 108.7~78 869.7 ind/m^3，平均为 42 508.8 ind/m^3，总的趋势是湾中部较高，湾口较低；生物量范围为 26~121 mg/m^3，湾内较低，平均为 73.9 mg/m^3，生物量较低，各站点分布较均匀；多样性指数变化范围为 1.838~2.769，平均 2.297；均匀度 0.335~0.504，平均为 0.418；两者均为湾口值小于湾内值。

与此相比，2013 年 10 月调查在种类组成方面没有出现被囊类、介形类、磷虾类、多毛类和原生动物这 5 个类群的种类，故种类比 2008 年的少，但两次调查均以桡足类和浮游幼虫为主；密度分布方面，变化范围小，但生物量反而很高，原因可能是本次调查获得的大型浮游动物丰富，两次调查的密度、生物量平面分布规律也不一致；物种多样性方面，虽物种多样性较小但分布较均匀。

6.3.2.4　大型底栖生物

2008 年 11 月调查中，种类有 4 门 24 种，其中环节动物 11 种（占 45.8%），软体动物 10 种（占 41.7%），甲壳类动物 2 种（占 8.3%），脊索动物 1 种（占 4.2%）；密度范围为 800~2 932 ind/m^2，平均为 1 784.7 ind/m^2；生物量范围为 11.79~129.43 g/m^2，平均为 54.74 g/m^2；多样性指数范围为 0.712~2.211，平均为 1.553；均匀度 0.157~0.489，平均为 0.343。

与此相比，2013 年 9 月调查的种类组成也以环节动物和软体动物为主；密度大大降低，但生物量有所增加，可能是由底栖生物种类组成不均造成的；多样性指数、均匀度均有所增高，反映出大型底栖生物的群落结构比 2008 年有所改善。

6.4　大铲湾海域生态状况评价

由于 2014 年大铲湾进行了疏浚清淤工程，施工期对海洋生态有明显影响：一是清淤过程会形成悬沙含量很高的水团，而悬沙对浮游植物生长具有非常显著的抑制作用，从而降低海洋生态系统的初级生产力；二是悬沙也对浮游动物的生长和繁殖产生非常显著的直接影响，在高含量悬沙影响区，浮游动物大部分或全部死亡；三是疏浚工程破坏了底栖生物赖以栖息的生境，工程疏浚区域范围内的底栖生物全部损失（中国水产科学研究院东海水产研究所，2014），故本项目研究组未将清淤后的大铲湾列入 2014 年生物调查范围，而是引用资料《深圳前海湾清淤工程海洋环境影响报告书（报批稿）》（中国水产科学研究院东海水产研究所，2014）对大铲湾海域的生态状况进行评价。

6.4.1　调查范围及站点布设

2013 年 11 月，中国水产科学研究院东海水产研究所在深圳大铲湾进行生态调查作业，共布设 20 个调查站位，其中生态站位 12 个，分别为 1 号、3 号、5 号、7 号、10 号、11 号、12 号、13 号、14 号、18 号、19 号、20 号，详见表 6-46 和图 6-11。

表 6-46　2013 年 11 月大铲湾生态调查站位

站位	纬度（N）	经度（E）	调查内容
1	22°32′32.09″	113°52′41.37″	水质、沉积物、生态
3	22°32′16.83″	113°52′56.06″	水质、沉积物、生态
5	22°32′17.15″	113°52′30.64″	水质、沉积物、生态
7	22°32′48.38″	113°51′54.69″	水质、沉积物、生态
10	22°31′30.71″	113°52′19.93″	水质、沉积物、生态
11	22°31′12.52″	113°51′43.87″	水质、沉积物、生态
12	22°32′35.91″	113°50′29.18″	水质、沉积物、生态
13	22°30′59.04″	113°51′05.37″	水质、沉积物、生态
14	22°29′41.45″	113°51′34.50″	水质、沉积物、生态
18	22°31′32.92″	113°47′46.88″	水质、生态
19	22°29′28.70″	113°48′38.09″	水质、沉积物、生态
20	22°28′13.29″	113°49′27.19″	水质、生态

6.4.2　叶绿素 a

2013 年 11 月叶绿素 a 监测结果列于表 6-47。

调查海域叶绿素 a 含量的变化范围为 1.05～15.79 mg/m^3，平均值为 5.67 mg/m^3。其中，1 号站的含量最高，达 15.79 mg/m^3；其次是 5 号站，分别为 10.56 mg/m^3；20 号站的含量最低，仅为 1.05 mg/m^3。

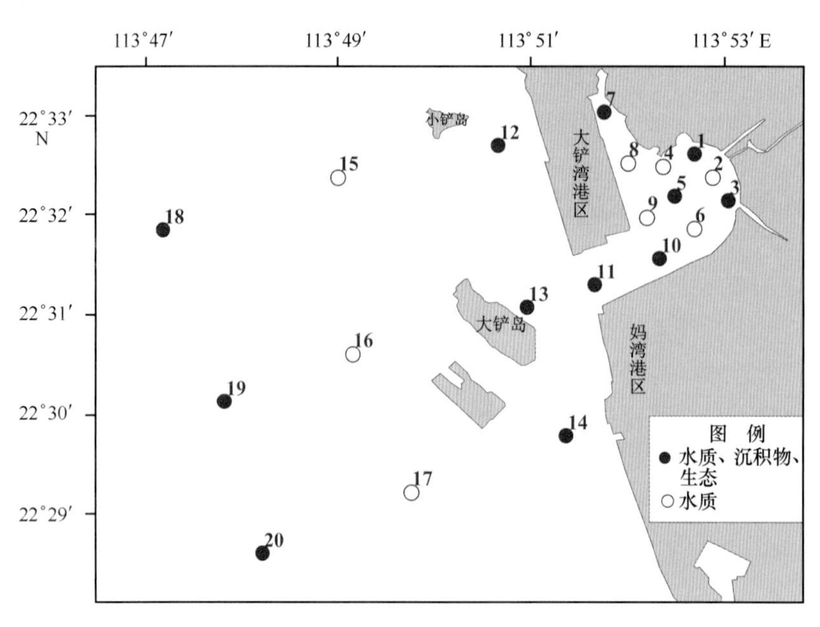

图 6-11　2013 年 11 月大铲湾生态调查站位示意图

表 6-47　2013 年 11 月大铲湾海域海水叶绿素 a 检测结果　　单位：mg/m^3

断面	站位	含量	
Ⅰ	1	15.79	10.23
	3	4.66	
Ⅱ	5	10.56	10.56
Ⅲ	7	5.61	3.65
	10	1.68	
Ⅳ	11	6.54	6.54
Ⅴ	12	3.13	4.68
	13	3.39	
	14	7.53	
Ⅶ	18	2.85	3.06
	19	5.27	
	20	1.05	
平均值		5.67	

从断面分布来看，断面Ⅱ的叶绿素 a 平均含量最高（10.56 mg/m^3），断面Ⅶ的平均含量最低（3.06 mg/m^3）；湾内断面Ⅰ至Ⅲ平均值为 7.66 mg/m^3，湾口（11 号站）为 6.54 mg/m^3，湾外（Ⅴ和Ⅶ）平均含量为 3.87 mg/m^3，即呈从高到低依次为湾内、湾口、湾外的分布趋势。

6.4.3　浮游植物

6.4.3.1　种类组成

2013 年 11 月调查样品经鉴定有浮游植物 17 属 21 种。其中硅藻出现的种类最多，达 10 属 14 种，占总种类数的 66.7 %；其次是甲藻，出现 6 属 6 种，占 28.6 %；蓝藻仅出现颤藻 1 种，占 4.8%。

6.4.3.2 细胞密度

2013 年 11 月调查结果表明，浮游植物细胞密度范围为 $1.1\times10^5 \sim 5.4\times10^6$ cells/m^3，平均为 2.3×10^6 cells/m^3。最高细胞密度出现在 1 号站，其次是 3 号站，最低出现在 12 号站。

硅藻是调查水域浮游植物细胞密度的主要贡献者，占总密度的 86.4%；其次是甲藻，占 13.3%，蓝藻所占比例很小，仅为 0.27%。从图 6-12 可以看到，除了 18 号和 19 号站外，其他各站硅藻细胞密度均占总密度的 90%以上；蓝藻仅在 1 号、3 号和 7 号站出现，其中以 3 号和 7 号站所占比例略高；18 号和 19 号站以甲藻为主，分别占其总密度的 70%和 47.9%。

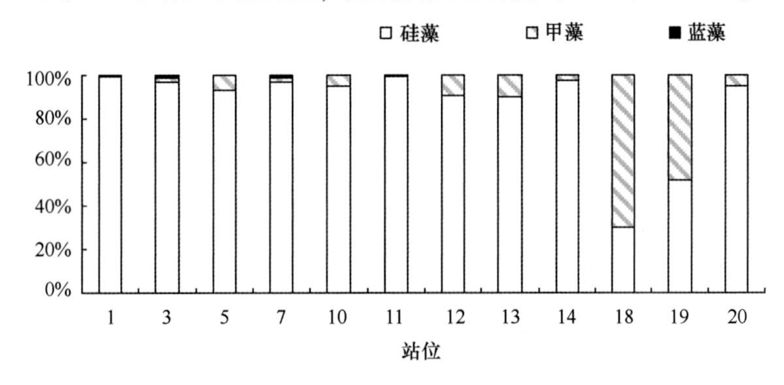

图 6-12 2013 年 11 月大铲湾浮游植物密度组成

6.4.3.3 优势种

由表 6-48 可知，2013 年 11 月优势种有 6 种。所有优势种均为硅藻，其中以中肋骨条藻的优势度最高，其次为皇冠角毛藻。双尾藻属的出现频率最高，在各站中都有出现，主要种类为布氏双尾藻和太阳双尾藻。甲藻的分布有着明显空间差异，仅在 18 号和 19 号站集中出现，对整个调查区域来说，并没有优势种出现，优势度最高的种类为原甲藻和链状亚历山大藻，其优势度均为 0.009。

表 6-48 2013 年 11 月大铲湾浮游植物优势种及优势度

优势种	优势度
中肋骨条藻	0.381
皇冠角毛藻	0.167
双尾藻属	0.072
辐射圆筛藻	0.061
旋链角毛藻	0.052
舟形藻	0.028

6.4.3.4 多样性指数

从表 6-49 可以看到，2013 年 11 月大铲湾各站位浮游植物种数范围为 4~12 种，12 号站种类最少，19 号站种类最丰富。多样性指数范围为 1.28 ~2.80，平均为 2.15；均匀性范围为 0.44~0.86，平均为 0.71。其中，湾内最靠岸的Ⅰ断面的多样性指数平均值最低（1.76），其他 2 个断面（Ⅱ和Ⅲ断面）的多样性指数平均值相对较高，分别为 2.78 和 2.43；湾口 1 个断面和湾外 3 个断面的多样性指数平均值较为接近，湾外分别为 2.07、2.01 和 2.17。总体上，2013 年大铲湾浮游植物的物种多样性属“一般”水平。

表 6-49　2013 年 11 月大铲湾浮游植物多样性指数

站位	种类数（种）*S*	多样性 *H'*	均匀性 *J*
1	9	1.40	0.44
3	10	2.11	0.64
5	10	2.78	0.84
7	7	2.13	0.76
10	9	2.74	0.86
11	6	2.07	0.80
12	4	1.28	0.64
13	9	2.53	0.80
14	9	2.23	0.70
18	6	1.44	0.56
19	12	2.80	0.78
20	11	2.26	0.65

6.4.4　浮游动物

6.4.4.1　种类组成

2013 年 11 月调查共鉴定浮游动物 8 大类群 44 种，其中原生动物 8 种；刺胞动物水母类 1 种；线虫类线虫 1 种；轮虫动物 8 种；环节动物的幼虫 2 种；软体动物的幼体 2 种，甲壳动物的哲水蚤目 8 种，剑水蚤目 4 种，猛水蚤目 3 种，磷虾类 1 种，浮游幼虫类 4 种；脊索动物的海鞘幼虫 1 种、仔鱼 1 种。

6.4.4.2　总生物量、总密度及平面分布

无节幼体的生物量在所有站位中最大，其次是桡足幼体。从近岸到离岸，生物量依次加大，20 号样站生物量最大，提示近岸环境海域质量相对较差。

调查区域浮游动物密度（不包括幼体）范围为 65.5~510.9 ind/m^3，平均为 254.2 ind/m^3；幼体密度范围为 140.2~3 273.1 ind/m^3，平均为 937.9 ind/m^3；从图 6-13 可以看到，不包括幼体，12 号站浮游动物的密度最高，其次为 7 号、10 号和 1 号站，湾内的平均密度为 337.3 ind/m^3，约为湾外的 1 倍（184.9 ind/m^3）；大多站位，浮游动物幼体的密度远远高于同站的非幼体密度，湾口处的幼体密度最高，19 号站的幼体密度最低，与其他浮游动物的分布趋势一致，湾内的浮游幼体密度（1 712.7 ind/m^3）高于湾外（937.9 ind/m^3）。

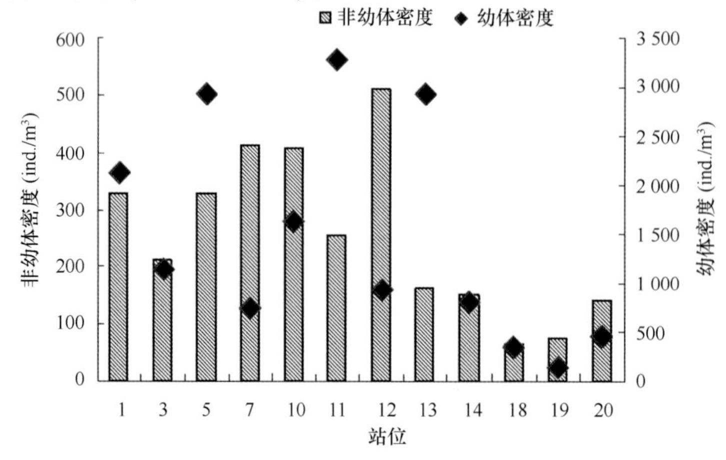

图 6-13　2013 年 11 月大铲湾浮游动物密度分布示意图

6.4.4.3　优势种

以优势度 Y 不小于 0.02 的种类作为优势种，经计算，调查区域的优势种有 6 种，按照优势度的高低依次为舞跃无柄轮虫、小长腹剑水蚤、厦门矮水蚤、诺氏麻铃虫、强额孔雀水蚤和艾氏网纹虫（表 6-50）；原生动物 2 种、轮虫动物 1 种、桡足类 3 种。

表 6-50　2013 年 11 月大铲湾优势种及其优势度

中文名	拉丁文名	优势度
艾氏网纹虫	*Favella ehrenbergii*	0.028
诺氏麻铃虫	*Leprotintinnus nordquisti*	0.037
舞跃无柄轮虫	*AscimorpHa saktans*	0.170
小长腹剑水蚤	*Oithona nana*	0.154
厦门矮水蚤	*Bestiolina amoyensis*	0.038
强额孔雀水蚤	*Pavocalanus crassirostris*	0.031

6.4.4.4　多样性指数

表 6-51 列出了调查海域浮游动物（不包括幼体）的多样性指数，从表 6-51 可以看到，调查水域各站位浮游植物种数范围为 4～11 种，5 号站种类最少，1 号、3 号和 20 号站种类最丰富。多样性指数为 1.49 ～3.36，平均为 2.45；均匀性为 0.65～0.94，平均为 0.80。其中，湾内最靠岸的Ⅰ断面的多样性指数平均值最高（3.23），断面Ⅱ多样性指数平均值最低，其他各断面的多样性指数变化不大。总体上，2013 年大铲湾浮游动物的物种多样性属"一般"水平。

表 6-51　2013 年 11 月大铲湾多样性指数表统计结果

站位	1	3	5	7	10	11	12	13	14	18	19	20
种类数（种）S	11	11	4	15	8	8	9	6	9	6	6	11
多样性 H'	3.18	3.27	1.49	3.36	2.07	2.22	2.30	1.68	2.61	2.12	2.22	2.86
均匀性 J	0.92	0.94	0.75	0.86	0.69	0.74	0.73	0.65	0.82	0.82	0.86	0.83

6.4.5　底栖生物

6.4.5.1　种类组成

本次调查所获大型底栖动物标本经鉴定共有 30 种，软体动物占绝大多数（其中腹足类 14 种，占 46.7%）；双壳类 11 种，占 36.7%；多毛类 2 种，占 6.7%；甲壳动物 2 种，占 6.7%；线虫类 1 种，占 3.3%。

表 6-52　2013 年 11 月大铲湾底栖生物种类组成

种类	中文名	拉丁文名
多毛类	白色吻沙蚕	*Glycera alba*
	独齿围沙蚕	*Perinereis cultrifera*
	丝异须虫	*Heteromastus filiformis*

续表

种类		中文名	拉丁文名
软体动物	腹足类	小塔螺	*Pseudoscilla* sp.
		映唇金环螺	*Iravadia reflecta*
		平扁螺	*adeorbis plana*
		光泽山椒螺	*assiminea nilida*
		分鹿眼螺	*rissoa discrepans*
		扁小轮螺	*Heliacus infundibuliformis*
		车轮螺	*Architechonica* sp.
		梯螺	*epitonium clathrus*
		鬘螺	*pHalium* sp.
		玉螺	*nitica* sp.
		蟹手螺	*Cerithidea* sp.
		天螺	*Diala* sp.
		锥螺	*Turritella* sp.
		精天螺	*Diala stricta*
	双壳类	光滑蓝蛤	*Potamocorbula laevis*
		丽文蛤	*meretrix lusoria*
		角蛤	*Angulus*
		斯氏小樱蛤	*Tellinella virgata*
		条纹小樱蛤	*Tellinella rastella*
		简易襞蛤	*Plicatula simplex*
		青蛤	*Cyclina sinensis*
		毛卵鸟蛤	*Maoricardium setasum*
		毛蚶	*ScapHarca* sp.
		隔贻贝	*Septifer bilocularis*
		紫贻贝	*Mytilus edulis*
甲壳动物		蜾蠃蜚	*CoropHium* sp.
		对虾	*Penacus* sp.

6.4.5.2 生物量与栖息密度

本次调查底栖动物的平均生物量为 3.79 g/m²，平均栖息密度为 160.5 ind/m²。生物量和栖息密度以软体动物最高，平均生物量和栖息密度分别为 2.58 g/m² 和 143.8 ind/m²，分别占总生物量的 91.2 %和栖息密度的 89.6 %。

从图 6-14 可以看到，调查海域各站间底栖动物栖息密度变动显著，底栖动物种栖息密度最高值出现在 1 号站，其次为 11 号和 20 号站；其中，1 号站是由于小塔螺的密集出现造成的，11 号站扁小轮螺（150 ind/m²）和丽文蛤（95.8 ind/m²）集中出现，20 个站位中栖息密度最高的种类为光滑蓝蛤（87.5 ind/m²）。从图 6-15 可以看到，最高生物量出现在 1 号站，其生物量达 18.88 g/m²；18 号站相对最低（0.44 g/m²）；湾内底栖生物平均生物量为 5.54 g/m²，湾口为 5.43 g/m²，湾外为 2.06 g/m²，呈从湾内向湾外逐步降低的趋势。

6.4.5.3 优势种

以优势度 Y 不小于 0.01 作为优势种，该海域调查共有优势种 5 种，即小塔螺、光滑蓝蛤、

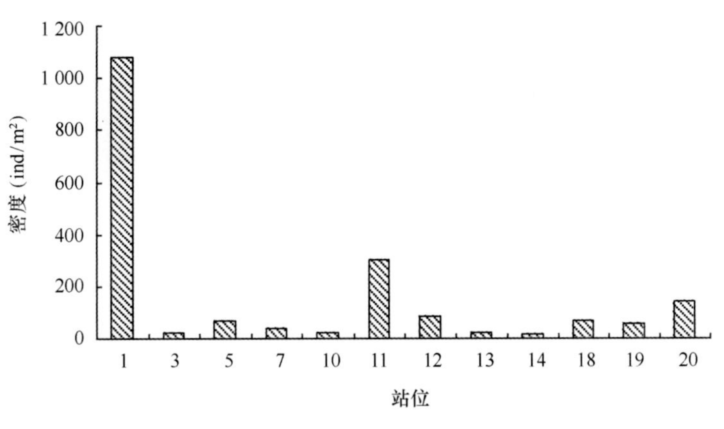

图 6-14 2013 年 11 月大铲湾底栖生物栖息密度分布示意图

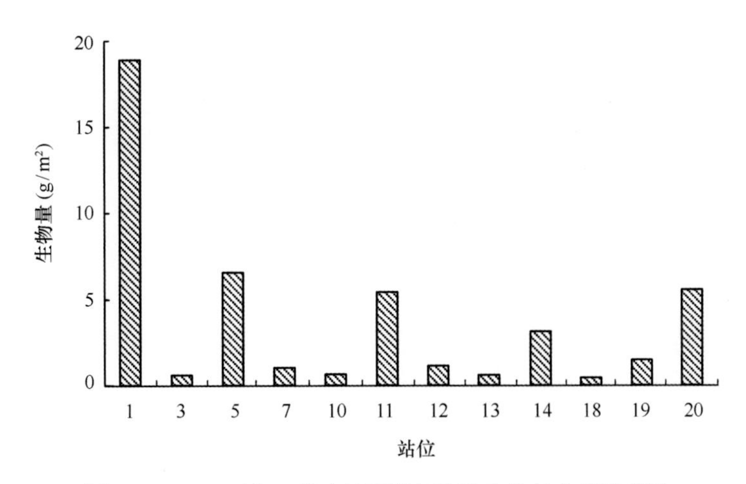

图 6-15 2013 年 11 月大铲湾底栖生物生物量分布示意图

丽文蛤、扁小轮螺和白色吻沙蚕（表 6-53）。其中小塔螺的优势度最高，以下依次为光滑蓝蛤、丽文蛤、扁小轮螺和白色吻沙蚕。优势种的平均栖息密度分别为 80.22 ind/m^2、17.01 ind/m^2、11.46 ind/m^2、14.93 ind/m^2 和 6.26 ind/m^2。

表 6-53 2013 年 11 月大铲湾优势种及其优势度

中文名	拉丁文名	优势度
白色吻沙蚕	*Glycera alba*	0.013
小塔螺	*Pseudoscilla* sp.	0.125
扁小轮螺	*Heliacus infundibuliformis*	0.023
光滑蓝蛤	*Potamocorbula laevis*	0.053
丽文蛤	*meretrix lusoria*	0.030

6.4.5.4 多样性指数

从表 6-54 可以看到，调查区域大型底栖生物种类分布不均，7 号和 13 号站的种类最少(2 种)，11 号站的种类最多（11 种）。均匀性 0.31~1.00，平均为 0.72；多样性指数为 0.47~2.91，7 号站的多样性的指数最低，18 号站的最高；湾内各站的多样性平均值为 1.06，湾口处为 0.61，湾外为 2.01；平均为 1.61。总体上，2013 年大铲湾大型底栖生物的物种多样性属“差”水平。

表 6-54　2013 年 11 月大铲湾底栖生物多样性指数

站位	1	3	5	7	10	11	12	13	14	18	19	20
种类数（种）S	6	3	4	2	4	9	8	2	4	10	6	7
多样性 H'	0.80	1.25	1.00	0.47	1.80	1.95	2.57	0.92	2.00	2.91	1.86	1.80
均匀性 J	0.31	0.79	0.50	0.47	0.90	0.61	0.86	0.92	1.00	0.88	0.72	0.64

6.5　小结与评价

6.5.1　珠江口深圳海域

2014 年珠江口深圳海域表层叶绿素 a 的变化范围在 0.76~131.72 mg/m^3，平均值为 15.43 mg/m^3，位于河口的 1 号站、4 号站、7 号站、11 号站、17 号站相对含量较高；初级生产力的变化范围在（35.82~2 333.75）mg/（m^2・d）之间，平均为 576.18 mg/（m^2・d）。总体上看，7 月的叶绿素 a 含量、初级生产力比 2 月、11 月高，其在调查海区的水平分布有离岸越远含量越低的趋势。

2014 年调查海域共发现浮游植物 7 门 181 种，以硅藻为主，数量以 7 月最多、2 月最少。比较 11 个调查站位可见，除 Z12 站外，同一站位的密度均以 7 月值最高，且明显高于另外两个月份；除 Z4 站外，均以 2 月值最低。各月份的站位平均密度范围为（6.25~47.90）×10^4 cells/L，2 月值最低，7 月值最高。全年共出现 11 种优势种，3 个月份均有优势种出现，7 月的优势种数量最多。各月份的站位平均多样性指数范围为 1.042~3.578，均匀度的站均值范围为 0.602~0.793，两者均为 2 月小于 11 月小于 7 月。总体上，2013 年珠江口深圳海域浮游植物的密度分布具有离岸越远密度越低、离珠江入海口越远密度越低的趋势；物种多样性属“一般”水平。

2014 年调查海域共发现浮游动物 12 个类群 110 种，3 个月份均有出现的种类有腔肠动物、桡足类、端足类、十足类、毛颚类、被囊类和浮游幼虫这 7 个类群；种类组成以桡足类和浮游幼虫为主；种类数量以 2 月最多，7 月最少。密度站均值范围为 196.54~20 696.87 ind/m^3，生物量的站均值范围为 250.13~1 217.55 mg/m^3，两者最低值均在 11 月，最高值均在 2 月。全年共出现 14 种优势种，各月份的种类互不相同，数量以 2 月最少、11 月最多。多样性指数的站均值为 0.544~2.416，最小值在 2 月，最大值在 11 月；均匀度的站均值为 0.139~0.610，最小值在 2 月，最大值在 11 月。总体上，2013 年珠江口深圳海域浮游动物的物种多样性属“差”水平。

2014 年调查海域共发现大型底栖生物 8 门 49 种，数量以 2 月居多，种类组成总体以软体动物为主。密度的站均值范围为 239.1~275.5 ind/m^2，11 月较小，2 月较大；生物量的站均值范围为 34.00~595.41 g/m^2，2 月较小，11 月较大，这与密度站均值的分布相反。全年共出现 5 种优势种，优势种季节变化明显，组成较简单，单一种的优势地位显著。多样性指数的站均值为 0.318~1.333，均匀度的站均值为 0.249~0.695，比较各站的多样性指数、均匀度可发现，2 月的多样性指数、均匀度比 11 月的高。总体上，2013 年珠江口深圳海域大型底栖生物的物种多样性属“极差”水平。

6.5.2　深圳湾海域

2013 年深圳湾海域调查的叶绿素 a 含量变化范围为 2.07~6.07 mg/m^3，平均值为 4.05 mg/m^3，平面分布有一定的差异，总体水平较低。初级生产力的变化范围以碳计为 44.70~197.38 m g/（m^2・d），平均值为 129.55 mg/（m^2・d）。叶绿素 a 和初级生产力的分布状况略有差异，分布的最高和最低的站位不一致，但两者的水平变化均呈无规则分布，均处于较低水平。

2013 年深圳湾海域调查共鉴定出浮游植物 4 门 51 种，硅藻占主要地位，甲藻其次，蓝藻最少。本次调查共出现 7 种优势种，优势度范围为 0. 030 ~ 0. 123。各站点浮游植物多样性指数的变化范围在 1. 52 ~ 3. 25，平均为 2. 35；均匀度变化范围为 0. 36 ~ 0. 77，平均为 0. 57；两者均为 S13 站最低，S5 站最高。总体上，2013 年深圳湾浮游植物的物种多样性属“一般”水平。

2013 年深圳湾海域调查共鉴定出浮游动物 21 种，种类数以桡足类占主导地位。各站位浮游动物密度的变化范围为 0. 8 ~ 30. 0 ind/m^3，平均为 15. 1 ind/m^3，湾顶和湾口较高，湾中部则较低。生物量的变化范围为 24. 1 ~ 4 050. 0 mg/m^3，平均为 963. 2 mg/m^3，湾顶较高，湾中部较低，从湾中部往湾口逐渐增大。本次调查各站位浮游动物多样性指数的变化范围在 0. 50 ~ 2. 42，平均为 1. 71；均匀度变化范围在 0. 25 ~ 0. 89，平均为 0. 69。总体上，2013 年深圳湾浮游动物的物种多样性属“差”水平。

2013 年深圳湾海域调查共发现了包括腔肠动物、多毛类动物、蠕虫动物、软体动物、甲壳类动物、棘皮动物和脊索动物在内的 5 大门类的底栖生物 23 科 23 种，以多毛类动物的种类最多，其次为软体动物。栖息密度的组成方面，最高为多毛类动物，其次为软体动物，其他类动物占的比例较低。生物量的组成为软体动物占优势，其次为多毛类动物。本次调查底栖生物的栖息密度和生物量属一般水平，平均栖息密度为 208 ind/m^2，平均生物量为 60. 84 g/m^2。统计分析显示，本次调查海域底栖生物多样性指数分布范围在 2. 592 ~ 3. 052 之间，平均为 2. 842，均匀度方面，其分布范围在 0. 818 ~ 0. 925 之间，平均为 0. 899。总体上，2013 年深圳湾大型底栖生物的物种多样性属“一般”水平，接近“优良”水平。

6. 5. 3　大铲湾海域

2013 年 11 月大铲湾叶绿素 a 含量的变化范围为 1. 05 ~ 15. 79 mg/m^3，平均值为 5. 67 mg/m^3，呈从高到低依次为湾内、湾口、湾外的分布趋势。

调查海域浮游植物有 21 种，细胞密度范围为 1. 1×10^5 ~ 5. 4×10^6 cells/m^3，平均为 2. 3×10^6 cells/m^3，各站细胞密度的变化不大，主要以硅藻占绝对优势，优势种主要为中肋骨条藻和皇冠角毛藻，多样性指数从 1. 28 ~ 2. 80，平均为 2. 15。总体上，2013 年大铲湾浮游植物的物种多样性属“一般”水平。

调查海域浮游动物有 8 大类群 44 种，无节幼体的生物量在所有站位中最大，其次是桡足幼体，非幼体密度范围为 65. 5 ~ 510. 9 ind/m^3，平均为 254. 2 ind/m^3，幼体密度范围为 140. 2 ~ 3 273. 1 ind/m^3，平均为 937. 9 ind/m^3，优势种有 6 种，按照优势度的高低依次为舞跃无柄轮虫、小长腹剑水蚤、厦门矮水蚤、诺氏麻铃虫、强额孔雀水蚤和艾氏网纹虫，多样性指数从 1. 49 ~ 3. 36，平均为 2. 45。总体上，2013 年大铲湾浮游动物的物种多样性属“一般”水平。

调查海域底栖生物有 30 种，软体动物占绝大多数，尤以对重金属等污染物抗性相对较强的腹足类和双壳类动物占绝对优势，反映出该海域底质生态环境较差，平均生物量为 3. 79 g/m^2，平均栖息密度为 160. 5 ind/m^2，优势种有 5 种，即小塔螺、光滑蓝蛤、丽文蛤、扁小轮螺和白色吻沙蚕，多样性指数为 0. 47 ~ 2. 91，平均为 1. 61。总体上，2013 年大铲湾大型底栖生物的物种多样性属“差”水平。

参考文献

广东海洋大学 . 2008. 深圳湾环境容量与污染总量控制研究报告 . 84-119.

国家海洋局 . 2002. 海洋赤潮监测技术规程 .

国家海洋局南海海洋工程勘察与环境研究院 . 2014. 招商局蛇口工业区太子湾片区综合开发项目观景平台工程海洋环境影响报告书（报批稿）. 66-95.

黄邦钦，洪华生，柯林，等 . 2005. 珠江口分粒级叶绿素 a 和初级生产力研究 . 海洋学报，27（6）：180-186.

黄云峰，江涛，冯佳和，等. 2012. 珠江口广州海域叶绿素 a 分布特征及环境调控因素. 海洋环境科学，31（3）：379-384.
李开枝，尹健强，黄良民，等 . 2005. 珠江口浮游动物的群落动态及数量变化 . 热带海洋学报，24（5）：60-68.
刘玉，李适宇，董燕红，等 . 2001. 珠江口伶仃水道浮游生物及底栖动物群落特征分析 . 中山大学学报（自然科学版），40：114-118.
南京水利科学研究院 . 2012. 深圳西部沿海围填工程生态环境影响初步研究（专题报告五）. 1-53.
深圳市海洋环境与资源监测中心，中国水产科学研究院南海水产研究所 . 2014. 深圳湾海域生物多样性调查报告（2013—2014）. 1-81.
沈国英，黄凌风，郭丰，等 . 2010. 海洋生态学 . 北京：科学出版社：89-102.
孙金水，WAI Onyx Wing-Hong，戴纪翠，等 . 2010. 深圳湾海域浮游植物的生态特征 . 环境科学，31（1）：63-68.
厦门水产学院 . 1979. 海洋浮游生物学 . 北京：农业出版社：198-199.
袁超，徐宗军，张学雷 . 2015. 2010—2011 年深圳湾浮游植物季节变化及其与环境因子关系 . 海洋湖沼通报.（1）：112-120.
张冬鹏，黎晓涛，黄远峰，等 . 2001. 深圳沿海浮游植物组成及赤潮发生趋势分析 . 暨南大学学报（自然科学版），22（5）：122-126.
中国水产科学研究院东海水产研究所 . 2014. 深圳前海湾清淤工程海洋环境影响报告书（报批稿）. 49-137.
GB 17378. 7—2007，海洋监测规范　第 7 部分：近海污染生态调查和生物监测.
GB/T 12763. 6—2007，海洋调查规范　第 6 部分：海洋生物调查.
GB/T 12763. 9—2007，海洋调查规范　第 9 部分：海洋生态调查指南.

第 7 章 珠江口沉积物释放特征研究

7.1 研究意义

7.1.1 研究意义

沉积物是江河、湖泊、水库和海湾等水体底部长期积存的沉积物，是水体多相生态系统的重要组成部分，是环境污染物在广泛空间和长期时间内的聚集处。在一定条件下，沉积物中的污染物（主要包括重金属、营养物质和难降解有机物）会向上覆水体释放，形成二次污染源，对水生生态系统构成严重威胁。研究表明，在一定条件下沉积物是重要的污染汇，但是在一定条件下也会成为重要的污染源。沉积物中的污染物与其上覆水体之间复杂的界面反应过程，对水质状况具有决定性影响。所以海底沉积物—海水界面的化学过程对控制上覆水体和沉积物环境的化学性质、各种营养要素和污染物质的生物地球化学循环等起着相当重要的作用。沉积物对上覆水水质的影响一般通过以下几个途径实现：①表层沉积物中的污染物直接向上覆水体解吸和释放；②沉积物间隙水中的污染物向上覆水体扩散释放；③沉积物再悬浮过程中吸附于颗粒物上的污染物释放。因此，开展物质在沉积物—水界面的各种行为研究，对于探讨物质迁移转化规律及水污染控制具有重要的理论和实践意义。

7.1.2 研究现状

沉积物—海水界面化学作为化学海洋学的一个重要部分，近年来得到了迅速发展。研究表明，水底沉积物中营养物质的再生，对于水体中营养盐的收支循环动力学和初级生产力的维持有着极其重要的作用（Treguer et al.，1995），在水深小于 5 m 的浅海区域，这种作用显得尤为重要（Kemp et al.，1992）。据文献报道，在 Mobile 湾和某些河口区再生的营养盐可提供浮游植物所需氮的 20%~94%，磷的 10%~83%（Cowan et al.，1996）。马萨诸塞州波士顿港底部营养盐的再生量相当于浮游植物所需氮的 40%、P 的 29%、Si 的 60%（Giblin，1997）。在 Hiroshima 海湾，沉降到海底的颗粒氮和颗粒磷的 60%~70%可以通过沉积物中营养盐的释放重新回到水体（Seiki et al.，1989）。在 Chesapeake 湾，沉积物中营养盐的释放量占整个海湾营养盐总负荷的 10%~40%（Boynton and Kemp，1985）。在黑海西北部，磷和硅在沉积物—海水界面上的交换通量与 Danube 河的 P 和 Si 输入的数量级相当，而 NH_4^+ 的通量仅为河流输入的 10%（Friedl，1998）。

与西方国家进行的大量研究相比，国内在这方面的研究起步相对较晚，所做的工作也较少。国内有关沉积物间隙水营养盐及通量的研究，大多数集中于河口、海湾以及大陆架（廖先贵等，1984；沈志良等，1991；顾德宇等，1995；丘耀文等，1999；郑丽波等，2003；王军等，2006；戚晓红等，2006）。宋金明（1996）利用现场培养，间隙水浓度梯度估算法结合成岩模型估算了南黄海和东海交界地区以及南沙海域沉积物—海水界面的物质交换通量。刘素美等（2005）用实验室培养法和早期成岩模型计算了黄、渤海营养盐在沉积物—海水界面上的交换速率。在渤海，每年沉积物向海水提供的 P 和 Si 分别占渤海 P、Si 循环总量的 86.4%和 31.7%（宋金明等，2000）。另外，Aller 等（1985）利用早期成岩模型计算了东海长江口地区 N 和 Si 的交换速率；蒋凤华等（2002，2004）研究了营养盐在胶州湾—海水界面上的交换速率和通量；张德荣等（2005）等研究了营养盐在珠江口沉积物—水界面的交换通量。各海区的交换速率见表 7-1。

表 7-1 海洋沉积物—水界面间营养盐的交换速率 单位：μmol/（d·m^2）

海域	NO_2-N	NO_3-N	NH_4-N	PO_4-P	文献
太平洋东北大陆边缘	—	-0.86~-0.14	0~0.64	0~0.04	Deovl et al., 1993
西班牙 Cadiz Bay	—	—	258~1525	21~379	Forja et al., 1994
加州 Santa Monica Bay	—	-45.8	—	4.0	Jahnke et al., 2000
澳大利亚 Phillip Bay	—	—	4.2~500	1.7~83.3	Berelson et al., 1998
亚得里亚海 Trieste Bay	—	-0.20~0.80	—	—	Cermelj, 1997
亚得里亚海陆架区北部	—	0.71	2.69	—	Spagnoli, 1997
渤海	—	38-365	960~2 520	—	刘素美等，1999
桑沟湾	—	—	760	-1 170	张学雷等，2004
胶州湾	—	—	670	10	张学雷等，2004
东海	-20	-70	480	-10	石峰等，2004
胶州湾	5~670	-2 000~2 800	-500~1 600	0.1~90	蒋凤华等，2004
珠江口（夏季）	-13.4~-9	-558~178	-263~1931	-79.2~127	张德荣等，2005

7.1.3 研究区域概况

珠江为我国第三大河，流量居第二位，年径流量约为 3 200×10^8 m^3/a，年输沙量达 8 000×10^4 t，其中约 20%沉积在河口三角洲内，80%淤积在口门外海域（蓝先洪，1996）；所以珠江口的沉积速率相当高，就伶仃洋而言，^{14}C 法求得的长时期沉积速率约为 0.564 cm/a，根据历史海图法和实测输沙平衡计算，得短期的沉积速率可达 2 cm/a（韩舞鹰，1991）。

珠江河口及邻海的沉积和生态系统是珠江三角洲和南海相互作用的结果；国内外学者对珠江口环境质量进行了大量的研究，珠江口海域表层沉积物有机质含量丰富（胡建芳等，2005），因此，由其降解过程所产生的营养盐再生会直接影响珠江口水体中的营养盐含量，但目前有关珠江口沉积物的研究资料并不完全，生源要素的生物地球化学循环和再生机制的研究较少，只有张德荣等（2005）等对珠江口区域进行了分析研究，并估算了该海域营养盐的交换通量。珠江口内海域，毗邻珠江三角洲经济发达区，与人们日常的生产生活关系密切，本研究通过实验室培养法测定珠江口某些典型站位的沉积物—水界面营养盐交换速率，初步估算营养盐在珠江口沉积物—海水界面上的交换通量，了解界面交换对于该海区营养盐的贡献，为珠江口营养盐的迁移、转化过程以及营养盐的再生循环模型的建立提供基本的动力学参数。

7.2 研究方法

7.2.1 研究方法概述

目前，营养盐在沉积物—水界面交换的研究方法主要有 4 种，分别是沉积物间隙水浓度梯度估算法、实验室培养法、上覆水营养盐质量平衡估算法和现场法等。本实验采用的是目前比较常用的实验室培养法，将采集到的表层沉积物样品装入培养管中在实验室进行培养，控制一定的环境条件，测定上覆水体中营养盐的浓度变化及一些水体参数。培养实验过程中，加入上覆水的体积、沉积物样品的高度及表面积、培养时间和取样间隔等由于研究者设计实验的不同而有所差异。实验室培养法模拟了研究海区营养盐在沉积物—水界面上的交换情况，使其结果更加接近真实情况。

7.2.2 研究方案

在珠江口代表性区域采集样品设置5组对照组，室内模拟实验设置扰动因素、含氧量因素对照组。培养过程中按照一定的时间间隔采集培养管内的上覆水，并记录采样时间；取样完毕后，立即向沉积物柱中补充相同体积该站位的上覆海水，以保持管内上覆水的基本理化性质和总体积不会改变。用于计算交换通量的上覆水样品，其保存方式与间隙水样品相同，均经0.45 μm的醋酸纤维滤膜过滤后测试。

监测指标主要有：温度、盐度、pH值、DO、NO_2-N、NO_3-N、NH_4-N、PO_4-P、TP、TN、COD、TOC等。

7.2.3 测试方法

样品的分析均按《海洋监测规范》第四部分：海水分析（GB 17378.4—2007）规范操作。亚硝酸盐采用盐酸萘乙二胺分光光度法、硝酸盐采用锌镉还原法、铵氮采用次溴酸盐氧化法、活性PO_4-P采用磷钼蓝分光光度法。每批样品测试时，采用国家环境保护部标准样品研究所的标准溶液做加标回收率实验，以保证测试结果的准确性。

其他主要相关环境因子的测试方法如下：水温用水温计、盐度采用Orion 130A盐度计、pH值采用Orion 3 star pH计、溶解氧（DO）采用碘量法，总有机碳（TOC）用非色散红外线吸收法，化学需氧量（COD_{Mn}）用碱性高锰酸钾法。

7.2.4 交换通量的计算

扣除补充水对上覆水浓度的影响，对交换实验中上覆水营养盐浓度随时间变化趋势进行线性拟合，当上覆水中营养盐浓度随时间变化为线性时（$R>0.5$），其斜率即为交换速率（Hall et al.，1996）；当浓度随时间的变化曲线为非线性时，一种方法是取线性部分的斜率，或者是仅取前两点或三点来计算交换速率（Aller et al.，1985），求出每一种营养盐的交换速率后，根据下列公式计算交换通量F：

$$F = h\frac{\mathrm{d}c}{\mathrm{d}t}$$

其中，h为上覆水的平均深度（m），$\frac{\mathrm{d}c}{\mathrm{d}t}$为某营养盐浓度随时间的交换速率。$F$为交换通量，单位为μmol/（$m^2$·d）。

7.2.5 采样站位及时间

本研究于2014年2月23日在珠江口布设5个站位进行了采样分析，采样站位如图7-1所示，各采样点沉积物理化性质如表7-2所示。本实验的柱状沉积物用浅海无扰动四管采样器采集，所采集的沉积物柱表层无明显扰动；每个站位取完整沉积物柱，装入培养管中在实验室进行培养，控制一定的环境条件，测定上覆水体中营养盐的浓度变化及一些水体参数。

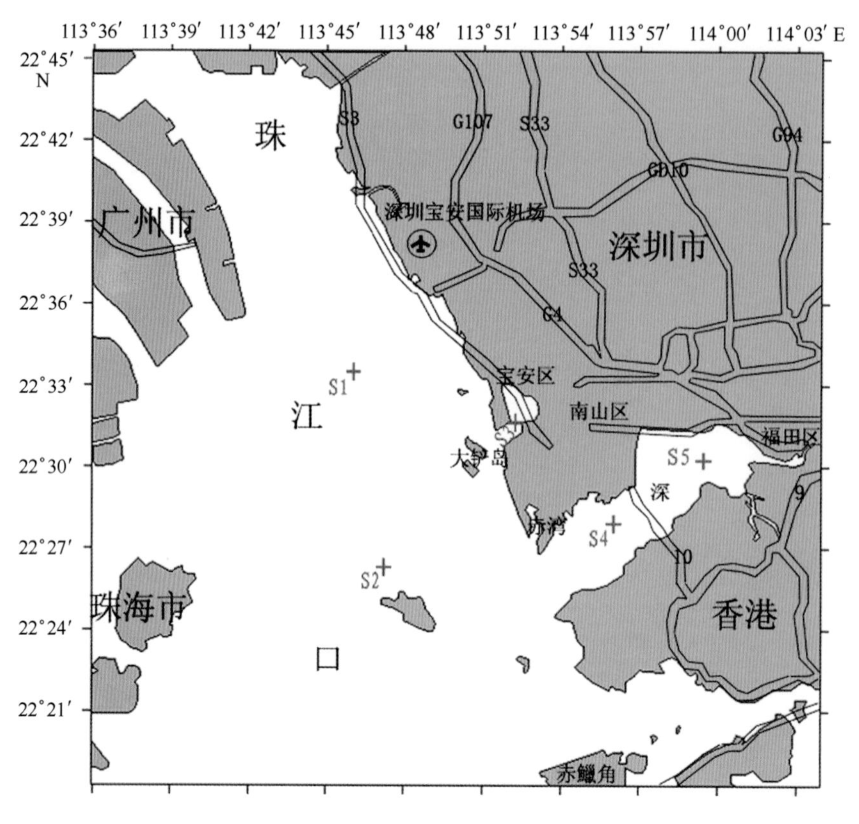

图 7-1 采样站位示意图

表 7-2 各采样站位沉积物理化性质

采样站位	纬度（N）	经度（E）	水深（m）	沉积物性状
S1	22°33′32. 48″	113°43′42. 46″	8. 0	浅黄→灰砂中量泥
S2	22°26′56. 73″	113°44′45. 15″	8. 0	灰黑中量淤泥
S3	22°31′0. 98″	113°51′25. 43″	10. 5	黑灰泥多泥
S4	22°27′3. 71″	113°54′43. 47″	6. 0	浅灰→黑大量淤泥
S5	22°29′23. 66″	113°58′4. 82″	4. 0	灰黑淤泥

7. 3 实验结果及讨论

7. 3. 1 不同区域沉积物营养盐的释放

7. 3. 1. 1 不同区域沉积物 NO_2-N 的释放

5 个不同区域采集的沉积物样品经实验室培养后，在一定时间间隔取上覆水进行 NO_2-N 含量的测定，测定结果见表 7-3。

表 7-3　培养实验中不同区域沉积物上覆水 NO_2-N 浓度　　单位：μmol/L

时间（h）	S1	S2	S3	S4	S5
6	25.4	11.8	5.96	9.26	12.6
12	17.2	8.22	5.09	10.0	10.9
18	17.9	7.14	2.83	4.92	7.01
24	16.5	6.43	4.19	4.72	5.25
30	10.5	3.33	3.69	5.64	7.60
36	8.34	3.88	2.99	3.17	3.35
42	7.24	2.43	2.72	1.76	2.10
48	6.21	1.63	2.54	2.28	3.93
54	3.85	1.94	2.21	2.34	3.73
60	3.03	1.35	2.63	1.36	2.36
66	3.12	1.61	2.86	1.67	2.73
72	3.16	1.61	2.58	1.76	2.90

从表 7-3 实验结果来看，5 个不同区域采集的沉积物样品经实验室培养后上覆水中 NO_2-N 含量随时间推移均呈减小的趋势。说明在培养过程中上覆水中的 NO_2-N 进入到沉积物中，沉积物是 NO_2-N 的“汇”。其中 S1 站位上覆水中 NO_2-N 含量较高（图 7-2），跟其他站位相比较 S1 站位浓度变化幅度较大。

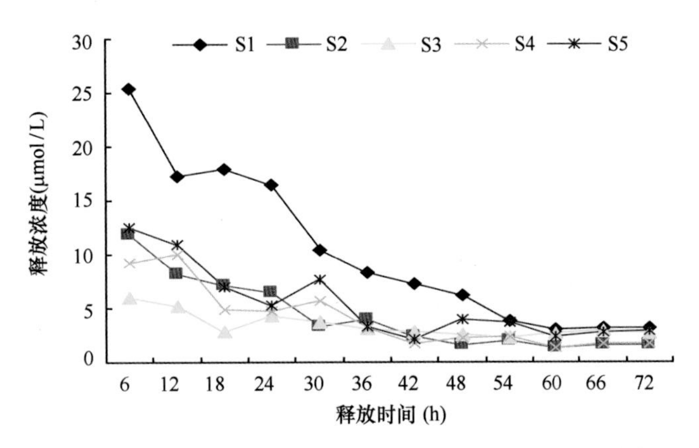

图 7-2　培养实验中上覆水 NO_2-N 浓度随培养时间的变化

7.3.1.2　不同区域沉积物 NO_3-N 的释放

5 个不同区域采集的沉积物样品经实验室培养后，在一定时间间隔取上覆水进行 NO_3-N 含量的测定，测定结果如表 7-4 所示。

表 7-4 培养实验中不同区域沉积物上覆水 NO_3-N 浓度 单位：μmol/L

时间（h）	S1	S2	S3	S4	S5
6	5.12	20.7	11.7	4.89	8.70
12	6.12	32.9	13.6	18.6	18.8
18	12.2	34.6	19.7	32.6	27.0
24	31.0	43.2	20.6	36.6	34.5
30	57.3	51.9	29.4	38.9	43.2
36	59.9	54.6	30.2	42.4	45.5
42	69.4	46.0	45.0	39.8	43.8
48	74.0	44.0	41.6	31.1	51.2
54	75.6	46.0	38.4	29.7	44.5
60	76.3	37.7	48.2	36.5	40.7
66	78.0	48.8	46.3	48.5	42.2
72	76.0	49.5	48.1	44.3	35.9

从表 7-4 实验结果来看，5 个不同区域采集的沉积物样品经实验室培养后上覆水中 NO_3-N 含量随时间推移主要呈增大的趋势。说明在培养过程中沉积物的 NO_3-N 进入到上覆水中是主要趋势，沉积物是 NO_3-N 的“源”。见图 7-3。

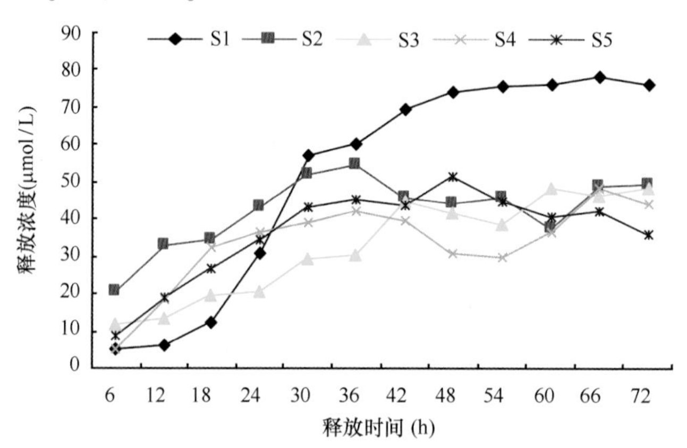

图 7-3 培养实验中上覆水 NO_3-N 浓度随培养时间的变化

从整体来看（图 7-3）硝酸盐呈从沉积物向上覆水释放的趋势，培养前期释放速率较快，后期释放速率减慢或达到平衡，其中 S1 释放速率较快。

7.3.1.3 不同区域沉积物 NH_4-N 的释放

5 个不同区域采集的沉积物样品经实验室培养后，在一定时间间隔取上覆水进行 NH_4-N 含量的测定，测定结果见表 7-5。

表 7-5　培养实验中不同区域沉积物上覆水 NH_4-N 浓度　　单位：μmol/L

时间（h）	S1	S2	S3	S4	S5
6	24.7	8.43	7.56	4.99	9.99
12	48.9	14.4	8.28	20.8	23.0
18	53.8	14.4	8.82	24.9	17.2
24	95.7	19.6	10.9	29.0	21.4
30	102.3	26.4	14.5	29.7	20.5
36	105.4	15.6	27.8	43.7	45.0
42	107.0	16.8	29.5	44.0	48.2
48	111.3	17.4	37.7	39.9	48.6
54	84.3	20.0	27.6	52.1	54.5
60	93.0	23.0	32.8	41.0	45.4
66	84.3	20.9	28.6	43.6	38.7
72	93.0	22.5	26.9	39.7	35.1

从表 7-5 实验结果来看，5 个不同区域采集的沉积物样品经实验室培养后上覆水中 NH_4-N 含量随时间推移主要呈增大的趋势。说明在培养过程中沉积物的 NH_4-N 进入到上覆水中是主要趋势，沉积物是 NH_4-N 的“源”。见图 7-4。

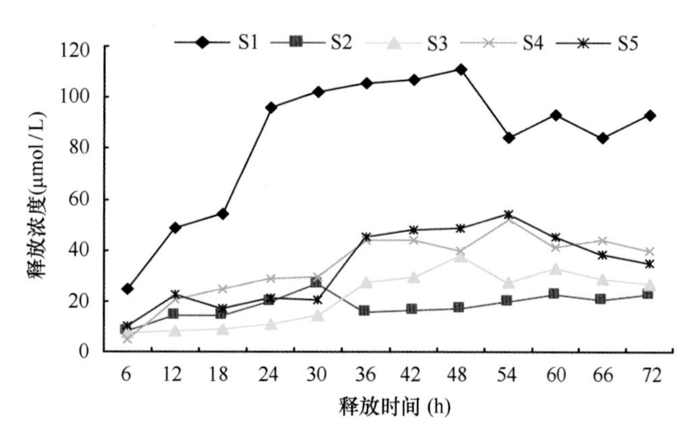

图 7-4　培养实验中上覆水 NH_4-N 浓度随培养时间的变化

从整体来看（图 7-4）NH_4-N 主要也呈从沉积物向水体释放的趋势，S1 站位上覆水中 NH_4-N 的浓度较高，S4、S5 站位释放趋势明显，S2 站位前期释放明显，后期处于平衡状态。

7.3.1.4　不同区域沉积物 PO_4-P 的释放

5 个不同区域采集的沉积物样品经实验室培养后，在一定时间间隔取上覆水进行 PO_4-P 含量的测定，测定结果见表 7-6。

表 7-6　培养实验中不同区域沉积物上覆水 PO_4-P 浓度　　单位：μmol/L

时间（h）	S1	S2	S3	S4	S5
6	13.3	7.20	6.57	6.65	7.26
12	12.6	7.19	7.42	6.83	8.23
18	11.3	6.39	7.01	5.74	9.37
24	8.95	5.09	7.53	6.00	9.24
30	9.55	8.15	8.12	8.72	10.7
36	10.1	8.20	9.45	6.49	9.45
42	10.7	9.24	9.00	11.2	13.1
48	11.7	8.41	8.57	9.79	10.2
54	14.4	10.3	10.6	10.9	11.5
60	13.4	11.0	8.12	12.6	14.1
66	15.6	8.85	9.26	11.3	13.7
72	17.0	12.6	9.45	11.4	15.2

从表 7-6 实验结果来看，5 个不同区域采集的沉积物样品经实验室培养后上覆水中 PO_4-P 含量随时间推移均呈增大的趋势。说明在培养过程中沉积物的 PO_4-P 进入到上覆水中，沉积物是 PO_4-P 的"源"（图 7-5）。

从整体来看（图 7-5）PO_4-P 呈从沉积物向上覆水释放的趋势，前 18 h S1 和 S2 站位上覆水中 PO_4-P 浓度有下降，但 18 h 后随着时间的迁移，上覆水中 PO_4-P 主要呈上升的趋势。

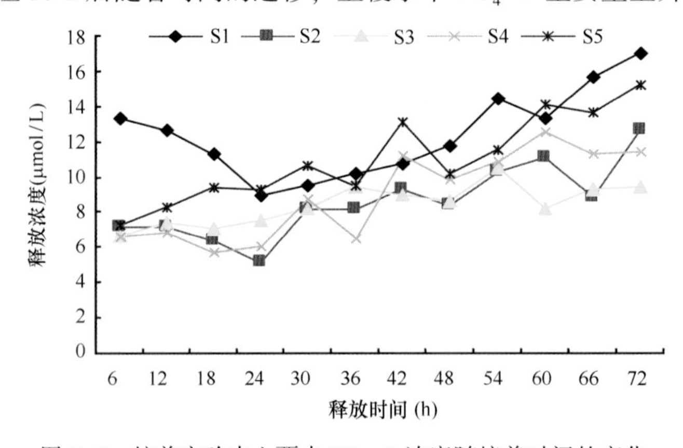

图 7-5　培养实验中上覆水 PO_4-P 浓度随培养时间的变化

7.3.2　不同区域沉积物有机质的释放

7.3.2.1　不同区域沉积物 TOC 的释放

5 个不同区域采集的沉积物样品经实验室培养后，在一定时间间隔取上覆水进行 TOC 含量的测定，测定结果见表 7-7。

表 7-7 培养实验中不同区域沉积物上覆水 TOC 浓度 单位：mg/L

时间（h）	S1	S2	S3	S4	S5
6	25.1	12.6	9.47	9.82	11.2
12	10.2	11.0	16.2	12.9	12.0
18	16.6	8.68	13.1	7.38	8.03
24	12.3	12.1	11.3	9.38	10.8
30	14.1	11.0	16.7	10.7	10.8
36	18.8	28.7	24.5	26.7	27.7
42	29.3	25.7	26.5	30.0	27.9
48	31.5	28.0	28.6	26.8	27.4
54	26.9	28.1	30.6	26.0	27.0
60	32.0	31.6	31.7	28.4	30.0
66	31.0	25.3	33.1	30.7	28.0
72	35.0	31.9	31.9	27.4	29.7

从表 7-7 实验结果来看，5 个不同区域采集的沉积物样品经实验室培养后上覆水中 TOC 含量随时间推移主要呈增大的趋势。说明在培养过程中沉积物的 TOC 进入到上覆水中是主要趋势，沉积物是 TOC 的“源”（图 7-6）。

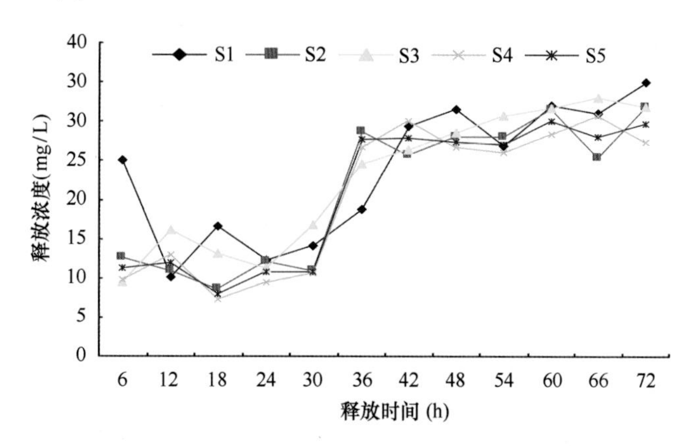

图 7-6 培养实验中上覆水 TOC 浓度随培养时间的变化

从整体来看（图 7-6）TOC 主要也呈从沉积物向水体释放的趋势，培养过程中 24～48 h 之间 TOC 的释放呈现一个高峰，前 24 h 和 48 h 之后 TOC 变化比较平缓。

7.3.2.2 不同区域沉积物 COD 的释放

5 个不同区域采集的沉积物样品经实验室培养后，在一定时间间隔取上覆水进行 COD 含量的测定，测定结果见表 7-8。

表 7-8 培养实验中不同区域沉积物上覆水 COD 浓度 单位：mg/L

时间（h）	S1	S2	S3	S4	S5
6	1.40	1.80	1.46	1.70	1.75
12	1.30	1.33	1.38	1.33	1.33
18	1.10	0.83	1.42	1.21	1.02
24	1.56	1.29	1.56	1.13	1.21
30	2.90	2.00	2.20	1.55	1.77
36	2.37	1.13	1.22	1.41	1.27
42	1.92	1.57	1.29	1.31	1.44
48	3.08	2.01	2.27	2.63	2.32
54	1.67	1.63	1.43	1.44	1.54
60	1.39	1.22	2.76	1.48	1.35
66	3.25	1.88	2.38	1.31	1.60
72	2.06	1.35	1.19	1.31	1.33

从表 7-8 实验结果来看，5 个不同区域采集的沉积物样品经实验室培养后上覆水中 COD 含量随时间推移没有明显的趋势性（图 7-7）。

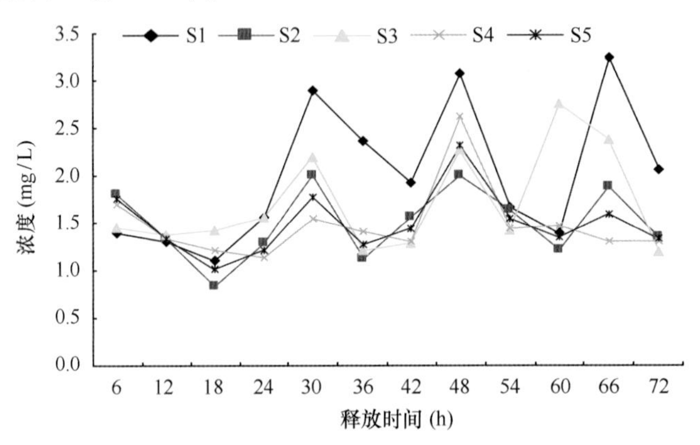

图 7-7 培养实验中上覆水 COD 浓度随培养时间的变化

从整体来看（图 7-7）COD 主要表现为波动性变化，S1 站位上覆水中 COD 的浓度相对较高，其他站位比较相近，整个培养过程中 COD 处于平衡状态。

7.3.3 溶解氧对沉积物营养盐和有机质释放的影响

7.3.3.1 溶解氧对沉积物营养盐释放的影响

本实验采用模拟“富氧”和“贫氧”两种含氧量条件，以考察溶解氧对沉积物—水界面营养盐界面交换的影响。随培养时间的延长，上覆水中 3 种形态的 N（NO_2-N、NO_3-N、NH_4-N）和 PO_4-P 的浓度变化如表 7-9 所示。

表 7-9 "富氧"和"贫氧"条件下上覆水中营养盐的浓度 单位：μmol/L

时间（h）	NO_2-N		NO_3-N		NH_4-N		PO_4-P	
	S4	S4 增氧	S4	S4 增氧	S4	S4 增氧	S4	S4 增氧
6	9.3	1.19	4.89	7.21	4.99	3.88	6.65	8.95
12	10.0	1.17	18.6	9.65	20.8	3.76	6.83	6.98
18	4.92	0.81	32.6	14.2	24.9	7.52	5.74	5.04
24	4.72	0.87	36.6	17.7	29.0	13.2	6.00	3.41
30	5.64	0.88	38.9	16.0	29.7	16.5	8.72	3.87
36	3.17	0.87	42.4	16.5	43.7	21.7	6.49	2.63
42	1.76	0.79	39.8	17.2	44.0	27.7	11.2	3.54
48	2.28	0.64	31.1	16.3	39.9	29.6	7.79	4.76
54	2.34	0.65	29.7	16.1	52.1	33.6	10.9	4.91
60	1.36	0.52	36.5	18.0	41.0	18.2	12.6	4.63
66	1.67	0.35	48.5	19.2	43.6	22.7	11.3	5.53
72	1.76	0.61	44.3	14.0	39.7	21.0	11.4	5.77

图 7-8 是"富氧"和"贫氧"两种含氧量条件下随着培养时间的迁移上覆水中营养盐浓度的变化。由图中可以明显看出沉积物在"贫氧"条件下各个时段内上覆水中 NO_2-N、NO_3-N、NH_4-N 和 PO_4-P 浓度均大于富氧条件下的浓度。

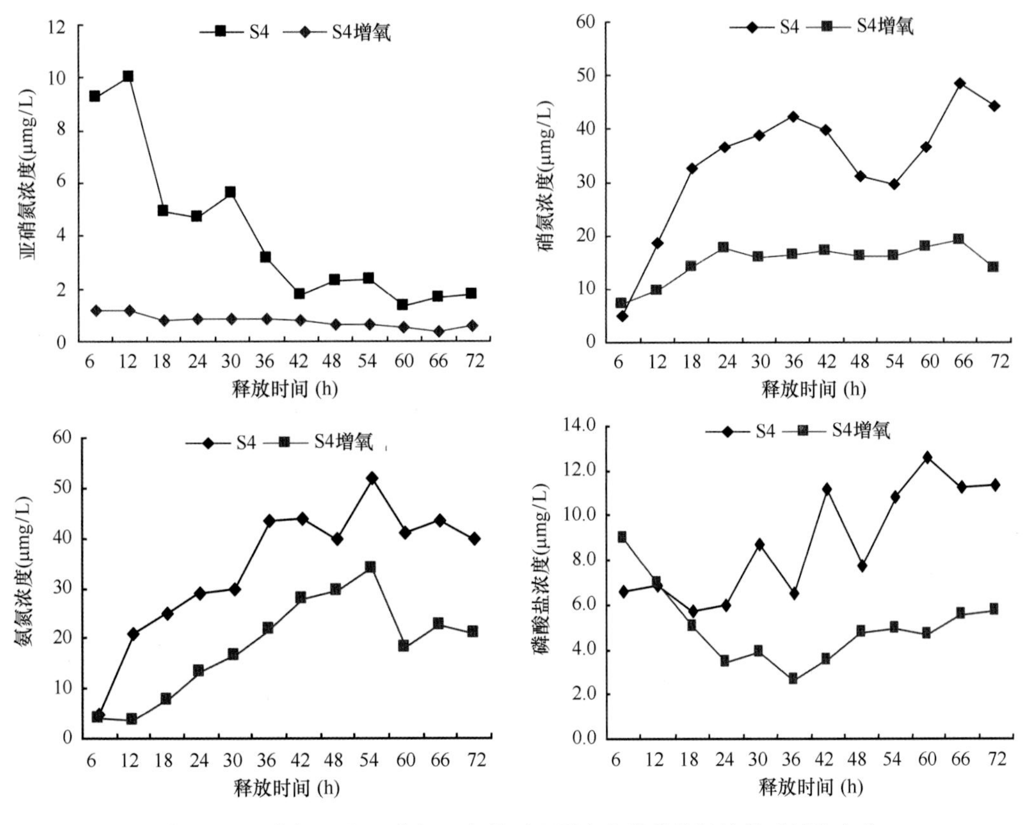

图 7-8 "富氧"和"贫氧"条件下上覆水中营养盐随培养时间的变化

"贫氧"条件下各个时段内上覆水中 NO_2-N、NO_3-N、NH_4-N 和 PO_4-P 浓度均大于富氧条件下的值，这可能主要是由于富氧条件下，溶解氧浓度高，在沉积物—水界面上的渗透大，使沉积物处于氧化环境。在氧化环境中，反硝化作用受到抑制，硝化作用更容易发生。NH_4-N 在硝化细菌

的作用下转变成 NO_3-N，使得 NO_2-N 和 NH_4-N 的浓度降低。而沉积物与水体的物质交换主要通过扩散来实现，交换的强度主要取决于沉积物间隙水中营养物质的浓度。对于 NO_3-N 来说，由于上覆水中的含量高于间隙水，所以沉积物表现为汇。间隙水中 NO_3-N 浓度的相对升高，减弱了它由水体向沉积物的交换。

7.3.3.2 溶解氧对沉积物有机质释放的影响

本实验采用模拟“富氧”和“贫氧”两种含氧量条件，以考察溶解氧对沉积物—水界面有机质界面交换的影响。随培养时间的延长，上覆水中 COD 和 TOC 的浓度变化见表 7-10 所示。

表 7-10　“富氧”和“贫氧”条件下上覆水中有机质的浓度　　单位：mg/L

时间（h）	TOC		COD	
	S4	S4 增氧	S4	S4 增氧
6	9.82	10.0	1.70	2.79
12	12.9	13.6	1.33	1.66
18	7.38	10.1	1.21	3.69
24	9.38	11.7	1.13	2.78
30	10.7	26.0	1.55	2.16
36	26.7	26.8	1.41	1.84
42	30.0	27.8	1.31	2.51
48	26.8	28.0	2.63	3.12
54	26.0	29.2	1.44	1.78
60	28.4	29.1	1.48	2.02
66	30.7	24.8	1.31	2.02
72	27.4	28.9	1.31	1.80

图 7-9 是“富氧”和“贫氧”两种含氧量条件下随着培养时间的迁移上覆水中有机质浓度的变化。由图中可以明显看出沉积物在“富氧”条件下各个时段内上覆水中 COD 的浓度均大于贫氧条件下的浓度，而 TOC 没有明显规律。

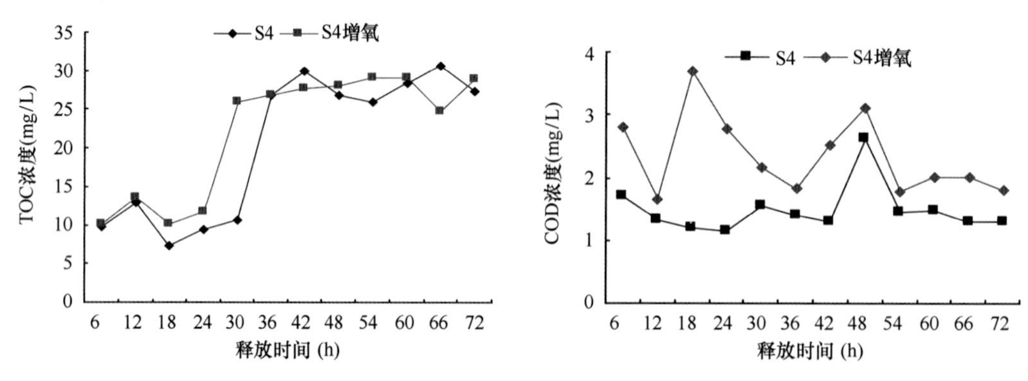

图 7-9　“富氧”和“贫氧”条件下上覆水中有机质随培养时间的变化

7.3.4 扰动因素对沉积物营养盐和有机质释放的影响

7.3.4.1 扰动因素对沉积物营养盐释放的影响

本实验设置了“扰动”和“非扰动”两种动力条件下的模拟实验，以考察“扰动”因素对沉积物—水界面营养盐界面交换的影响。随培养时间的延长，上覆水中 3 种形态的 N（NO_2-N、NO_3-N、NH_4-N）和 PO_4-P 的浓度变化如表 7-11 所示。

表 7-11 “扰动”和“非扰动”条件下上覆水中营养盐的浓度 单位：μmol/L

时间（h）	NO_2-N		NO_3-N		NH_4-N		PO_4-P	
	S2	S2 扰动	S2	S2 扰动	S2	S2 扰动	S2	S2 扰动
6	11.8	8.19	20.7	17.6	8.43	15.9	7.20	7.42
12	8.22	6.46	32.9	17.5	14.4	20.7	7.19	8.12
18	7.14	5.50	34.6	12.0	14.4	39.1	6.39	6.67
24	6.43	5.25	43.2	10.7	19.6	45.3	5.09	7.52
30	3.33	6.62	51.9	17.5	26.4	49.6	8.15	11.0
36	3.88	2.77	54.6	19.0	15.6	53.3	8.20	13.4
42	2.43	2.54	46.0	21.0	16.8	60.8	9.24	15.6
48	1.63	1.78	44.0	22.3	17.4	64.1	8.41	13.0
54	1.94	1.77	46.0	26.9	20.0	48.6	10.3	17.2
60	1.35	1.68	37.7	18.6	23.0	40.2	11.0	19.2
66	1.61	1.76	48.8	19.7	20.9	38.1	8.85	12.8
72	1.61	1.40	49.5	22.4	22.5	47.4	12.6	15.5

从图 7-10 中可看出，在扰动条件下，各个时段内 NH_4-N 和 PO_4-P 的浓度都要大于非扰动条件下的值，而 NO_3-N 刚好相反。NO_2-N 两种情况相近。这主要是由于扰动条件对沉积物进行搬运和混合，使沉积物吸附的营养盐得以释放，间隙水中物质的扩散速率和溶解速率加快，从而增加营养盐在沉积物-水界面上的交换通量。NH_4-N 和 PO_4-P 的交换通量在有、无扰动情况下的差别比较大，这是由于 NH_4-N 和 PO_4-P 易被沉积物颗粒吸附，当底栖生物活动时，可以使两者更多地释放出来。

7.3.4.2 扰动因素对沉积物有机质释放的影响

在“扰动”和“非扰动”两种动力条件下沉积物—水界面有机质界面交换的影响，随培养时间的延长，上覆水中 3 种形态的 TOC 和 COD 的浓度变化如表 7-12 所示。

表 7-12 “扰动”和“非扰动”条件下上覆水中有机质的浓度 单位：mg/L

时间（h）	TOC		COD	
	S2	S2 扰动	S2	S2 扰动
6	12.62	23.78	1.80	1.57
12	11.01	16.68	1.33	2.37
18	8.68	19.44	0.83	2.28
24	12.12	13.41	1.29	1.81
30	10.98	22.91	2.00	3.03
36	28.74	30.60	1.13	2.02
42	25.73	29.41	1.57	2.43
48	27.99	29.51	2.01	3.20
54	28.06	30.48	1.63	2.50
60	31.57	31.02	1.22	2.11
66	25.33	29.90	1.88	1.97
72	31.94	29.75	1.35	2.53

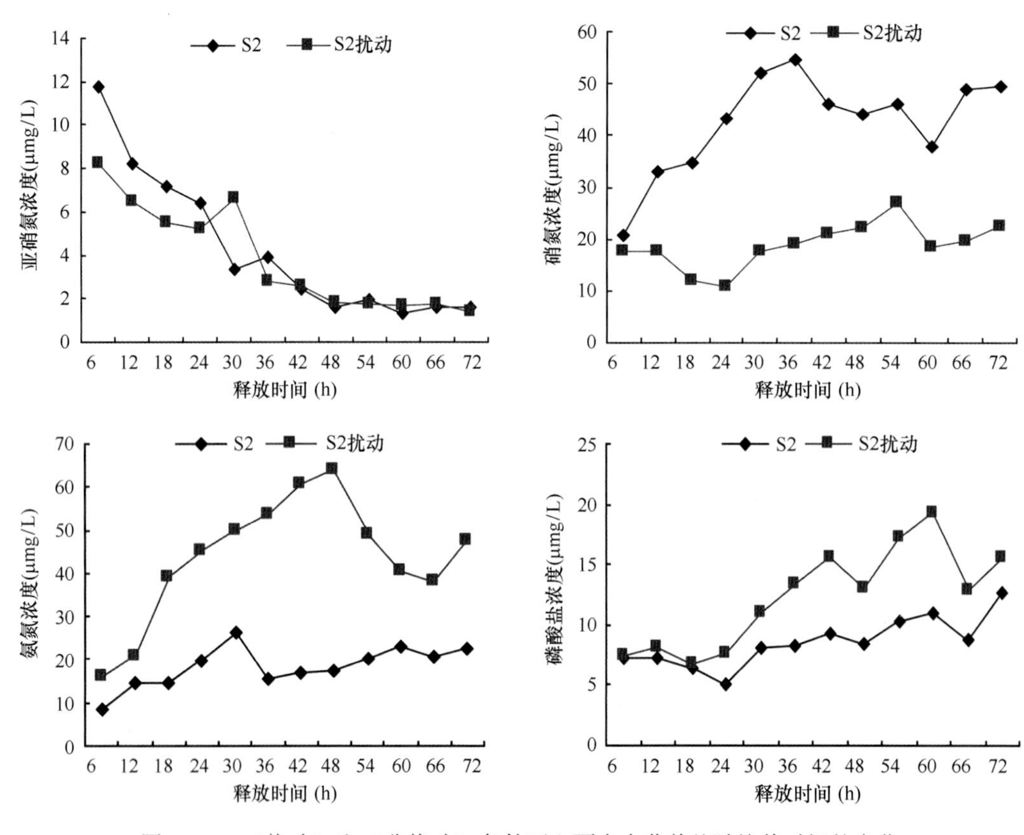

图 7-10 “扰动”和“非扰动”条件下上覆水中营养盐随培养时间的变化

从图 7-11 中可看出，在扰动条件下，各个时段内 TOC 和 COD 的浓度都要大于非扰动条件下的值。这主要是由于有机质被大量吸附于沉积物颗粒表面，在扰动因素下有利于被吸附的有机质的释放。

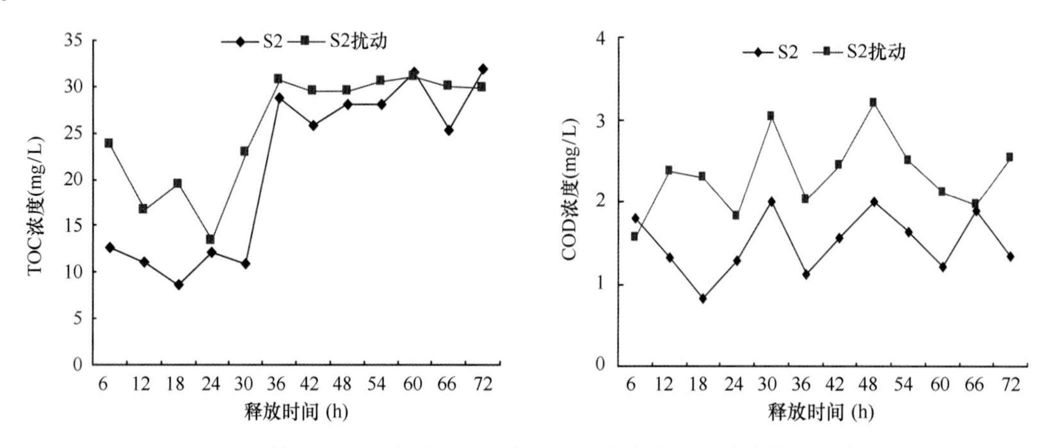

图 7-11 “扰动”和“非扰动”条件下上覆水中有机质随培养时间的变化

7.3.5 营养盐和有机质在沉积物—水界面的交换通量

根据前边 7.2.4 节交换通量的计算公式及实验结果，计算沉积物—水界面的营养盐和有机质的交换通量（F），计算结果见表 7-13 和图 7-12 至图 7-14 所示。

表 7-13 营养盐在沉积物—水界面的交换通量 单位：μmol/（d·m^2）

站位	NO_2-N	NO_3-N	NH_4-N	PO_4-P	TOC
S1	-46.4	181.1	172.6	19.0	3 772.2
S2	-20.2	84.9	52.8	11.3	4 401.6
S3	-6.07	86.9	83.7	8.90	4 636.4
S4	-17.3	91.7	70.9	14.4	4 437.0
S5	-19.5	90.1	72.9	15.3	4 419.4
S4 增氧	-1.49	21.3	59.8	15.3	3 750.0
S2 扰动	-14.8	27.3	124.9	23.1	2 585.4

从计算结果来看所设置5个不同区域的样品对照中，NO_2-N主要表现为沉积物的“汇”，其交换通量范围在-46.41~-6.07 μmd/（d·m^2），其中在S1站位交换通量比较大；NO_3-N主要表现为“源”，其交换通量范围在84.87~181.11 μmd/（d·m^2），S1站位交换通量最大为181.11 μmd/（d·m^2）；NH_4-N也主要表现为“源”，其交换通量范围在52.75~172.65 μmd/（d·m^2），S1站位交换通量最大为172.65 μmd/（d·m^2）；PO_4-P其交换通量范围在8.92~19.03 μmd/（d·m^2），表现为沉积物中的PO_4-P向上覆水中释放，其中S1站位交换通量最大为19.03 μmd/（d·m^2）。TOC主要表现为“源”，其交换通量范围在3 772.2~4 636.4 μmd/（d·m^2），其中S3站位交换通量最大为4 636.4 μmd/（d·m^2），S1站位交换通量最小为3 772.2 μmd/（d·m^2）（图7-12）。

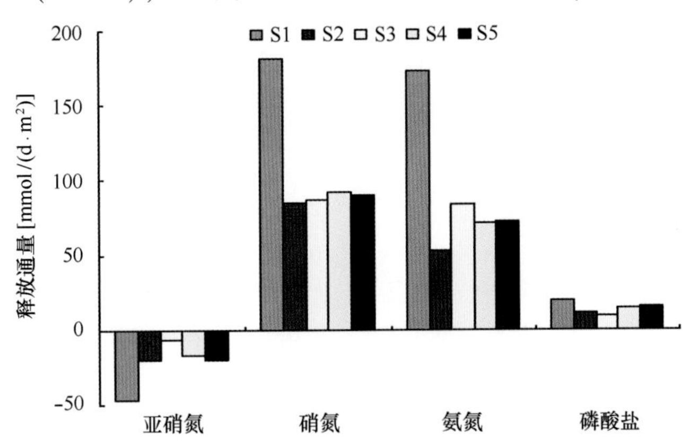

图7-12 不同区域样品对照组的营养盐沉积物—水界面交换通量

对5个不同区域样品对照组的营养盐沉积物—水界面交换通量进行对比分析，从图7-12可以明显看出所测试的4个营养盐指标S1站位的交换通量均高于其他站位，这可能主要是因为S1站位的沉积物为泥砂型沉积物，而其他站位均为淤泥型沉积物，泥砂型沉积物空隙大，沉积物中的营养盐易于释放进入到上覆水中所致。

从图7-13中可以看出，沉积物在“贫氧”条件下NO_2-N、NO_3-N和NH_4-N的交换通量均高于“富氧”条件下，NO_2-N在两种情况下均表现为沉积物的“汇”，NO_3-N和NH_4-N均表现为“源”，PO_4-P在“贫氧”条件下为“源”，而在“富氧”条件下却表现为“汇”。这是由于海水中溶解氧浓度决定了沉积物表面Fe氧化物的状态，在氧化性的沉积物—海水界面，Fe氧化物会形成一个微层，对PO_4-P具有很强的吸附能力（Bostrom et al.，1988；Sinke，1992），从而阻止PO_4-P的界面交换，因而还原环境利于PO_4-P的释放，而氧化环境则利于PO_4-P的吸附（Eekert et al.，1997）。

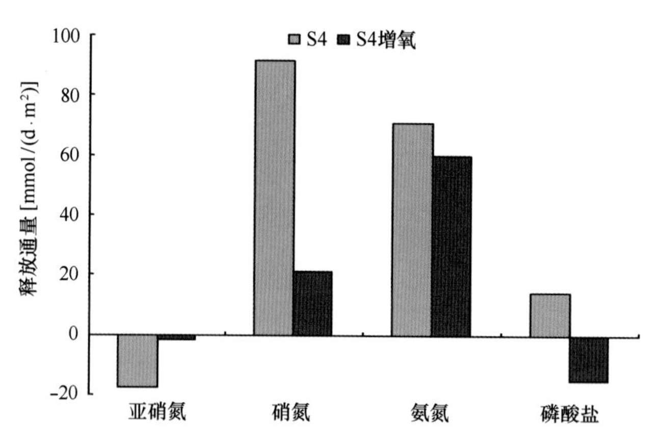

图 7-13 “富氧”和“贫氧”对照组的沉积物—水界面交换通量

从图 7-14 中可以看出，NO_2-N 在“扰动”和“非扰动”两种情况下均表现为沉积物的“汇”，NO_3-N 和 NH_4-N 及 PO_4-P 均表现为“源”。在扰动条件下 NH_4-N 和 PO_4-P 各时段内的交换通量均大于无扰动条件下的交换通量。这可能主要是由于 NH_4^+ 和 PO_4^{3-} 易被沉积物颗粒吸附，当扰动因素存在时，物质的扩散速率和溶解速率加快，可以使两者更多地释放出来。从而增加营养盐在沉积物—水界面上的交换通量。

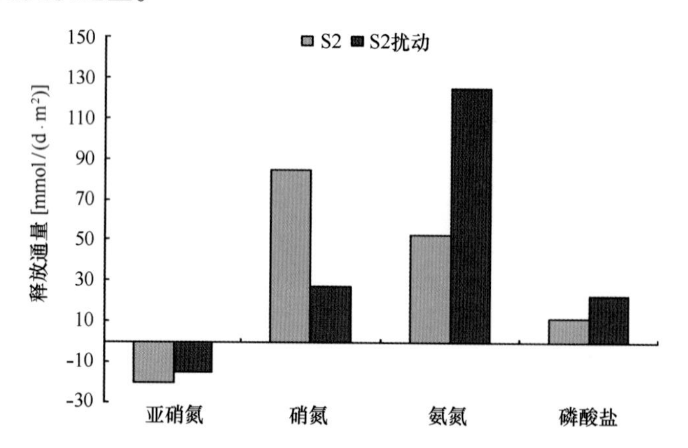

图 7-14 “扰动”和“非扰动”对照组的沉积物—水界面交换通量

7.3.6 沉积物—水界面的交换通量与沉积物上覆水及间隙水中营养盐浓度关系

营养盐的沉积物释放主要是由于表层沉积物间隙水与上覆水之间存在浓度差引起的。由此可见，沉积物间隙水对于营养盐沉积物释放的重要性，此外，沉积物间隙水中营养盐的多寡也可直接反映出底质环境的优劣，并在一定程度上影响到底栖生物的生存、发育和组成。为此通过讨论沉积物—水界面的交换通量与沉积物上覆水及间隙水中营养盐的浓度关系，了解海域沉积物对上覆水体的影响及影响程度，对海域的开发管理具有重要的理论和实践意义。

5 个采样站位上覆水及间隙水营养盐浓度见表 7-14 所示。

表 7-14　采样站位上覆水及间隙水的营养盐浓度　　单位：μmol/L

采样站位	NO_2-N	NO_3-N	NH_4-N	PO_4-P
S1 上覆水	3.66	33.1	9.22	0.754
S2 上覆水	2.61	14.4	3.97	0.210
S3 上覆水	3.22	16.9	9.52	0.981
S4 上覆水	2.48	18.2	5.18	0.978
S5 上覆水	5.42	21.6	8.11	3.11
S1 间隙水	35.4	220.6	3.72	6.80
S2 间隙水	0.591	31.6	7.74	2.03
S3 间隙水	0.581	64.4	4.31	1.99
S4 间隙水	0.872	68.1	6.33	4.79
S5 间隙水	1.90	87.9	9.91	15.2

图 7-15 是 NO_2-N、NO_3-N 、NH_4-N 和 PO_4-P 在沉积物—海水界面交换速率与沉积物上覆水、沉积物间隙水中 NO_2-N、NO_3-N 、NH_4-N 和 PO_4-P 浓度的关系。

NO_2-N、NO_3-N 和 NH_4-N 的沉积物—海水界面交换通量与它们在沉积物上覆水和沉积物间隙水中浓度的关系相关性分析表明，NO_3-N 的交换通量与上覆水中和间隙水中 NO_3-N 的浓度均存在明显相关关系（图 7-15），NH_4-N 的交换通量与上覆水中和间隙水中 NH_4-N 的浓度存在较弱的相关关系。表明沉积物—海水界面 NO_3-N 和 NH_4-N 受扩散影响比较大，沉积物间隙水中的含量直接影响其与水界面之间的交换。NO_2-N 的交换通量与上覆水中的浓度没有相关性，但与间隙水浓度有一定相关性。PO_4-P 的交换通量与上覆水和间隙水中的浓度均没有相关性。这说明，上覆水中 PO_4-P 的浓度不能影响到 PO_4-P 在沉积物—海水界面之间的交换。

7.3.7　珠江口各区域营养盐释放量估算

水底沉积物中营养物质的再生，对于水体中营养盐的收支循环动力学和初级生产力的维持有着极其重要的作用，为此我们对本项目研究海域选取了 5 个代表性采样点，通过实验室培养法研究讨论了各个研究站位的营养盐交换通量，获得的研究结果如表 7-13 所示。并将本研究的营养盐交换通量计算结果与其他珠江口交换通量（张德荣等，2005）的研究结果进行了对比分析，本实验获得的交换通量测定结果与文献报道结果在同一数量水平，交换规律基本一致，说明本研究结果具有一定的可信度。为此我们根据本实验研究结果估算珠江口海域沉积物中营养盐的释放量。为使估算结果更符合实际，将珠江口研究海域划分为 5 个区域，划分区域分布如图 7-16 所示。

根据各划分区域的区域面积及相应站位的营养盐和有机质的交换通量，估算了各区域营养盐及有机质的释放量，估算结果如表 7-15 所示。从结果来看 NO_2-N 主要从上覆水进入沉积物，NO_3-N、NH_4-N、PO_4-P 和 TOC 主要从沉积物释放进入上覆水。从计算结果来看，TOC 释放量较高，营养盐中 NO_3-N 和 NH_4-N 的释放量相对较高。Ⅰ号区域无机氮的释放量为 46.72 kg/d，无机磷的释放量为 11.38 kg/d，TOC 的释放量为 1 233.01 kg/d；Ⅱ号区域无机氮的释放量为 36.41 kg/d，无机磷的释放量为 8.27 kg/d，TOC 的释放量为 952.54 kg/d；Ⅲ号区域无机氮的释放量为 14.67 kg/d，无机磷的释放量为 1.82kg/d，TOC 的释放量为 354.41kg/d；Ⅳ号区域无机氮的释放量为 373.80 kg/d，无机磷的释放量为 82.38 kg/d，TOC 的释放量为 12 010.56 kg/d；Ⅴ号区域无机氮的释放量为 735.23 kg/d，无机磷的释放量为 104.04 kg/d，TOC 的释放量为 7 734.67 kg/d。

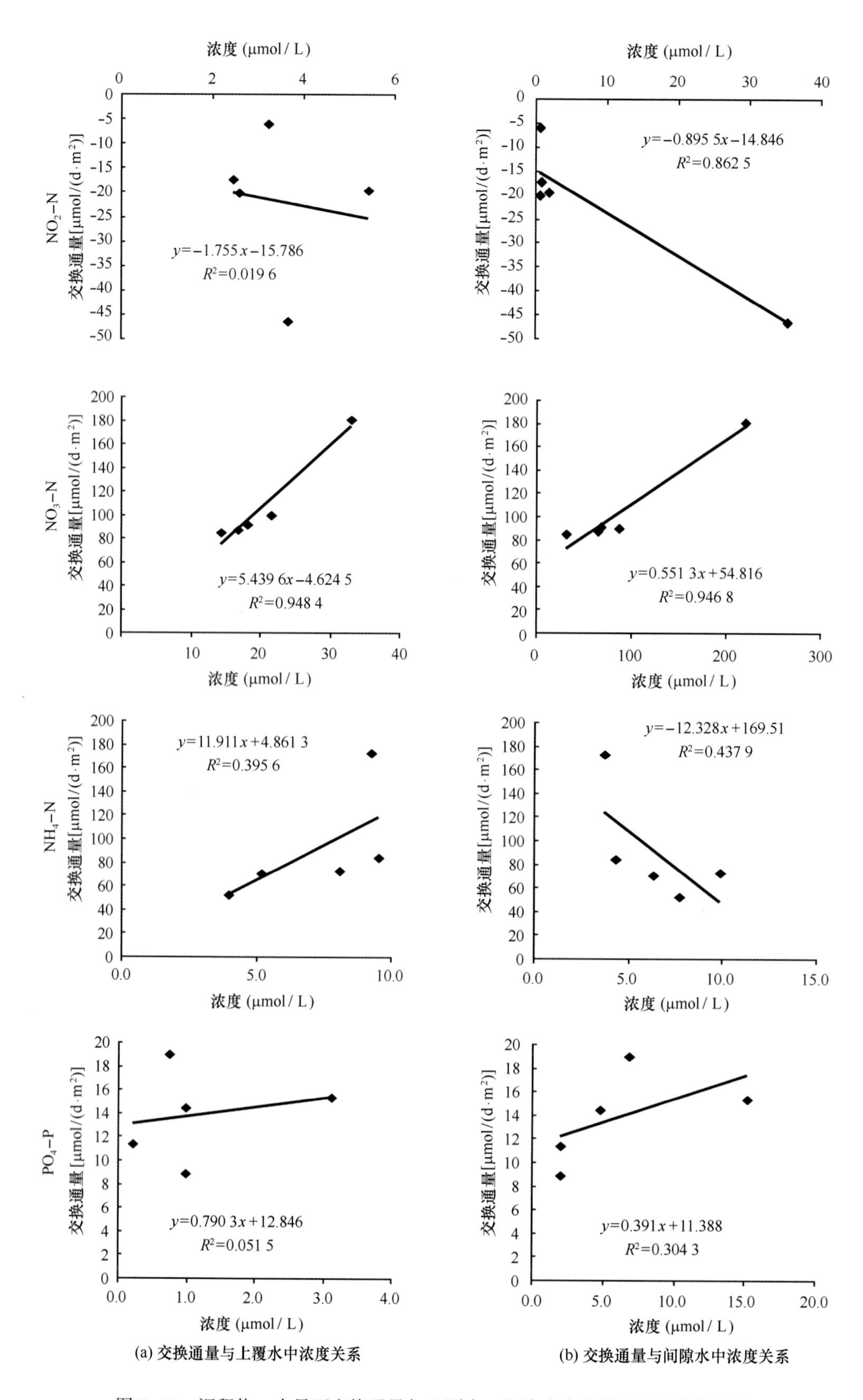

图 7-15　沉积物—水界面交换通量与上覆水、间隙水中营养盐浓度的相关性

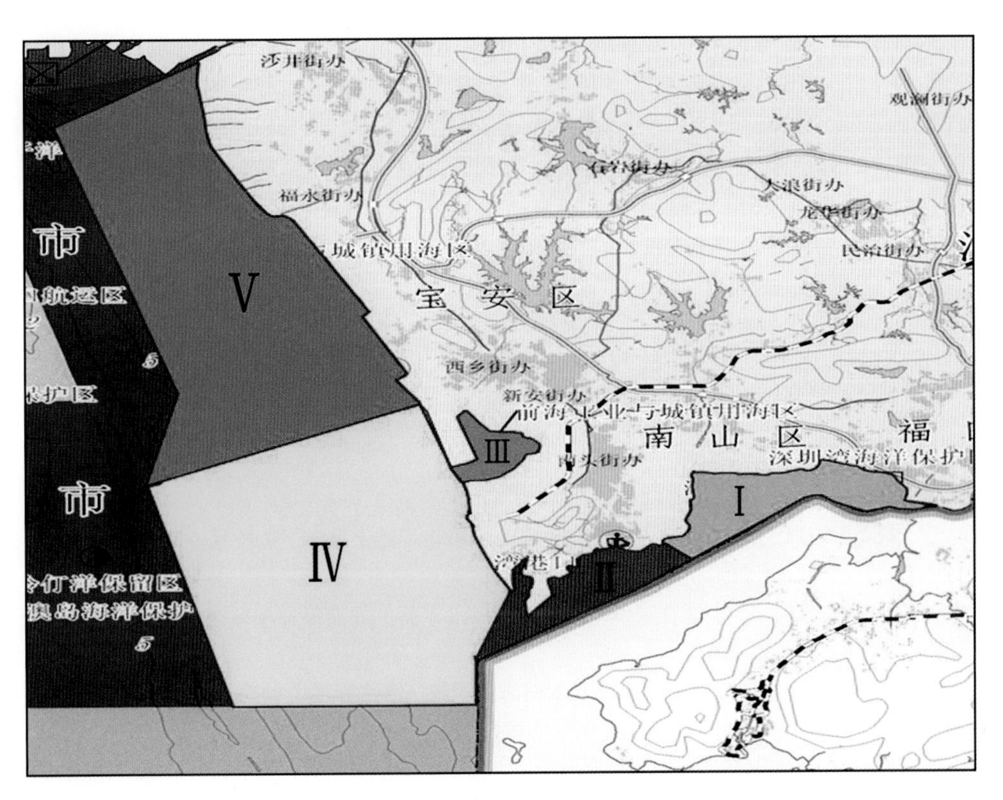

图 7-16 珠江口海域分区

表 7-15 珠江口各区域营养盐释放量估算 单位：kg/d

区块	面积（km^2）	NO_2-N	NO_3-N	NH_4-N	PO_4-P	TOC
Ⅰ	23.3	-6.35	29.3	23.7	11.4	1 233.0
Ⅱ	17.9	-4.33	23.0	17.8	8.27	952.5
Ⅲ	6.37	-0.540	7.75	7.46	1.82	354.4
Ⅳ	227.4	-64.3	270.2	167.9	82.4	12 010.6
Ⅴ	170.9	-111.0	433.2	413.0	104.0	7 734.7

7.4 小结

水底沉积物中营养物质的再生，对于水体中营养盐的收支循环动力学和初级生产力的维持有着极其重要的作用，在一定条件下沉积物是重要的污染汇，但是在一定条件下也会成为重要的污染源。沉积物中的污染物与其上覆水体之间复杂的界面反应过程，对水质状况具有决定性影响。

本项目我们在研究海域选取了 5 个代表性采样点，通过实验室培养法研究讨论了各个研究站位的营养盐及有机质的交换通量。研究结果表明：NO_2-N 主要从上覆水进入沉积物，NO_3-N、NH_4-N、PO_4-P 和 TOC 主要从沉积物释放进入上覆水；从数据结果来看 TOC 的释放量较大，比营养盐高约数百倍，但比文献报道的桑沟湾养殖水域沉积物 TOC 的释放速率小数十倍（武晋宣等，2005）。营养盐中 NO_3-N 和 NH_4-N 的交换通量也相对比较高，将本研究的营养盐交换通量计算结果与其他珠江口交换通量（张德荣等，2005）的研究结果进行对比分析，本实验获得的交换通量测定结果与文献报道结果在同一数量水平，交换规律基本一致，说明本研究结果具有一定的可信度。为此我们根据本实验研究结果估算了珠江口海域沉积物中营养盐及有机质 TOC 的释放量。Ⅰ号区域无机氮的释放量为 46.72 kg/d，无机磷的释放量为 11.38 kg/d，TOC 的释放量为 1 233.01 kg/d；Ⅱ号区域无机氮的释放量为 36.41 kg/d，无机磷的释放量为 8.27 kg/d，TOC 的释放量为 952.54 kg/d；Ⅲ号区域无机氮的释放量为 14.67 kg/d，无机磷的释放量为 1.82 kg/d，TOC 的释放量为 354.41 kg/d；Ⅳ号区域无机氮的释放量为 373.80 kg/d，无机磷的释放量为 82.38 kg/d，TOC 的释放量为 12 010.56 kg/d；Ⅴ号区域无机氮的释放量为 735.23 kg/d，无机磷的释放量为 104.04 kg/d，TOC 的释放量为 7 734.67 kg/d。珠江口沉积环境中的营养盐和有机质释放对上覆水水质有一定影响，在估算珠江口环境容量时应将沉积物的释放量考虑在内。

参考文献

顾德宇，汤荣坤，余群. 1995. 大亚湾沉积物间隙水的无机磷硅氮营养盐化学. 海洋学报（中文版），17（5）：73-80.

韩舞鹰. 1991. 大亚湾和珠江口的碳循环. 北京：科学出版社.

胡建芳，彭平安，麦碧娴，等. 2005. 珠江口不同沉积有机质的来源及相对含量. 热带海洋学报，24（1）：15-20.

蒋凤华，王修林，石晓勇，等. 2004. 溶解无机氮在胶州湾沉积物—海水界面上的交换速率和通量研究. 海洋科学，28（4）：13-18.

蒋凤华，王修林，石晓勇，等. 2002. Si 在胶州湾沉积物—海水界面上的交换速率和通量研究. 青岛海洋大学学报（自然科学版），32（6）：1 012-1 018.

蒋凤华，王修林，石晓勇，等. 2004. 溶解无机氮在胶州湾沉积物—海水界面上的交换速率和通量研究. 海洋科学，28（4）：13-18.

蓝先洪. 1996. 中国主要河口的生物地球化学研究——化学物质的迁移与环境. 北京：海洋出版社.

廖先贵，张湘君. 1984. 渤海湾间隙水的地球化学特征. 海洋学报（中文版），6（5）：615-625.

刘素美，江文胜，张经. 2005. 用成岩模型计算沉积物水界面营养盐的交换通量——以渤海为例. 中国海洋大学学报（自然科学版），35（1）：145-151.

刘素美，张经，于志刚，等. 1999. 渤海莱州湾沉积物—水界面溶解无机氮的扩散通量. 环境科学，20（2）：13-11.

戚晓红，刘素美，张经. 2006. 东、黄海沉积物—水界面营养盐交换速率的研究. 海洋科学，30（3）：9-15.

丘耀文，王肇鼎，高红莲，等. 1999. 大亚湾养殖水域沉积物—海水界面营养盐扩散通量. 热带海洋，18（3）：83-90.

沈志良，陆家平，刘兴俊. 1991. 黄河口附近海区沉积物间隙水中的营养盐. 海洋学报（中文版），13（3）：407-411.

石峰，王修林，石晓勇，等. 2004. 东海沉积物—海水界面营养盐交换通量的初步研究. 海洋环境科学，23（1）：5-8.

宋金明，罗延馨，李鹏程. 2000. 渤海沉积物—海水界面附近磷与硅的生物地球化学循环模式. 海洋科学，24（12）：30-32.

宋金明. 1996. 中国近海沉积物—海水界面化学. 北京：海洋出版社.

王军，陈振楼，王东启，等. 2006. 长江口湿地沉积物—水界面无机氮交换总通量量算系统研究. 环境科学研究，19（4）：1-7.

武晋宣，孙耀，张前前，等. 2005. 桑沟湾养殖水域沉积物中营养要素（TOC、TN 和 TP）溶出动力学特性. 海洋水产研究，26（2）：62-67.

张德荣，陈繁荣，杨永强，等. 2005. 夏季珠江口外近海沉积物—水界面营养盐的交换通量. 热带海洋学报，24（6）：53-60.

张学雷，朱明远，汤庭耀，等. 2004. 桑沟湾和胶州湾夏季的沉积物—水界面营养盐通量研究. 海洋环境科学，23（1）：1-4.

郑丽波，周怀阳，叶瑛. 2003. 东海特定海区沉积物—水界面附近 P 释放的实验研究. 海洋环境科学，22（3）：31-34.

Aller R C，Mackin J E，Ullman W J，et al. 1985. Early chemical diagenesis，sediment-water solute exchange，and storage of reactive organic matter near the mouth of the Changjiang，East China Sea. Continental Shelf Research，4（1）：227-251.

Anja J C Sinke，P Keizer. 1992. Phosphorus in the sediment of the Loosdrecht lakes and its implications for lake restoration perspectives. Hydrobiologia, 233 (1): 39-50.

Berelson W M, Heggie D, Longmore A. 1998. Benthic nutrient recycling in Phillip Bay, Australia Estuarine. Coastal and Shelf Science, 46 (6): 917-934.

Bostrom B, Andersen J M, Flescher S, et al. 1988. Exchange of phosphorus across the sediment-water interface. Hydrobiologis, 170 (1): 224-229.

Boynton W R, Kemp W M. 1985. Nutrient regeneration and oxygen consumption by sediments along an estuarine salinity gradient. Marine ecology progress series, 23 (1): 45-55.

Cermel J B, Bertuzzi A, Faganeli J. 1997. Water, Air and Soil . pollution, 99 (6): 435-444.

Cermel J B, Bertuzzi A, Faganeli J. 1997. Modelling of pore water nutrient distribution and benthic fluxes in shallow coastal waters (Gulf of Trieste, Northern Adriatic) . Water, Air & Soil Pollution, 99 (1): 435-443.

Cowan J I M, Pennock J R. 1996. Seasonal and interannual of sediment-water nutrient and oxygen fluxes in Mobile Bay. Marine Ecology Progress Series, 141 (3): 229-245.

Devol A H, Christensen J P. 1993. Benthic fluxes and nitrogen cycling in sediments of the continental margin of the eastern North Pacific. J Mar Res, 51 (10): 345-372.

Eekert W, A. Nishri, R Parpaorva. 1997. Facotrs Regulating the Flux of Phosphate at the sediment-waetr Interface of a SubtorPieal Caleareous Lake a Simulation Study with Intact sediment Coers . Water, Air and Sold Pollution, 61 (9): 401-409.

Forja J M, Blasco J, Gómez-Parra A. 1994. Spatial and seasonal variation of in situ benthic fluxes in the Bay of Cadiz (Southwest Spain) . Estuarine, Coastal and Shelf Science, 39 (2): 127-141.

Friedl G, Dinkel C, Wehrli B. 1998. Benthic fluxes of nutrients in the north-western Black Sea. Marine Chemistry, 12 (2): 77-88.

Giblin A B. 1997. Benthic metabolism and nutrient cycling in Boston Harbor . Massachusetts Estuaries, 20 (2): 346-364.

Hall P O J, Hulth S, Hulthe G, et al. 1996. Benthic nutrient fluxes on a basin-wide scale in the Skagerrak (north-eastern North Sea) . Journal of Sea Research, 35 (4): 123-131.

Jahnke R A, Nelson J R, Marinelli R L, et al. 2000. Benthic flux of biogenic elements on the southeastern US continental shelf: influence of pore water advective transport and benthic microalgae. Cont Shelf Res, 20 (1): 109-121.

Kemp W M, Sampou P, Caffrey J, et al. 1990. Ammoniun recycling versus denitrification in Chesapeake Bay sediments. Limnology and Oceanography, 35 (3): 1 545-1 563.

Kemp W M, Sampou P A, Garber J, et al. 1992. Seasonal depletion of oxygen from bottom water of Chesapeake Bay; role of benthin and plankton respiration and physical exchange processes . Marine Ecology Progress Series, 85 (5): 137-152.

Seiki T, Lzawa H, Date E. 1989. Benthic nutrient remineralization and oxygen consumption in the coastal area of Hiroshima Bay. Water Research, 23 (2): 219-228.

Spagnoli F, Bergamini M C. 1997. Water-sediment exchange of nutrients during early diagenesis and resuspension of anoxic sediments from the northern Adriatic Sea shelf . Water Air and Soil Pollution, 99 (1): 541-556.

Treguer P, Nelson D M, Van Bennekom A J, et al. 1995. The silica balance in the world ocean: a reestimate . Science, 268 (5209): 375.

第8章　深圳西部海域入海河流污染物排放通量和陆源污染负荷核算

8.1　研究内容与方法

8.1.1　研究内容

本研究主要针对深圳西部海域入海河流或排海渠的污染状况和排海通量，以及陆源污染负荷进行的，主要包括以下几个方面。

8.1.1.1　入海河流的污染状况调查

（1）通过调查和收集资料，获得深圳西部海域入海河流的分布、径流量、主要污染物及其浓度水平等信息和资料。

（2）了解入海河流河口污染物的日变化特征，分析陆源污染物的排放规律，以及海洋潮汐的影响。

8.1.1.2　入海河流污染物排海通量和区域特征分析

（1）污染物排海通量和污染负荷：入海河流或排污渠污染物的排海通量是研究海域环境容量的基础，因此入海河流污染物的排放通量计算是本研究的重点之一。通过数据的收集和现场调查，最终获得33条入海河流污染物的排海通量，并采用等标污染负荷和等标污染负荷比讨论主要排放河流和污染物。

（2）污染物排海通量的区域特征：由于区域经济发展不同，入海河流污染物的排放具有明显的区域性特征，本研究将对深圳西部海域进行分区讨论，以此了解各区域污染物的排放情况，利于未来制定相关的管理或治理政策。

8.1.1.3　陆域污染源调查和污染负荷研究

通过相关资料的收集，了解深圳西部海域的陆源污染物的排放情况，并采用产污系数法、排污系数法等方法计算各种陆源的污染负荷，为下一步的环境容量分配方案和总量控制方案提供依据。

8.1.1.4　陆源污染负荷与入海河流污染物排放通量的核算

深圳西部海域陆源污染物输入的主要途径是入海河流，因此陆源污染负荷与入海河流污染物排放通量理论上接近，本研究将对两者之间的差异进行讨论。

8.1.1.5　海上面源

根据《深圳市海洋功能区划（2004年）》，研究区域前湾和深圳湾都不能进行海水养殖，仅西乡—沙井小面积的海水养殖区；虽然深圳港是我国重要的港口，但普遍实行“铅封”管理，污染上岸处理或达标排放。因此，本研究不对海水养殖与船舶排污的污染负荷进行讨论，主要讨论大气沉降对深圳西部海域的污染贡献。

8.1.1.6　海洋沉积物释放

通过实验室模拟实验获得深圳西部海域沉积物污染物释放通量，从而得到海洋沉积物对海域水质污染物的贡献。

8.1.2　研究的技术路线与方法

8.1.2.1　技术路线

研究的技术路线如图 8-1 所示。

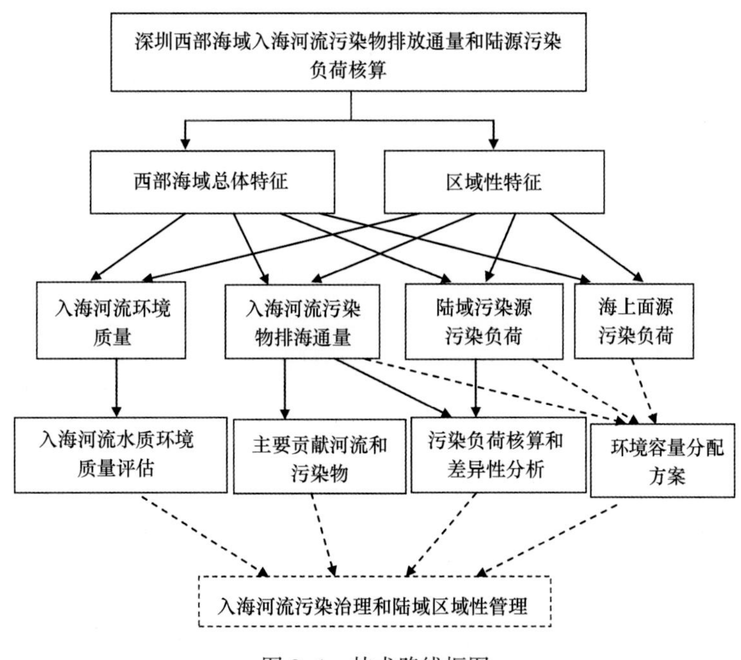

图 8-1　技术路线框图

通过入海河流径流量和污染物浓度调查，了解深圳西部海域入海河流污染水平、变化规律和污染物排放通量的总体特征和区域性特征。通过陆源、海上面源及沉积物污染物释放获得各排放源对深圳西部海域污染的贡献，进而制订相应的容量分配方案，最终为深圳西部海域的污染控制提供参考。

8.1.2.2　技术方法

（1）入海河流污染物排海通量采用污染物浓度和河流年径流量进行计算，公式如下：

$$Q_i = C_i \times V \times 10^2 \tag{8-1}$$

式中，Q_i 为河流第 i 种污染物的排放通量，t/a；C_i 为第 i 种污染物的年平均浓度，mg/L；V 为河流年径流量，$\times 10^8$ m^3。

（2）污染源和污染物的贡献评估采用等标污染负荷和等标污染负荷比方法；

①等标污染负荷

某污染物 j 的等标污染负荷（P_{ij}）定义为：

$$P_{ij} = \frac{C_{ij}}{C_{oi}} Q_{ij} \tag{8-2}$$

式中，P_{ij}为第 j 个污染源中的第 i 种污染物的等标污染负荷；C_{ij}为第 j 个污染源中第 i 种污染物的排放浓度；C_{oi}为第 i 种污染物的评价标准，意义同 ρ_{oi}；Q_{ij}为第 j 个污染源中第 i 种污染物的排放流量。

若第 j 个污染源中有 n 种污染物参与评价，则该污染源的总等标污染负荷为：

$$P_i = \sum_{i=1}^{n} P_{ij} = \sum_{i=1}^{n} \frac{C_{ij}}{C_{oi}} Q_{ij} \tag{8-3}$$

若评价区域内有 m 个污染源含第 i 种污染物，则该种污染物在评价区内的总等标污染负荷为：

$$P_i = \sum_{j=1}^{m} P_{ij} = \sum_{i=1}^{n} \frac{C_{ij}}{C_{oi}} Q_{ij} \tag{8-4}$$

②等标污染负荷比（分担率）

等标污染负荷比定义为：

$$K_{ij} = P_{ij}/P_j \tag{8-5}$$

评价区内第 i 种污染物的等标污染负荷比 K_i 为：

$$K_i = P_i/P \tag{8-6}$$

评价区内第 j 个污染源的等标污染负荷比 K_j 为：

$$K_j = P_j/P \tag{8-7}$$

(3) 陆源污染负荷主要采用排污系数法，或产污系数法与削减量法，具体方法见 8.4.1 节；

(4) 入海河流水质评价依据《地表水环境质量标准》(GB 3838—2002)，见表 8-1。

根据深府〔1996〕352 号《关于颁布深圳市地面水环境功能的通知》和深府〔2006〕227 号《关于调整深圳市生活饮用水地表水源保护区的通知》，河流型入海排污口属于一般景观用水区，水质保护目标为地表水五类。因此，本研究中入海河流水环境质量执行《地表水环境质量标准》(GB 3838—2002) 中的五类标准。

表 8-1　地表水环境质量标准（GB 3838—2002）　　单位：mg/L

序号	标准值 项目 \ 分类	一类	二类	三类	四类	五类
1	溶解氧≥	饱和率 90%（或 8.5）	6	5	3	2
2	高锰酸盐指数 ≤	2	4	6	10	15
3	化学需氧量（COD_{Cr}）≤	15	15	20	30	40
4	五日生化需氧量（BOD_5）≤	3	3	4	6	10
5	氨氮（氨氮）≤	0.15	0.5	1.0	1.5	2.0
6	总磷（以 P 计） ≤	0.02	0.1	0.2	0.3	0.4
7	总氮（以 N 计）≤	0.2	0.5	1.0	1.5	2.0
8	铜≤	0.01	1.0	1.0	1.0	1.0
9	锌 ≤	0.05	1.0	1.0	2.0	2.0
10	氟化物（以 F^- 计）≤	1.0	1.0	1.0	1.5	1.5
11	砷≤	0.05	0.05	0.05	0.1	0.1
12	汞≤	0.000 05	0.000 05	0.000 1	0.001	0.001
13	镉≤	0.001	0.005	0.005	0.005	0.01
14	铬（六价）≤	0.01	0.05	0.05	0.05	0.1
15	铅≤	0.01	0.01	0.05	0.05	0.1
16	氰化物≤	0.005	0.05	0.2	0.2	0.2
17	挥发酚≤	0.002	0.002	0.005	0.01	0.1
18	石油类 ≤	0.05	0.05	0.05	0.5	1.0
19	LAS≤	0.2	0.2	0.2	0.3	0.3
20	硫化物≤	0.05	0.1	0.2	0.5	1.0

8.2 入海河流污染调查

8.2.1 入海河流污染资料收集和调查方案

8.2.1.1 资料收集情况

入海河流污染物的平均浓度主要来自深圳市宝安区环境监测站2014年河流的常规监测，其中TN、无机氮和石油类（红外）来自项目组补充监测结果，共获得30条入海河流河口或河口上区25个常规指标的年平均浓度值。

近几年来，深圳市大力整治主要入海河流，因此河流的径流量变化大，特别是“涌渠”受排水和季节影响大，没有一定规律，也没有相关的常规监测数据，因此本研究中河流径流量的数据主要来自3个方面：一是深圳市宝安区环境监测站测得流量（首选）；二是本项目组2015年1月调查时测得的流量（次选）；三是《深圳市海洋生态环境保护策略研究》中提供的流量数据。

8.2.1.2 调查方案

1）采样站位分布图

根据前期调研，深圳西部海域主要有33条入海河流（涌渠），见图8-2。本研究中深圳西部海域分为5个区，则5个区对应的入海河流和陆域排污区见表8-2。

表8-2 深圳西部海域分区、入海河流和陆源排污区

分区	海域范围	入海河流编号	陆域排污区
Ⅰ区	深圳湾海湾大桥以里	P30～P33	南山区、福田区、罗湖区、龙岗2座污水处理厂
Ⅱ区	深圳湾海湾大桥以外	P26～P29	
Ⅲ区	大铲湾	P22～P25	宝安区、光明新区、南山区
Ⅳ区	小铲岛往南海域（南山区）	P15～P21	
Ⅴ区	小铲岛往北海域（宝安区）	P1～P14	

2）调查时间和依据

（1）2014年5月对17条入海河流河口水质进行了日变化监测，以及表层沉积物污染物的监测，由于受到河流和潮汐双重影响，样品采集和测试依据《海洋监测规范—2007》相关规定。

（2）2015年1月对25条入海河流进行补充调查，监测区域为河口以上或水闸前淡水区域，同时对茅洲河、铁岗水库排洪渠、西乡河和后海河4条河流的断面进行了水质采集，4条河流的断面分布见图8-3。样品采样和测试依据《地表水环境质量标准》（GB 3838—2002）中相关方法；本次调查还采集了7条河流的柱状沉积物。

两次调查的入海河流和监测对象，以及资料收集情况统计见表8-3。

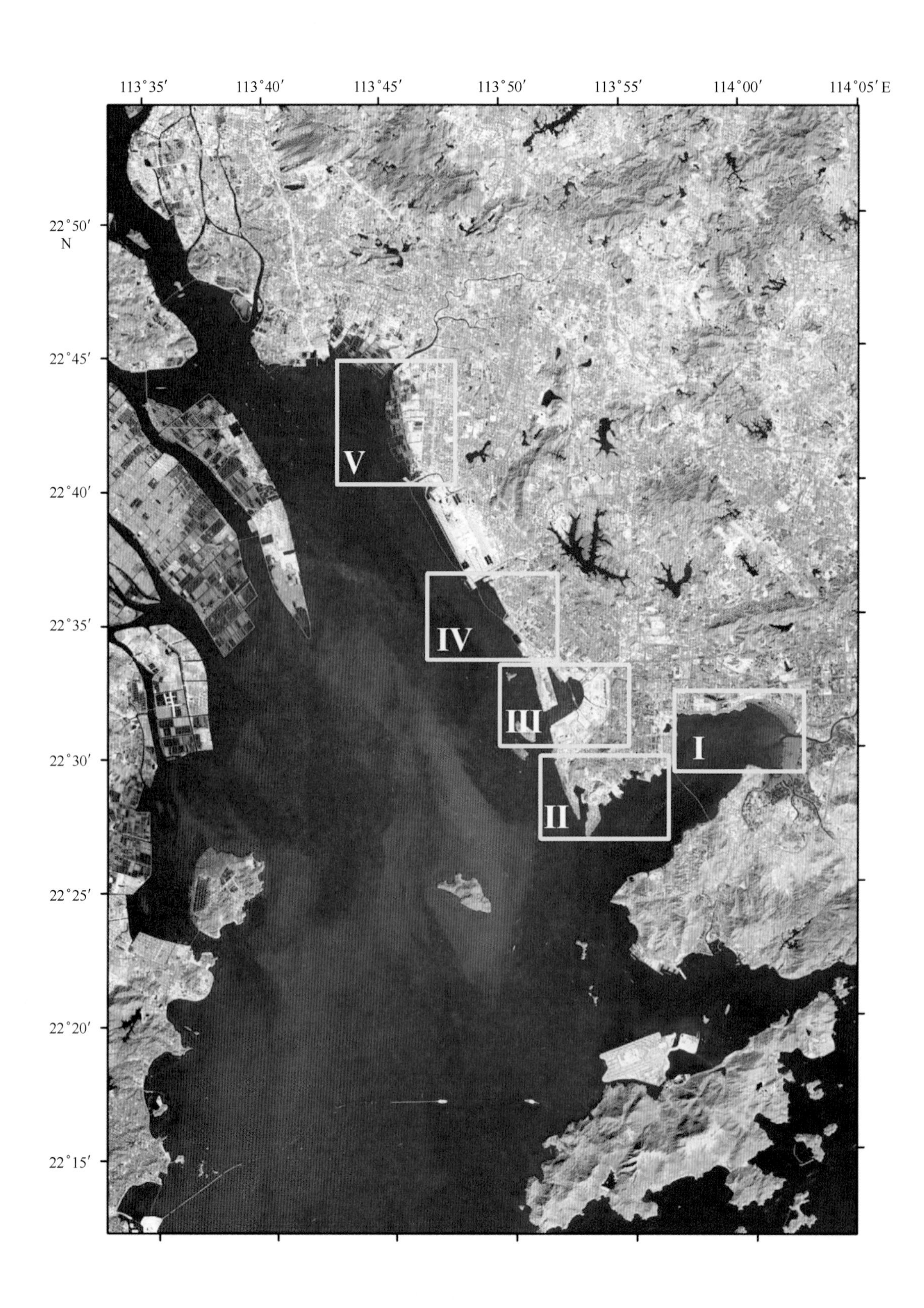
113°35′
113°40′
113°45′
113°50′
113°55′
114°00′
114°05′E
22°50′
N
22°45′
22°40′
22°35′
22°30′
22°25′
22°20′
22°15′
V
IV
III
II
I

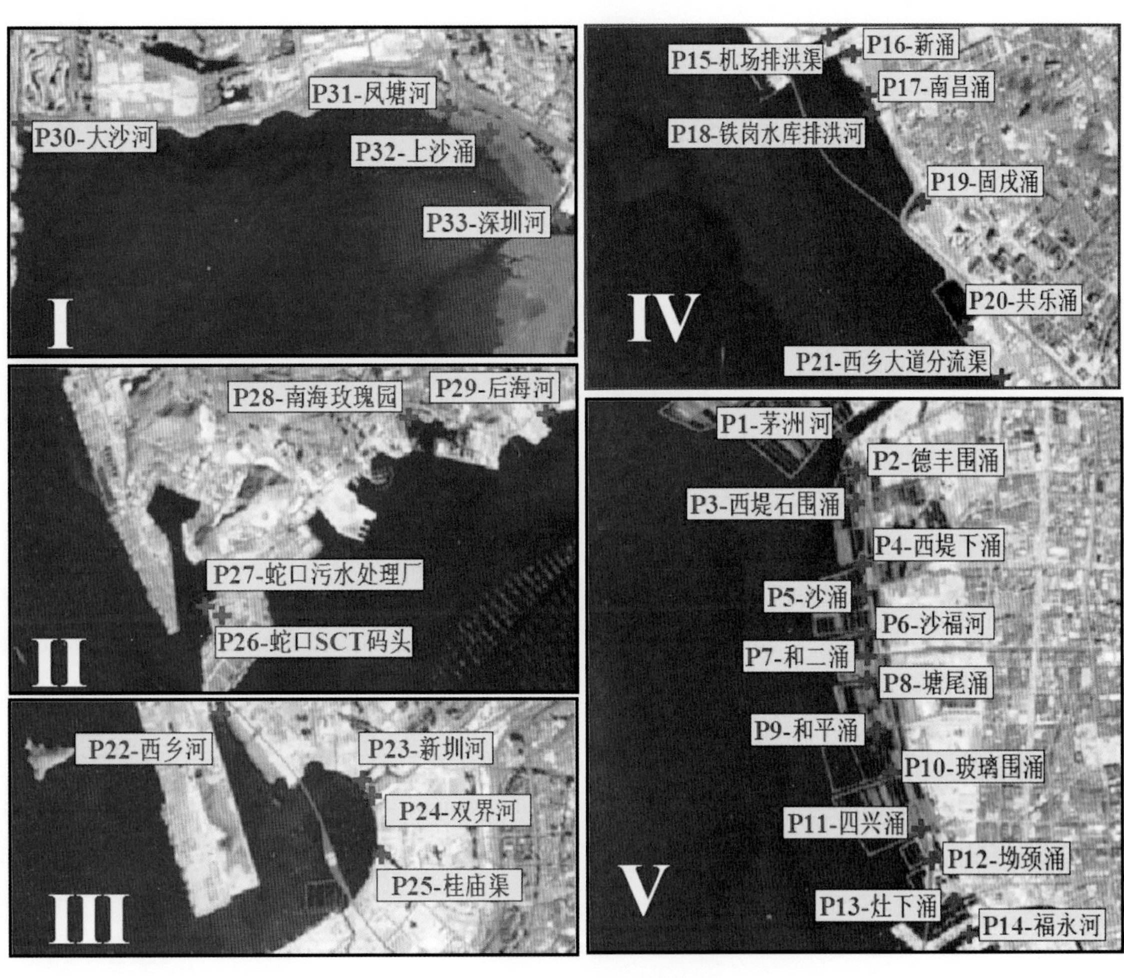

图 8-2 33 条入海河流位置图

表 8-3 调查方案和资料收集情况

编号	入海河流位置	年平均浓度	2014 年 5 月		2015 年 1 月	
			水质	沉积物	水质	
			河口（日变化调查）	表层（0~10 cm）	河口淡水区（补充调查）	断面（断面数）
P1	茅洲河	○		●	●	●（11）
P2	德丰围涌	○	●	●	●	
P3	西堤石围涌	○	●	●	●	
P4	西堤下涌	○	●	●	●	
P5	沙涌	○	●	●	●	
P6	和二涌	○	●	●	●	
P7	沙福河	○	●	●	●	
P8	塘尾涌	○	●	●	●	
P9	和平涌	○	●	●	●	
P10	玻璃围涌	○	●	●	●	

续表

编号	站位	年平均浓度	2014年5月		2015年1月	
			水质	沉积物	水质	
			河口（日变化调查）	表层（0~10 cm）	河口淡水区（补充调查）	断面（断面数）
P11	四兴涌	○	●	●	●	
P12	坳颈涌	○	●	●	●	
P13	灶下涌	○		●	●	
P14	福永河	○		●	●	
P15	机场外排洪渠	●		●	●	
P16	新涌	○	●	●	●	
P17	铁岗水库排洪河	○	●	●	●	●（7）
P18	南昌涌	○		●	●	
P19	固戍涌	○		●	●	
P20	共乐涌	○		●	●	
P21	西乡大道分流渠	○				
P22	西乡河	○	●	●	●	●（10）
P23	新圳河	○	●	●	●	
P24	双界河	○	●	●	●	
P25	桂庙渠	○		●	●	
P26	蛇口SCT码头	○	●			
P27	蛇口污水处理厂	○				
P28	南海玫瑰园	○				
P29	后海河	●		●	●	●（4）
P30	大沙河	○		●		
P31	凤塘河	○				
P32	上沙涌	○				
P33	深圳河	○		●		

注：“●”为本研究调查监测；“○”为收集资料。

8.2.2 入海河流水质污染情况分析

33条入海河流污染物的测试结果范围见表8-4，其中重金属包括铜、锌、硒、砷、汞、镉和六价铬。依据《地表水环境质量标准》（GB 3838—2002）对入海河流污染物的污染水平进行分类，结果见表8-4。深圳市西部海域入海河流污染物的浓度差异大，主要的污染物是高锰酸钾指数、COD_{Cr}、BOD_5、氨氮、TN、TP、LAS等污染物，其中达到一类至四类水质标准的河流比例分别为29.63%（高锰酸钾指数）、6.00%（COD_{Cr}）、3.33%（BOD_5）、0%（氨氮）、0%（TN）、3.03%

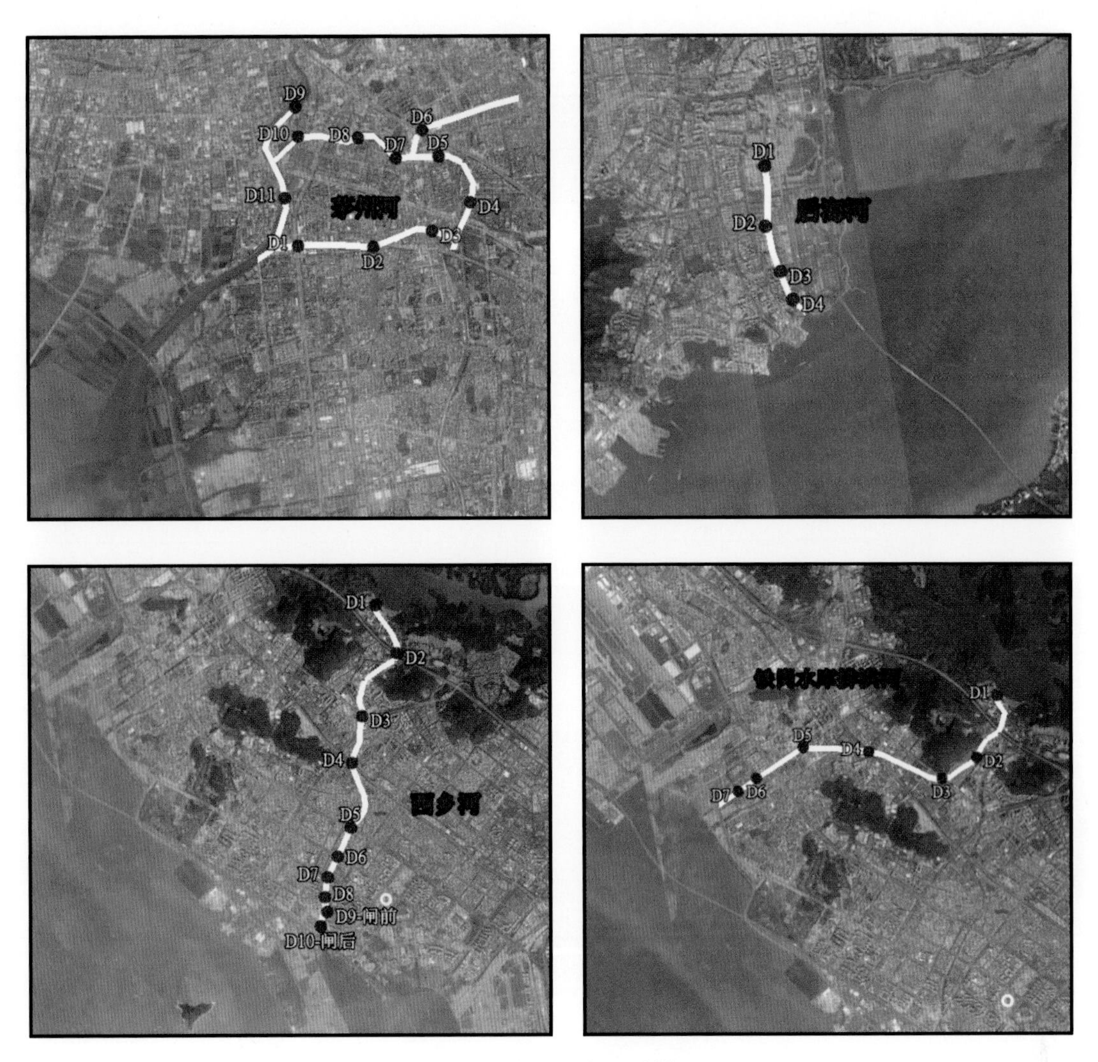

图 8-3　4 条河流断面采样图

(TP)、33.33% [阴离子表面活性剂 (LAS)]、34.48% (DO)、58.62% (硫化物), 其他污染物的达标率为 89.29%~100%。主要污染物超标情况见图 8-4。

表 8-4　入海河流污染物测试结果统计

指标	样品数（个）	测试结果（mg/L）		各类水质标准达标样品数（个）					
		最大值	最小值	一类	二类	三类	四类	五类	劣五类
溶解氧	29	8.63	0.00	1	2	0	7	8	11
高锰酸盐指数	27	20.93	4.93	0	0	2	6	8	11
COD_{Cr}	33	211.77	23.09	0		0	2	1	30
BOD_5	30	56.35	4.83	0		0	1	2	27
氨氮	33	43.90	2.14	0	0	0	0	0	33
TP	33	6.89	0.23	0	0	0	1	2	30
TN	32	65.13	2.75	0	0	0	0	0	31
氟化物	29	4.20	0.28	22		5		2	

续表

指标	样品数	测试结果（mg/L）		各类水质标准达标样品数（个）					
		最大值	最小值	一类	二类	三类	四类	五类	劣五类
氰化物	28	1.27	0.000 3	7	15	3			3
挥发酚	29	0.02	0.000 5	14		8	4	3	0
LAS	30	3.805	0.002	3			7	20	
硫化物	29	8.46	0.002	11	2	1	3	2	10
石油类（红外）	30	1.98	nd	9			18	2	1
铜	30	1.55	nd	7	22				1
锌	30	0.438	0.002	7	23	0		0	
砷	32	0.002 4	nd	32					
汞	32	0.000 04	nd	32					
镉	32	0.002 0	nd	31	1				
铬（六价）	31	0.004 8	nd	31	0				
铅	32	0.009	0.000 02	32					
硒	27	0.001 5	nd	27					
无机氮	31	59.14	2.63						
磷酸盐	31	6.86	0.09						
石油类（紫外）	31	8.48	0.11						
TOC	25	118.50	4.26						

图 8-4 为入海河流 5 种主污染物的超标情况。根据地表水 5 类水质标准，33 条河流 COD_{Cr} 的超标倍数为 0.58~5.29，大部分河流超标率均在 1 倍以上；BOD_5 为 0.48~5.46，大部分河流在 3 倍以上；氨氮为 1.07~21.95，TP 为 0.59~18.23，TN 为 1.38~32.59，超标严重的河流主要分布在茅洲河河口和宝安区入海河流，即 P1~P8，以及 P12、P15 和 P17。

8.2.3 入海河流污染物的排放特征

8.2.3.1 日变化特征

1）P2~P12 入海河流

图 8-5 为 P2~P12 入海河流河口 18：00—20：30 和 11：30—14：00 两个时间段测得的污染物浓度。从图中可以看出，16 个监测指标中，COD_{Cr}、BOD_5、TOC、磷酸盐、TP 和 TN 浓度水平普遍在 18：00—20：30 高于 11：30—14：00，重金属、氨氮和无机氮则相反，其他指标除个别河流外两个时间段差异不大或无一定规律。

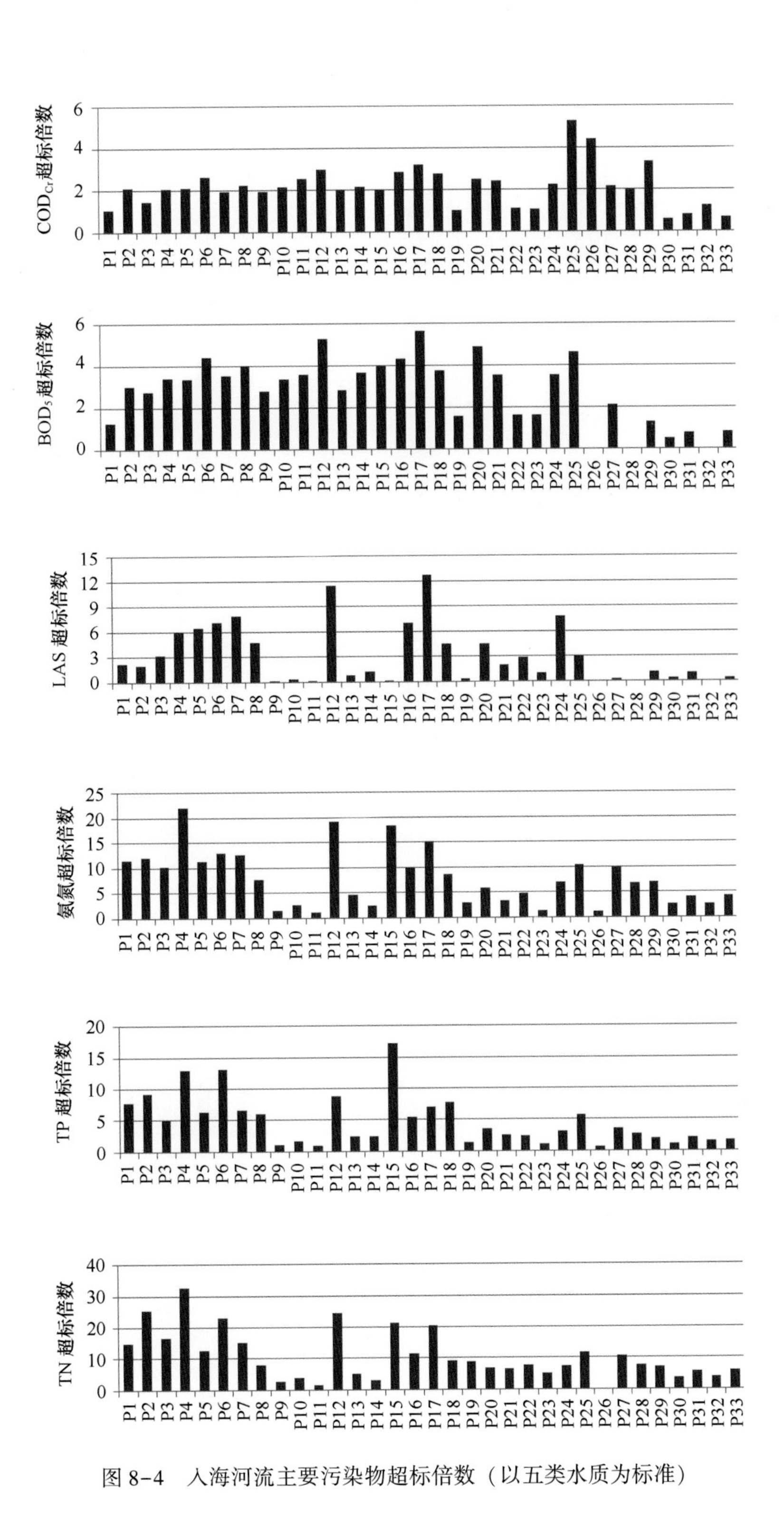

图8-4　入海河流主要污染物超标倍数（以五类水质为标准）

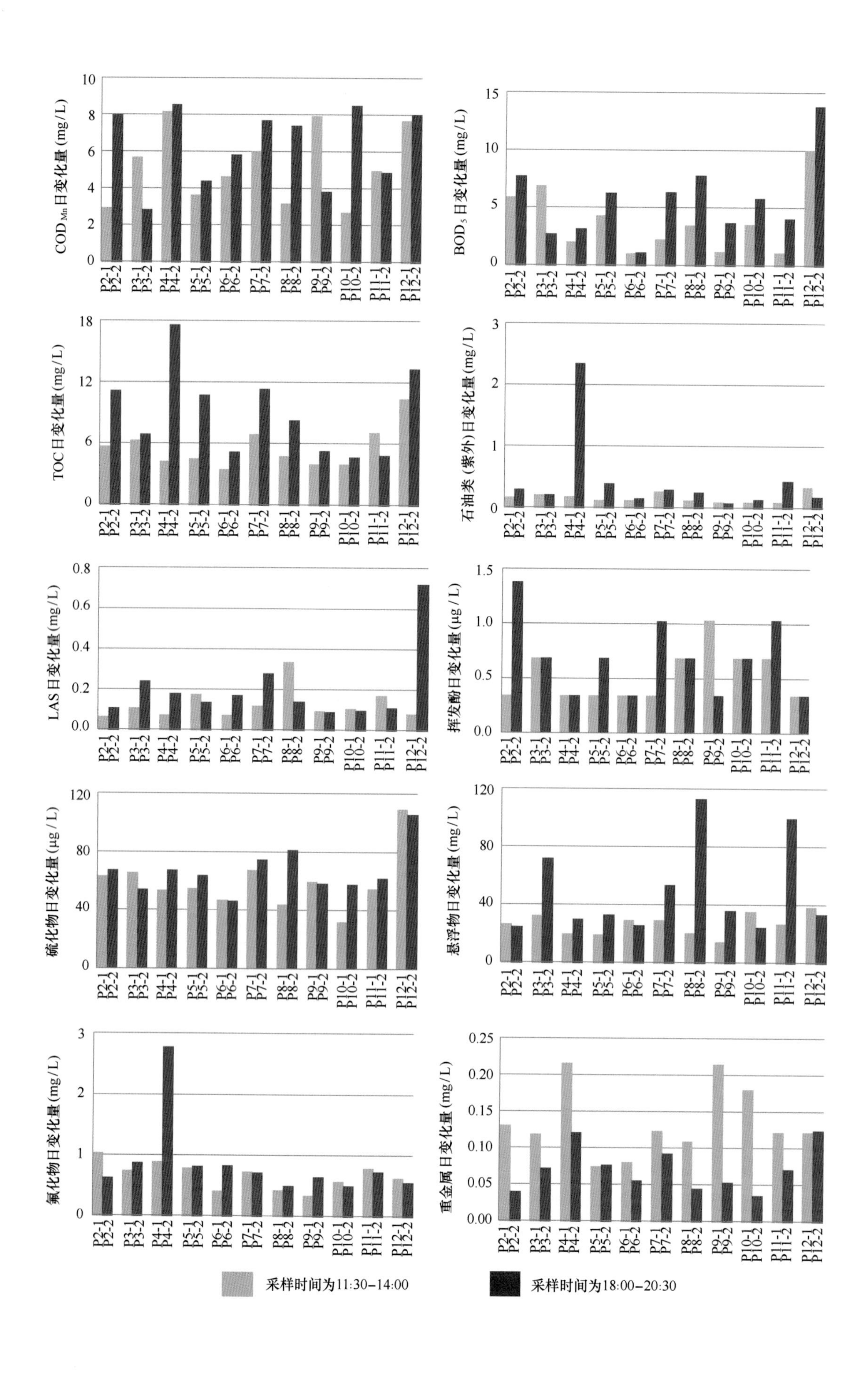
COD Mn 日变化量 (mg/L)
BOD5 日变化量 (mg/L)
TOC 日变化量 (mg/L)
石油类（紫外）日变化量 (mg/L)
LAS 日变化量 (mg/L)
挥发酚日变化量 (μg/L)
硫化物日变化量 (μg/L)
悬浮物日变化量 (mg/L)
氰化物日变化量 (mg/L)
重金属日变化量 (mg/L)
P2-1 P2-2 P3-1 P3-2 P4-1 P4-2 P5-1 P5-2 P6-1 P6-2 P7-1 P7-2 P8-1 P8-2 P9-1 P9-2 P10-1 P10-2 P11-1 P11-2 P12-1 P12-2
采样时间为11:30-14:00
采样时间为18:00-20:30

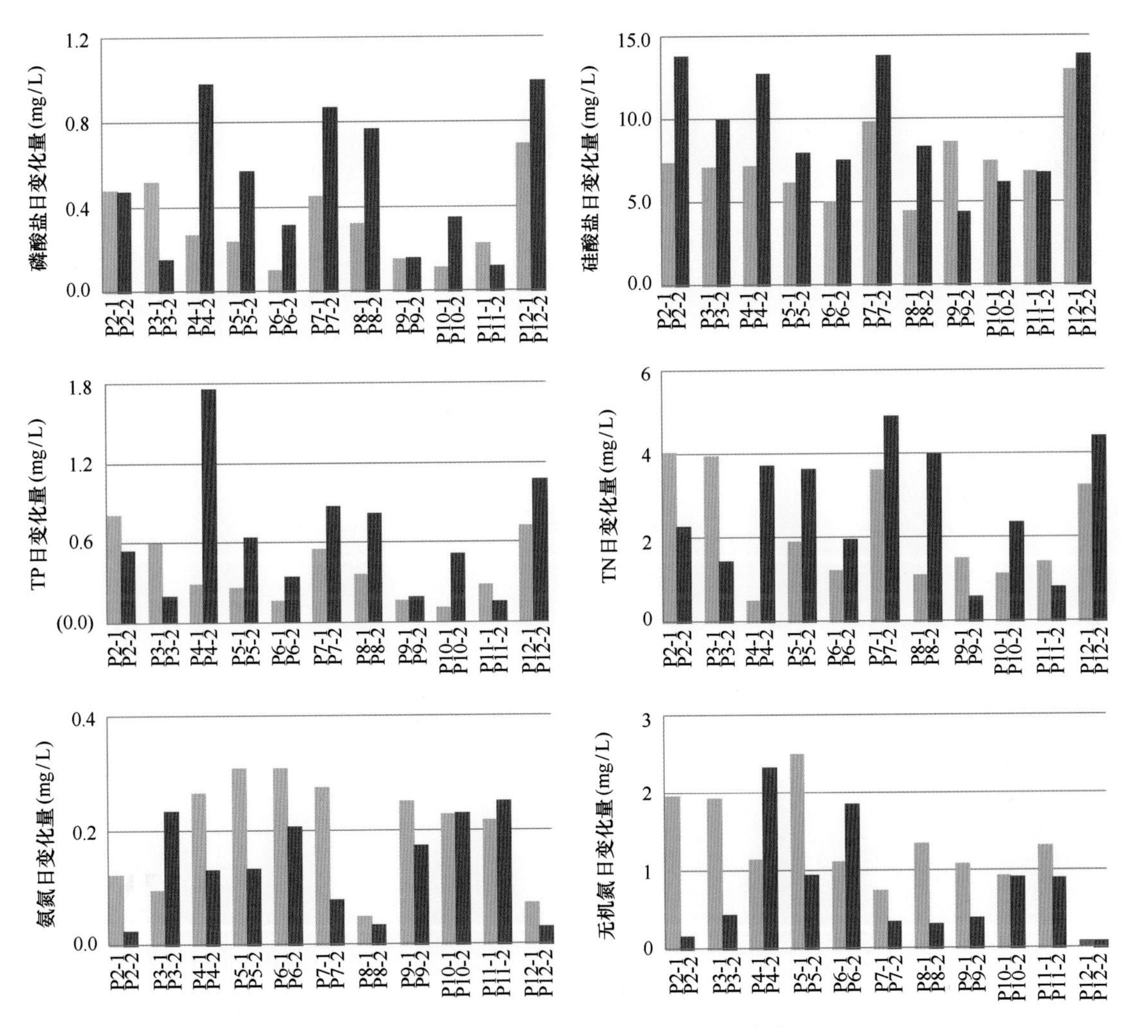

图 8-5　P2～P12 入海河流污染物的日变化

2）P16、P17、P22、P23、P24 和 P30

在前面的调查基础上，我们对 P16、P17、P22、P23、P24 和 P29 入海河流进行了一天 4 个时段的采样监测，结果见图 8-6。从图中可以看出，除个别指标外，入海河流 4 个时段污染物的浓度变化不明显。

8.2.3.2　入海河流流域污染物空间分布特征

为了解深圳海域各流域污染物排放特征，2015 年 1 月对 4 条典型入海河流进行断面监测，包括茅洲河（11 个断面）、铁岗水库排洪渠（7 个断面）、西乡河（10 个断面）和后海河（4 个断面），4 条河流污染物的断面特征见图 8-7 和图 8-8。总体上，营养盐具有一定的规律性，而其他污染物规律性较差，表明河流污染物输入复杂，整个流域都可能存在排放源。

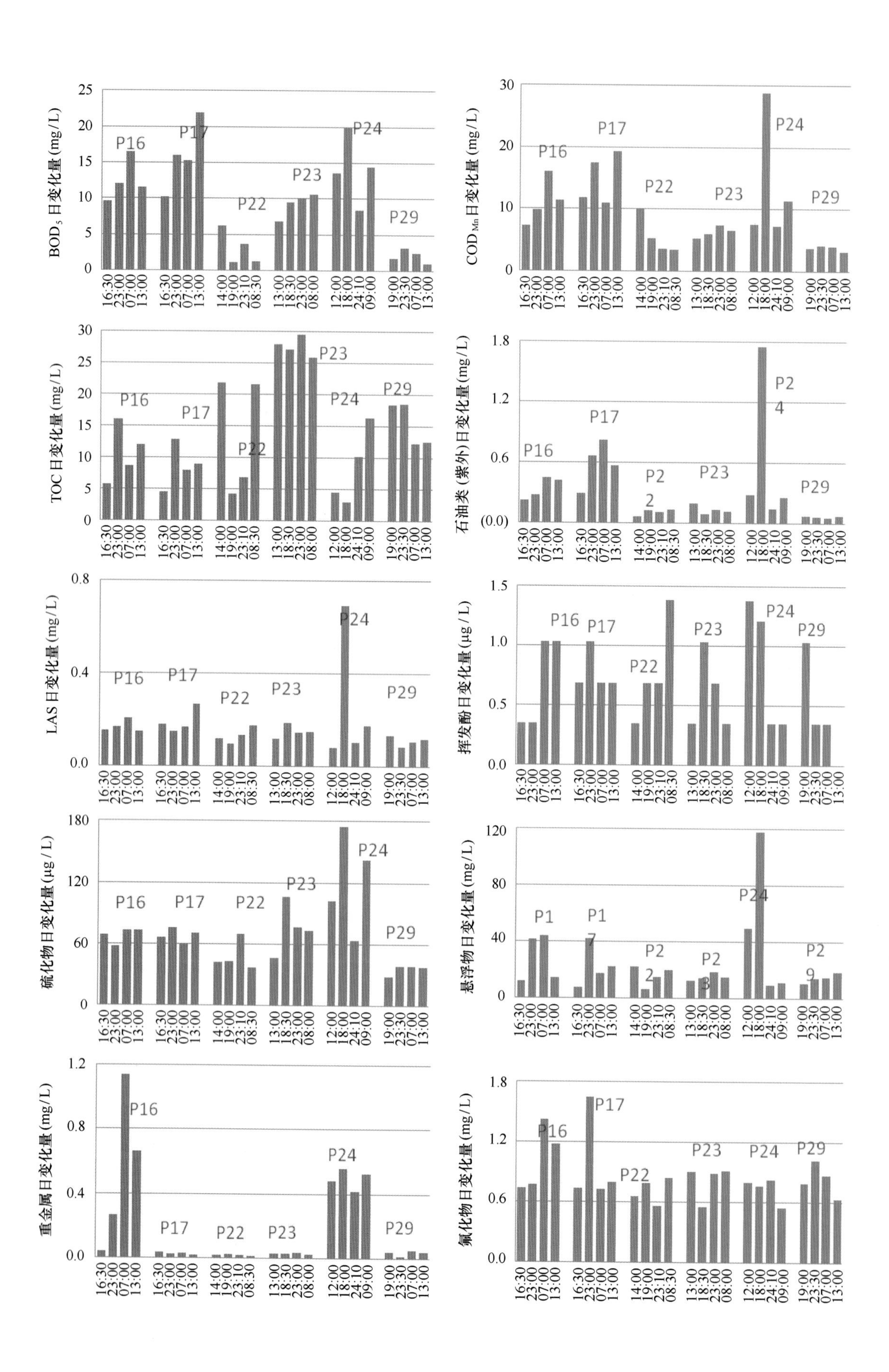
BOD$_5$ 日变化量 (mg/L)
COD$_{Mn}$ 日变化量 (mg/L)
TOC 日变化量 (mg/L)
石油类（紫外）日变化量 (mg/L)
LAS 日变化量 (mg/L)
挥发酚日变化量 (μg/L)
硫化物日变化量 (μg/L)
悬浮物日变化量 (mg/L)
重金属日变化量 (mg/L)
氟化物日变化量 (mg/L)
P16
P17
P22
P23
P24
P29

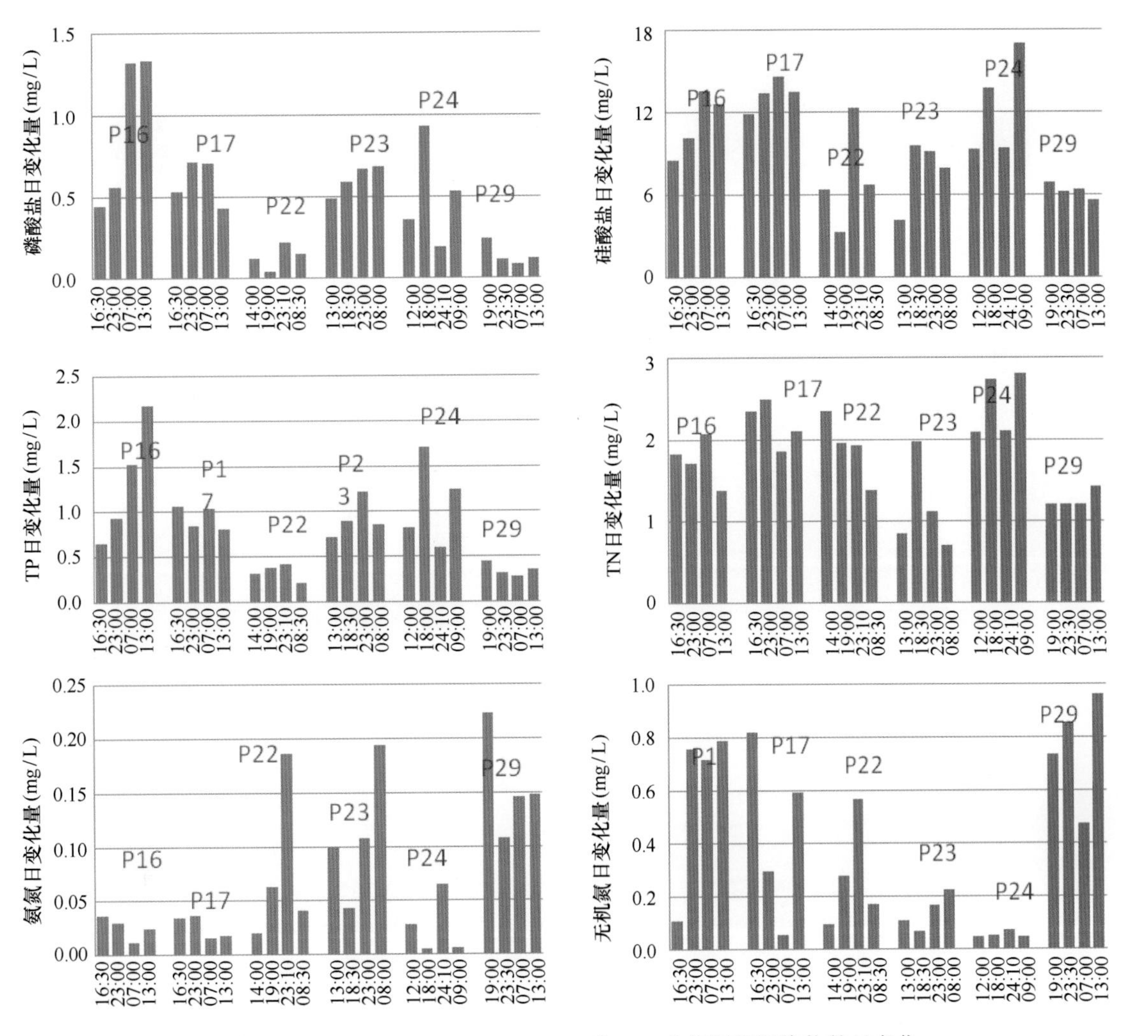

图 8-6 P16、P17、P22、P23、P24 和 P29 入海河流污染物的日变化

8.3 深圳西部海域入海河流污染物排海通量和等标污染负荷

8.3.1 深圳西部海域 5 个分区污染物排放量

根据表 8-4 中入海河流的年径流量和污染物平均浓度，采用公式（8-1）得到深圳西部海域 5 个分区 33 条入海河流 16 种主要污染物的排海通量，见表 8-5，图 8-9 为 5 个区入海河流污染物排放通量的比例图。总体上，排放量较大的是 COD_{Cr}（154 598.3 t/a）、BOD_5（59 925.4 t/a）、TP（4 226.9 t/a）、TN（45 350.6 t/a）、氨氮（34 354.3 t/a）、无机氮（38 782.8 t/a）、LAS（1 988.8 t/a）、石油类（紫外）（2 404.7 t/a），其他污染物年排放量相对较低。从区域来看，第Ⅴ区入海河流污染物的年排放最大，除石油类（红外）外，其他污染物的排放量占深圳西部海域入海河流总排放量的 50%以上。

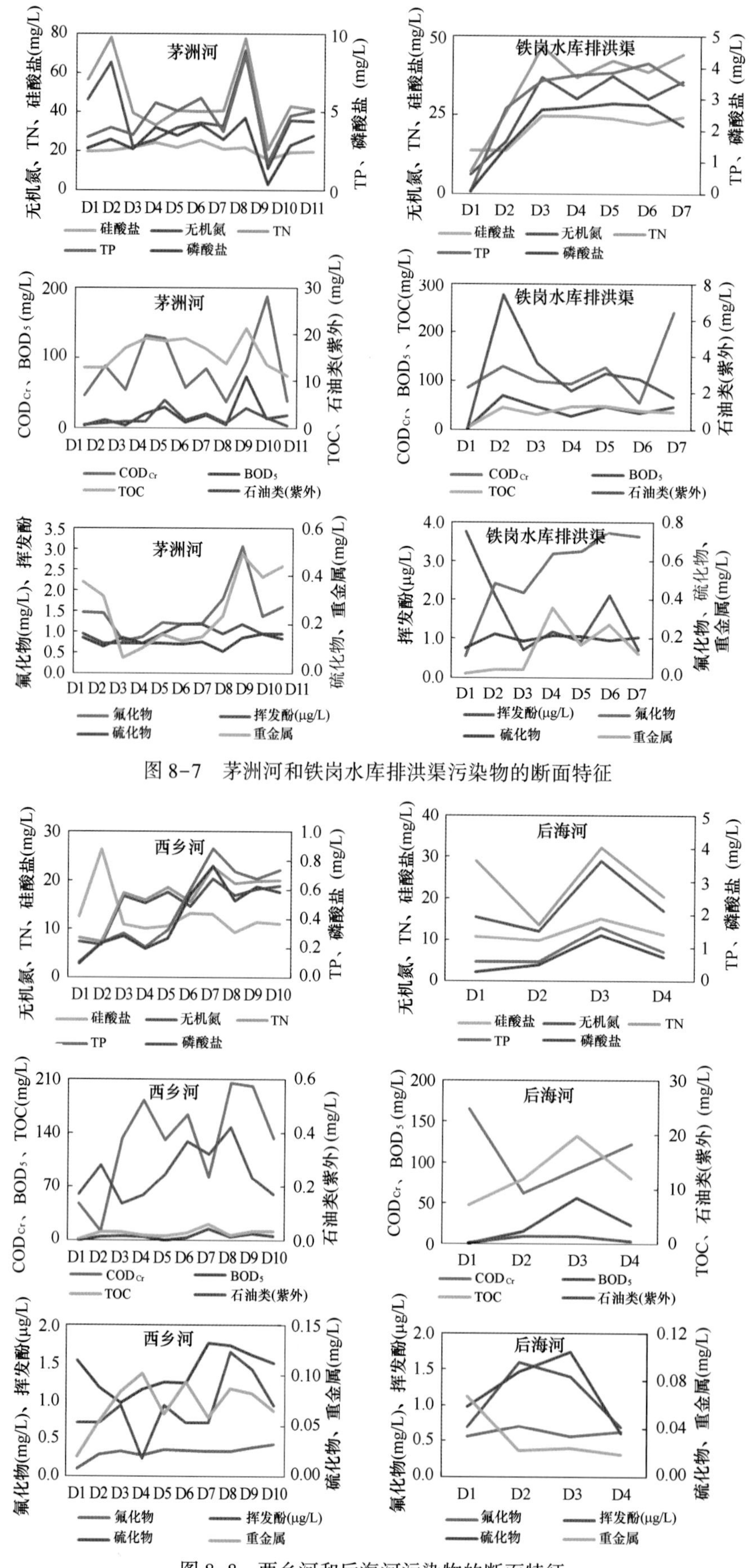

图 8-7　茅洲河和铁岗水库排洪渠污染物的断面特征

图 8-8　西乡河和后海河污染物的断面特征

表 8-5　深圳西部海域 5 个区入海河流污染物的排海通量　　单位：t/a

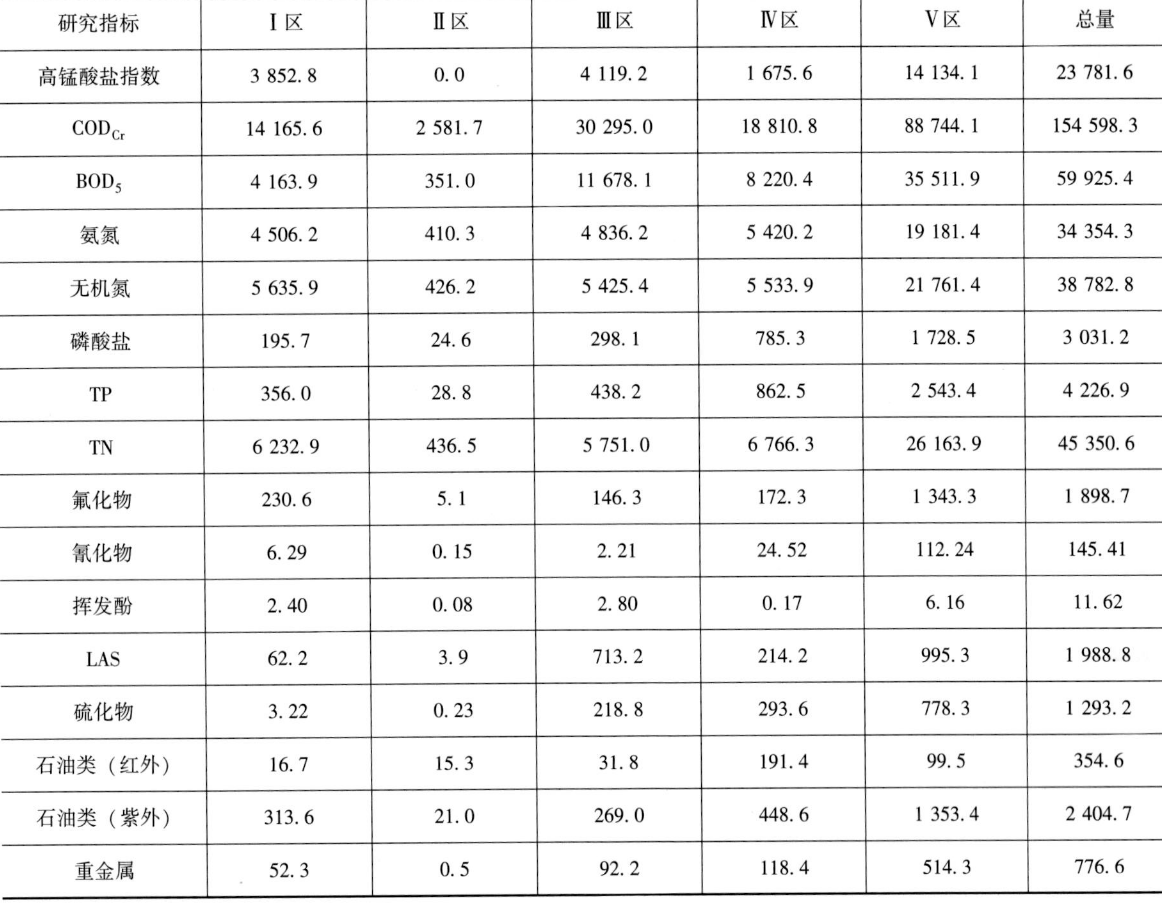

研究指标	Ⅰ区	Ⅱ区	Ⅲ区	Ⅳ区	Ⅴ区	总量
高锰酸盐指数	3 852. 8	0. 0	4 119. 2	1 675. 6	14 134. 1	23 781. 6
COD_{Cr}	14 165. 6	2 581. 7	30 295. 0	18 810. 8	88 744. 1	154 598. 3
BOD_5	4 163. 9	351. 0	11 678. 1	8 220. 4	35 511. 9	59 925. 4
氨氮	4 506. 2	410. 3	4 836. 2	5 420. 2	19 181. 4	34 354. 3
无机氮	5 635. 9	426. 2	5 425. 4	5 533. 9	21 761. 4	38 782. 8
磷酸盐	195. 7	24. 6	298. 1	785. 3	1 728. 5	3 031. 2
TP	356. 0	28. 8	438. 2	862. 5	2 543. 4	4 226. 9
TN	6 232. 9	436. 5	5 751. 0	6 766. 3	26 163. 9	45 350. 6
氟化物	230. 6	5. 1	146. 3	172. 3	1 343. 3	1 898. 7
氰化物	6. 29	0. 15	2. 21	24. 52	112. 24	145. 41
挥发酚	2. 40	0. 08	2. 80	0. 17	6. 16	11. 62
LAS	62. 2	3. 9	713. 2	214. 2	995. 3	1 988. 8
硫化物	3. 22	0. 23	218. 8	293. 6	778. 3	1 293. 2
石油类（红外）	16. 7	15. 3	31. 8	191. 4	99. 5	354. 6
石油类（紫外）	313. 6	21. 0	269. 0	448. 6	1 353. 4	2 404. 7
重金属	52. 3	0. 5	92. 2	118. 4	514. 3	776. 6

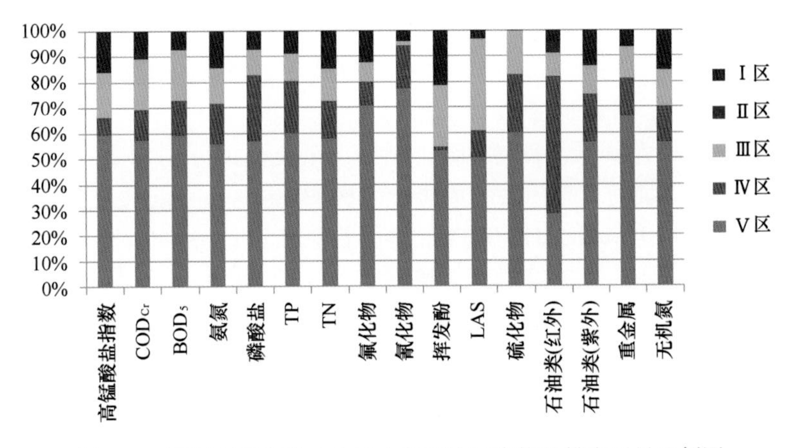

图 8-9　深圳西部海域 5 个区入海河流污染物的排海通量比例图

8. 3. 2　入海河流的等标污染负荷

根据公式（8-1）至公式（8-7）计算入海河流的等标污染负荷和等标污染负荷比。本研究中深圳西部海域分为 5 个区，5 个区的污染负荷和污染负荷比见表 8-6。在 33 条入海河流中，茅洲河、下涌、双界河和深圳河的等标污染负荷比分别为 14. 1%、11. 4%、12. 0%和 10. 5%，共 48. 0%，是主要的排污河流。从污染物来看，研究区域氨氮、TP 和 TN 的污染负荷分别为 17 004. 7 t/a、10 508. 8 t/a 和 22 791. 9 t/a，污染负荷比分别为 23. 7%、14. 7%和 31. 4%，共 69. 8%，是主要的污染物。从区域来看，Ⅴ区入海河流的污染负荷最大，为 41 455.8 t/a，占总负荷的 57.8%，表明Ⅴ区入海河流是深圳海域污染物主要的贡献源；Ⅲ区和Ⅳ区入海河流贡献相当，污染负荷分别 11 351.2 t/a 和 11 091.5 t/a，污染负荷比分别为 15.8%和 15.5%，共 31.3%。

表 8-6 深圳西部海域 5 个区入海河流的等标污染负荷和等标污染负荷比

等标污染负荷	Ⅰ区	Ⅱ区	Ⅲ区	Ⅳ区	Ⅴ区	Pm	Km（%）
高锰酸盐指数	256.9	—	274.6	111.7	942.3	1 585.4	2.2
COD_{Cr}	354.1	10.3	758.4	470.3	2 218.6	3 810.7	5.3
BOD_5	416.4	5.6	1 168.8	822.0	3 551.2	5 963.0	8.3
氨氮	2 253.1	32.8	2 418.1	2 710.1	9 590.7	17 004.7	23.7
TP	890.0	11.1	1 093.1	2 156.2	6 358.4	10 508.8	14.7
TN	3 116.4	34.9	2 875.5	3 383.1	13 081.9	22 491.9	31.4
氟化物	153.7	0.5	98.6	114.8	895.5	1 262.2	1.8
氰化物	31.4	0.1	11.0	122.6	561.2	726.4	1.0
挥发酚	24.0	0.1	28.0	1.7	61.6	115.5	0.2
LAS	208.4	2.1	2 378.5	713.9	3 318.6	6 618.4	9.2
硫化物	3.2	0.0	218.8	293.6	778.3	1 293.0	1.8
油类（红外）	16.7	2.4	31.8	191.4	99.5	341.8	0.5
Pn	7 723.4	100.0	11 351.2	11 091.5	41 455.8	71 722.0	100.0
Kn（%）	10.8	0.1	15.8	15.5	57.8	100.0	

表 8-7、表 8-8、表 8-9、表 8-10 和表 8-11 分别为深圳西部海域Ⅰ区至Ⅴ区入海河流的等标污染负荷和等标污染负荷比，各区特征如下所述。

（1）Ⅰ区：主要污染物为氨氮、TP 和 TN，等标污染负荷比分别为 29.2%、11.5%和 40.4%，共 81.1%；主要排放源是深圳河，等标污染负荷比为 98.3%。

（2）Ⅱ区：主要污染物为氨氮、TP 和 TN，等标污染负荷比分别为 32.8%、11.1%和 34.9%，共 78.8%；主要排放源是蛇口污水处理厂和后海河，等标污染负荷比为 51.3%和 34.9%，共 86.2%。

（3）Ⅲ区：主要污染物为氨氮、TN 和 LAS，等标污染负荷比分别为 21.3%、25.3%和 20.9%，共 67.5%；主要排放源是西乡河和双界河，等标污染负荷比为 18.9%和 76.3%，共 95.2%。

（4）Ⅳ区：主要污染物为氨氮、TP 和 TN，等标污染负荷比分别为 24.4%、19.4%和 30.5%，共 74.3%；主要排放源是机场外排洪渠、新涌和钢岗水库排洪渠，等标污染负荷比分别为 54.4%、12.5%和 18.8%，共 85.7%。

（5）Ⅴ区：主要污染物为氨氮、TP 和 TN，等标污染负荷比分别为 23.1%、15.3%和 31.6%，共 70.0%；主要排放源是茅洲河、下涌、坳颈涌和福永河，等标污染负荷比为 24.5%、19.8%、10.2%、13.7%，共 68.2%。

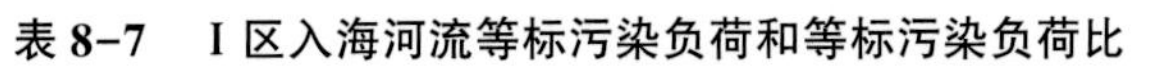

表 8-7　Ⅰ区入海河流等标污染负荷和等标污染负荷比

项目	大沙河	凤塘河	上沙涌	深圳河	Pm	Km（%）
高锰酸盐指数	3.1	1.7	—	252.0	256.9	3.3
COD_{Cr}	5.5	2.5	0.1	346.0	354.1	4.6
BOD_5	4.6	2.3	—	409.5	416.4	5.4
氨氮	23.5	12.8	0.2	2 216.5	2 253.1	29.2
TP	9.2	6.6	0.1	874.0	890.0	11.5
TN	33.4	18.8	0.4	3 065.0	3 116.4	40.4
氟化物	2.5	0.7	—	150.5	153.7	2.0
氰化物	0.0	0.0	—	31.4	31.4	0.4
挥发酚	0.2	0.4	—	23.4	24.0	0.3
LAS	3.0	3.2	—	201.2	208.4	2.7
硫化物	0.0	0.1	—	3.0	3.2	0.04
油类（红外）	0.4	0.2	—	16.0	16.7	0.2
Pn	85.4	48.5	0.9	7 588.6	7 723.4	100.0
Kn（%）	1.1	0.6	0.0	98.3	100.0	

表 8-8　Ⅱ区入海河流等标污染负荷和等标污染负荷比

项目	蛇口 SCT 码头排污口	蛇口污水处理厂	南海玫瑰园	后海河	Pm	Km（%）
COD_{Cr}	0.1	23.9	9.3	31.4	64.5	10.3
BOD_5	—	23.2	0.0	11.9	35.1	5.6
氨氮	0.0	108.7	31.6	65.9	205.2	32.8
TP	0.0	38.6	12.3	18.6	69.5	11.1
TN	—	114.9	36.2	68.1	218.3	34.9
氟化物	—	—	—	3.4	3.4	0.5
氰化物	—	0.8	—	—	0.8	0.1
挥发酚	—	0.8	—	0.1	0.8	0.1
LAS	—	2.3	—	10.7	13.0	2.1
硫化物	—	—	—	0.2	0.2	0.0
油类（动物油）	—	9.1	—	6.2	15.3	2.4
Pn	0.1	321.2	89.3	215.5	626.1	100.0
Kn（%）	0.0	51.3	14.3	34.4	100.0	

表 8-9　Ⅲ区入海河流等标污染负荷和等标污染负荷比

项目	西乡河	新圳河	双界河	桂庙渠	Pm	Km（%）
高锰酸盐指数	65.4	6.8	192.5	9.9	274.6	2.4
COD_{Cr}	110.9	16.0	588.1	43.4	758.4	6.7
BOD_5	165.6	24.8	939.2	38.2	1 168.8	10.3
氨氮	474.4	20.0	1 838.6	85.0	2 418.1	21.3
TP	235.8	16.8	794.4	46.1	1 093.1	9.6
TN	761.1	78.1	1941.3	96.1	2 875.5	25.3
氟化物	21.8	2.9	70.6	2.3	98.6	0.9
氰化物	5.7	0.2	5.1	0.0	11.0	0.1
挥发酚	9.3	0.5	16.9	1.3	28.0	0.2
LAS	286.8	15.0	2 051.3	24.4	2 378.5	20.9
硫化物	1.8	0.1	203.7	13.2	218.8	1.9
油类（红外）	9.3	6.7	15.1	0.7	31.8	0.3
Pn	2 148.9	188.0	8 655.7	360.6	11 351.2	100.0
Kn（%）	18.9	1.6	76.3	3.2	100.0	

表 8-10　Ⅳ区入海河流等标污染负荷和等标污染负荷比

项目	机场外排洪渠	新涌	铁岗水库排洪河	南昌涌	固戍涌	共乐涌	西乡大道分流渠	Pm	Km（%）
高锰酸盐指数	—	35.8	38.0	19.9	10.2	8.5	1.3	111.7	1.0
COD_{Cr}	185.0	84.8	91.9	50.6	30.4	23.7	3.8	470.3	4.2
BOD_5	363.0	129.6	161.7	68.7	48.3	46.1	5.6	822.0	8.4
氨氮	1 675.9	296.8	434.8	156.9	85.3	55.2	5.2	2 710.1	24.4
TP	1 575.8	161.6	201.4	140.3	40.3	32.9	3.9	2 156.2	19.4
TN	1 955.3	338.9	589.3	163.1	262.9	63.4	10.2	3 383.1	30.5
氟化物	60.7	15.8	19.8	8.0	8.3	3.6	0.6	114.8	1.0
氰化物	—	109.9	6.2	1.8	0.3	4.4	0.0	122.6	1.1
挥发酚	0.6	0.2	0.2	0.2	0.3	0.2	—	1.7	0.0
LAS	0.7	211.2	364.0	82.6	9.6	42.7	3.1	713.9	6.4
硫化物	5.8	1.1	171.5	99.4	0.1	10.6	5.0	293.6	2.6
石油类	181.4	2.2	6.2	0.5	0.4	0.6	0.1	191.4	1.7
Pn	6 004.3	1 388.0	2 083.9	791.1	494.4	291.0	38.9	11 091.5	100.0
Kn（%）	54.1	12.5	18.8	8.1	4.5	2.6	0.4	100.0	

表 8-11　V区入海河流等标污负荷和等标污染负荷比

项目	茅洲河	德丰围涌	西堤石围涌	下涌	沙涌	和二涌	沙福河	塘尾涌	和平涌	玻璃围涌	四兴涌	坳颈涌	灶下涌	福永河	Pm	Km（%）
高锰酸盐指数	163.4	24.0	21.2	102.5	42.4	54.6	15.3	52.2	48.0	40.9	28.4	78.0	44.1	229.4	942.3	2.3
COD_{Cr}	261.4	48.2	41.1	198.9	88.8	114.0	29.1	106.0	95.8	115.0	98.1	164.3	106.3	754.4	2 218.6	5.4
BOD_5	314.6	68.3	76.8	329.8	141.9	191.8	53.4	189.8	138.6	179.5	138.4	291.4	149.3	1 290.6	3 551.2	8.6
氨氮	2 891.1	268.5	284.7	2 131.9	478.5	563.6	190.7	363.5	74.3	139.8	45.1	1 053.2	242.4	864.4	9 590.7	23.1
TP	1 929.5	206.2	138.7	1 264.3	266.4	570.7	100.2	279.7	50.8	86.0	34.6	481.7	123.3	828.3	6 358.4	15.3
TN	3 693.7	569.6	463.9	3 163.2	535.1	1 001.5	230.6	374.5	124.2	205.6	53.0	1 348.2	265.6	1 054.4	13 081.9	31.6
氟化物	219.8	18.7	11.3	272.1	33.1	44.5	8.5	34.2	20.3	23.0	15.1	22.8	19.5	153.5	895.5	2.2
氰化物	79.4	4.3	1.3	132.1	11.1	6.4	2.0	300.5	8.2	2.9	1.2	5.9	2.1	4.8	561.2	1.4
挥发酚	35.4	0.5	0.7	0.9	0.2	0.5	0.4	0.9	0.9	0.4	1.3	0.6	0.9	18.1	61.6	0.1
LAS	549.3	44.6	90.0	584.4	270.5	308.1	119.2	223.5	2.5	20.9	1.9	632.8	38.0	432.9	3 318.6	8.0
硫化物	16.6	48.0	14.1	28.2	231.2	98.6	112.9	12.7	0.5	0.5	0.2	153.1	25.5	36.3	778.3	1.9
油类	12.4	3.6	1.3	9.2	3.2	4.4	1.9	13.6	0.0	1.2	2.7	18.1	5.2	22.7	99.5	0.2
Pn	10 166.8	1 299.4	1 144.2	8 216.5	2 102.3	2 958.5	864.1	1 951.1	561.3	815.5	418.0	4 248.1	1 022.3	5 688.8	41 455.8	100.0
Kn（%）	24.5	3.1	2.8	19.8	5.1	8.1	2.1	4.7	1.4	2.0	1.0	10.2	2.5	13.7	100.0	

8.4 深圳西部海域陆源污染负荷核算

根据深圳西部海域污染物的陆源调查，深圳西部海域污染物的陆源输入主要为茅洲河流域、珠江口宝安区流域、深圳河流域、深圳湾流域陆域排放，茅洲河流域和珠江口宝安区流域涉及行政区有宝安区和光明新区，深圳河流域和深圳湾流域涉及南山区、福田区和罗湖区，以及龙岗区两座污水处理厂的尾水；污染源有生活和工业源、城市地表径流、农业面源（农业径流）、农业点源（畜禽养殖）等。

8.4.1 陆源污染负荷核算方法

根据国家《“十二五”主要污染物总量控制规划编制指南》，污染源的污染负荷计算采用产污系数法和排污系数法。

8.4.1.1 工业源和生活源

工业和生活源污水和污染物排放量由两部分构成，即直接排放和污水处理厂尾水排放，公式如下：

$$P=P_1+P_2 \tag{8-8}$$

式中，P 为工业源或生活源污水（$\times10^8$ t）或污染物排放总量（t）；P_1 为工业源或生活源污水（$\times10^8$ t）和污染物直排量（t）；P_2 为污水处理厂尾水污水（$\times10^8$ t）和污染物排放量（t）。

1）污水和污染物排放量

（1）工业污水排放量（$W_{工业}$）

$$W_{工业}（\times10^8\ t）=工业总产值（亿元）\times万元产值污水排放量（t/万元）\times10^{-4} \tag{8-9}$$

根据《2014年深圳市国民经济和社会发展》，深圳市工业产值占第二产业产值的84%，宝安区更是占到94%，因此本研究中工业产值为第二产业产值。

（2）居民生活污水（$W_{居民生活}$）和污染物排放量（$P_{居民生活}$）

$$W_{居民生活}（\times10^8\ t）=人口数（万人）\times人均污水年排放量［t/（a\cdot人）］\times10^{-4} \tag{8-10}$$

$$P_{居民生活}（t）=人口数（万人）\times居民生活人均产污系数（g/d）\times365\times10^{-2} \tag{8-11}$$

（3）第三产业污水（$W_{第三产业}$）和污染物排放量（$P_{第三产业}$）

$$W_{第三产业}（\times10^8\ t）=第三产业总产值（亿元）\times万元产值污水排放量（t/万元）\times10^{-4} \tag{8-12}$$

$$P_{第三产业}（t）=人口数（万人）\times第三产业人均产污系数（g/d\cdot人）\times365\times10^{-2} \tag{8-13}$$

$$P_{生活源}=P_{居民生活}+P_{第三产业}$$

2）污染物直排量

（1）工业源污染物直排量

$$P_{工业直排}（t）=W_{工业污水直排量}（\times10^8\ t）\times C_{mi}\times10^2 \tag{8-14}$$

式中，$W_{工业污水直排量}$为工业污水直排量，$\times10^8$ t；C_{mi}为工业污水中污染物浓度，mg/L。

深圳市工业污水除进入污水处理厂进行二级处理厂外，其他直排污水必须达到相关排放标准，因此本研究中直接工业污水全部设为达标排放。

（2）居民生活和第三产业污染物直排量

$$P_{居民生活/第三产业直排量}（t）=k\times P_{居民生活/第三产业}（t） \tag{8-15}$$

式中，$P_{居民生活/第三产业}$为居民生活或第三产业污染物产生量，t；k 为居民生活和第三产业污水直排量所占总排放量的比例。

3）污水处理厂尾水中污染物排放量

$$P_{尾水}（t）= W_{污水处理量}（\times 10^8 t）\times C_{ni} \times 10^2 \quad (8-16)$$

式中，$W_{污水处理量}$为污水处理厂尾水排放量，$\times 10^8$ t；C_{ni}为污水处理厂尾水中污染物浓度，mg/L。

由于研究区域污水处理处理厂的尾水主要作为河流的补充水，因此尾水排放量等同于污水处理量。

8.4.1.2　农业点源

深圳市农业点源主要为畜禽养殖，其污染负荷采用产污系数和排污系数计算污染物的产生量和排放量，其公式为：

$$Z_{0i} = N \times e_i \times 10^{-6} \quad (8-17)$$

$$Z_{1i} = N \times f_i \times 10^{-6} \quad (8-18)$$

式中，Z_{0i}为畜禽养殖第 i 种污染物产生量，t；Z_{1i}为畜禽养殖第 i 种污染物排放量，t；e_i 为第 i 种污染物产污系数，g/头；f_i 为第 i 种污染物排放系数，g/头。N 为畜禽数量，头。以猪为标准，根据广东省地方标准《畜禽养殖业污染物排放标准》（DB 44/613—2009），一头奶牛可以转换成 10 头猪，60 只鸡鸭可以转换成 1 头猪。

8.4.1.3　农业非点源

根据《珠江口及毗邻海域污染特征及生态环境响应研究》（李开明等，2011），农业非点源污染负荷采用不同农业土地利用类型单元面积的污染负荷和农业土地面积进行计算，公式为：

$$Y_i = S \times t_i \times 10^{-2} \quad (8-19)$$

式中，Y_i 为农业土地第 i 种污染的污染负荷，t；S 为农业土地的面积，hm^2；t_i 为农业土地第 i 种污染的污染负荷强度，t/（km^2 · a）。

8.4.1.4　城市地表径流

许萍在《深圳市光明新区城区径流污染负荷估算研究》（许萍等，2014）对光明新的城市径流负荷采用径流深度、径流中污染的浓度及产流面积 3 个因子进行计算，由于光明新区在本研究范围内，因此本研究中采用其方法进行其他城区地表径流的污染负荷计算，其公式为：

$$G_i = D \times C_i \times S \times 10^{-5} \quad (8-20)$$

式中，G_i 为地表径流中第 i 种污染物年负荷量，t/a；D 为年径流浓度，mm/a；C_i 为第 i 种污染物的平均浓度，mg/L；S 为产流面积，hm^2。

8.4.2　生活源和工业源污染负荷

根据调查，深圳西部海域污染物主要来自宝安区、光明新区、南山区、福田区和罗湖区，以及龙岗区布吉镇部分区域。

8.4.2.1　污水和污染物产排系数

1）污水排污系数

根据《2013 年深圳市国民经济和社会发展统计公报》人口、工业总产值第三产业产值，以及深圳市《2013 年水资源公报》中各行业污水排放量，获得居民生活、工业和第三产业的污水排放系数，见表 8-12 和表 8-13。

2）生活源污染物产生系数

居民生活和第三产业污染物的产污系数采用《生活源产排污系数及使用说明（2010 年修订版）》中“广东深圳”的产污系数，见表 8-13。根据深圳市第一次全国污染源普查结果，深圳市工业污染源排入水环境中的污染物，COD_{Cr}、BOD_5、氨氮、石油类等污染物的排放标准执行《水污染物排放限值》(DB 4426—2001)第一时段二级标准排放限值，COD_{Cr}、BOD_5 和氨氮排放标准分别为 130 mg/L、30 mg/L 和 20 mg/L。此标准中无 TP 和 TN 的相关标准，TP 采用《城镇污水处理厂污染物排放标准》(GC 18918—2002)中二级标准值 3.0 mg/L，TN 根据氨氮标准采用 30 mg/L 排放限值。

研究区域各行政区行业的污水排放系数相差较大，宝安区和光明新区人均生活污水排放系数低于南山区、福田区和罗湖区，而工业污水排放量则高于其他 3 个区。

表 8-12　2013 年深圳市和行政区社会经济和污水排放量统计

行政区域	社会经济			污水排放量（$\times10^8$ t/a）		
	人口（万人）	工业（亿元）	第三产业（亿元）	居民生活	工业	第三产业
全市	1 062.89	6 296.84	8 198.14	5.67	4.52	3.34
宝安区	270.38	1 019.18	1 013.13	1.13	1.53	0.68
光明新区	49.64	408.79	170.76	0.20	0.44	0.09
南山区	111.91	1 875.6	1 330.05	0.70	0.14	0.49
福田区	133.95	200.12	2 499.4	0.88	0.18	0.62
罗湖区	94.15	108.2	1 380.14	0.56	0.10	0.40

表 8-13　2013 年深圳市和行政区污水和生活源污染物产污和排放系数

行政区域	污水排放系数			污染物产污系数			
	居民生活	工业	三产	污染物名称	居民生活	三产	工业废水直排标准
	t/（人·a）	t/万元	t/万元	g/（人·d）	g/（人·d）	mg/L	
全市	53.3	8.2	4.1	COD_{Cr}	66	20	130
宝安区	41.8	15.0	6.7	BOD_5	27	7	30
光明新区	41.0	10.7	5.1	氨氮	9.46	0.25	20
南山区	62.3	0.7	3.7	TP	1.02	0.09	3
福田区	65.9	9.2	2.5	TN	12.22	0.53	30
罗湖区	59.6	8.9	2.9				

8.4.2.2　污水排放量

根据《2014 年深圳市国民经济和社会发展统计公报》人口、社会经济发展情况（表 8-14），以及表 8-13 中污水的排放系数，采用公式（8-9）、公式（8-10）和公式（8-11）计算获得 2014 年深圳市各行政区污水的产生量及行业特征，考虑到 2014 年深圳市万元 GDP 水耗下降 8%，工业和第三产业污水排放量则为计算值的 92%，结果见图 8-10。研究区域污水排放量为 8.37×10^8 t/a，其中居民生活、工业和第三产业分别为 3.52×10^8 t/a、2.30×10^8 t/a 和 2.35×10^8 t/a。

表 8-14　2014 年深圳市社会经济统计

行政区域	人口（万人）	工业产值（亿元）	第三产业产值（亿元）
宝安区	273.65	1 203.77	1 164.19
光明新区	50.42	432.22	199.8
南山区	113.59	1 958.01	1 505.15
福田区	135.71	201.38	2 756.14
罗湖区	95.37	126.68	1 498.5
总量	812.19	4 839.04	7 704.32

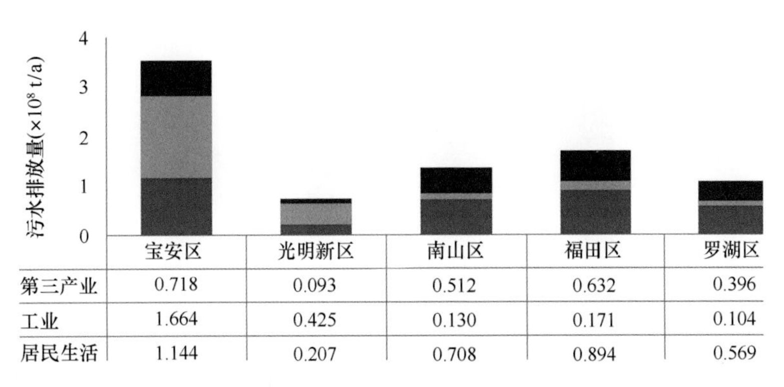

图 8-10 研究区域各行政区污水排放量和行业特征

从地域来看，宝安区污水排放量远远高于其他行政区，总量达到 3.53×10^8 t/a；光明新区由于人口数量、工业生产总值相对较小，污水排放量最小，为 0.73×10^8 t/a；南山区、福田区和罗湖区相差不大，分别为 1.35×10^8 t/a、1.70×10^8 t/a 和 1.07×10^8 t/a。

从行业来看，在宝安区和光明新区，工业污水排放量最大，其次是居民生活，第三产业产生的污水相对较低。在南山区、福田区和罗湖区，居民生活排放的污水量最多，其次是第三产业，而工业排放污水最低，仅占总排放量的 10%。区域污水或污染物排放量不仅与人口和经济产值有关，还与污水或污染物的产污或排污系数有关，虽然南山区工业产值高于宝安区，两者分别为 1 958.01 亿元和 1 203.77 亿元，但宝安区工业污水排放量为 1.67×10^8 t/a，而南山区为 0.13×10^8 t/a，主要是因为两行政区工业污水的排放系数存在较大差异，宝安区万元产值污水排放量为 15.0 t/万元，而南山区为 0.7 t/万元。

8.4.2.3 生活源污染物排放量

根据表 8-13 中的产污系数和表 8-14 中人口数量，根据公式（8-5）和公式（8-6）得到各行政区居民生活和第三产业污染物的产生量，两者之和则为生活源污染物产生量。

表 8-15 为研究区域居民生活和第三产业污染物的产生量，两者之和为生活源污染物产生量。研究区域生活源 COD_{Cr}、BOD_5、氨氮、TP 和 TN 的产生量分别为 209 918.5 t/a、82 990.6 t/a、23 701.1 t/a、2 709.4 t/a 和 31 121.5 t/a，其中居民生活远高于第三产业，分别为 161 099.5 t/a、65 904.3 t/a、23 090.9 t/a、2 489.7 t/a 和 29 828.8 t/a，占生活源排放量的 76.7%、79.4%、98.4%、91.9%和 95.8%。

表 8-15 研究区域生活源污染物的产生量 单位：t/a

类别	COD_{Cr}	BOD_5	氨氮	TP	TN
居民生活	161 099.5	65 904.3	23 090.9	2 489.7	29 828.8
第三产业	48 818.0	17 086.3	610.2	219.7	1 293.7
总量	209 918.5	82 990.6	23 701.1	2 709.4	31 121.5

图 8-11 为研究区域各行政区居民生活和第三产业污染物的产生量。从区域来看，宝安区污染物的产生量最高，COD_{Cr}、BOD_5、氮氮、TP 和 TN 的产生量分别为 85 898.7 t/a、33 960.0 t/a、9 698.6 t/a、1 108.7 t/a 和 12 735.0 t/a，占总量的 40.9%。居民生活和第三产业污染物产生量主要与人口有关，宝安区人口数量为 273.5 万人，占研究区域总人口数量的 40.9%。其次为福田区、南山区和罗湖区，3 个区各污染物排放量的差异不大；光明新区由于人口是 5 个区中最小的，因此污染物排放量也最少，COD_{Cr}、BOD_5、氮氮、TP 和 TN 的产生量分别为 15 826.8 t/a、6 258.1 t/a、1 788.0 t/a、204.3 t/a 和 2 346.4 t/a。

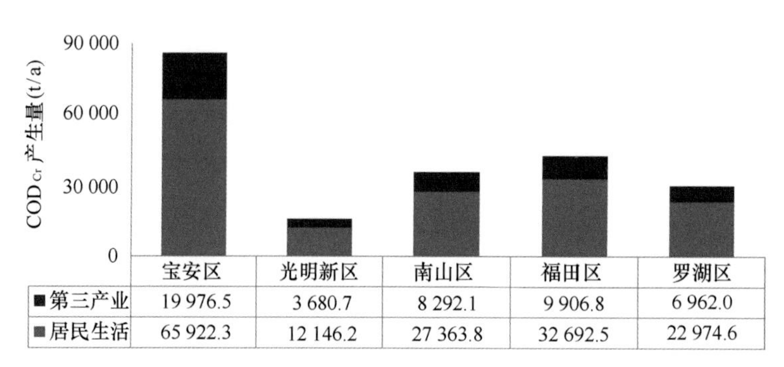

(a) COD_{Cr}

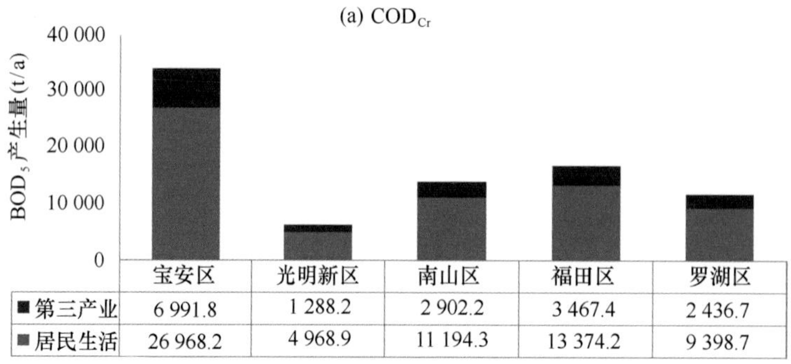

(b) BOD_5

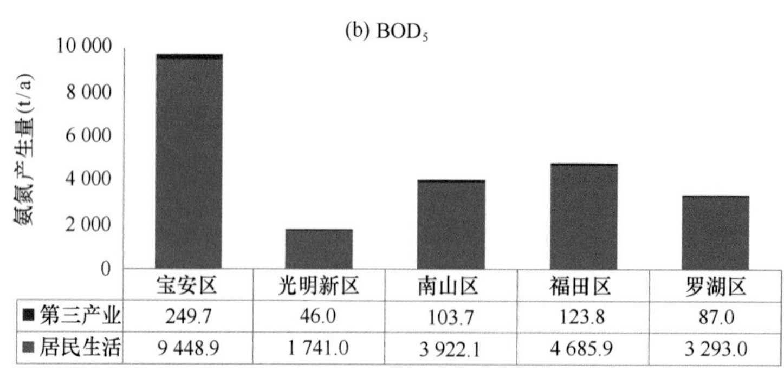

(c) 氨氮

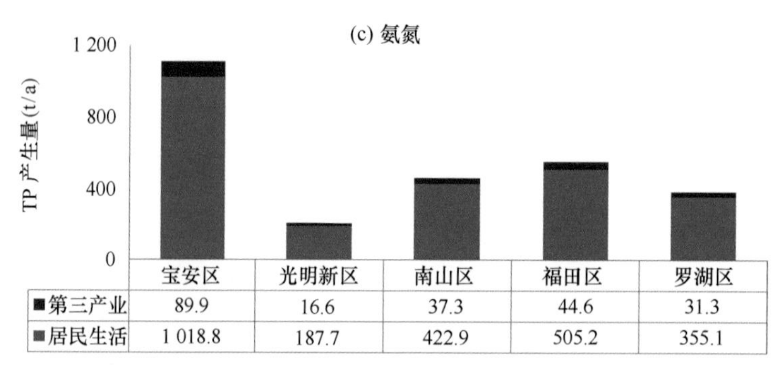

(d) 总磷 (TP)

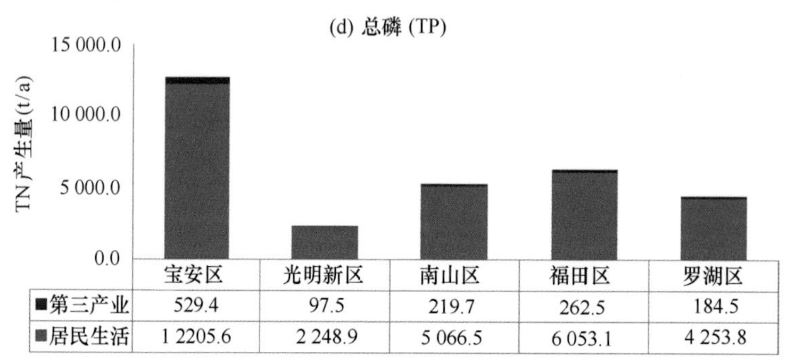

(e) 总氮 (TN)

图 8-11 各行政区生活源污染物的产生量

8.4.2.4 生活源和工业源污水的去向分析

城市工业和生活污水均应进行相应处理实现达标排放。根据深圳市相关规定，设置独立排污口的企业必须执行相关标准达标排放，不能达标排放的企业实行有效纳管，进入污水处理厂进行二级处理，因此深圳市工业污水的去向为污水处理厂和达标直排。城市生活污水应全部进入污水处理厂进行处理，但由于污水处理厂的处理规模、配套管网建设和分布等因素限制，目前还不能达到100%的处理率，因此生活污水的去向同工业污水一样，污水处理厂和直接排放，但是直接排放污水由于未经处理即视为不达标排放。

根据宝安区《2014 年区环保水务局工作总结及 2015 年工作计划》，2014 年宝安区处理污水 2.27×10^8 t，处理率 80%。由此可知，污水处理厂应处理污水 2.84×10^8 t，实际处理 2.27×10^8 t，则有 0.57×10^8 t 污水需要处理而未经处理直接排放，因此为不达标排放。根据图 8-10，宝安区污水排放量为 3.53×10^8 t，应处理 2.84×10^8 t，不需要处理的污水，即达标排放的污水为 0.69×10^8 t。根据工业和生活污水去向，宝安区工业源和生活源污水直排量分别为 0.69×10^8 t 和 0.57×10^8 t，污水处理厂处理量分别为 0.98×10^8 t 和 1.29×10^8 t。

根据《光明新区城市建设局关于 2013 年人居环境工作的总结及 2014 年工作的思路》，光明新区光明污水处理厂日处理量为 12×10^4 t，则年处理量为 0.44×10^8 t。参考宝安区 80%的污水处理率，2014 年光明新区污水处理厂需要处理的污水量为 0.55×10^8 t，则有 0.11×10^8 t 污水未经处理直接排放。根据图 8-10 中光明新区 0.73×10^8 t 的污水排放量，需要处理 0.55×10^8 t，则有 0.18×10^8 t 污水直接达标排放。由此可知，污水处理厂处理的工业污水为 0.25×10^8 t，生活污水为 0.19×10^8 t，直接排放量为 0.18×10^8 t 和 0.11×10^8 t。

由于南山区、福山区和罗湖区的污水处理厂跨区域集水，污水处理量进行整体核算。南山区、福田区和罗湖区工业污水排放量较少，根据《深圳市人居环境委员会关于有效纳管的工业企业名单（市管企业第二批）公示的通知》，福田区、罗湖区的市管企业全部纳入市政管网，本研究中此 3 个区的工业污水全部进入污水处理厂，即工业污水直排量为零。根据深圳市水务局《关于加强污水管网建设与管理的工作方案》，2015 年年底深圳市中心城区的污水处理率将达 95%，其他区域达到 80%，本研究中工业污水处理率为 100%，则生活源污水处理率则取 90%，由此可计算出南山区、福田区和罗湖区污水处理量分别为 1.23×10^8 t、1.54×10^8 t 和 0.97×10^8 t。根据图 8-10，南山区、福田区和罗湖区污水排放量分别为 1.35×10^8 t、1.70×10^8 t 和 1.07×10^8 t，则生活源直排量分别为 0.12×10^8 t、0.15×10^8 t 和 0.10×10^8 t。

研究区域各行政区污水直排量和污水处理厂处理量计算结果见表 8-16。

表 8-16 研究区域各行政区污水排放量、处理量和直排量 单位：$\times10^8$ t/a

行政区域	排放量	污水处理厂处理量				直排量			
		居民生活	工业	第三产业	总量	居民生活	工业	第三产业	总量
宝安区	3.53	0.79	0.98	0.50	2.27	0.35	0.69	0.22	1.26
光明新区	0.73	0.13	0.25	0.06	0.44	0.08	0.18	0.03	0.29
南山区	1.35	0.64	0.13	0.46	1.23	0.07	—	0.05	0.12
福田区	1.70	0.81	0.17	0.57	1.54	0.09	—	0.06	0.15
罗湖区	1.07	0.51	0.10	0.36	0.97	0.06	—	0.04	0.10
总量	8.37	2.88	1.63	1.94	6.45	0.64	0.87	0.41	1.92

8.4.2.5 生源和工业源污染物直排量

根据图 8-11 中居民生活和第三产业各污染物的产生量，采用公式（8-15）计算得到各行政区生活源污染物的直排量，根据公式（8-14）计算得到工业源污染物的直排量，见表8-17。

表8-17 研究区域各行政区污染物的直排量

单位：t

污染物名称	行政区域	居民生活	第三产业	工业	总量
COD_{Cr}	宝安区	20 172.2	6 112.8	8 970.0	35 255.0
	光明新区	4 458.6	1 350.8	2 275.3	8 083.8
	南山区	2 736.4	829.2	—	3 565.6
	福田区	3 269.3	990.7	—	4 259.9
	罗湖区	2 298.5	696.2	—	2 993.7
	总量	32 933.0	9 979.7	11 245.3	54 158.0
BOD_5	宝安区	8 252.3	2 139.5	2 070.0	12 461.7
	光明新区	1 823.6	472.8	525.1	2 821.4
	南山区	1 119.4	290.2	—	1 409.7
	福田区	1 338.4	346.7	—	1 684.2
	罗湖区	939.9	243.7	—	1 183.5
	总量	13 472.6	3 492.9	2 595.1	19 560.5
氨氮	宝安区	2 891.4	76.4	1 380.0	4 348.8
	光明新区	638.9	16.9	350.0	1 005.9
	南山区	392.2	10.4	—	402.6
	福田区	468.6	12.4	—	481.0
	罗湖区	329.3	8.7	—	338.0
	总量	4 720.4	124.7	1 730.0	6 575.2
TP	宝安区	311.8	28.5	208.0	546.3
	光明新区	68.9	6.1	52.5	128.5
	南山区	42.3	3.7	—	46.0
	福田区	50.5	4.5	—	55.0
	罗湖区	35.5	3.1	—	38.6
	总量	509.0	44.9	259.5	813.4
TN	宝安区	3 734.9	162.0	2 070.0	5 966.9
	光明新区	825.3	35.8	525.1	1 386.2
	南山区	506.6	22.0	—	528.6
	福田区	605.3	26.3	—	631.6
	罗湖区	425.4	18.4	—	443.8
	总量	6 098.6	264.5	2 595.1	8 958.1

8.4.2.6 污水处理厂尾水污染物排放量

研究区域污水处理厂尾水主要作为河流或生态补充用水，因此污水处理厂尾水排放量和处理量相等，根据污水处理量和出厂水质可以计算污水处理厂尾水污染物排放量。

1）研究区域污水处理厂基本情况

深圳市污染处理厂主要依据茅洲河、深圳河、观澜河等河流流域分布，研究区域污水处理厂基本情况见表8-18。光明新区有1座污染水处理厂，设计规模为15×10^4 t/d；宝安区有4座，主要服务于茅洲河流域和珠江口宝安区流域，设计规模为66.5×10^4 t/d；南山区3座，福田区1座、罗湖区1座，共5座，设计规模为129.0×10^4 t/d，主要服务于深圳河流域和深圳湾流域；另有龙岗区2座设计规模分别为5×10^4 t/d和20×10^4 t/d的埔地吓污水处理厂和布吉污染处理厂，其尾水经白泥河汇入深圳河。

表 8-18　研究区域污染处理厂基本情况　　　单位：$\times10^4$ t/d

流域名称	行政区域	污水处理厂名称	设计规模
茅洲河流域和珠江口宝安区流域	光明新区	光明污水处理厂	15
	宝安区	燕川污水处理厂	15
	宝安区	沙井污水处理厂	15
	宝安区	福永污水厂	12.5
	宝安区	固戍污水处理厂	24
	5 座		81.5
深圳湾流域和深圳河流域	南山区	南山污水处理厂	56
	南山区	蛇口污水处理厂	3
	南山区	西丽再生水厂	5
	福田区	滨河污水处理厂	30
	罗湖区	罗芳污水处理厂	35
	5 座		129
	龙岗区	埔地吓污水处理厂	5
	龙岗区	布吉污水处理厂	20
	2 座		25

由于污水处理厂处理能力不同，具有较大处理能力的污水处理厂可以跨区域收集废水，如南山污水处理厂对南山区和部分福田区的污水进行收集处理。因此本研究中根据服务区域把 11 座污水处理厂分成两大区域：①茅洲河流域和珠江口宝安区：包括宝安区和光明新区；②深圳河流域和深圳湾流域：包括南山区、福田区和罗湖区。埔地吓污染处理厂和布吉污水处理厂进行单独统计。

2）污水处理厂出厂水质

通过“深圳市重点企业污染监测网”收集研究区域污水处理厂出水污染物浓度，统计结果见表 8-19。研究区域 12 座污染处理厂的出水水质基本达到《城镇污染处理厂污染物排放标准》（GB 18918—2002），但差异较大。

表 8-19　研究区域污水处理厂污染物出厂浓度　　　单位：mg/L

污水处理厂名称	COD_{Cr}	BOD_5	氨氮	总磷	总氮
南山污水处理厂	16.68	1.94	0.27	0.18	10.34
蛇口污水处理厂	49.28	10.43	18.31	1.33	20.83
西丽再生水厂	15.32	0.65	0.52	0.21	8.71
滨河污水处理厂	6.50	0.84	2.97	0.09	8.92
罗芳污水处理厂	20.47	3.82	5.48	0.28	15.34
埔地吓污水处理厂	11.75	1.78	0.93	0.08	3.42
布吉污水处理厂	15.10	0.48	0.09	0.20	10.03
光明污水处理厂	15.40	2.68	0.09	0.35	10.85
燕川污水处理厂	12.83	1.70	1.60	0.75	18.82
沙井污水处理厂	51.73	3.60	8.03	0.79	11.93
福永污水厂	13.25	1.27	1.46	0.67	18.28
固戍污水处理厂	25.10	1.96	0.39	0.45	8.97

3）污水处理量

根据表 8-16，光明新区仅一座污水处理厂，污水处理量为 0.44×10^8 t/a；宝安区污水处理量为 2.27×10^8 t/a，则 4 座污水处理厂的运营负荷率为 93.5%；南山区、福田区和罗湖区污水处理量为 3.745×10^8 t/a，则 5 座污水处理厂的运营负荷率为 79.5%；龙岗区 2 座污水处理厂运营负荷以 80% 计。根据各污水处理厂的设计规模和运营负荷率，可得到各污水处理厂的污水处理量。根据污水处理厂污水处理量和污染物的出厂浓度，利用公式（8-16）获得各污水处理厂尾水中污染物的排放量，见表 8-20。

表 8-20 研究区域污水处理厂污水处理量和污染物排放量 单位：t/a

流域名称	厂名	处理量（$\times10^8$ t/a）	COD_{Cr} 排放量	BOD_5 排放量	氨氮排放量	总磷排放量	总氮
深圳湾流域	南山污水处理厂	1.625	2 711.0	315.5	43.1	29.5	1 680.2
	蛇口污水处理厂	0.087	429.0	90.8	159.4	11.6	181.3
	西丽再生水厂	0.145	222.2	9.4	8.5	3.0	111.9
	总量	1.86	3 362.2	415.7	210.0	44.1	1 973.4
深圳河流域	滨河污水处理厂	0.871	565.8	73.3	258.1	8.2	776.4
	罗芳污水处理厂	1.016	2 078.6	388.6	556.7	28.5	1 558.1
	埔地吓污水处理厂	0.146	171.6	25.9	13.5	1.1	49.9
	布吉污水处理厂	0.584	881.8	28.7	5.3	12.0	585.9
	总量	2.62	3 698.9	514.5	833.6	49.7	2 970.3
茅洲河流域	光明污水处理厂	0.438	674.5	118.2	3.9	15.3	475.2
	燕川污水处理厂	0.512	658.0	88.0	81.7	38.5	912.2
	总量	0.95	1 331.5	204.2	85.7	53.8	1 388.5
珠江口流域	沙井污水处理厂	0.512	2 648.9	184.3	411.0	40.3	610.7
	福永污水厂	0.427	565.2	54.0	62.4	28.7	780.0
	固戍污水处理厂	0.819	2 055.8	160.7	31.9	38.0	734.7
	总量	1.76	5 268.9	399.1	505.3	105.9	2 125.4

根据污水处理厂服务区域，可以得到各行政区污水经污染处理厂处理后污染物排放量，见表 8-21；根据表 8-16 中不同行业污水的处理量和比例，计算得到各行政区不同行业污水经污水处理厂处理后污染物的排放量，见表 8-22。

表 8-21 各行政区污水处理厂尾水污染物排放量 单位：t/a

行政区域	处理量（$\times10^8$ t）	COD_{Cr} 排放量	BOD_5 排放量	氨氮排放量	TP 排放量	TN 排放量
宝安区	2.27	5 925.9	486.1	588.1	144.4	3 038.6
光明新区	0.44	674.5	118.2	3.9	15.3	475.2
南山区、福田区和罗湖区	3.74	6 006.6	876.6	1 024.8	80.8	4 308.9
龙岗污水处理厂	0.73	1 053.4	53.7	18.8	13.1	635.8
处理总量	8.18	13 660.5	1 533.5	1 634.6	253.6	8 456.5

表 8-22　不同行业污水处理厂尾水的污染物排放量　　　　单位：t/a

污染物名称	行政区域	居民生活	第三产业	工业	总量
COD_{Cr}	宝安区	2 072.5	2 549.8	1 301.7	5 924.0
	光明新区	201.6	385.0	90.8	678.4
	南山区	1 022.4	208.8	739.7	1 970.9
	福田区	1 291.8	274.5	912.4	2 478.7
	罗湖区	821.4	166.3	571.3	1 559.0
	总量	5 409.7	3 584.4	3 616.0	12 610.1
BOD_5	宝安区	170.0	209.2	106.8	485.9
	光明新区	35.0	66.9	15.8	118.7
	南山区	149.2	30.5	108.0	288.6
	福田区	188.5	40.1	133.2	361.7
	罗湖区	119.9	24.3	83.4	228.5
	总量	662.6	370.8	448.0	1 480.5
氨氮	宝安区	205.3	252.6	129.0	586.9
	光明新区	1.2	2.3	0.5	4.0
	南山区	174.4	35.6	126.2	336.3
	福田区	220.4	46.8	155.7	422.9
	罗湖区	140.1	28.4	98.5	266.0
	总量	741.5	365.7	508.8	1 616.0
TP	宝安区	50.5	62.1	31.7	144.3
	光明新区	4.6	8.8	2.1	15.4
	南山区	13.7	2.8	9.9	26.5
	福田区	18.4	3.7	12.3	33.3
	罗湖区	11.0	2.2	8.7	21.0
	总量	98.2	79.6	63.7	240.6
TN	宝安区	1 062.4	1 308.0	668.2	3 036.6
	光明新区	142.1	271.3	64.0	478.3
	南山区	733.3	149.7	530.5	1 413.5
	福田区	926.4	196.9	654.4	1 778.7
	罗湖区	589.1	119.3	409.7	1 118.1
	总量	3 453.2	2 044.2	2 325.9	7 823.2

8.4.2.7　生活源和工业源污染物最终排放量

根据表 8-16 和表 8-22 中居民生活、工业和第三产业污染物的直排放和污水处理厂尾水污染物的排放量，获得研究区域各行政区污染物向环境中的排放量，见表 8-23。深圳西域海域居民生活、工业和第三产业 COD_{Cr}、BOD_5、氨氮、TP 和 TN 的排放量分别为 67 821.4 t/a、21 094.7 t/a、8 209.9 t/a、1 068.0 t/a 和 17 416.1 t/a。

表 8-23 深圳西部海域陆域生活源和工业源污染物最终排放量 单位：t/a

流域	行政区域	类别	COD_{Cr}	BOD_5	氨氮	TP	TN
茅洲河流域和珠江口宝安区流域	宝安区	居民生活	22 244.7	8 422.3	3 096.7	362.3	4 798.3
		第三产业	8 662.6	2 348.6	329.0	89.6	1 469.0
		工业	10 271.7	2 176.8	1 509.0	238.7	2 738.2
		总量	41 179.0	12 948.7	4 934.6	690.6	9 003.5
	光明新区	居民生活	4 659.3	1 858.6	640.1	73.5	968.4
		第三产业	1 735.8	539.7	19.1	14.8	308.0
		工业	2 366.2	540.9	350.6	54.6	589.1
		总量	8 761.2	2 939.1	1 009.8	142.9	1 863.5
	总量		49 940.2	15 886.8	5 944.5	833.5	10 868.0
深圳河流域和深圳湾流域	南山区	居民生活	3 758.8	1 268.6	566.6	56.0	1 239.9
		第三产业	1 038.0	320.7	46.0	6.5	171.7
		工业	739.7	108.0	126.2	9.9	530.5
		总量	5 536.5	1 698.3	738.8	72.5	1 942.1
	福田区	居民生活	4 561.0	1 525.9	689.0	68.9	1 531.7
		第三产业	1 265.2	386.8	59.2	8.1	223.2
		工业	912.4	133.2	155.7	12.3	654.4
		总量	6 738.7	2 045.9	903.9	88.3	2 409.3
	罗湖区	居民生活	3 118.8	1 059.7	469.4	46.6	1 014.4
		第三产业	862.5	268.9	38.1	5.4	138.7
		工业	571.3	83.4	98.5	8.7	409.7
		总量	4 552.7	1 411.1	604.0	59.6	1 561.9
	龙岗污水处理厂		1 053.4	53.7	18.8	13.1	635.8
	总量		17 881.2	5 208.9	2 265.5	233.5	6 549.1
总量		67 821.4	21 094.7	8 209.9	1 068.0	17 416.1	

茅洲河流域和珠江口宝安区、深圳河流域和深圳湾流域两个区域污水排放量接近，分别为 4.25×10^8 t/a 和 4.12×10^8 t/a，但污染物排放量却存在较大差异，前者污染物的排放量普遍高于后者，前者 COD_{Cr}、BOD_5、氨氮、TP 和 TN 的排放量分别为 49 940.2 t/a、15 886.8 t/a、5 944.5 t/a、833.5 t/a 和 10 868.0 t/a，后者分别为 17 881.2 t/a、5 208.9 t/a、2 265.5 t/a、233.5 t/a 和 6 549.1 t/a，与居民生活污水处理率有密切关系。生活污水是深圳市各行政区污染物的主要排放源，占总排放量的 70%以上，而且生活污水的监控较难，因此生活污水的处理效率对流域和海域的环境质量具有重要意义。

在 5 个行政区中，宝安区污染物排放量仍然是最大的，COD_{Cr}、BOD_5、氨氮、TP 和 TN 的排放量分别为 41 179.0 t/a、12 948.7 t/a、4 934.6 t/a、690.6 t/a 和 9 003.5 t/a，占总排放量的 60%以上，是深圳环境管理和治理的重点区域。

8.4.3 农业点源

深圳市农业点源为畜禽养殖，主要为规模化养殖，分布在光明新区，部分宝安区，此研究中全部归于光明新区。2015 年，深圳市已将畜禽养殖污染的整治工作纳入生态文明建设考核内容，全市除光明新区外的 9 个区全部划为畜禽养殖禁养区，光明新区为配套发展都市生态观光农业，部分区域划为畜禽养殖限养区，因此其他区域无畜禽养殖。

根据《2014广东统计年鉴》，研究区域2013年畜禽养殖情况见表8-24。苏文幸对广东某规模化生猪养殖场进行研究（苏文幸，2012），获得广东某规模化生猪养殖场COD_{Cr}、氨氮、TN和TP的产污系数和排污系数，见表8-25。根据公式（8-17）和公式（8-18）获得光明新区农业点源污染物的产生量和排放量，见表8-26。研究区域畜禽养殖COD_{Cr}、氨氮、TP和TN的年排放量分别为192.10 t/a、28.08 t/a、11.16 t/a和50.28 t/a。

表8-24　2013年研究区域畜禽养殖情况统计　　单位：头或只

项目	奶牛	猪	鸡	能繁殖母猪
年末存栏数	5 500	39 500	248 700	4 040
出栏数		78 358	1 138 366	
总量	5 500	121 898	1 387 066	

表8-25　生猪COD_{Cr}、氨氮、TN和TP的产排系数　　单位：g/（头或只）

污染物	产污系数			排污系数		
	奶牛	猪	鸡	奶牛	猪	鸡
COD_{Cr}	367 267	36 726.70	612.11	9 604	960.40	16.01
氨氮	17 820	1 782.00	29.70	1 404	140.40	2.34
TP	5 396	539.60	8.99	558	55.80	0.93
TN	37 120	3 712.00	61.87	2 514	251.40	4.19

注：根据畜禽养殖业污染物排放标准（GB 18596—2001），60只肉鸡折算成1头猪，1头奶牛折算成10头猪。

表8-26　畜禽养殖业污染物排放量　　单位：t/a

污染物	产污量				排污量			
	奶牛	猪	鸡	总量	奶牛	猪	鸡	总量
COD_{Cr}	2 019.97	4 476.91	849.04	7 345.92	52.82	118.07	22.20	192.10
氨氮	98.01	218.22	41.20	356.43	8.72	18.11	3.25	28.08
TP	29.68	65.78	12.47	108.93	3.07	6.80	1.29	11.16
TN	204.16	452.49	85.81	742.46	13.83	30.65	5.81	50.28

8.4.4　农业非点源

农业非点源污染是指农业生产活动中，农田中的土粒、氮素、磷、农药及其他有机或无机污染物质，在降水或灌溉过程中，通过农田地表径流、农田排水和地下渗漏，使大量污染物进入水体而形成的水环境污染。深圳市农业化肥流失是农业非点源的主要来源。

农业非点源污染负荷采用单位面积污染物负荷强度和土地面积进行计算。程炯等在《不同源类型农业非点源负荷特征研究—以新田小流域为例》（程炯等，2008）中指出林地、果园、水田和旱地的负荷强度，见表8-27。根据《2013年深圳市度土地变更调查地类汇总表》，深圳市各区的农业土地利用情况见表8-28，根据公式（8-19）计算不同农业土地的污染负荷，见表8-29。图8-12为各行政区农业非点源污染负荷贡献，图8-13为不同土地利用类型的污染负荷贡献。宝安区和光明新区农业土地面积大，COD_{Cr}、BOD_5、氨氮、TP和TN的污染负荷远高于其他区域，两者占总污染负荷的60%以上。研究区域农业土地主要是园地和林地，而耕地和草地面积已非常小，因此园地和林地各种污染物的污染负荷也较耕地和草地高。

表 8-27 不同源类型的非点源污染负荷强度 单位：t/（km^2·a）

污染物	耕地	园 地	林 地	草地	水田	旱地
COD_{Cr}	15.394	11.348	8.895	8.895	14.857	15.931
BOD_5	8.813	6.107	2.973	2.973	9.845	8.781
氨氮	0.238 5	0.206	0.14	0.14	0.247	0.23
TN	1.889	2.206	0.483	0.483	2.095	1.683
TP	0.148 35	0.045	0.016	0.016	0.149	0.147 7

注：耕地为水田和旱地的均值；草地参考林地。

表 8-28 深圳市农业土地利用情况 单位：$\times 10^4$ m^2

行政区域	耕 地	园 地	林 地	草 地
深圳市	4 096	21 064	58 215	2 648
宝安区	772	3 189	5 863	693
光明新区	1 398	3 150	2 115	274
福田区	8	177	1 591	14
南山区	99	3 073	2 602	62
罗湖区	22	341	3 449	38

表 8-29 研究区域农业非点源污染负荷 单位：t/a

污染物	行政区域	耕 地	园 地	林 地	草 地	总量
COD_{Cr}	深圳市	630.54	2 390.34	4 596.07	209.06	7 826.01
	宝安区	118.84	361.89	462.88	54.71	998.33
	光明新区	215.21	358.46	166.98	21.63	761.28
	福田区	1.23	20.09	125.61	1.11	148.03
	南山区	15.24	348.72	205.43	4.89	574.29
	罗湖区	3.39	38.70	272.30	3.00	318.38
	研究区域总量	353.91	1 126.86	1 233.20	85.34	2 799.31
BOD_5	深圳市	360.98	1 286.38	1 730.73	78.73	3 456.82
	宝安区	68.04	194.75	174.31	20.60	458.70
	光明新区	123.21	192.37	62.88	8.15	386.60
	福田区	0.71	10.81	48.30	0.42	59.23
	南山区	8.72	188.67	78.36	1.84	275.59
	罗湖区	1.94	20.82	102.54	1.13	126.43
	研究区域总量	202.61	606.43	464.38	32.14	1 305.56

续表

污染物	行政区域	耕 地	园 地	林 地	草 地	总量
氨氮	深圳市	9.77	43.39	81.50	3.71	138.37
	宝安区	1.84	6.57	8.21	0.97	18.59
	光明新区	3.33	6.49	2.96	0.38	13.17
	福田区	0.02	0.36	2.23	0.02	2.63
	南山区	0.24	6.33	3.64	0.09	10.30
	罗湖区	0.05	0.70	4.83	0.05	5.64
	研究区域总量	5.48	20.46	21.87	1.51	49.32
TN	深圳市	78.37	464.67	281.18	12.79	836.01
	宝安区	14.58	70.35	28.32	3.35	116.60
	光明新区	26.41	69.49	10.22	1.32	108.44
	福田区	0.15	3.90	8.68	0.07	11.81
	南山区	1.87	68.79	12.57	0.30	82.53
	罗湖区	0.42	8.52	16.66	0.18	24.78
	研究区域总量	43.43	219.06	75.44	5.22	343.15
TP	深圳市	6.08	9.48	9.31	0.42	25.29
	宝安区	1.15	1.44	0.94	0.11	3.63
	光明新区	2.07	1.42	0.34	0.04	3.87
	福田区	0.01	0.08	0.25	0.00	0.35
	南山区	0.15	1.38	0.42	0.01	1.96
	罗湖区	0.03	0.15	0.55	0.01	0.74
	研究区域总量	3.41	4.47	2.50	0.17	10.55

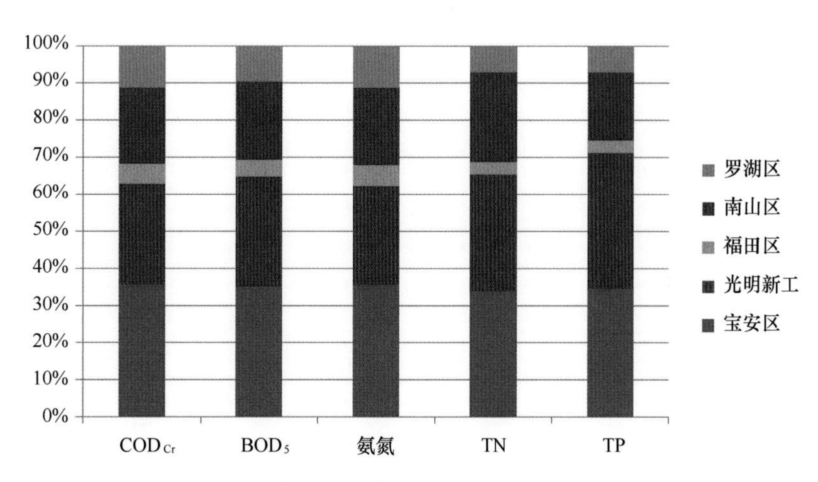

图 8-12 各行政区农业非点源的污染负荷贡献

8.4.5 城市非点源（城市地表径流）

深圳市的城市非点源主要是地表径流，许萍等在《深圳市光明新区城区径流污染负荷估算研究》中利用城市不同土地类型单位产流面积、径流浓度，以及污染物平均浓度计算城市地表径流的污染负荷。光明新区位于本研究区域内，因此本研究采用光明新区的径流浓度、污染物平均浓度等参数计算城市地表径流污染负荷。

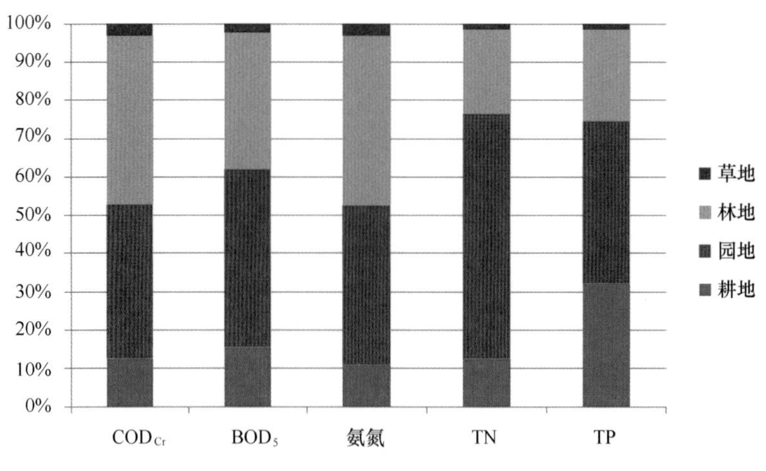

图 8-13　不同农业土地利用类型的污染负荷贡献

根据深圳市各行政区规划，各行政区不同城市土地利用类型面积见表 8-30。不同土地利用类型的径流浓度，COD_{Cr}、TP 和 TN 的平均浓度分别为 201.38 mg/L、1.67 mg/L 和 3.6 mg/L，BOD_5 根据《深圳福田河流流域降雨初期径流截流研究》，雨水排放口 COD_{Cr}浓度约为 BOD_5 的 2 倍，则本研究中设为 100 mg/L。根据公式（8-20）计算各行政区城市地表径流的污染负荷，结果见表 8-31。总体上，研究区域 COD_{Cr}、BOD_5、TP 和 TN 的染污负荷分别为 51 241.8 t/a、25 445.3 t/a、424.9 t/a 和 916.0 t/a；宝安区、光明新区和南山区各污染物的负荷较大，3 个行政区间差异较小，福田区和罗湖区负荷较少，污染负荷均低于 15%。

表 8-30　各行政区不同土地利用类型面积和径流深度

项目	径流深度（mm）	面积（hm^2）				
		宝安区	光明新区	南山区	福田区	罗湖区
统计年		2010 年	2009 年	2010 年	2010 年	2010 年
居住用地	568.41	2 229.04	799.26	2 091.8	1 661.34	1 135.08
商业服务业设施用地	805.45	674.47	129.33	632.48	358.96	466.14
政府社团用地	805.45	763.48	194.41	1 298.97	514	265.71
工业用地	653.72	695.72	3 169.75	1 128.33	168.71	75.68
仓储用地	653.72	45.23	8.63	905.49	3.89	78
对外交通用地	1 229.59	1 223.18	58.21	689.41	59.81	70.7
道路广场用地	1 315.01	1 504.43	1 153.15	1 976.32	1 088.64	605.52
市政公用设施用地	286.5	284.36	80.23	460.15	210.84	113.01
绿地	168.99	1 009.03	225.6	1 981.2	1 381.91	1 148.95
特殊用地	369.01	4.34	42.93	68.13	606.45	51.22
径流量（$\times10^8$ m^3/a）		0.66	0.45	0.80	0.38	0.25

表 8-31　研究区域城市地表径流的污染负荷

污染物	污染物浓度（mg/L）	污染负荷（t/a）					
		宝安区	光明新区	南山区	福田区	罗湖区	总量
COD_{Cr}	201.38	13 376.2	8 973.7	16 124.6	7 609.4	4 956.6	51 241.8
BOD_5	100.00	6 642.3	4 456.1	8 008.1	3 778.6	2 461.3	25 445.3
TP	1.67	110.9	74.4	133.7	63.1	41.1	424.9
TN	3.6	239.1	160.4	288.3	136.0	88.6	916.0

8.4.6　陆源污染负荷和入海河流污染物排放通量核算

8.4.6.1　陆源污染负荷

深圳西部海域陆源的污染负荷统计见表 8-32。深圳西部海域陆源的污染负荷总量分别为 121 853.6 t/a（COD_{Cr}）、47 745.6 t/a（BOD_5）、8 288.3 t/a（氨氮）、1 511.6 t/a（TP）和 18 721.6 t/a（TN），其中生活源（包括居民生活和第三产业）的污染负荷最大，COD_{Cr}、BOD_5、氨氮、TP 和 TN 的负荷分别为 51 906.8 t/a、17 998.9 t/a、5 952.3 t/a、730.7 t/a 和 11 859.4 万 t/a，占总负荷的 42.6%、38.7%、71.8%、48.3%和 63.3%；其次为城市地表径流，COD_{Cr}和 BOD_5 的负荷达 51 040.8 t/a 和 25 345.3 t/a，TP 和 TN 为 422.9 t/a 和 912.9 t/a。由此可以看出，深圳市还需加强生活污水的处理率，以及雨水污染物的减排工作。

表 8-33 为研究区域各行政区污染的负荷，宝安区的污染负荷最大，COD_{Cr}、BOD_5、氨氮、TP 和 TN 的负荷分别为 55 553.3 t/a、20 048.7 t/a、4 952.9 t/a、805.2 t/a 和 9 359.2 t/a，占总负荷的 45.6%、42.0%、59.8%、53.3%和 55.5%，其他 4 个区差异不大。

表 8-32　不同陆源的污染负荷　　单位：t/a

项目	COD_{Cr}	BOD_5	氨氮	TP	TN
居民生活	38 342.6	14 135.2	5 461.8	606.2	9 550.8
第三产业	13 564.1	3 863.7	490.4	124.5	2 308.6
工业源	14 861.3	3 042.1	2 238.9	323.2	4 920.9
城市地表径流	51 040.8	25 345.3	—	422.9	912.0
农业径流	2 799.3	1 305.6	49.3	10.6	343.1
畜禽养殖	192.1	—	28.1	11.2	50.3
龙岗污水处理厂	1 053.4	53.7	18.8	13.1	635.8
总量	121 853.6	47 745.6	8 288.3	1 511.6	18 721.6

表 8-33　不同行政区的陆源污染负荷　　单位：t/a

流域	总量	COD_{Cr}	BOD_5	氨氮	TP	TN
茅洲河流域和珠江口宝安区流域	宝安区	55 553.5	20 048.7	4 952.2	805.2	9 359.2
	光明新区	18 688.6	7 781.8	1 051.1	231.9	2 181.2
深圳河流域和深圳湾流域	南山区	22 235.4	9 979.9	749.1	208.2	2 312.9
	福田区	14 496.1	5 883.7	906.5	151.8	2 558.1
	罗湖区	9 826.6	3 998.8	609.6	101.5	1 675.3
	龙岗污水处理厂	1 053.4	53.7	18.8	13.1	635.8
总量		121 853.6	47 745.6	8 288.3	1 511.6	18 721.6

本研究中居民生活、工业、第三产业、畜禽养殖和龙岗污水处理厂属于点源，农业径流和城市地表径流属于非点源，各行政区点源和非点源污染物排放贡献见图 8-14。从图中可以看出，各行政区不同污染物的点源和非点源贡献率不同，南山区由于面积较大，地表径流污染物排放量大，因此非点源的贡献也较大，对 COD_{Cr}、BOD_5 和 TP 的贡献分别为 75.1%、83.0%和 65.2%。宝安区各

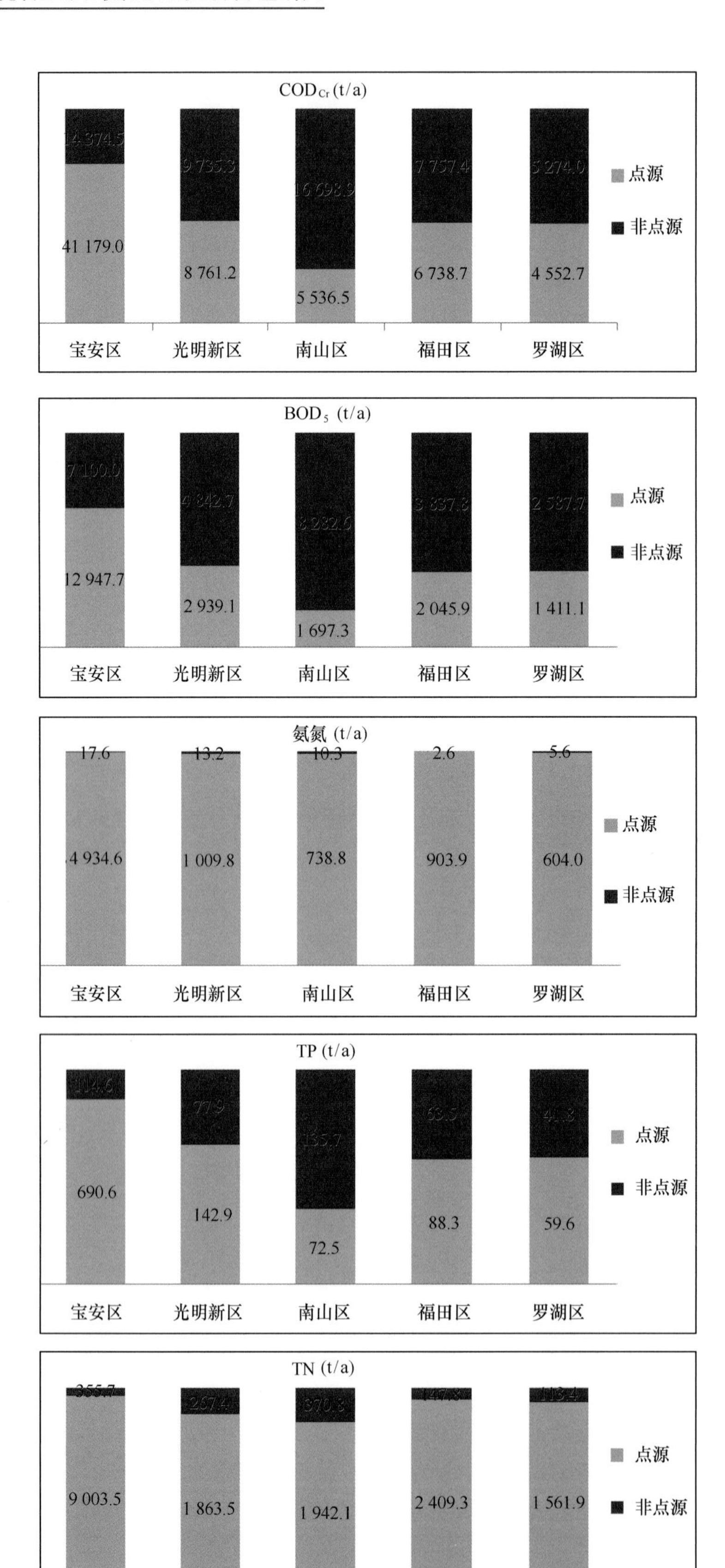

图 8-14　研究区域各行政区点源和非点源污染物排放特征

污染物主要来自点源的贡献，COD_{Cr}、BOD_5、氨氮、TP 和 TN 点源的贡献率分别为 74.1%、64.6%、99.6%、85.8%和 96.2%。光明新区、福田区和罗湖区 COD_{Cr}非点源贡献略高于点源，贡献为52%~54%，BOD_5 为62%~65%；TP 和 TN 相反，3 个区点源对 TP 贡献分别为 64.7%、58.2%和 58.8%，对 TN 的贡献分别为 88.4%、94.2%和 93.2%。

8.4.6.2　陆源污染负荷和入海河流污染物排放通量核算

深圳西部海域陆源污染物的入海途径主要有 4 个方面。

（1）工业和生活污水进入污水处理厂，尾水作为就近河流的补充水入海。

（2）地表径流、农业点源等进入城市雨水收集管道就近进入海或河流（排洪渠）。

（3）农业面源和畜禽养殖废水，以及雨季地表径流直接排河或排海。

（4）可能存在一些不达标污水直排入海或河流的情况。

根据研究区域所在位置以及入海河流所属流域，宝安区和光明新区属于茅洲河流域和珠江口宝安区流域，对应河流为茅洲河（P1）~双界河（P24）；南山区、福田区和罗湖区属于深圳河和深圳湾流域，对应河流为双界河（P24）~深圳河（P33）。《茅洲河污染来源分析及治理对策研究》指出深圳光明新区、宝安区、东莞长安镇对茅洲河污染贡献分别为 28.3%、31.5%和 41.2%，因此茅洲河污染物入海通量深圳的贡献以 58.8%计。双界河（P24）为宝安区和南山区的分界河，计算时两大区域各占 50%；深圳河为深圳和香港交界河，深圳贡献按 90%计算。表 8-34 为深圳西部海域入海河流污染物排放通量和陆源污染负荷核算表。点源污水量统计为居民生活、第三产业和工业产生的污水量，非点源统计为城市地表径流。

表 8-34 显示陆域 COD_{Cr}、BOD_5、氨氮、TP 和 TN 的污染负荷分别为 121 853.6 t/a、47 745.6 t/a、8 288.3 t/a、1 511.6 t/a 和 18 721.6 t/a；入海河流深圳区域排放通量分别为 148 904.6 t/a、58 219.3 t/a、31 528.7 t/a、3 873.9 t/a 和 41 693.9 t/a。截至 2014 年年底，深圳全市化学需氧量、氨氮排放总量分别在 2010 年基础上累计减少 44.6%和 36.2%，提前超额完成国家和省下达的“十二五”减排任务。根据《深圳市“十二五”主要污染物总量减排目标责任书》，到 2015 年，全市化学需氧量和氨氮排放总量（含工业、生活、农业）分别控制在 8.16×10^4 t、1.18×10^4 t 以内。根据此数据，研究区域污水排放量占深圳市污水总排放量的 66.32%，则 COD 和氨氮的排放量应为 5.41×10^4 t 和 0.73×10^4 t，与陆域污染负荷中点源 6.80×10^4 t 和 0.824×10^4 t 值接近。

在茅洲河流域和珠江口宝安区流域，宝安区和光明新区陆域 COD_{Cr}、BOD_5、氨氮、TP 和 TN 的污染负荷分别为 74 242.1 t/a、27 829.5 t/a、6 003.3 t/a、1 038.1 t/a 和 11 540.5 t/a，低于入海河流排放通量 120 063.7 t/a、49 036.9 t/a、25 046.9 t/a、3 348.8 t/a 和 33 504.1 t/a。在深圳宝安区海域的 24 条入海河流中有 6 条河流、15 条河涌和 3 条排洪渠，6 条河流的总排放通量为 54 309.4 t/a（COD_{Cr}）、24 890.7 t/a（BOD_5）、8 338.7 t/a（氨氮）、1 084.7 t/a（TP）和 10 531.2 t/a（TN）。由此可以看出，陆域污染负荷低于入海河流的排放通量，但与 6 条主要河流的排海通量接近。在常规监管中，6 条河是重点监管对象，但河涌和渠却监管较少，这些河涌（渠）周围分布着大量的工业企业和居民小区，污染物排放没有规律性，可能存在一些不达标排放的情况。经现场调查，这些河涌和渠的水环境质量很差，如南昌涌、铁岗水库排洪渠等（图 8-15），入海口设有水闸，虽然平时流量小，但污染物浓度很高，一旦涨潮和落潮时水闸打开，大量污水随着潮水入海。

在深圳河流域和深圳湾流域，南山区、福田区、罗湖区和龙岗 2 座污染处理厂的陆源污染负荷分别为 47 611.5 t/a（COD_{Cr}）、19 916.1 t/a（BOD_5）、2 284.0 t/a（氨氮）、474.5 t/a（TP）和 7 181.1 t/a（TN），入海河流排放通量分别为 28 840.9 t/a（COD_{Cr}）、9 182.9 t/a（BOD_5）、6 481.8 t/a（氨氮）、526.2 t/a（TP）和 8 189.8 t/a（TN）。由此看出，TP 和 TN 陆源污染负荷与入海河流的排放通量相近，但 COD_{Cr}和 BOD_5 的入海河流排放通量低于陆源污染负荷，表明在入海河流的调查和统计中存在遗漏的情况，特别是城市地表径流在雨季时出现雨水溢流的情况，以及部分入海河流未进行有效统计。

图 8-15　南昌涌和铁岗水为排洪渠现场

点源主要是居民生活、第三产业和工业污水通过污水处理厂或直接排入就近河流，因此点源的污水排放是通过地表径流入海，表 8-34 中入海河流的入海通量高于点源符合此规律。城市地表径流平时主要通过城市地下雨水管道就近排入河流或排洪，但在雨季，当降雨量超出地下管网容量时，则雨水溢流直接进入河流或排海，此部分排放量由于受下垫面、降雨量等因素影响不能全部有效计入河流的排海通量中。赵晨辰等在《深圳湾流域 TN 和 TP 入海年通量变化规律研究》也指出深圳湾陆域非点源 TP 和 TN 负荷在 1986—2011 年间增长了 63.4%和 84.9%，表明非点源污染排放对深圳湾海域污染的重要性（赵晨辰等，2014）。

表 8-34　陆源污染负荷和入海河流污染物排放通量核算表　　单位：t/a

流域分区	污染负荷	污染源类型	COD_{Cr}	BOD_5	氨氮	TP	TN
茅洲河流域和珠江口宝安区流域（宝安区和光明新区）	陆源污染负荷	点源	50 132.3	15 886.8	5 972.5	844.6	10 918.3
		非点源	24 109.8	11 942.7	30.8	192.4	623.2
		总量	74 242.1	27 829.5	6 003.3	1 038.1	11 540.5
	入海河流通量（P1~P24）		120 063.7	49 036.9	25 046.9	3 348.8	33 504.1
	其中：主要河流		54 309.4	21 890.7	8 338.7	1 084.7	10 531.2
深圳河流域和深圳湾流域（南山区、福田区、罗湖区和龙岗）	陆源污染负荷	点源	17 881.2	5 208.9	2 265.5	233.5	6 549.1
		非点源	29 730.3	14 708.2	18.6	241.0	632.0
		总量	47 611.5	19 916.1	2 284.0	474.5	7 181.1
	入海河流通量（P24~P33）		28 840.9	9 182.9	6 481.8	526.2	8 189.8
总量	陆源污染负荷	点源	68 013.5	21 094.7	8 238.0	1 078.2	17 466.4
		非点源	53 840.1	26 650.9	49.3	433.4	1 255.2
		总量	121 853.6	47 745.6	8 288.3	1 511.6	18 721.6
	入海河流通量（深圳）		148 904.6	58 219.9	31 528.7	3 873.9	41 693.9

注：龙岗指龙岗区两座污染处理厂尾水；主要河流包括茅洲河（58.8%贡献）、沙福河、福永河、西乡河、新圳河和双界河；深圳河深圳贡献为90%。

根据《深圳市污水系统布局规划编修2011—2020》，至2030年深圳市污水处理厂总体平衡，但地区分布不均，深圳河和深圳湾流域在旱季存在缺口，雨季缺口更大。根据深圳市《2014年气候公报》，2014年深圳市3—5月累计雨量886.7 mm，占全年总降水量的51%，出现多次强降雨，多地出现内涝情况，即超过集雨管道容量而出现溢流。在南山区，地表径流是COD_{Cr}和BOD_5的主要贡献者，排放量为16 124.6 t/a和8 008.1 t/a，对南山区的贡献率达72.5%和80.2%，在福田区，由于福田污水处理厂正在建设中，相关配套泵站建设还没完成，城市地表径流对COD_{Cr}和BOD_5的贡献也达52.5%和64.2%。因此，非点源可能是造成陆源污染负荷和入海河流排放通量差值的原因。此外，福田区滨海为福田红树林保护区，仅调查凤塘河1条河流，其他河流未进行有效调查也是造成入海河流污染物排放通量偏低的原因。

8.5　海上面源

海上面源主要有海水养殖、船舶排污和大气沉降。深圳市海水养殖海主要分布于东部海域，研究区域海水养殖较少。根据《深圳市海洋功能区划》，深圳西部的前海湾、深圳湾未来将不再允许进行海产养殖，同时西乡至沙井沿海只保留了3个海水养殖功能区，深圳的海产养殖重点将转移到东部水质优良的大鹏湾、大亚湾海域。因此本研究不对海水养殖的污染负荷进行讨论。

虽然深圳港是我国重要的港口，但自《沿海海域船舶排污设备铅封管理规定》交海发〔2007〕165号实施后，深圳市对船舶排污实行严格的铅封管理，船舶产生的污染物进行岸上处理，因此本研究中也不对其进行讨论。

因此，深圳市海上面源主要为大气沉降。根据樊敏玲在中山横门大气氮、磷干湿沉降的初步研究，观测期间铵态氮（NH_4-N）、硝态氮（NO_3-N）、总氮（TN）、总磷（TP）降雨量加权平均浓度分别为0.82 mg/L、0.52 mg/L、2.14 mg/L、0.039 mg/L，干湿总沉降通量分别为1.584 g/（m^2·a）、1.142 g/（m^2·a）、4.295 g/（m^2·a）和0.055g/（m^2·a）（樊敏玲等，2010）。根据海域面积，可以计算大气沉积对深圳西部海域氮磷的贡献，见表8-35。研究海域氨氮、TN和TP的沉降通量为706.9 t/a、1 916.8 t/a和24.5 t/a，其中Ⅳ区面积大，大气沉降量也大，氨氮、TN 和 TP 的沉降量分别为 361.0 t/a、978.8 t/a 和 12.5 t/a。

表 8-35　深圳西部海域 I ~ V 区污染物大气沉降通量　　单位：t/a

	沉降通量 [g/ (m^2 · a)]	Ⅰ区	Ⅱ区	Ⅲ区	Ⅳ区	Ⅴ区	总量
面积 (km^2)		23.3	18.9	6.4	228.9	170.9	446.3
氨氮	1.584	36.8	28.3	10.1	270.7	361.0	706.9
TN	4.295	99.9	76.8	28.4	733.9	978.8	1 916.8
TP	0.055	1.3	1.0	0.4	9.4	12.5	24.5

8.6　海洋沉积物释放

本研究对海洋沉积物营养盐的释放通量进行了研究，深圳西部海域各区营养盐的释放通量不同，总体上沉积物是 NO_2-N 的"汇"，是 NO_3-N、NH_4-N 和 PO_4-P 的"源"，各区营养盐的释放通量见表 8-36。Ⅴ区沉积物 NO_3-N、NH_4-N 和 PO_4-P 的释放通量最大，分别为 181.11 μmol/ (d · m^2)、172.65 μmol/ (d · m^2) 和 19.03 μmol/ (d · m^2)。根据释放通量和海域面积获得污染物的释放量，见表 8-37。深圳西部海域 NO_3-N、NH_4-N 和 PO_4-P 的释放通量为 278.9 t/a、229.9 t/a 和 75.9 t/a。

表 8-36　营养盐在沉积物—水界面的交换通量　　单位：μmol/ (d · m^2)

站位（海域）	NO_2-N	NO_3-N	NH_4-N	PO_4-P
S1（Ⅴ区）	-46.41	181.11	172.65	19.03
S2（Ⅳ区）	-20.20	84.87	52.75	11.32
S3（Ⅲ区）	-6.07	86.87	83.70	8.92
S4（Ⅱ区）	-18.28	91.66	70.97	14.44
S5（Ⅰ区）	-19.50	90.12	72.90	15.29

表 8-37　珠江口各区域营养盐释放量估算　　单位：t/a

区域	NO_3-N	NH_4-N	PO_4-P
Ⅰ	10.7	8.7	4.2
Ⅱ	8.4	6.5	3.0
Ⅲ	2.8	2.7	0.7
Ⅳ	98.6	61.3	30.1
Ⅴ	158.1	150.7	38.0
总量	278.7	229.9	75.9

8.7 小结

本章对珠江口深圳海域33条入海河流污染状况和污染物排放通量，以及污染负荷进行研究，并采用产污系数法和排污系数法对陆源污染负荷进行核算，主要结果如下所述。

（1）深圳西部海域33条入海河流水质较差，主要污染物为氨氮、TP和TN，污染严重的河流主要为茅洲河河口和宝安区入海河流；根据对17条河流的日变化分析，P1～P12河流在18：00-20：30污染物浓度水平普遍高于11：30—14：00，而P16、P17、P22、P23、P24和P29入海河流污染物日变化没有明显的规律性，前者多为河涌，为工业和生活混合排污，其规律性一定程度上可以反映生活污水的排放，后者体现了工业和港口污染物排放特征。通过对茅洲河等4条河流的断面监测，污染物的污染水平除营养盐外无规律性，体现有深圳西部海域入海河流污染物排放的复杂性。

（2）通过入海河流污染物的排海通量和污染负荷的计算，深圳西部海域33条入海河流中，茅洲河、下涌、双界河和深圳河由于流量大，是主要的排污河流，其等标污染负荷比分别为14.1%、11.4%、12.0%和10.5%，共48.0%。在讨论的12个监测指标中，氨氮、TP和TN的污染负荷分别为17 004.7 t/a、10 508.8 t/a、22 791.9 t/a，污染负荷比为33.7%、14.7%和31.4%，共79.8%，是深圳西部海域主要的污染物。深圳西部海域的5个分区中，V区入海河流的污染负荷最大，为41 455.8 t/a，占总负荷的58.8%。

（3）采用产污系数和排污系数对深圳西部海域陆源污染负荷进行计算。深圳西部海域主要的陆源有生活源、工业源、农业径流、城市地表径流和畜禽养殖。陆源总污染负荷分别为121 853.6 t/a（COD_{Cr}）、47 745.6 t/a（BOD_5）、8 288.3 t/a（氨氮）、1 511.6 t/a（TP）和18 721.6 t/a（TN），其中点源的贡献分别为68 013.5 t/a（COD_{Cr}）、21 094.7 t/a（BOD_5）、8 238.0 t/a（氨氮）、1 078.2 t/a（TP）和17 466.4 t/a（TN），占总负荷的55.8%、44.2%、99.4%、71.3%和93.3%。在研究区域的5个行政区中，宝安区由于污水产生量大、污水处理厂能力有限等原因，污染物排放量的贡献也最大。

（4）深圳西部海域大气沉降和沉积物污染物的释放量较小，氨氮、TP和TN的沉降通量为706.9 t/a、3 036.2 t/a和168.0 t/a；NO_3-N、NH_4-N和PO_4-P的释放通量为278.9 t/a、229.9 t/a和75.9 t/a。

（5）通过入海河流污染物排放通量和陆域污染负荷核算，两者在深圳河流域和深圳湾流域的差值与城市地表径流的雨水溢流有关，在茅洲河流域和珠江口宝安区的差值则与宝安区海域河涌较多，污染物排放无规律，以及监管困难，存在不达标排放等原因有关。

本章表明，深圳西部海域污染特征体现为居民生活排放占主体，工业污染贡献相对较小的特点，但在茅洲河和宝安区海域可能存在不达标排放；与其他研究相同，由于土地利用方式的改变使城市地表径流等非点源的污染负荷贡献不断加大。由此可以看出，深圳西部海域的污染治理主要在两个方面：①加强茅洲河和宝安区河涌和排洪渠的监管，不应成为管理的死角；②加强降水初期雨水的治理，减少地表径流的污染贡献。

参考文献

程炯，邓南荣，蔡雪娇，等. 2008. 不同源类型农业非点负荷特征研究——以新田小流域为例. 生态环境，17（6）：2 159-2 162.
樊敏玲，王雪梅，王茜，等. 2010. 珠江口横门大气氮、磷干湿沉降初步研究. 热带海洋学报，29（1）：51-56.
环境保护部华南环境科学研究所. 2010. 生活源产排污系数及使用说明.
李开明，陈中颖，姜国强. 2011. 珠江口及毗邻海域污染特征及环境响应研究. 北京：中国建筑工业出版社.
彭溢，廖国威，陈纯兴，等. 2014. 茅洲河污染来源分析及治理对策研究. 广东化工，41（281）：191-192.

苏文幸．2012. 生猪养殖业主要污染源产排污量核算体系研究．湖南师范大学硕士学位论文．
许萍，孙昆鹏，张雅君，等．2014. 深圳市光明新区城区径流污染负荷估算研究．环境保护科学，40（5）：19-23.
赵晨辰，张世彦，毛献忠．2014. 深圳湾流域 TN 和 TP 入海年通量变化规律研究．环境科学，35（11）：4 111-4 118.

第 9 章　珠江口深圳海域主要污染物的生化转化

自改革开放以来，随着珠江三角洲地区及深圳市社会经济的高速发展，受陆域废污水任意排放、面源污染等多种因素的影响，珠江口和深圳市近岸海域已成为我国污染较严重的海域之一，海水中的主要污染物为无机氮、活性磷酸盐、石油类。特别是在深圳西部海域，由于大量入海排污口的存在，致使近岸海域水环境质量恶化，海洋生态系统受到严重破坏，局部海域赤潮频繁发生。2011 年深圳人居环境委发布的《深圳市入海排污口调查报告》中指出，在全市统计的 65 个入海排污河道中（其中深圳西部 33 个），超过 70%的排污河道类型为河涌型式排污口。2013 年，深圳市主要河流中下游水质氨氮、总磷等指标超标；深圳河、大沙河、茅洲河、西乡河、福田河、新洲河和王母河污染程度有所减轻；近岸海域，2013 年西部近岸海域海水水质劣于四类标准，主要污染物为活性磷酸盐、无机氮和粪大肠菌群；与 2012 年相比，西部海域水质污染程度有所加重。近年来的深圳市海洋环境质量公报显示，深圳西部深圳湾及珠江口海域一致受到无机氮和活性磷酸盐的严重污染。

为计算珠江口深圳海域的海洋环境容量，需详细了解深圳西部海域水体的自我净化能力，为此项目组对深圳湾水体的石油类、营养盐等化学污染物的生化转化过程进行了现场和实验室模拟实验，以期为珠江口深圳海域海洋环境容量模型和分区纳污容量模型的确立和计算提供基础参数。

9.1　围隔生态实验简介

围隔（enclosure）生态系是用人工方法把自然海水围起来的相对封闭的生态系，水体积小于 1 000 m^3，与周围海水没有交换。按水体积大小可分为 3 类：小尺度围隔（microcosm，小于 10 m^3）、中尺度围隔（mesocosm，10～100 m^3）、大尺度围隔（macrocosm，大于 100 m^3）。按生态系统类型可分为：浮游生态系围隔、浮游—底栖生态系围隔和底栖生态系围隔。按基质分为软底围隔、岩基围隔和悬浮围隔。按研究地点分为室内围隔和现场围隔。

围隔实验的优点在于（吴宝玲等，1983；陆贤崑，1987；Li Guanguo，1990；陈尚等，1999；王修林等，2006）：①比自然生态系统简单，比室内实验复杂；②它是生态系统水平的实验，而室内实验通常只能进行单种群或几个种群的研究，而且获得的信息大不一样。围隔实验可以提供生态系统尺度的信息，而室内实验一般获得种群尺度的信息；③围隔实验一般在现场进行，环境条件与自然状况相似，这是室内模拟难以达到的，所得结果能较好地反映自然生态系统的真实状况；④对于研究生态系统整体对人为活动（如营养盐输入）的反应，围隔实验可以做到的，室内实验难以做到。当然，与室内实验的低成本相比，围隔实验的花费、涉及的研究内容和人员也是“系统规模”的，成本高、难度大、研究项目多、目标更大。

海洋围隔生态实验由于具有生态系统可控、与海洋自然状况相近、时间连续等特点，往往用以营养盐等污染物迁移—转化过程的研究以及相关生态动力学参数的测定，从而为模型的建立、验证、改进等提供了一个有效的手段（陆贤崑，1987；陈尚等，1999；李克强等，2007）。

国内外围隔实验研究内容大体上包括 4 个方面：①生物海洋学研究，侧重于自然生态过程和通量研究；②污染生态学研究，研究营养盐、重金属、油和农药等污染物在生态系统中的迁移转化及其对生态系统结构的影响；③渔业资源学研究，尤其是生物资源补充及其影响因素的研究；④其他研究，如海—气界面和水—沉积物界面的通量研究（吴宝铃等，1983；陆贤崑，1987；陈尚等，

1999）。

9.2 围隔生态实验方法和样品采集

9.2.1 实验方法

由于深圳近海海域的海洋环境特点（如生物种群、高浊度海水、污染严重）有别于其他海域的，在借鉴国外海洋生态动力学模型的基础上，根据我国近海海域海洋学和生态学特点，通过现场实验等建立模型并确定相关动力学过程及模型参数。本实验主要利用现场围隔实验，结合研究区域的水文动力特征，考察深圳西部海域污染物的生化降解特征及其可能对生态系统结构的影响。

海洋围隔实验分别于2014年5月1日至11日（春季）和2015年1月17日至27日（冬季）在深圳湾近岸海域（深圳湾游艇会港池内，22°28′47″N、113°54′45″E）开展了2期，每期现场围隔实验持续进行10 d。实验围隔采用漂浮式浮标固定，材料采用聚乙烯塑料桶，直径为0.8 m，水面以下深度维持约1.2 m，底部无沉积物，水体容量约为600 L。4个围隔桶先添加深圳湾游艇会周边海水，其中1个围隔作为对照实验组，其他3个围隔桶则添加深圳西部入海河流（涌或渠）污水，污水添加量基本设置为每实验组添加10 L污水。2期各围隔实验组中添加的海水及污水量等如表9-1和表9-2所示。

表9-1 2014年5月各围隔实验组水体组成

序号	围隔编号	实验水体	其　他
1	1#	深圳湾海水	对照组
2	2#	深圳湾海水+含油污水	添加20 L深圳湾游艇会港池含油污水
3	3#	深圳湾海水+含氮、磷污水	添加10 L桂庙渠污水
4	4#	深圳湾海水+含氮、磷污水	添加20 L桂庙渠污水

表9-2 2015年1月各围隔实验组水体组成

序号	围隔编号	实验水体	其　他
1	1#	深圳湾海水	对照组
2	2#	深圳湾海水+偏养殖废水	10 L废水采自石围涌
3	3#	深圳湾海水+偏生活污水	10 L污水采自桂庙渠
4	4#	深圳湾海水+偏工业废水	10 L废水采自铁岗水库排洪河

9.2.2 样品采集与分析

各围隔实验组内水体混合均匀后立即取样，以后每天在同一时间（每天上午约9：00）进行现场测定和采样1次，每次取样约2.5 L。现场测定温度、盐度、pH值、光照度等环境参数，实验室内测定溶解氧、化学需氧量、营养盐、石油类及叶绿素a等环境要素。样品的采集、预处理及相关环境要素的分析方法均按照《海洋调查规范》和《海洋监测规范》的相关要求进行。围隔实验监测的各环境要素如表9-3所示。

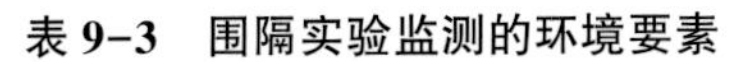

表 9-3　围隔实验监测的环境要素

序号	环境参数/要素	分析方法	主要仪器	其他
1	温度	温盐深仪定点测温法 《海洋调查规范》 GB/T 12763. 2—2007/9. 2. 1	温度盐度计 （美国奥立龙 Salt6+）	现场监测
2	盐度	温盐深仪定点测量盐度法 《海洋调查规范》 GB/T 12763. 2—2007/6. 2. 1	温度盐度计 （美国奥立龙 Salt6+）	现场监测
3	pH 值	pH 计法 《海洋监测规范》 GB 17379. 4—2007/26	pH 计 （美国奥立龙 A221）	现场监测
4	照度	照度计法 《室外照明测量方法》 GB/T 15240—1994	照度计 （台北泰仕电子 TES-1335）	现场监测 （每天 3 次）
5	溶解氧 （DO）	碘量法 《海洋监测规范》 GB 17379. 4—2007/31	滴定管	现场采样 室内分析
6	化学需氧量 （COD_{Mn}）	碱性高锰酸钾法 《海洋监测规范》 GB 17379. 4—2007/32	滴定管	现场采样 室内分析
7	油类	紫外分光光度法 《海洋监测规范》 GB 17379. 4—2007/13. 2	紫外可见分光光度计 （日本岛津 UV-2450）	现场采样 室内分析
8	亚硝酸盐氮	萘乙二胺分光光度法 《海洋监测规范》 GB 17379. 4—2007/37	紫外可见分光光度计 （日本岛津 UV-2450）	现场采样 室内分析
9	硝酸盐氮	《锌镉还原法海洋监测规范》 GB 17379. 4—2007/39. 2	紫外可见分光光度计 （日本岛津 UV-2450）	现场采样 室内分析
10	氨氮	次溴酸盐氧化法 《海洋监测规范》 GB 17379. 4—2007/36. 2	紫外可见分光光度计 （日本岛津 UV-2450）	现场采样 室内分析
11	总氮	过硫酸钾法 《海洋监测规范》 GB 17379. 4—2007/41	紫外可见分光光度计 （日本岛津 UV-2450）	现场采样 室内分析
12	磷酸盐	磷钼蓝分光光度法 《海洋监测规范》 GB 17379. 4—2007/39. 1	紫外可见分光光度计 （日本岛津 UV-2450）	现场采样 室内分析
13	总磷	过硫酸钾法 《海洋监测规范》 GB 17379. 4—2007/40	紫外可见分光光度计 （日本岛津 UV-2450）	现场采样 室内分析
14	硅酸盐	硅钼蓝法 《海洋监测规范》 GB 17379. 4—2007/17. 2	紫外可见分光光度计 （日本岛津 UV-2450）	现场采样 室内分析

9.2.3 围隔生态实验期间各环境因子变化

9.2.3.1 春季实验期间各环境因子变化

春季围隔实验时环境温度在25℃~30℃区间变化，相对湿度在85%~98%之间变化，白天光照度在0.4~129.0 klux之间变化，10 d平均为22.8 klux。

春季实验期间，4组围隔实验水体平均温度与围隔外自然水体的平均温度接近，但各围隔内水体的最高温度比围隔外自然水体的高约1℃~3℃，各围隔水体的平均水温约为24.0℃；其中含油围隔水体的最高温度比其他围隔水体的要高约2℃。

春季4组围隔实验水体盐度10 d间变化较小，平均约20.8。受到春季雨季大量淡水入海的影响，围隔外水体盐度在实验期间变化较大，其变化范围在9.7~21.1之间，平均为19.9。见表9-4。

表9-4 春季围隔实验各环境因子变化

监测水体	特征值	水温（℃）	盐度	pH值	DO（mg/L）
围隔外水体	最大值	29.9	21.1	7.80	6.60
	最小值	22.3	9.7	7.38	9.26
	平均值	24.0	19.9	7.61	6.01
1#围隔水体	最大值	27.3	21.7	9.00	20.51
	最小值	21.6	21.0	7.62	4.97
	平均值	24.1	21.3	9.30	10.20
2#围隔水体	最大值	29.2	21.8	9.63	16.13
	最小值	21.7	21.0	7.39	4.45
	平均值	24.5	21.4	9.10	9.37
3#围隔水体	最大值	27.5	21.3	9.09	20.93
	最小值	21.7	19.9	7.32	4.53
	平均值	24.1	20.6	9.43	12.10
4#围隔水体	最大值	27.2	21.8	9.10	23.63
	最小值	21.7	19.5	7.26	2.13
	平均值	24.0	20.0	9.18	12.56

9.2.3.2 冬季实验期间各环境因子变化

冬季围隔实验时环境温度在19℃~28℃区间变化，相对湿度在70%~95%之间变化，白天光照度在0.2~113.3 klux之间变化，10 d平均为42.6 klux。

表9-5 冬季围隔实验各环境因子变化

监测水体	特征值	水温（℃）	盐度	pH值	DO（mg/L）
围隔外水体	最大值	17.6	34.2	7.98	9.05
	最小值	19.6	30.7	7.61	9.33
	平均值	16.6	32.4	7.88	6.90

续表

监测水体	特征值	水温(℃)	盐度	pH 值	DO(mg/L)
1#围隔水体	最大值	19.1	32.4	9.99	22.70
	最小值	19.6	31.9	7.90	4.40
	平均值	16.6	32.1	9.56	11.88
2#围隔水体	最大值	19.0	32.0	9.08	23.56
	最小值	19.3	29.2	7.61	6.86
	平均值	16.5	29.8	9.59	14.97
3#围隔水体	最大值	17.6	31.9	9.19	29.33
	最小值	19.6	30.1	7.76	3.33
	平均值	16.5	30.4	9.72	14.92
4#围隔水体	最大值	17.8	32.0	9.24	24.56
	最小值	19.5	29.8	7.91	6.88
	平均值	16.5	30.5	9.81	16.19

冬季实验期间，4 组围隔实验水体平均温度与围隔外自然水体的平均温度基本一致，各围隔水体的平均水温约为 16.5℃。

冬季水体盐度比春季高，各围隔之间及围隔内外水体盐度差异不大，其中各围隔内水体 10 d 内的平均盐度在 29.8~32.1 之间变化，总体平均为 30.7，比春季水体的盐度高约 10。

9.3 深圳西部海域油类物质降解规律

根据化学动力学原理，大多数化学物质在发生生化反应过程中其含量变化可按照下式进行描述：

$$\frac{dC}{dt} = -KC^n \tag{9-1}$$

式中，C 为反应物质的浓度；t 为反应时间；K 为反应（衰减）常数。

不同的物质种类及反应条件，反应式（9-1）中的反应级数 n 和反应常数 K 不一样。

9.3.1 深圳西部海域水体中油类物质的现场降解实验结果

进入海洋中的油类物质经历一系列物理、化学和生物化学的过程，使油类物质的成分和含量不断发生变化。深圳西部海域油类自然降解实验于 2014 年 5 月和 2015 年 1 月分别进行了两期，相应结果如表 9-6 所示。

表 9-6 深圳西部海域油类物质现场围隔降解实验结果 浓度单位：mg/L

日期	样品类型	1	2	3	4	5	6	7	8	9	10
2014 年 5 月	1#：对照组	0.196	0.142	0.130	0.110	0.096	0.084	0.078	0.087	0.060	0.062
	2#：高油组	4.322	3.947	2.281	1.419	1.044	0.705	0.499	0.405	0.512	0.481
	4#：中油组	1.037	0.812	0.770	0.560	0.350	0.321	0.262	0.274	0.253	0.258
2015 年 1 月	1#：对照组	0.138	0.109	0.102	0.090	0.072	0.075	0.063	0.072	0.054	0.050
	2#：低油组	0.336	0.263	0.204	0.256	0.184	0.145	0.138	0.131	0.125	0.070
	3#：中油组	0.832	0.684	0.576	0.462	0.345	0.238	0.181	0.186	0.172	0.184

从表 9-6 结果可知，不同季节、不同围隔实验组中油类物质的含量在实验初期均随考察时间的延长而大幅降低，后期含量降低的速率有所减缓。

对表 9-6 中油类物质浓度取自然对数结果 ln*C*（Oil），并考察其随降解时间的变化，结果如图 9-1 和图 9-2 所示。

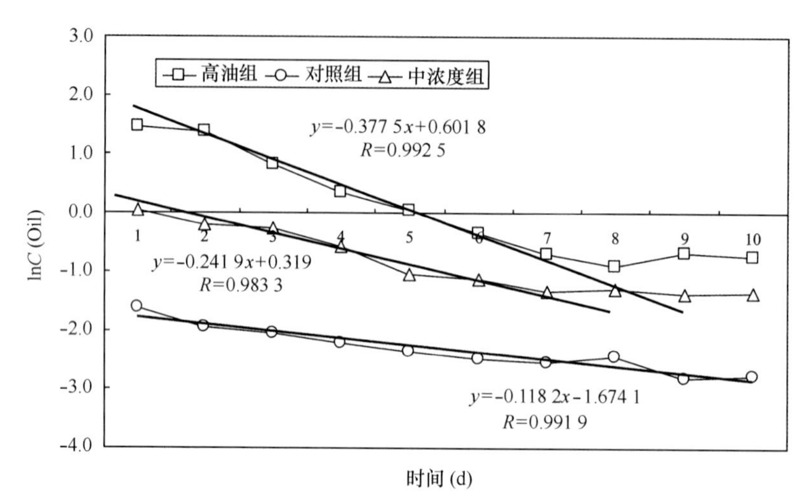

图 9-1　2014 年 5 月深圳湾海域油类物质围隔实验降解规律（平均水温 24.3℃）

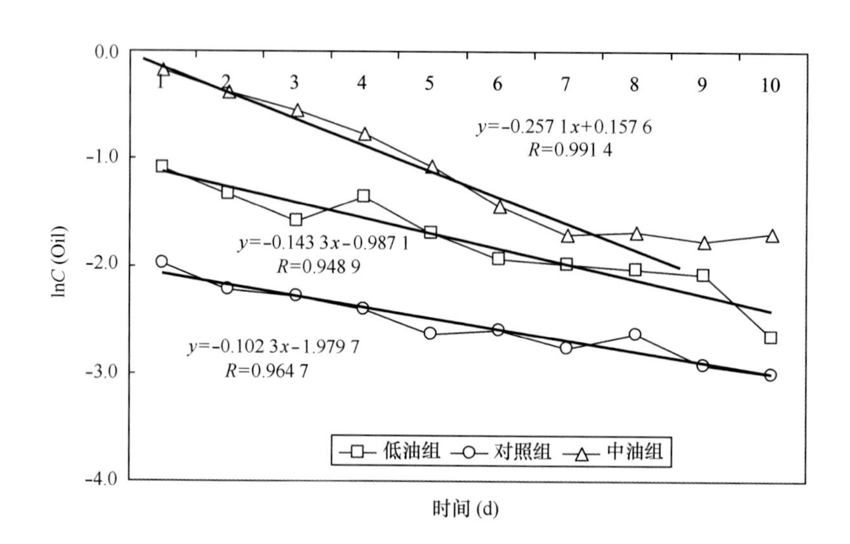

图 9-2　2015 年 1 月深圳湾海域油类物质围隔实验降解规律（平均水温 16.6℃）

图 9-1 和图 9-2 结果显示，实验中的前 7 d 中的 lnC 数据与考察时间 t 之间基本能回归直线关系，且相关性好（绝大多数相关系数 R 大于 0.95，显著性水平大于 95%）。即在所开展的 2 期现场围隔实验中，油类物质含量随时间的变化基本遵循方程（9-1）所描述的变化规律，此时公式（9-1）中的 n 可以取 1，并可以用下式来描述深圳海域水体中油类物质的自然降解规律：

$$\ln \frac{C}{C_0} = - Kt \tag{9-2}$$

由公式（9-2）获得的油类物质的自然降解特征参数如表 9-7 所示。

从表 9-6、图 9-1 和图 9-2 等结果还可知，在所进行的两期现场油类降解实验中，油类物质的初始含量设置在 0.138~4.322 mg/L 之间，对应的衰变速率从 $-0.102 \sim -0.378\ d^{-1}$，即油类物质的初始含量越高，其每天被降解的量也越多，说明深圳西部海域油类物质的现场围隔衰变速率随油类物质初始含量的增加而增大，与张洛平等（1988）在室内模拟考察的变化规律类似。

表 9-7 深圳海域水体油类物质现场降解实验特征参数结果

特征参数	2014 年 5 月（平均水温 24.0℃）			2015 年 1 月（平均水温 16.5℃）		
	1#：对照组	2#：高油组	4#：中油组	1#：对照组	2#：低油组	4#：中油组
初始含量 C_0（mg/L）	0.196	4.322	1.037	0.138	0.336	0.832
降解常数 K（d^{-1}）	0.118	0.378	0.242	0.102	0.143	0.257
相关系数 R	0.962	0.993	0.983	0.991	0.949	0.991
半衰期（d）	9.9	1.8	2.9	6.8	4.8	2.7

由表 9-7 中结果可知，在未考虑水动力因素影响的条件下，在所进行的围隔实验温度、盐度及实验的浓度范围内（初始浓度大于 0.10 mg/L），深圳海域油类物质的现场降解常数在 0.102～0.378d^{-1}之间，半衰期为 1.8～6.8 d 之间。

9.3.2 深圳西部海域油类物质自然降解速率

对大多数物质来讲，在其浓度一定时，升高温度，反应物分子的能量升高，使一部分原来能量较低的分子变成活化分子，从而增加了反应物分子中活化分子的数量，进而提高反应速率；对石油类物质而言，大多数石油类物质是易挥发性物质，因此提高温度还将增大油类的挥发速率。

本项目两期现场围隔实验温度差异显著，相应的现场降解速率常数变化也较大，但为保守起见，将实验结果应用于深圳西部海域的环境容量数值模拟计算时，主要采用水温较低时冬季水体中油类物质的降解实验结果。此外，根据 2014 年深圳西部海域海洋环境现状调查结果，深圳西部海域 5 个区块的油类物质全年平均含量在 0.034～0.144 mg/L 之间，同样也为保守起见，选取冬季对照组水体的降解速率常数作为本项目环境容量计算的现场降解数量常数，即取 0.102 d^{-1}。

由于前述实验结果和文献成果均在未考虑水动力条件对降解过程的影响，其结果直接应用于实海环境可能产生一定的误差。为此，可根据近岸水体的水动力实际状况，借用 Bosko 得出的实验室测定值 K_T 与实际水体降解系数 K_R 之间的关系式对其进行实海水动力条件修正。Bosko 修正公式为（傅国伟等，1987，2012；季民等，1999）：

$$K_R = K_T + n \cdot \frac{u}{h} \tag{9-3}$$

式中，K_R 表示实际水体的降解系数值；K_T 表示实验测得的降解系数值；u 表示水体的流速（m/s）；n 表示与水流速度相关的系数，一般取值为 0.1；h 表示平均水深（m），本项目取（海图水深）+（平均超差的一半）作为计算的平均水深。对于流速较小的海域，实际降解常数与静态降解常数差异不显著。

因此，根据本项目现场实验考察结果和文献成果，可获得深圳西部海域油类物质的自然降解速率及半衰期，结果如表 9-8 所示。

表 9-8 深圳西部海域油类物质自然降解模式特征参数取值

特征参数	深圳湾海域		月亮湾海域	珠江口海域	
	跨海大桥内（Ⅰ区）	跨海大桥外（Ⅱ区）	（Ⅲ区）	（Ⅳ区）	（Ⅴ区）
现场降解常数 K（d^{-1}）	0.102	0.102	0.102	0.102	0.102
平均水深（m）	2.1	4.6	2.4	7.6	4.2
平均流速（m/s）	3.12×10^{-2}	9.86×10^{-2}	3.49×10^{-2}	14.12×10^{-2}	9.65×10^{-2}
自然降解常数 K_R（d^{-1}）	0.103	0.104	0.103	0.104	0.104
半衰期（d）	6.7	6.7	6.7	6.7	6.6

由表 9-8 中结果可知，由水动力条件的差异引起的深圳西部各海域中自然降解速率常数差异不显著，总体增加 0.01 的绝对数值。为此，可取 0.103 d^{-1} 作为本项目进行环境容量计算时的自然降解常数，对应的半衰期为 6.7 d，与张洛平等（1988）获得的半衰期接近（半衰期范围为 4.9~9.7 d，平均 6.2 d）。

9.4 深圳西部海域需氧有机物 COD 降解规律

9.4.1 深圳西部海域水体需氧有机物 COD 现场降解结果

2014 年 5 月和 2015 年 1 月深圳西部海域需氧有机物现场降解实验结果如表 9-9、图 9-3、图 9-4 所示。

表 9-9 深圳西部海域需氧有机物围隔降解实验结果

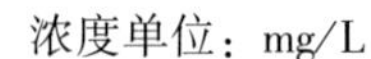
浓度单位：mg/L

时间	样品类型	1	2	3	4	5	6	7	8	9	10
2014 年 5 日	1#：对照组	1.61	4.90	11.28	9.76	6.63	9.52	4.93	4.14	3.75	3.31
	2#：含油组	1.31	4.20	10.78	9.38	6.80	6.44	9.57	4.10	3.67	3.55
	3#：低污组	1.30	4.64	11.75	11.58	10.23	9.31	7.21	4.41	4.25	4.10
	4#：高污组	2.18	3.90	9.54	10.24	10.36	10.40	10.82	7.45	9.19	3.85
2015 年 1 日	1#：对照组	2.85	3.88	4.74	4.37	3.80	3.57	3.26	3.79	4.22	3.80
	2#：养污组	3.54	4.40	9.45	9.31	9.94	6.11	9.88	6.66	6.56	9.79
	3#：生污组	2.51	4.15	9.28	4.79	9.62	9.84	4.94	9.60	9.17	4.77
	4#：工污组	2.35	3.64	9.23	9.06	4.71	9.83	9.76	6.07	6.21	9.55

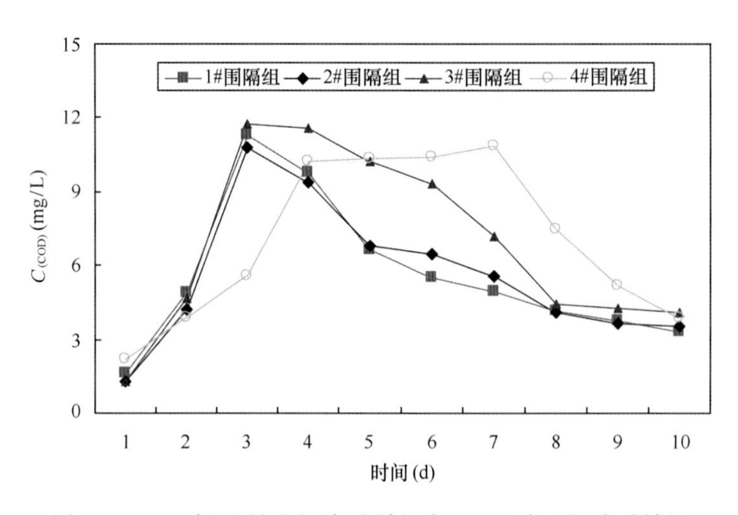

图 9-3 2014 年 5 月深圳西部海域污水 COD 现场围隔实验结果

两期现场围隔实验结果均显示，深圳西部海域海水中的需氧有机物含量初期有所升高，达到一个最高值后开始降低，显示需氧有机物的降解过程开始占主导作用；同时，添加污水后，需氧有机物开始显著降解的时间有所推后，且添加的污水越多，其推后的时间越长（图 9-3），可能与污染水体含有较多的大分子复杂有机物有关。

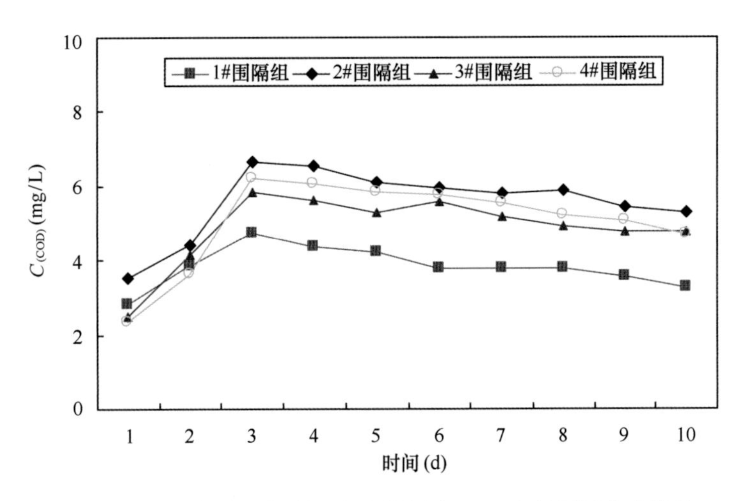

图 9-4　2015 年 1 月深圳西部海域污水 COD 现场围隔实验结果

9.4.2　深圳西部海域水体需氧有机物 COD 自然降解常数

水体的化学需氧量 COD 是水质标准中有机污染物的综合指标，有机污染物进入水体后，除了水动力稀释扩散而产生的物理自净外，化学氧化和生物降解是两种重要自净因素，其降解动力学研究具有重要的环境和理论价值。一般认为，通过条件可控的室内模拟降解结果显示，COD 的降解符合一级反应动力学规律。但在实海环境中，由于污水中有机污染物成分复杂，影响污水中需氧有机物降解的因素众多，可能导致不同实海环境条件下需氧有机物的降解规律与室内获得的规律差异较大，但大多数符合一级反应动力学（余兴光等，2010；张洛平等，2013），少量研究显示 COD 降解规律为二级反应（黄秀清等，2008）。

本项目现场围隔实验结果显示（表 9-6、图 9-1 和图 9-2），各围隔水体中的 COD 含量变化在所考察的 10 d 内既不完全符合一级反应，也不完全符合二级反应动力学规律。不过，若以围隔水体中需氧有机物开始显著降解的时间（第 3 天）开始进行核算，两期围隔实验中需氧有机物的降解过程总体也遵循公式（9-2）所描述一级反应动力学规律，相应结果如图 9-5、图 9-6 所示，由此计算的需氧有机物现场降解特征参数如表 9-10 所示。

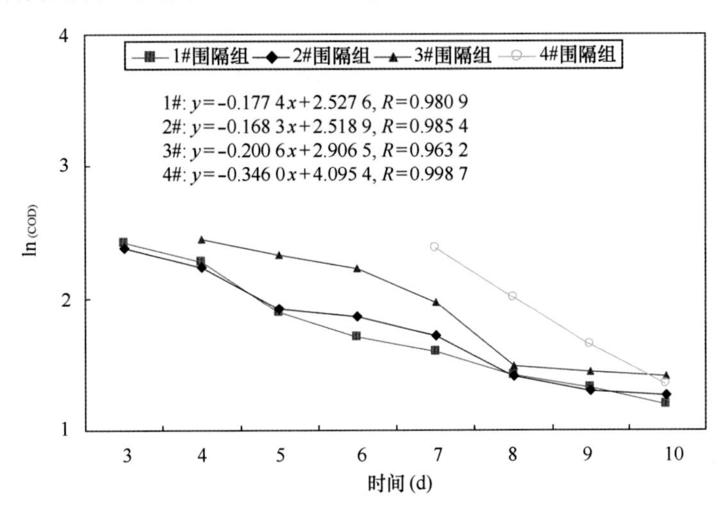

图 9-5　2014 年 5 月深圳湾海域需氧有机物质现场降解规律

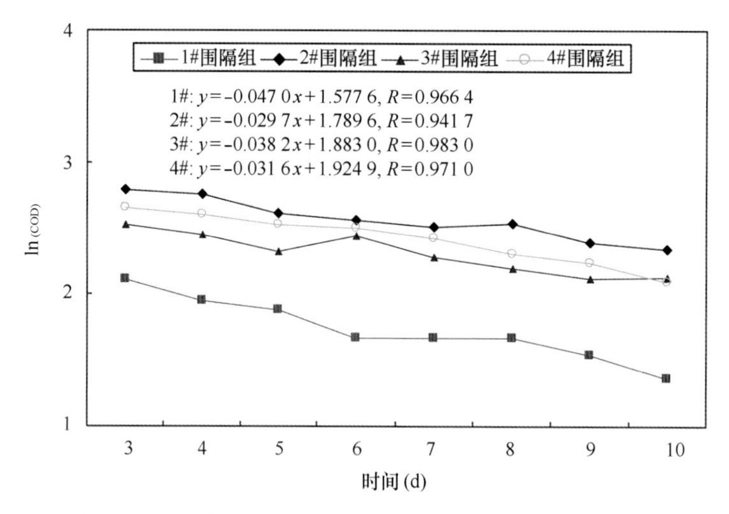

图 9-6　2015 年 1 月深圳湾海域需氧有机物质现场降解规律

表 9-10　深圳海域水体需氧有机物现场降解实验特征参数结果

特征参数	2014 年 5 月（平均水温 24.0℃）				2015 年 1 月（平均水温 16.5℃）			
	1# 对照组	2# 含油组	3# 低污组	4# 高污组	1# 对照组	2# 养污组	3# 生污组	4# 工污组
初始含量 C_0（mg/L）	11.28	10.78	11.75	10.84	4.74	6.66	9.84	6.21
降解常数 K（d^{-1}）	0.177	0.168	0.201	0.346	0.047	0.030	0.038	0.032
相关系数 R	0.981	0.985	0.963	0.999	0.966	0.942	0.983	0.971
半衰期（d）	3.9	4.1	3.4	2.0	14.7	23.1	19.2	21.7

注：C_0 取各围隔组水体 COD 含量开始降低时的值。

由表 9-10 中结果可知，在未考虑水动力因素影响的条件下，在所进行的围隔实验温度、盐度及实验的浓度范围内，深圳海域需氧有机物质在 2014 年 5 月期间的现场降解常数在 0.168～0.346 d^{-1}之间，半衰期为 2.0～4.1 d 之间；在 2015 年 1 月期间的现场降解常数在 0.030～0.047 d^{-1}之间，半衰期为 14.7～23.1 d 之间。

根据本项目现场调查和文献集成的结果，深圳西部海域远岸水体中的需氧有机物 COD_{Mn} 含量绝大多数低于 9.0 mg/L，陆源污染物入海口附近大多数高于 10.0 mg/L。为此，从保守角度出发，在计算水体需氧有机物的环境容量时，其现场降解系数取冬季（平均水温 16.5℃）测定结果的平均值，为 0.037 d^{-1}，该结果与黄秀清等（2008）和余兴光等（2010）的同期结果接近，比季民（1999）、郭栋鹏（2006）在相近温度范围的结果略低。

同样，采用公式（9-3）关系考虑水动力条件对需氧有机物降解过程有 0.001 绝对值的正影响，故取 0.038 d^{-1}作为本项目进行需氧有机物环境容量计算时的自然降解常数，对应的半衰期为 19.2 d。

9.5　无机氮（DIN）生化转化规律

氮的生化转化过程是营养盐中最复杂的元素，其研究也是最困难的，不仅因为它是海湾生态系统最主要的限制营养盐，更因为它在海水中的存在形式多样，而且彼此间既可以相互转化又存在着相互制约作用。一方面，海水中的无机氮被浮游动、植物吸收后，经生物体内的生理过程转变为有机氮，含有机氮的碎屑进入海水后又经需氧细菌重新矿化为无机氮；另一方面，3 种主要无机氮（NH_4-N、NO_2-N、NO_3-N）之间也存在着硝化和反硝化的作用，而且它们被浮游植物吸收时彼此之间还会相互限制。

因此，寻找一个简单模式来描述上述所有变化几乎是不可能的。

9.5.1　深圳海域水体无机氮现场实验结果

本项目两期围隔水体中溶解无机氮 DIN 生化转化实验结果如表 9-11 所示。利用表 9-11 的实验结果，以无机氮含量对考察时间作图，结果如图 9-7 和图 9-8 所示。

表 9-11　深圳西部海域无机氮现场围隔降解实验结果

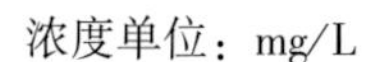
浓度单位：mg/L

日期	样品类型	1	2	3	4	5	6	7	8	9	10
2014 年 5 月	1#：对照组	0.392	0.506	0.254	0.164	0.291	0.257	0.357	0.178	0.233	0.270
	2#：含油组	0.786	0.483	0.371	0.142	0.167	0.250	0.192	0.195	0.137	0.140
	3#：低污组	1.325	0.894	0.299	0.087	0.104	0.071	0.089	0.205	0.216	0.210
	4#：高污组	1.933	0.948	0.548	0.345	0.376	0.352	0.259	0.093	0.143	0.327
2015 年 1 月	1#：对照组	0.504	0.214	0.095	0.180	0.054	0.080	0.067	0.232	0.244	0.166
	2#：养污组	0.589	0.512	0.562	0.486	0.462	0.446	0.474	0.349	0.446	0.428
	3#：生污组	0.621	0.532	0.812	1.298	0.282	0.391	0.368	0.543	0.334	0.349
	4#：工污组	0.896	0.773	0.265	1.344	0.661	0.615	0.620	0.561	0.487	0.449

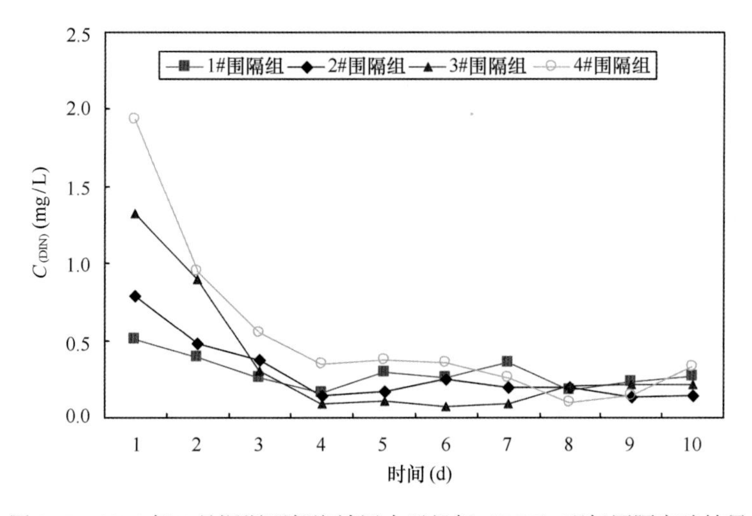

图 9-7　2014 年 5 月深圳西部海域污水无机氮（DIN）现场围隔实验结果

2014 年 5 月现场围隔实验结果显示，添加深圳西部陆源污水后各围隔组水体无机氮含量在开始的 4~5 d 内呈现较快下降趋势，且初始含量越高的水体，其无机氮含量开始下降速率越快，5 d 后无机氮含量变化较缓，并不时有含量升高情形出现，但各围隔水体无机氮含量总体维持在同一个含量水平。与 2014 年 5 月实验结果相比，2015 年 1 月实验中各围隔水体无机氮含量变化规律更不显著，在实验前期无机氮含量降低趋势变弱，后期无机氮含量震荡性变化更显著（图 9-8）。

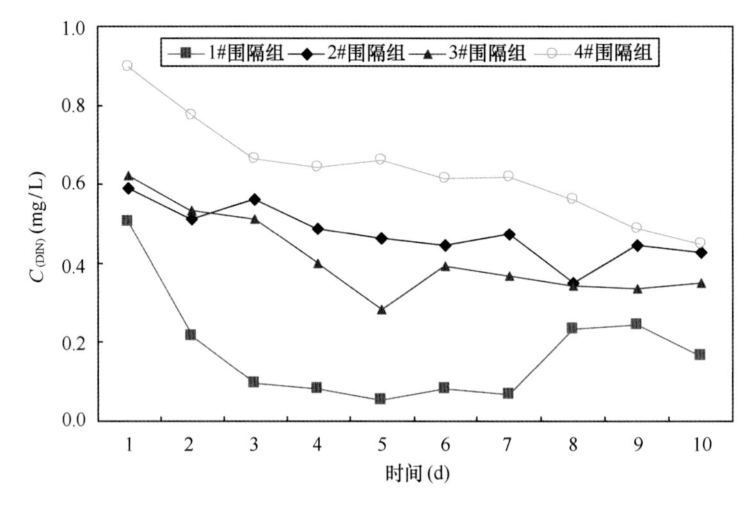

图 9-8 2015 年 1 月深圳西部海域污水无机氮（DIN）现场围隔实验结果

9.5.2 深圳海域水体无机氮生化转化规律

由于污水成分复杂、影响污水中营养盐转化过程的因素众多，实验期间水体中悬浮颗粒物吸附的氮还可能因溶出或生化反应而释放到水体中，导致水体中无机氮含量变得更加不确定。因此，不同环境条件下无机氮生化转化的规律差异较大，实验期间所获取的数据浮动较大，相应的转化规律不明显，难以在全时段内用某一动力学方程准确描述无机氮含量的转化历程，因此目前关于氮在海洋环境迁移转化尚未形成较为成熟和可靠的定量方程进行描述。为此，有不少学者计算无机氮的环境容量时，把它们直接当作保守物质进行考虑（刘浩等，2006；黄秀清等，2008；关道明，2011）。显然，此种处置与实际情况有较大的出入，由此引起的计算误差不可小觑。

考虑到本项目两期现场围隔实验过程中，在前 4~5 d 内各围隔组水体中的无机氮含量均呈不同程度的下降，若以实验的前 4~5 d 作为考查时间，两期围隔实验中无机氮的生化转化过程总体也遵循公式（9-2）所描述一级反应动力学规律，相应结果如图 9-9、图 9-10 所示，由此计算的无机氮现场降解特征参数如表 9-12 所示。

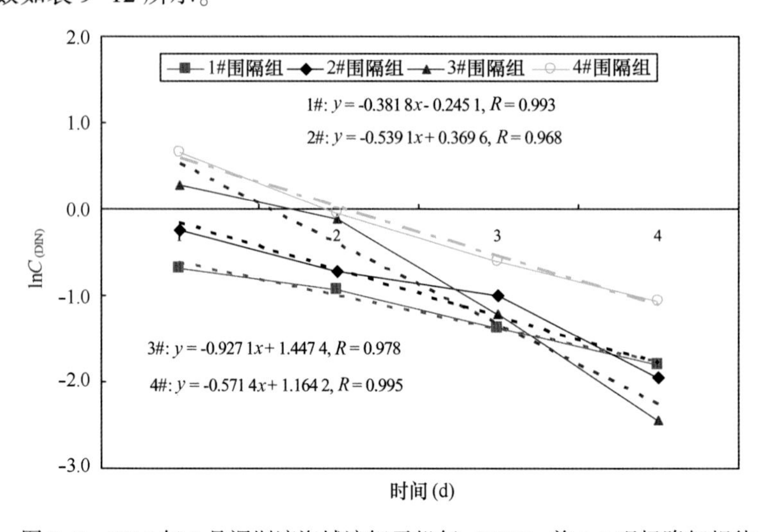

图 9-9 2014 年 5 月深圳湾海域溶解无机氮（DIN）前 4 d 现场降解规律

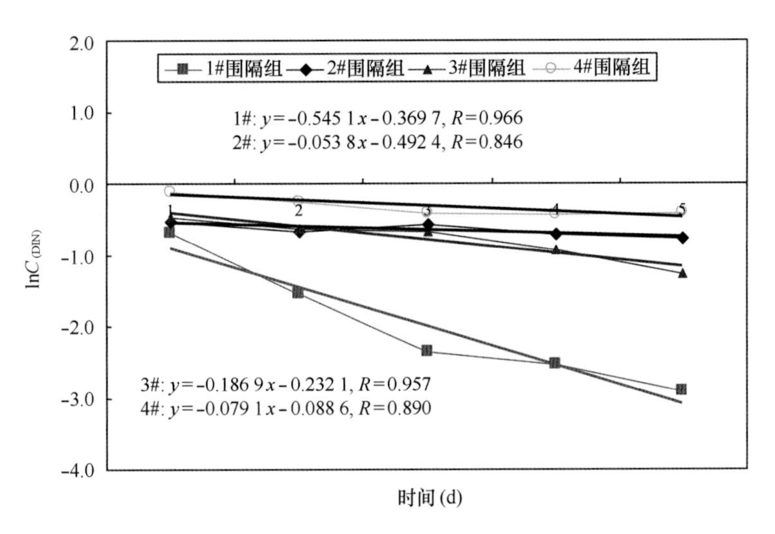

图 9-10　2015 年 1 月深圳湾海域溶解无机氮（DIN）前 5 d 现场降解规律

表 9-12　深圳海域水体溶解无机氮（DIN）实验前期现场降解特征参数结果

特征参数	2014 年 5 月（平均水温 24.0℃）				2015 年 1 月（平均水温 16.5℃）			
	1# 对照组	2# 含油组	3# 低污组	4# 高污组	1# 对照组	2# 养污组	3# 生污组	4# 工污组
初始含量 C_0（mg/L）	0.506	0.786	1.325	1.933	0.504	0.589	0.621	0.896
降解常数 K（d^{-1}）	0.382	0.539	0.927	0.571	0.545	0.054	0.187	0.079
相关系数 R	0.993	0.968	0.978	0.995	0.966	0.846	0.957	0.890
半衰期（d）	1.8	1.3	0.7	1.2	1.3	12.8	3.7	9.8

由表 9-12 中结果可知，在未考虑水动力因素影响的条件下，在所进行的围隔实验温度、盐度及实验的浓度范围内，深圳海域无机氮在 2014 年 5 月期间的现场降解常数在 0.382～0.927 d^{-1}之间，半衰期为 0.7～1.8 d 之间；在 2015 年 1 月期间的现场降解常数在 0.054～0.545 d^{-1}之间，半衰期为 1.3～12.8 d 之间。

考虑到无机氮现场降解实验结果存在较高的不确定性，从保守角度出发，在计算水体溶解无机氮的环境容量时，其现场降解系数取冬季（平均水温 16.5℃）测定结果的最小值（K 为 0.054 d^{-1}），同时考虑水动力的影响（K 增加约 0.001 d^{-1}），取 0.055 d^{-1}作为本项目进行无机氮环境容量计算时的自然降解常数，对应的半衰期为 12.6 d。与已有文献结果相比，本项目现场围隔实验确定的自然降解常数值与大多数按一级反应动力学规律获取的降解常数值处于同一水平（郑庆华等，1995；赵永志等，1999；王晓丽，2004），略低于席磊等（2012）结果，高于乐清湾（黄秀清，2011）无机氮的降解系数（0.005 d^{-1}）。

9.6　活性磷酸盐（DIP）生化转化规律

与氮（N）类似，磷（P）也是水体富营养化的重要指标。如果水体中的 N、P 过量，使水体中藻类以及其他水生生物异常繁殖，造成水体透明度和溶解氧下降，水体恶化，从而使水体生态环境和水功能受到阻碍和破坏，危害水资源的利用。海洋中的磷主要来源于陆源，其在海洋中转化主要靠生物作用进行的，生活于海水中的海洋动植物对营养元素的摄取可造成海水中 N、P 浓度的下降。因此，生物作用是造成海水 N、P 降解的最主要因素。

9.6.1 深圳海域水体活性磷酸盐现场实验结果

两期围隔水体中溶解活性磷酸盐（DIP）生化转化实验结果如表 9-13 所示。利用表 9-13 的实验结果，以活性磷酸盐含量对考察时间作图，结果如图 9-11 和图 9-12 所示。

表 9-13 深圳西部海域活性磷酸盐现场围隔降解实验结果 浓度单位：mg/L

时间	样品类型	1	2	3	4	5	6	7	8	9	10
2014 年 5 月	1#：对照组	0.033	0.034	0.031	0.027	0.028	0.036	0.033	0.027	0.033	0.025
	2#：含油组	0.032	0.026	0.028	0.025	0.023	0.027	0.030	0.032	0.022	0.022
	3#：低污组	0.042	0.037	0.030	0.029	0.028	0.026	0.027	0.028	0.039	0.033
	4#：高污组	0.059	0.054	0.038	0.031	0.030	0.025	0.027	0.026	0.028	0.031
2015 年 1 月	1#：对照组	0.043	0.013	0.009	0.005	0.006	0.013	0.009	0.017	0.017	0.024
	2#：养污组	0.271	0.149	0.064	0.042	0.020	0.017	0.047	0.011	0.065	0.049
	3#：生污组	0.073	0.021	0.014	0.004	0.021	0.017	0.015	0.049	0.012	0.017
	4#：工污组	0.152	0.056	0.010	0.011	0.038	0.012	0.024	0.011	0.036	0.015

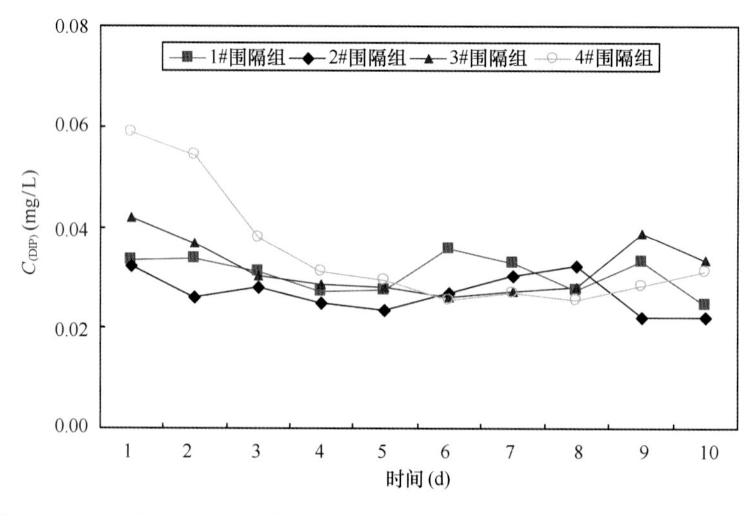

图 9-11 2014 年 5 月深圳西部海域污水活性磷酸盐（DIP）现场围隔实验结果

两期现场围隔实验结果显示，添加深圳西部陆源污水后各围隔组水体活性磷酸盐含量在开始的 4~5 d 内有呈一定的下降趋势，随后活性磷酸盐含量开始上升，且初始含量越高的水体，其活性磷酸盐含量开始下降速率越快（图 9-12）。

9.6.2 深圳海域水体活性磷酸盐生化转化规律

与无机氮生化转化过程类似，由于污水成分复杂及悬浮颗粒物吸附磷的溶出，导致水体中活性磷酸盐含量变化规律不显著，尤其是磷初始含量较低时其变化更加不确定，因此，难以在全时段内用某一动力学方程准确描述无机氮含量的转化历程。

鉴于本项目两期现场围隔实验过程中的前 4~5 d 内各围隔组水体中的活性磷酸盐含量均呈不同程度的下降，且其含量变化基本遵循公式（9-2）所描述一级反应动力学规律，为此对表 9-13 数据进行对数换算，并图示其转化规律，相应结果如图 9-13、图 9-14 所示，由此计算的无机氮现场降解特征参数如表 9-14 所示。

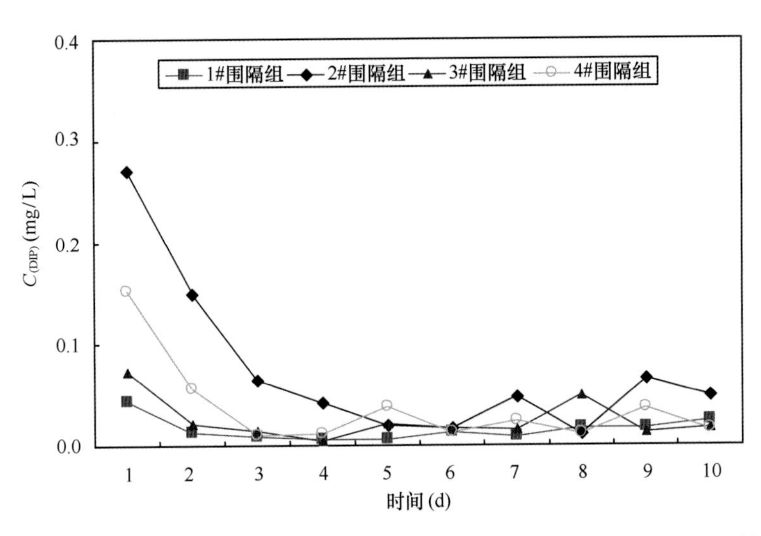

图 9-12 2015 年 1 月深圳西部海域污水活性磷酸盐（DIP）现场围隔实验结果

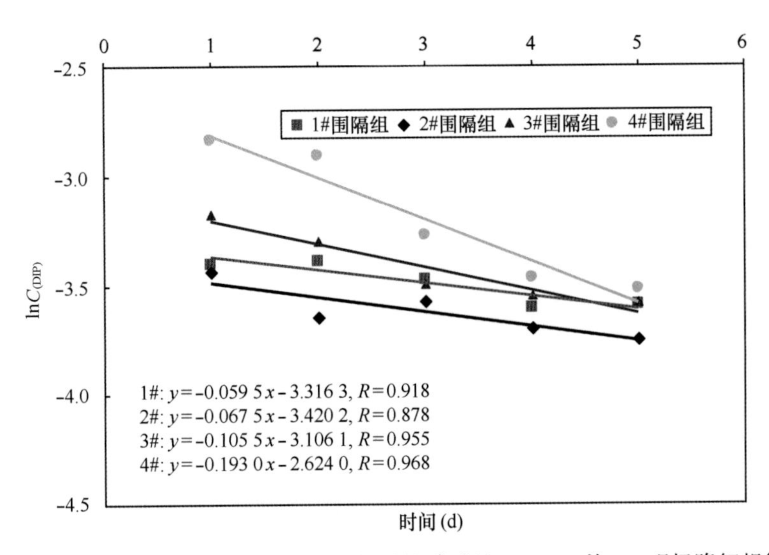

图 9-13 2014 年 5 月深圳湾海域溶解活性磷酸盐（DIP）前 5 d 现场降解规律

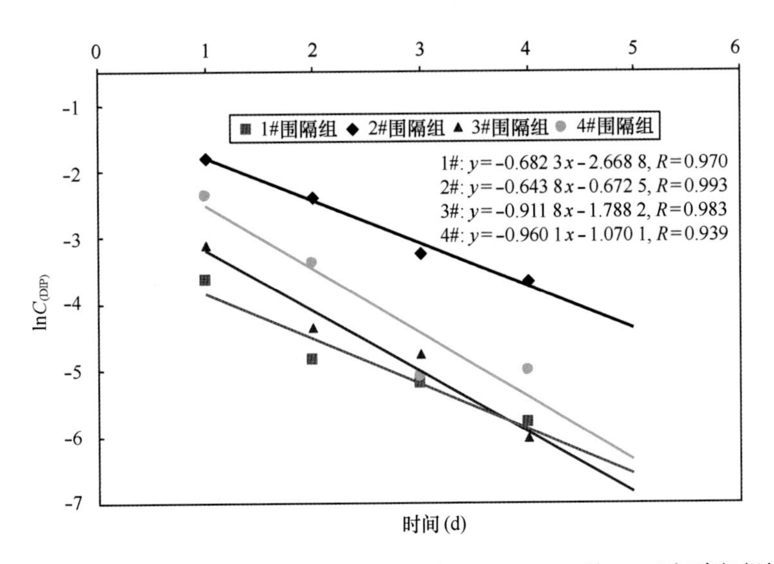

图 9-14 2015 年 1 月深圳湾海域溶解活性磷酸盐（DIP）前 4 d 现场降解规律

表 9-14　深圳海域水体溶解活性磷酸盐（DIP）实验前期现场降解特征参数结果

特征参数	2014 年 5 月（平均水温 24.0℃）				2015 年 1 月（平均水温 16.5℃）			
	1# 对照组	2# 含油组	3# 低污组	4# 高污组	1# 对照组	2# 养污组	3# 生污组	4# 工污组
初始含量 C_0（mg/L）	0.033	0.032	0.042	0.059	0.043	0.271	0.073	0.152
降解常数 K（d^{-1}）	0.060	0.068	0.106	0.193	0.682	0.644	0.912	0.960
相关系数 R	0.918	0.878	0.955	0.968	0.970	0.993	0.983	0.939
半衰期（d）	11.6	10.2	6.5	3.6	1.0	1.1	0.8	0.7

由表 9-14 中结果可知，在未考虑水动力因素影响的条件下，在所进行的围隔实验温度、盐度及实验的浓度范围内，深圳海域活性磷酸盐在 2014 年 5 月期间的现场降解常数在 0.060~0.193 d^{-1} 之间，半衰期为 3.6~11.6 d 之间；在 2015 年 1 月期间的现场降解常数在 0.644~0.960 d^{-1}之间，半衰期为 0.7~1.1 d 之间。

考虑到活性磷酸盐现场降解实验结果存在较高的不确定性，从保守角度出发，在计算水体活性磷酸盐的环境容量时，其现场降解系数取春季（平均水温 24.0℃）测定结果的最小值（K 为 0.060 d^{-1}），并考虑水动力条件对降解过程的影响（K 增加约 0.001 d^{-1}），故取 0.061 d^{-1}作为本项目进行无机氮环境容量计算时的自然降解常数，对应的半衰期为 11.4 d。本项目所确定的活性磷酸盐降解系数值接近朱虹（0.062 d^{-1}，2010）、席磊等（2012）结果，高于王晓丽（2004）、郭栋鹏（2006）、黄秀清（2011）等的考察结果。

9.7　深圳海域水体总氮（TN）生化转化规律

9.7.1　深圳海域水体溶解性总氮现场实验结果

两期围隔水体中溶解性总氮（TN）生化转化实验结果如表 9-15 所示。利用表 9-15 的实验结果，以溶解性总氮含量对考察时间作图，结果如图 9-15 和图 9-16 所示。

表 9-15　深圳西部海域溶解性总氮（TN）现场围隔降解实验结果　　浓度单位：mg/L

时间	样品类型	1	2	3	4	5	6	7	8	9	10
2014 年 5 月	1#：对照组	0.724	0.638	0.389	0.281	0.420	0.392	0.507	0.362	0.365	0.411
	2#：含油组	0.911	0.618	0.539	0.277	0.299	0.391	0.324	0.489	0.247	0.349
	3#：低污组	1.466	1.032	0.431	0.213	0.236	0.352	0.389	0.517	0.620	0.452
	4#：高污组	1.878	1.077	0.735	0.480	0.501	0.759	0.404	0.513	0.535	0.734
2015 年 1 月	1#：对照组	1.096	0.753	0.460	0.435	0.396	0.626	0.317	0.536	1.232	0.922
	2#：养污组	1.612	1.418	1.129	1.113	0.933	1.074	1.228	0.978	0.748	1.276
	3#：生污组	1.448	1.266	1.155	0.946	0.819	0.465	0.628	0.836	0.540	0.624
	4#：工污组	1.764	1.532	1.556	1.350	0.833	0.809	1.124	1.015	0.752	0.960

两期现场围隔实验结果显示，添加深圳西部陆源污水后各围隔组水体中溶解性总氮含量在开始的 4~5 d 内呈一定的下降趋势，且初始含量较高者其下降速率也较大（图 9-15）；后期总氮含量出现的振荡变化，总体上略呈上升变化趋势。

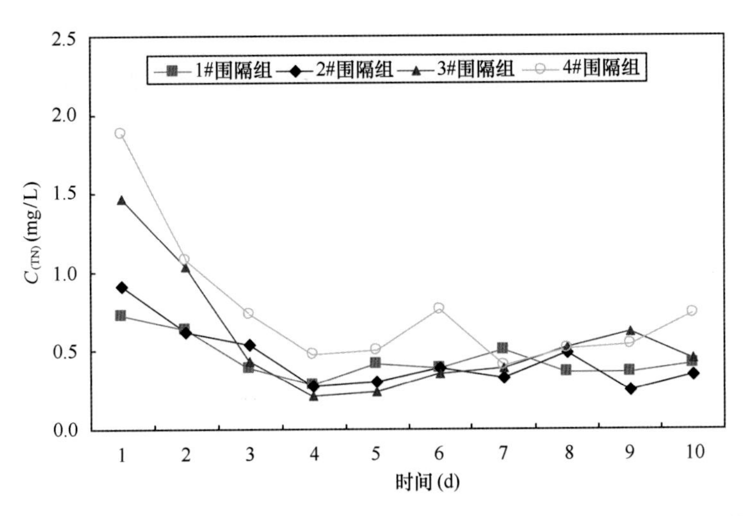

图 9-15 2014 年 5 月深圳西部海域污水溶解性总氮（TN）现场围隔实验结果

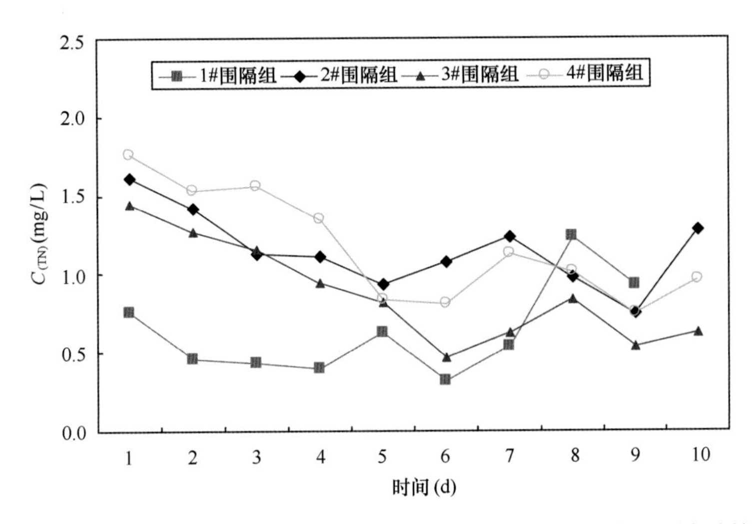

图 9-16 2015 年 1 月深圳西部海域污水溶解性总氮（TN）现场围隔实验结果

9.7.2 深圳海域水体溶解性总氮生化转化规律

与无机氮生化转化过程类似，由于污水成分复杂、及悬浮颗粒物吸附氮的溶出，导致水体中溶解性总氮含量变化规律不显著，只在围隔实验的前 4~5 d 内各围隔组水体中的溶解性总氮含量呈不同程度的下降，且其含量变化大致遵循公式（9-2）所描述一级反应动力学规律。为此，通过对表 9-15 数据进行对数换算，并图示其转化规律，相应结果如图 9-17、图 9-18 所示，由此计算的溶解性总氮现场降解特征参数如表 9-16 所示。

由表 9-16 中结果可知，在未考虑水动力因素影响的条件下，在所进行的围隔实验温度、盐度及实验的浓度范围内，深圳海域溶解性总氮在 2014 年 5 月期间的现场降解常数在 0. 334~0. 667 d^{-1} 之间，半衰期为 1. 0~2. 1 d 之间；在 2015 年 1 月期间的现场降解常数在 0. 134~0. 259 d^{-1}之间，半衰期为 2. 7~9. 2 d 之间。

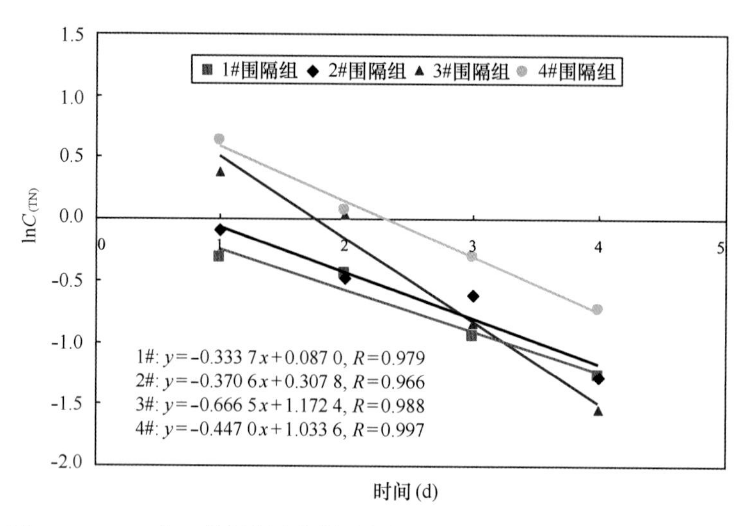

图 9-17　2014 年 5 月深圳湾海域溶解性总氮（TN）前 4 d 现场降解规律

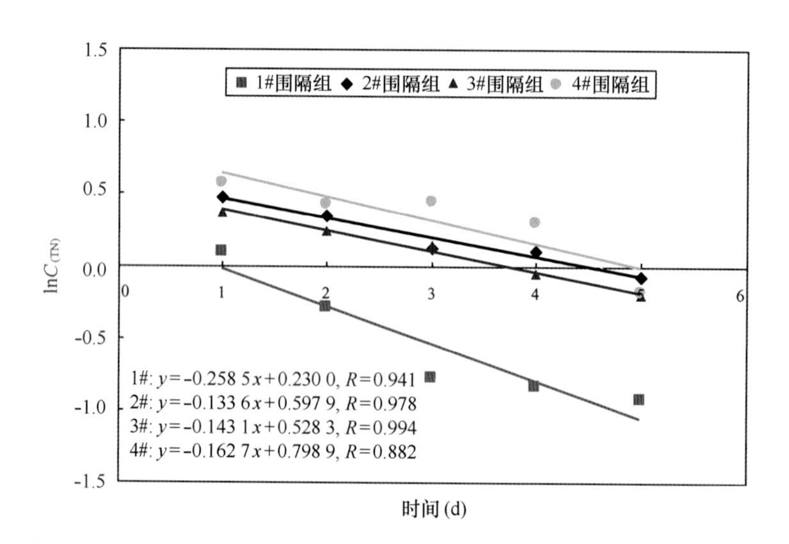

图 9-18　2015 年 1 月深圳湾海域溶解性总氮（TN）前 5 d 现场降解规律

表 9-16　深圳海域水体溶解性总氮（TN）实验前期现场降解特征参数结果

特征参数	2014 年 5 月（平均水温 24.0℃）				2015 年 1 月（平均水温 16.5℃）			
	1# 对照组	2# 含油组	3# 低污组	4# 高污组	1# 对照组	2# 养污组	3# 生污组	4# 工污组
初始含量 C_0（mg/L）	0.724	0.911	1.466	1.878	1.096	1.612	1.448	1.764
降解常数 K（d^{-1}）	0.334	0.371	0.667	0.447	0.259	0.134	0.143	0.163
相关系数 R	0.979	0.966	0.988	0.997	0.941	0.978	0.994	0.882
半衰期㊣（d）	2.1	1.9	1.0	1.6	2.7	9.2	4.8	4.3

考虑到溶解性总氮现场降解实验结果存在较高的不确定性，从保守角度出发，在计算水体溶解性总氮的环境容量时，其现场降解系数取冬季（平均水温 16.5℃）测定结果的最小值（K 为 0.134 d^{-1}），并考虑水动力条件对降解过程的影响（K 增加约 0.001 d^{-1}），故取 0.135 d^{-1}作为本项目进行总氮环境容量计算时的自然降解常数，对应的半衰期为 9.1 d。本项目所确定的总氮现场降解系数值高于王晓丽（0.031 d^{-1}，2004）及郭栋鹏（0.044 d^{-1}，2006）等结果。

9.8 深圳海域水体总磷（TP）生化转化规律

9.8.1 深圳海域水体溶解性总磷现场实验结果

两期围隔水体中溶解性总磷（TP）生化转化实验结果如表9-17所示。利用表9-17的实验结果，以溶解性总磷含量对考察时间作图，结果如图9-19和图9-20所示。

表9-17 深圳西部海域溶解性总磷（TP）现场围隔降解实验结果 浓度单位：mg/L

时间	样品类型	1	2	3	4	5	6	7	8	9	10
2014年5月	1#：对照组	0.079	0.094	0.111	0.087	0.081	0.074	0.069	0.072	0.063	0.058
	2#：含油组	0.089	0.105	0.116	0.096	0.076	0.071	0.077	0.068	0.062	0.053
	3#：低污组	0.147	0.136	0.155	0.117	0.104	0.089	0.080	0.065	0.076	0.068
	4#：高污组	0.229	0.183	0.205	0.173	0.142	0.125	0.117	0.077	0.069	0.068
2015年1月	1#：对照组	0.119	0.113	0.067	0.084	0.076	0.072	0.071	0.083	0.074	0.059
	2#：养污组	0.514	0.510	0.423	0.463	0.533	0.412	0.421	0.291	0.211	0.265
	3#：生污组	0.216	0.261	0.143	0.202	0.229	0.150	0.161	0.153	0.105	0.106
	4#：工污组	0.351	0.333	0.216	0.254	0.227	0.221	0.282	0.228	0.182	0.168

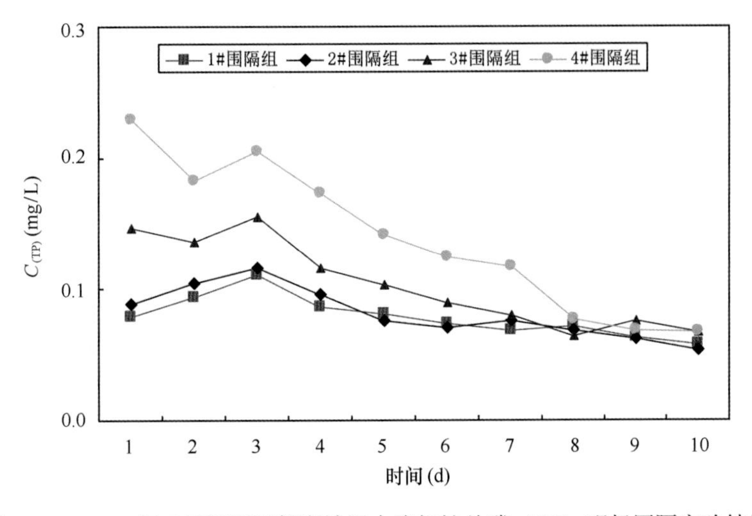

图9-19 2014年5月深圳西部海域污水溶解性总磷（TP）现场围隔实验结果

2014年5月现场围隔实验结果显示，在开始的前3 d，添加深圳西部陆源污水后各围隔组水体中溶解性总磷含量有增加趋势，3 d后开始呈有规律的下降趋势，且初始含量较高者其下降速率也较大（图9-19）；后期总磷含量出现的振荡变化，总体上略呈下降变化趋势。在2015年1月现场实验过程中，各围隔组水体中总磷含量随时间的延长均略呈下降趋势，但变化速率较小。

9.8.2 深圳海域水体溶解性总磷生化转化规律

与无机氮、总氮及无机磷的变化规律略有不同，在2014年5月实验期间，各围隔水体中总磷含量在3 d后开始呈下降趋势，而在2015年1月期间，各围隔水体中总磷含量随时间的延长均呈下降趋势；通过对各围隔水体中从总磷含量开始下降时间点进行核算，总磷含量随时间的变化基本遵循公式（9-2）所描述一级反应动力学规律如图9-20所示。为此，通过对表9-17数据进行对数换

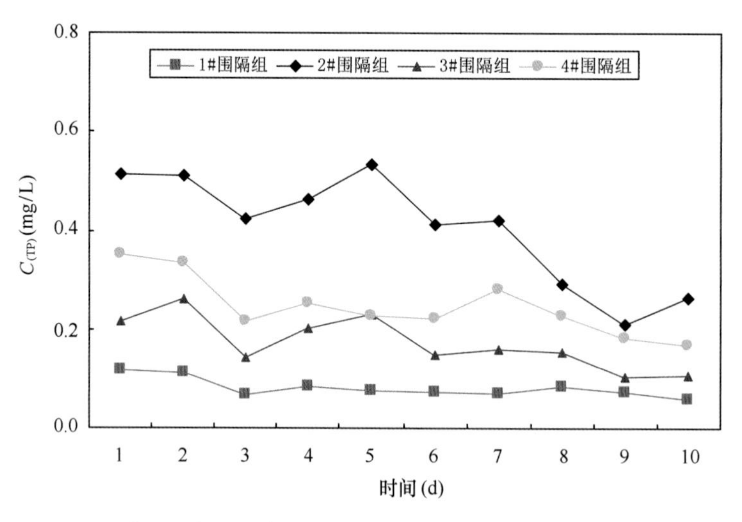

图 9-20　2015 年 1 月深圳西部海域污水溶解性总磷（TP）现场围隔实验结果

算，并图示其转化规律，相应结果如图 9-21、图 9-22 所示，由此计算的溶解性总磷现场降解特征参数如表 9-18 所示。

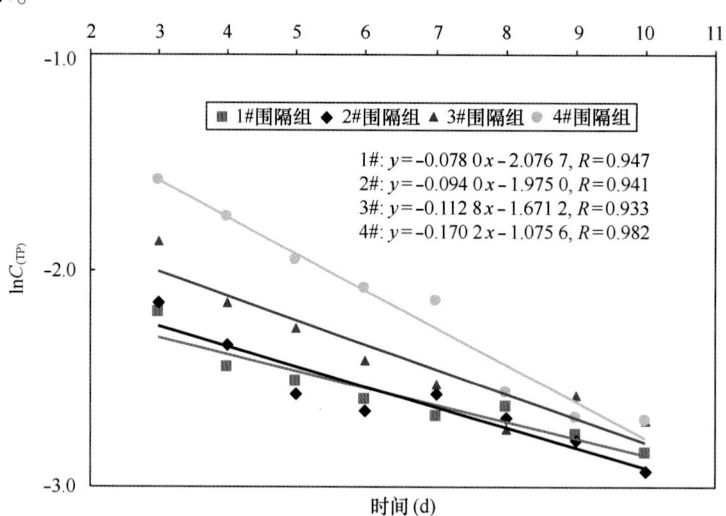

图 9-21　2014 年 5 月深圳湾海域溶解性总磷（TP）前 4 d 现场降解规律

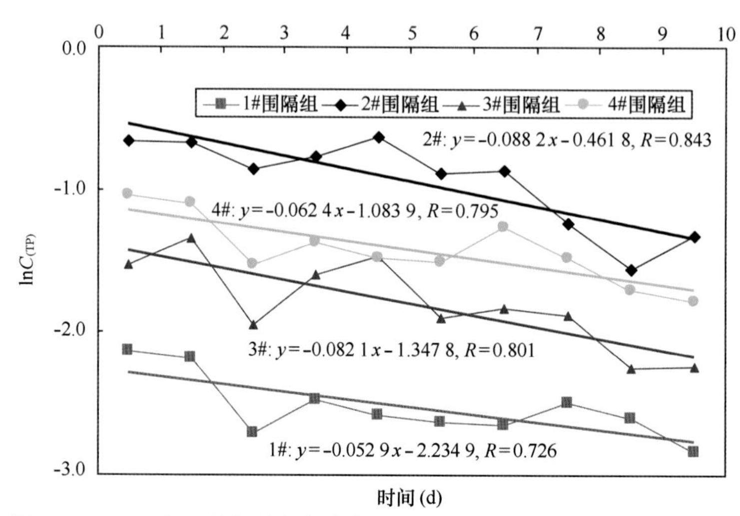

图 9-22　2015 年 1 月深圳湾海域溶解性总磷（TP）前 5 d 现场降解规律

表 9-18 深圳海域水体溶解性总磷（TP）实验前期现场降解特征参数结果

特征参数	2014 年 5 月（平均水温 24.0℃）				2015 年 1 月（平均水温 16.5℃）			
	1# 对照组	2# 含油组	3# 低污组	4# 高污组	1# 对照组	2# 养污组	3# 生污组	4# 工污组
初始含量 C_0（mg/L）	0.079	0.089	0.147	0.229	0.119	0.514	0.216	0.351
降解常数 K（d^{-1}）	0.078	0.094	0.113	0.170	0.053	0.088	0.082	0.062
相关系数 R	0.947	0.941	0.933	0.982	0.726	0.843	0.801	0.795
半衰期（d）	9.9	7.4	6.1	4.1	13.1	7.9	9.5	11.2

由表 9-18 中结果可知，在未考虑水动力因素影响的条件下，在所进行的围隔实验温度、盐度及实验的浓度范围内，深圳海域溶解性总磷在 2014 年 5 月期间的现场降解常数在 0.078~0.170 d^{-1}之间，半衰期为 4.1~9.9 d 之间；在 2015 年 1 月期间的现场降解常数在 0.053~0.088 d^{-1}之间，半衰期为 7.9~13.1 d 之间。

考虑到溶解性总磷现场降解实验结果存在较高的不确定性，从保守角度出发，在计算水体溶解性总磷的环境容量时，其现场降解系数取冬季（平均水温 16.5℃）测定结果的最小值（K 为 0.053 d^{-1}），并考虑水动力条件对降解过程的影响（K 增加约 0.001 d^{-1}），故取 0.054 d^{-1}作为本项目进行总氮环境容量计算时的自然降解常数，对应的半衰期为 12.8 d。与总氮类似，本项目所确定的总磷降解系数值也高于王晓丽（0.034 d^{-1}，2004）、郭栋鹏（0.016 d^{-1}，2006）、刘浩（0.01 d^{-1}，2006）等的结果。

9.9 小结

本项目通过 2 期现场围隔实验，对深圳西部海域水体中油类、COD、无机氮和总氮、活性磷酸盐和总磷等环境参数含量随时间的变化状况进行了考察，获得了各参数在环境中通过化学氧化、吸收转化等过程的降解规律，为后续环境容量的计算提供相关基础数据。

（1）10 d 室内石油类自然降解实验表明，石油类含量遵循随曝露时间的延长而减小的规律，并符合一级反应动力学方程；为保守起见，取油类物质在冬季获得的最低降解系数值经水动力校正后的结果作为本项目进行环境容量计算时的自然降解常数，相应降解系数为 $K_{Oil}=0.103\ d^{-1}$，对应的半衰期为 6.7 d。

（2）受添加陆源污水的影响，2 期围隔水体中的 COD 含量开始显著降低的时间出现在第 3 天前后，随后 COD 的含量变化基本遵循一级反应动力学规律；同样为保守起见，取 COD 在冬季获得的最低降解系数值经水动力校正后的结果作为本项目进行环境容量计算时的自然降解常数，相应降解系数为 $K_{COD}=0.038\ d^{-1}$，对应的半衰期为 19.2 d。

（3）由于环境中的氮、磷存在形态多样，入海污水成分复杂，同时由于生物的新陈代谢作用等影响，导致海洋环境中氮、磷的生化转化过程复杂，难于用一个简单模式来描述上述所有变化。因此，目前关于氮、磷综合降解系数的研究报道并不多见，但总体上均按一级反应动力学方程进行相关降解系数的核算。通过本项目 2 期现场围隔实验，也在一定的时间段内符合一级反应动力学规律，并获取了各围隔实验组溶解性无机氮和总氮、活性磷酸盐和总磷等参数的现场降解系数值；同样，基于保守处理，各参数的降解系数均取 2 期实验结果中的最低值，通过水动力校正后作为本项目进行环境容量计算时的自然降解常数。其中，溶解无机氮的自然降解系数取 $K_{DIN}=0.055\ d^{-1}$，总氮的自然降解系数取 $K_{TN}=0.135\ d^{-1}$、活性磷酸盐的自然降解系数 $K_{DIP}=0.061\ d^{-1}$，总磷的自然降解系数取 $K_{TP}=0.054\ d^{-1}$。

（4）与已有文献结果相比，本项目确定的油类物质、COD、溶解无机氮等参数的自然降解系数值与大多数文献结果相当，总氮、活性磷酸盐和总磷的自然降解常数值不同程度地高于相关文献结果。

参考文献

蔡子平，陈孝麟 . 1991. 海洋围隔生态系中叶绿素 a 的变化及影响因素 . 台湾海峡，10（3）：229-234.

陈尚，朱明远，马艳，等 . 1999. 富营养化对海洋生态系统的影响及其围隔实验研究 . 地球科学进展，14（6）：571-576.

傅国伟，席磊，程金平，等 . 2012. 杭州湾北岸近岸海域 N、P 降解系数的围隔实验研究 . 海洋科学，36（9）：32-39.

傅国伟 . 1987. 河流水质数学模型及其模拟计算 . 北京：中国环境科学出版社 .

关道明 . 2011. 我国近岸典型海域环境质量评价和环境容量研究 . 北京：海洋出版社 .

管卫兵，王丽娅，许东峰 . 2003. 珠江河口氮和磷循环及溶解氧的数值模拟 Ⅰ . 模式建立 . 海洋学报，25（1）：52-60.

管卫兵，王丽娅，许东峰 . 2003. 珠江河口氮和磷循环及溶解氧的数值模拟 Ⅱ . 模拟结果 . 海洋学报，25（1）：61-69.

郭栋鹏 . 2006. 黄海南部海域排海尾水中污染物降解规律研究. 太原：太原理工大学.

黄秀清，王金辉，蒋晓山 . 2008. 象山港海洋环境容量及污染物总量控制研究 . 北京：海洋出版社 .

黄秀清 . 2011. 乐清湾海洋环境容量及污染物总量控制研究 . 北京：海洋出版社，259-262.

季民，孙志伟，王泽良，等 . 1999. 污水排海有机物的生化降解动力学系数测定及水质模拟 . 中国给水排水，15（11）：62-69.

李克强，王修林，石晓勇，等 . 2007. 胶州湾围隔浮游生态系统氮、磷营养盐迁移——转化模型研究 . 海洋学报，29（5）：76-83.

林昱，唐森铭 . 1994. 海洋围隔生态系中无机氮对浮游植物演替的影响 . 生态学报，14（3）：323-326.

刘浩，尹宝树 . 2006. 辽东湾氮、磷和 COD 环境容量的数值计算 . 海洋通报，25（2）：46-54.

陆贤崑 . 1987. 海洋围隔生态系实验在海洋污染控制中的应用 . 环境科学，8（4）：78-83.

王晓丽 . 2004. 桑沟湾养殖水域颗粒态有机物迁移转化过程的研究 . 青岛：中国海洋大学 .

王修林，李克强，石晓勇 . 2006. 胶州湾主要化学污染物海洋环境容量 . 北京：科学出版社 .

吴宝铃，李永祺 . 1983. 围隔式海洋实验生态系研究近况 . 海洋科学，（2）：44-47.

席磊，程金平，程芳，等 . 2012. 杭州湾北岸近岸海域 N-P 降解系数的围隔实验研究 . 海洋科学，36（9）：32-39.

余兴光，陈彬，王金坑，等 . 2010. 海湾环境容量与生态环境保护研究——以罗源湾为例 . 北京：海洋出版社 .

余兴光，马志远，林志兰，等 . 2009. 福建省海湾围填海规划环境化学与环境容量影响评价 . 北京：科学出版社 .

张洛平，陈伟琪，江毓武，等 . 2013. 厦门湾海域环境质量评价和环境容量研究 . 北京：海洋出版社 .

张洛平，王隆发，吴瑜端 . 1988. 河口港湾海水中石油烃的自然风化模式 . 海洋学报，10（1）：117-121.

赵永志，潘丽华，古伟宏 . 1999. 江水中有机氮降解规律的动力学研究 . 高师理科学刊，19（3）：55-59.

郑庆华，何悦强，张银英，等 . 1995. 珠江口咸淡水交汇区营养盐的化学自净研究 . 热带海洋，14（2）：68-79.

朱虹 . 2010. 杭州湾主要污染物降解转化模拟实验及其在环境容量计算研究中的应用 . 上海：上海海洋大学 .

Li Guanguo. 1990. Different Types of Ecosystem Experiments. In：Lalli C M, ed. Enclosed Experimental Marine Ecosystems：A Review and Recommendations. London：Springer-Verlag，7-19.

第 10 章　珠江口深圳海域潮流动力特征分析

10.1　潮流动力调查方法

深圳西部海域位于珠江河口伶仃洋段的东侧，南北纵深约 57 km，水域面积约 600 km^2，包括有深圳湾、大铲湾和赤湾等半封闭式港湾。深圳西部海域范围及地形地貌见图 10-1。

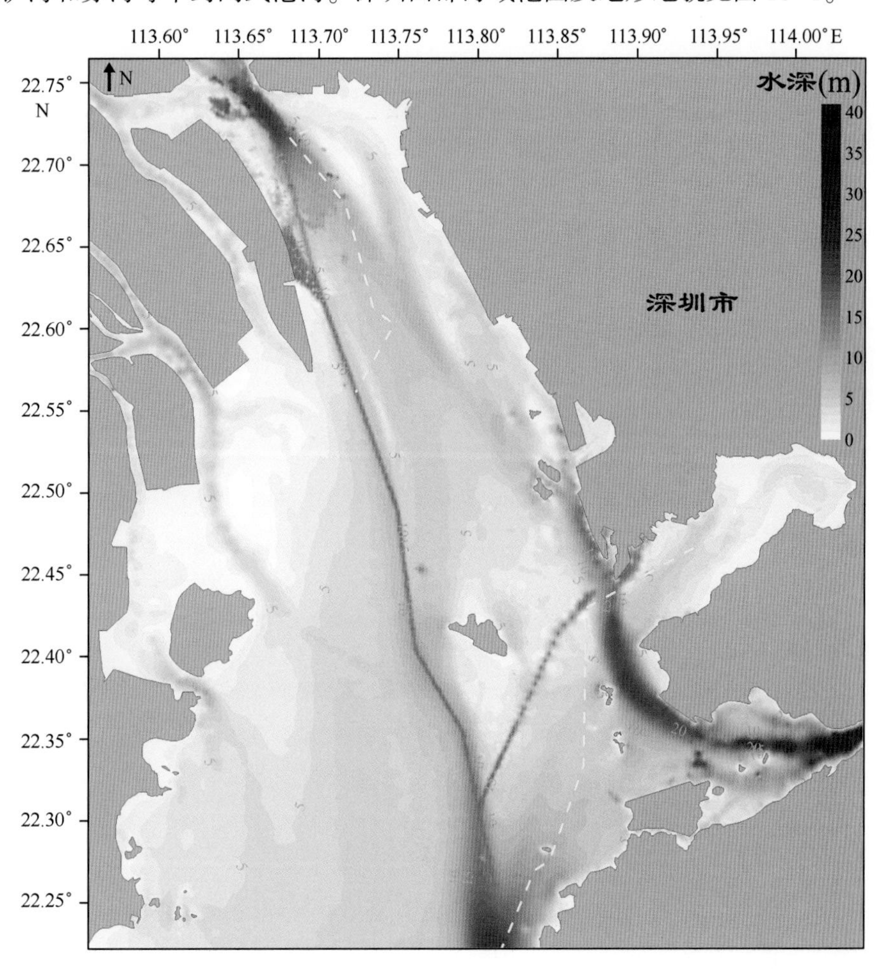

图 10-1　深圳西部海域范围及地形地貌

为清晰理解研究区海域的潮流动力特征，在收集有关的海洋水文气象资料和历史研究资料基础上，于 2014—2015 年间共开展 4 次潮流动力观测，每次观测 25 h，内容主要有潮汐水位以及潮流流速、流向等要素，并沿垂向按表、中、底三层（0.2H、0.4H、0.8H，H 为水深）记录观测结果，主要观测设备为中国海洋大学生产的 SLC-9 型直读海流计。

10.2 珠江口深圳海域潮流动力特征分析

珠江口深圳海域潮流动力调查共设置 8 个观测站位（V1～V8），开展 2 次的潮流动力观测。日期分别为 2014 年的平水期（小潮：11 月 16 日，大潮：11 月 24 日），站位分布见图 10-2。

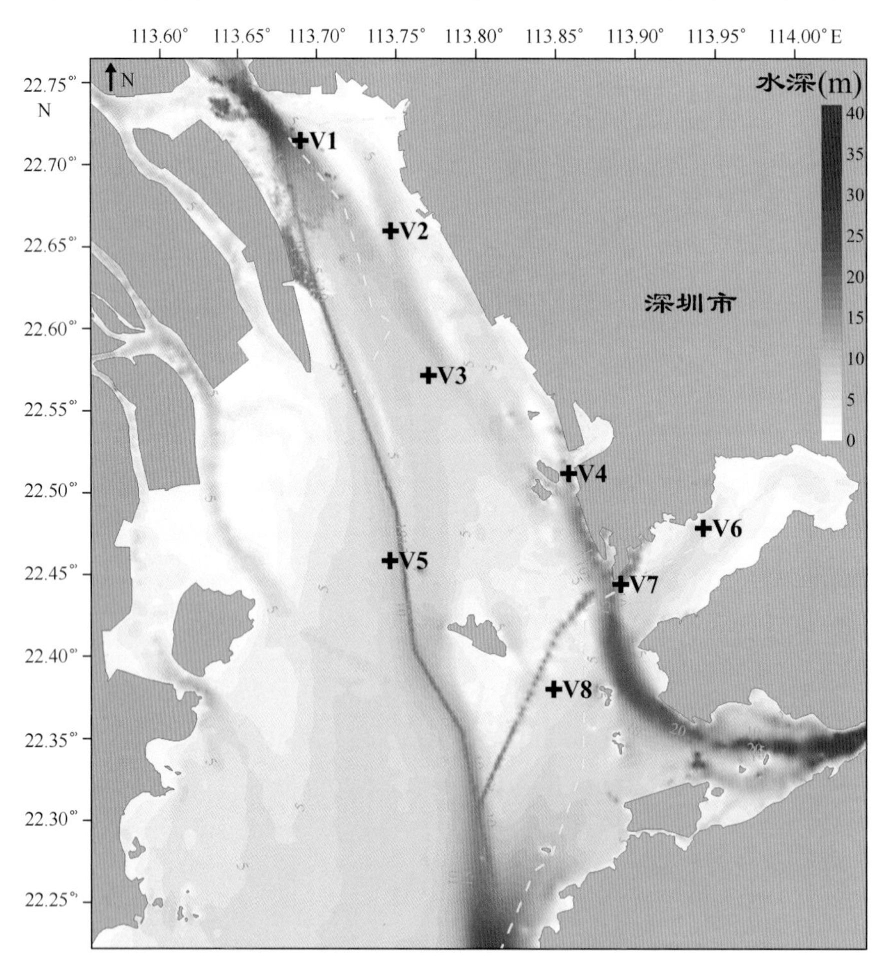

图 10-2　珠江口深圳海域潮流观测站位分布

10.2.1 大潮期潮流

珠江口深圳海域平水期大潮期（2014 年 11 月 24 日）各观测站位的潮位时间序列见图 10-3 至图 10-10，潮流流速、流向时间序列见图 10-11 至图 10-26，各观测站位实测最大流速及其流向见表 10-1。

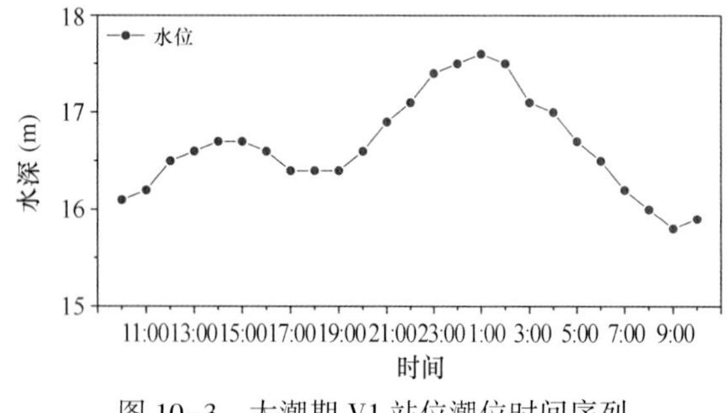

图 10-3　大潮期 V1 站位潮位时间序列

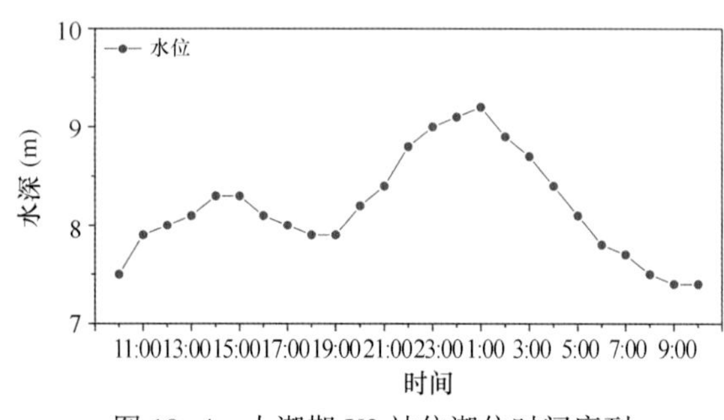

图 10-4　大潮期 V2 站位潮位时间序列

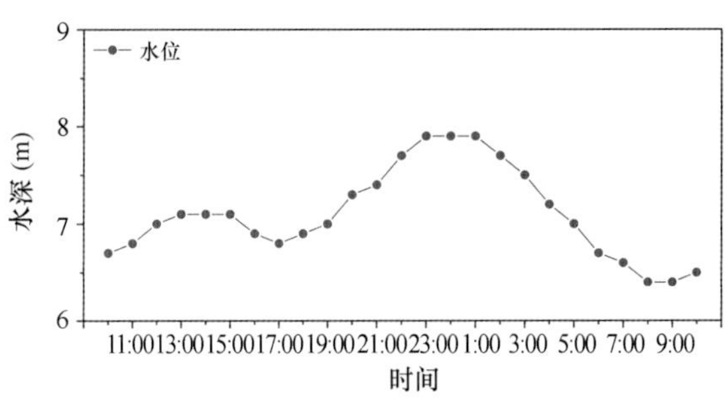

图 10-5　大潮期 V3 站位潮位时间序列

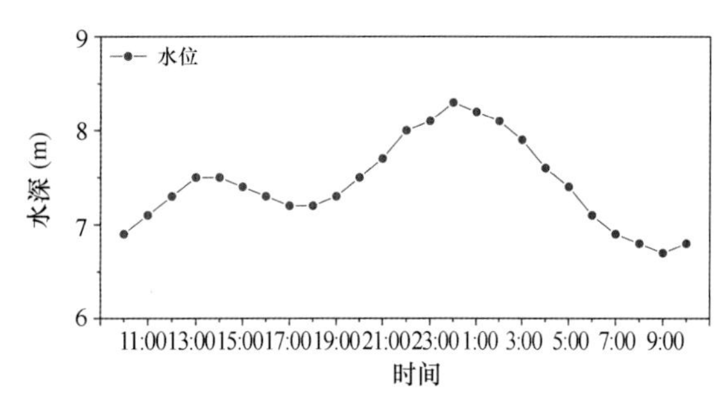

图 10-6　大潮期 V4 站位潮位时间序列

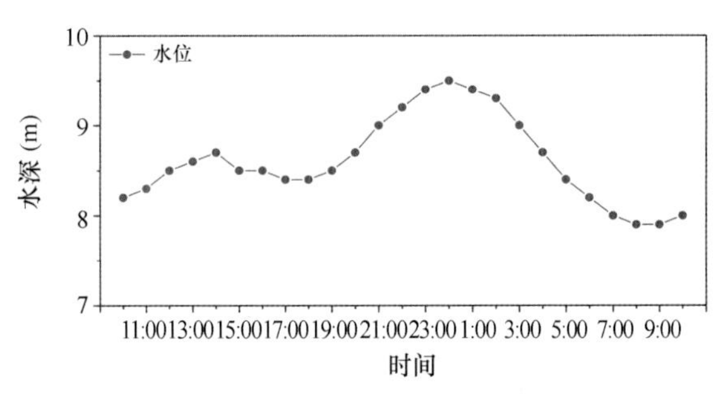

图 10-7　大潮期 V5 站位潮位时间序列

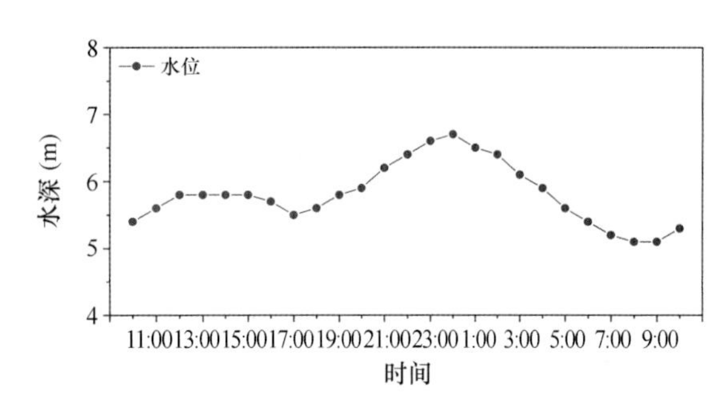

图 10-8　大潮期 V6 站位潮位时间序列

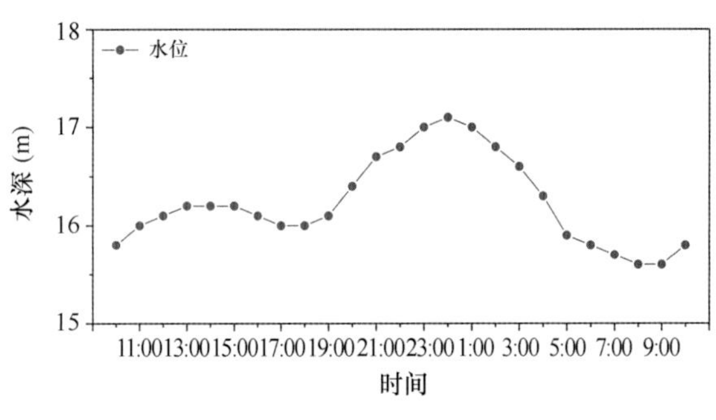

图 10-9　大潮期 V7 站位潮位时间序列

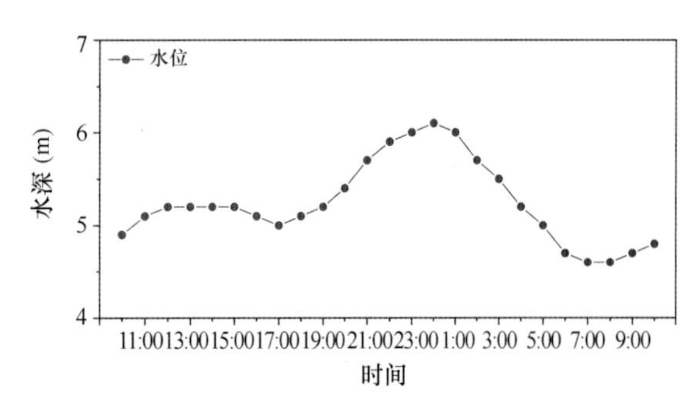

图 10-10　大潮期 V8 站位潮位时间序列

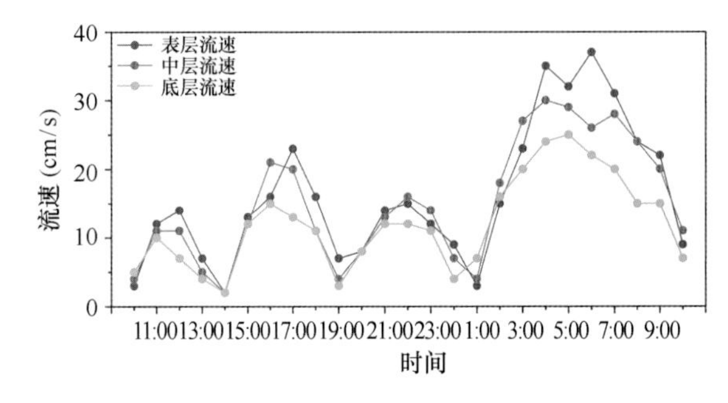

图 10-11　大潮期 V1 站位流速时间序列

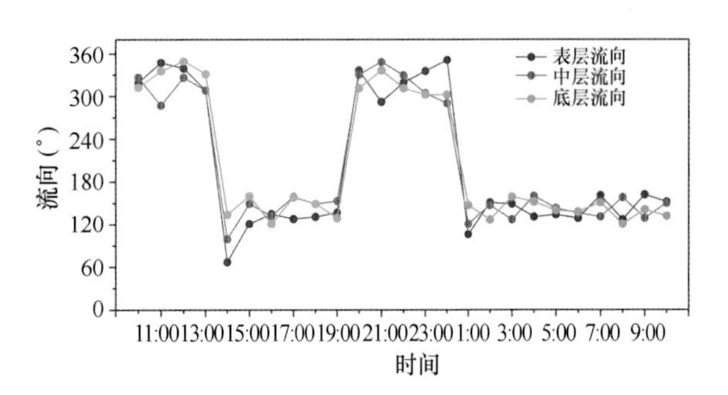

图 10-12　大潮期 V1 站位流向时间序列

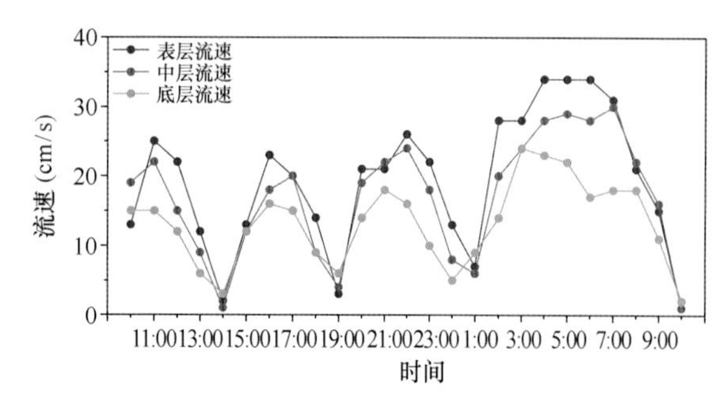

图 10-13　大潮期 V2 站位流速时间序列

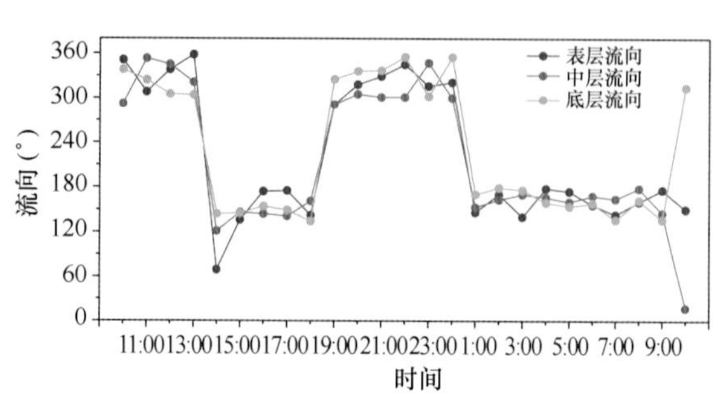

图 10-14　大潮期 V2 站位流向时间序列

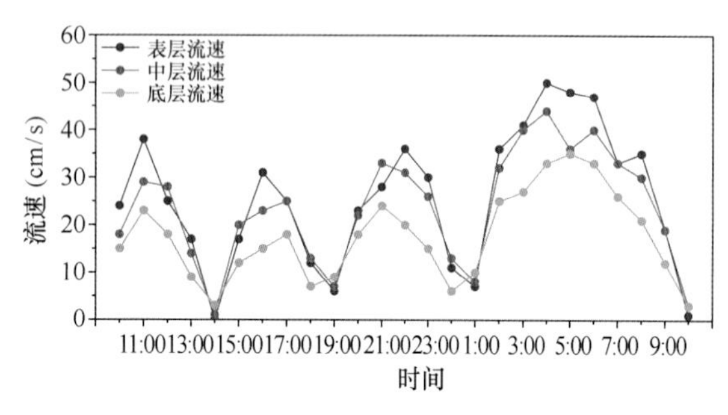

图 10-15　大潮期 V3 站位流速时间序列

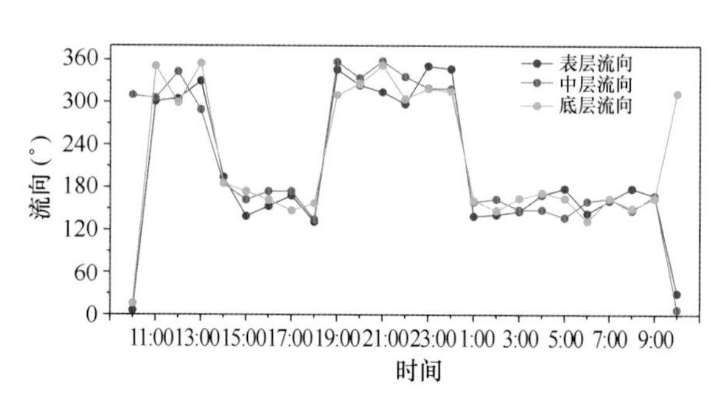

图 10-16　大潮期 V3 站位流向时间序列

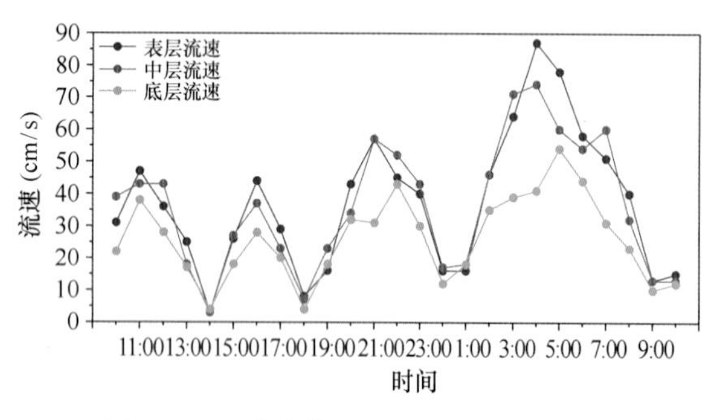

图 10-17　大潮期 V4 站位流速时间序列

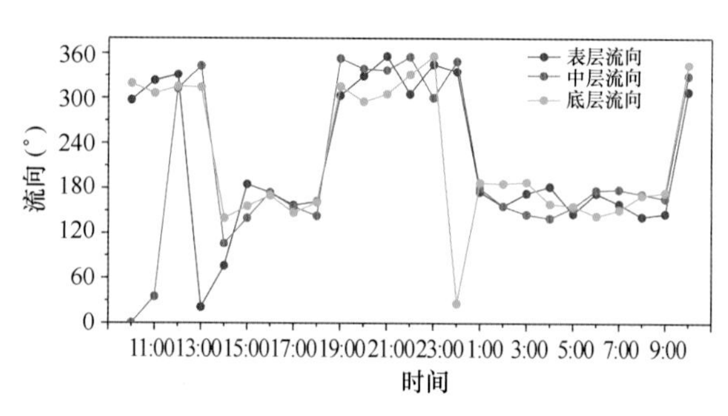

图 10-18　大潮期 V4 站位流向时间序列

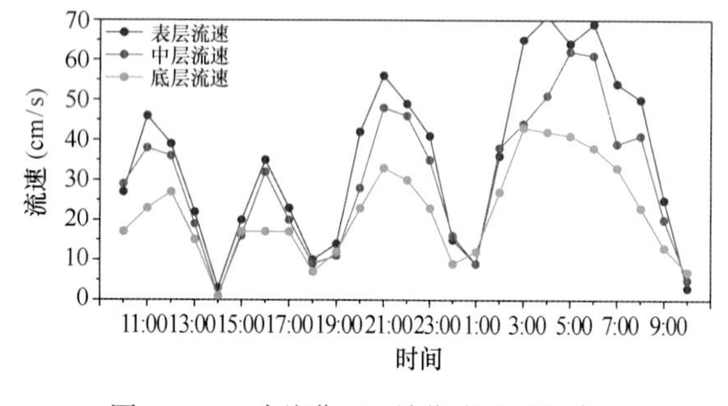

图 10-19　大潮期 V5 站位流速时间序列

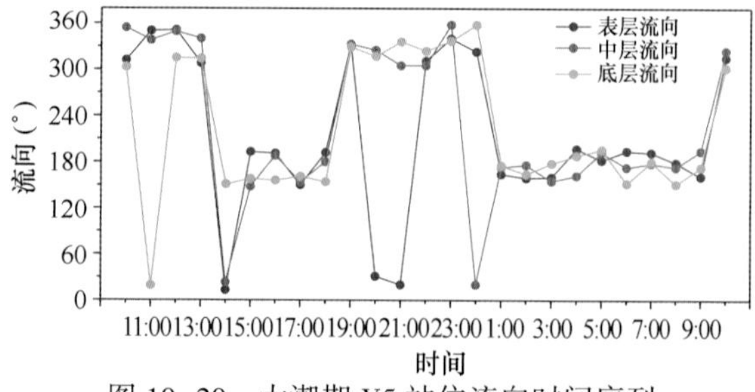

图 10-20　大潮期 V5 站位流向时间序列

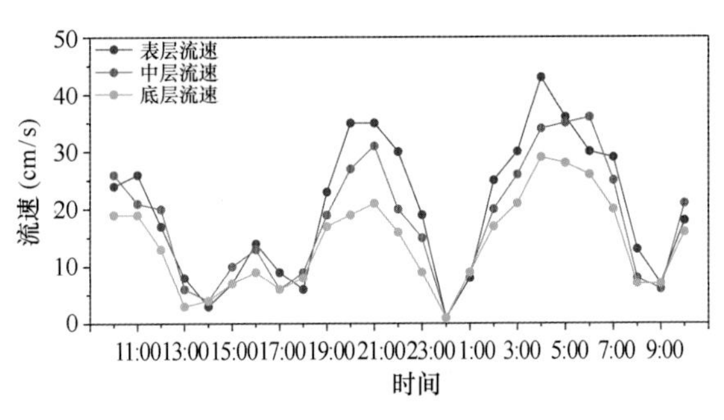

图 10-21 大潮期 V6 站位流速时间序列

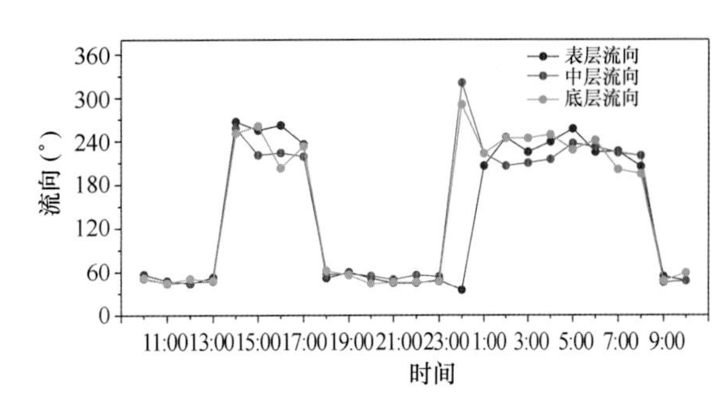

图 10-22 大潮期 V6 站位流向时间序列

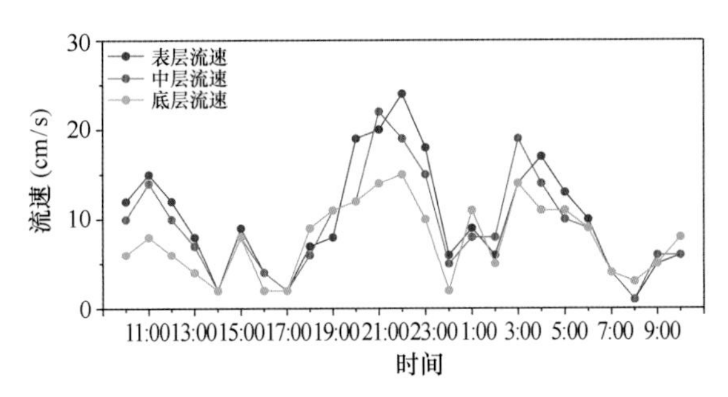

图 10-23 大潮期 V7 站位流速时间序列

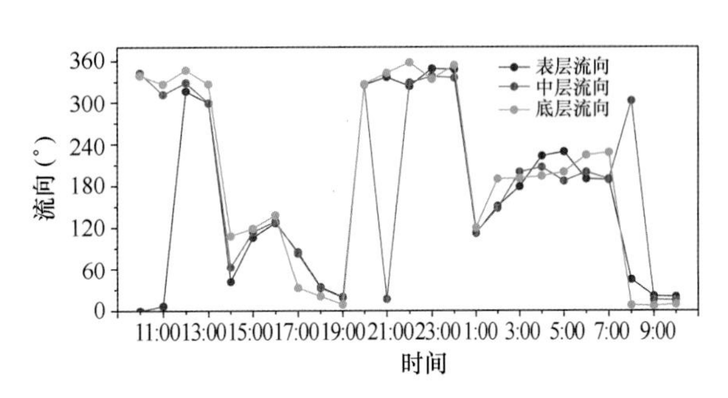

图 10-24 大潮期 V7 站位流向时间序列

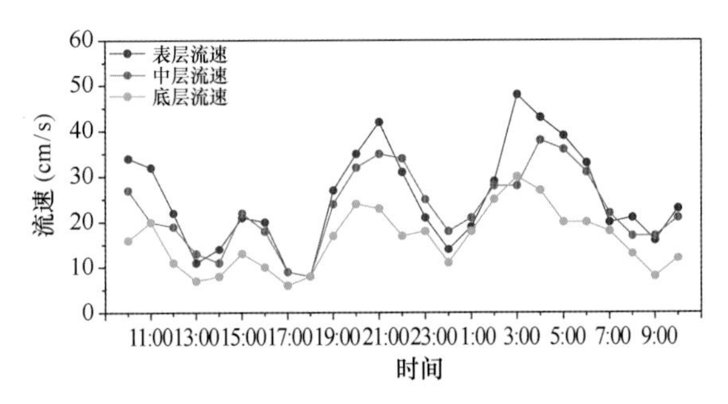

图 10-25 大潮期 V8 站位流速时间序列

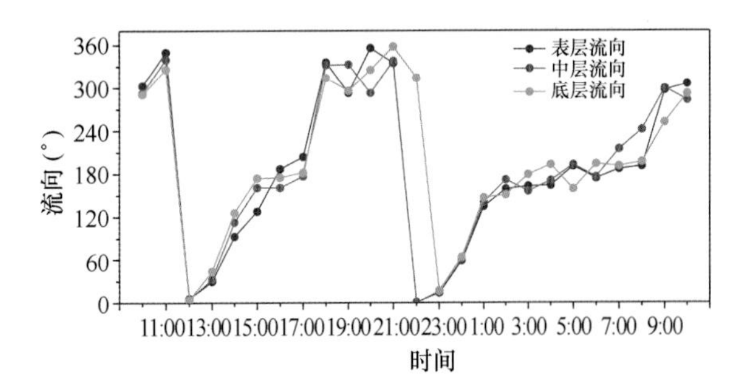

图 10-26 大潮期 V8 站位流向时间序列

珠江口深圳海域平水期大潮期各观测站位的潮位调查结果显示，实测的最大潮差为 1.8 m，平均潮差约 1.6 m，观测期间最大潮差出现在站位 V1 和 V2，最小潮差出现在站位 V4、V7 和 V8；潮差变化特征自虎门向伶仃洋逐渐递减；落潮历时略长于涨潮历时；在一天内出现两次高潮和两次低潮，潮高和潮时日内不等，属不正规半日潮型。

珠江口深圳海域平水期大潮期各观测站位的潮流调查结果显示，除站位 V7 外，其余各站位的实测落潮流速均大于涨潮流速；最大流速出现在大铲湾湾口深槽站位 V4 的表层，流速值为 87 cm/s，流向为 182°；各观测站位流速的垂向分布基本上呈现为从表层向底层递减态势；流速水平分布特征呈现为浅滩站位流速小，深槽及周边站位流速大；潮流整体流向基本呈西北—东南走向。

总的来说，珠江口深圳海域潮流受地形约束显著，除航道深槽水深较深、流速较大外，其余部分海域水深较浅，潮流的分层不明显，各层流速相差不大，表层流速略大于中底层流速。从流向上看，潮流流向与水道地形基本一致，呈西北—东南走向。

表 10-1　珠江口深圳海域大潮期实测各站位最大流速及其流向

站位	流速（cm/s）	流向（°）	发生时间	说明
站位 V1	37	129	2014 年 11 月 25 日 6：00	表层落潮流速
站位 V2	34	178	2014 年 11 月 25 日 6：00	表层落潮流速
站位 V3	50	169	2014 年 11 月 25 日 4：00	表层落潮流速
站位 V4	87	182	2014 年 11 月 25 日 4：00	表层落潮流速
站位 V5	71	197	2014 年 11 月 25 日 4：00	表层落潮流速
站位 V6	43	239	2014 年 11 月 25 日 4：00	表层落潮流速
站位 V7	24	324	2014 年 11 月 24 日 22：00	表层涨潮流速
站位 V8	48	163	2014 年 11 月 25 日 3：00	表层落潮流速

珠江口深圳海域平水期大潮期各站位表层、中层、底层潮流玫瑰图见图 10-27 至图 10-29，从图可知，珠江口深圳海域各观测站最大流速的涨、落潮流路与水道地形有良好的匹配关系，流向基本与深槽水道一致，流矢受地形约束明显，且基本与岸线或水道平行，各站位均呈现出较显著的往复流特征；而各监测站最小流速方向相对来说较无规律，一方面由于最小流速能量较小，难以保持惯性运动；另一方面是由于复杂的海底地形和底摩擦引起的。珠江口深圳海域各观测站位的涨落潮流基本呈西北—东南向运动。

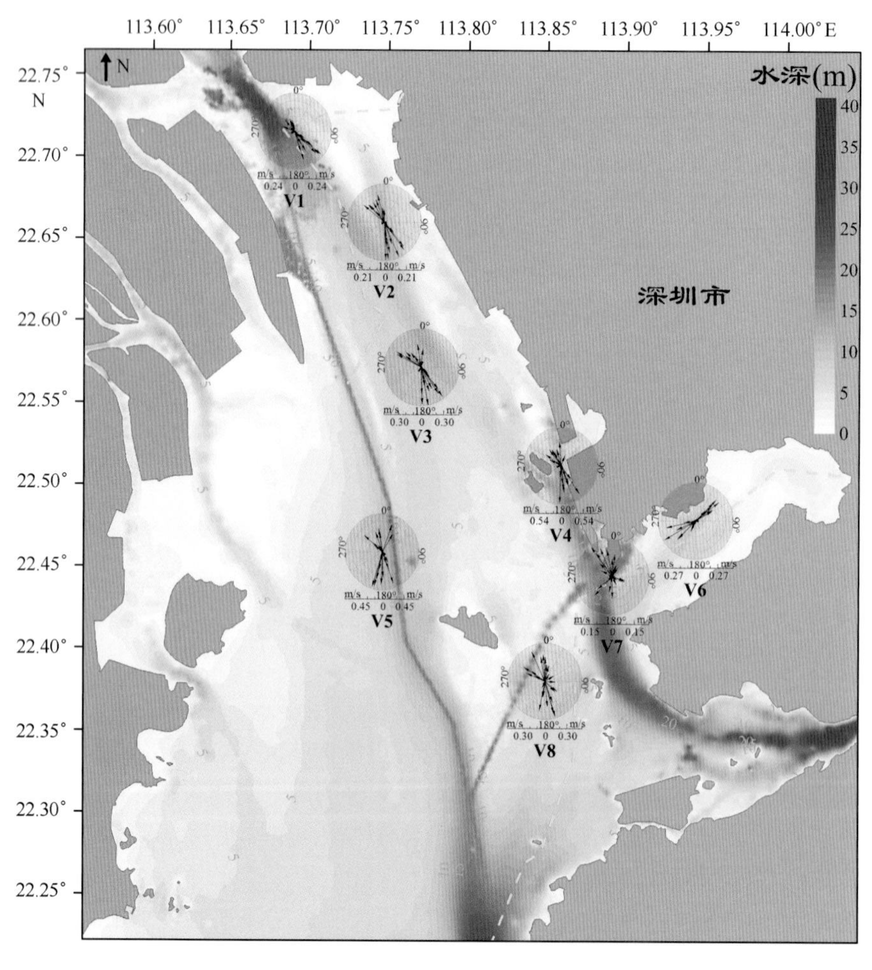

图 10-27　珠江口深圳海域大潮期各站位表层潮流玫瑰图

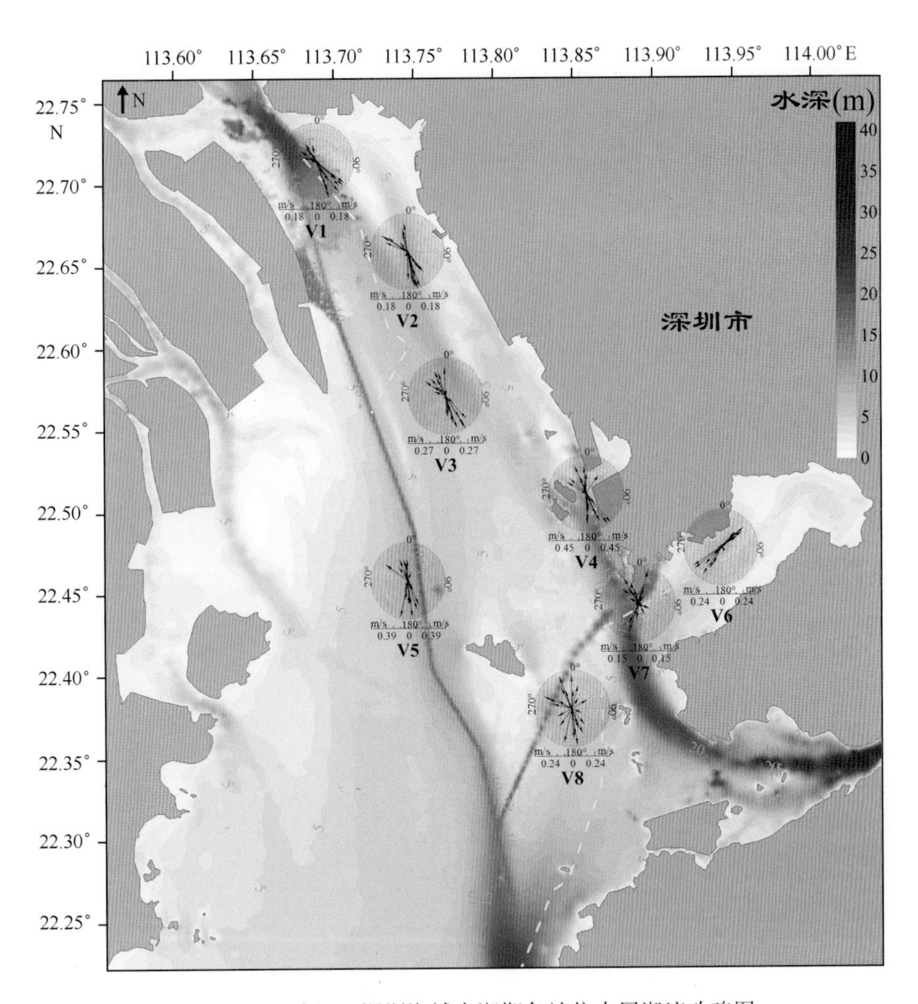

图 10-28　珠江口深圳海域大潮期各站位中层潮流玫瑰图

珠江口深圳海域平水期大潮期各站位的欧拉余流统计见表 10-2。

表 10-2　珠江口深圳海域大潮期各站位的欧拉余流统计

站位	表层		中层		底层	
	流速（cm/s）	流向（°）	流速（cm/s）	流向（°）	流速（cm/s）	流向（°）
站位 V1	8. 5	134	5. 1	165	1. 3	140
站位 V2	7. 9	145	9. 1	186	0. 5	282
站位 V3	6. 1	143	6. 6	150	3. 5	336
站位 V4	5. 2	176	6. 1	206	2. 5	336
站位 V5	5. 4	185	9. 0	202	2. 0	340
站位 V6	3. 7	164	7. 5	205	1. 6	222
站位 V7	7. 4	176	6. 1	203	3. 1	241
站位 V8	6. 0	165	1. 2	344	3. 3	219

从表中可以看出，珠江口深圳海域平水期大潮期余流场分布较为有序，流路规律也显著，最大余流速度为 9. 1 cm/s，最小余流速度 0. 5 cm/s，均值约 4. 9 cm/s，余流场水平分布基本呈现从虎门

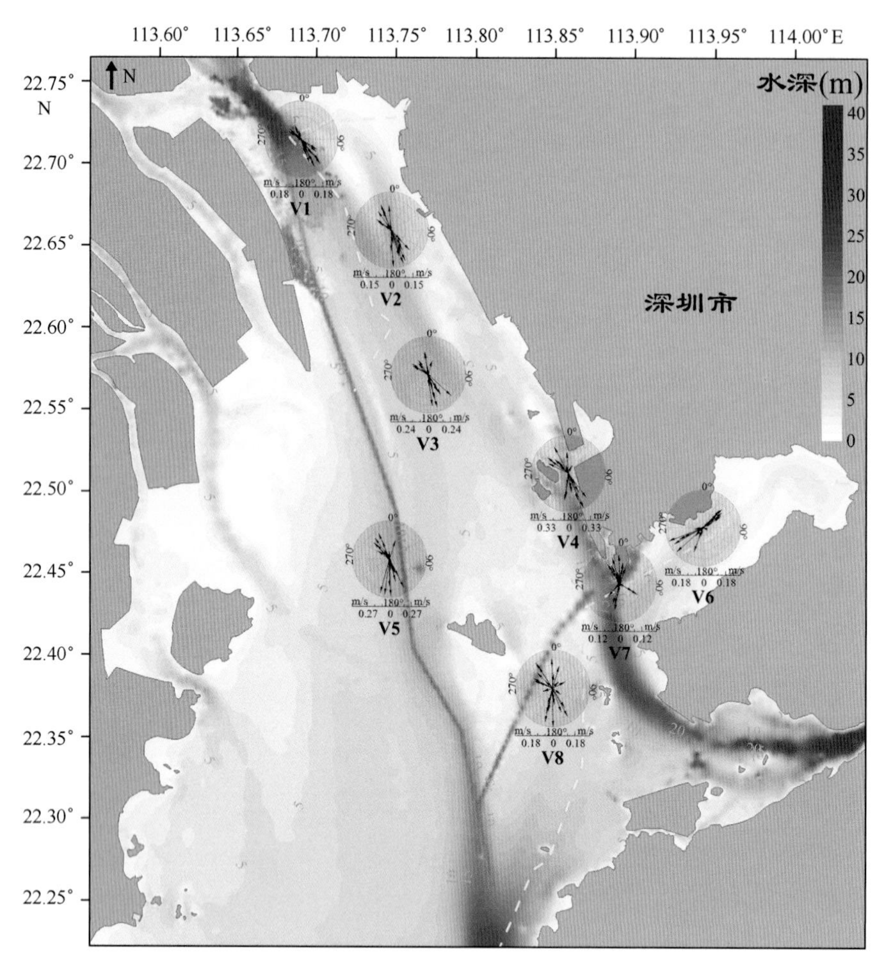

图 10-29　珠江口深圳海域大潮期各站位底层潮流玫瑰图

向伶仃洋递减态势；各观测站余流流向均指向伶仃洋，表明大潮期物质运输朝伶仃洋进行，有利于污染物的稀释。整体而言，各站位表、中、底层余流值变化基本一致。

10.2.2　小潮期潮流

珠江口深圳海域平水期小潮期（2014 年 11 月 16 日）各观测站位的潮位时间序列见图 10-30 至图 10-37，潮流流速、流向时间序列见图 10-38 至图 10-53，各观测站位实测最大流速及其流向见表 10-3。

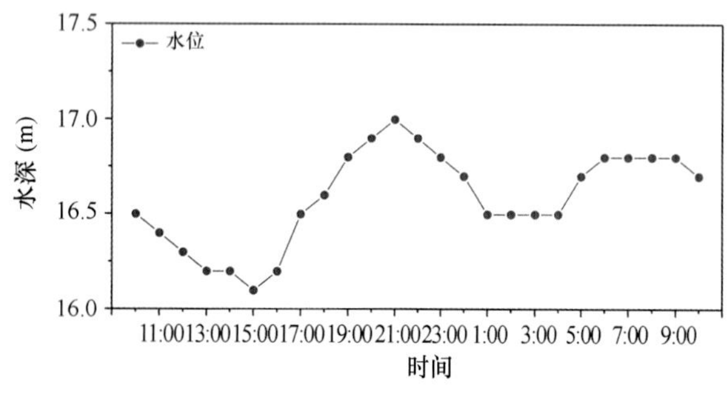

图 10-30　小潮期 V1 站位潮位时间序列

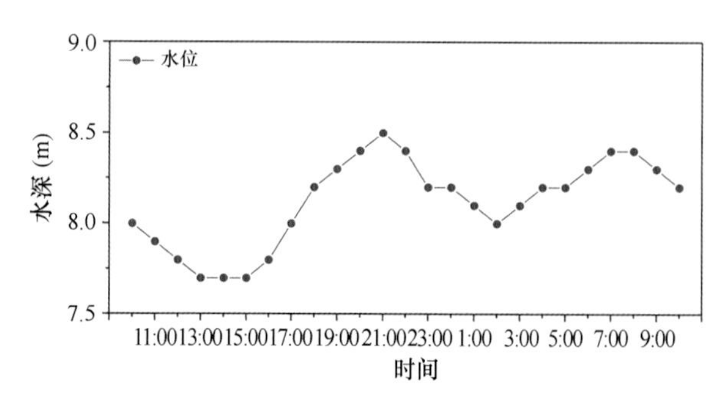

图 10-31　小潮期 V2 站位潮位时间序列

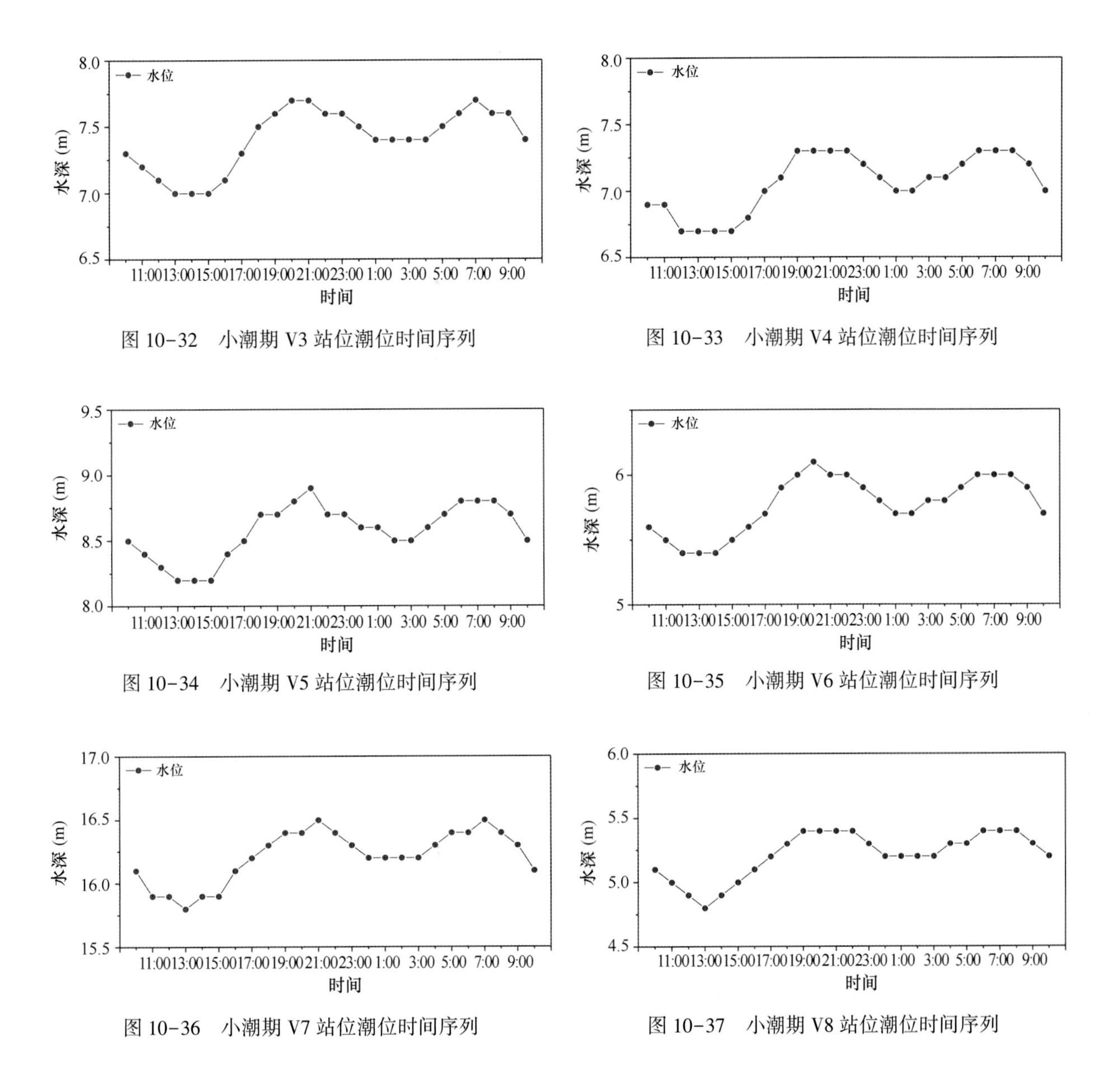

图 10-32　小潮期 V3 站位潮位时间序列

图 10-33　小潮期 V4 站位潮位时间序列

图 10-34　小潮期 V5 站位潮位时间序列

图 10-35　小潮期 V6 站位潮位时间序列

图 10-36　小潮期 V7 站位潮位时间序列

图 10-37　小潮期 V8 站位潮位时间序列

珠江口深圳海域平水期大潮期各观测站位的潮位调查结果显示，实测的最大潮差为 0. 90 m，最小潮差 0. 60 m，平均潮差约 0. 70 m，观测期间最大潮差出现在站位 V1，最小潮差出现在站位 V4 和 V8；潮差变化特征自虎门向伶仃洋逐渐递减；落潮历时略长于涨潮历时；在一天内出现两次高潮和两次低潮，潮高和潮时日内不等，属不正规半日潮型。

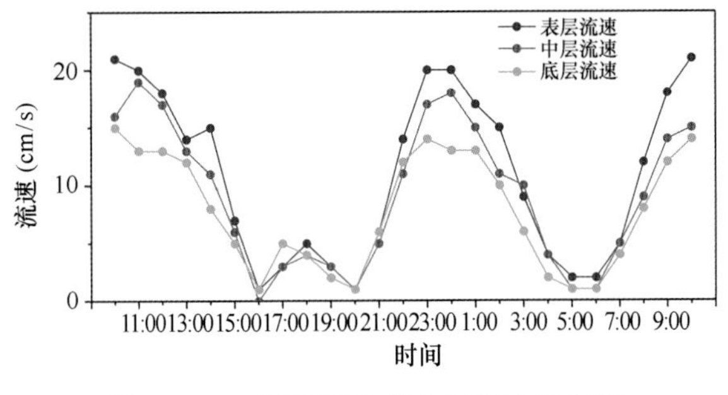

图 10-38　小潮期 V1 站位流速时间序列

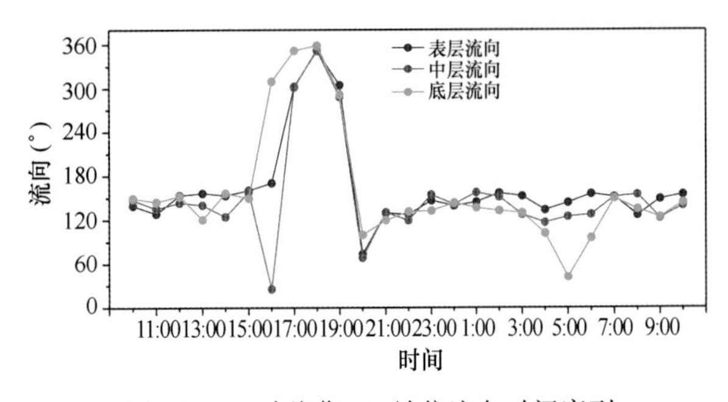

图 10-39　小潮期 V1 站位流向时间序列

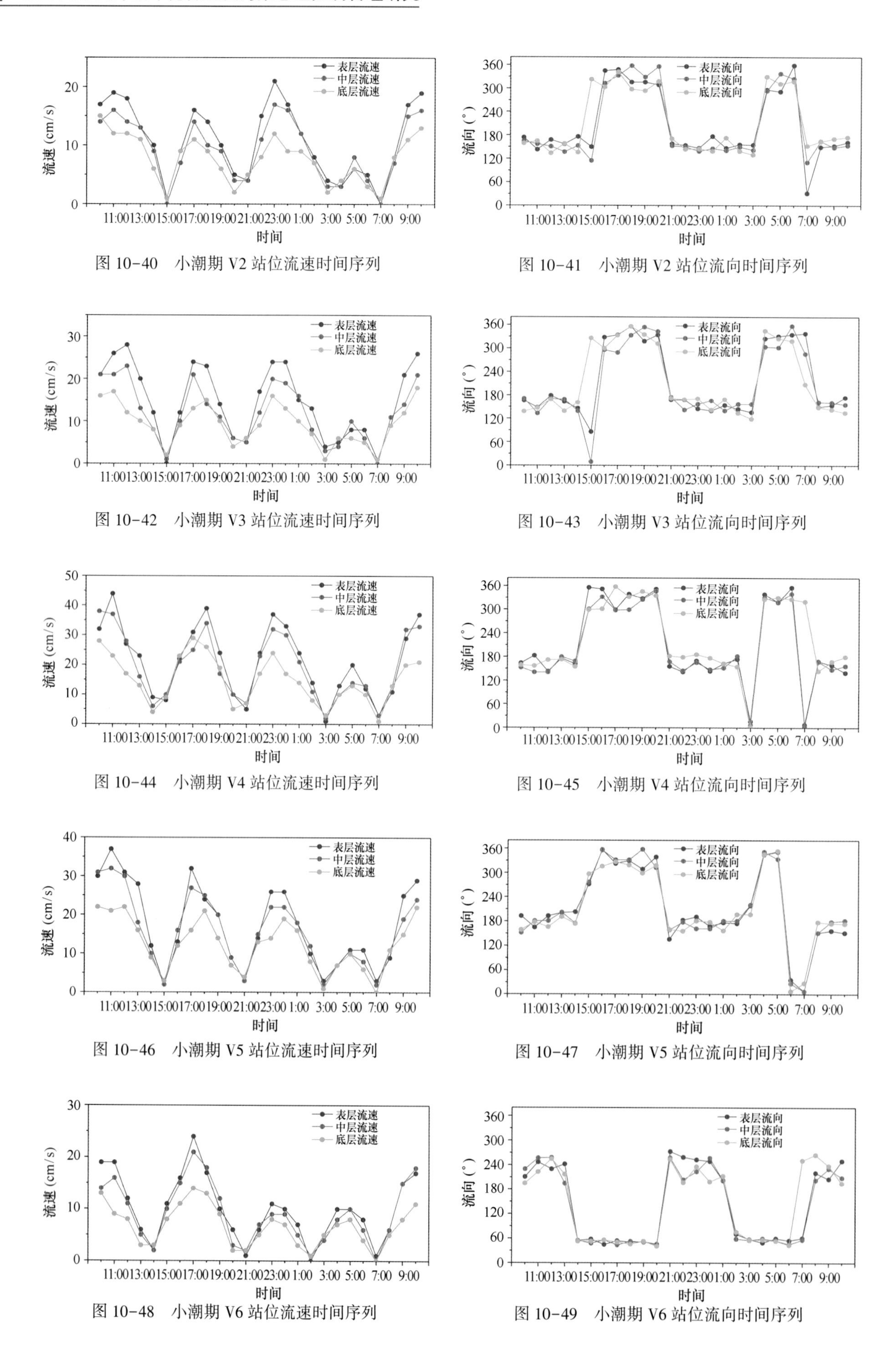

图 10-40 小潮期 V2 站位流速时间序列

图 10-41 小潮期 V2 站位流向时间序列

图 10-42 小潮期 V3 站位流速时间序列

图 10-43 小潮期 V3 站位流向时间序列

图 10-44 小潮期 V4 站位流速时间序列

图 10-45 小潮期 V4 站位流向时间序列

图 10-46 小潮期 V5 站位流速时间序列

图 10-47 小潮期 V5 站位流向时间序列

图 10-48 小潮期 V6 站位流速时间序列

图 10-49 小潮期 V6 站位流向时间序列

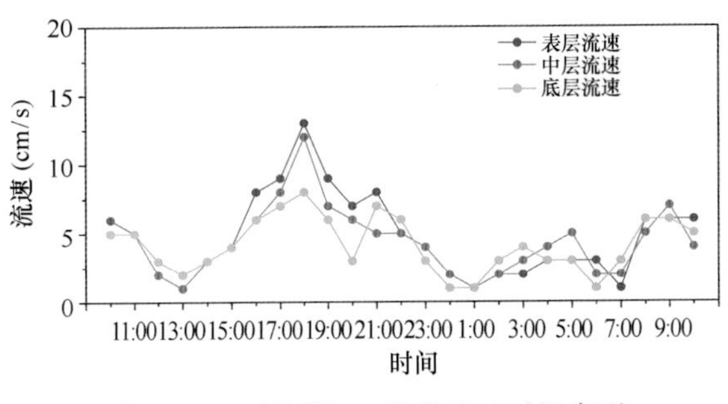

图 10-50　小潮期 V7 站位流速时间序列

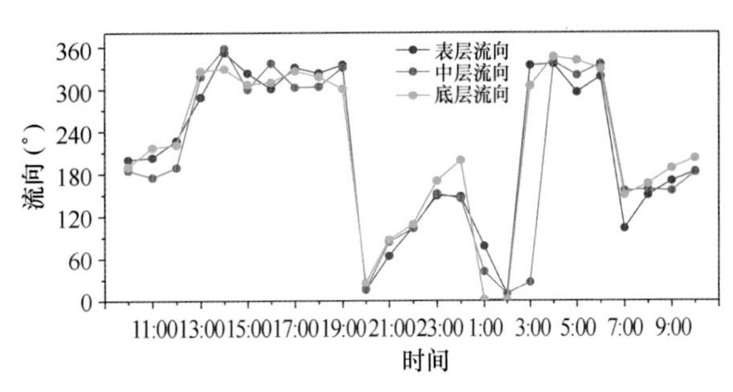

图 10-51　小潮期 V7 站位流向时间序列

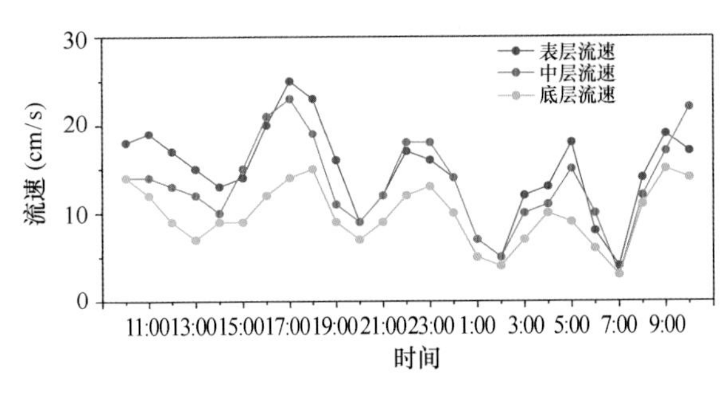

图 10-52　小潮期 V8 站位流速时间序列

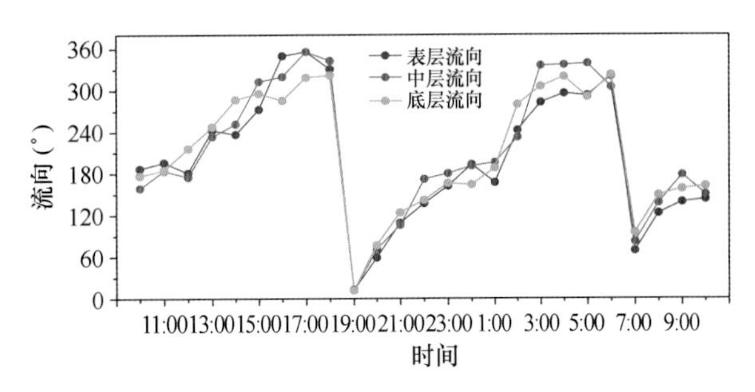

图 10-53　小潮期 V8 站位流向时间序列

珠江口深圳海域平水期小潮期各观测站位的潮流调查结果显示，除站位 V6 和 V7 外，其余各站位的实测落潮流速均大于涨潮流速；最大流速出现在大铲湾湾口深槽站位 V4 的表层，流速值为 44 cm/s，流向为 183°；各观测站位流速的垂向分布基本上呈现为从表层向底层递减态势；流速水平分布特征呈现为浅滩站位流速小，深槽及周边站位流速大；潮流整体流向基本呈西北—东南走向。

总的来说，珠江口深圳海域潮流受地形约束的影响显著，除航道深槽水深较深、流速较大外，其余部分海域水深较浅，潮流的分层不明显，各层流速相差不大，表层流速略大于中底层流速。从流向上看，潮流流向与水道地形基本一致，呈西北—东南走向。

表 10-3　珠江口深圳海域小潮期实测各站位最大流速及其流向

站位	流速（cm/s）	流向（°）	发生时间	说明
站位 V1	21	140	2014 年 11 月 16 日 10：00	表层落潮流速
站位 V2	21	147	2014 年 11 月 16 日 23：00	表层落潮流速
站位 V3	28	179	2014 年 11 月 16 日 12：00	表层落潮流速
站位 V4	44	183	2014 年 11 月 16 日 11：00	表层落潮流速
站位 V5	37	165	2014 年 11 月 16 日 11：00	表层落潮流速
站位 V6	24	54	2014 年 11 月 16 日 17：00	表层涨潮流速
站位 V7	13	323	2014 年 11 月 16 日 18：00	表层涨潮流速
站位 V8	25	356	2014 年 11 月 16 日 17：00	表层涨潮流速

珠江口深圳海域平水期小潮期各站位表层、中层、底层潮流玫瑰图见图 10-54 至图 10-56，从图可知，珠江口深圳海域各观测站最大流速的涨、落潮流路与水道地形有良好的匹配关系，流向基本与深槽水道一致，流矢受地形约束的影响明显，且基本与岸线或水道平行，各站位均呈现出较显著的往复流特征；而各监测站最小流速方向相对来说较无规律，一方面由于最小流速能量较小，难以保持惯性运动；另一方面是由于复杂的海底地形和底摩擦引起的。珠江口深圳海域各观测站位的涨落潮流基本呈西北—东南向运动。

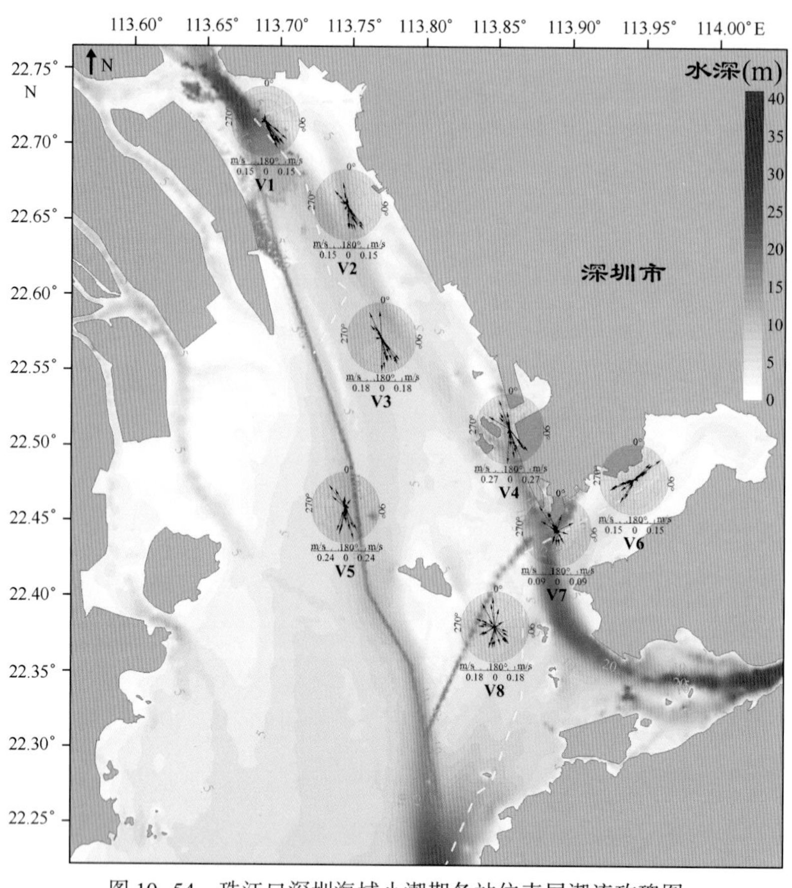

图 10-54 珠江口深圳海域小潮期各站位表层潮流玫瑰图

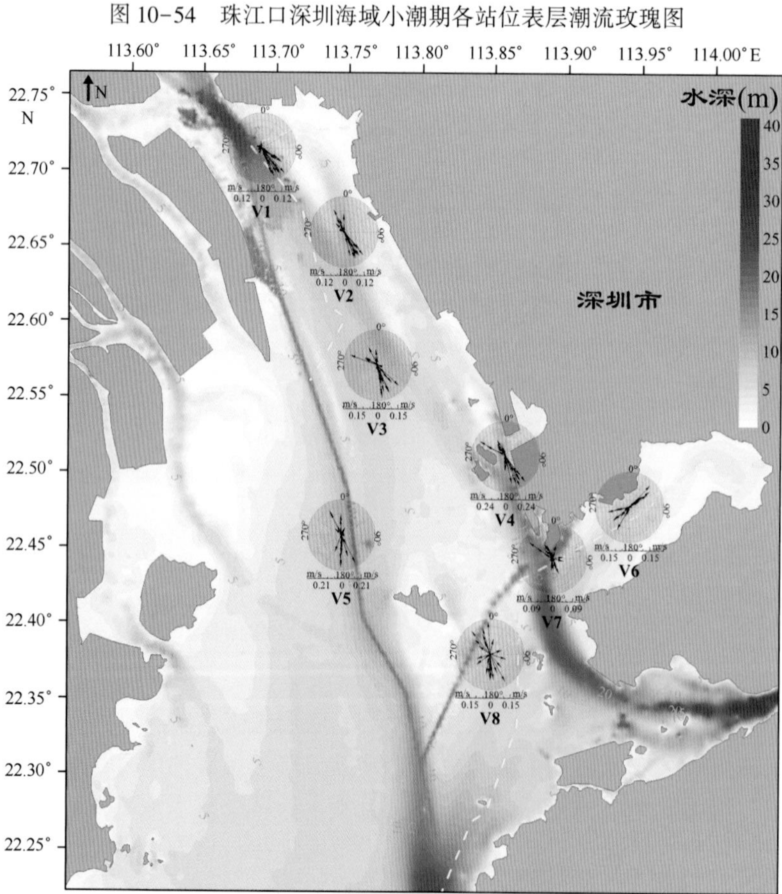

图 10-55 珠江口深圳海域小潮期各站位中层潮流玫瑰图

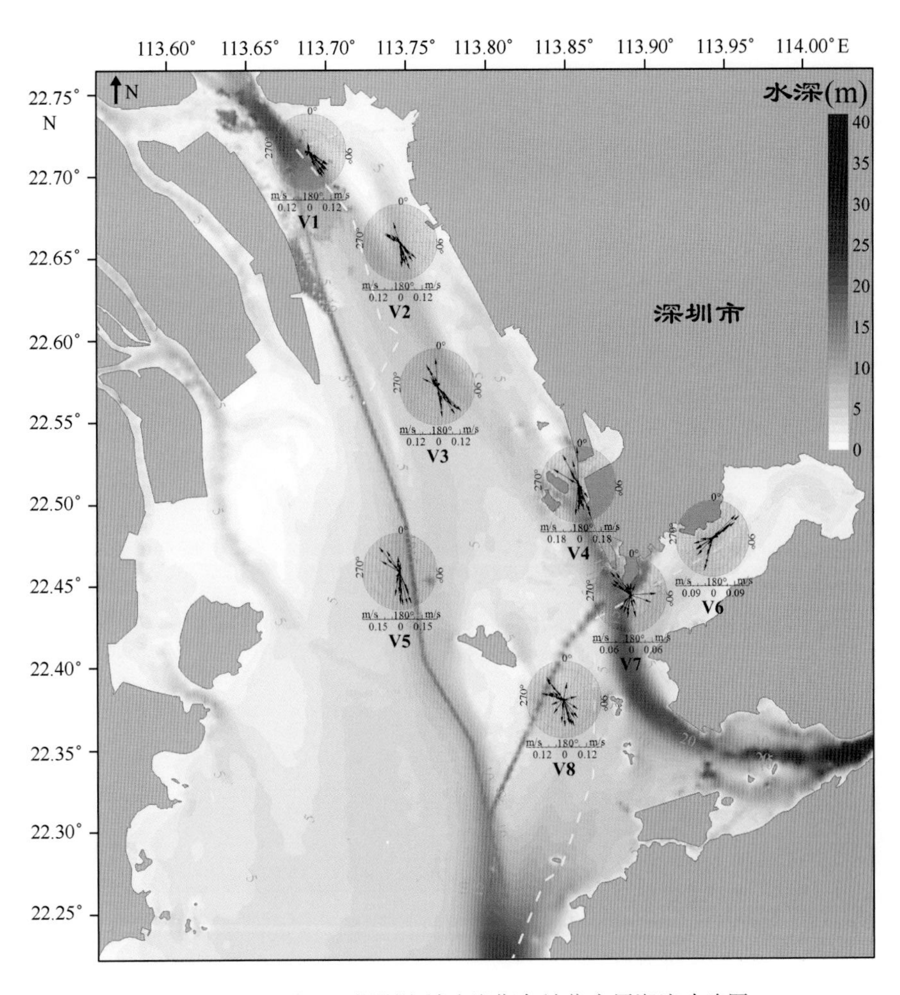

图 10-56 珠江口深圳海域小潮期各站位底层潮流玫瑰图

珠江口深圳海域平水期小潮期各站位的欧拉余流统计见表 10-4。

表 10-4 珠江口深圳海域小潮期各站位的欧拉余流统计

站位	表层		中层		底层	
	流速（cm/s）	流向（°）	流速（cm/s）	流向（°）	流速（cm/s）	流向（°）
站位 V1	9.9	145	3.7	151	0.1	125
站位 V2	8.2	141	6.7	167	0.8	107
站位 V3	6.7	136	7.2	167	1.1	325
站位 V4	5.5	164	3.9	194	0.7	325
站位 V5	4.6	148	7.2	192	0.9	284
站位 V6	3.7	167	5.9	184	2.4	217
站位 V7	6.4	159	5.4	191	1.9	218
站位 V8	5.7	167	0.1	273	2.6	218

从表中可以看出，珠江口深圳海域平水期小潮期余流场分布较为有序，流路规律也显著，最大余流速度为 9.9 cm/s，最小余流速度 0.1 cm/s，均值约 4.2 cm/s，余流场水平分布基本呈现从虎门向伶仃洋递减态势；各观测站余流流向均指向伶仃洋，表明平水期小潮期物质运输朝伶仃洋进行，有利于污染物的稀释。整体而言，各站位表、中、底层余流值变化基本一致。

10.3 深圳湾潮流动力特征分析

深圳湾海域潮流动力调查共设置3个观测站位（CZ1~CZ3），开展1次的潮流动力观测。观测日期为2015年4月21日10：00至2015年4月22日10：00，站位分布见图10-57。

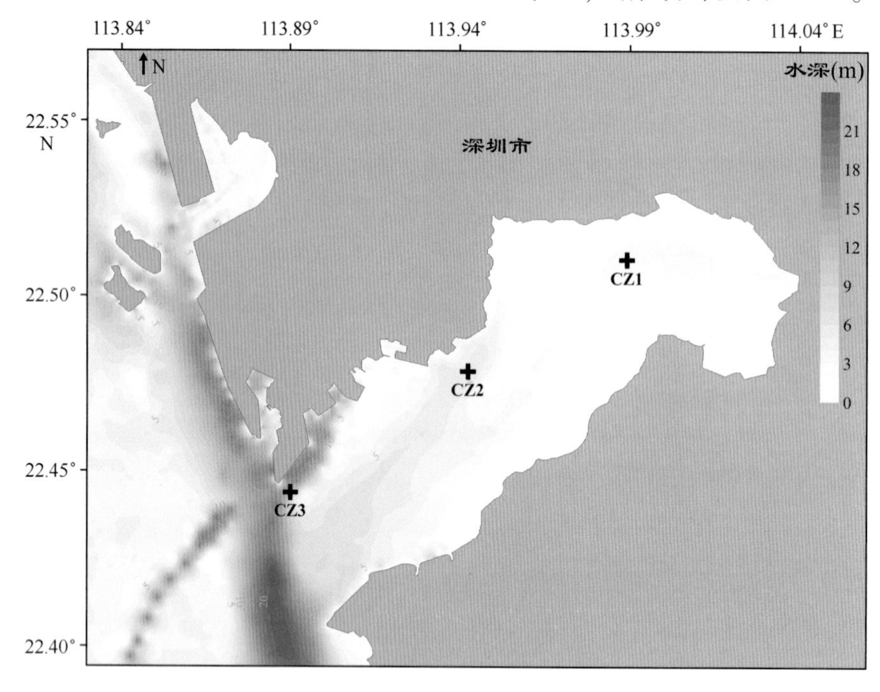

图10-57　深圳湾海域潮流观测站位分布

深圳湾海域各观测站位的潮位时间序列见图10-58至图10-60，潮流流速、流向时间序列见图10-61至图10-66，各观测站位实测最大流速及其流向见表10-5。

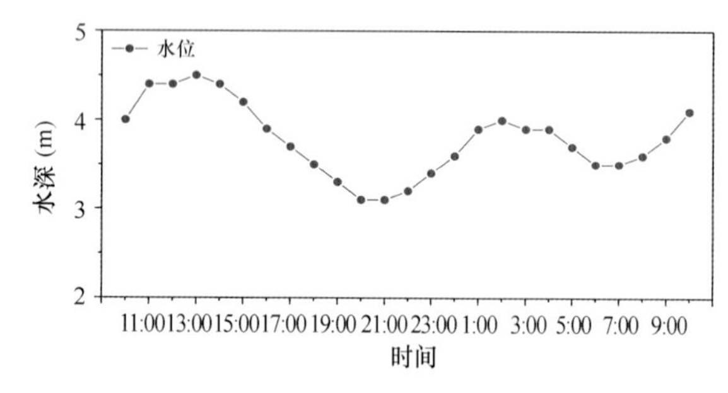

图10-58　深圳湾海域CZ1站位潮位时间序列

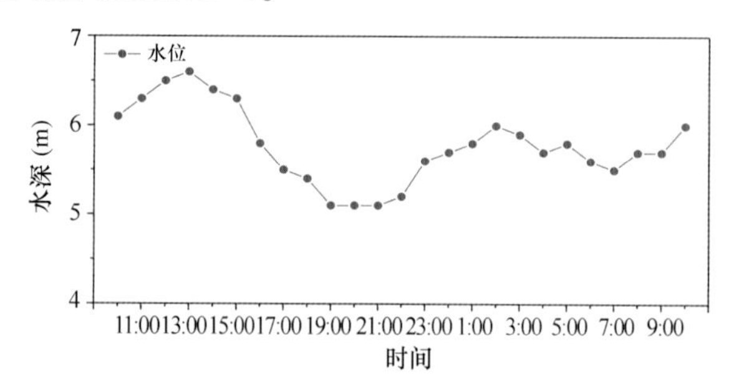

图10-59　深圳湾海域CZ2站位潮位时间序列

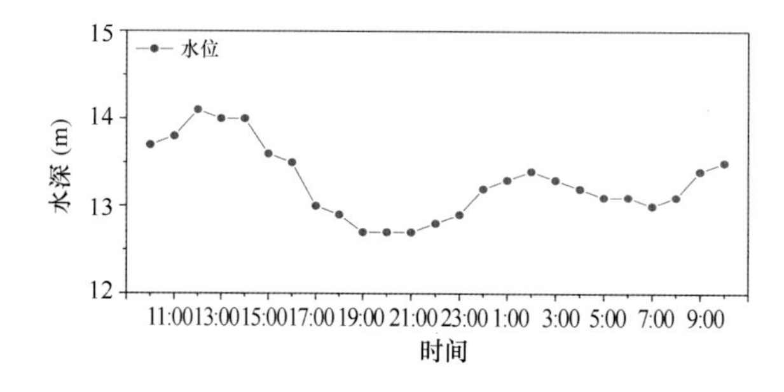

图10-60　深圳湾海域CZ3站位潮位时间序列

深圳湾海域各观测站位的潮位调查结果显示，实测的最大潮差为 1.5 m，平均潮差约 1.4 m，观测期间最大潮差出现在站位 CZ2，最小潮差出现在站位 CZ1；潮差变化特征自湾顶向湾中部递增，然后再从湾中部向湾口递减；落潮历时略长于涨潮历时；在一天内出现两次高潮和两次低潮，潮高和潮时日内不等，属不正规半日潮型。

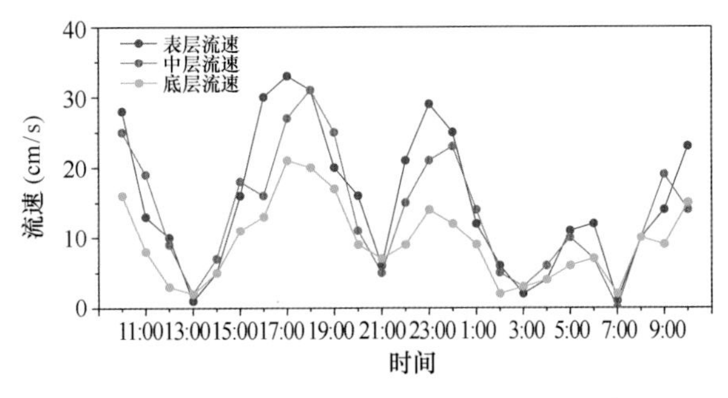

图 10-61　深圳湾海域 CZ1 站位流速时间序列

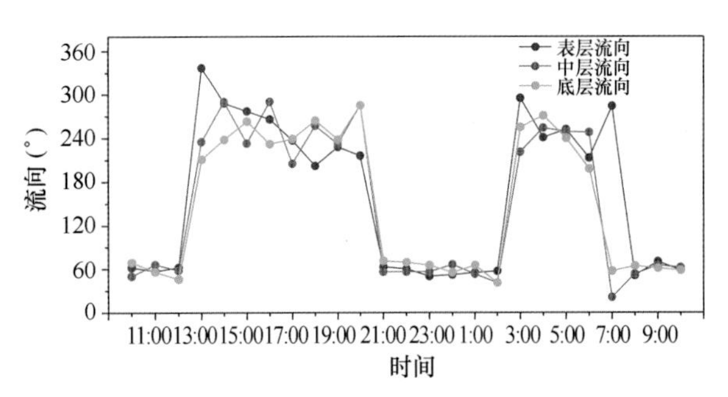

图 10-62　深圳湾海域 CZ1 站位流向时间序列

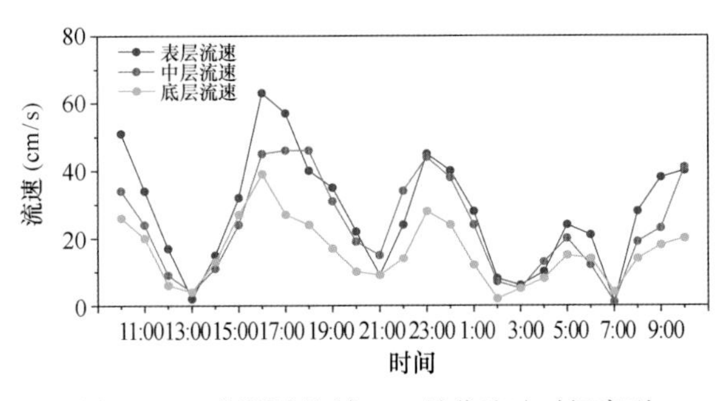

图 10-63　深圳湾海域 CZ2 站位流速时间序列

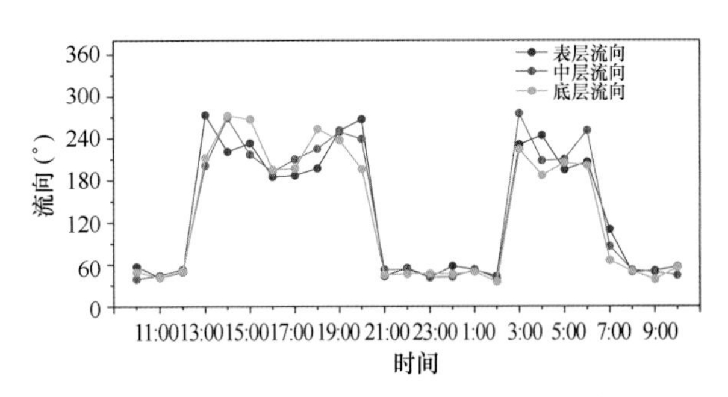

图 10-64　深圳湾海域 CZ2 站位流向时间序列

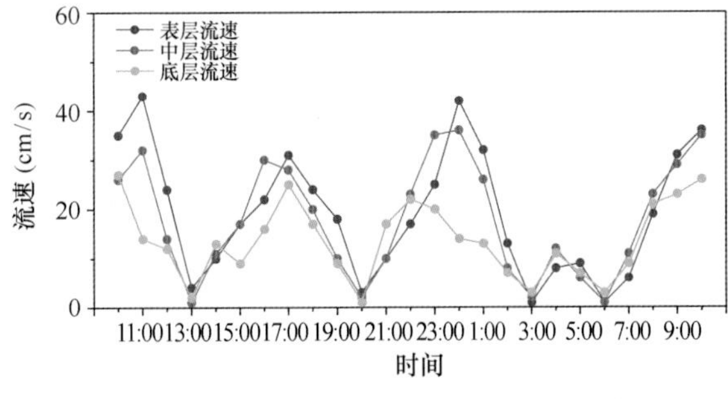

图 10-65　深圳湾海域 CZ3 站位流速时间序列

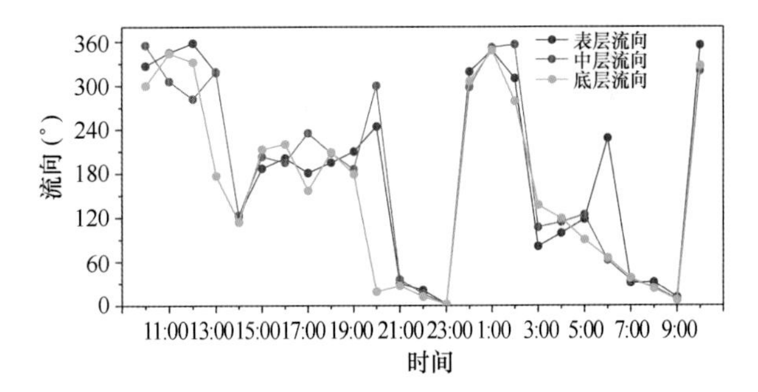

图 10-66　深圳湾海域 CZ3 站位流向时间序列

深圳湾海域各观测站位的潮流调查结果显示，除站位 CZ3 外，其余各站位的实测落潮流速均大于涨潮流速；最大流速出现湾中部航道站位 CZ2 的表层，流速值为 63 cm/s，流向为 185°；各观测站位流速的垂向分布基本上呈现为从表层向底层递减态势；流速水平分布特征呈现为湾顶站位流速小，航道及周边站位流速大；潮流整体流向基本呈东北—西南走向。

总的来说，深圳湾海域潮流受地形约束的影响显著，除航道水深较深、流速较大外，湾顶海域水深较浅，潮流的分层不明显，各层流速相差不大，表层流速略大于中底层流速。从流向上看，潮流流向与水道地形基本一致，呈东北—西南走向。

表 10-5　深圳湾海域实测各站位最大流速及其流向

站位	流速（cm/s）	流向（°）	发生时间	说明
站位 CZ1	33	237	2015 年 4 月 21 日 17：00	表层落潮流速
站位 CZ2	63	185	2015 年 4 月 21 日 16：00	表层落潮流速
站位 CZ3	43	345	2015 年 4 月 21 日 11：00	表层涨潮流速

深圳湾海域各站位表层、中层、底层潮流玫瑰图见图 10-67 至图 10-69，从图可知，深圳湾海域各观测站最大流速的涨、落潮流路与水道地形有良好的匹配关系，流向基本与航道一致，流矢受地形约束的影响明显，且基本与岸线或航道平行，各站位均呈现出较显著的往复流特征；而各监测站最小流速方向相对来说较无规律，一方面由于最小流速能量较小，难以保持惯性运动；另一方面是由于复杂的海底地形和底摩擦引起的。深圳湾海域各观测站位的涨落潮流基本呈东北—西南向运动。

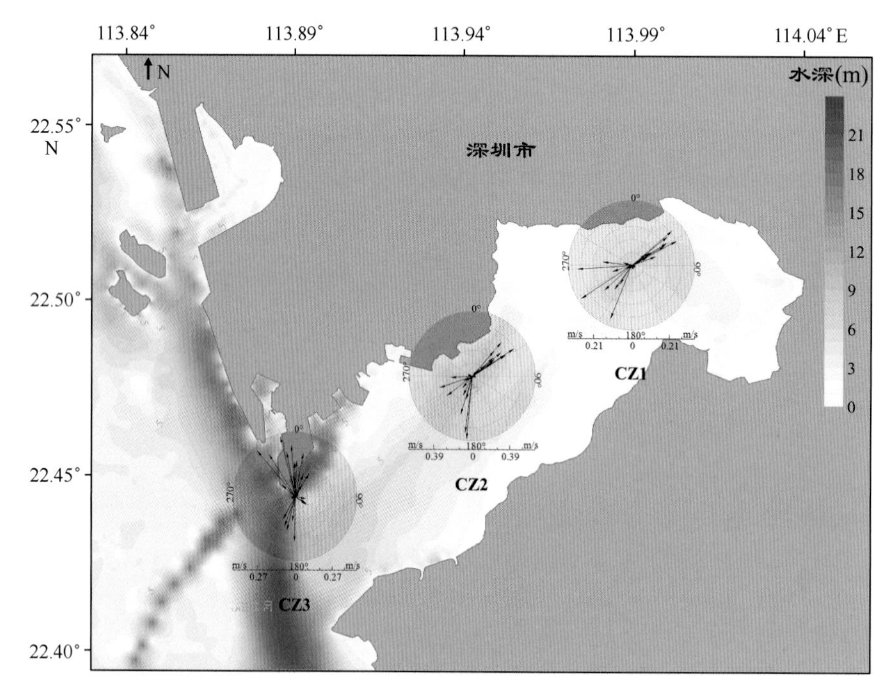

图 10-67　深圳湾海域各站位表层潮流玫瑰图

深圳湾海域各站位的欧拉余流统计见表 10-6。

表 10-6　深圳湾海域各站位的欧拉余流统计

站位	表层		中层		底层	
	流速（cm/s）	流向（°）	流速（cm/s）	流向（°）	流速（cm/s）	流向（°）
站位 CZ1	1. 37	53. 12	1. 59	26. 98	0. 40	1. 73
站位 CZ2	5. 45	100. 15	2. 39	66. 65	1. 12	87. 05
站位 CZ3	7. 76	343. 87	6. 91	329. 02	4. 38	350. 41

从表中可以看出，深圳湾海域余流场分布较为有序，流路规律也显著，最大余流速度为 7. 76 cm/s，最小余流速度 0. 40 cm/s，均值约 3. 49 cm/s，余流场水平分布基本呈现从湾口向湾顶递减态势；各观测站余流流向均指向湾口，表明物质运输朝湾口进行，有利于污染物的稀释。整体而言，各站位表、中、底层余流值变化基本一致。

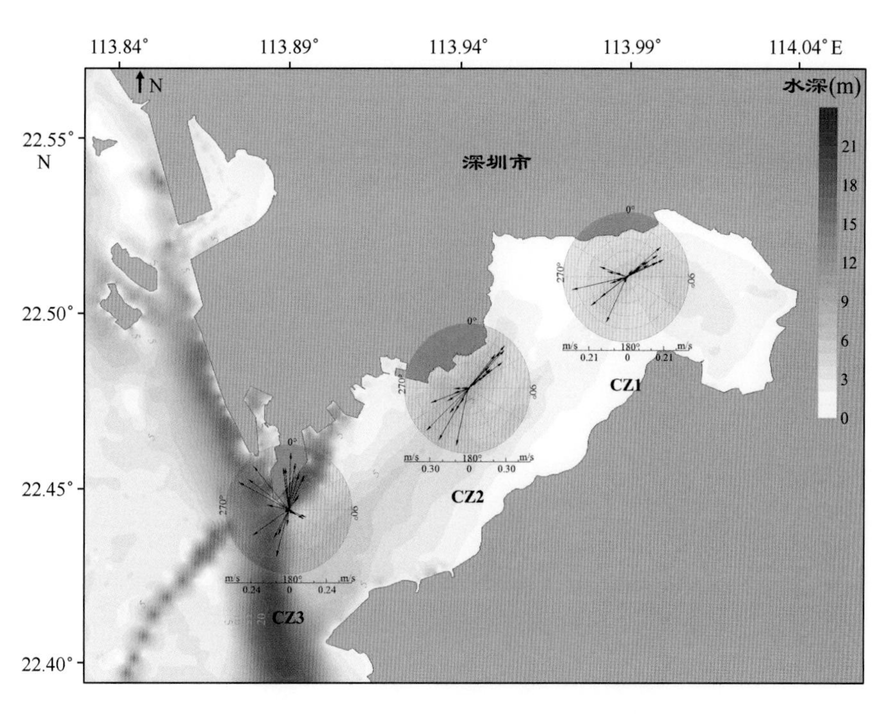

图 10-68　深圳湾海域各站位中层潮流玫瑰图

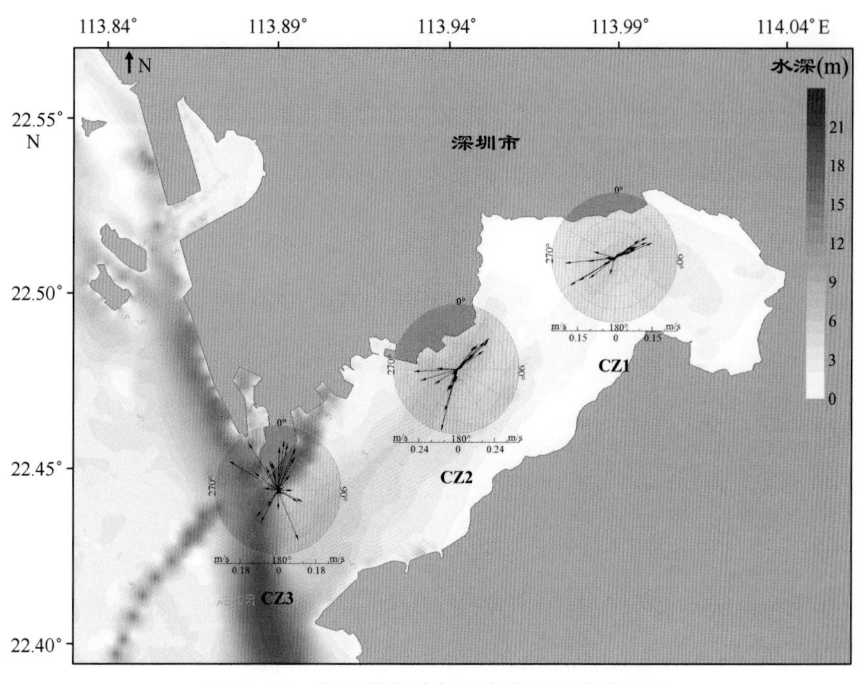

图 10-69　深圳湾海域各站位底层潮流玫瑰图

10.4　大铲湾潮流动力特征分析

大铲湾海域潮流动力调查共设置 2 个观测站位（YL1～YL2），开展 1 次的潮流动力观测。观测日期为 2015 年 4 月 21 日 10：00 至 2015 年 4 月 22 日 10：00，站位分布见图 10-70。

大铲湾海域各观测站位的潮位时间序列见图 10-71 至图 10-72，潮流流速、流向时间序列见图 10-73 至图 10-76，各观测站位实测最大流速及其流向见表 10-7。

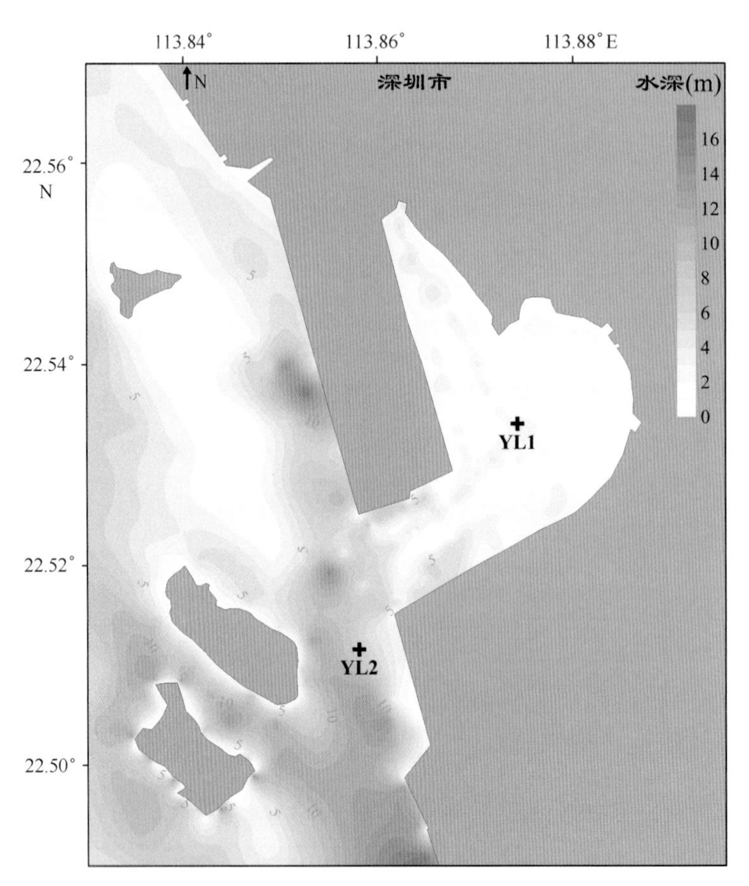

图 10-70　大铲湾海域潮流观测站位分布

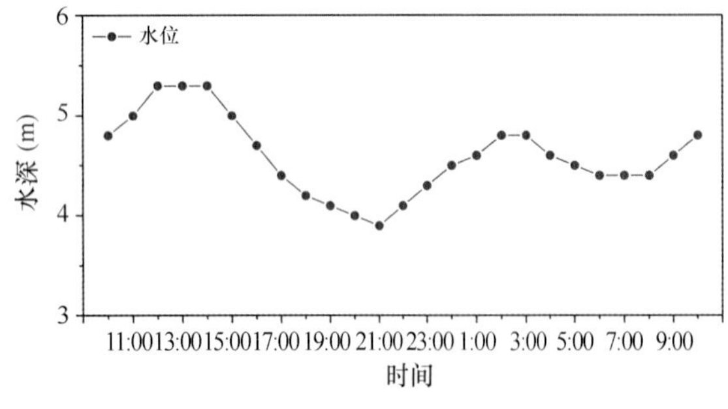

图 10-71　大铲湾海域 YL1 站位潮位时间序列

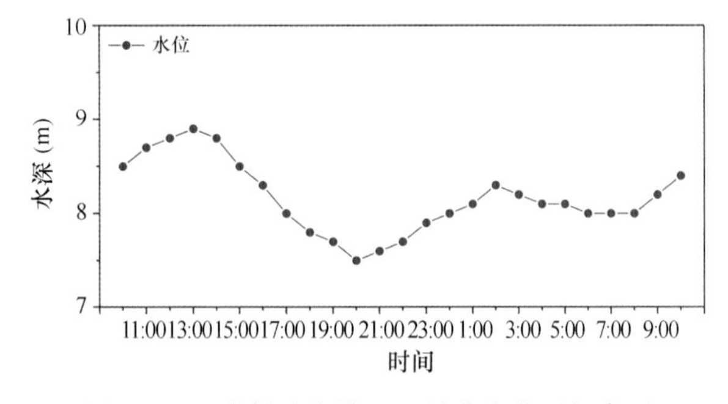

图 10-72　大铲湾海域 YL2 站位潮位时间序列

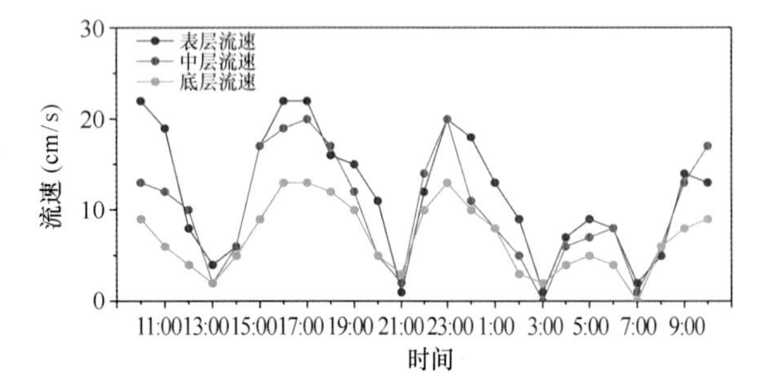

图 10-73　大铲湾海域 YL1 站位流速时间序列

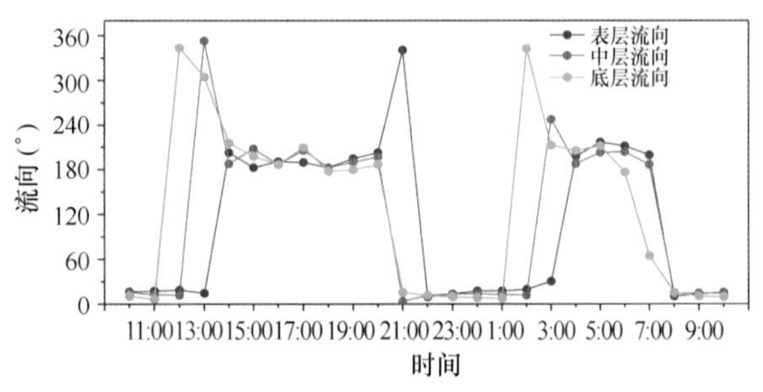

图 10-74　大铲湾海域 YL1 站位流向时间序列

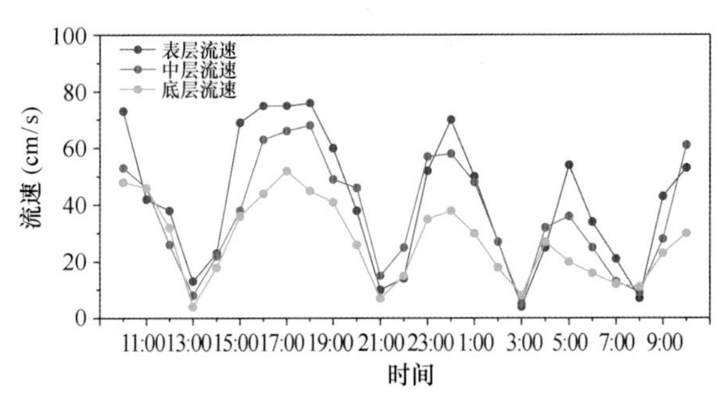

图 10-75　大铲湾海域 YL2 站位流速时间序列

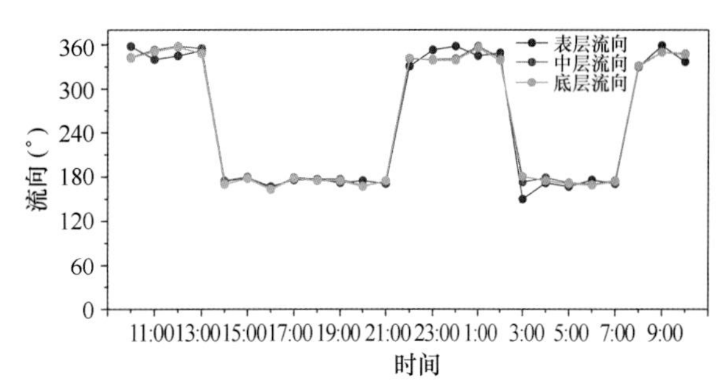

图 10-76　大铲湾海域 YL2 站位流向时间序列

大铲湾海域各观测站位的潮位调查结果显示，实测的最大潮差为 1.5 m，平均潮差约 1.45 m，观测期间最大潮差出现在站位 YL1，最小潮差出现在站位 YL2；潮差变化特征自湾内向湾外递减；落潮历时略长于涨潮历时；在一天内出现两次高潮和两次低潮，潮高和潮时日内不等，属不正规半日潮型。

大铲湾海域各观测站位的潮流调查结果显示，各站位的实测落潮流速均大于涨潮流速；最大流速出现湾口航道站位 YL2 的表层，流速值为 76 cm/s，流向为 177°；各观测站位流速的垂向分布基本上呈现为从表层向底层递减态势；流速水平分布特征呈现为湾内站位流速小，湾外航道站位流速大；湾内潮流整体流向基本呈东北—西南走向。

总的来说，大铲湾海域潮流受地形约束的影响显著，除湾外航道水深较深、流速较大外，湾内海域水深较浅，潮流的分层不明显，各层流速相差不大，表层流速略大于中底层流速。从流向上看，湾内潮流流向与水道地形基本一致，呈东北—西南走向。

表 10-7　大铲湾海域实测各站位最大流速及其流向

站位	流速（cm/s）	流向（°）	发生时间	说明
站位 YL1	22	191	2015 年 4 月 21 日 16：00	表层落潮流速
站位 YL2	76	177	2015 年 4 月 21 日 18：00	表层落潮流速

大铲湾海域各站位表层、中层、底层潮流玫瑰图见图 10-77 至图 10-79，从图可知，大铲湾海域各观测站最大流速的涨、落潮流路与水道地形有良好的匹配关系，流向基本与航道一致，流矢受地形约束明显，且基本与岸线或航道平行，各站位均呈现出较显著的往复流特征；而各监测站最小流速方向相对来说较无规律，一方面由于最小流速能量较小，难以保持惯性运动，另一方面是由于复杂的海底地形和底摩擦引起的。大铲湾湾内测站位的涨落潮流基本呈东北—西南向运动。

大铲湾海域各站位的欧拉余流统计见表 10-8。

表 10-8　大铲湾海域各站位的欧拉余流统计

站位	表层		中层		底层	
	流速（cm/s）	流向（°）	流速（cm/s）	流向（°）	流速（cm/s）	流向（°）
站位 YL1	1.04	24.69	0.69	358.48	0.55	324.86
站位 YL2	3.69	193.14	2.68	230.77	1.92	230.75

从表中可以看出，深圳湾海域余流场分布较为有序，流路规律也显著，最大余流速度为 3.69 cm/s，最小余流速度 0.55 cm/s，均值约 1.76 cm/s，余流场水平分布基本呈现从湾内向湾外递增态势；湾内观测站余流流向指向湾顶，不利于污染物的稀释。整体而言，各站位表、中、底层余流值变化基本一致。

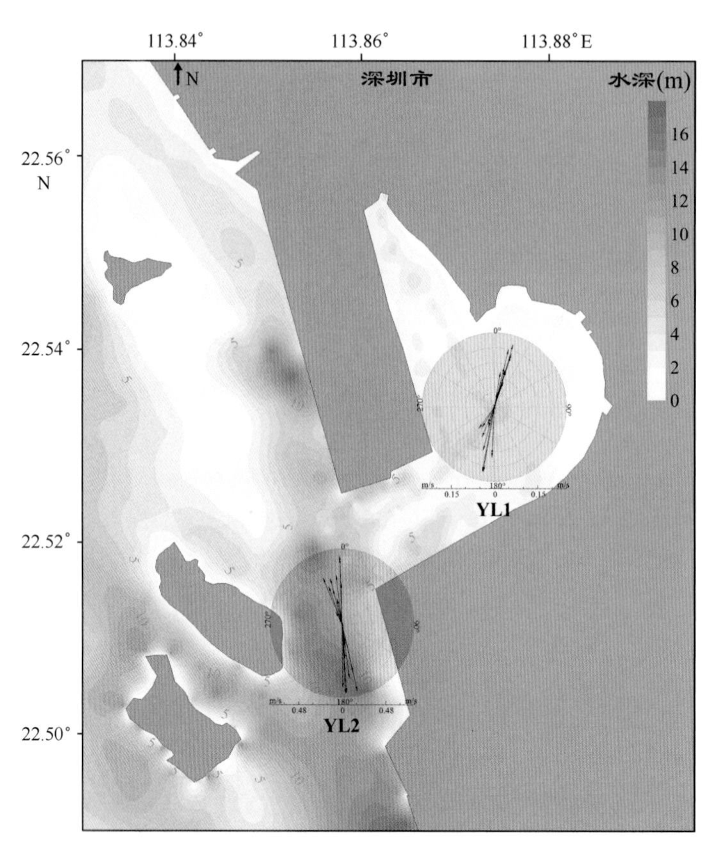

图 10-77　大铲湾海域各站位表层潮流玫瑰图

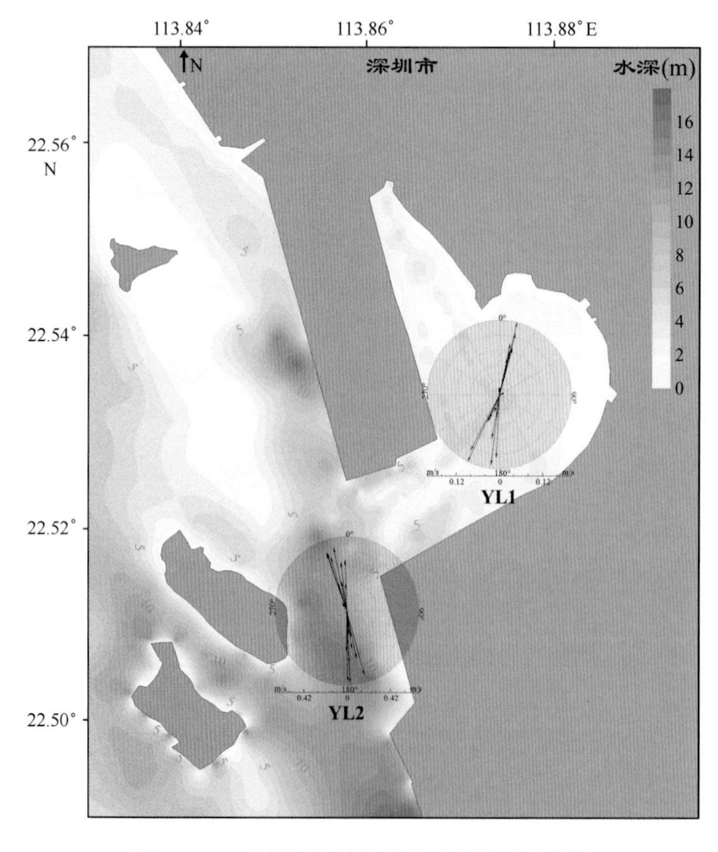

图 10-78　大铲湾海域各站位中层潮流玫瑰图

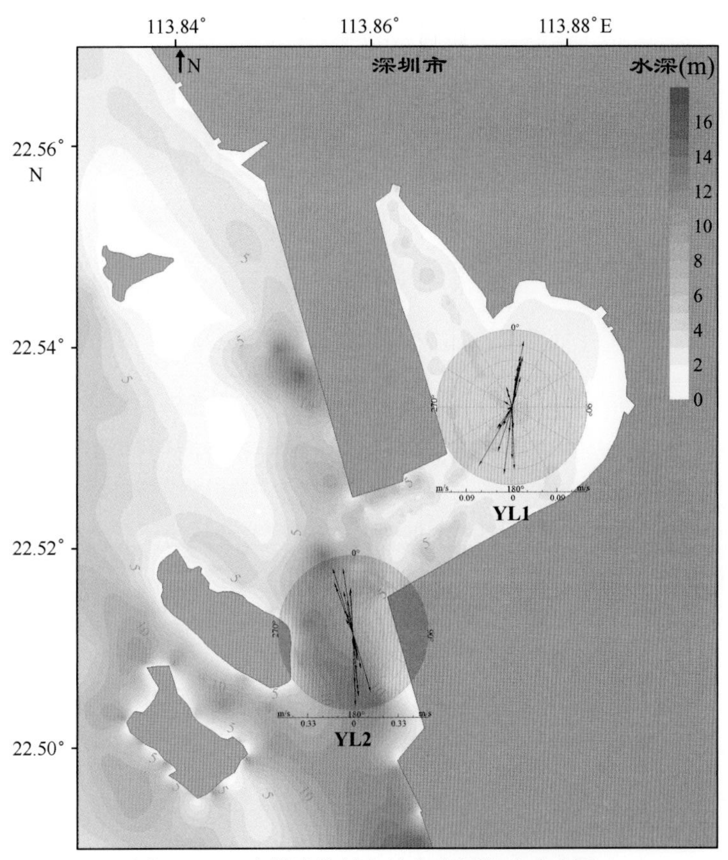

图 10-79　大铲湾海域各站位底层潮流玫瑰图

10.5　小结

为获得研究区海域的潮流动力特征，于 2014—2015 年间共开展 7 次潮流动力观测，每次观测 25 h，内容主要有潮汐水位以及潮流流速、流向等要素，并沿垂向按表、中、底三层（0.2H，0.4H，0.8H，H 为水深）记录观测结果。

观测结果表明，研究海域在一天内出现两次高潮和两次低潮，潮高和潮时日内不等，属不正规半日潮型。

珠江口深圳海域潮差变化特征自虎门向伶仃洋逐渐递减；落潮历时略长于涨潮历时；各站位的实测落潮流速普遍大于涨潮流速；流速的垂向分布基本上呈现为从表层向底层递减态势，水平分布特征呈现为浅滩站位流速小，深槽及周边站位流速大；潮流整体流向基本呈西北—东南走向，与水道地形基本一致；余流流速水平分布基本呈现从虎门向伶仃洋递减态势，余流流向指向伶仃洋，有利于污染物的稀释。

深圳湾海域潮差变化特征自湾顶向湾中部递增，然后再从湾中部向湾口递减；落潮历时略长于涨潮历时；实测落潮流速均大于涨潮流速；流速水平分布特征呈现为湾顶海域水深较浅，周边站位流速相对较小，航道水深较深，周边站位流速相对较大；潮流流向与水道地形基本一致，整体流向基本呈东北—西南走向；余流流速水平分布基本呈现从湾口向湾顶递减态势，余流流向均指向湾口，表明物质运输朝湾口进行，有利于污染物的稀释。

大铲湾海域潮差变化特征自湾内向湾外递减；落潮历时略长于涨潮历时；流速水平分布特征呈现为湾内站位流速小，湾外航道站位流速大；湾内潮流整体流向受地形约束的影响显著，基本呈东北—西南走向；余流流速水平分布基本呈现从湾内向湾外递增态势，余流流向指向湾顶，不利于污染物的稀释。

第11章 研究区环境容量模拟及计算

11.1 环境容量基本涵义

海洋环境容量研究始于20世纪80年代。1986年联合国海洋环境保护科学问题专家组（GESAMP）对环境容量给出了这样的定义：在充分利用海洋的自净能力和对海洋环境不造成污染损害的前提下，某一特定海域所能容纳的污染物的最大负荷量。根据该定义，环境容量具有以下主要特征。

（1）客观性或固有性。在一定的历史时期，水资源系统对某污染物总有一个客观存在的承载阈值，环境容量是一个地区水资源系统的固有特征。

（2）主观性和动态性。水环境承载力涉及人们有怎样的生活期望和判断标准，因而具有主观性，同时它也与特定历史时期的水资源开发利用水平有关，所以环境容量大小是动态变化的。

（3）模糊性。由于水资源系统的复杂性、影响因素的不确定性和人类认识自然能力的局限性，环境容量数量大小会有一定的模糊性。

11.2 海洋环境容量计算方法

从20世纪末到现在，国内外诸多的科学界人士对环境容量的研究从未间断，成果迭出，期间提出的计算方法很多，比较常用的海洋污染物环境容量计算方法主要有模型试算法、均匀混合法、水动力交换法、地统计学和GIS的方法、浓度场分担率法、排海通量最优化法等。

模型试算法在计算范围较小，海域功能区划单一的情况下，可直观地预测出水环境容量；但试算的计算量较大，且在计算所有集水区同时排放污染物时，依据超标情况进行削减的过程中，受主观影响较大，试算法得出的不一定是最优方案。分担率法思想容易理解，方便管理和实际操作，对于应用实践不失为一种快速有效的方法。最优化法延续了分担率法的线性叠加和分担率（贡献度）的思想，将管理中的规划求解方法引入到容量计算中，兼顾考虑了最优排污布局和最大排放量，目前也被广泛应用于环境容量的研究中。地统计学和GIS方法完全依赖于已获得的监测数据，对于环境容量的动态性、发展性无法预测和体现。

由此可见，上述海洋环境容量计算方法均没有绝对的优劣之分，具体应用时还应该综合考虑研究海域的特征和求解的问题。因此，从总量控制和环境管理的角度出发，依据影响环境容量因素的多样性，基于深圳西部海域的自然属性和环境特征，包括受纳水域的水体特征、水环境质量要求以及水体对不同污染物的自净能力等，本章采用分担率法计算其海洋环境容量。

11.3 混合区计算方法

在《污水海洋处置工程污染控制标准》（GB 18486—2001）中，规定污水自扩散器连续排出，各个瞬时造成附近水域污染物浓度超过该水域水质目标限值的平面范围的叠加（亦即包络）为混合区。且对污水海洋处置工程污染物的混合区规定如下所述。

若污水排往开敞海域或面积不小于600 km^2（以理论深度基准面为准）的海湾及广阔河口，允许混合区范围：$A_a = 3.0\ \text{km}^2$。

若污水排往面积小于600 km^2 的海湾，混合区面积必须小于按以下两种方法计算所得允许值（A_a）中的小者：

$$A_a = 2\,400(L + 200)(m^2) \tag{11-1}$$

式中，L 是扩散器的长度，单位为m。

$$A_a = \frac{A_0}{200} \times 10^6 \quad (m^2) \tag{11-2}$$

式中，A_0 为计算至湾口位置的海湾面积，单位 m^2。

并且，对于重点海域和敏感海域，划定污水海洋处置工程污染物的混合区时还需要考虑排放点所在海域的水流交换条件、海洋水生生态等。

依据深圳西部海域海洋功能区划和沿岸排污口的特点，本章按照我国《污水海洋处置工程污染控制标准》（GB 18486—2001）中的相关规定和计算公式，确定深圳西部海域沿岸各排污口的混合区范围，并据此给出各污染源的水质控制点。

11.4 海域环境容量计算基本流程及技术依据

11.4.1 基本流程

基于国内外海洋环境容量研究现状和计算方法，以及本节的研究内容和目标，利用数值模拟的方法分析影响研究海域水质的不同因素，并计算深圳西部海域主要污染物的环境容量，为深圳西部海域污染物总量控制提供依据。深圳西部海域环境容量计算的基本流程如下。

（1）深圳西部海域潮流场数值模拟。

（2）根据深圳西部海域海洋功能区划，确定各分区的水质控制目标。

（3）计算深圳西部海域各排污口混合区的范围，设定水质控制点。

（4）计算深圳西部海域各排污口的响应系数场和分担率场。

（5）基于水质目标条件和现状背景浓度，计算深圳西部海域各排污口的背景环境容量和剩余环境容量。

11.4.2 技术依据

本研究遵循下列方法开展“海域环境容量预测研究”。

（1）从海域生态类型和污染生态效应出发，确定海域环境容量的估算因子。

（2）依据GB 3097—1997《海水水质标准》和《广东省海洋功能区划（2011—2020年）》，确定环境容量估算因子的环境质量目标。

（3）依据我国《污水海洋处置工程污染控制标准》（GB 18486—2001）中的相关规定和计算公式，确定各排污口的混合区范围。

（4）采用室内模拟实验和文献资料分析的方法，确定研究因子的生物化学降解速率。

（5）用水质点拉氏运动数值模拟计算水交换率与净水交换量来估算研究海域的物理自净能力。

11.5 研究区海域潮流场数值模拟

11.5.1 海洋模型筛选

深圳西部海域为珠江河口区，地形水深变化大，岸线复杂，水流动力数值模拟采用当今国内外应用较为广泛的ECOMSED（3D Estuarine, Coastal and Ocean Model）海洋模型。该海洋模型是由Blumberg、Mellor、Casulli和Cheng等在POM（Princeton Ocean Model）模式的基础上发展起来的一个较为成熟的浅海三维水动力学模型，采用基于静力学假设和 Boussinesq 近似的海洋封闭方程组，水平正交曲线网格，垂向 sigma 坐标，变量空间配置 Arakawa C 网格，应用自由表面 $z=\eta\ (x, y, t)$，2 阶半湍流闭合模型，水平湍流黏滞系数和扩散系数基于 smagorinsky 参数化方法，并耦合了完整的热力学方程。ECOMSED 海洋模型适用于处理弱流浅水环境，如河流、海湾、河口、近岸海域、水库及湖泊等水域，可以用于模拟海洋和淡水系统中的水位、海流、波浪、温度、盐度、示踪物及沉积物等时空分布，是一个集成化的海洋数值计算模式。

11.5.2 ECOMSED 海洋模型

11.5.2.1 水动力控制方程

ECOMSED 海洋模型控制方程基于静力近似和 Boussinesq 近似条件，直角坐标系 x 轴向东为正，y 轴向北为正，z 轴向上为正，自由表面和底边界方程分别为 $z=\eta\ (x, y, t)$ 和 $z=-H\ (x, y)$。

在笛卡尔直角坐标下，连续方程：

$$\nabla \cdot \bar{V} + \frac{\partial W}{\partial Z} = 0 \tag{11-3}$$

雷诺平均动量方程：

$$\frac{\partial U}{\partial t} + \bar{V} \cdot \nabla U + W\frac{\partial U}{\partial z} - fV = -\frac{1}{\rho_0}\frac{\partial P}{\partial x} + \frac{\partial}{\partial z}\left(K_M \frac{\partial U}{\partial z}\right) + qU^* + F_X \tag{11-4}$$

$$\frac{\partial V}{\partial t} + \bar{V} \cdot \nabla V + W\frac{\partial V}{\partial z} + fU = -\frac{1}{\rho_0}\frac{\partial P}{\partial y} + \frac{\partial}{\partial z}\left(K_M \frac{\partial V}{\partial z}\right) + qV^* + F_Y \tag{11-5}$$

$$\rho g = -\frac{\partial P}{\partial z} \tag{11-6}$$

式中，U、V 分别为 x、y 方向流速；W 为垂向流速；ρ_0 为海水参考密度；ρ 为海水现场密度；g 为重力加速度；P 为压强；K_M 为湍流动量混合的垂向扩散系数；f 为科氏参数，通过 β 平面假设（$f=f_0+\beta y$）被引入；q 为源（汇）单位面积的流量，源时 q 取正，汇时 q 取负；U^*、V^* 为源（汇）输入输出时在 x、y 方向的流速。在深度 z 处的压强为：

$$p(x, y, z, t) = P_{atm} + g\rho_0\eta + g\int_z^0 \rho(x, y, z', t)\mathrm{d}z' \tag{11-7}$$

式中，P_{atm} 为大气压，假定为常数。

温度和盐度的守恒方程可以写成：

$$\frac{\partial \theta}{\partial t} + \bar{V} \cdot \nabla\theta + W\frac{\partial \theta}{\partial z} = \frac{\partial}{\partial z}\left(K_H \frac{\partial \theta}{\partial z}\right) + F_\theta \tag{11-8}$$

$$\frac{\partial S}{\partial t} + \bar{V} \cdot \nabla S + W\frac{\partial S}{\partial z} = \frac{\partial}{\partial z}\left(K_H \frac{\partial S}{\partial z}\right) + F_S \tag{11-9}$$

式中，θ 为位温（浅水时可以是现场温度）；S 为盐度；K_H 为温盐湍混合的垂向涡度扩散系数。

密度根据 Fofonoff 状态方程（1962）表示为：

$$\rho = \rho(\theta, S) \tag{11-10}$$

位密 ρ 是大气压下位温和位盐的函数。

所有由小尺度过程引起的运动以水平混合过程的形式参数化，通过 F_x，F_y 和 $F_{\theta,S}$ 引入模型，其表达式如下：

$$F_X = \frac{\partial}{\partial x}\left(2A_M \frac{\partial U}{\partial x}\right) + \frac{\partial}{\partial y}\left[A_M\left(\frac{\partial U}{\partial y} + \frac{\partial V}{\partial x}\right)\right] \tag{11-11}$$

$$F_Y = \frac{\partial}{\partial y}\left(2A_M \frac{\partial V}{\partial y}\right) + \frac{\partial}{\partial x}\left[A_M\left(\frac{\partial U}{\partial y} + \frac{\partial V}{\partial x}\right)\right] \tag{11-12}$$

$$F_{\theta,S}=\frac{\partial}{\partial x}\left[2A_H\frac{\partial(\theta,S)}{\partial x}\right]+\frac{\partial}{\partial y}\left[A_H\frac{\partial(\theta,S)}{\partial y}\right] \tag{11-13}$$

式中，A_M 为湍流动量混合的水平涡度扩散系统；A_H 为温盐湍混合的水平涡度扩散系统。

其中，K_M 和 K_H 可以由湍流闭合方程（Mellor and Yamada，1982）求得：

$$\begin{aligned}&\frac{\partial q^2}{\partial t}+\bar{V}\cdot\nabla q^2+W\frac{\partial q^2}{\partial z}=\frac{\partial}{\partial z}\left(K_q\frac{\partial q^2}{\partial z}\right)\\&+2K_M\left[\left(\frac{\partial U}{\partial z}\right)^2+\left(\frac{\partial V}{\partial z}\right)^2\right]+\frac{2g}{\rho_0}K_H\frac{\partial\rho}{\partial z}-\frac{2q^3}{B_1 l}+F_q\end{aligned} \tag{11-14}$$

$$\begin{aligned}&\frac{\partial(q^2l)}{\partial t}+\bar{V}\cdot\nabla(q^2l)+W\frac{\partial(q^2l)}{\partial z}=\frac{\partial}{\partial z}\left(K_q\frac{\partial(q^2l)}{\partial z}\right)\\&+lE_1K_M\left[\left(\frac{\partial U}{\partial z}\right)^2+\left(\frac{\partial V}{\partial z}\right)^2\right]+\frac{lE_1g}{\rho_0}K_H\frac{\partial\rho}{\partial z}-\frac{q^3}{B_1}W'+F_l\end{aligned} \tag{11-15}$$

式中，定义边墙近似（wall proximity）函数为：

$$W'\equiv 1+E_2\left(\frac{l}{\kappa L}\right)^2 \tag{11-16}$$

$$(L)^{-1}\equiv(\eta-z)^{-1}+(H+z)^{-1} \tag{11-17}$$

其中，l 为湍流特征尺度；$q^2/2$ 为湍流动能；∇ 为水平梯度算子；水平混合项 F_q 和 F_l 类似于温度和盐度中的定义。混合系数 K_M、K_H、K_q 规定为：

$$K_M\equiv lqS_M,\ K_H\equiv lqS_H,\ K_q\equiv lqS_q \tag{11-18}$$

稳定函数 S_M，S_H 和 S_q 通过解析解得到，代数关系取决于 $\partial U/\partial z$、$\partial V/\partial z$、$g\rho_0^{-1}\partial\rho/\partial z$、$q$ 和 l。这些关系可以从 Mellor（1973）的闭合假设中得到，根据 Galperin 等（1988）稳定函数为：

$$S_M=\frac{B_1^{-\frac{1}{3}}-3A_1A_2G_H\left[(B_2-3A_2)\left(1-\frac{6A_1}{B_1}\right)-3C_1(B_2+6A_1)\right]}{[1-3A_2G_H(B_2+6A_1)](1-9A_1A_2G_H)} \tag{11-19}$$

$$S_H=\frac{A_2\left(1-\frac{6A_1}{B_2}\right)}{1-3A_2G_H(B_2+6A_1)} \tag{11-20}$$

$$G_H=-\left(\frac{N}{q}\right)^2 \tag{11-21}$$

$$N=\left(-\frac{g}{\rho_0}\frac{\partial\rho}{\partial z}\right)^{\frac{1}{2}} \tag{11-22}$$

其中，N 为 Brunt-Vaisala 频率。Mellor 和 Yamada 给出的经验常数为（A_1，A_2，B_1，B_2，C_1，E_1，E_2），S_q=（0.92，0.74，16.6，10.1，0.08，1.8，1.33，0.2）。

在稳定层流中，湍混合长限制为 $l\leqslant 0.53q/N$（Galperin，1988）。

11.5.2.2 垂向边界条件

在自由海面 $z=\eta$（x，y）处：

$$\rho_0K_M\left(\frac{\partial U}{\partial z},\ \frac{\partial V}{\partial z}\right)=(\tau_{ox},\ \tau_{oy}) \tag{11-23}$$

$$\rho_0K_H\left(\frac{\partial\theta}{\partial z},\ \frac{\partial S}{\partial z}\right)=(\dot{H},\ \dot{S}) \tag{11-24}$$

$$q^2=B_1^{\frac{2}{3}}u_{\tau s}^2 \tag{11-25}$$

$$q^2l=0 \tag{11-26}$$

$$W = U\frac{\partial\eta}{\partial x} + V\frac{\partial\eta}{\partial y} + \frac{\partial\eta}{\partial t} \tag{11-27}$$

其中，$u_{\tau s}$为由风应力引起的摩擦速度；（τ_{ox}，τ_{oy}）为摩擦速度 $u_{\tau s}$有关的表面风矢量；量 $B_1^{2/3}$为从湍封闭关系中得到的经验常数。$\dot{H}$为海洋净热通量，净盐通量 $\dot{S} = S(0)(\dot{E} - \dot{P})/\rho_0$，$(\dot{E} - \dot{P})$ 为表面淡水蒸发降水净通量，S（0）为表面盐度。在固边界和海底，θ 和 S 的法向梯度为零，即没有扩散和对流的温盐通量通过这些边界。

在底边界 $z = -H(x, y)$ 处：

$$\rho_0 K_M\left(\frac{\partial U}{\partial z}, \frac{\partial V}{\partial z}\right) = (\tau_{bx}, \tau_{by}) \tag{11-28}$$

$$q^2 = B_1^{\frac{2}{3}} u_{\tau b}^2 \tag{11-29}$$

$$q^2 l = 0 \tag{11-30}$$

$$W_b = -U_b\frac{\partial H}{\partial x} - V_b\frac{\partial H}{\partial y} \tag{11-31}$$

其中，$H(x, y)$ 为底地形；$u_{\tau b}$为由底摩擦应力引起的摩擦速度；（τ_{bx}，τ_{by}）为底摩擦应力，用对数法则确定：

$$\vec{\tau}_b = \rho_0 \vec{U}_{\tau,b}^2 = \rho_0 C_d |\vec{U}_c| \vec{U}_c \tag{11-32}$$

$$C_d = \left[\frac{1}{k}\ln(H + z_b)/z_0\right]^{-2} \tag{11-33}$$

z_b 和 V_b 为最接近底部网格点的高度和速度，k 为 Karman 常数。在底边界层精度不够的情况下，C_d 通常取为 0.002 5，在实际算法中取 C_d 为两者中较大的值。参数 z_0 取决于局地底粗糙度，在缺少相关信息的情况下，令 $z_0 = 1$ cm。

11.5.2.3 温盐边界条件

入流边界：由边界数据指定。

出流边界：

$$\frac{\partial}{\partial t}(\theta, S) + U_n\frac{\partial}{\partial n}(\theta, S) = 0 \tag{11-34}$$

式中，n 为边界的法向坐标。

11.5.2.4 水位边界条件

可以有两种方式指定：

（1）直接在开边界上指定由实测得到的水位或者嵌套的大网格计算得到的水位。

（2）通过在开边界上指定调和常数，用公式计算得到。

$$\eta = \eta_0 + \sum_{i=1}^{6} A_i\cos\left(\frac{2\pi}{T_i} - \theta_i\right) \tag{11-35}$$

式中，η_0 为平均海平面；t 为时间；T_i 为第 i 个分潮的周期；A_i 为第 i 个分潮的振幅；θ_i 为第 i 个分潮的相角。

11.5.2.5 定解条件

初始条件如下：

$$\begin{cases} u(x, y, t)_{t=0} = u_0(x, y) \\ v(x, y, t)_{t=0} = v_0(x, y) \\ z(x, y, t)_{t=0} = z_0(x, y) \\ \theta(x, y, t)_{t=0} = \theta_0(x, y) \\ s(x, y, t)_{t=0} = s_0(x, y) \end{cases} \tag{11-36}$$

边界条件如下：

开边界处 $z = z_0\ (t)$，采用6个分潮调和常数计算边界水位；岸边界处 $\vec{v} \cdot \vec{n} = 0$，$gradC \cdot \vec{n} = 0$，式中，$\vec{v}$ 为流速矢量，$\vec{n}$ 为边界法向单位矢量。

11.5.2.6　数值求解方法

ECOMSED水动力模块包含两个模态，即内模态（Internal mode）和外模态（External mode）。在进行计算时，采用模态分离技术（Mode Splitting Technique）可以节约计算机时。外模态忽略垂向结构，考虑水平对流和扩散，是一个二维的水动力模型。通过把控制方程在垂直方向上积分，求得垂向平均量代入二维方程求解。内模态三维水动力模型考虑垂向分层，使用σ坐标求解方程。在计算自由海面高度时可以忽略垂向结构，只考虑体积输运。

计算过程中，使用较小的时间步长来计算外模态。计算一定步数后，把外模态的结果代入内模态方程，使用较长的时间步长计算内模态方程。一次内模态时间步长后，外模态方程中等号右边的各项由内模态新计算的结果代替，开始下一个外模态计算。

11.5.3　数值模拟范围

深圳西部海域位于珠江河口伶仃洋段的东侧，南北纵深约57 km，水域面积约600 km^2，包括有深圳湾和大铲湾（又称前海湾）等半封闭式港湾，要准确反映其海洋水动力环境，数值模拟需要取较小的计算网格。因此，数值计算采用嵌套网格技术，在珠江口海域建立大区域模型，采用大网格计算；在深圳湾和大铲湾（又称前海湾）海域建立局部模型，采用小网格计算。大区域模型为局部模型提供潮位等边界条件，局部模型开边界则利用大边界提供的潮位等数据经Kriging算法插值得到。

大区域模型算采用一套能与岸线吻合良好且分辨率较高的正交曲线系统，划分水平方向网格186×198（个），网格步长由湾顶的156×147（m），逐渐过渡到伶仃洋的483×475（m），垂向上等距离分为10个sigma层，以便较好地拟合珠江口海域的地形，大区域模型模拟范围（22°13′19.200″—22°45′54.000″N、113°33′21.600″—114°2′42.000″E）见图11-1。

深圳湾局部模型划分水平方向网格175×197（个），网格步长由湾顶的62×69（m），逐渐过渡到伶仃洋的122×136（m），垂向上等距离分为10个sigma层。大铲湾（又称前海湾）局部模型划分水平方向网格133×145（个），网格步长由湾顶的30×32（m），逐渐过渡到湾口航道的67×68（m），垂向上等距离分为10个sigma层。

11.5.4　模型设置

水动力数值计算选取平水期（2014年11月）作为模拟时段。三维模型外模、内模的时间步长分别取值为1 s和10 s。水动力模型的外海边界采用美国俄勒冈州立大学开发的OTIS（OSU Tidal Data Inversion Software）全球潮汐同化数据，以8个分潮（M2、S2、N2、K2、K1、O1、P1、Q1）的潮汐数据驱动水动力模型。上边界的盐度设为零，虎门、洪奇门、蕉门和横门的径流量按多年平均值设定，深圳西部海域沿岸河流的径流量按2014年的实测平均值设定。水温、风场以及外海盐度则由2014年的实测值设定。地形水深取自航保部2013年出版的海图资料。

11.5.5　模型验证

模型采用平水期（2014年11月24日10：00至2014年11月25日10：00）8个测流站位（V1～V8）的实测海流数据对模型参数进行率定和验证，测流站点位置分布见图11-2。

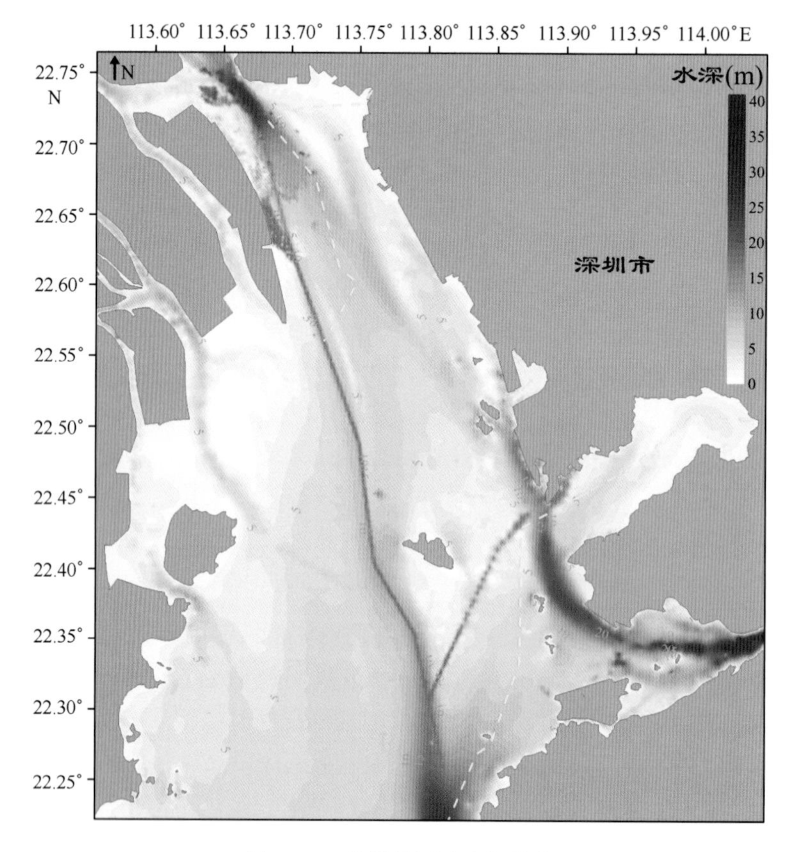

图 11-1 模拟范围及水深分布

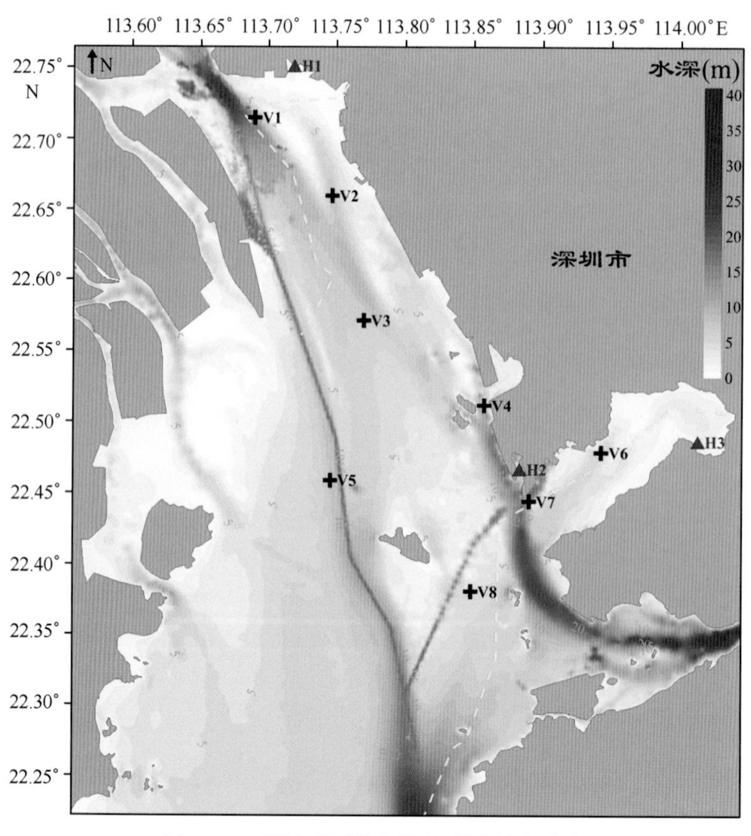

图 11-2 潮汐观测站与海流观测站位分布

潮流对比过程线见图 11-3 至图 11-18，由潮流验证结果可以看出，模拟流速与实测值变化趋势基本一致，各站位的平均绝对误差均小于 10 cm/s，流向与实测值吻合较好。整体来说，此次模拟效果令人满意，模拟结果基本上能反映珠江口海域的涨落潮流变化过程。

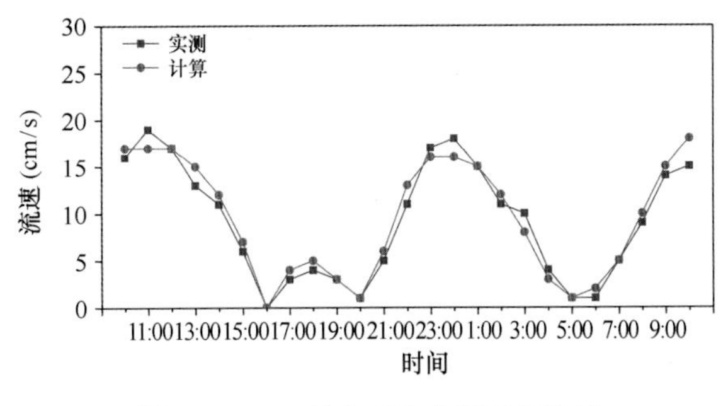

图 11-3　V1 站位垂向中层流速比较

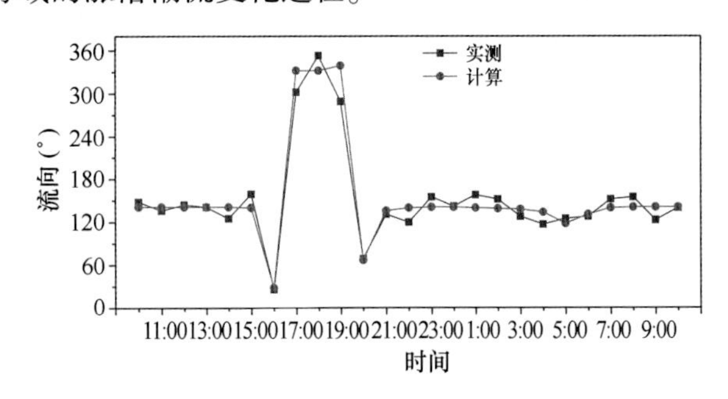

图 11-4　V1 站位垂向中层流向比较

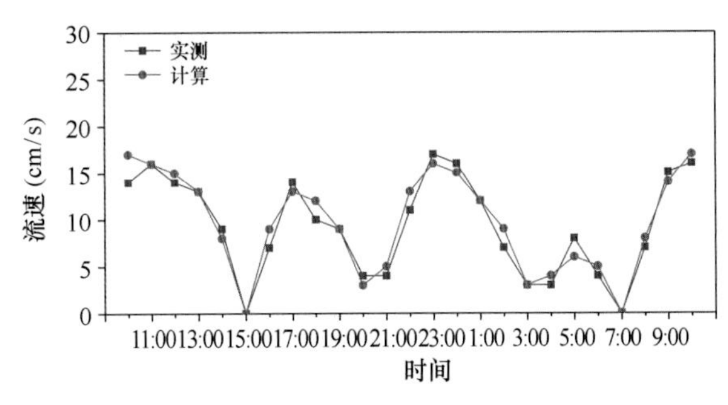

图 11-5　V2 站位垂向中层流速比较

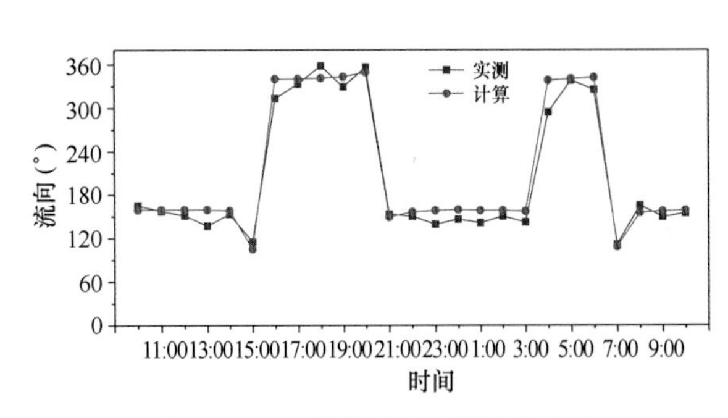

图 11-6　V2 站位垂向中层流向比较

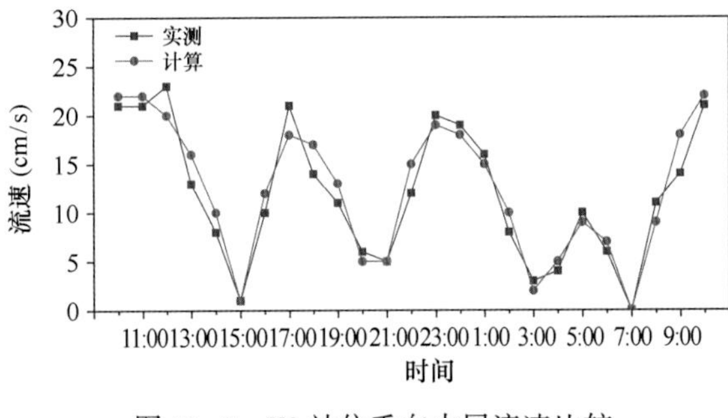

图 11-7　V3 站位垂向中层流速比较

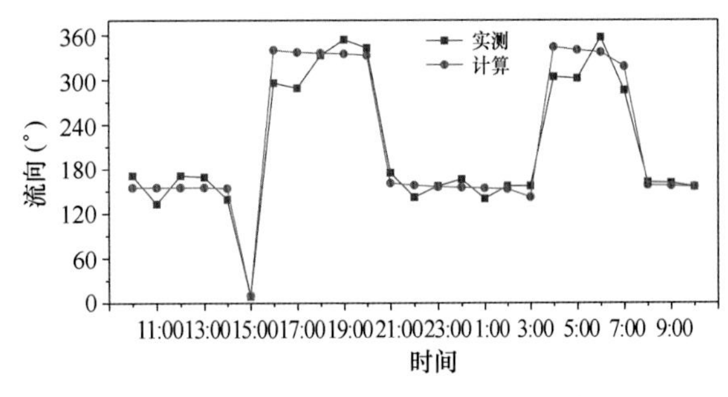

图 11-8　V3 站位垂向中层流向比较

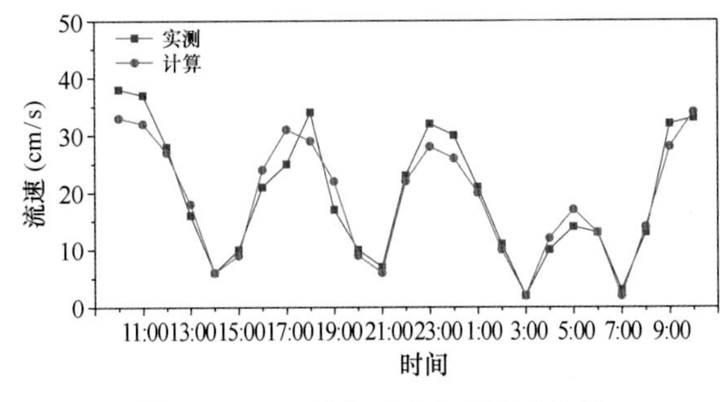

图 11-9　V4 站位垂向中层流速比较

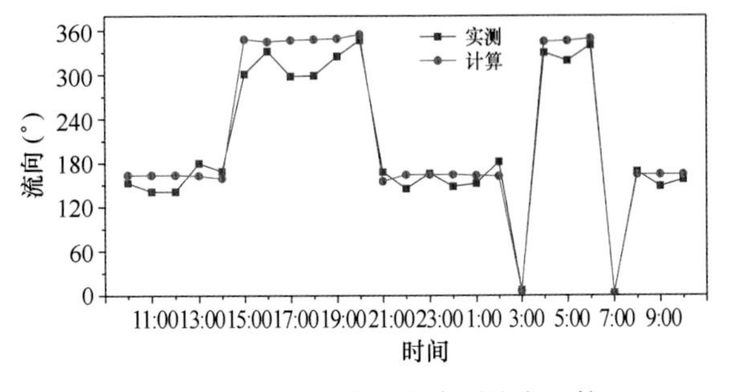

图 11-10　V4 站位垂向中层流向比较

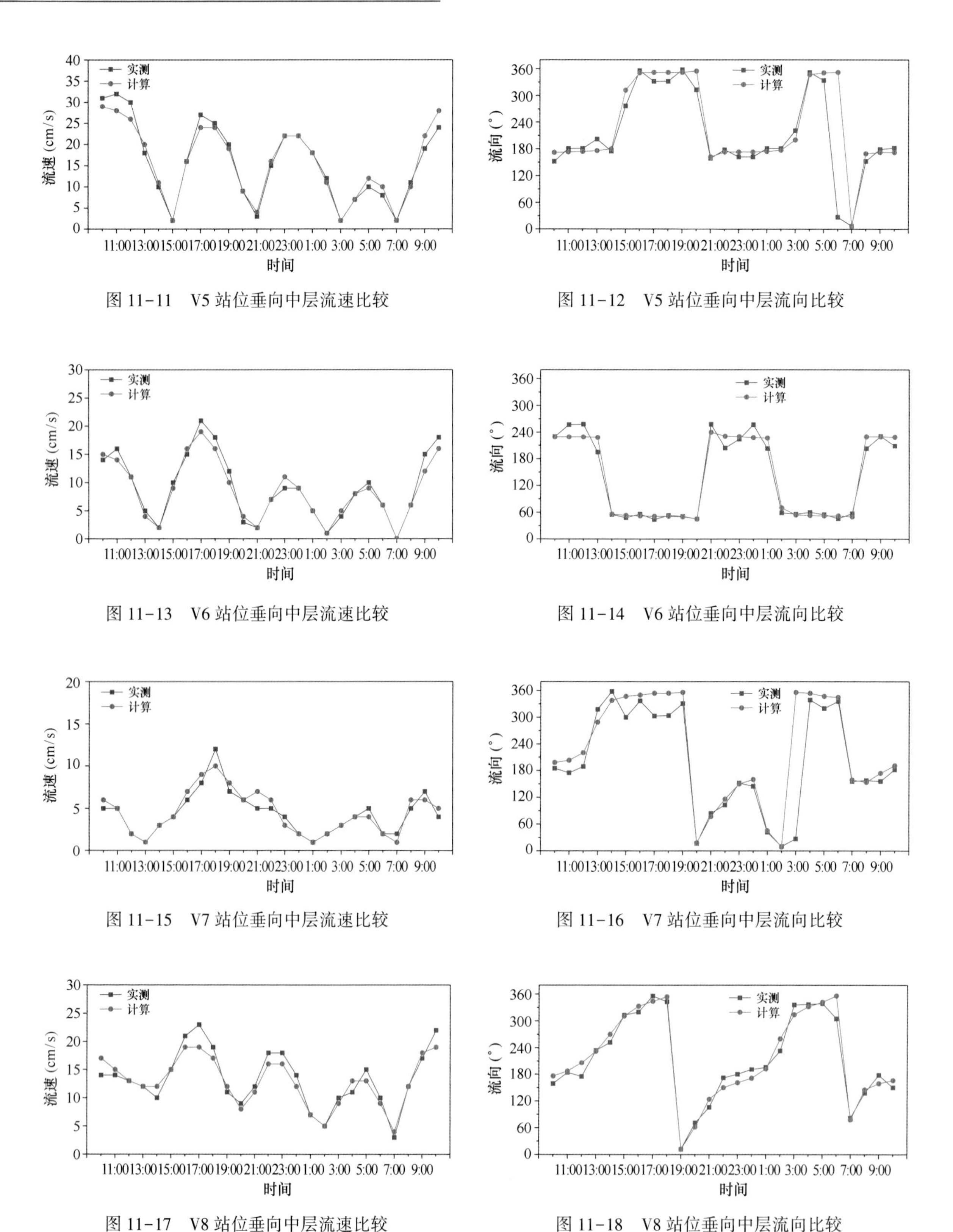

图 11-11　V5 站位垂向中层流速比较

图 11-12　V5 站位垂向中层流向比较

图 11-13　V6 站位垂向中层流速比较

图 11-14　V6 站位垂向中层流向比较

图 11-15　V7 站位垂向中层流速比较

图 11-16　V7 站位垂向中层流向比较

图 11-17　V8 站位垂向中层流速比较

图 11-18　V8 站位垂向中层流向比较

11.5.6　水平流场特征分析

11.5.6.1　珠江口深圳海域

珠江口伶仃洋的潮汐受南海潮波系统控制，属不正规半日混合潮类型。当潮波从外海传入伶仃洋河口湾时，由于喇叭状湾型的收缩作用，形成潮汐能量的沿程积聚，潮差从湾口向湾顶逐渐增大。东部自然水深较大，潮汐作用强，西部受河口径流影响，潮势较弱，故东岸潮差大于西岸。其中，位于湾腰中部内伶仃岛的年平均潮差为 1.34 m，与东岸赤湾的潮差（1.37 m）相近，但明显大于西岸金星门的潮差（1.10 m）。湾顶上游深槽区大虎站年平均潮差（1.69 m）与东岸太平站的潮差（1.70 m）相近；但湾顶下游不远处舢舨洲的潮差（1.64 m）明显大于西侧蕉门的潮差（1.34 m）。由此可见，伶仃洋深槽区与东岸之间潮差变化较小，而深槽区至西岸的潮差衰减比较快。

珠江口伶仃洋海域潮流模拟结果见图 11-19 和图 11-20。

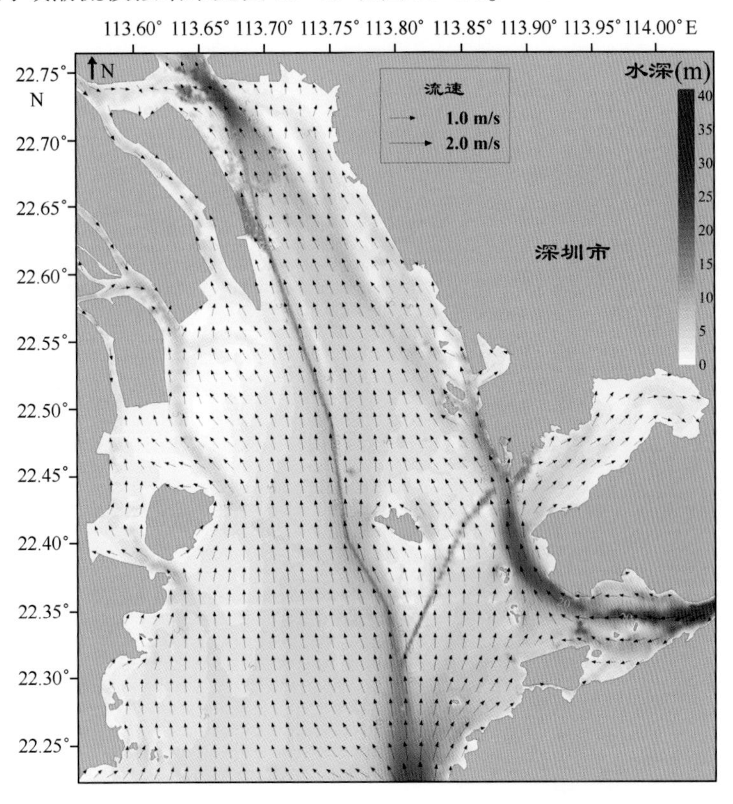

图 11-19 珠江口伶仃洋海域涨潮过程流场

同潮汐一样，伶仃洋的潮流也属不正规半日混合潮流类型，即一个太阴日里潮流有两次涨落。虽然潮差不大，但河口湾喇叭状幅聚形态和湾顶（虎门）上游巨大的纳潮容积，潮流动力仍然比较强劲。受岸线边界的约束，湾腰以北水域的潮流基本以往复流形式运动，涨潮流向偏于西北，落潮流向偏于东南；内伶仃以南开阔水域由于横比降的作用以及受汉道分流的影响，潮流形态介于往复流与旋转流之间变化。湾内涨潮平均流速一般为 0.4～0.5 m/s，落潮平均流速在 0.5～0.6 m/s 之间。东槽涨潮势力较强，西槽落潮动力占优。无论涨潮还是落潮，湾内纵向流速分布均呈由湾口向湾顶逐渐增大的特点。

11.5.6.2 深圳湾海域

深圳湾为珠江口伶仃洋东侧中部的一个内宽外窄的半封闭型浅水海湾，海湾湾长 17.5 km，平均宽度约 7.5 km。湾宽各处不等，最宽处深圳大学到坑口村水面宽度 10 km；最窄处东角头至白泥断面水面宽度 4.2 km。深圳湾口门外与伶仃洋东槽矾石水道—暗士敦水道相接，海湾水域面积约 90.8 km^2，平均水深 3.9 m，最大水深不超过 5 m。

深圳湾海域潮流模拟结果见图 11-21 和图 11-22。

深圳湾与珠江口伶仃洋潮汐类型相同，属于不正规半日混合潮流类型，日潮不等现象显著。潮

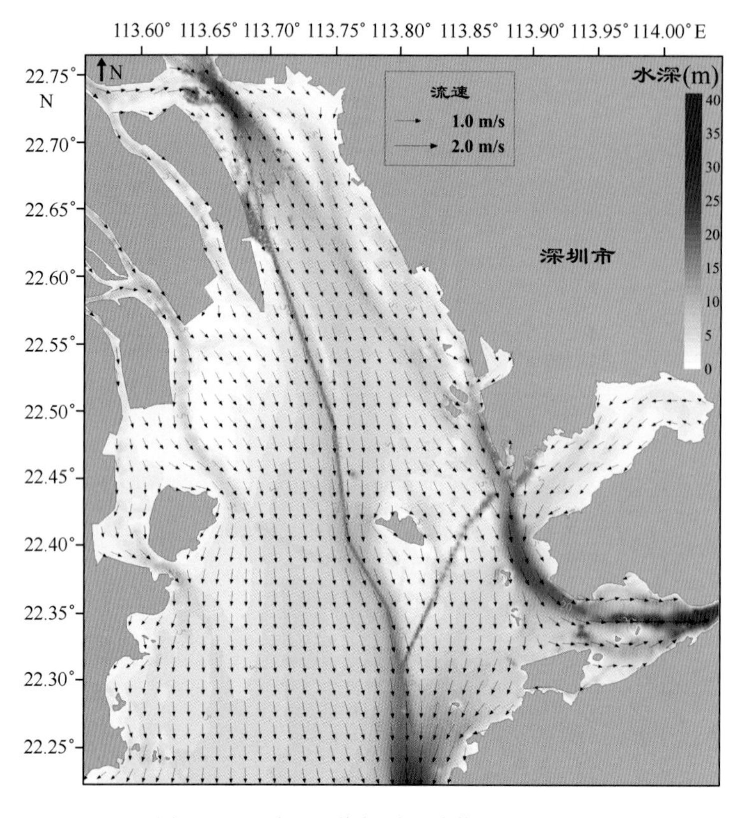

图 11-20　珠江口伶仃洋海域落潮过程流场

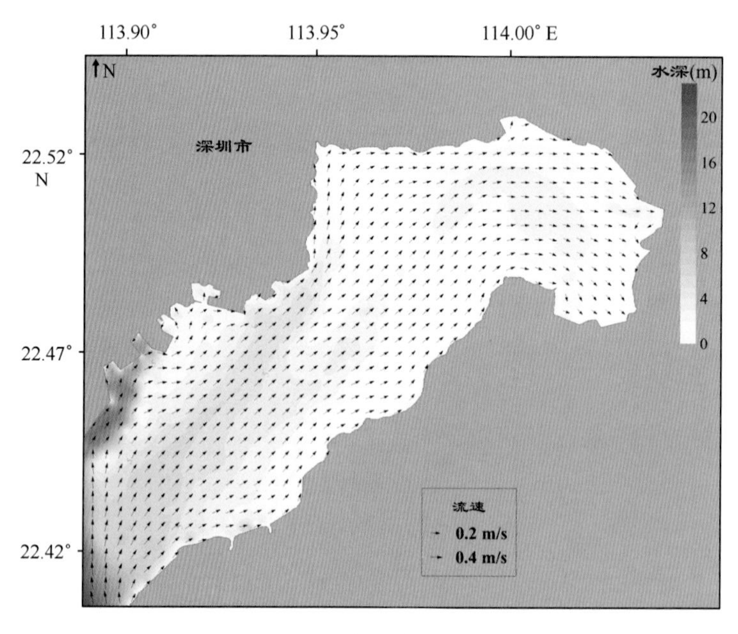

图 11-21　深圳湾海域涨潮过程流场

流主流受地形约束的影响，大体呈西南—东北走向，落潮流向为西南向，涨潮流向为东北向，并且表现出显著的往复流的性质。受珠江口伶仃洋潮流对其的影响，湾口流速明显大于湾内。受地形水深影响，涨落潮流速水平分布总体呈现从湾顶到湾口递增态势，并且最大流速出现在湾中和湾口的水道部分；湾内北侧自深圳河口到大沙河口沿岸海域，以及南侧自香港元朗河口至湾中部沿岸海域分布着大片滩涂和红树林湿地，水深很浅，流速很小，水体呆滞；而湾内自大沙河口至赤湾处深圳侧海岸因为进行了大范围的人工改变海岸及挖深活动，水深较深，流速较大。整体而言，模拟海域表现出往复流的性质，潮流的最大流速表层在 76～102 cm/s 之间，中层为 80～106 cm/s，底层为 56～88 cm/s。

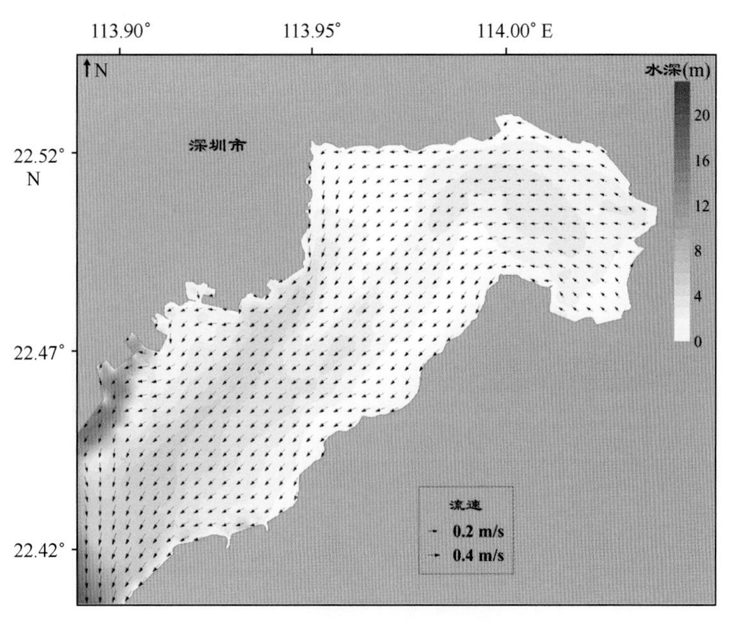

图 11-22　深圳湾海域落潮过程流场

11.5.6.3　大铲湾（又称前海湾）海域

大铲湾（又称前海湾）与珠江口伶仃洋潮汐类型相同，属于不正规半日混合潮流类型，日潮不等现象显著。潮流主流受地形约束的影响，湾口流向大体呈西南—东北走向，落潮流向为西南向，涨潮流向为东北向；湾内流向大体呈南—北走向，落潮流向向南，涨潮流向向北。整体流态表现出显著的往复流的性质。受港区航道深槽潮流对其的影响，湾口流速明显大于湾内。受地形水深影响，涨落潮流速水平分布总体呈现从湾顶到湾口递增态势，并且最大流速出现在湾口；湾内沿岸海域分布着大片滩涂，水深很浅，流速很小，水体呆滞。整体而言，大铲湾（又称前海湾）海域表现出往复流的性质，潮流的最大流速表层在 40～25 cm/s 之间，中层为 35～18 cm/s，底层为 22～8 cm/s。大铲湾（又称前海湾）海域潮流模拟结果见图 11-23 和图 11-24。

11.5.7　余流场特征分析

Euler 余流表示了海水的潮周期平均迁移趋势，为了清晰理解深圳西部海域污染物的迁移规律，对深圳西部海域内空间给定点上的流速作潮周期平均，导出了 Euler 平均流速。

11.5.7.1　珠江口海域

珠江口海域垂向平均的欧拉余流结构见图 11-25。由结果可知，珠江口海域余流流向总体以南向偏西为主，这是径流作用导致。湾顶处，深槽下泄余流较强，流速约 25 cm/s，而浅滩处余流较弱，不足 5 cm/s。内伶仃岛西侧下泄余流明显强于东侧下泄余流。在伶仃洋下游段（内伶仃岛以南）西部区域余流较强，流速约 10 cm/s，方向以西南方向为主。整体而言，虎门和焦门的径流主要沿深圳西部海域深槽区域下泄。

11.5.7.2　深圳湾海域

深圳湾海域垂向平均的欧拉余流结构见图 11-26。结果显示，深圳湾海域的余流场显得较为凌乱，余流平面分布呈现环流特征。其中，湾顶、湾中部和湾口海域的余流均存在明显的环流特征，

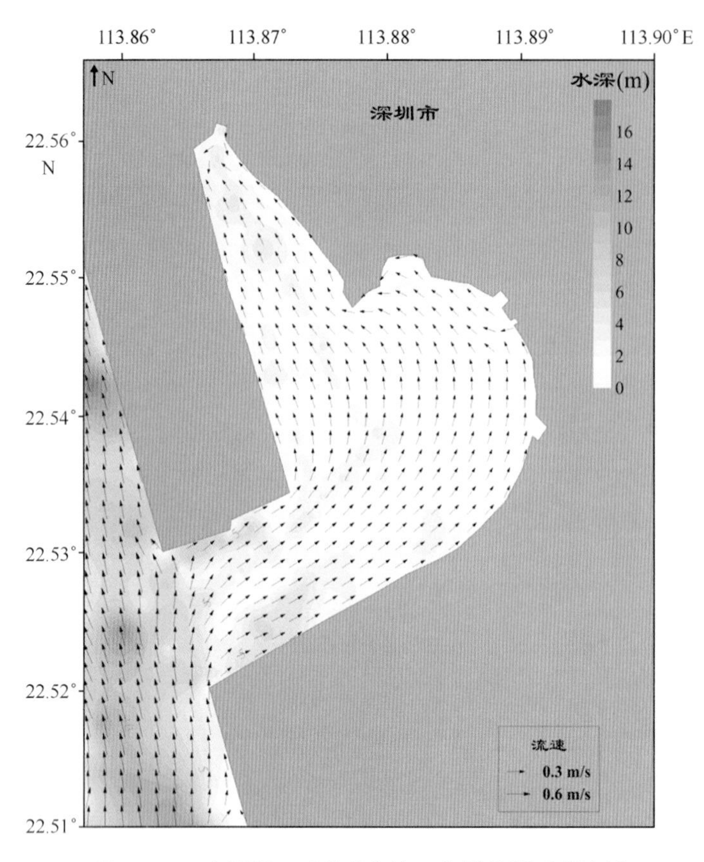

图 11-23　大铲湾（又称前海湾）海域涨潮过程流场

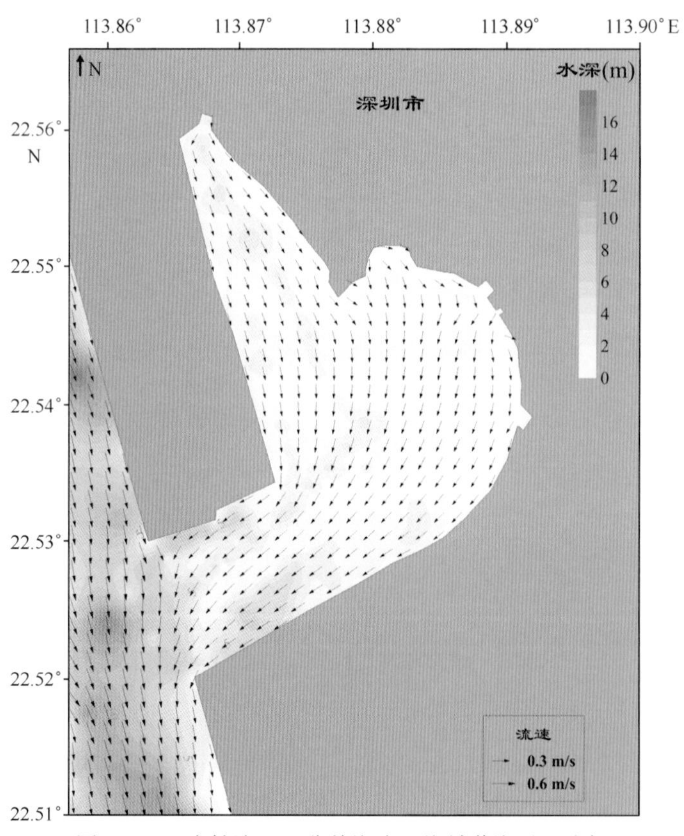

图 11-24　大铲湾（又称前海湾）海域落潮过程流场

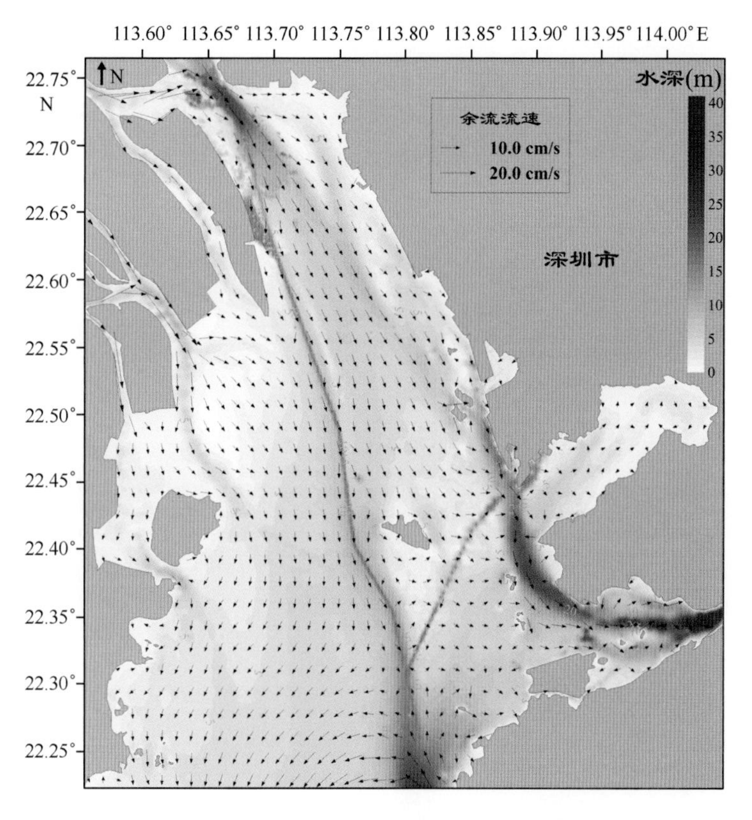

图 11-25 珠江口海域垂向平均余流场

不利于污染物向湾口迁移和扩散。整体而言，深圳湾余流流速自湾顶向湾口递增，湾顶余流流速约 1.5 cm/s，湾口余流流速约 4 cm/s，余流流向杂乱，分布无明显趋同性，不利于污染物向湾口迁移和扩散。

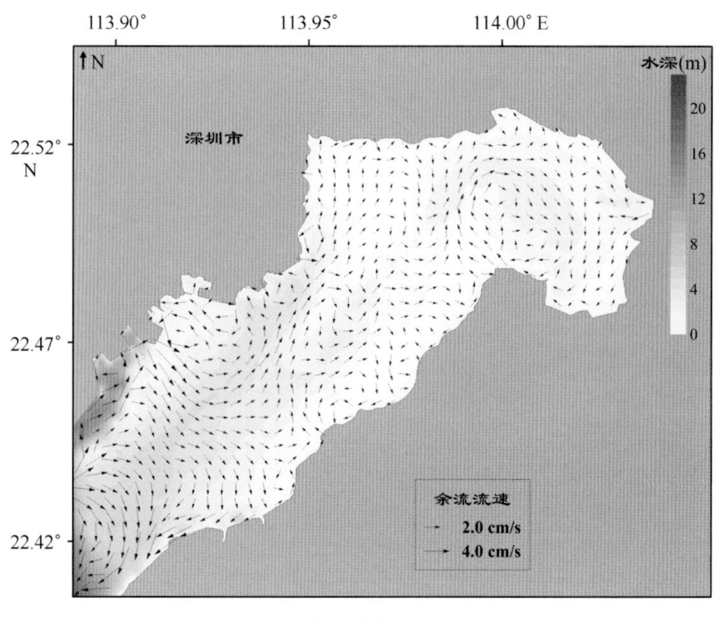

图 11-26 深圳湾海域垂向平均余流场

11.5.7.3 大铲湾（又称前海湾）海域

大铲湾（又称前海湾）海域垂向平均的欧拉余流结构见图 11-27。结果显示，大铲湾（又称前海湾）海域余流整体平面分布呈现环流特征，平均余流流速约 2 cm/s。其中，湾顶西乡河河口处余流流向整体指向湾中部海域，湾中部海域余流呈现逆时针特征环流，湾口处海域余流则呈现顺时针特征环流。整体而言，大铲湾（又称前海湾）余流流速自湾顶向湾口递增，湾顶余流流速约 1 cm/s，湾口余流流速约 4 cm/s，有利于污染物向湾口迁移和扩散。

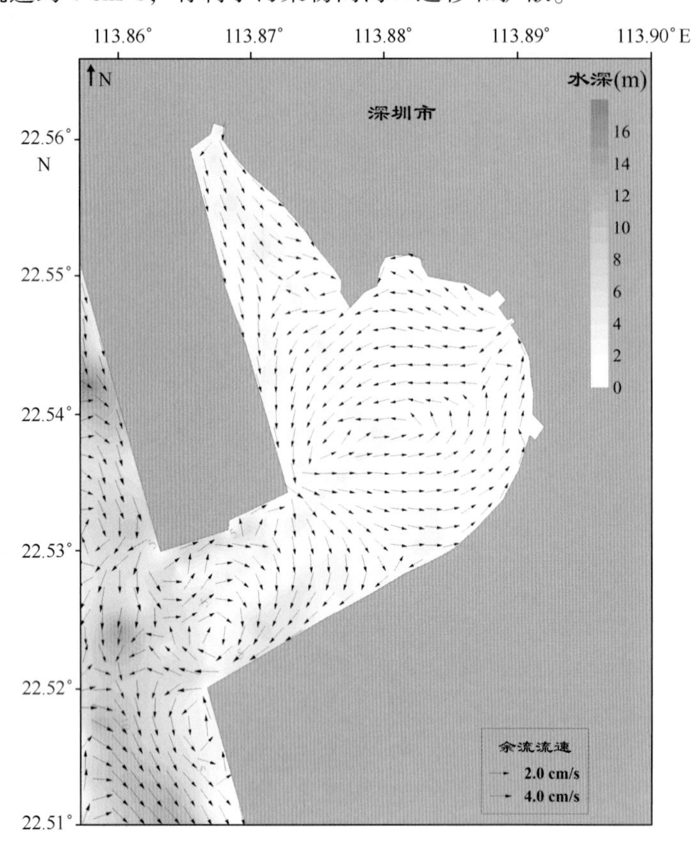

图 11-27 大铲湾（又称前海湾）海域垂向平均余流场

11.6 研究区海域环境容量计算

11.6.1 环境容量数学模型

11.6.1.1 水质模型

环境容量研究的基础是各种污染物质在水体中运动、变化的规律。而污染物质在水体中的这种变化规律可以用如下的控制方程描述：

$$\frac{\partial C_i}{\partial t} = Physics(C_i) + Biology(C_i) \quad i = 1, \cdots, n \tag{11-37}$$

式中，C_i 是污染物质的浓度；i 代表污染物质的种类数；$Physics$（C_i）表示污染物质在水体中发生的物理过程（主要指对流和扩散）而引起的浓度的变化；$Biology$（C_i）表示污染物质在水体中发生的生化过程（主要指生物转化、降解、再生等）而引起的浓度的变化，这种变化通常非常复杂，以营养盐氮的三种形态之一氨氮（NH_4）为例，其在海洋中的生化过程就包括再生产、硝化、排泄、呼吸、矿化等复杂过程，过程中涉及浮游植物吸收铵盐的半饱和常数、浮游植物最大生长率、浮游植物的呼吸率、最大硝化率、铵盐的再生速率、浮游动物排泄率等多种生物模型参数。一方面，这些参数需要通过大量的海上调查和室内外实验获得，这对所有海域具有普遍意义的环境容量研究来说，资料显然过于复杂和难以获得；另一方面，环境容量研究的根本是为环境管理提供支持的，关心的只是排入和剩余环境容量，而不关心中间过程。因此，深圳西部海域环境容量研究从实际要求出发，将上述复杂的生化过程转化为一个简单的降解系数，结合污染物质在水体中的物理过程，给出环境容量研究的水质控制方程如下：

$$\frac{\partial C_i}{\partial t} = Physics(C_i) = -\underbrace{\left(\frac{\partial UC_i}{\partial x} + \frac{\partial VC_i}{\partial y}\right.}_{\text{水平对流}} + \underbrace{\left.\frac{1}{D}\frac{\partial \omega C_i}{\partial \sigma}\right)}_{\text{垂直对流}} + \underbrace{\frac{\partial}{\partial x}\left(A_H\frac{\partial C_i}{\partial x}\right) + \frac{\partial}{\partial y}\left(A_H\frac{\partial C_i}{\partial y}\right)}_{\text{水平扩散}} + \underbrace{\frac{1}{D}\frac{\partial}{\partial \sigma}\left[\frac{K_H}{D}\frac{\partial C_i}{\partial \sigma}\right]}_{\text{垂直扩散}} + \underbrace{S_i}_{\text{源汇项}} \tag{11-38}$$

式中，C_i 为污染物浓度，下标 i 依次代表 COD、无机氮、磷酸盐和石油类；S_i 为源强，由下式给出：

$$S_i = C_{i0} - k_i C_i \tag{11-39}$$

式中，C_{i0} 为污染物的点源强，在数值计算中作为边界条件给出；k_iC_i 为非保守物质的衰减项，k_i 为衰减速率，对于保守物质而言其值为零。

如此，非保守物质在水体中发生的复杂生化过程可以通过一个衰减项在模型中给出，既考虑了非物理过程的变化，又可以通过简单的实验得到特定海域某一污染物质的降解速率。

11.6.1.2　深圳西部海域污染物降解速率

深圳西部海域环境容量计算的主要污染物降解速率由课题组经现场围隔实验及实验室实验获得，详细实验过程及结果见第 5 章。根据实验结果，深圳西部海域 COD、石油类、无机氮、磷酸盐、总氮及总磷的降解速率分别为 0.038 d^{-1}、0.103 d^{-1}、0.055 d^{-1}、0.061 d^{-1}、0.135 d^{-1} 和 0.054 d^{-1}。

11.6.1.3　污染物排放总量控制模型

特定海区的水质状况是多种环境因素相互作用的结果。这些环境因素主要包括：排污口的位置和排放强度、海域的自净能力（包括物理的、化学的、生物的，其快速自净能力主要为物理自净能力）等。这些影响因素构成一个复杂的相互作用系统，即海域水质污染源的响应系统。一般来说，在海区环境动力条件不变的条件下（不考虑长期的化学过程和生物过程），海域水质与污染源强之间的响应关系是相对固定的，处于一种动态平衡状态。根据质量守恒原理，可以确定控制这一系统的过程表示为：

$$\frac{\partial(HC)}{\partial t} + \nabla(H\vec{V}C) = \nabla\cdot(HD\cdot\nabla C) + HS \tag{11-40}$$

式中，C 为污染物的浓度；V 为深度平均流速；H 为水深；D 为扩散系数；S 为源函数。

在假定扩散系数 D 为常数的条件下，方程（11-40）为变系数、线性、椭圆型偏微分方程，该方程在第一类边界条件下满足叠加原理，即具有如下两个重要的特征。

（1）在浓度场的计算中，各单个点源条件下单独考虑得到的浓度场相叠加的结果与将所有的点源合在一起同时考虑得到的浓度场相同。

（2）某一单个源强，可以分解为若干个单位源强的线性组合。即某一源强条件下的解等于该源点位置上若干个单位源强条件下的解的叠加。

基于上述分析，引进一个重要的概念，即响应系数，用于描述平均浓度场与源强之间的关系。

由输运方程的性质可知，在环境动力条件不变的条件下，海域的水质（污染物的浓度）仅仅取决于排放源的性质（源点的位置、强度及化学组成等）。也就是说，平衡浓度场是海洋水体对于污染源的响应。前述分析表明，这种响应关系是线性的，因而可以简单的函数关系来描述源强与平衡浓度场之间的关系，即有：

$$C_i = P_i S_i \tag{11-41}$$

式中，C_i 为在第 i 个点源单独作用下所形成的平衡浓度值；P_i 为与第 i 个点源有关的系数；S_i 为第 i 个点源的排放强度，并可以改写为：

$$P_i = \frac{C_i}{S_i} \tag{11-42}$$

显然，系数 P_i 表征了平均浓度场与源强之间的响应关系，称为响应系数。并且 P_i 等同于源强为单位值的条件下所形成的平衡浓度场。其特点为：

（1）响应系数单纯地表达了海洋水体对某固定点源的响应关系，在其他条件不变的情况下，响应系数的量值仅与源点的空间位置有关。

（2）由于海洋水体的输运扩散特性，响应系数对于空间来讲不是一个常数，亦即不同的空间位置对某一点源的响应程度是不同的，形成响应系数场。

（3）固定的点源所形成的响应系数场是固定的。

因此，在源强未知的情况下，可以首先直接研究响应系数场的分布特征，从而预测某些规划中的排放源的可能环境影响；在源强已知的条件下，结合响应系数场便可求得该源强所形成的影响浓度，从而评估其环境影响。可见，响应系数场的研究在海洋环境保护和海洋环境管理中具有很重要的理论意义和实用价值。

允许排放量定义为在满足一定的水质目标要求的条件下，各个排污口允许排海的某种污染物质的最大限值。某污染物的排放总量为各个排污口允许排放量之和。允许排放量的计算是总量控制的基础。水质标准是计算允许排放量的约束条件，海区动力条件和沿岸排污口的布局是计算允许排放量的客观条件。在这些条件确定的前提下，允许排放量的数值也是确定的，可通过一系列的计算得到。然后根据现有排污量便可以推算出各个排污口排污的超量。进而确定削减量和削减率，将排污削减计划落实到各排污口。

设 C_0 为满足水质控制目标条件下的某种污染物质的浓度值（亦即水质目标）。在存在 n 个点源的情况下，欲使水质浓度达到控制标准，则应有：

$$C_0 = \sum_{i=1}^{n} C_{0i} \tag{11-43}$$

由公式（11-43）定义可知，各个点源的影响浓度之和应等于标准值。并且由公式（11-41）有：

$$S_{0i} = \frac{C_{0i}}{P_i} \tag{11-44}$$

式中，S_{0i}、C_{0i}分别为满足水质目标条件下的第 i 个点源的允许排放量和影响浓度。

定义 R_{0i}为海域中满足水质控制目标条件下某个点上由于第 i 个污染源引起的某种污染物质的浓度对这种污染物质总浓度的贡献率，即有：

$$C_{0i} = R_{0i} \cdot C_0 \tag{11-45}$$

$$S_{0i} = \frac{R_i}{P_i} \cdot C_0 \tag{11-46}$$

由其定义可知，在 R_{0i}、P_i、C_0 为已知的条件下，可以反求出 S_{0i}、即计算第 i 个点源的允许排放量。于是可根据公式（11-44）逐个确定各个点源的允许排放量。允许排放总量则定义为：

$$A = \sum_{i=1}^{n} S_{0i} \tag{11-47}$$

在水质超标的情况下，应削减某些污染源的排放量。将实际排污量减去允许排污量即为应削减的量。设某源点的实际排污量为 S_{ri}，则有：

$$d_i = S_{ri} - S_{0i} \tag{11-48}$$

式中，d_i 即为各个排污口的削减量。显然，当 $d_i>0$ 时，表明实际排污量已超过允许值，应当削减排污量；当 $d_i<0$ 时，表明该污口的实际排污量小于允许排污量，不需削减，d_i 的数值则表征了该

排污口尚有剩余容量。

由公式（11-48），某排污口的排污削减率定义为：

$$R_i = \frac{d_i}{S_{ri}} \times 100\% \qquad (11-49)$$

当 d_i 为0时，不需要削减，削减率为零。

11.6.2 研究海域区块划分

11.6.2.1 区块划分目的和原则

深圳西部海域位于珠江河口伶仃洋段的东侧，南北纵深约57 km，包括有深圳湾、大铲湾（又称前海湾）和赤湾等半封闭型港湾。研究海域内不同区域的水运力条件相差较大，对污染物的稀释扩散能力也不一致，因此环境容量计算前首先要对研究海域进行区域划分。分区估算环境容量不仅可以使研究结果更加客观准确，方便污染物总量控制，而且更有利于排污口的管理。

深圳西部海域区块划分原则如下。

（1）同一区块内水交换能力不能有数量级之差。

（2）区块边界线尽可能与数值模拟计算中涨落潮方向相垂直。

（3）区块划分应当考虑海洋功能区划现状，区块边界线尽可能与所在的海洋功能区边界重合。

11.6.2.2 深圳西部海域区块划分

根据深圳西部海域的水动力特征和自然地理条件，同时考虑到研究海域的水环境质量目标，在进行容量估算时将深圳西部海域划分为5个区块，见图11-28。

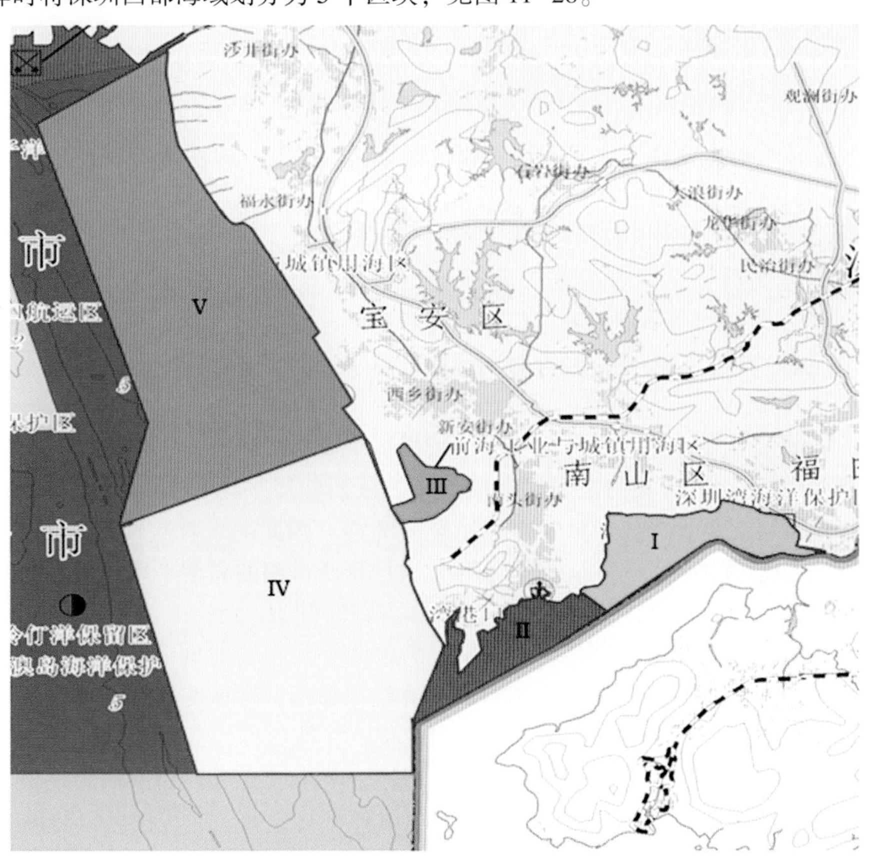

图11-28 深圳西部海域区块划分

深圳西部海域区块划分结果如下。

Ⅰ区：深圳湾海湾大桥至湾顶海域，面积约 23.25 km^2。

Ⅱ区：深圳湾海湾大桥至湾口海域，面积约 17.89 km^2。

Ⅲ区：大铲湾（又称前海湾）海域，面积约 6.37 km^2。

Ⅳ区：小铲岛以南海域，面积约 227.39 km^2。

Ⅴ区：小铲岛以北海域，面积约 170.87 km^2。

11.6.3 研究海域水体交换能力

环境容量的大小与排污口位置、控制点水质标准及水体对物质的输移扩散有关。由于排污口位置及控制点水质标准是确定的，所以环境容量存在区域差异的主要原因在于区域水体的输移扩散能力存在差异。水体交换能力是衡量水体对物质输移扩散能力的重要指标，为了能更科学、定量地描述深圳西部海域不同区域的水体交换能力，以下将对深圳西部海域的水体交换能力进行计算。根据 Takeoka（Takeoka H.，1984）的研究，水体交换能力可以用“平均存留时间”来进行描述。对于某一示踪物，其对应的平均存留时间 T_r 为：

$$T_r = \int_0^{\infty} C(t)/C_0 \mathrm{d}t \tag{11-50}$$

$C(t)$ 为 t 时刻水体的浓度值，C_0 为计算初始时刻水体的浓度值，当 C_0 为一个单位值如 1.0 mg/L 时，公式（11-50）可化为公式（11-51），将公式（11-51）离散得到计算水体平均存留时间的公式（11-52），其中，Δt 为水质模型计算的时间步长，C_i 为时段 i 计算所得的浓度值，当 n 趋于无穷大时，C_i 趋于零，此时得到稳定的水体存留时间 T_r值，据此描述不同计算区域的水体交换能力。

$$T_r = \int_0^{\infty} C(t) \mathrm{d}t \tag{11-51}$$

$$T_r = \sum_{i=0}^{i=n} C_i \Delta t \qquad n \to \infty \tag{11-52}$$

由公式可见，需要确定水体存留时间的计算范围和初始时刻，即物质投放时间。

水体存留时间计算设置如下。

（1）计算水体存留时间的外边界与水质模型的外边界一致。

（2）外边界浓度为零。

（3）越过外边界线的物质不随涨潮过程返回计算区域。

（4）考虑保守性物质，从高潮位附近时刻开始计算水体的平均存留时间，即设定为水体存留时间的初始时刻。

（5）计算时段设置为平水期，水体存留时间均以一个大小潮周期为单位，循环计算，循环计算次数越多，初场为 1.0 mg/L 区域的浓度会逐渐变小，从而使得平均存留时间趋于稳定值，但实际模拟中物质浓度值不可能也没必要计算使得其完全变为零，因此引入收敛性判断标准（D，Yuan.，B. Lin，Falconer. R A，2007），当第 n-1 次和第 n 次计算所得到的周期平均停留时间之相对误差小于 0.1 时，终止循环，由此得到该时段条件下的水体存留时间。

计算结果表明，深圳西部海域各区块（Ⅰ~Ⅴ）的水体平均存留时间分别约为 21 d、9 d、12 d、5 d 和 7 d。由深圳西部海域水体的平均存留时间计算结果显示，水体交换存在明显的区域差异。平面空间上的特征为，靠近上游海域的水体存留时间较长；在外边界处，由于越过外边界线的物质不随涨潮过程返回计算区域，故外边界处水体存留时间较上游海域要短；而深圳湾地形比较封闭，水体存留时间相对较长。一般而言，水体停留时间短，水体交换迅速，区域排污口的环境容量较大。

11.6.4 研究海域功能区划分与水质目标

近岸海域环境功能区的划分和水体功能的确定，是计算环境容量的前提，也是对各类水污染物进行总量控制的基础。根据广东省人民政府于 2013 年 1 月印发的《广东省海洋功能区划》（粤府〔2013〕9 号），涉及深圳西部海域环境功能区有 7 个，分别为深圳湾海洋保护区、深圳湾保留区、大铲湾—蛇口湾港口航运区、前海工业与城镇用海区、沙井—福永工业与城镇用海区、伶仃洋保留区和珠江口海洋保护区，见图 5-2。

深圳西部海域海洋功能区各区域的主导功能及管理要求安排如下。

（1）沙井—福永工业与城镇用海区

①代码：A3-19

②功能区名称：沙井—福永工业与城镇用海区

③功能区类型：工业与城镇用海区

④地理范围：22°33′15″—22°44′27″N、113°44′45″—113°50′44″E

⑤面积：3 953 hm^2

⑥岸段长度：24 459 m

⑦海域使用管理要求：a. 相适宜的海域使用类型为造地工程用海、工业用海；b. 保障宝安渔港用海需求；c. 适当保障港口航运、旅游娱乐用海需求；d. 该区域开发须经过严格论证，重点保障防洪纳潮、航道畅通、海洋环境保护等需要；e. 工程建设期间采取有效措施降低对周边功能区的影响；f. 加强对围填海的动态监测和监管。

⑧海洋环境保护要求：执行四类海水水质标准、三类海洋沉积物质量标准和三类海洋生物质量标准。

（2）大铲湾—蛇口湾港口航运区

①代码：A2-20

②功能区名称：大铲湾—蛇口湾港口航运区

③功能区类型：港口航运区

④地理范围：22°25′29″—22°33′32″N、113°49′10″—113°56′58″E

⑤面积：5 626 hm^2

⑥岸段长度：31 067 m

⑦海域使用管理要求：a. 相适宜的海域使用类型为交通运输用海；b. 适当保障蛇口渔港、西部通道及旅游娱乐用海需求；c. 优化围填海平面布局，节约集约利用海域资源；d. 严格控制西部通道至邮轮母港滨海休闲带的围填海；e. 维护深圳港西部航道水深条件，禁止建设破坏港口岸线和航道资源的构筑物；f. 改善水动力条件和泥沙冲淤环境；g. 优先保障军事用海需求。

⑧海洋环境保护要求：a. 加强港区环境污染治理，生产废水、生活污水须达标排海；b. 执行四类海水水质标准、三类海洋沉积物质量标准和三类海洋生物质量标准。

（3）前海工业与城镇用海区

①代码：A3-20

②功能区名称：前海工业与城镇用海区

③功能区类型：工业与城镇用海区

④地理范围：22°31′05″—22°33′20″N、113°51′28″—113°53′26″E

⑤面积：650 hm^2

⑥岸段长度：13 194 m

⑦海域使用管理要求：a. 相适宜的海域使用类型为造地工程用海、工业用海；b. 保障港口航运、旅游娱乐用海需求；c. 围填海须严格论证，优化平面布局，节约集约利用海域资源；d. 加强对围填海的动态监测和监管。

⑧海洋环境保护要求：a. 加强前海海域环境综合整治，改善海域环境质量；b. 执行三类海水水质标准、二类海洋沉积物质量标准和二类海洋生物质量标准。

（4）深圳湾保留区

①代码：A8-12

②功能区名称：深圳湾保留区

③功能区类型：保留区

④地理范围：22°28′35″—22°31′30″N、113°56′16″—114°02′39″E

⑤面积：2 157 hm^2

⑥岸段长度：13 378 m

⑦海域使用管理要求：a. 通过严格论证，合理安排相关开发活动；b. 严格控制围填海，严格限制设置明显改变水动力环境的构筑物。

⑧海洋环境保护要求：a. 加强海湾环境整治，改善海域生态环境质量；b. 生产废水、生活污水须达标排海；c. 海水水质、海洋沉积物质量和海洋生物质量等维持现状。

（5）深圳湾海洋保护区

①代码：A6-11

②功能区名称：深圳湾海洋保护区

③功能区类型：海洋保护区

④地理范围：22°30′33″—22°31′46″N、113°59′49″—114°01′58″E

⑤面积：276 hm^2

⑥岸段长度：6 132 m

⑦海域使用管理要求：a. 相适宜的海域使用类型为特殊用海；b. 保障福田红树林自然保护区管理设施建设的用海需求；c. 严格控制围填海；d. 不得建设污染环境、破坏红树林的生活生产设施；e. 严格按照国家关于海洋环境保护以及自然保护区管理的法律、法规和标准进行管理。

⑧海洋环境保护要求：a. 保护深圳湾红树林；b. 加强保护区海洋生态环境监测；c. 执行二类海水水质标准、二类海洋沉积物质量标准和二类海洋生物质量标准。

（6）伶仃洋保留区

①代码：A8-10

②功能区名称：伶仃洋保留区

③功能区类型：保留区

④地理范围：22°22′39″—22°47′36″N、113°26′53″—113°52′01″E

⑤面积：63 421 hm^2

⑥岸段长度：104 960 m

⑦海域使用管理要求：a. 维护海域防洪纳潮功能；b. 保障珠江口中华白海豚国家级自然保护区管理配套设施建设用海需求；c. 适当保障工业与城镇用海需求；d. 通过严格论证，合理安排相关开发活动。

⑧海洋环境保护要求：a. 保护伶仃洋生态环境；b. 加强对陆源污染物及船舶排污、海洋工程和海洋倾废的监控；c. 海水水质、海洋沉积物质量和海洋生物质量标准维持现状。

（7）珠江口海洋保护区

①代码：B6-25

②功能区名称：珠江口海洋保护区

③功能区类型：海洋保护区

④地理范围：22°10′59″—22°23′59″N、113°40′00″—113°52′01″E

⑤面积：45 408 hm^2

⑥岸段长度：0 m

⑦海域使用管理要求：a. 相适宜的海域使用类型为特殊用海；b. 严格按照国家关于海洋环境

保护以及自然保护区管理的法律、法规和标准进行管理。

⑧海洋环境保护要求：a. 保护中华白海豚及其生境；b. 加强保护区海洋生态环境监测；c. 执行一类海水水质标准、一类海洋沉积物质量标准和一类海洋生物质量标准。

依据《广东省海洋功能区划》（粤府〔2013〕9 号）文件精神，深圳湾海洋保护区明确严格执行二类海水水质标准；前海工业与城镇用海区明确执行三类海水水质标准；大铲湾—蛇口湾港口航运区明确执行四类海水水质标准；沙井—福永工业与城镇用海区明确执行四类海水水质标准；珠江口海洋保护区明确严格执行一类海水水质标准；深圳湾保留区应加强海湾环境整治，改善海域生态环境质量，维持现有的海水水质、海洋沉积物质量和海洋生物质量等，综合其主导功能、水质环境及海域用海情况，设定其水质目标为四类海水水质标准；伶仃洋保留区应保护伶仃洋生态环境，加强对陆源污染物及船舶排污、海洋工程和海洋倾废的监控，维持现有的海水水质、海洋沉积物质量和海洋生物质量，综合其主导功能、水质环境及海域用海情况，设定其水质目标为第四类海水水质标准。深圳西部海域海洋功能区及水质目标见表 11-1。

表 11-1　深圳西部海域海洋功能区及水质目标

序号	功能区名称	功能区类别	水质目标
1	深圳湾海洋保护区	二	二类
2	深圳湾保留区	二	四类
3	大铲湾—蛇口湾港口航运区	二	四类
4	前海工业与城镇用海区	二	三类
5	沙井—福永工业与城镇用海区	二	四类
6	伶仃洋保留区	二	四类
7	珠江口海洋保护区	二	一类

11.6.5　研究海域排污口及主要污染物入海能量

为便于污染源的管理，常根据不同的方式对污染源进行分类。如按其向环境排放污染物的空间分布方式，污染源可分为点污染源、线状污染源和面污染源，后两者统称为非点源污染源；又如按其产生的人类社会活动分类，可分为工业污染源、农业污染源、交通运输污染源和生活污染源等。

通过课题组的野外调查，深圳西部陆域汇水区内的工业源、生活源以及由降雨径流而产生的城市面源和农业面源，大都通过河口和企业直排口以点源的形式进入深圳西部海域，直接影响珠江口深圳海域的排污口共有 31 个。同时，为了了解深圳西部海域沿岸各排污口的排污现状，课题组也通过野外调查实测各排污口主要污染物的排放浓度及排放流量，调查结果如下所述。

11.6.5.1　珠江口深圳海域

通过野外调查可知，直接影响珠江口深圳海域的排污口有 21 个，各排污口具体分布见图 11-29，各排污口水质调查结果见表 11-2，各排污口主要污染物入海通量见表 11-3。

表 11-2　珠江口深圳海域各排污口主要污染物水质调查结果　　单位：mg/L

编号	区块	排污口	COD	磷酸盐	TP	TN	无机氮	石油类
P1	V	茅洲河	41.83	2.117	3.09	29.55	26.12	0.457
P2	V	德丰围涌	84.25	1.660	3.68	50.87	26.70	0.421
P3	V	西堤石围涌	58.60	1.073	1.96	33.06	23.03	0.344
P4	V	下涌	81.50	3.215	5.21	65.13	59.14	1.598
P5	V	沙涌	84.08	1.614	2.52	25.33	22.96	1.282

续表

编号	区块	排污口	COD	磷酸盐	TP	TN	无机氮	石油类
P6	V	和二涌	104.80	3.959	5.25	46.02	27.63	0.415
P7	V	沙福河	76.95	0.838	2.65	30.46	25.28	0.923
P8	V	塘尾涌	89.68	2.316	2.37	15.83	15.52	2.432
P9	V	和平涌	77.40	0.088	0.41	5.02	3.41	0.215
P10	V	玻璃围涌	86.30	0.249	0.65	7.71	5.33	2.937
P11	V	四兴涌	100.95	0.357	0.36	2.75	2.64	0.246
P12	V	坳颈涌	119.08	2.447	3.49	48.82	38.66	2.443
P13	V	灶下涌	81.25	0.714	0.94	10.15	9.75	0.530
P14	V	福永河	85.60	0.718	0.94	5.98	4.98	1.488
P15	IV	机场外排洪渠	80.92	6.855	6.89	42.76	36.86	1.983
P16	IV	新涌	113.25	1.467	2.16	22.63	21.12	1.262
P17	IV	铁岗水库排洪河	128.15	1.102	2.81	41.07	30.69	1.605
P18	IV	南昌涌	110.65	3.023	3.07	17.84	17.22	5.777
P19	IV	固戍涌	40.54	0.521	0.54	17.52	6.91	0.193
P20	IV	共乐涌	100.08	1.102	1.39	13.40	11.72	7.479
P21	IV	西乡大道分流渠	96.88	0.907	0.98	12.97	10.37	0.114

表 11-3 珠江口深圳海域各排污口主要污染物入海通量

编号	区块	排污口	流量 ($\times10^8$ m^3/a)	COD (t/a)	磷酸盐 (t/a)	TP (t/a)	TN (t/a)	无机氮 (t/a)	石油类 (t/a)
P1	V	茅洲河	2.50	10 458.0	529.3	772.5	7 387.5	6 530.8	114.2
P2	V	德丰围涌	0.22	1 886.4	37.2	82.4	1 139.0	597.9	9.4
P3	V	西堤石围涌	0.28	1 644.7	30.1	55.0	927.9	646.4	9.6
P4	V	下涌	0.97	7 916.2	312.2	506.1	6 326.1	5 744.3	155.2
P5	V	沙涌	0.42	3 552.9	68.2	106.5	1 070.4	970.3	54.2
P6	V	和二涌	0.44	4 560.9	172.3	228.5	2 002.8	1 202.2	18.0
P7	V	沙福河	0.15	1 164.8	12.7	40.1	461.1	382.7	14.0
P8	V	塘尾涌	0.47	4 242.0	109.5	112.1	748.8	734.0	115.1
P9	V	和平涌	0.50	3 832.2	4.4	20.3	248.5	168.9	10.7
P10	V	玻璃围涌	0.53	4 599.4	13.3	34.6	410.9	284.1	156.5
P11	V	四兴涌	0.38	3 883.9	13.7	13.9	105.8	101.5	9.5
P12	V	坳颈涌	0.55	6 571.5	135.1	192.6	2 694.3	2 133.7	134.8
P13	V	灶下涌	0.52	4 253.4	37.4	49.2	531.4	510.3	27.7
P14	V	福永河	3.53	30 177.8	253.1	331.4	2 108.2	1 754.1	524.5
P15	IV	机场外排洪渠	0.91	7 400.0	626.9	630.1	3 910.6	3 370.9	181.4
P16	IV	新涌	0.30	3 392.9	44.0	64.7	678.0	632.7	37.8
P17	IV	铁岗水库排洪河	0.29	3677.6	31.6	80.6	1 178.6	880.6	46.1
P18	IV	南昌涌	0.18	2 023.9	55.3	56.2	326.3	315.0	105.7
P19	IV	固戍涌	0.30	1 216.9	15.6	16.2	525.9	207.4	5.8
P20	IV	共乐涌	0.09	946.8	10.4	13.2	126.8	110.9	70.8
P21	IV	西乡大道分流渠	0.02	152.8	1.4	1.5	20.5	16.3	0.2

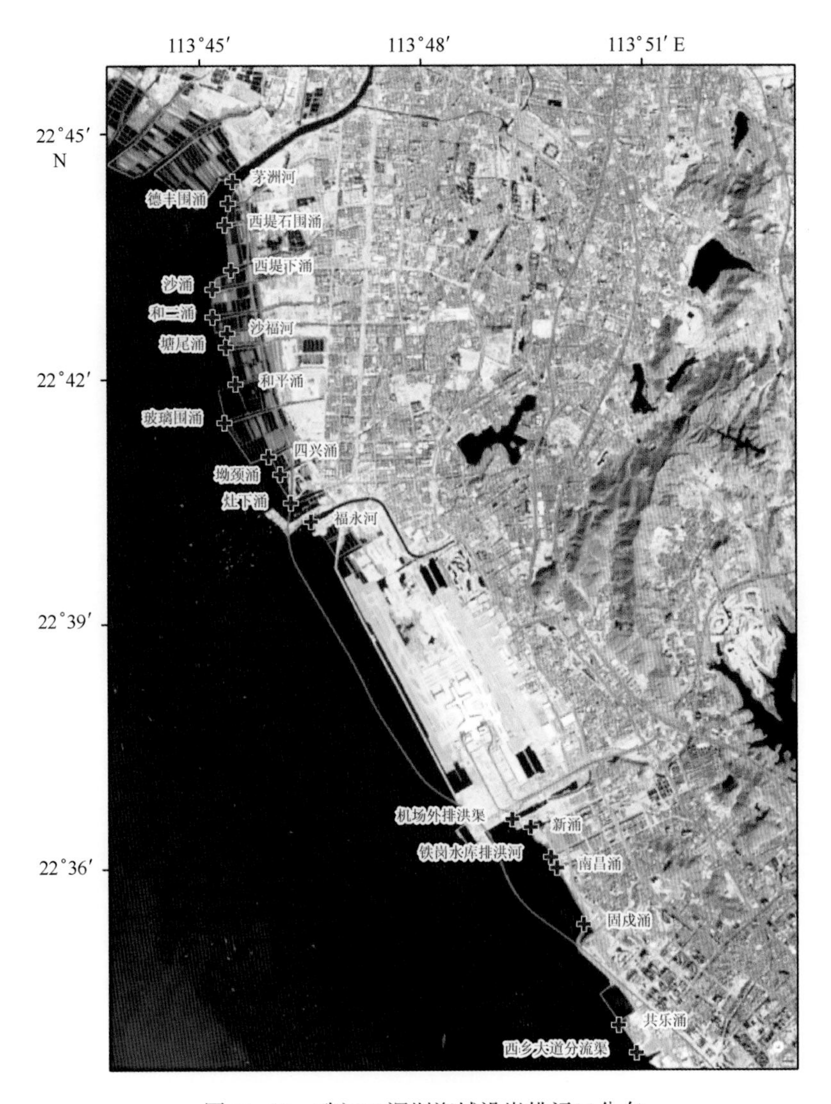

图 11-29　珠江口深圳海域沿岸排污口分布

11.6.5.2　深圳湾海域

通过野外调查可知，直接影响深圳湾海域的排污口有 6 个，各排污口具体分布见图 11-30，各排污口水质调查结果见表 11-4，各排污口主要污染物入海通量见表 11-5。

表 11-4　深圳湾海域各排污口主要污染物水质调查结果　　单位：mg/L

编号	区块	排污口	COD	磷酸盐	TP	TN	无机氮	石油类
P27	Ⅱ	蛇口工业区污水处理厂排污口	86.46	1.359	1.40	20.83	20.77	0.821
P28	Ⅱ	南海玫瑰园排污口	78.41	0.821	1.04	15.32	13.41	1.205
P29	Ⅱ	后海河	132.57	0.604	0.79	14.18	14.12	0.656
P30	Ⅰ	大沙河	23.09	0.214	0.39	7.05	6.21	0.894
P31	Ⅰ	凤塘河	32.32	0.459	0.84	11.26	10.19	1.129
P33	Ⅰ	深圳河	26.62	0.370	0.67	11.79	10.66	0.580

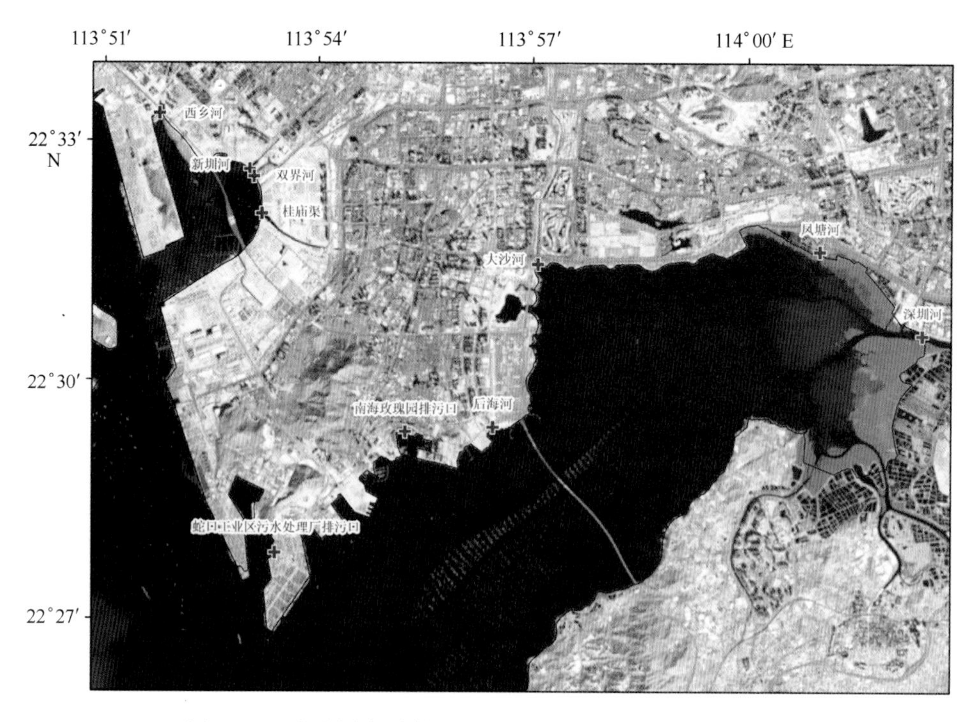

图 11-30　深圳湾与大铲湾（又称前海湾）沿岸排污口分布

表 11-5　深圳湾海域各排污口主要污染物入海通量

编号	区块	排污口	流量（×10^8 m^3/a）	COD（t/a）	磷酸盐（t/a）	TP（t/a）	TN（t/a）	无机氮（t/a）	石油类（t/a）
P27	Ⅱ	蛇口工业区污水处理厂排污口	0.11	954.4	15.0	15.5	229.9	229.2	9.1
P28	Ⅱ	南海玫瑰园排污口	0.05	370.9	3.9	4.9	72.5	63.4	5.7
P29	Ⅱ	后海河	0.09	1 254.2	5.7	7.5	134.2	133.6	6.2
P30	Ⅰ	大沙河	0.09	218.5	2.0	3.7	66.7	58.8	8.5
P31	Ⅰ	凤塘河	0.03	101.9	1.4	2.6	35.5	32.1	3.6
P33	Ⅰ	深圳河	5.20	13 840.7	192.2	348.4	6 130.8	5 544.9	301.6

11.6.5.3　大铲湾（又称前海湾）海域

通过野外调查可知，直接影响大铲湾（又称前海湾）海域的排污口有 4 个，各排污口具体分布见图 11-30，各排污口水质调查结果见表 11-6，各排污口主要污染物入海通量见表 11-7。

表 11-6　大铲湾（又称前海湾）海域各排污口主要污染物水质调查结果　　单位：mg/L

编号	区块	排污口	COD	磷酸盐	TP	TN	无机氮	石油类
P22	Ⅲ	西乡河	43.78	0.861	0.93	15.02	14.64	0.233
P23	Ⅲ	新圳河	41.55	0.279	0.44	10.04	2.63	1.669
P24	Ⅲ	双界河	88.95	0.737	1.20	14.71	14.06	0.784
P25	Ⅲ	桂庙渠	211.77	1.343	2.25	23.44	23.04	1.552

表 11-7 大铲湾（又称前海湾）海域各排污口主要污染物入海通量

编号	区块	排污口	流量 ($\times 10^8$ m^3/a)	COD (t/a)	磷酸盐 (t/a)	TP (t/a)	TN (t/a)	无机氮 (t/a)	石油类 (t/a)
P22	Ⅲ	西乡河	1.01	4 437.8	87.2	94.3	1 522.4	1 484.1	23.6
P23	Ⅲ	新圳河	0.15	638.4	4.3	6.8	154.2	40.5	25.6
P24	Ⅲ	双界河	2.64	23 482.5	194.6	316.8	3 883.5	3 711.8	207.0
P25	Ⅲ	桂庙渠	0.08	1 736.4	11.0	18.4	192.2	189.0	12.7

11.6.6 研究海域水质控制点选取

计算深圳西部海域的环境容量需要根据其海洋功能分区确定水质目标，提取水质控制点。由于水流与污染物运动的连续性，只要选取一定间隔的水质控制点，就能保证各类水域分别达标。水质控制点的选取原则（李适宇等，1999）如下。

（1）对处在采用二类海水水质标准功能区的排污口，在其周边设二类海水水质标准控制点。

（2）对处在采用三类海水水质标准功能区的排污口，在其周边设三类海水水质标准控制点。

（3）对处在采用四类海水水质标准功能区的排污口，在其周边设四类海水水质标准控制点。

（4）在采用三类与二类海水水质标准的 2 种水域的交界线上设二类海水水质控制点，使这些点的浓度不得超过二类海水水质标准。

（5）在采用三类与四类海水水质标准的 2 种水域的交界线上设一类海水水质控制点，使这些点的浓度不得超过一类海水水质标准。

一般而言，不同水质要求的海洋功能区交界线或者是边界线上的水质控制点数量不多，而且往往离排污口很远，此种情况下会造成排污口到控制边界沿程的浓度超标，而在控制边界处达标的情况。因此，为达到较好的水环境管理目标，需要在排污口和控制边界之间设定稀释混合区。在稀释混合区内，可以允许污染物浓度超标，但在混合区外，则必须达到该海域的海水水质管理标准，见图 11-31。依据深圳西部海域海洋功能区划和沿岸排污口的特点，本章按照我国《污水海洋处置工程污染控制标准》（GB 18486—2001）中的相关规定和计算公式，确定深圳西部海域沿岸各排污口的混合区范围，深圳西部海域各排污口混合区范围见表 11-8，并据此给出各排污口的水质控制点。

表 11-8 深圳西部海域各排污口混合区范围

编号	区块	排污口	混合区面积（km^2）	混合区半径（m）
P1	V	茅洲河	0.3	997
P2	V	德丰围涌	0.3	997
P3	V	西堤石围涌	0.3	997
P4	V	下涌	0.3	997
P5	V	沙涌	0.3	997
P6	V	和二涌	0.3	997
P7	V	沙福河	0.3	997
P8	V	塘尾涌	0.3	997
P9	V	和平涌	0.3	997
P10	V	玻璃围涌	0.3	997
P11	V	四兴涌	0.3	997
P12	V	坳颈涌	0.3	997

续表

编号	区块	排污口	混合区面积（km^2）	混合区半径（m）
P13	V	灶下涌	0.3	997
P14	V	福永河	0.3	997
P15	IV	机场外排洪渠	0.3	997
P16	IV	新涌	0.3	997
P17	IV	铁岗水库排洪河	0.3	997
P18	IV	南昌涌	0.3	997
P19	IV	固戍涌	0.3	997
P20	IV	共乐涌	0.3	997
P21	IV	西乡大道分流渠	0.3	997
P22	III	西乡河	0.03	98
P23	III	新圳河	0.03	98
P24	III	双界河	0.03	98
P25	III	桂庙渠	0.03	98
P27	II	蛇口工业区污水处理厂排污口	0.005	40
P28	II	南海玫瑰园排污口	0.445	376
P29	II	后海河	0.445	376
P30	I	大沙河	0.445	376
P31	I	凤塘河	0.445	376
P33	I	深圳河	0.445	376

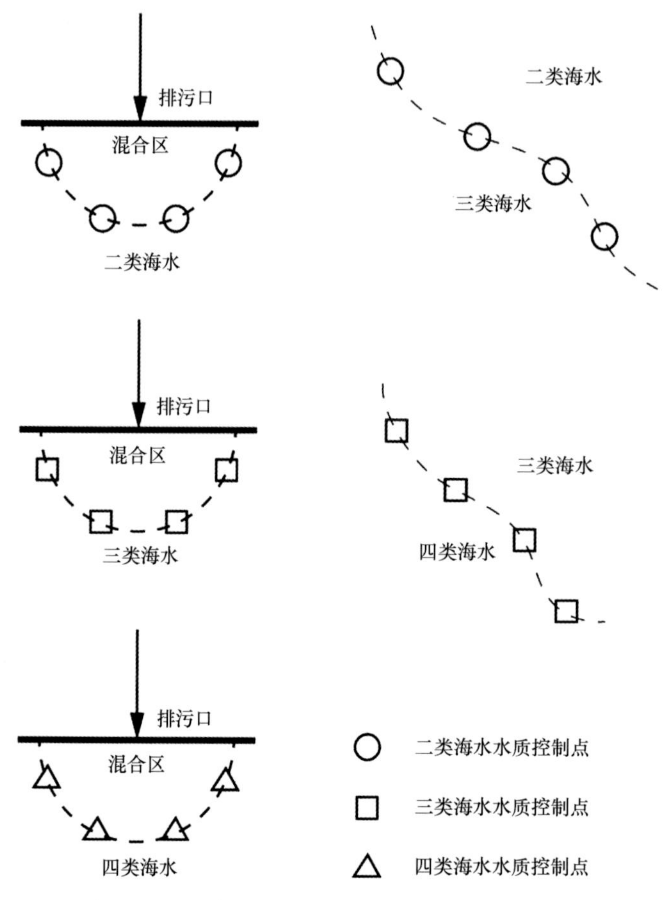

图 11-31　排污口及不同海洋功能区达标概念图

依据上述原则最终选择的水质控制点个数为215个，其中，一类水质控制点为10个，二类水质控制点为11个，三类水质控制点47个，四类水质控制点为147个，各类水质控制点的分布如图11-32所示。

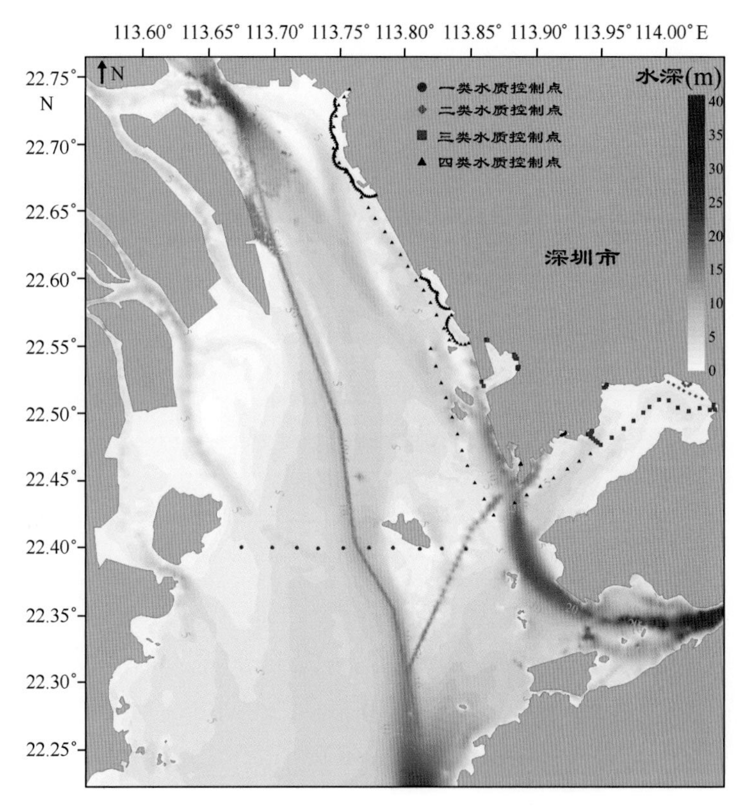

图11-32 深圳西部海域各类水质控制点位置分布

11.6.7 研究海域背景浓度

11.6.7.1 控制点处的背景浓度

控制点处的背景浓度主要是考虑研究区域外污染物对区域环境容量的影响而存在的，严格意义上的背景浓度值应在只有开边界浓度而区域内无负荷排出的条件下由水质模型计算得出，进而估算研究区域的背景容量。但是，在实际的环境容量管理中，背景容量的应用价值并不明显，因为人们关心的仅是剩余环境容量，剩余环境容量才是可利用的环境容量。因此，在进行海域环境容量估算时，可以采用水环境质量现状调查方法获取背景浓度，进而应用分担率法估算研究区域的剩余环境容量。

研究海域的背景浓度通过水质现状调查获得。根据研究内容，本章将研究海域划分为3个区域进行水质现状调查，区域划分情况分别为珠江口深圳海域、深圳湾海域和大铲湾（又称前海湾）海域。水质现状调查数据处理原则是先求各站位的表层和底层数据平均值，然后再按站位计算不同航次的平均值作为该站位的背景浓度值。

11.6.7.2 珠江口深圳海域主要污染物背景浓度

珠江口深圳海域水质现状调查共执行6个航次，调查日期分别为2014年2月24日、2014年3月1日、2014年6月28日、2014年7月6日、2014年11月16日和2014年11月23日，珠江口深圳海域水质调查站位安排见第5章图5-1，珠江口深圳海域水环境主要污染物的现状调查结果见图11-33、图11-34、图11-35和图11-36，珠江口深圳海域水环境主要污染物的平面分布见图11-37、图11-38、图11-39和图11-40。

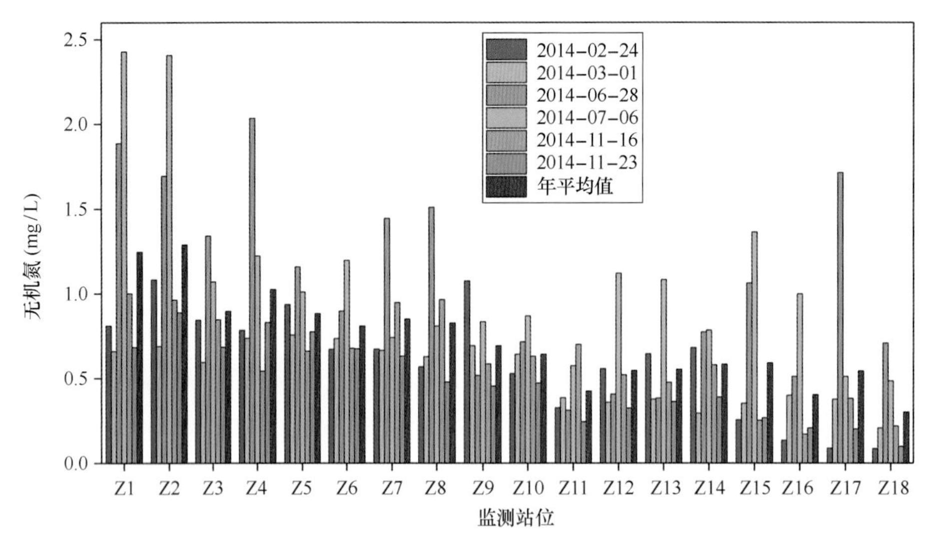

图 11-33　珠江口深圳海域无机氮现状调查结果

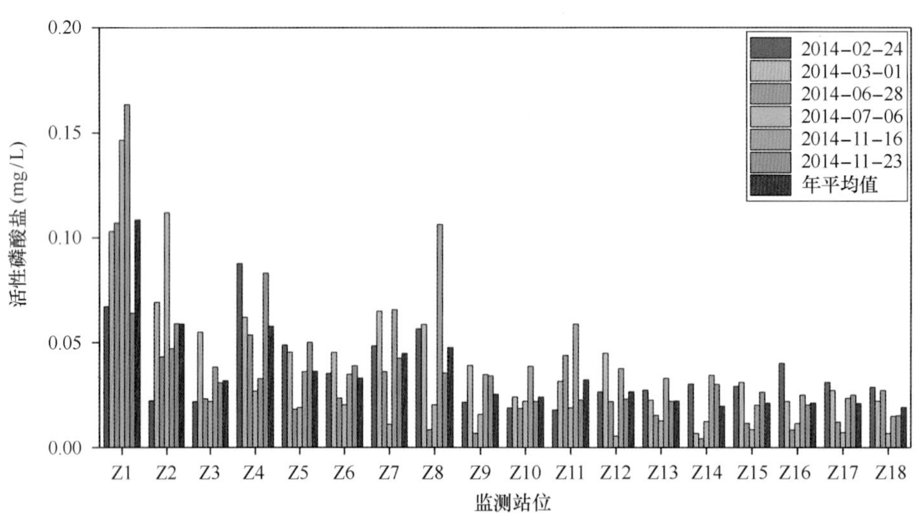

图 11-34　珠江口深圳海域磷酸盐现状调查结果

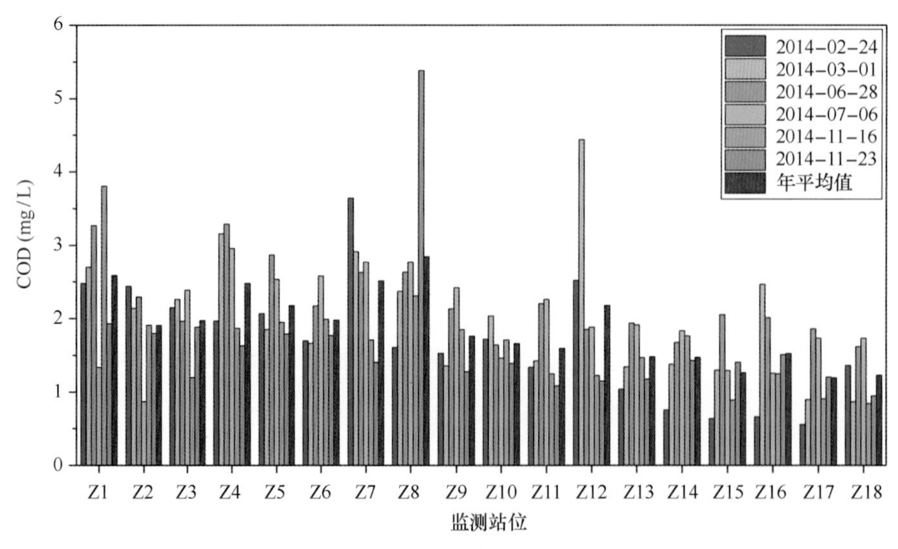

图 11-35　珠江口深圳海域 COD 现状调查结果

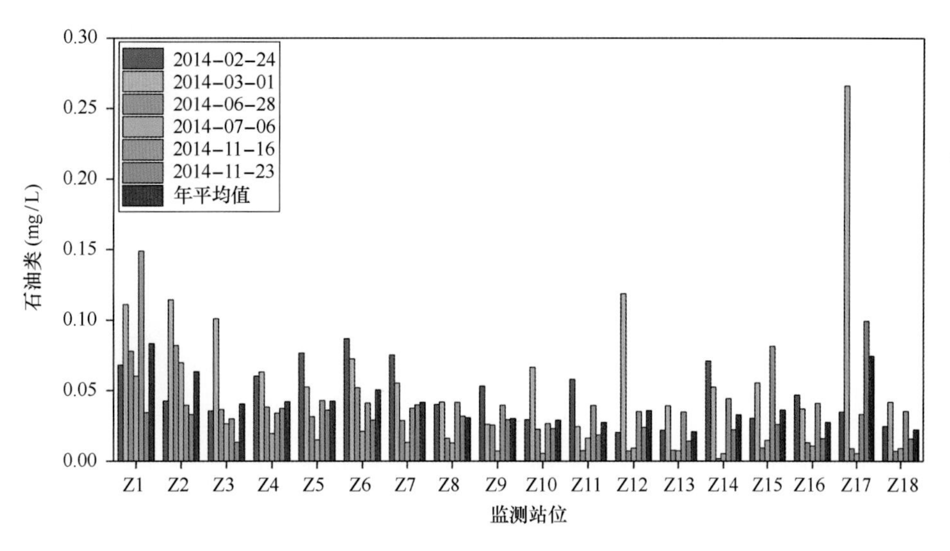

图 11-36 珠江口深圳海域石油类现状调查结果

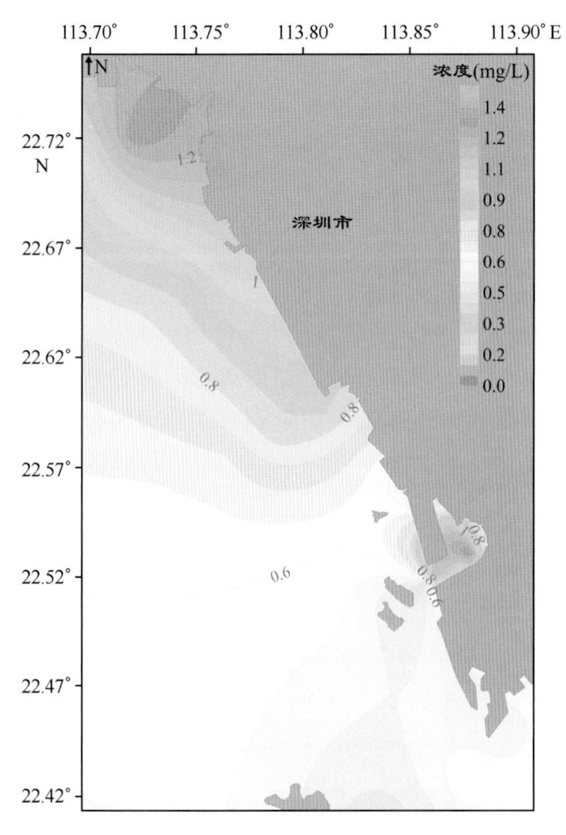

图 11-37 珠江口深圳海域无机氮平面分布特征

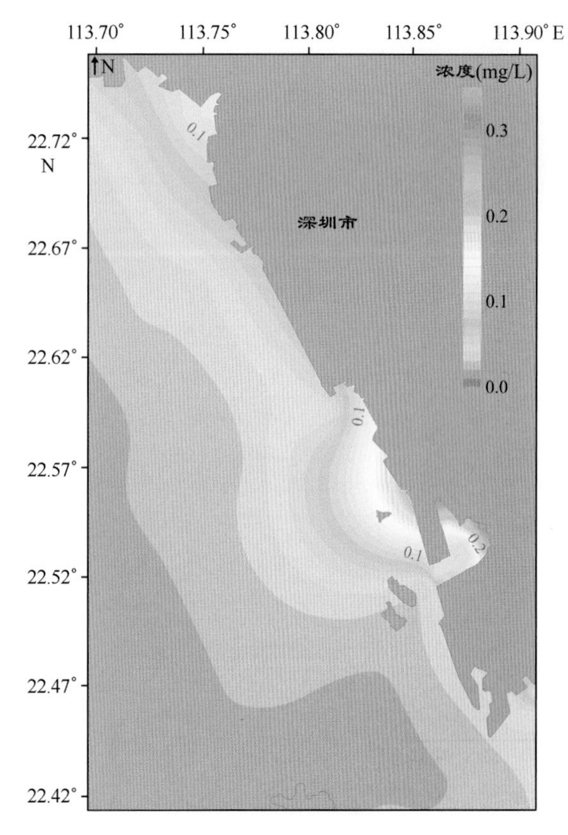

图 11-38 珠江口深圳海域磷酸盐平面分布特征

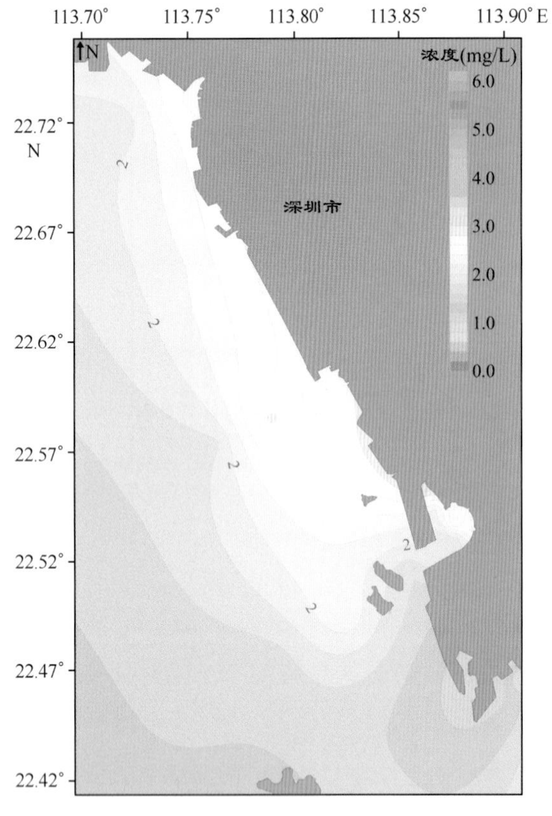

图 11-39　珠江口深圳海域 COD 平面分布特征

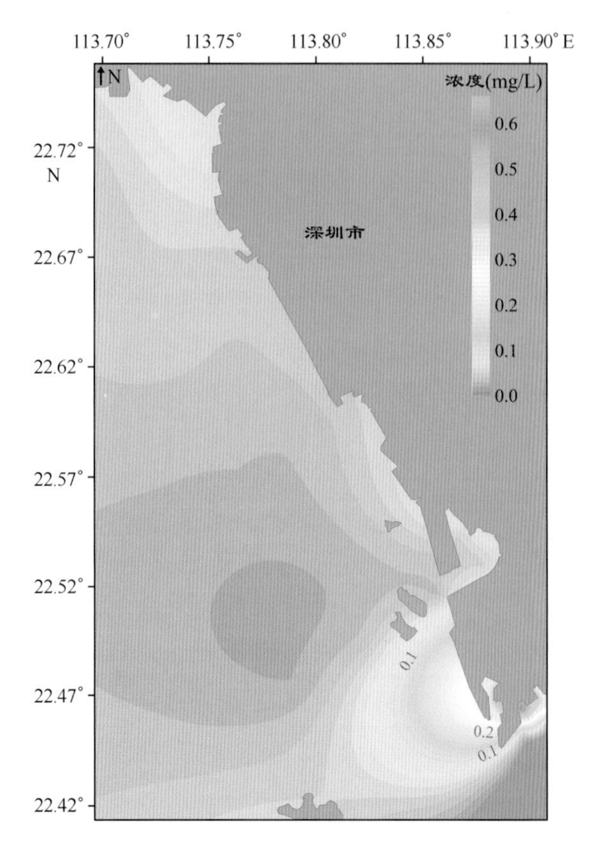

图 11-40　珠江口深圳海域石油类平面分布特征

11.6.7.3　深圳湾海域主要污染物背景浓度

深圳湾海域水质现状调查共执行 2 航次，调查日期分别为 2014 年 4 月 12 日和 2014 年 12 月 4 日，深圳湾海域水质调查站位安排见第 5 章图 5-15，深圳湾海域水环境主要污染物的现状调查结果见图 11-41、图 11-42、图 11-43 和图 11-44，深圳湾海域水环境主要污染物的平面分布见图 11-45、图 11-46、图 11-47 和图 11-48。

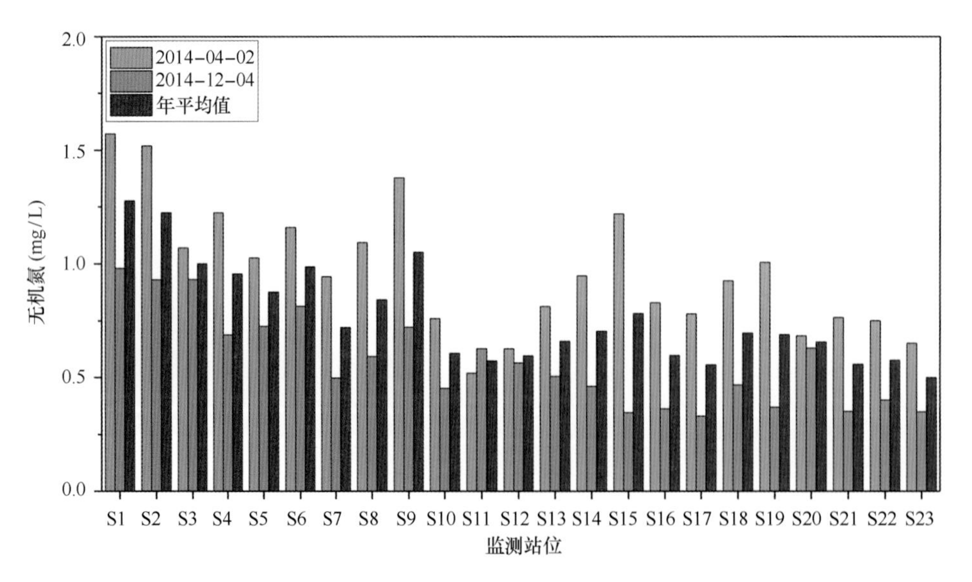

图 11-41　深圳湾海域无机氮现状调查结果

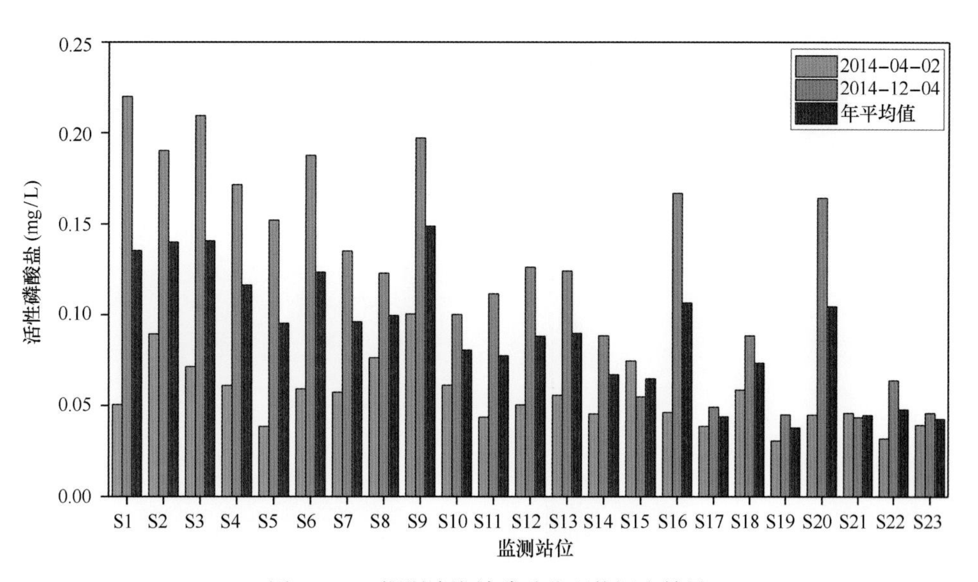

图 11-42 深圳湾海域磷酸盐现状调查结果

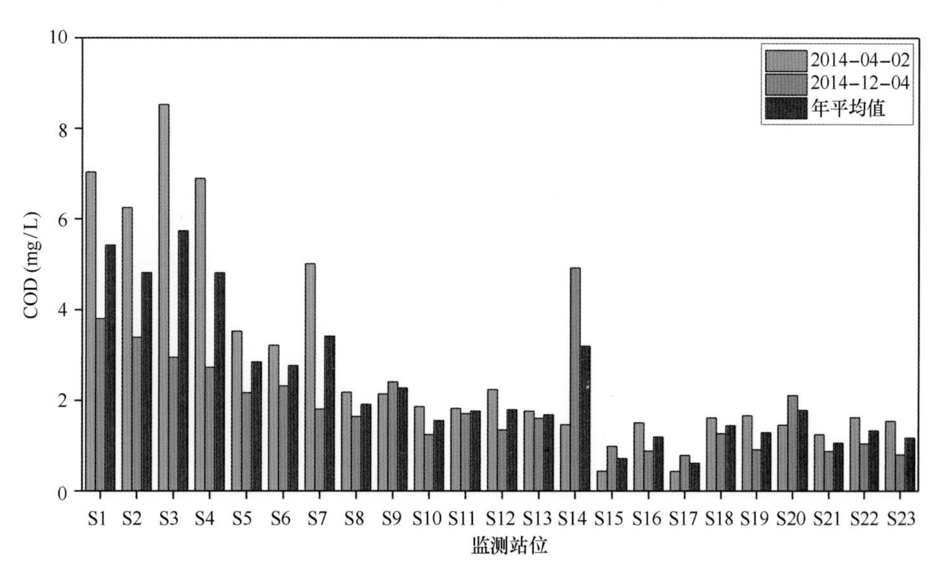

图 11-43 深圳湾海域 COD 现状调查结果

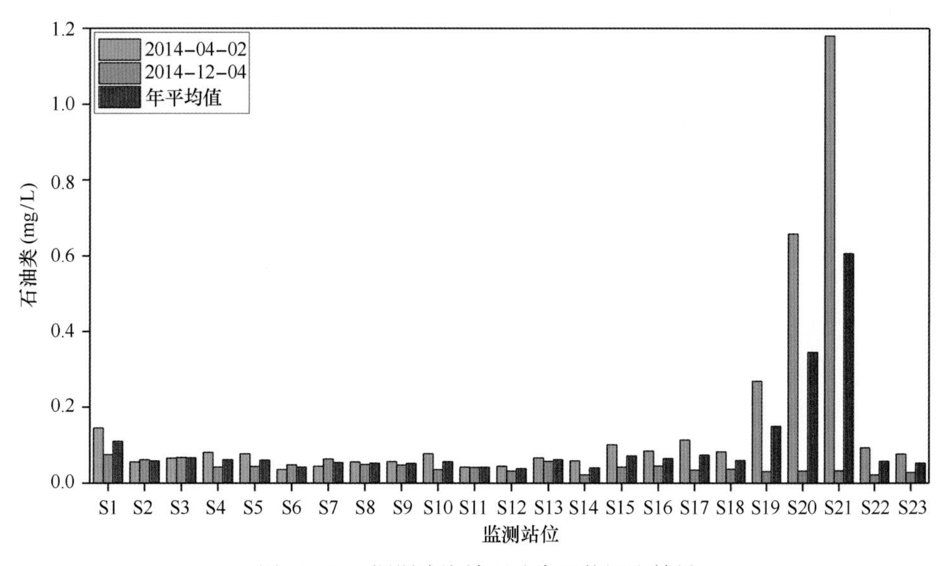

图 11-44 深圳湾海域石油类现状调查结果

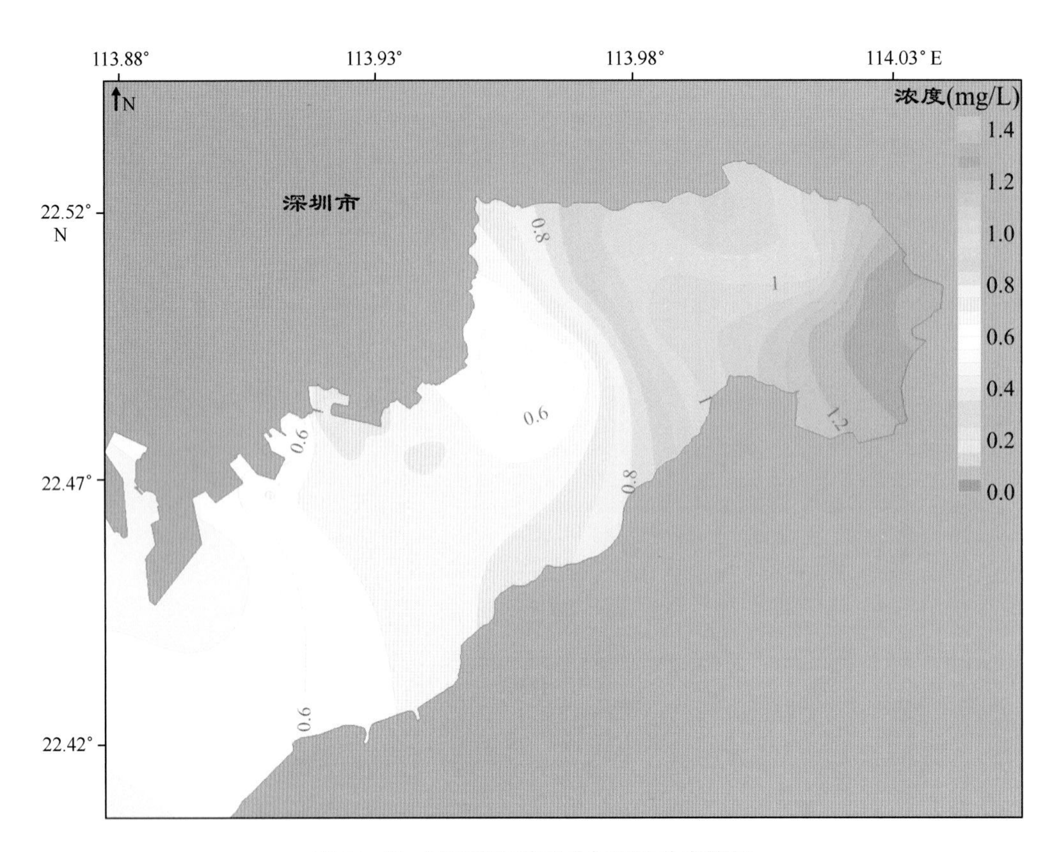

图 11-45 深圳湾海域无机氮平面分布特征

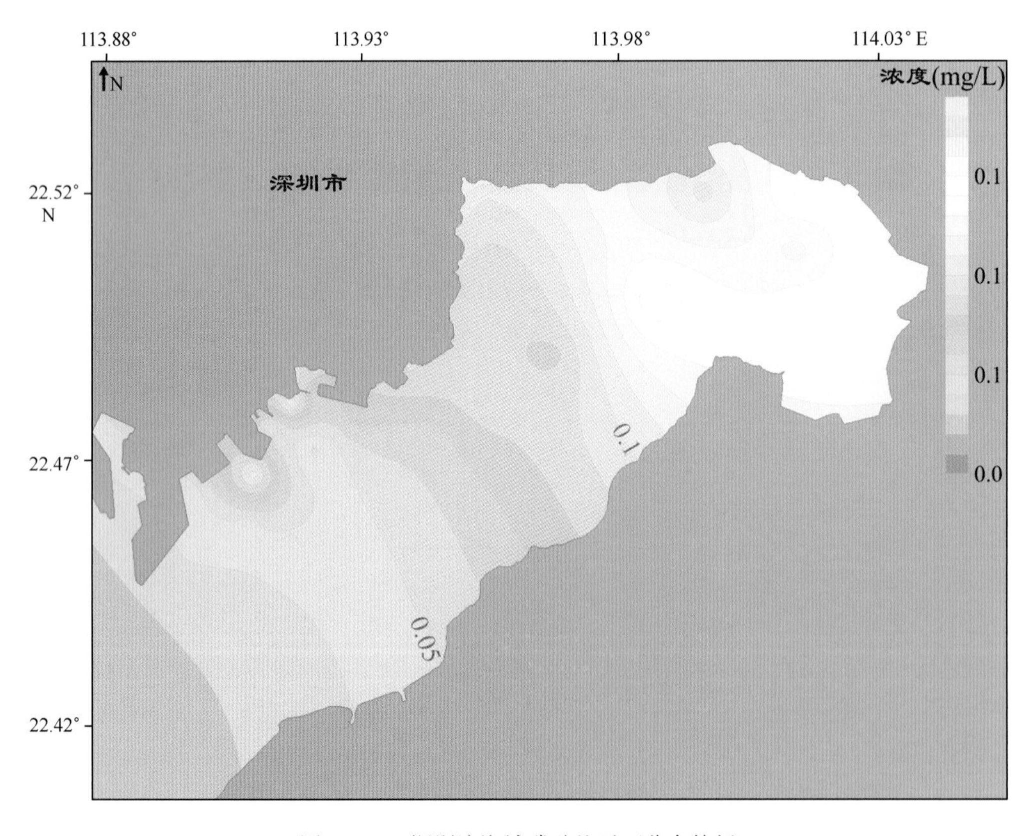

图 11-46 深圳湾海域磷酸盐平面分布特征

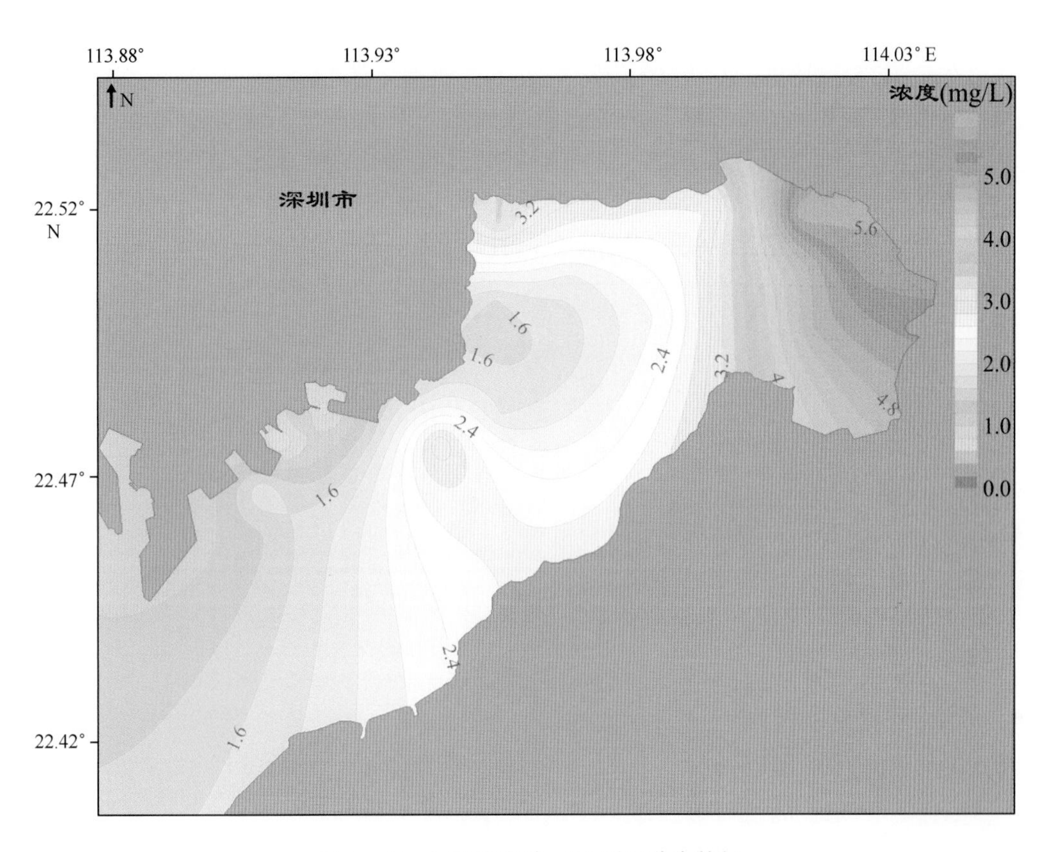

图 11-47 深圳湾海域 COD 平面分布特征

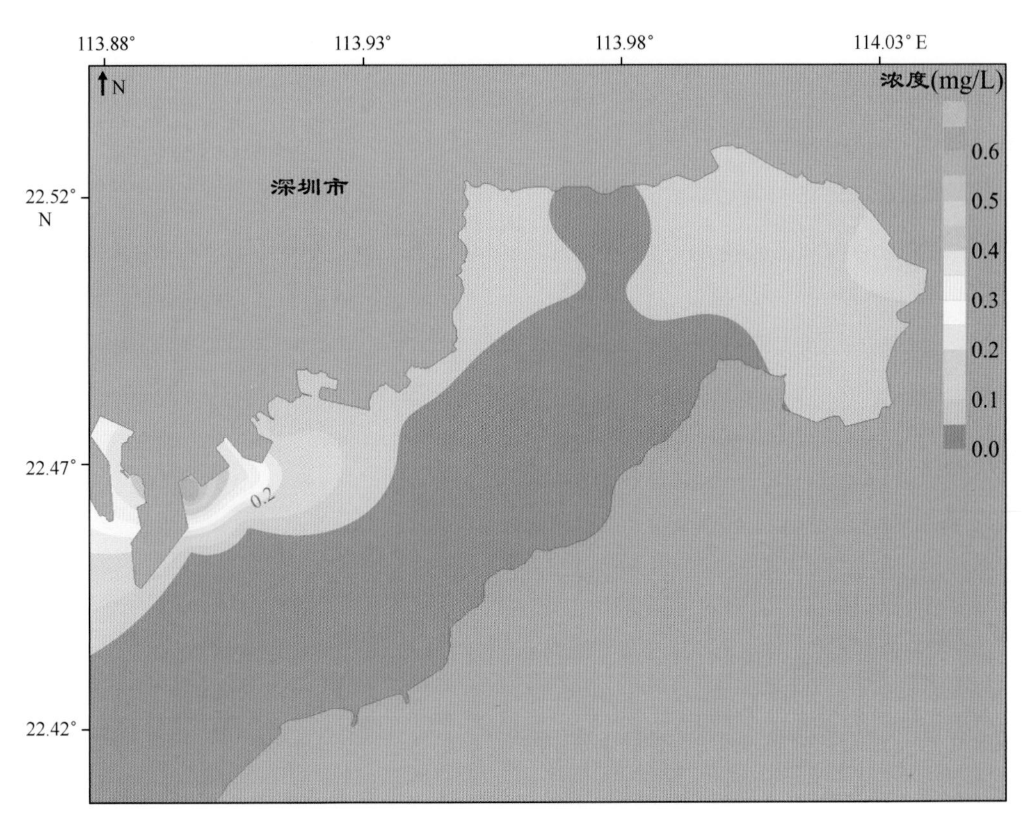

图 11-48 深圳湾海域石油类平面分布特征

11.6.7.4 大铲湾（又称前海湾）海域主要污染物背景浓度

大铲湾（又称前海湾）海域水质现状调查共执行 2 航次，调查日期分别为 2014 年 5 月 25 日和 2014 年 12 月 4 日，大铲湾（又称前海湾）海域水质调查站位安排见第 5 章图 5-30，大铲湾（又称前海湾）海域水环境主要污染物的现状调查结果见图 11-49、图 11-50、图 11-51 和图 11-52，大铲湾（又称前海湾）海域水环境主要污染物的平面分布见图 11-53、图 11-54、图 11-55 和图 11-56。

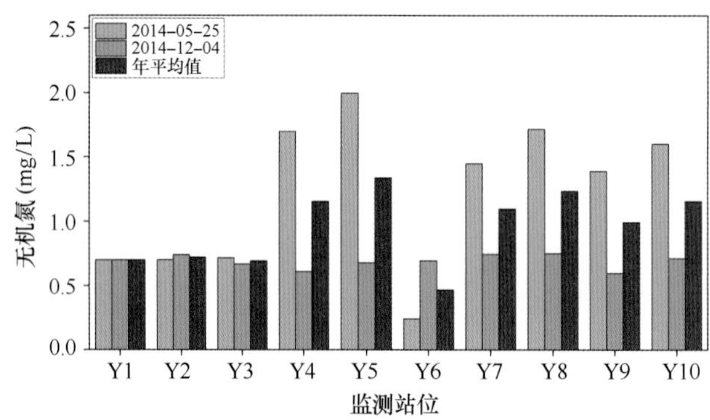

图 11-49 大铲湾海域无机氮现状调查结果

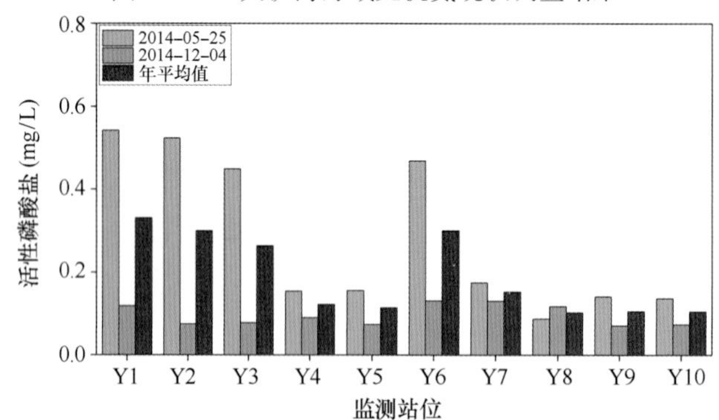

图 11-50 大铲湾海域磷酸盐现状调查结果

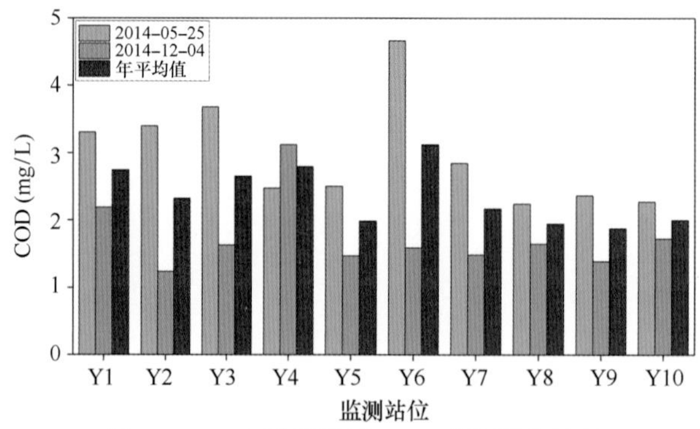

图 11-51 大铲湾海域 COD 现状调查结果

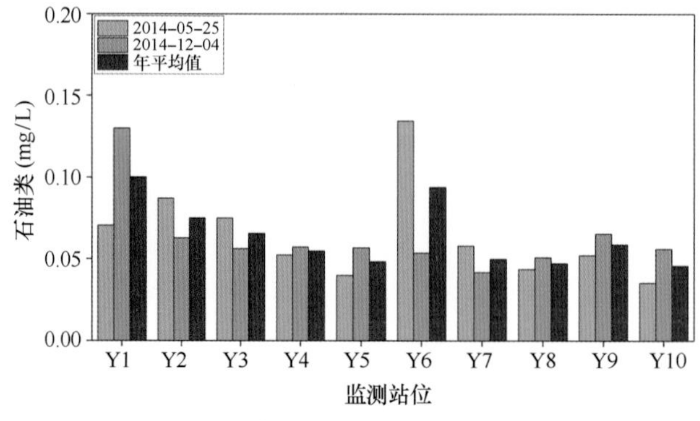

图 11-52 大铲湾海域石油类现状调查结果

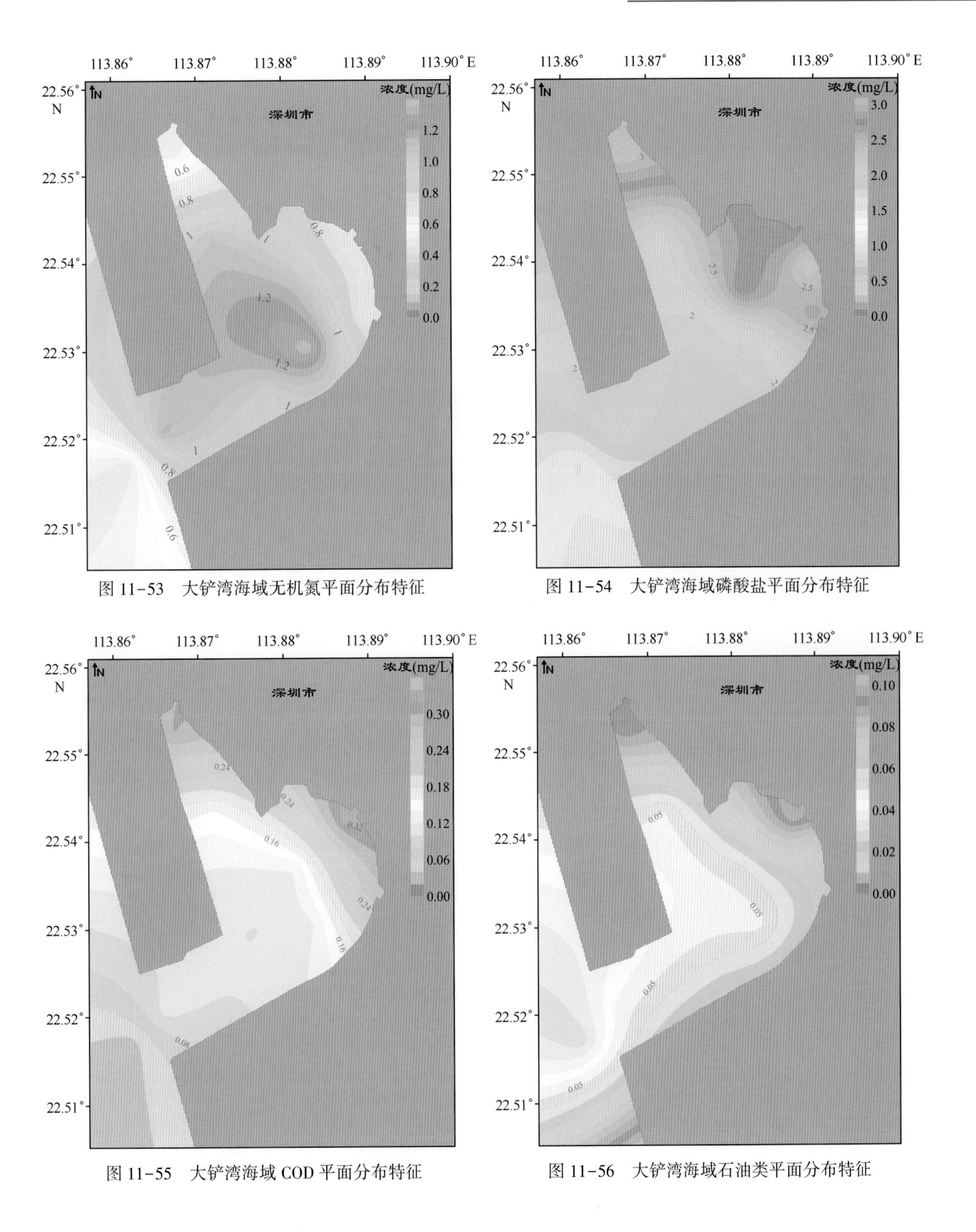

图 11-53　大铲湾海域无机氮平面分布特征

图 11-54　大铲湾海域磷酸盐平面分布特征

图 11-55　大铲湾海域 COD 平面分布特征

图 11-56　大铲湾海域石油类平面分布特征

11.6.8　研究海域各排污口响应系数场计算

响应系数反映了排污口排污对水质控制点的影响，深圳西部海域受潮汐影响，即使是连续恒定的污染源，其对某一水质控制点的影响也是随时间而变化的，因此响应系数是时间的函数。依据时间序列的响应系数求出来的环境容量会更真实地反映深圳西部海域水体的纳污能力，但环境管理做不到按照海域瞬时环境容量进行污染物排放总量控制。所以，在估算环境容量时，响应系数仅考虑一个大小潮周期的综合影响，即在一个大小潮周期内求响应系数的平均值参与环境容量估算。水质模型模拟时间为2014年9月1日至2014年12月30日，模拟周期为4个月，取第4个月的一个大小潮周期的响应系数平均值参与环境容量估算。

11.6.8.1 珠江口深圳海域响应系数场

1）无机氮的响应系数场

在单位源强的条件下，珠江口深圳海域21个排污口无机氮的响应系数场见图11-57至图11-77。

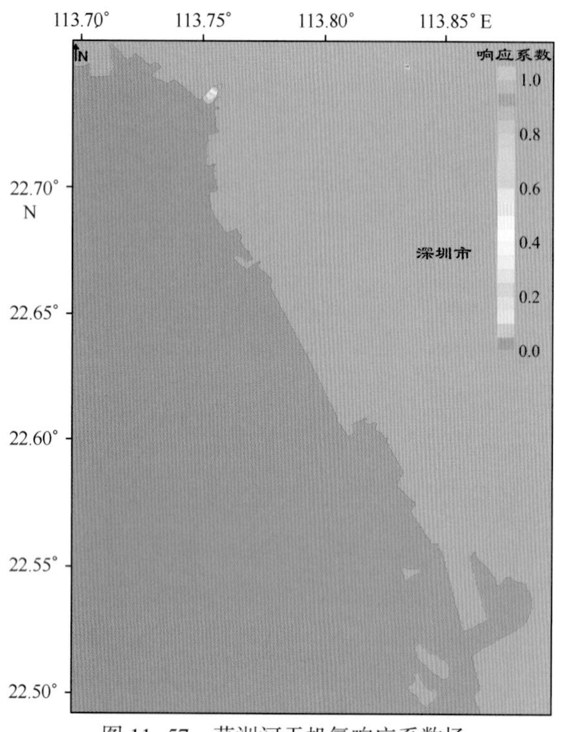

图11-57 茅洲河无机氮响应系数场

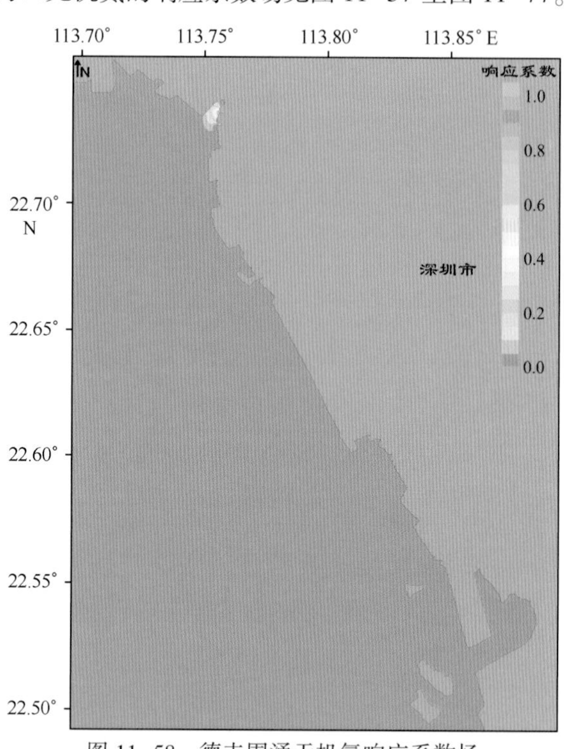

图11-58 德丰围涌无机氮响应系数场

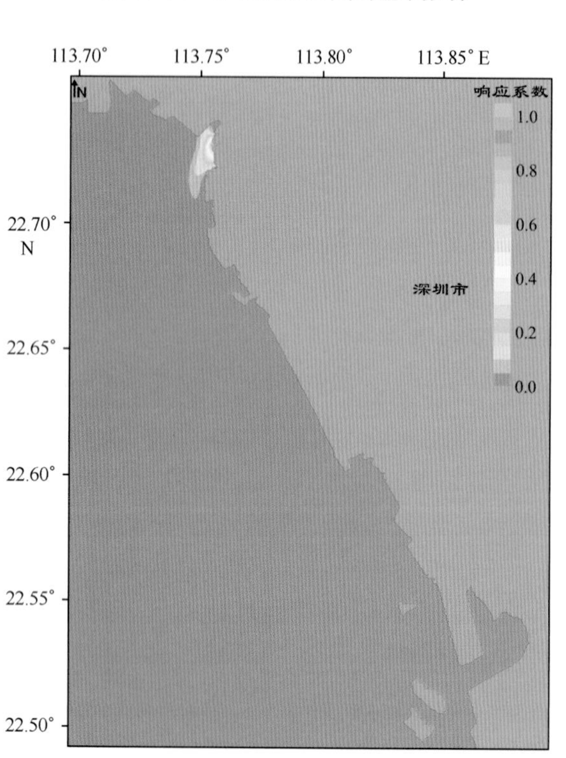

图11-59 西堤石围涌无机氮响应系数场

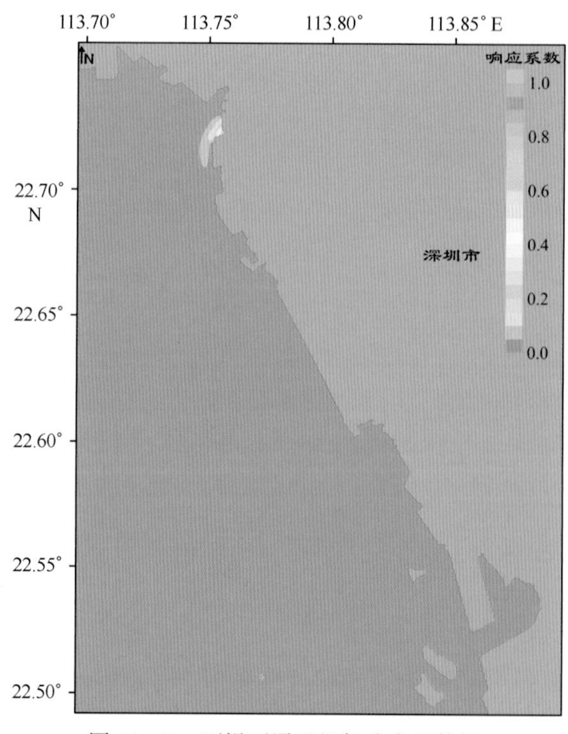

图11-60 西堤下涌无机氮响应系数场

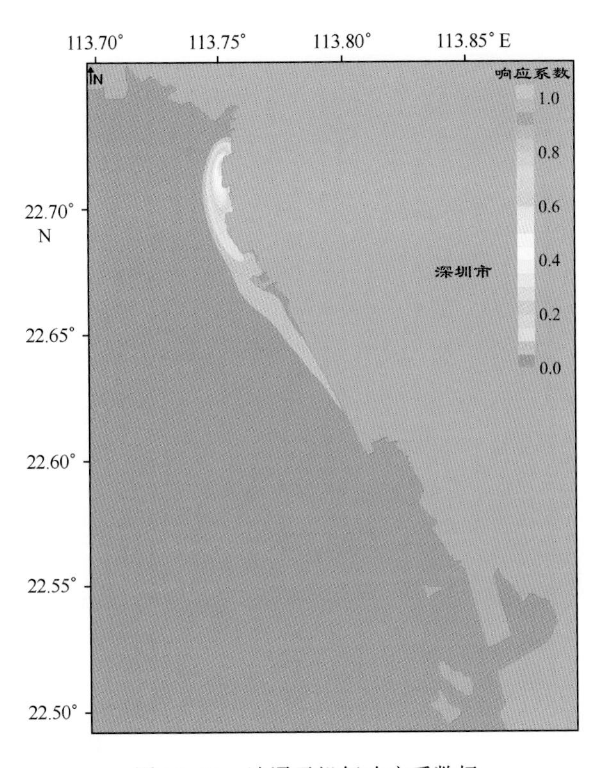

图 11-61 沙涌无机氮响应系数场

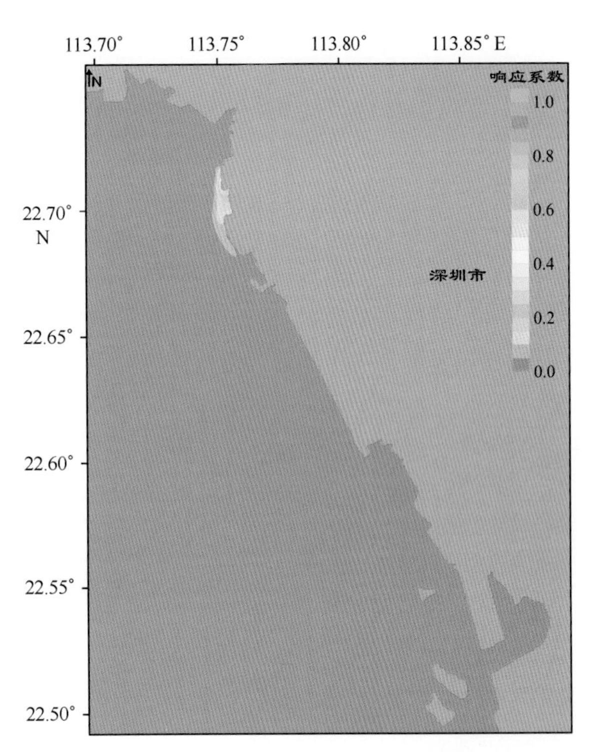

图 11-62 和二涌无机氮响应系数场

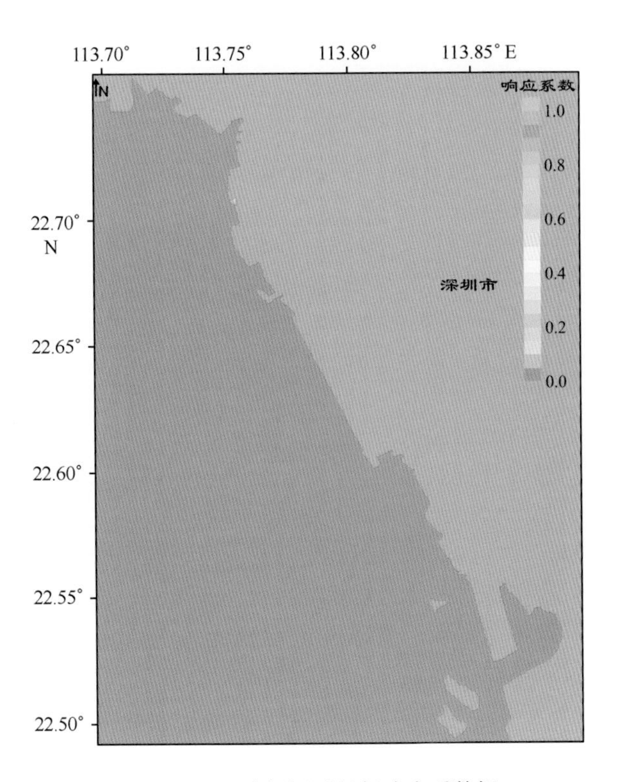

图 11-63 沙福河无机氮响应系数场

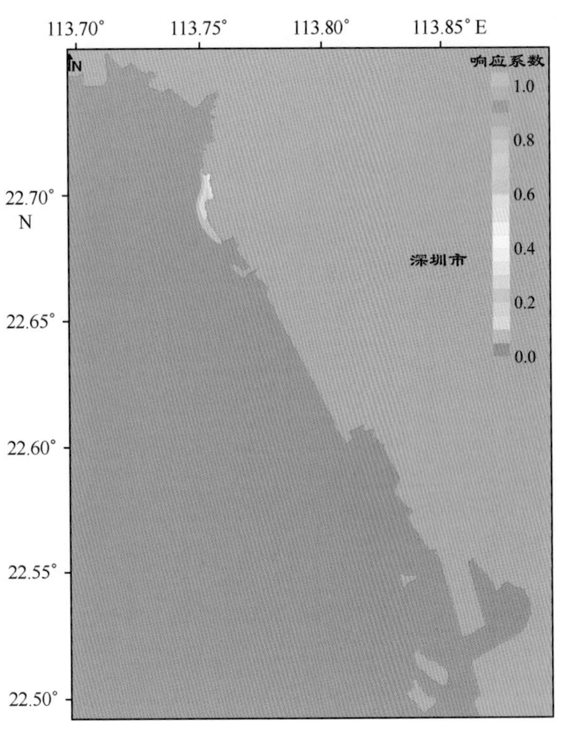

图 11-64 塘尾涌无机氮响应系数场

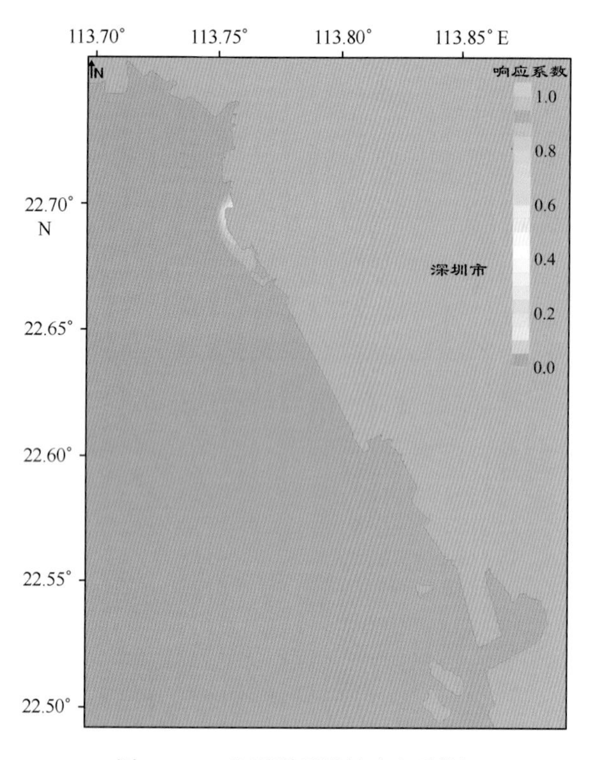

图 11-65　和平涌无机氮响应系数场

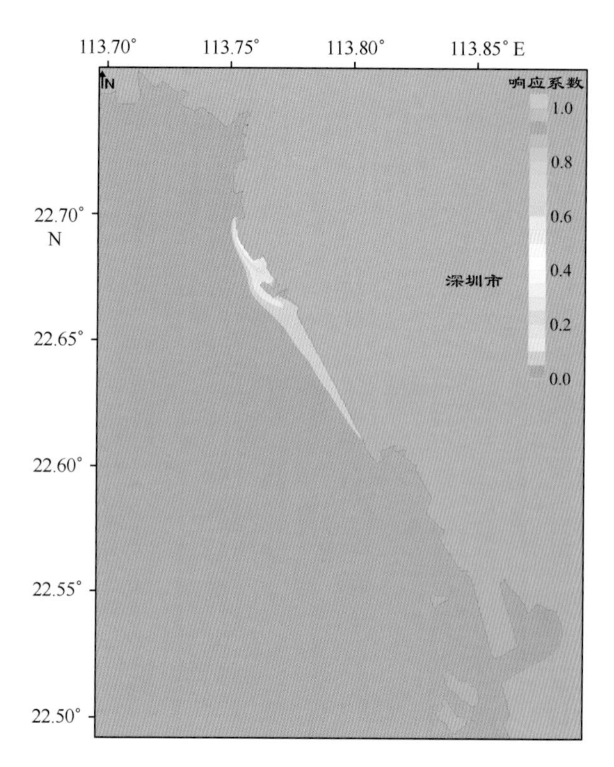

图 11-66　玻璃围涌无机氮响应系数场

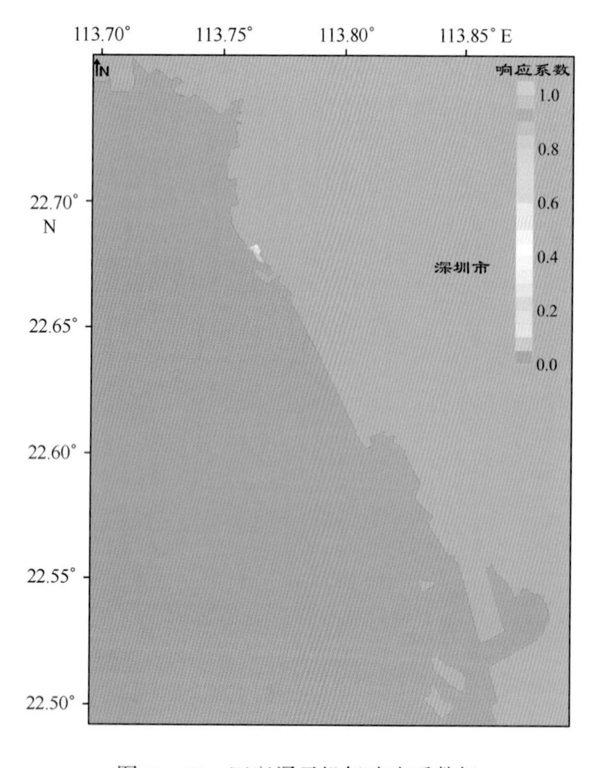

图 11-67　四兴涌无机氮响应系数场

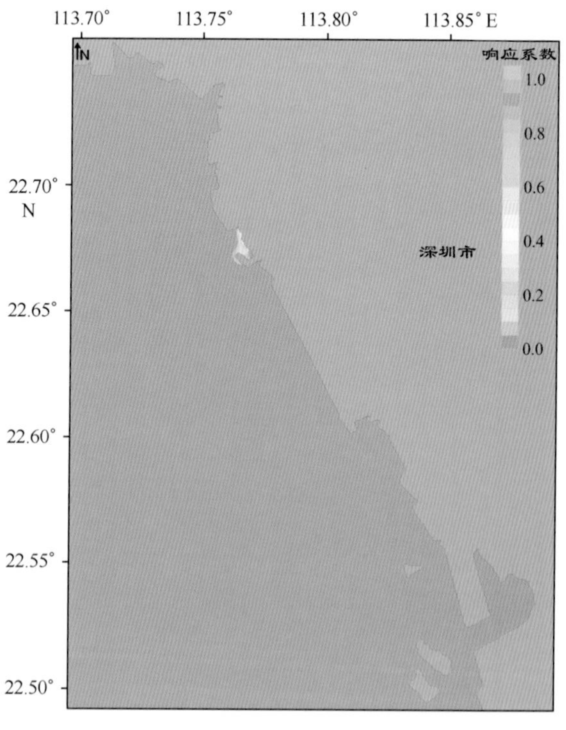

图 11-68　坳颈涌无机氮响应系数场

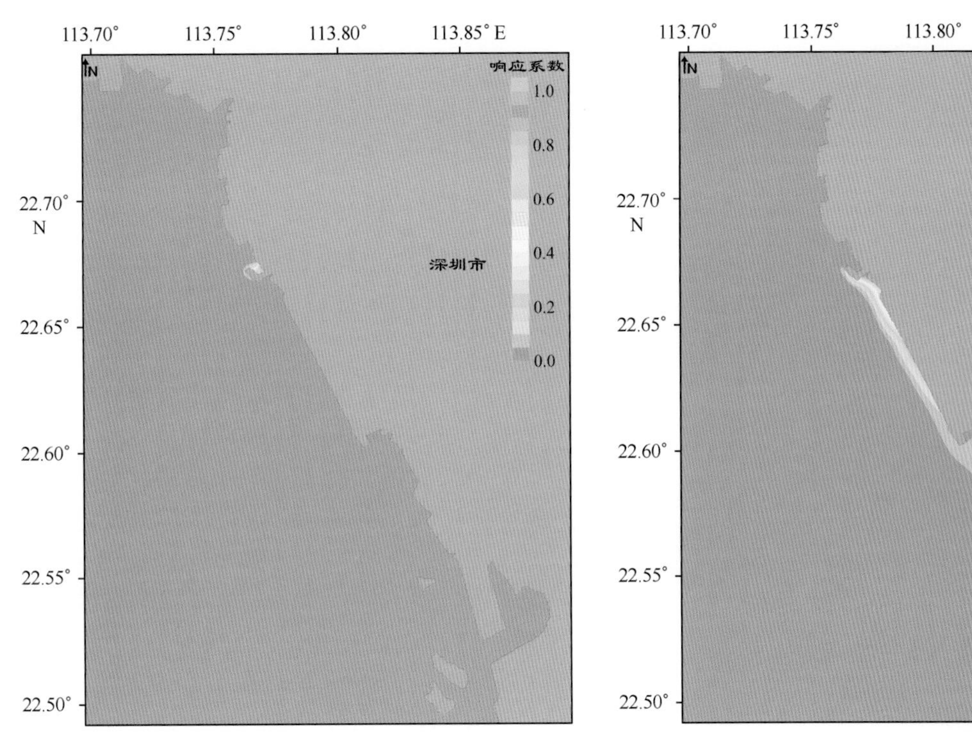

图 11-69　灶下涌无机氮响应系数场

图 11-70　福永河无机氮响应系数场

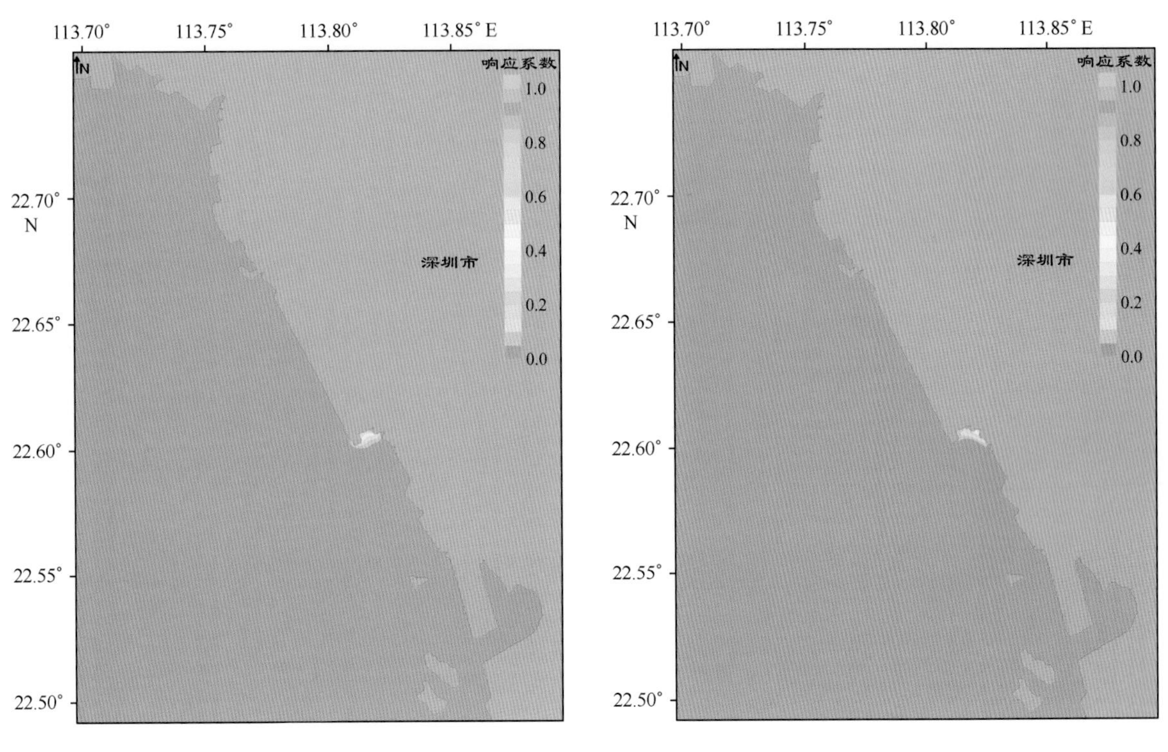

图 11-71　机场外排洪渠无机氮响应系数场

图 11-72　新涌无机氮响应系数场

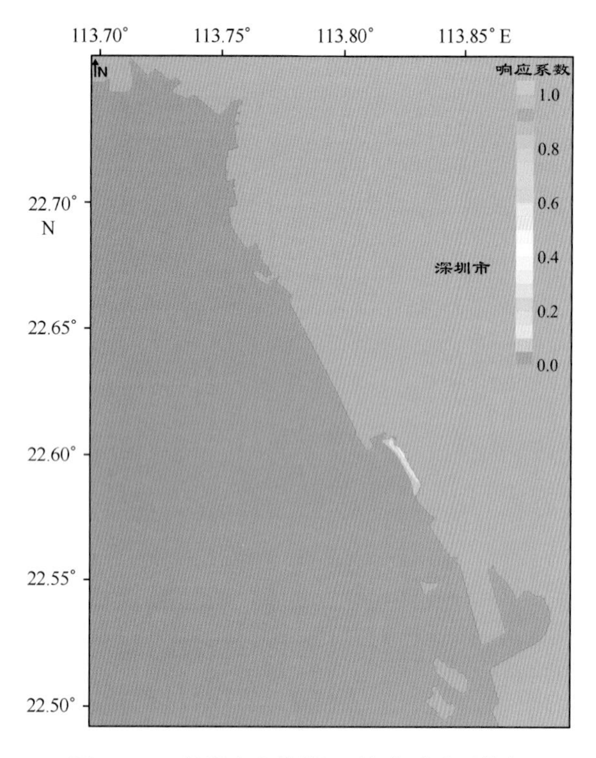

图 11-73　铁岗水库排洪河无机氮响应系数场

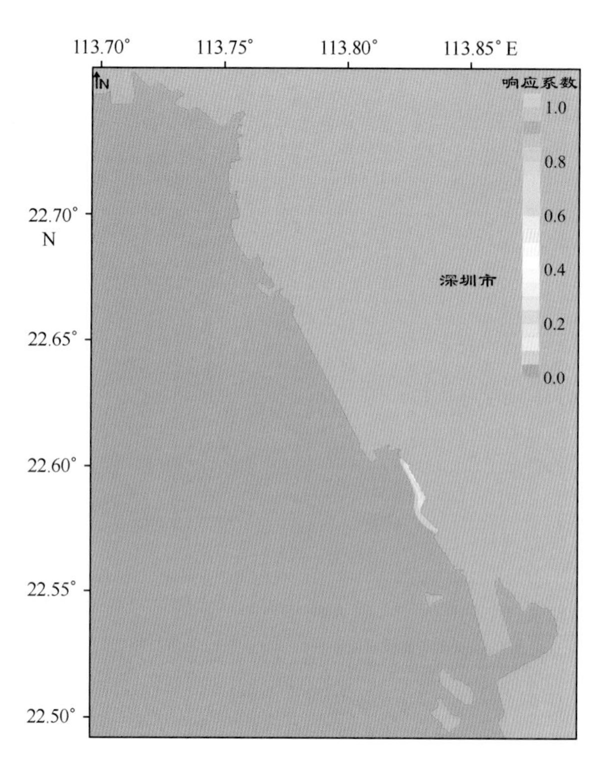

图 11-74　南昌涌无机氮响应系数场

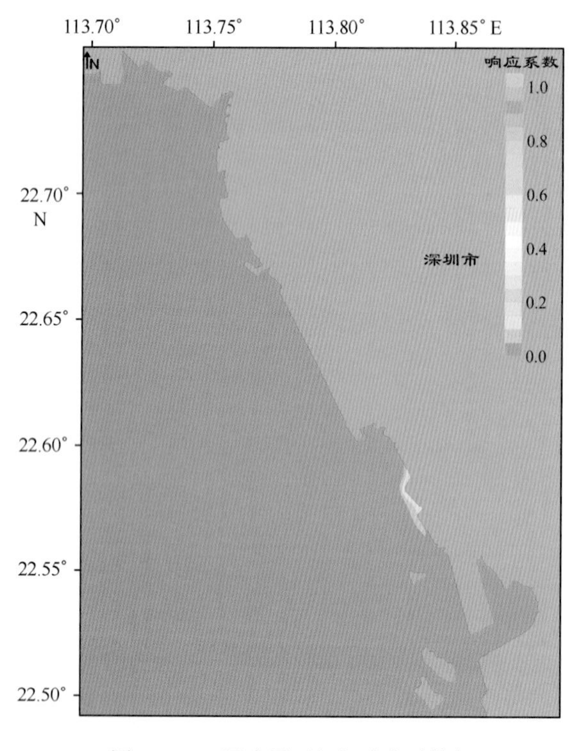

图 11-75　固戌涌无机氮响应系数场

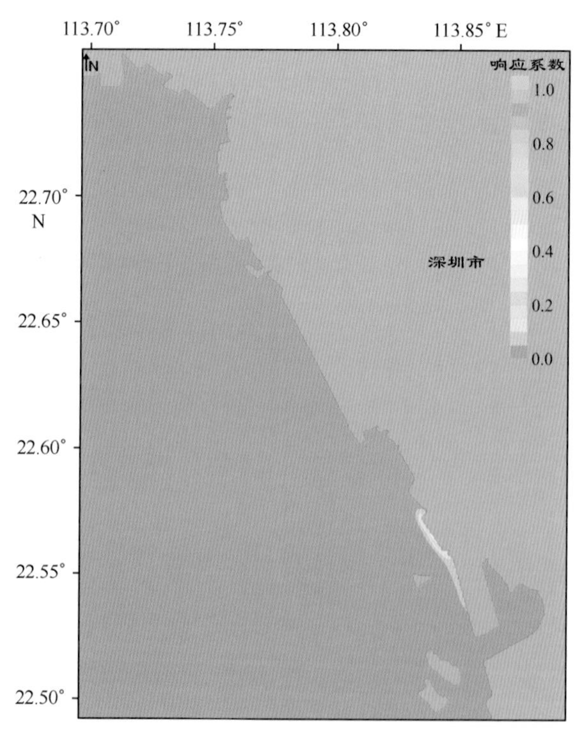

图 11-76　共乐涌无机氮响应系数场

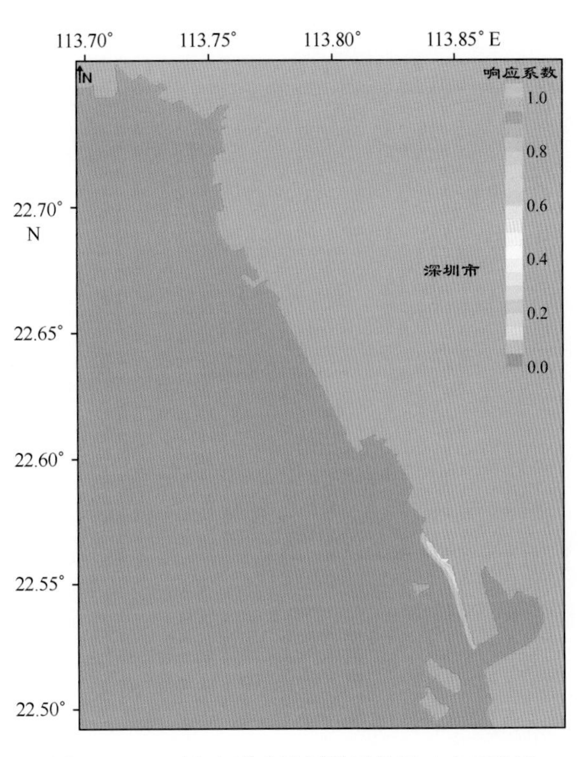

图 11-77 西乡大道分流渠道无机氮响应系数场

2）磷酸盐的响应系数场

在单位源强的条件下，珠江口深圳海域 21 个排污口磷酸盐的响应系数场见图 11-78 至图 11-98。

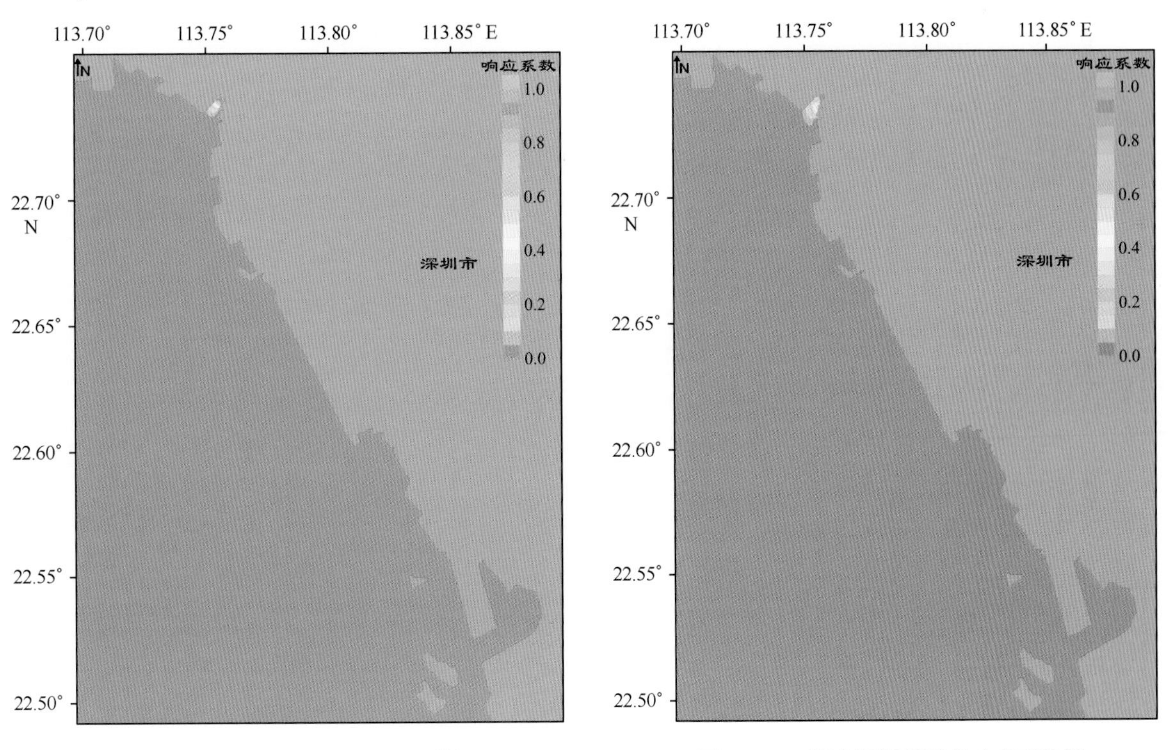

图 11-78 茅洲河磷酸盐响应系数场

图 11-79 德丰围涌磷酸盐响应系数场

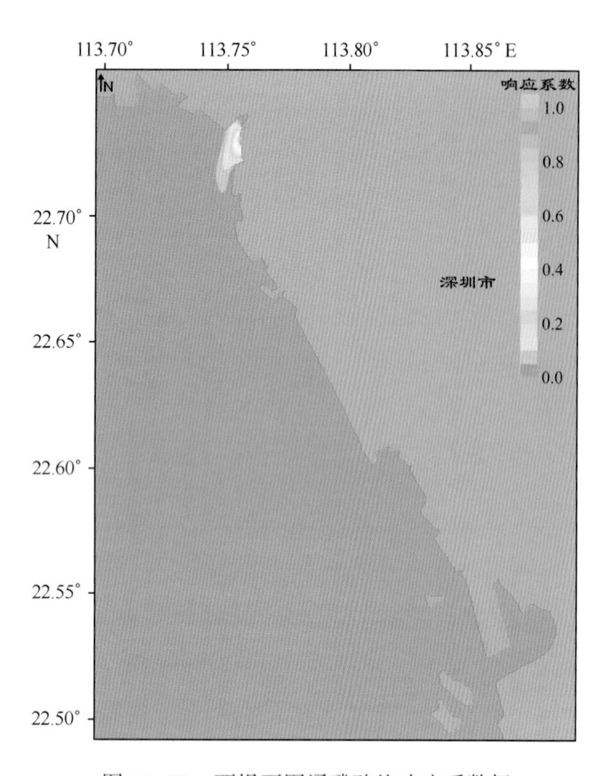

图 11-80 西堤石围涌磷酸盐响应系数场

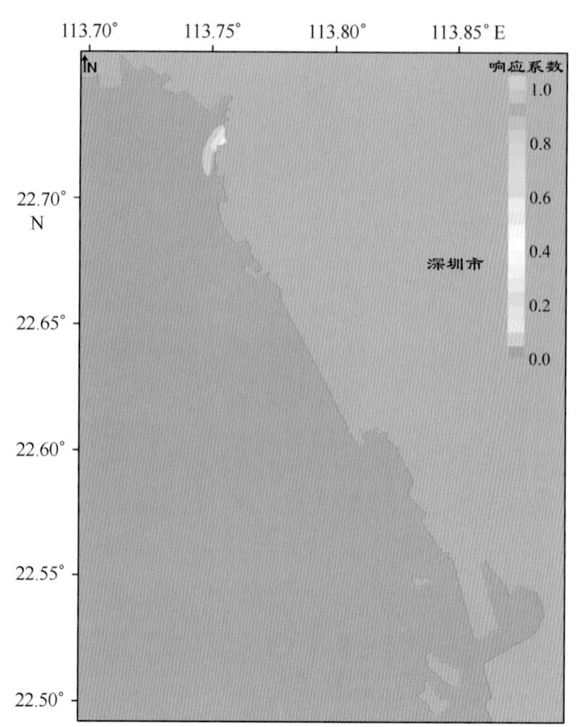

图 11-81 西堤下涌磷酸盐响应系数场

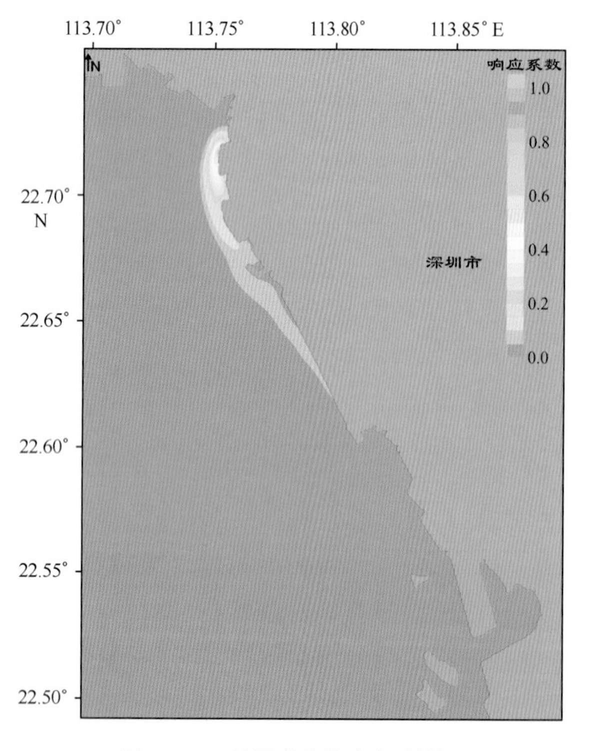

图 11-82 沙涌磷酸盐响应系数场

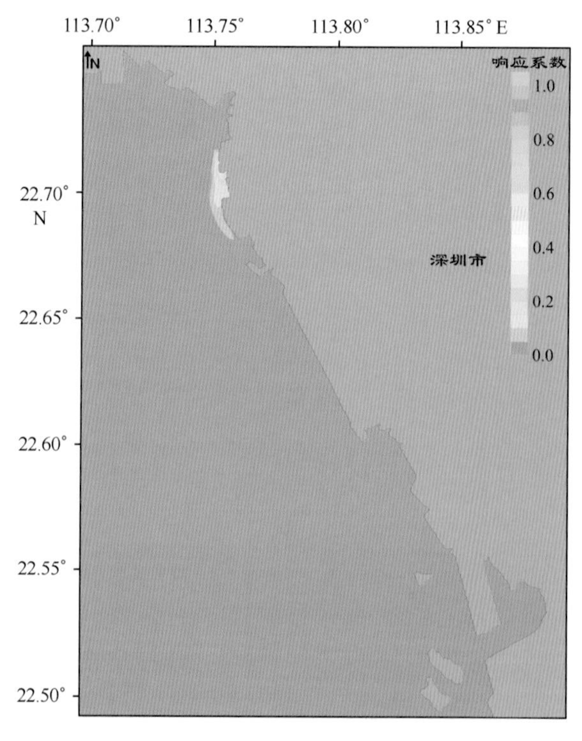

图 11-83 和二涌磷酸盐响应系数场

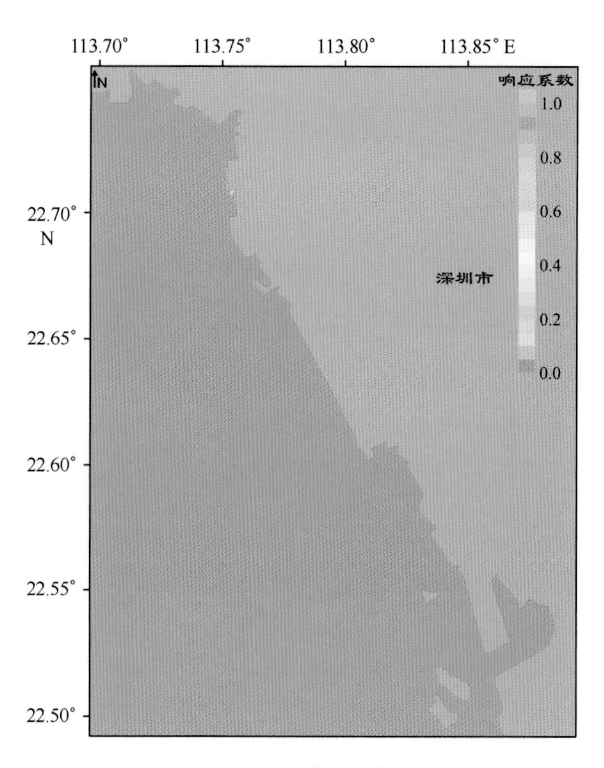

图 11-84 沙福河磷酸盐响应系数场

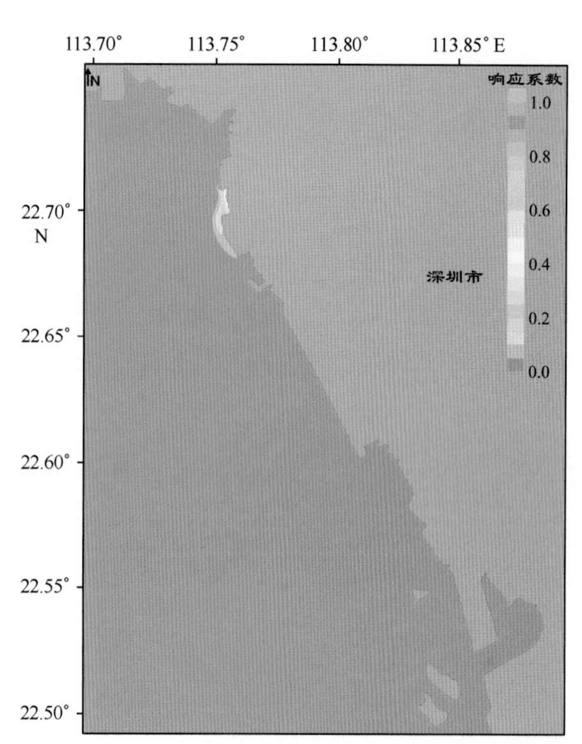

图 11-85 塘尾涌磷酸盐响应系数场

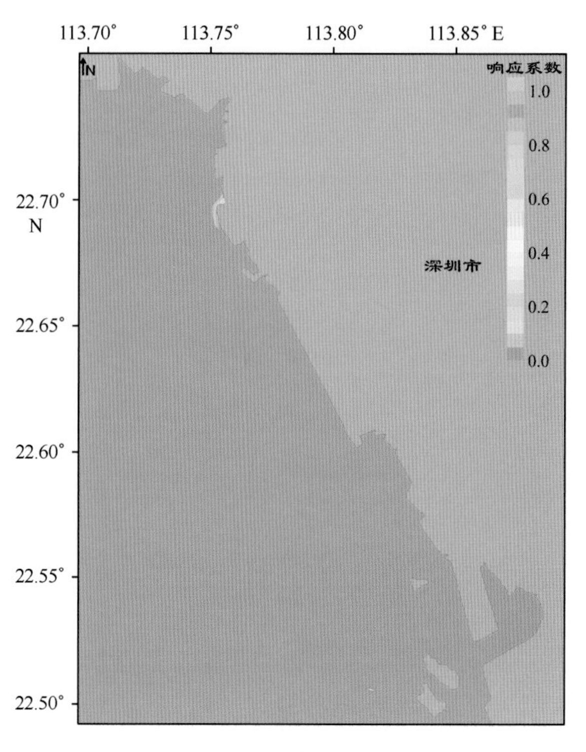

图 11-86 和平涌磷酸盐响应系数场

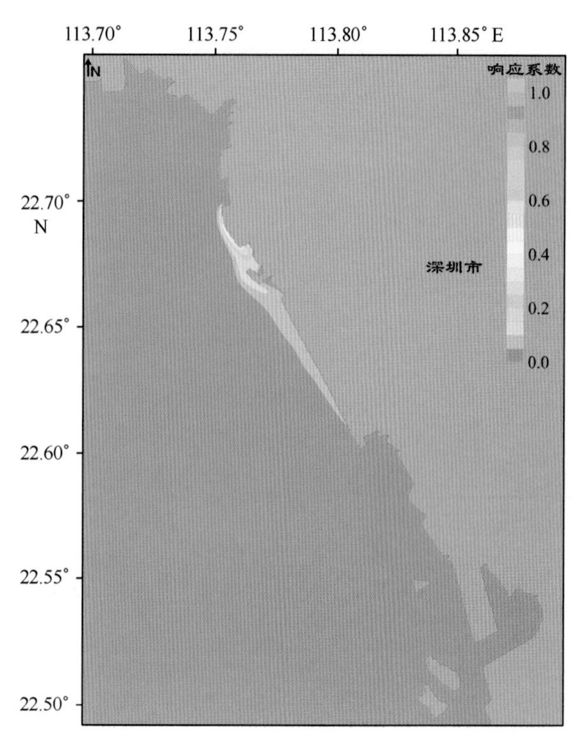

图 11-87 玻璃围涌磷酸盐响应系数场

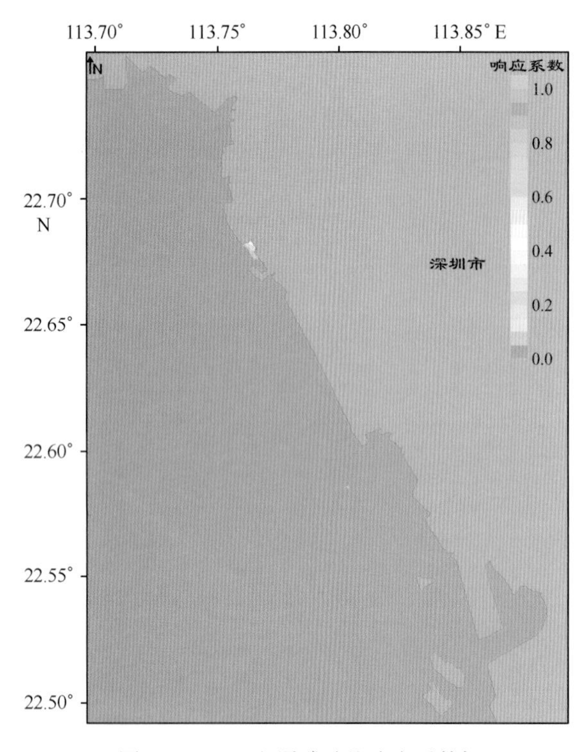

图 11-88　四兴涌磷酸盐响应系数场

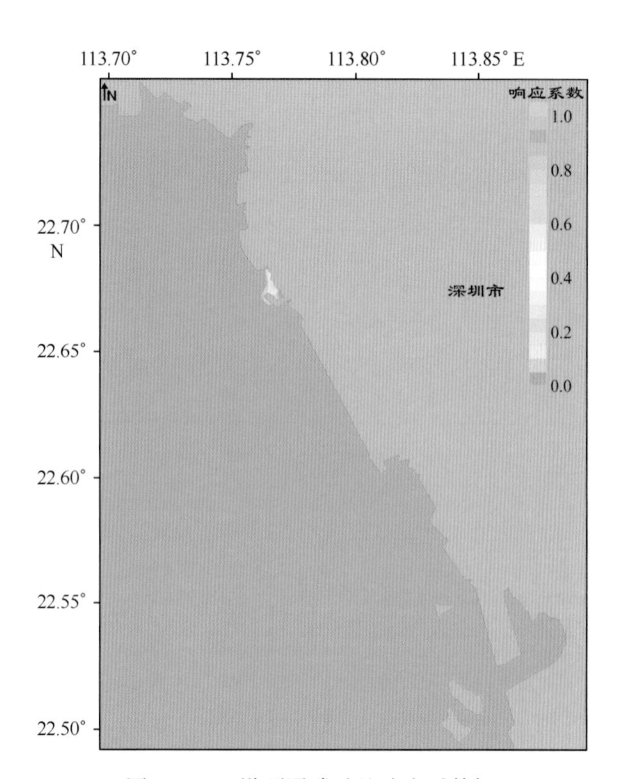

图 11-89　坳颈涌磷酸盐响应系数场

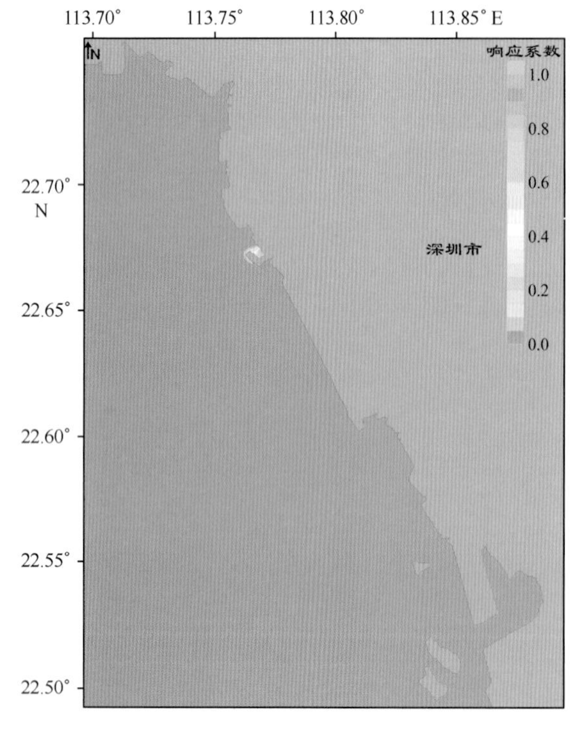

图 11-90　灶下涌磷酸盐响应系数场

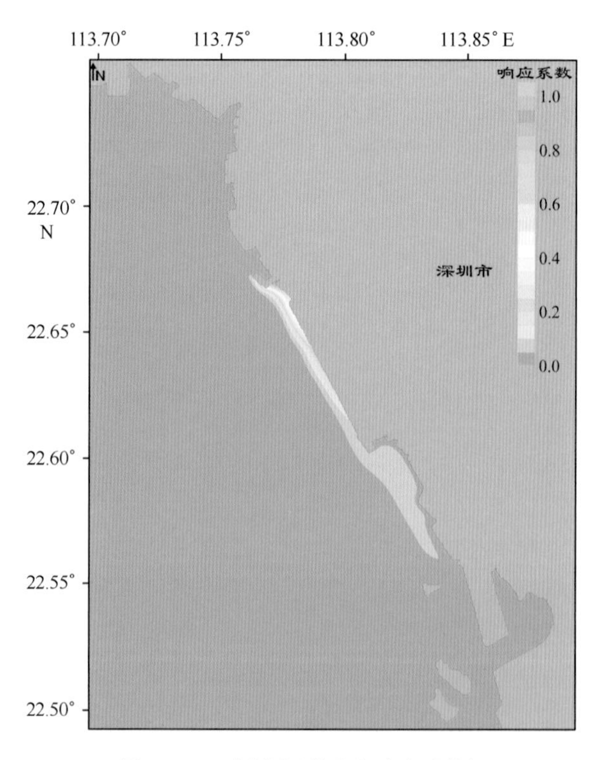

图 11-91　福永河磷酸盐响应系数场

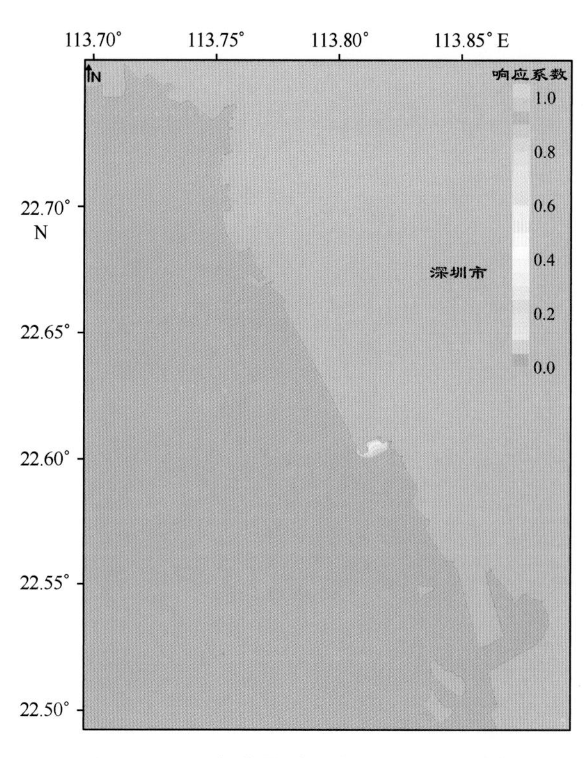

图 11-92　机场外排洪渠磷酸盐响应系数场

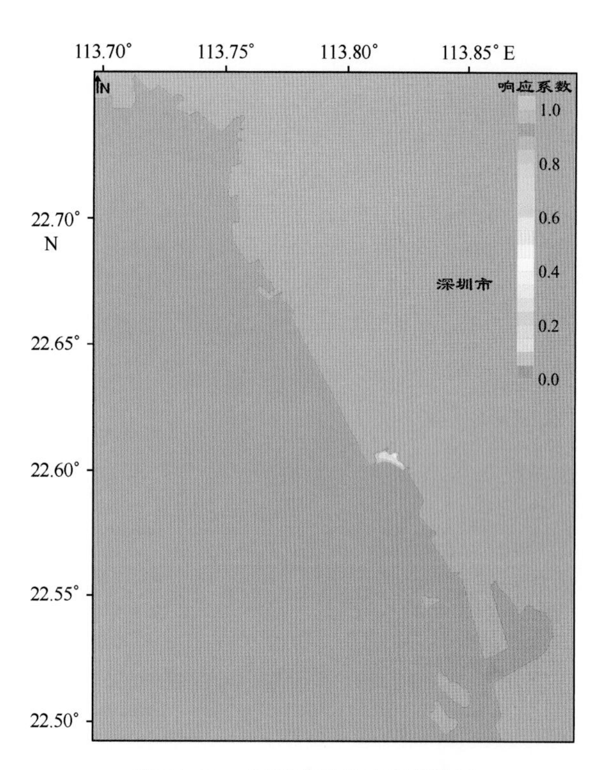

图 11-93　新涌磷酸盐响应系数场

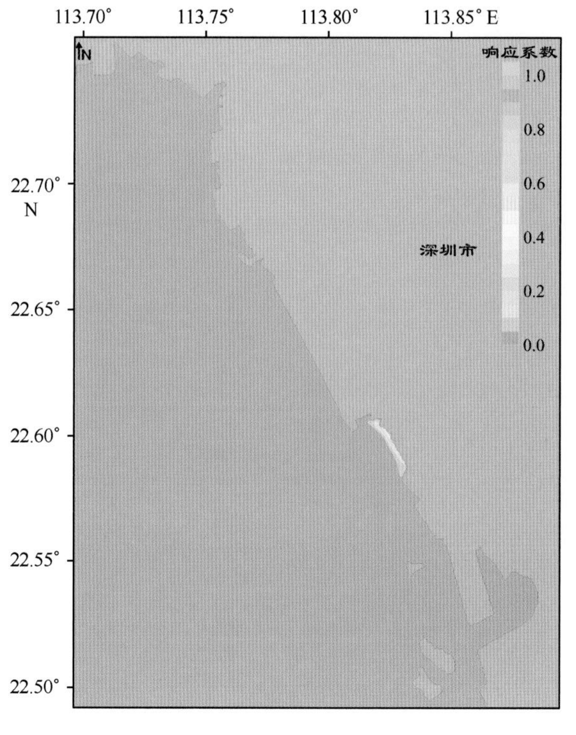

图 11-94　铁岗水库排洪河磷酸盐响应系数场

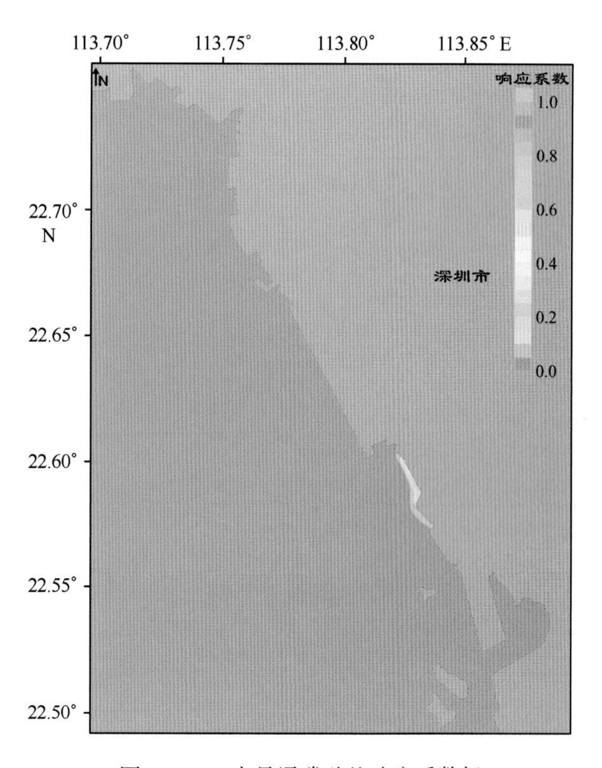

图 11-95　南昌涌磷酸盐响应系数场

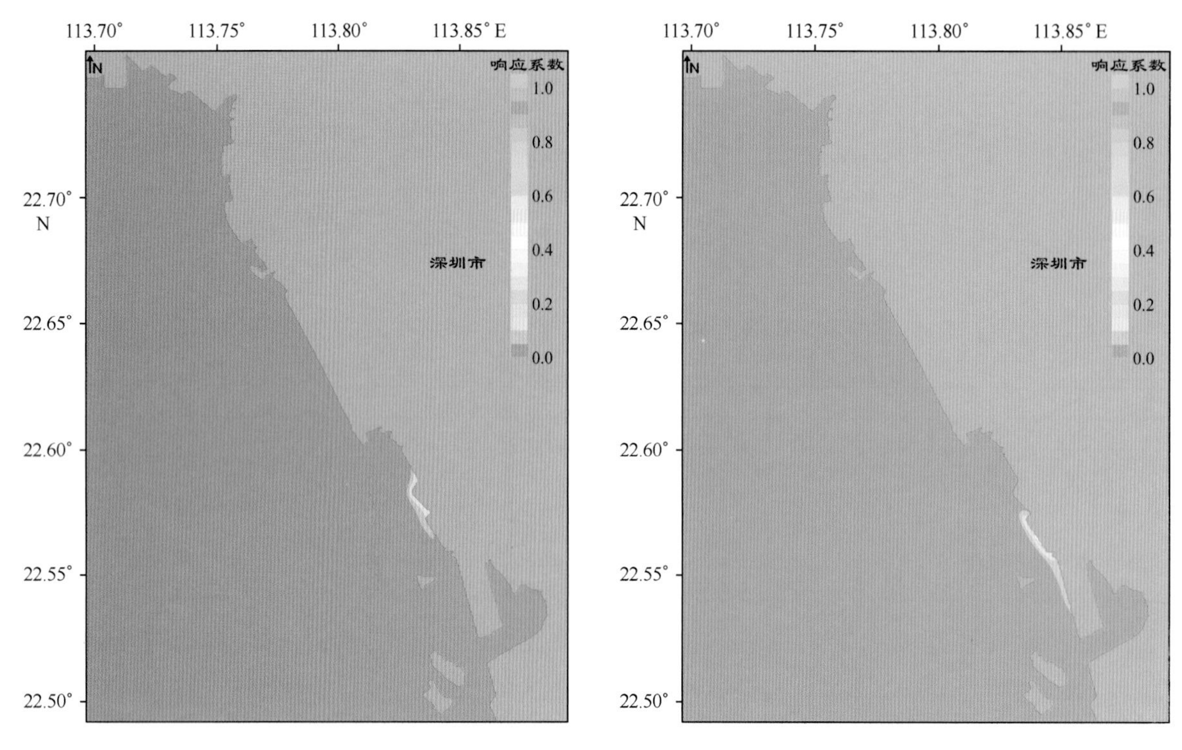

图 11-96　固戍涌磷酸盐响应系数场

图 11-97　共乐涌磷酸盐响应系数场

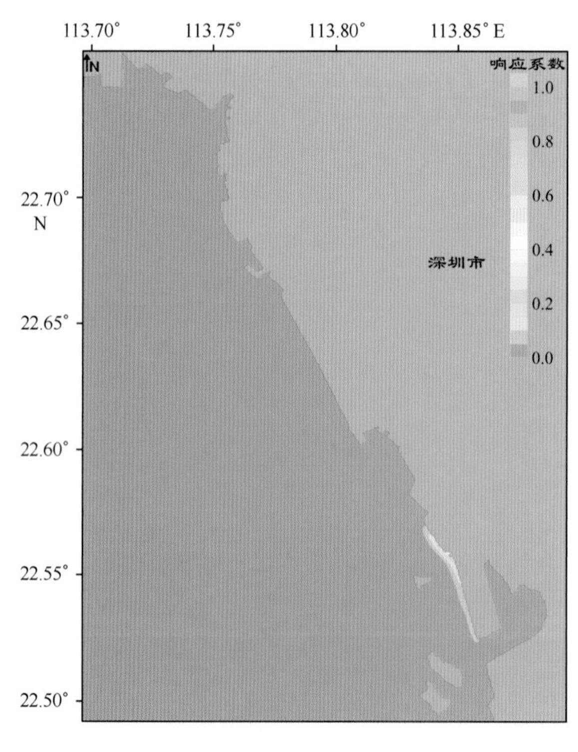

图 11-98　西乡大道分流渠道磷酸盐响应系数场

3）COD的响应系数场

在单位源强的条件下，珠江口深圳海域21个排污口COD的响应系数场见图11-99至图11-119。

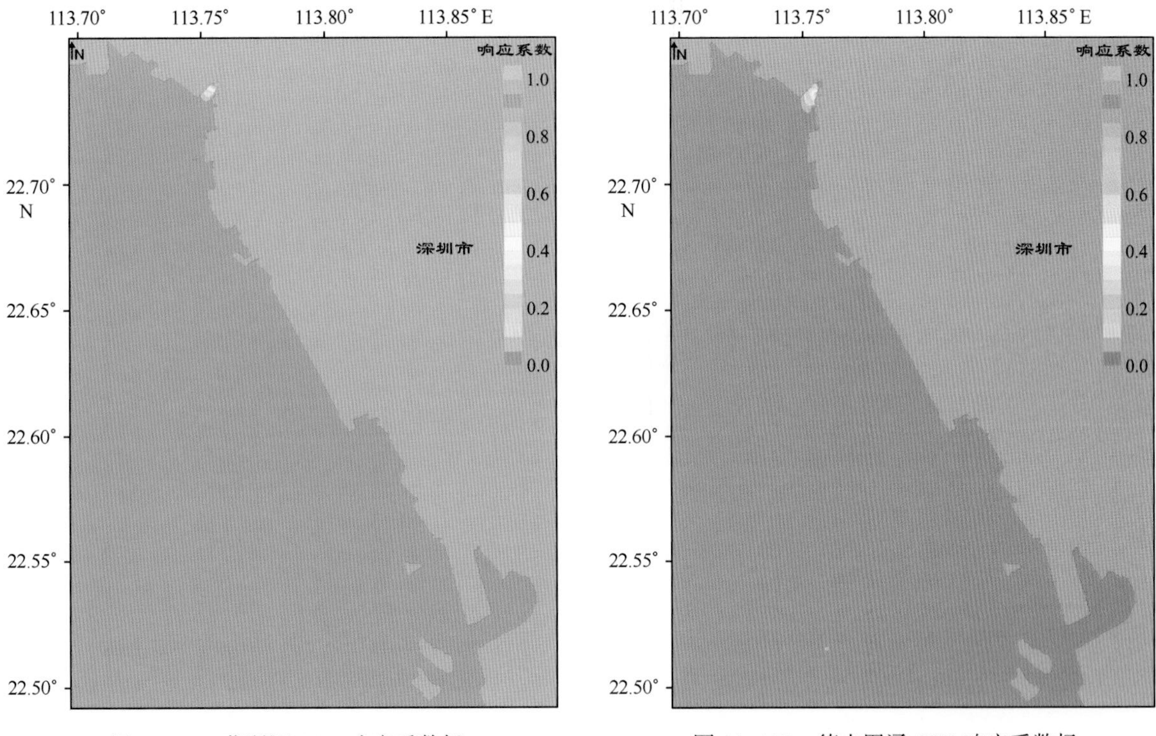

图11-99　茅洲河COD响应系数场

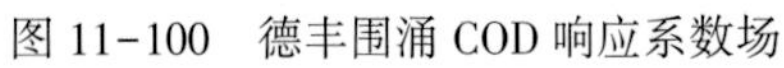

图11-100　德丰围涌COD响应系数场

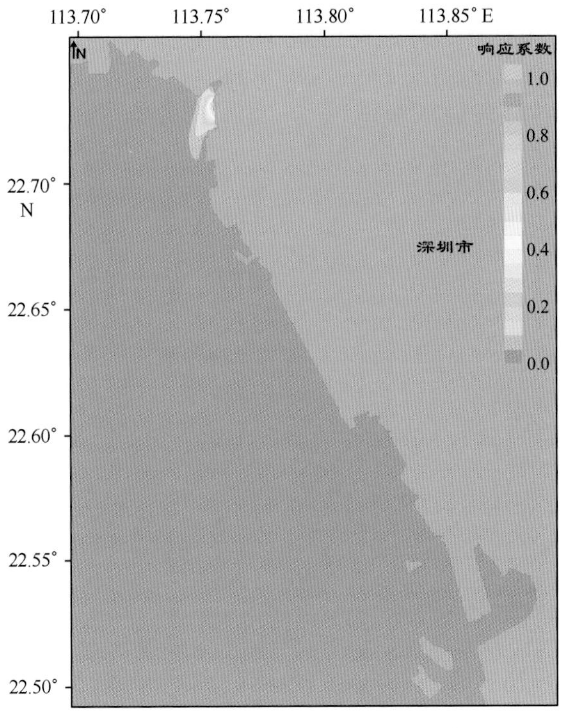

图11-101　西堤石围涌COD响应系数场

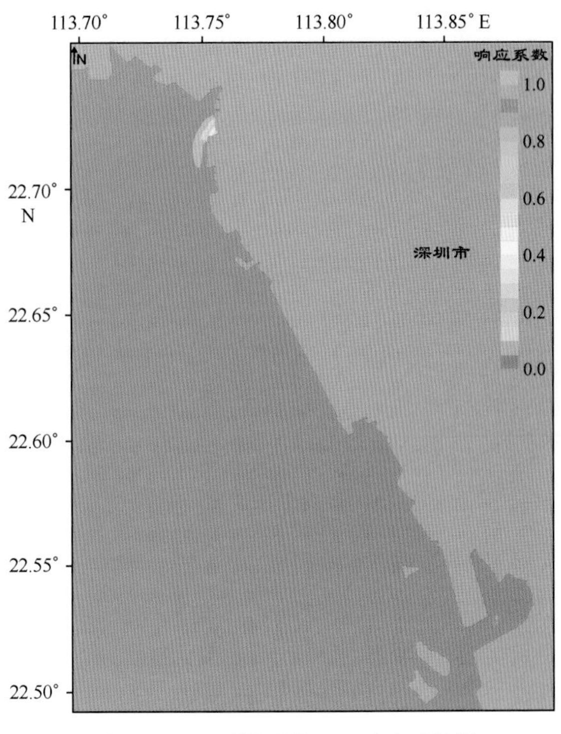

图11-102　西堤下涌COD响应系数场

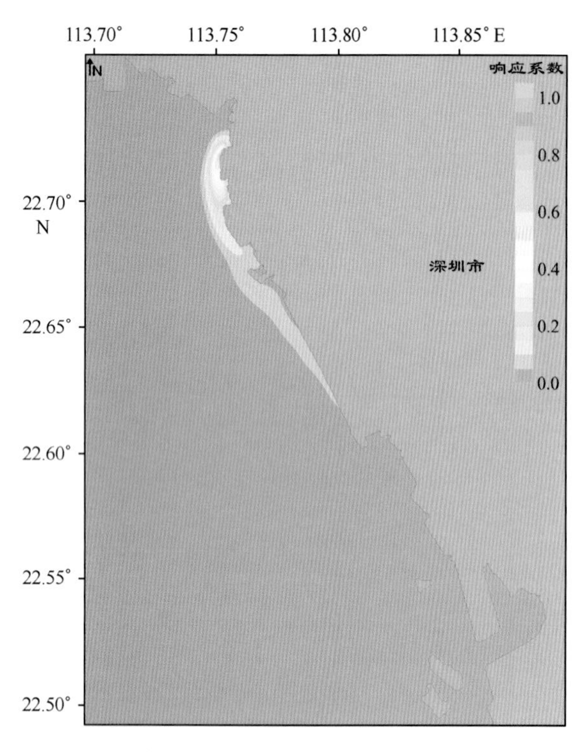

图 11-103　沙涌 COD 响应系数场

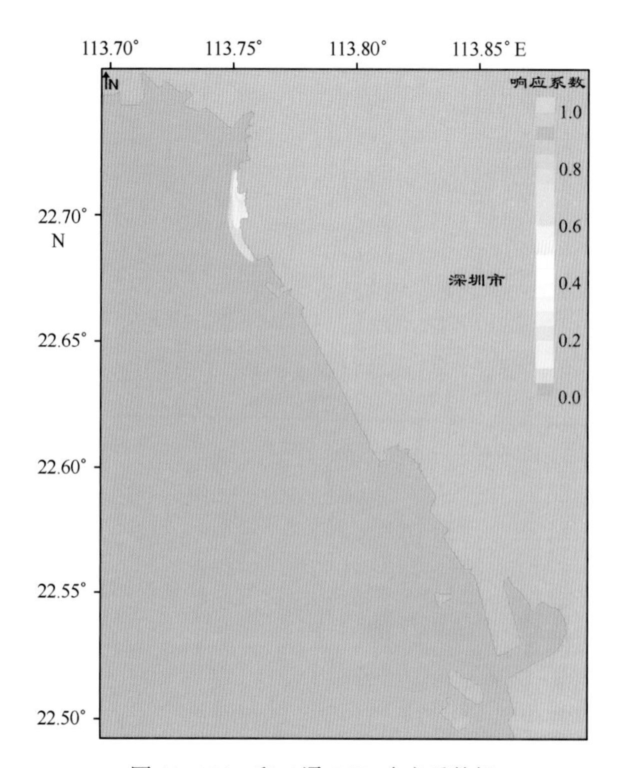

图 11-104　和二涌 COD 响应系数场

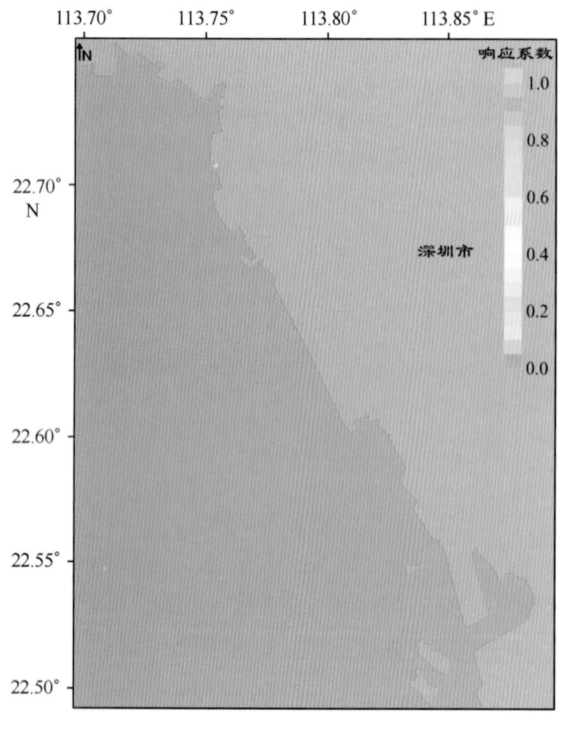

图 11-105　沙福河 COD 响应系数场

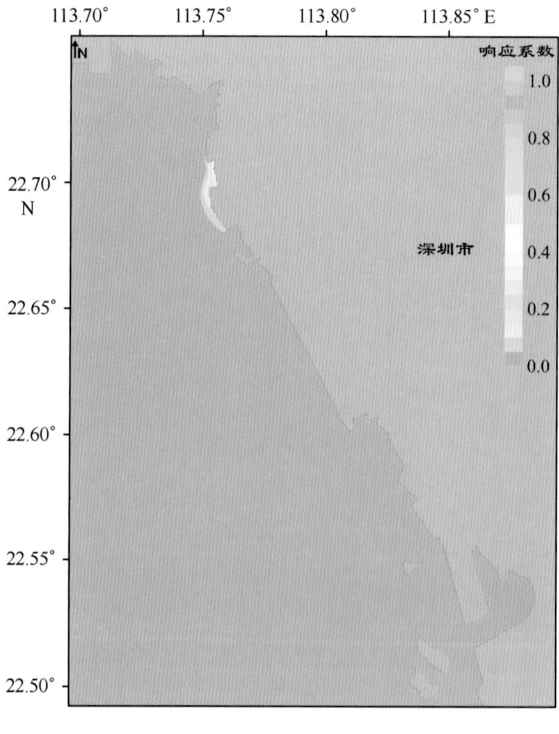

图 11-106　塘尾涌 COD 响应系数场

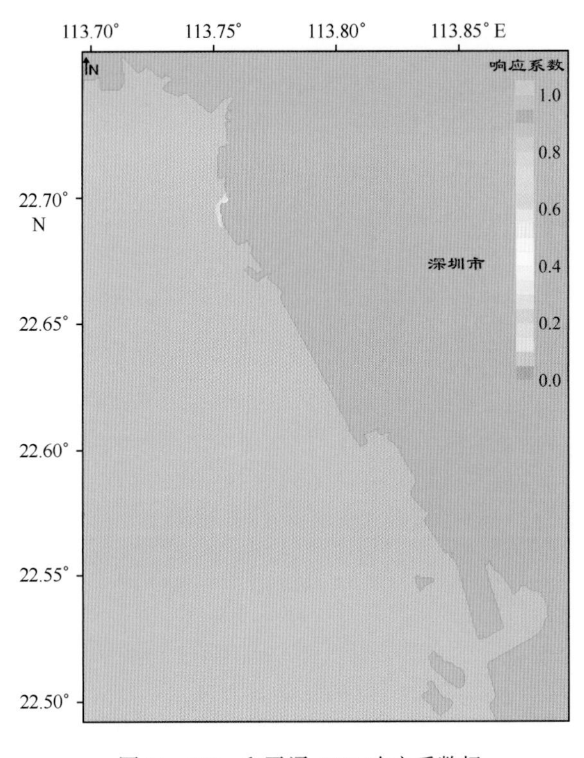

图 11-107 和平涌 COD 响应系数场

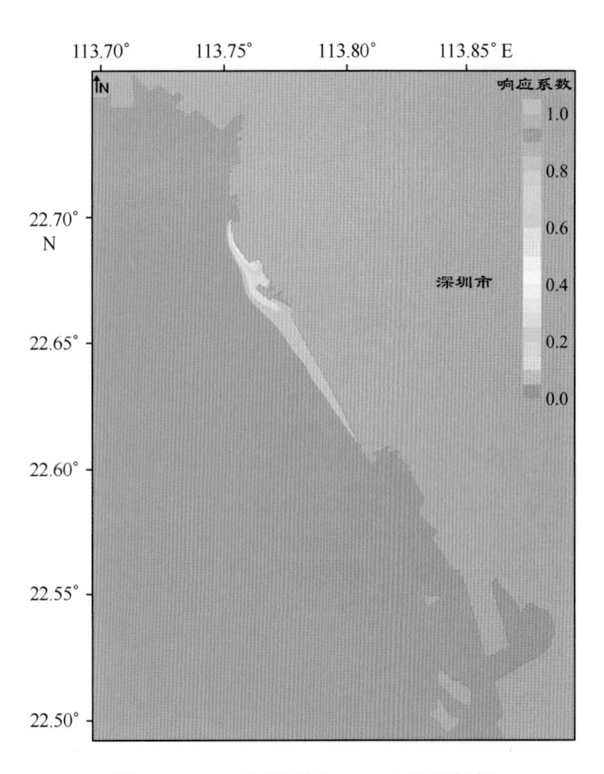

图 11-108 玻璃围涌 COD 响应系数场

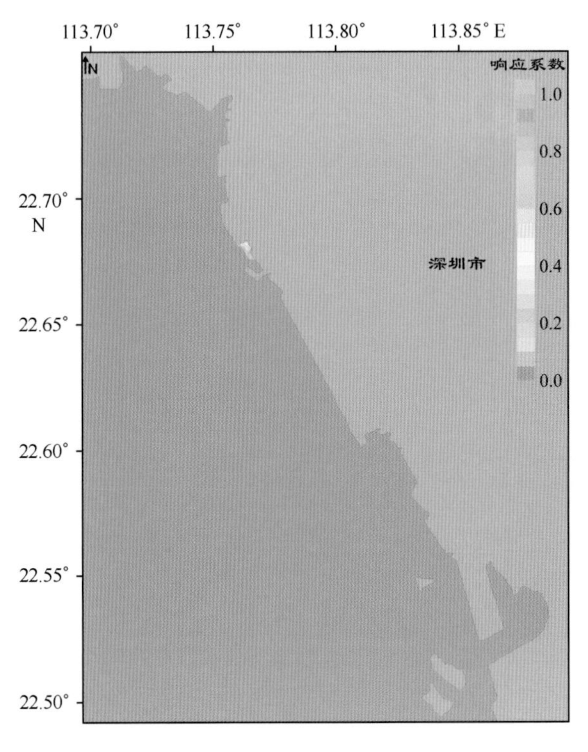

图 11-109 四兴涌 COD 响应系数场

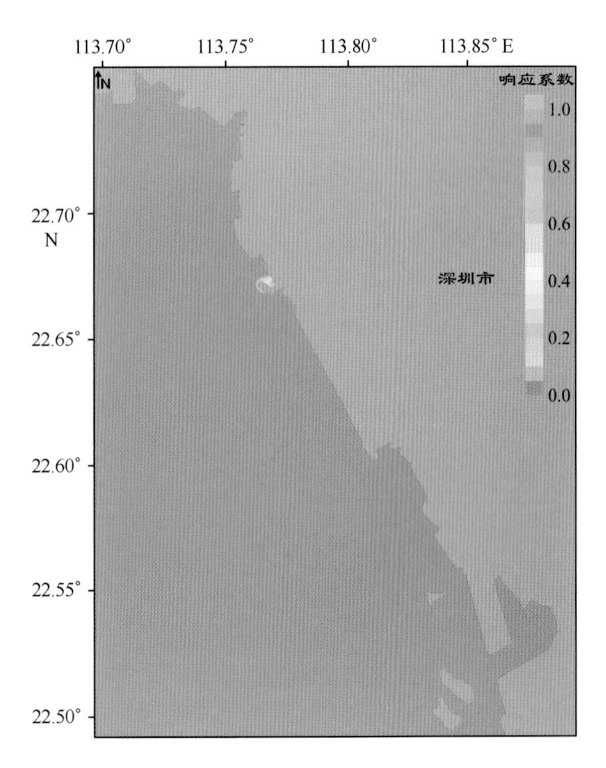

图 11-110 坳颈涌 COD 响应系数场

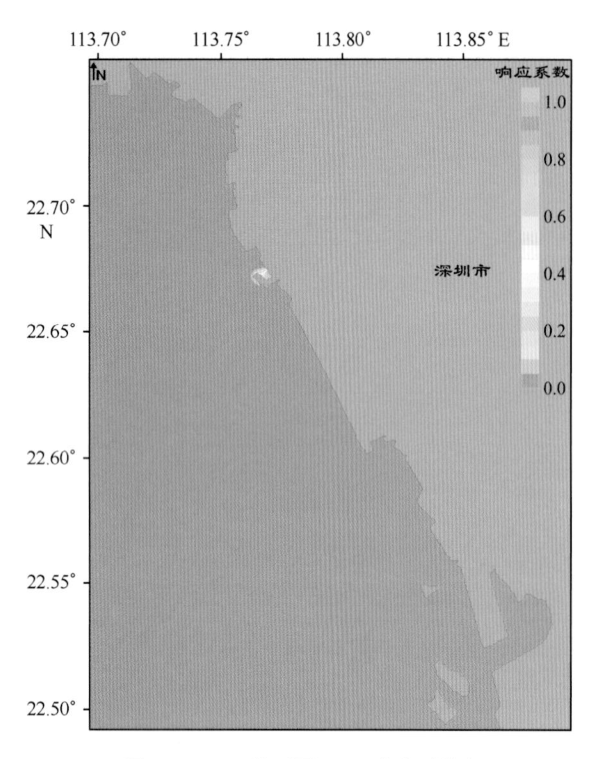

图 11-111　灶下涌 COD 响应系数场

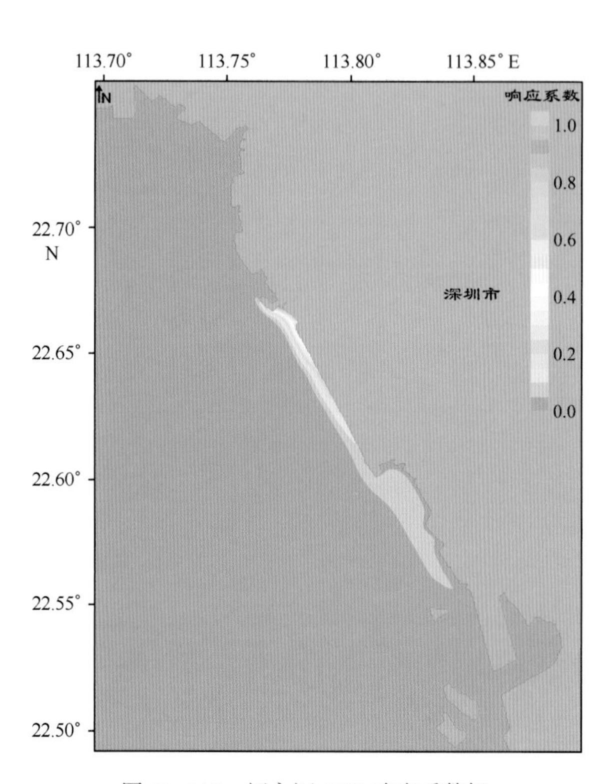

图 11-112　福永河 COD 响应系数场

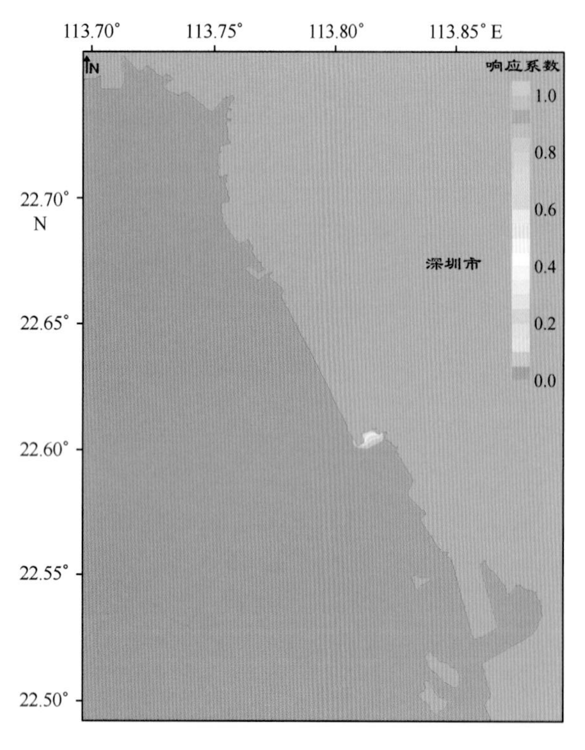

图 11-113　机场外排洪渠 COD 响应系数场

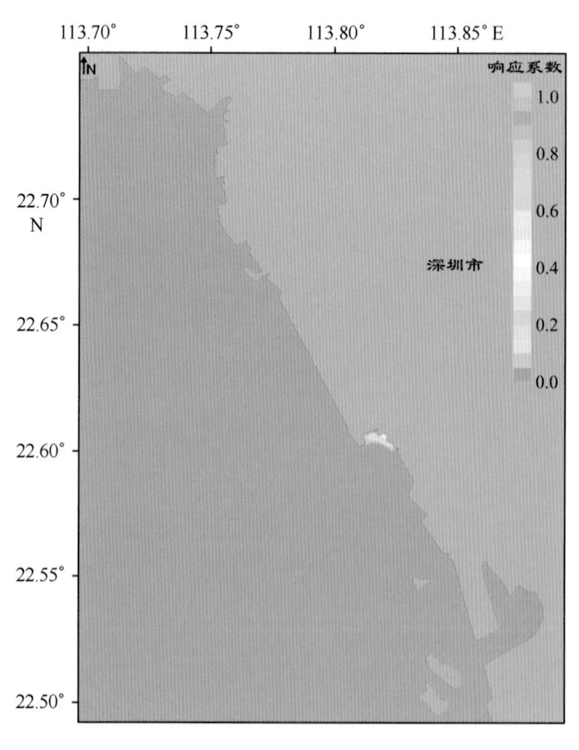

图 11-114　新涌 COD 响应系数场

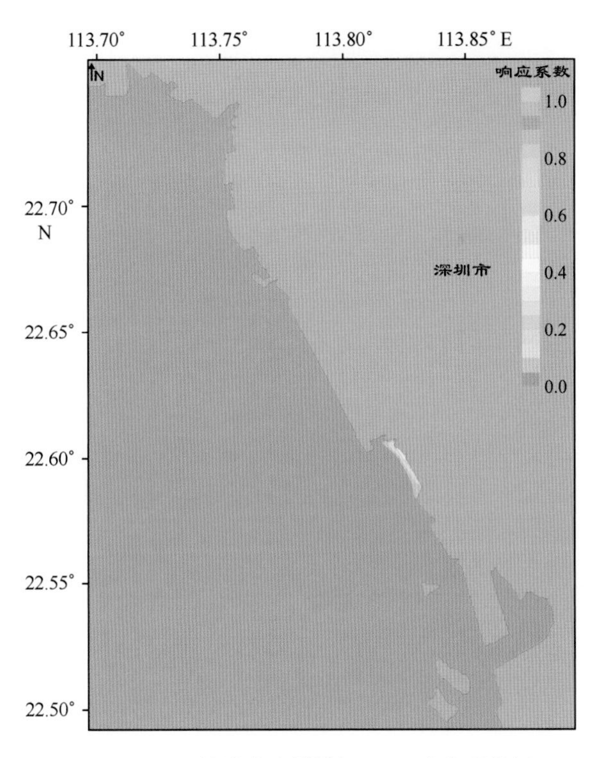

图 11-115　铁岗水库排洪河 COD 响应系数场

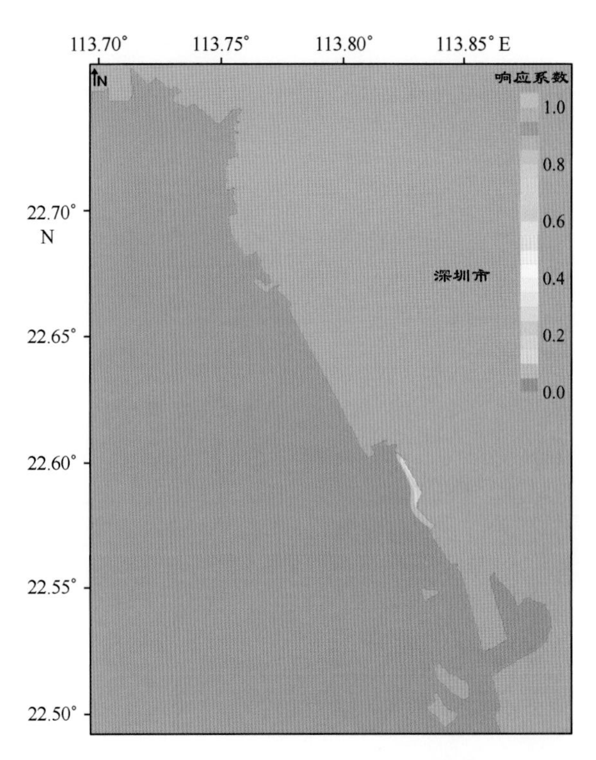

图 11-116　南昌涌 COD 响应系数场

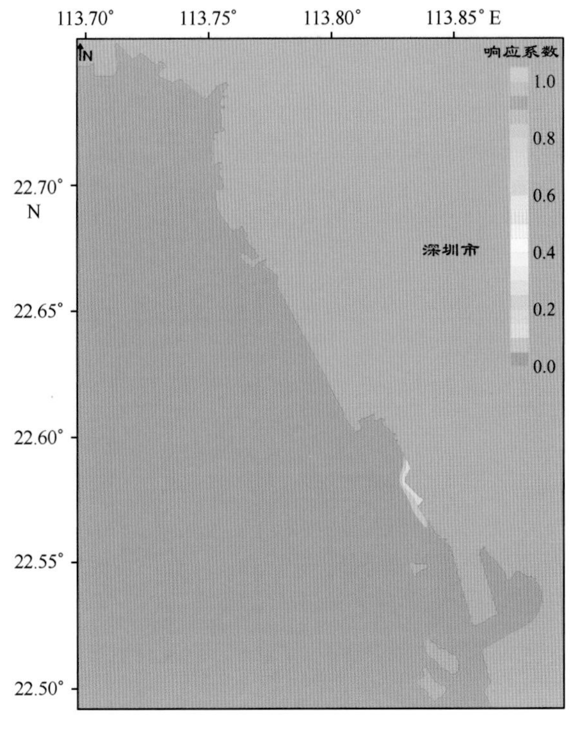

图 11-117　固戍涌 COD 响应系数场

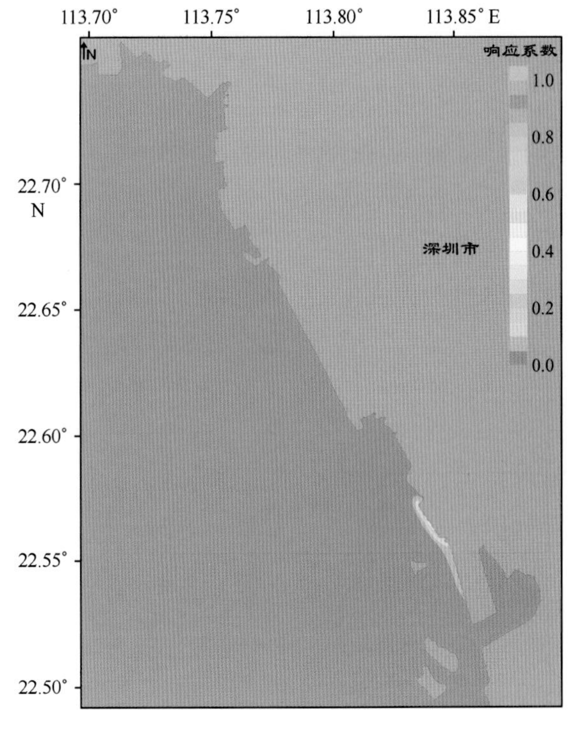

图 11-118　共乐涌 COD 响应系数场

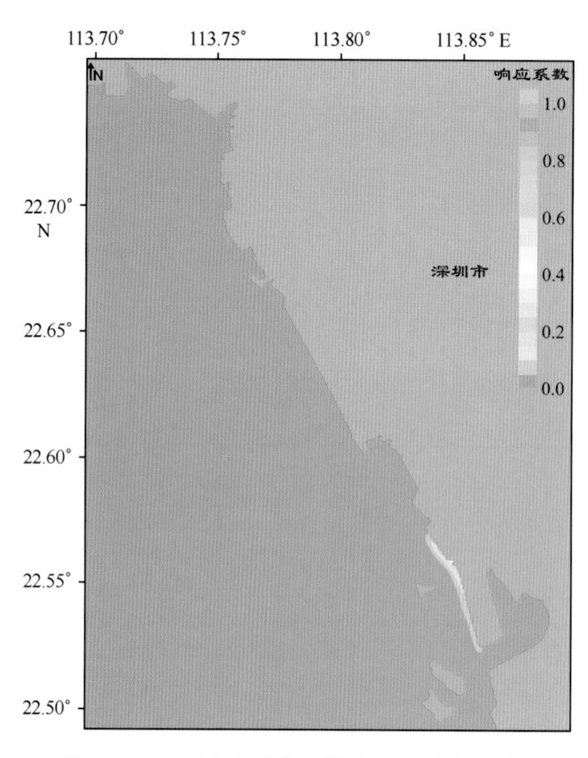

图 11-119　西乡大道分流渠道 COD 响应系数场

4）石油类的响应系数场

在单位源强的条件下，珠江口深圳海域 21 个排污口石油类的响应系数场见图 11-120 至图 11-140。

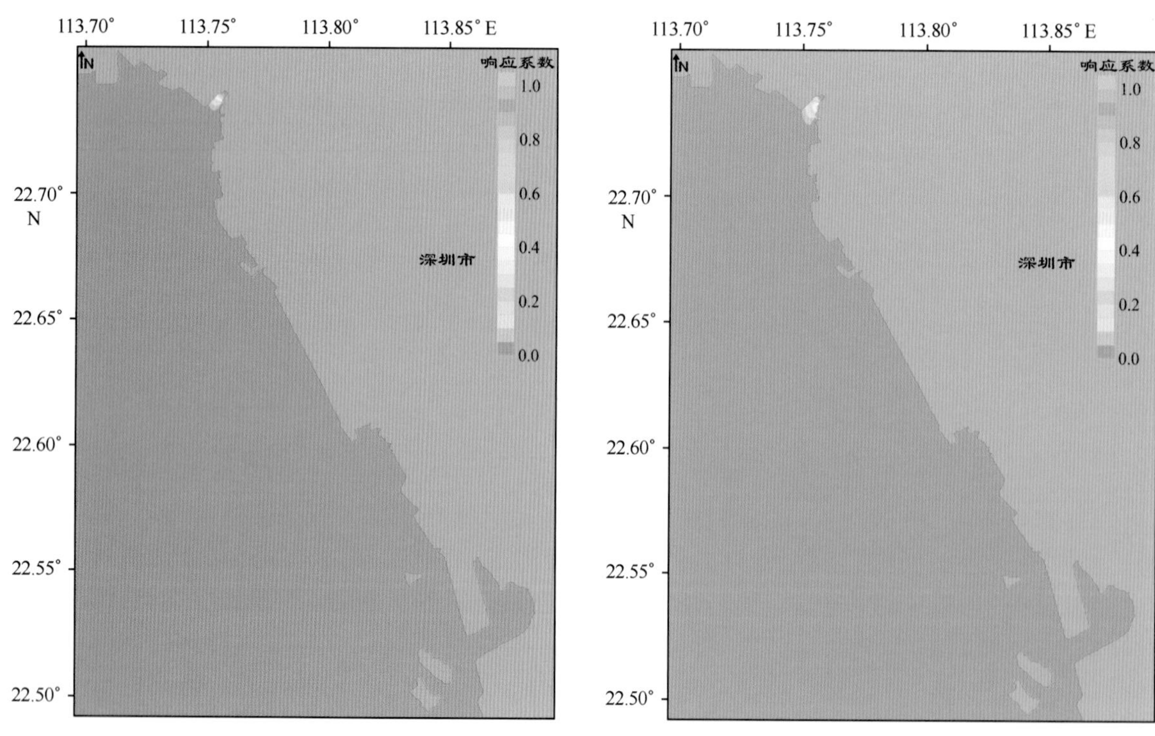

图 11-120　茅洲河石油类响应系数场　　图 11-121　德丰围涌石油类响应系数场

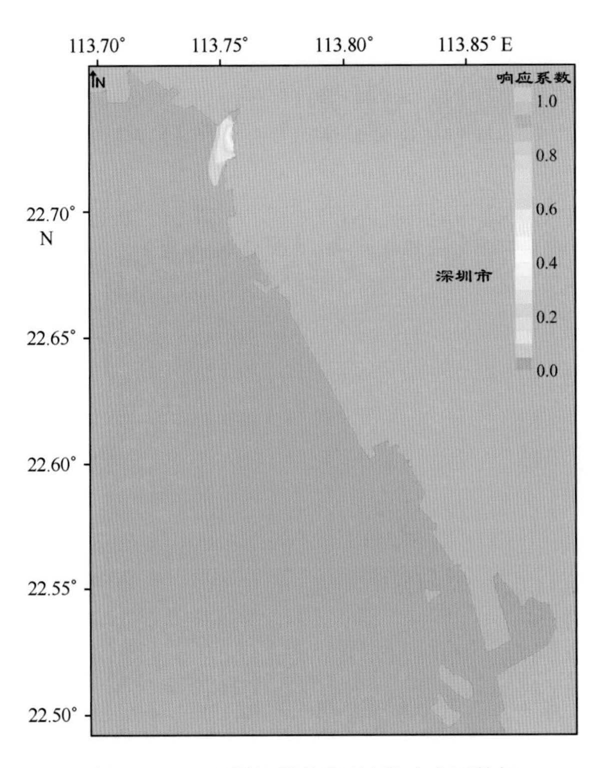

图 11-122 西堤石围涌石油类响应系数场

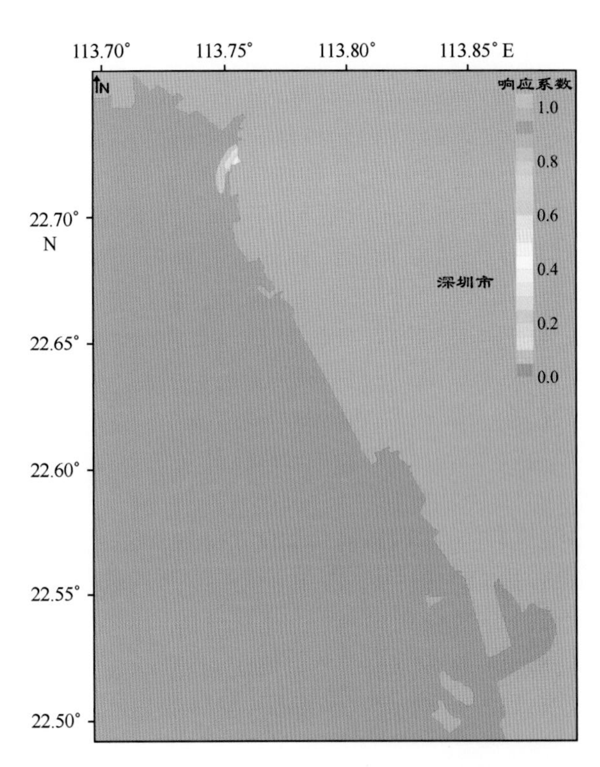

图 11-123 西堤下涌石油类响应系数场

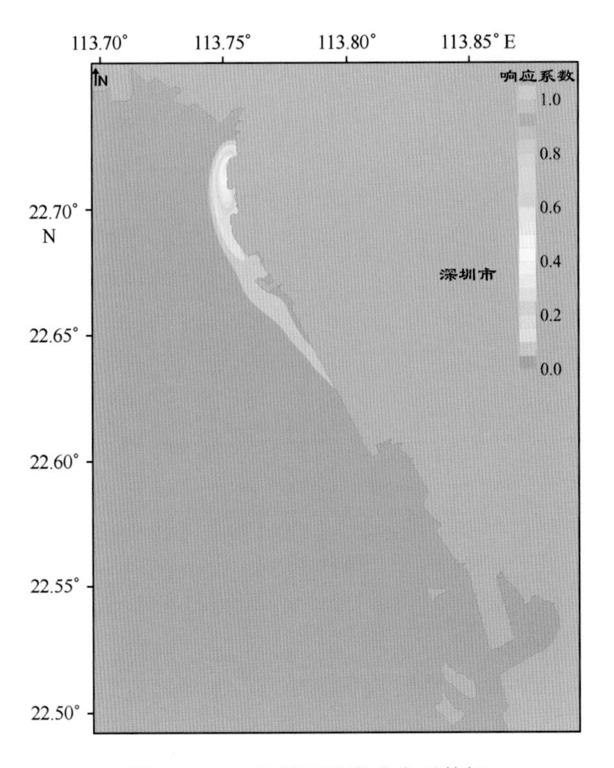

图 11-124 沙涌石油类响应系数场

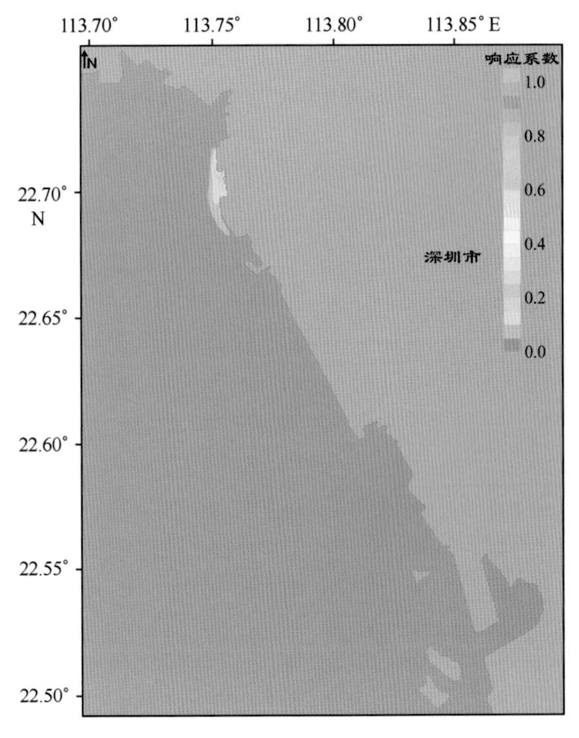

图 11-125 和二涌石油类响应系数场

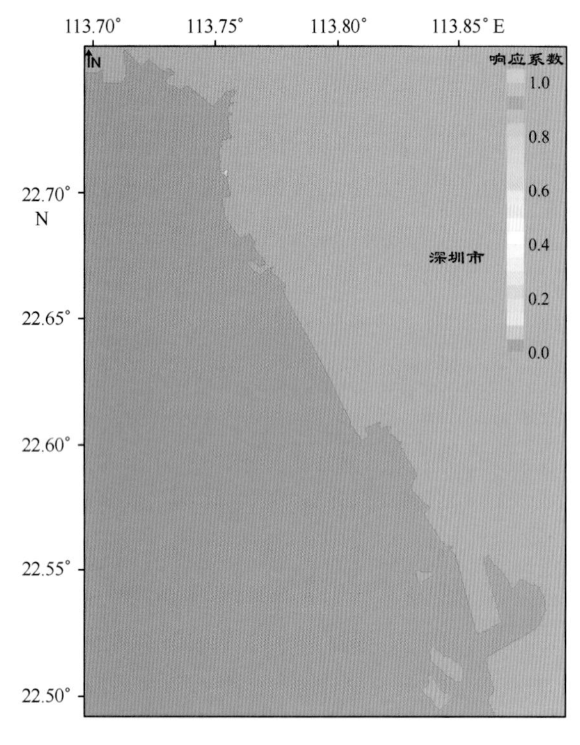

图 11-126　沙福河石油类响应系数场

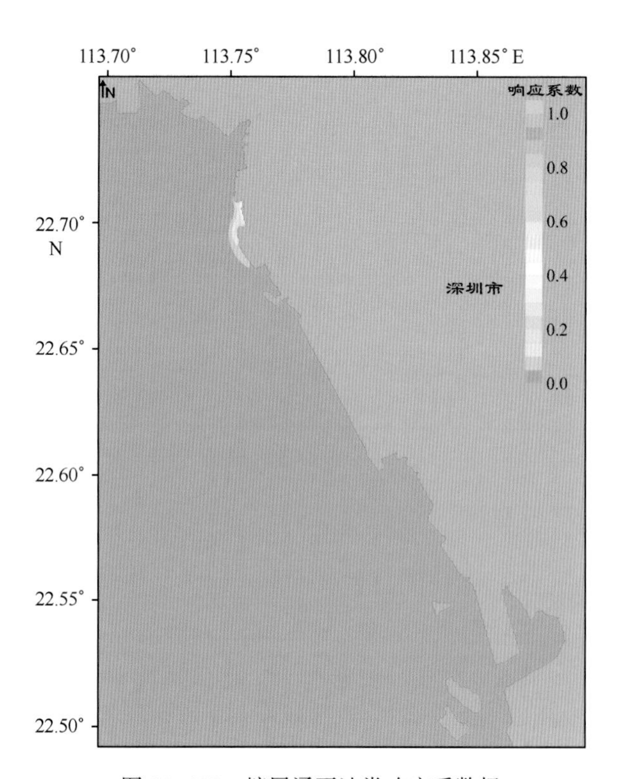

图 11-127　塘尾涌石油类响应系数场

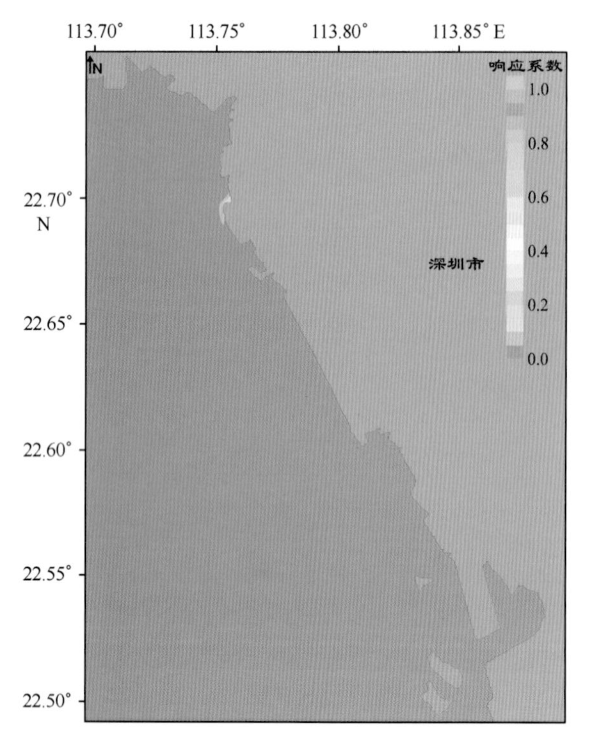

图 11-128　和平涌石油类响应系数场

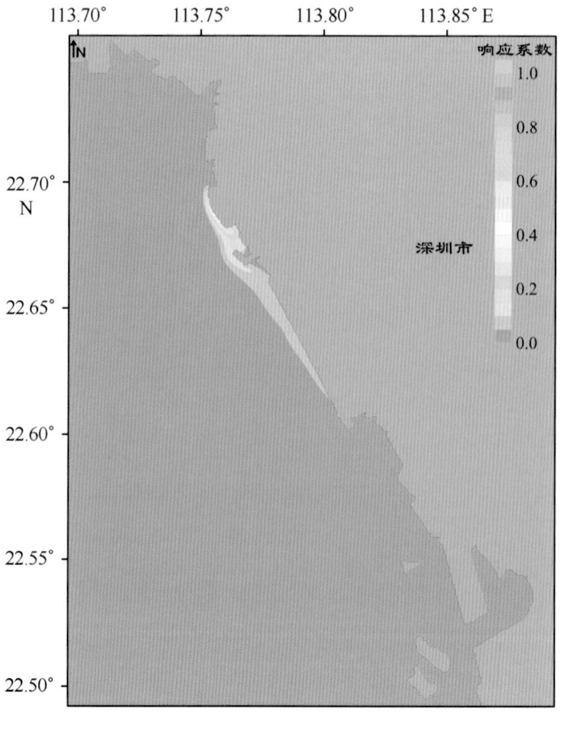

图 11-129　玻璃围涌石油类响应系数场

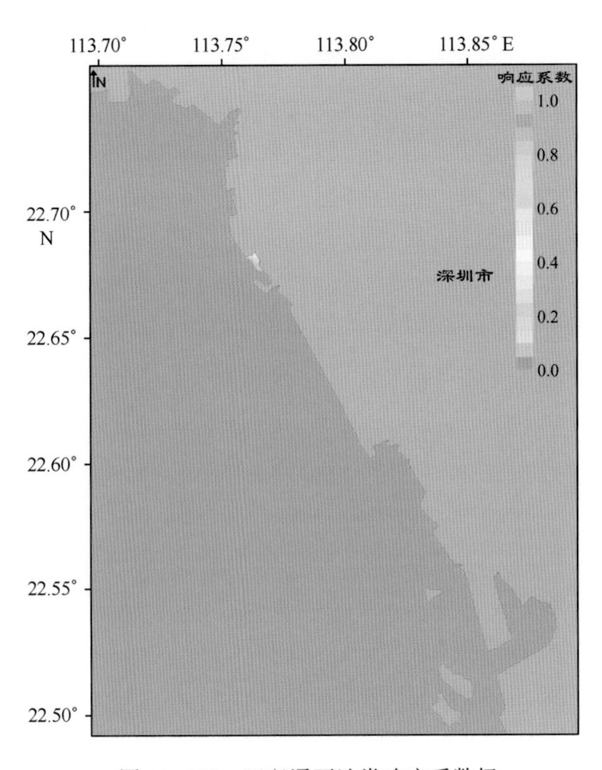

图 11-130 四兴涌石油类响应系数场

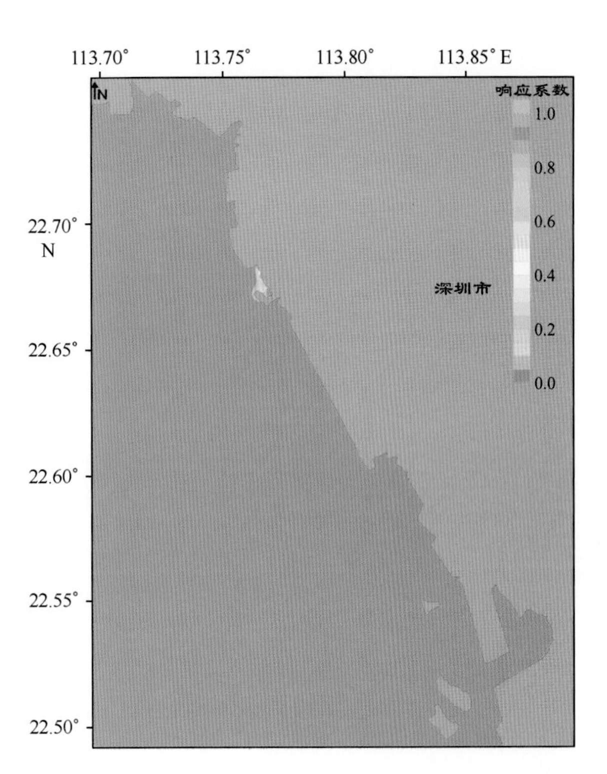

图 11-131 坳颈涌石油类响应系数场

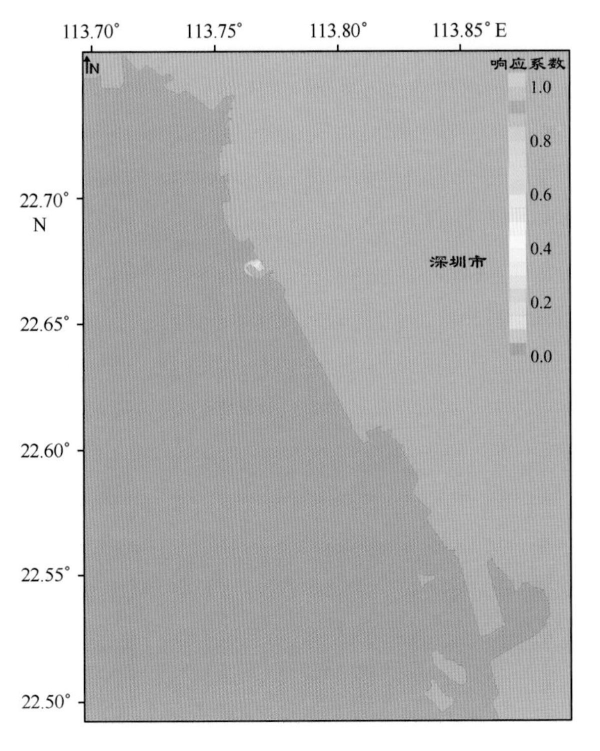

图 11-132 灶下涌石油类响应系数场

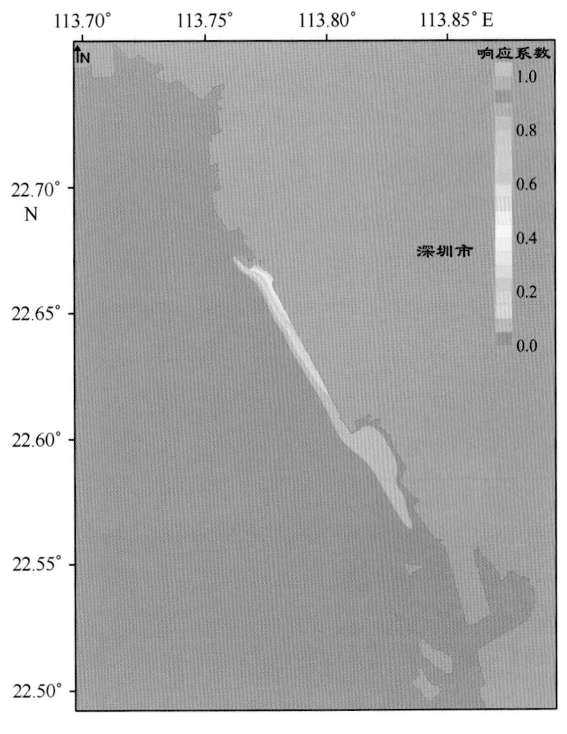

图 11-133 福永河石油类响应系数场

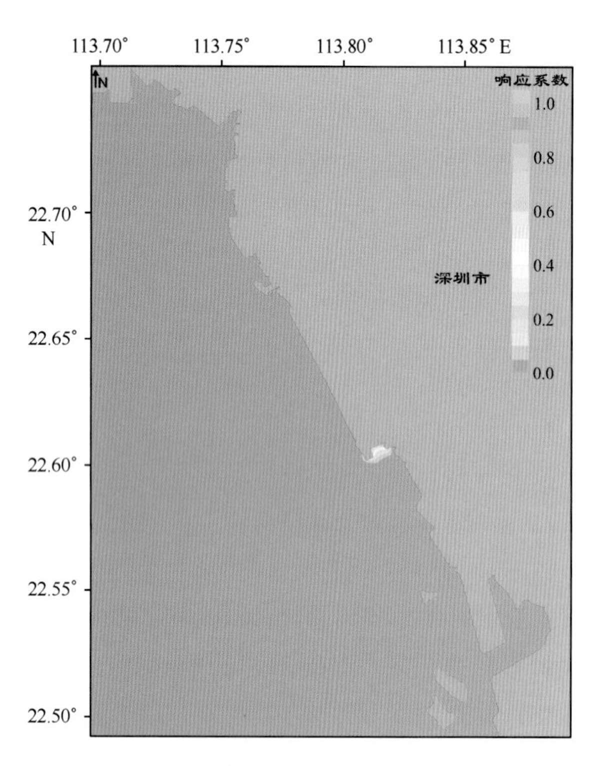

图 11-134　机场外排洪渠石油类响应系数场

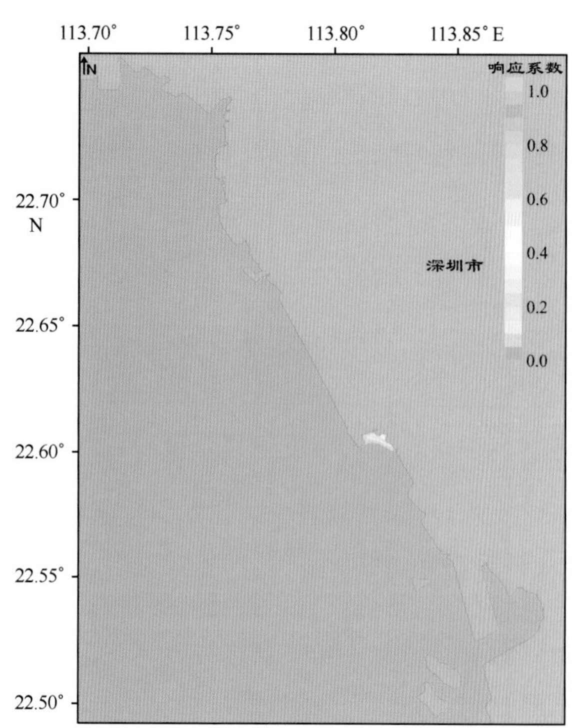

图 11-135　新涌石油类响应系数场

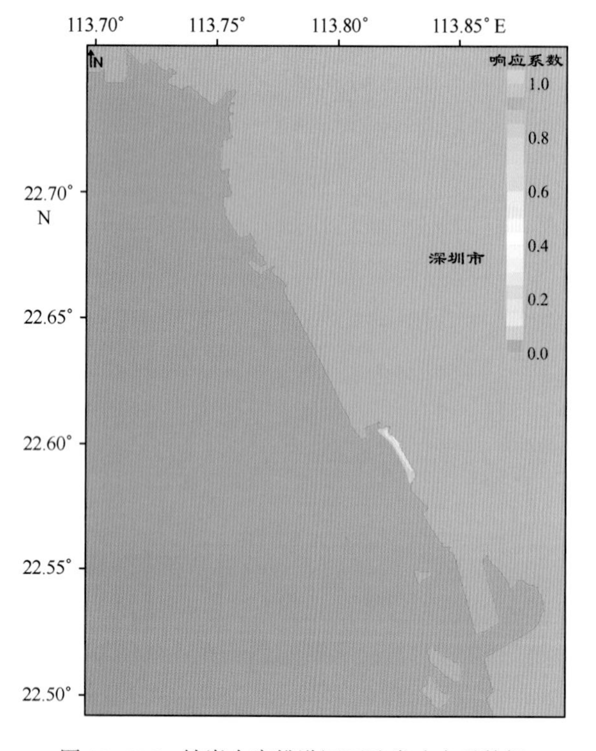

图 11-136　铁岗水库排洪河石油类响应系数场

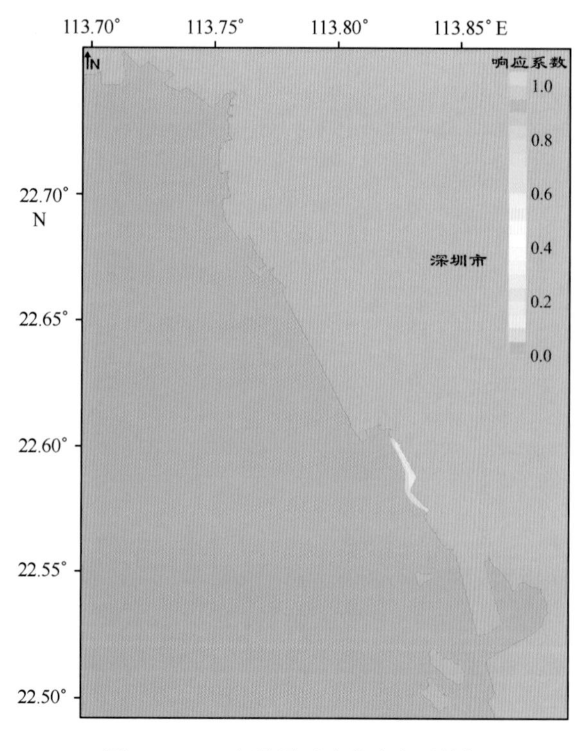

图 11-137　南昌涌石油类响应系数场

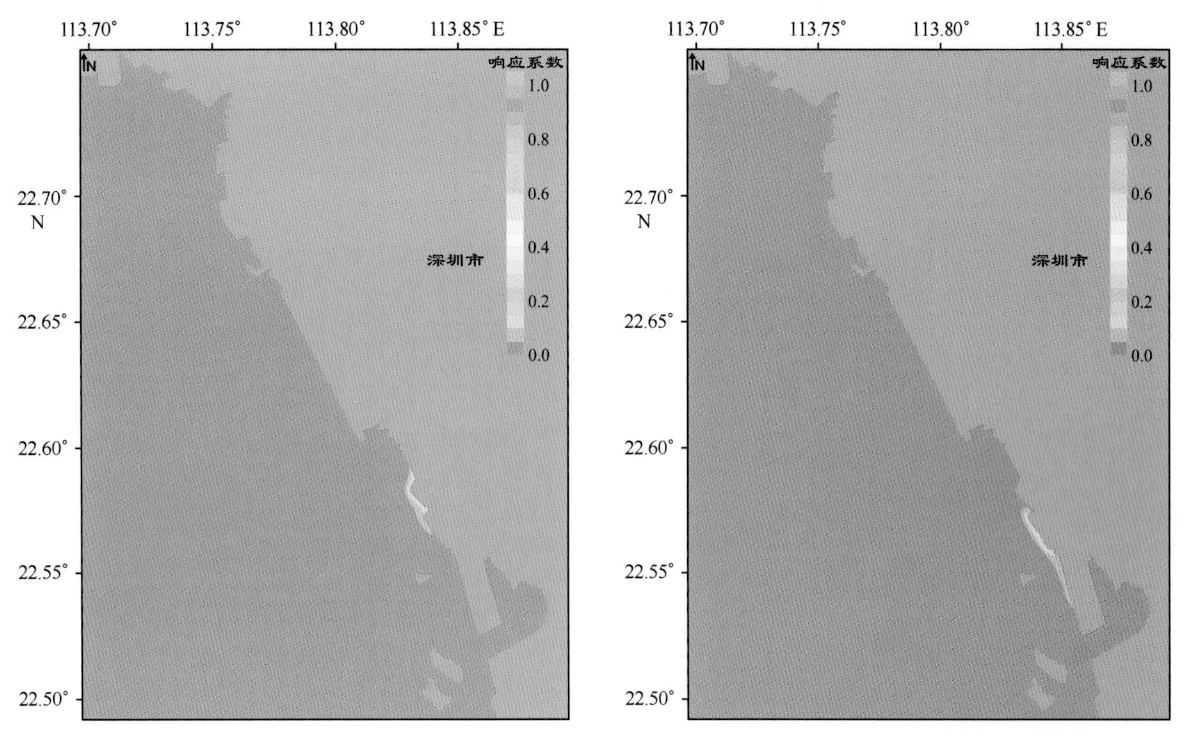

图 11-138　固戍涌石油类响应系数场

图 11-139　共乐涌石油类响应系数场

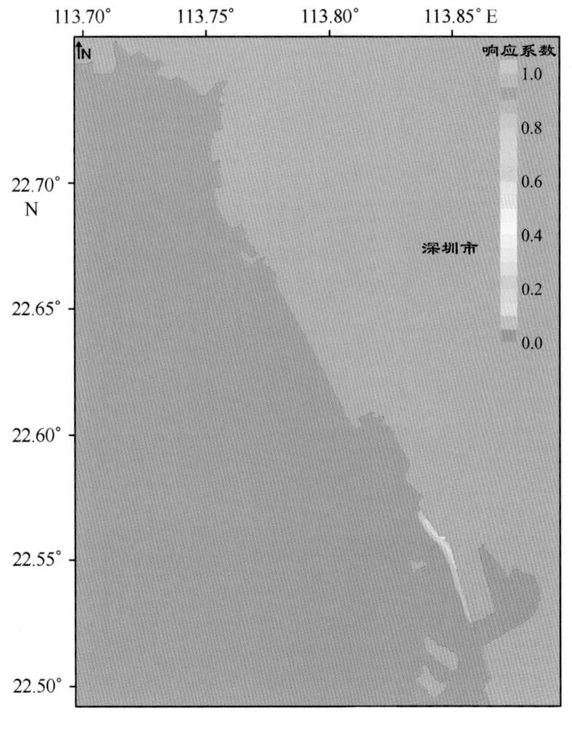

图 11-140　西乡大道分流渠道石油类响应系数场

11.6.8.2 深圳湾海域响应系数场

1）无机氮的响应系数场

在单位源强的条件下，深圳湾海域6个排污口无机氮的响应系数场见图11-141至图11-146。

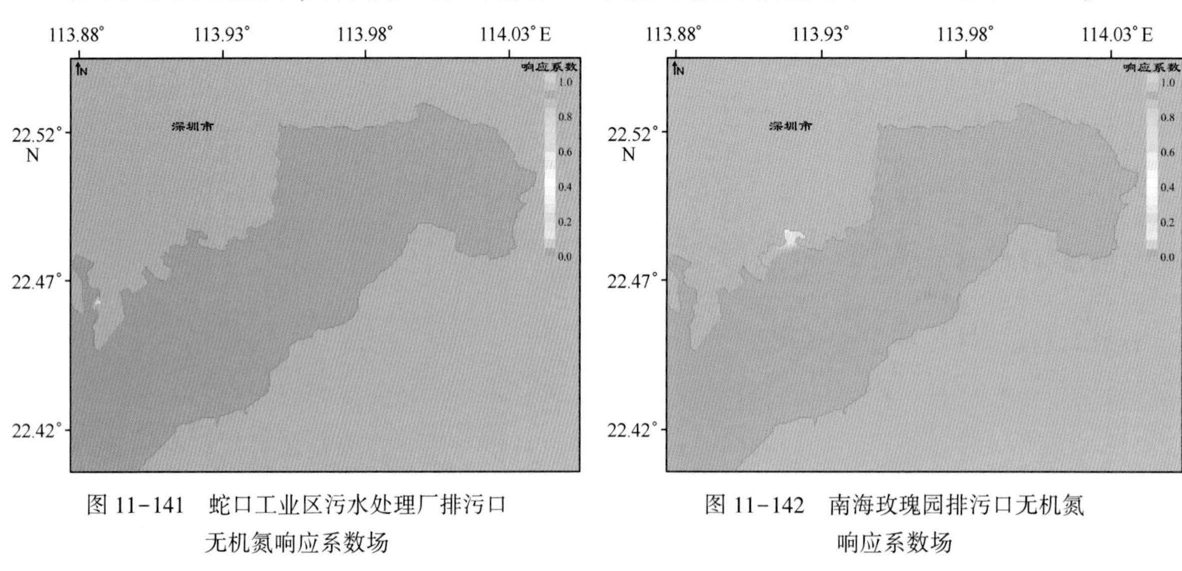

图11-141 蛇口工业区污水处理厂排污口无机氮响应系数场

图11-142 南海玫瑰园排污口无机氮响应系数场

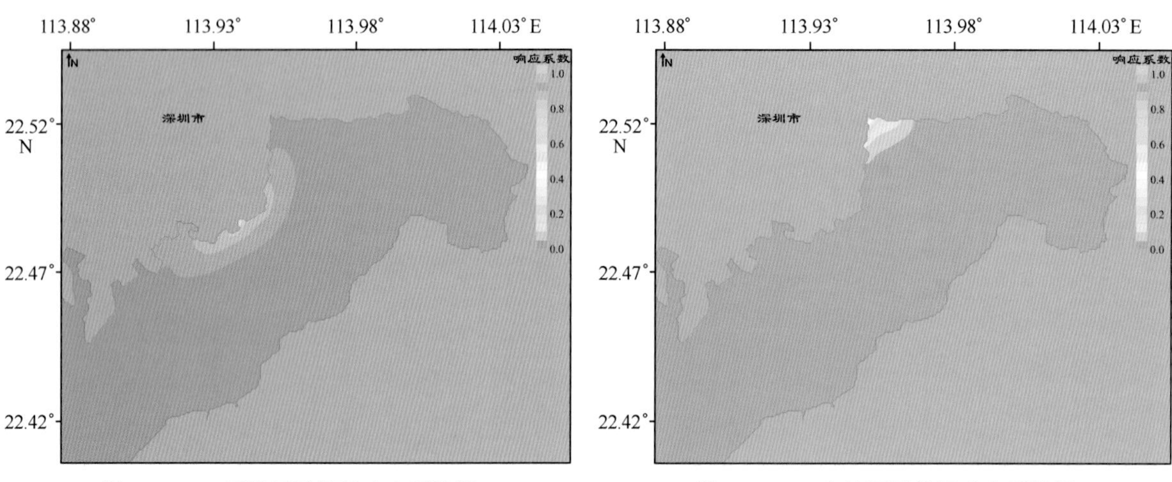

图11-143 后海河无机氮响应系数场

图11-144 大沙河无机氮响应系数场

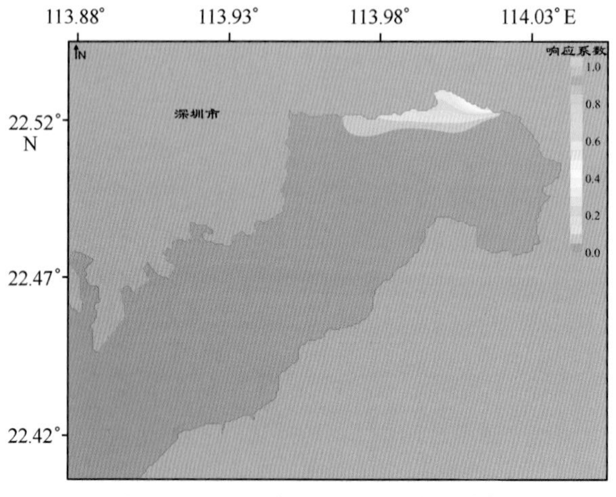

图11-145 凤塘河无机氮响应系数场

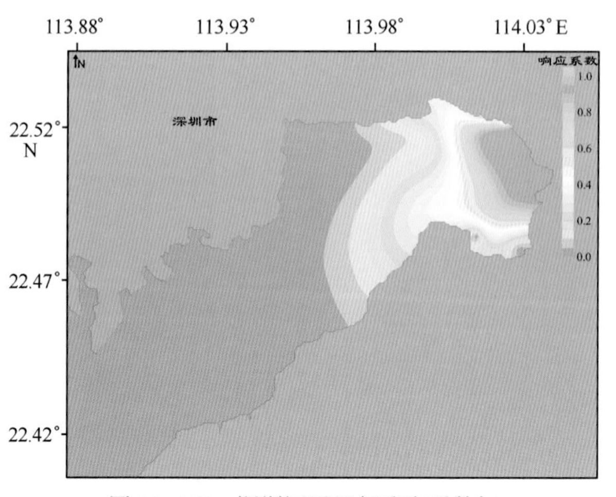

图11-146 深圳河无机氮响应系数场

2）磷酸盐的响应系数场

在单位源强的条件下，深圳湾海域6个排污口磷酸盐的响应系数场见图11-147至图11-152。

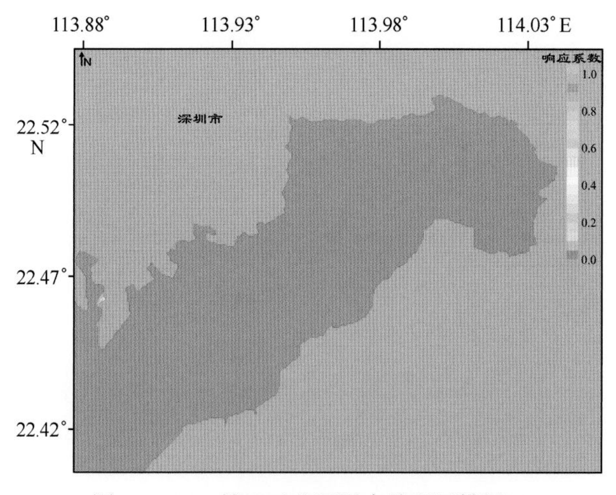

图11-147 蛇口工业区污水处理厂排污口磷酸盐响应系数场

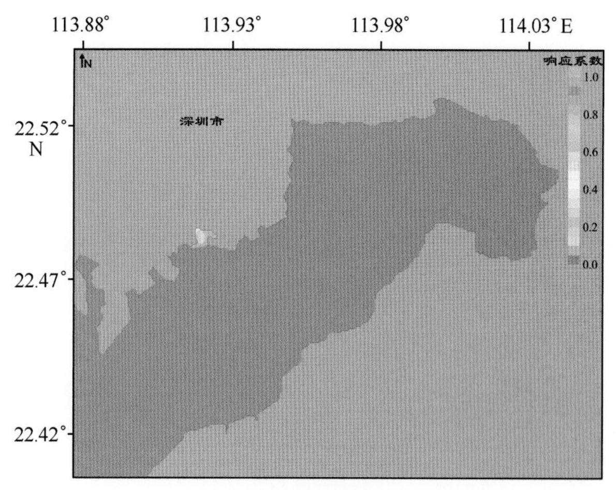

图11-148 南海玫瑰园排污口磷酸盐响应系数场

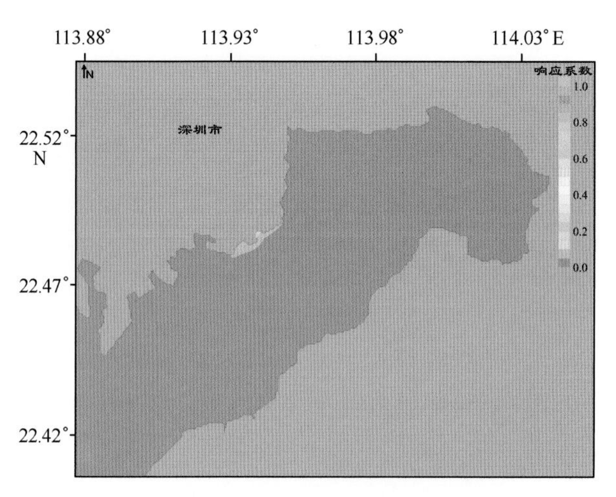

图11-149 后海河磷酸盐响应系数场

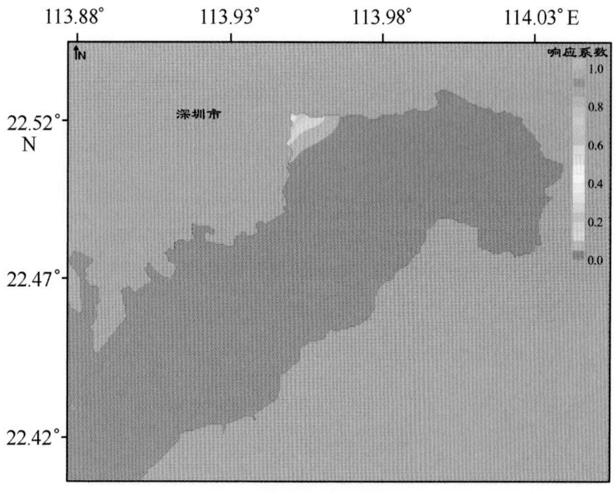

图11-150 大沙河磷酸盐响应系数场

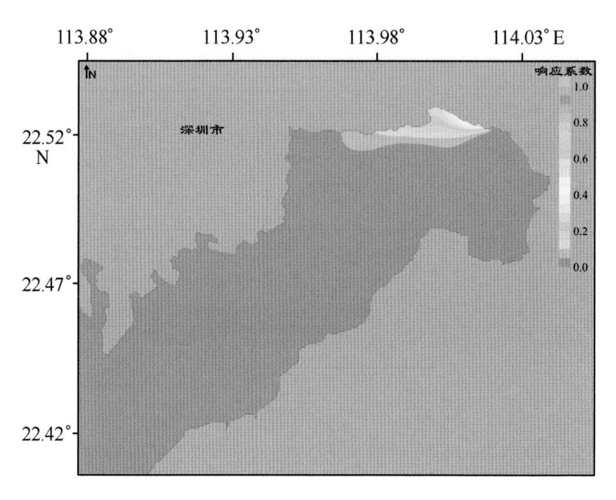

图11-151 凤塘河磷酸盐响应系数场

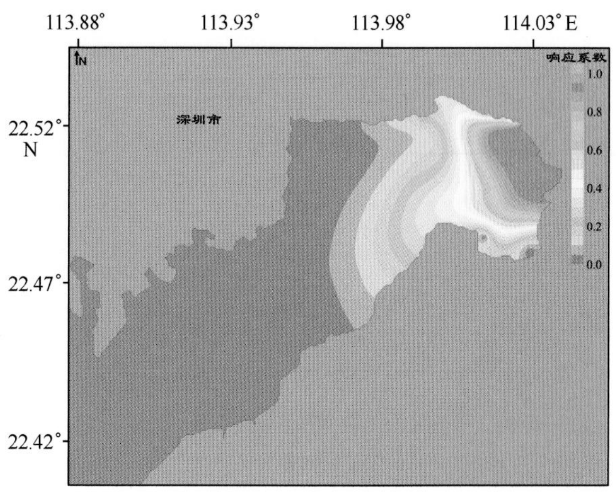

图11-152 深圳河磷酸盐响应系数场

3）COD 的响应系数场

在单位源强的条件下，深圳湾海域 6 个排污口 COD 的响应系数场见图 11-153 至图 11-158。

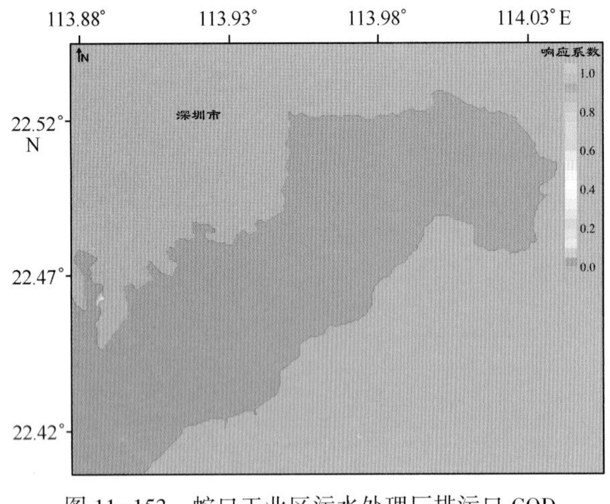

图 11-153　蛇口工业区污水处理厂排污口 COD 响应系数场

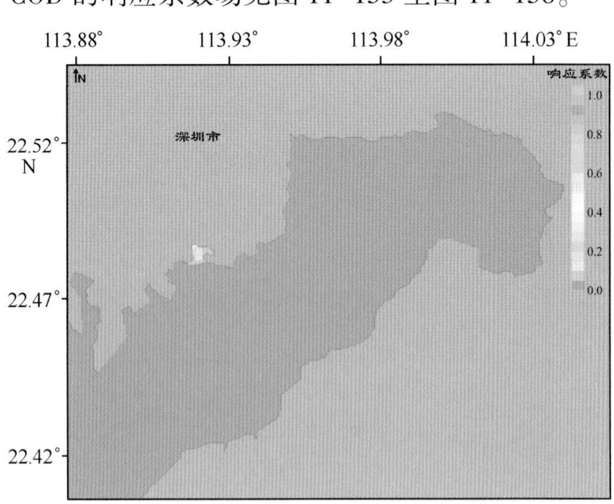

图 11-154　南海玫瑰园排污口 COD 响应系数场

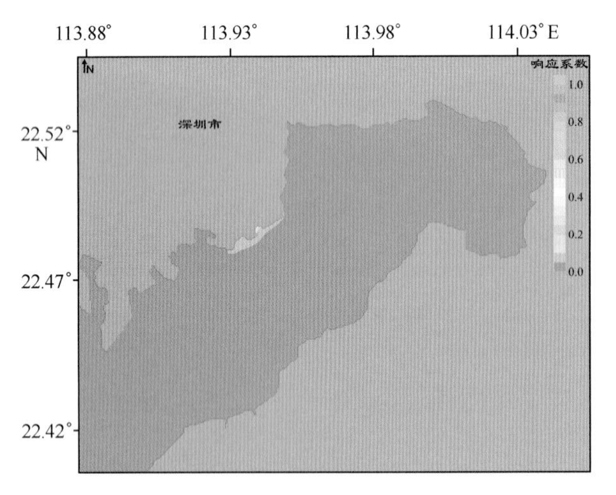

图 11-155　后海河 COD 响应系数场

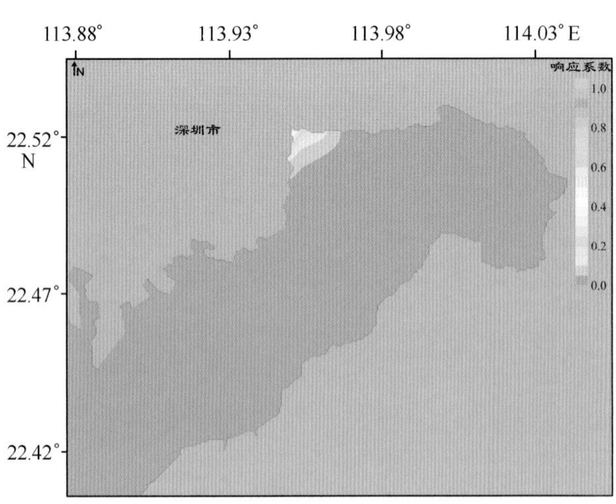

图 11-156　大沙河 COD 响应系数场

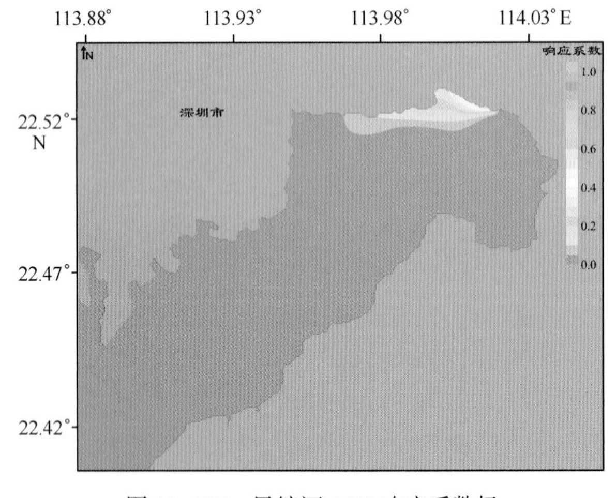

图 11-157　凤塘河 COD 响应系数场

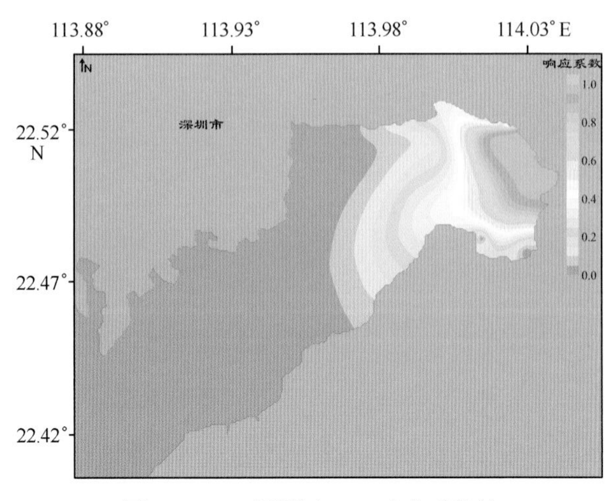

图 11-158　深圳河 COD 响应系数场

4）石油类的响应系数场

在单位源强的条件下，深圳湾海域6个排污口石油类的响应系数场见图11-159至图11-164。

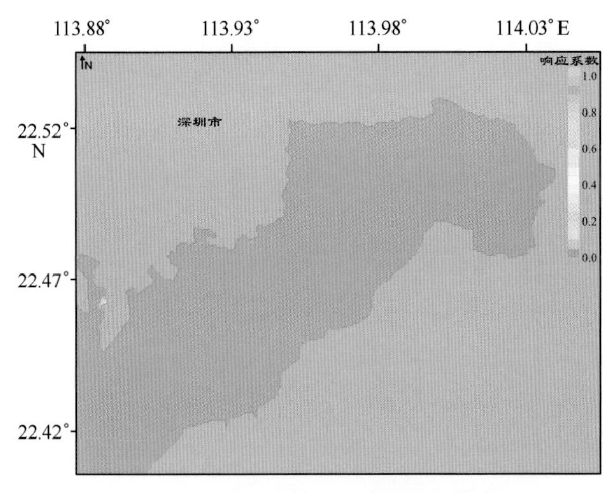

图11-159 蛇口工业区污水处理厂排污口石油类响应系数场

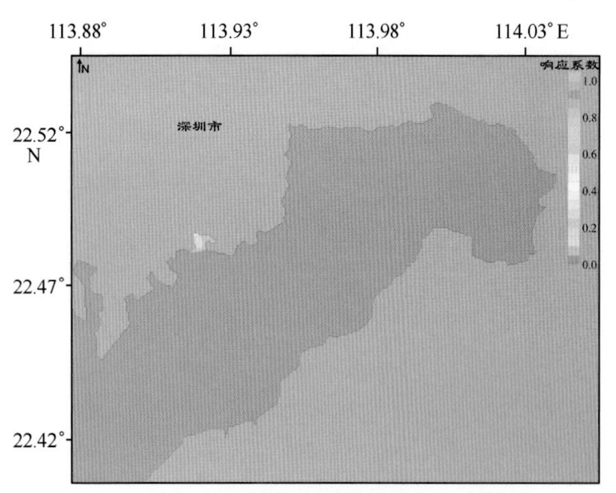

图11-160 南海玫瑰园排污口石油类响应系数场

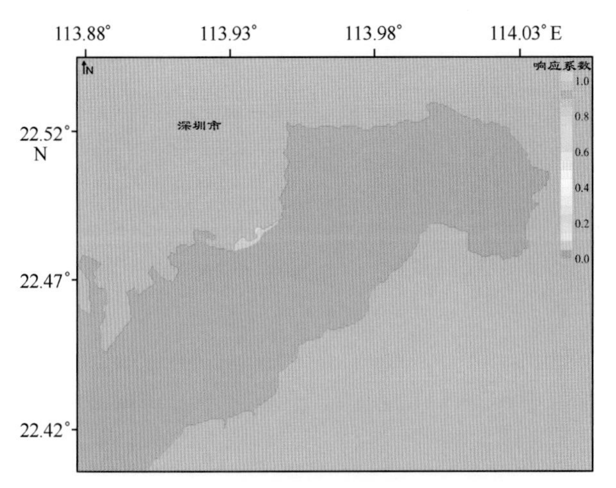

图11-161 后海河石油类响应系数场

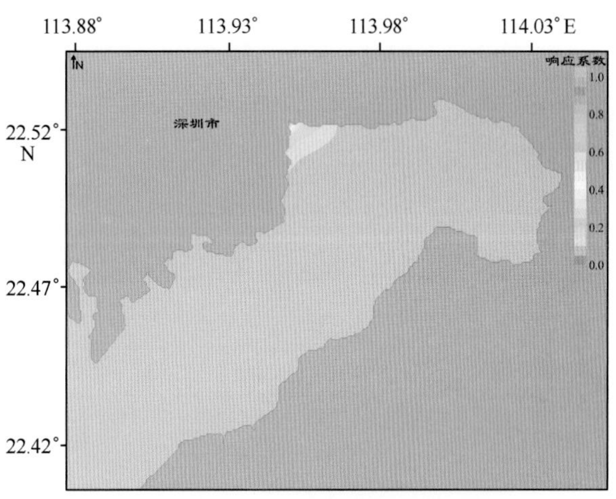

图11-162 大沙河石油类响应系数场

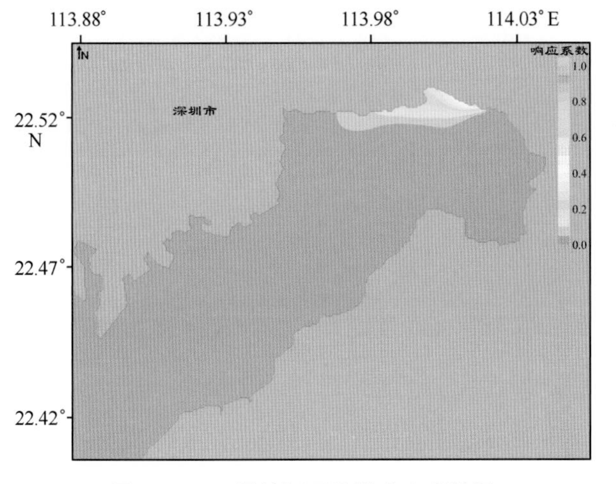

图11-163 凤塘河石油类响应系数场

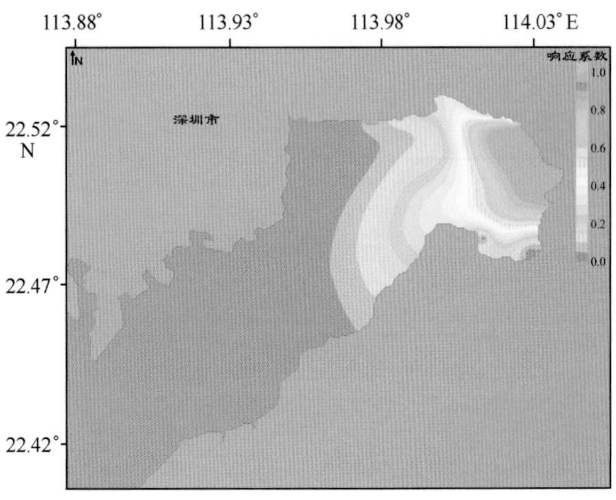

图11-164 深圳河石油类响应系数场

11.6.8.3 大铲湾（又称前海湾）海域响应系数场

1）无机氮的响应系数场

在单位源强的条件下，大铲湾（又称前海湾）海域4个排污口无机氮的响应系数场见图11-165至图11-168。

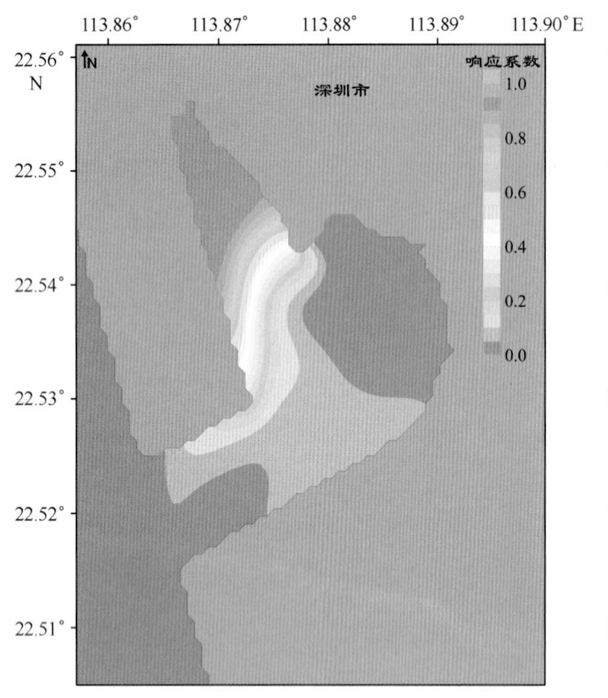

图11-165 西乡河无机氮响应系数场

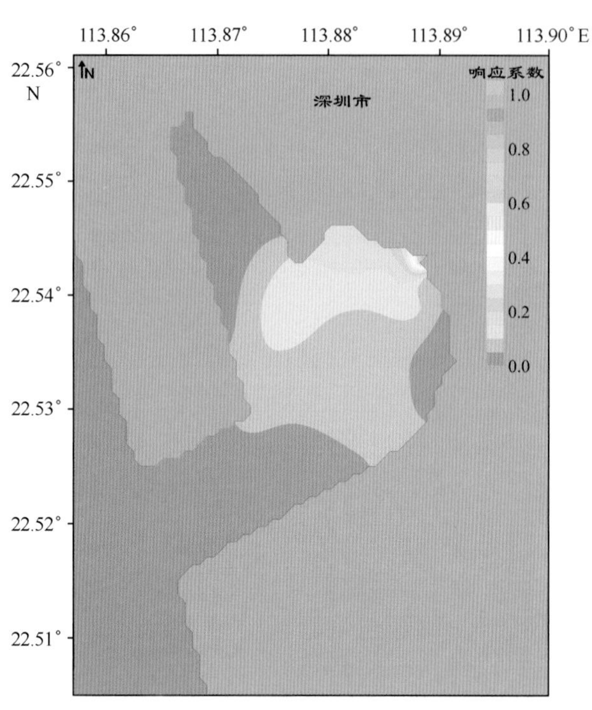

图11-166 新圳河无机氮响应系数场

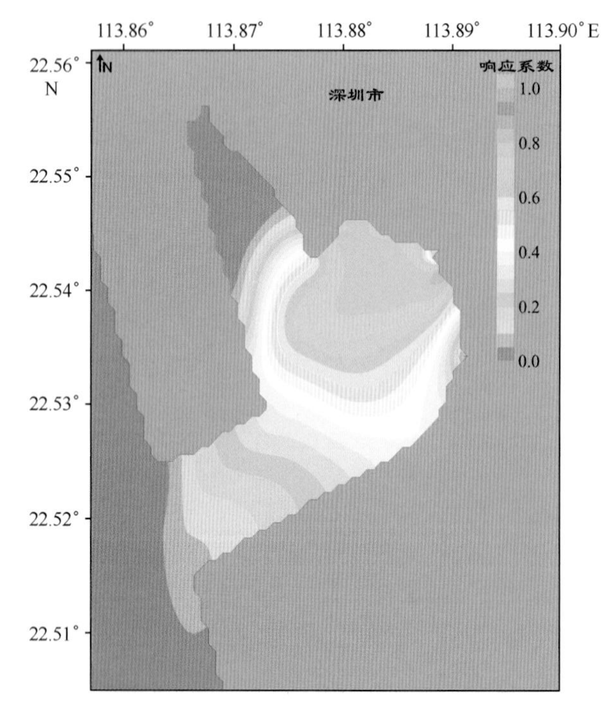

图11-167 双界河无机氮响应系数场

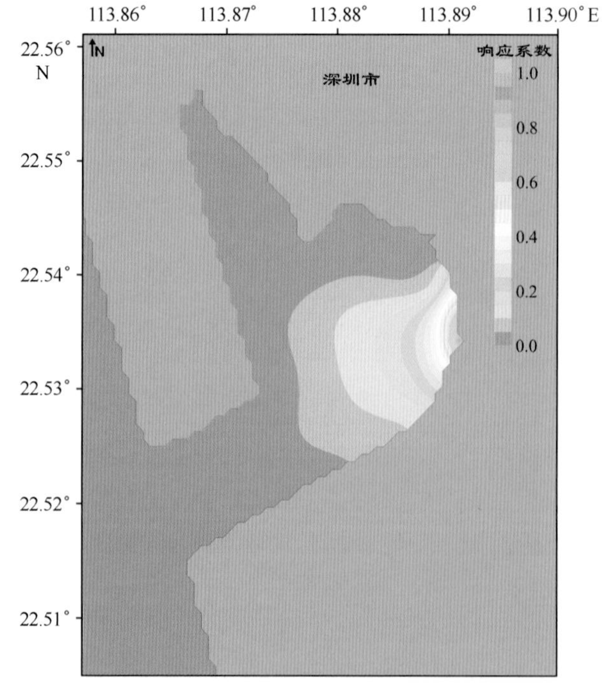

图11-168 桂庙渠无机氮响应系数场

2）磷酸盐的响应系数场

在单位源强的条件下，大铲湾（又称前海湾）海域4个排污口磷酸盐的响应系数场见图11-169至图11-172。

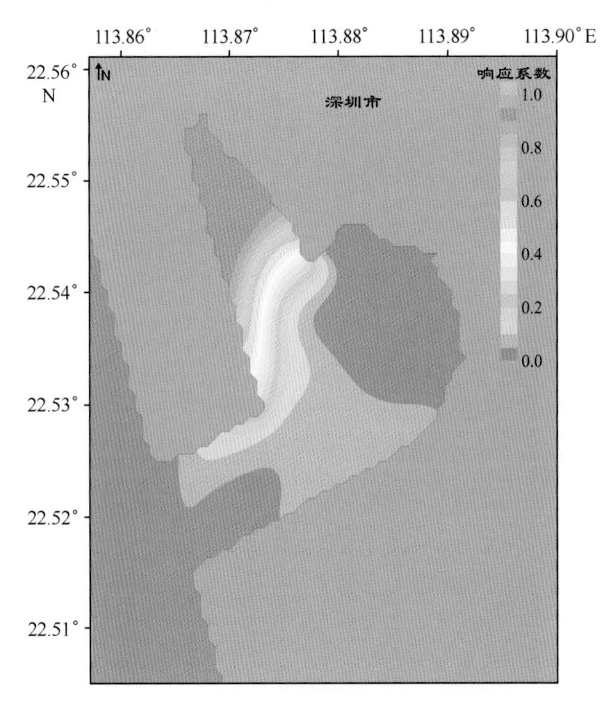

图11-169　西乡河磷酸盐响应系数场

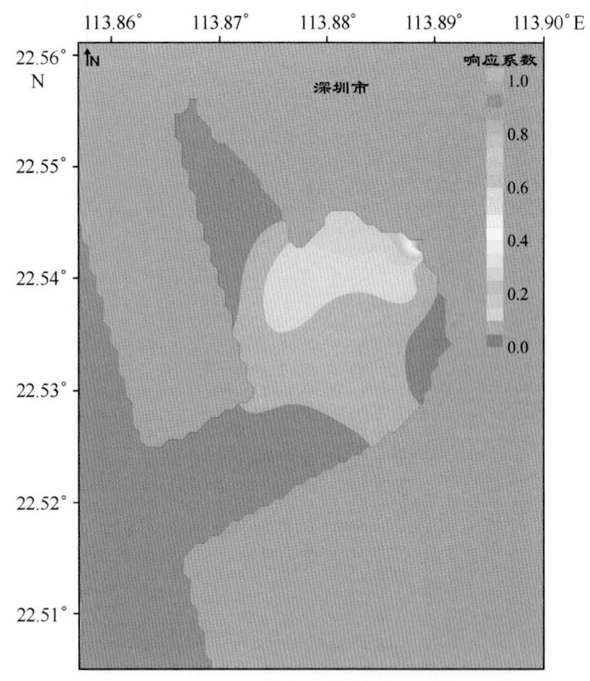

图11-170　新圳河磷酸盐响应系数场

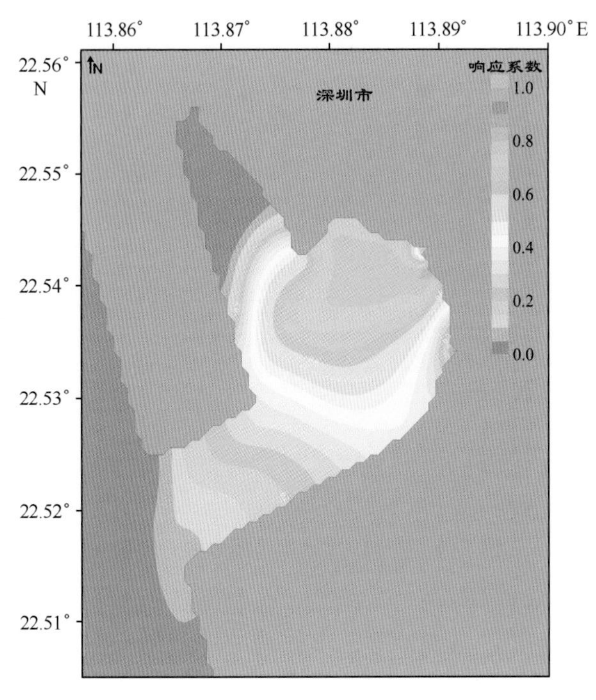

图11-171　双界河COD响应系数场

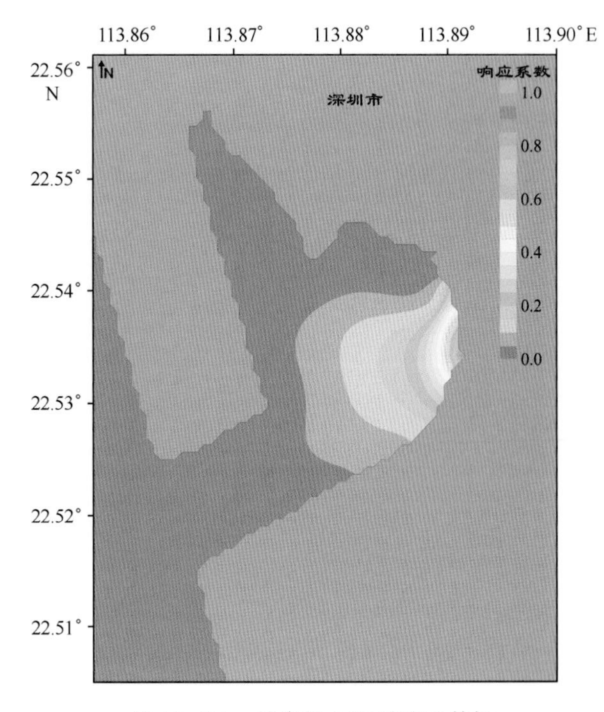

图11-172　桂庙渠COD响应系数场

3）COD 的响应系数场

在单位源强的条件下，大铲湾（又称前海湾）海域 4 个排污口 COD 的响应系数场见图 11-173 至图 11-176。

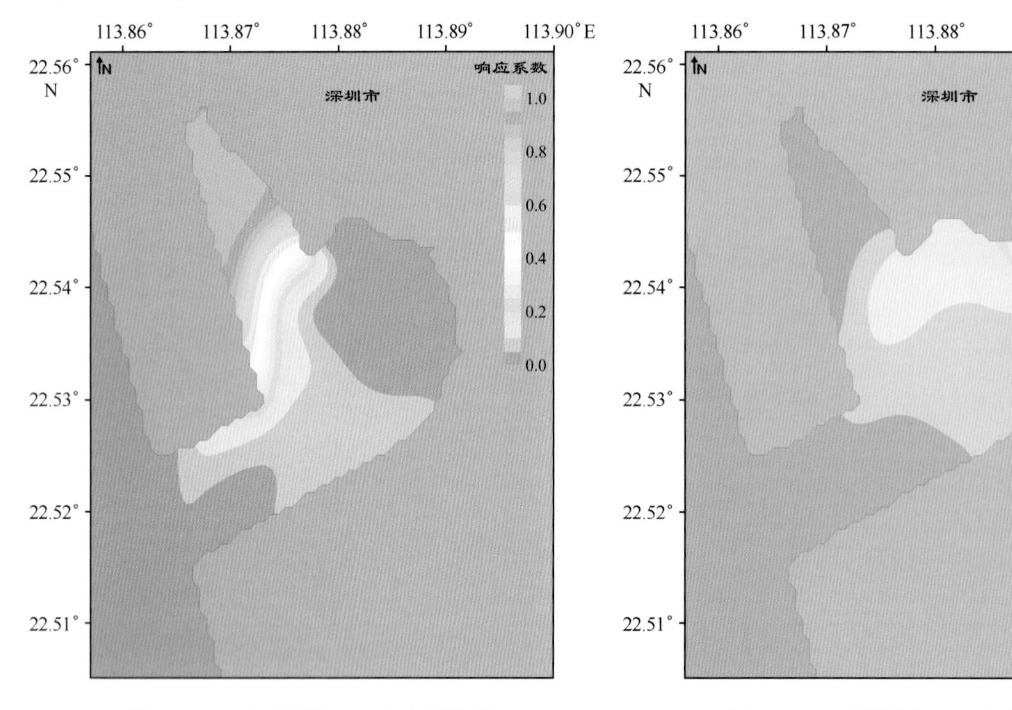

图 11-173　西乡河 COD 响应系数场　　图 11-174　新圳河 COD 响应系数场

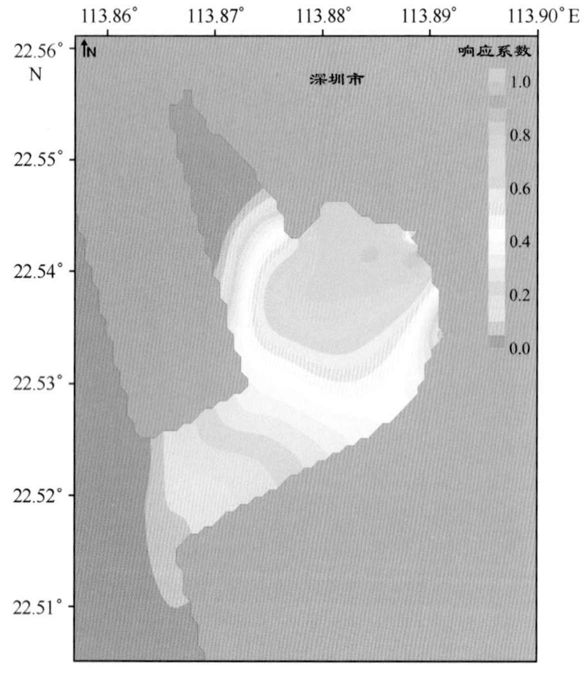

图 11-175　双界河 COD 响应系数场

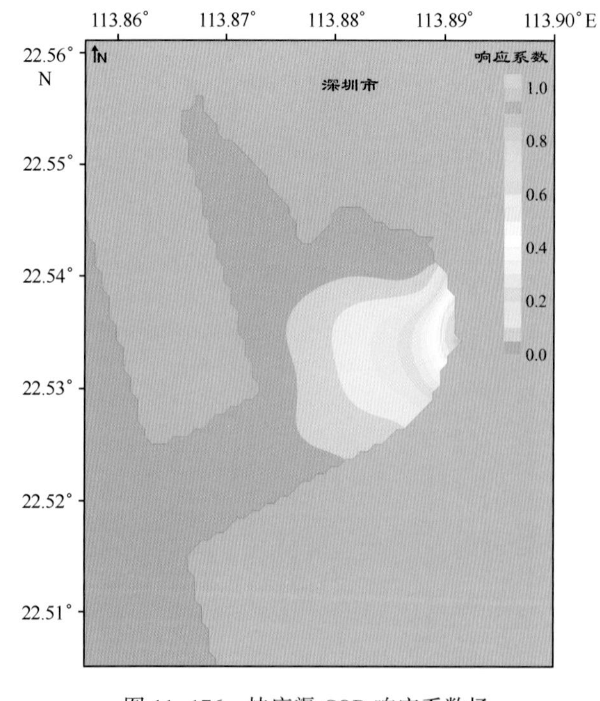

图 11-176　桂庙渠 COD 响应系数场

4）石油类的响应系数场

在单位源强的条件下，大铲湾（又称前海湾）海域4个排污口石油类的响应系数场见图11-177至图11-180。

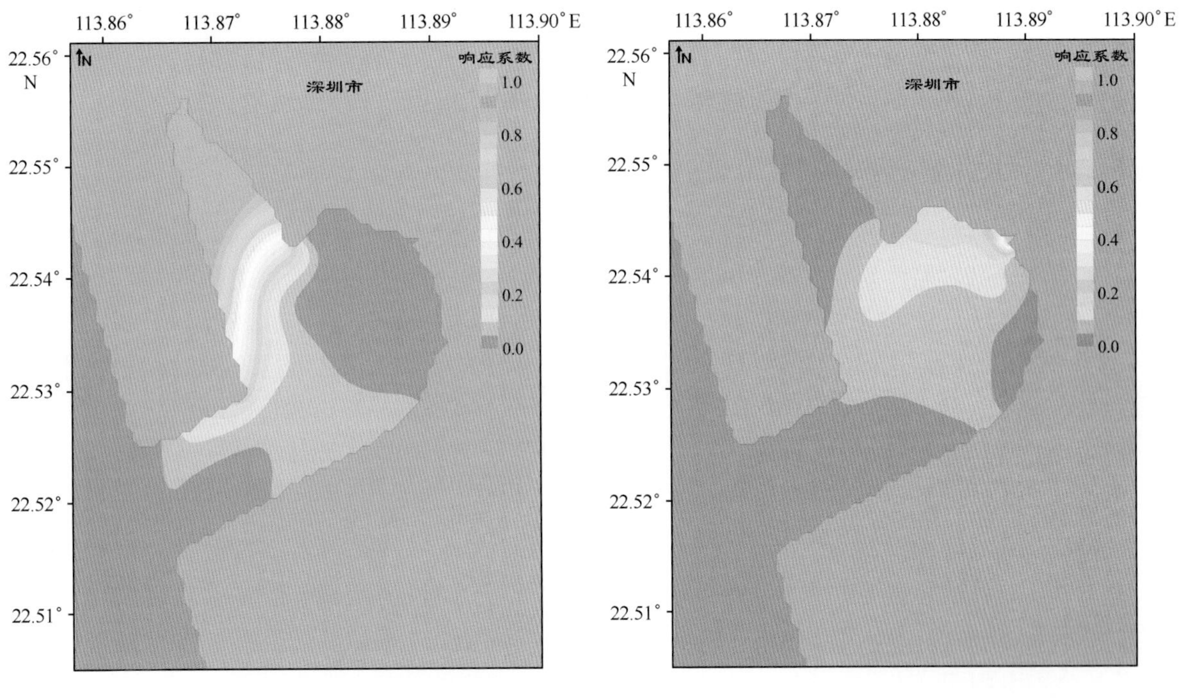

图11-177　西乡河石油类响应系数场

图11-178　新圳河石油类响应系数场

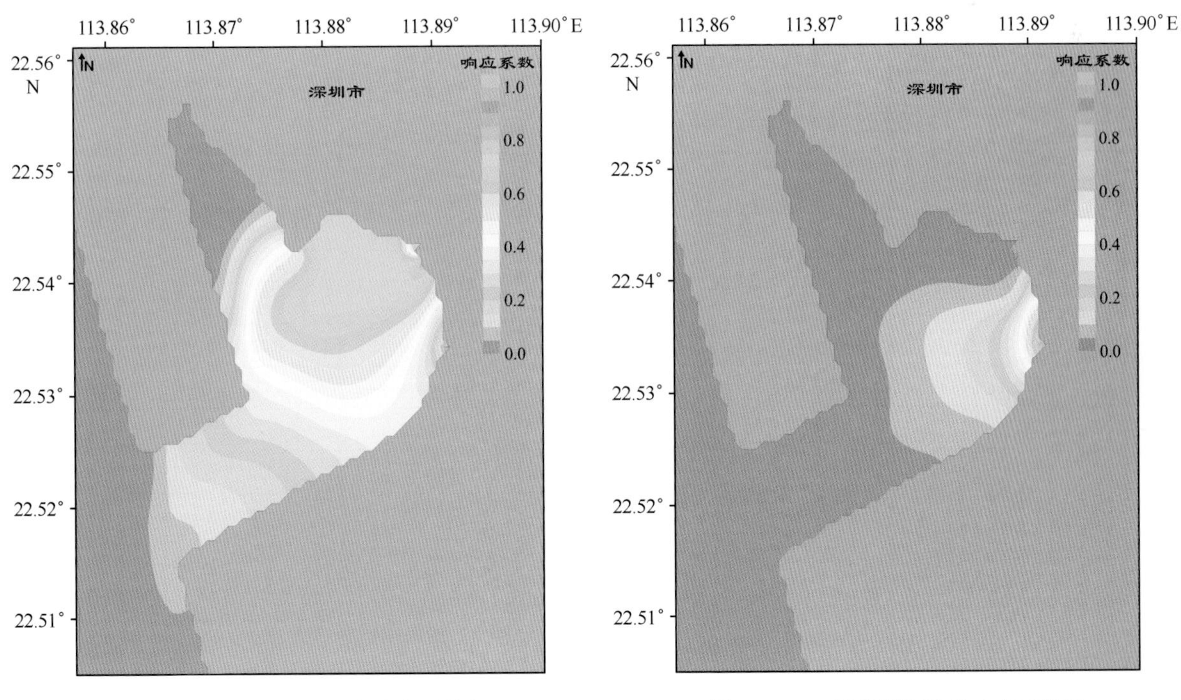

图11-179　双界河石油类响应系数场

图11-180　桂庙渠石油类响应系数场

11.6.9 研究海域各排污口对水质控制点分担率的计算

研究海域各排污口主要污染物对各水质控制点的分担率是在背景浓度和开边界浓度为0、各排污口主要污染物实际源强输入和考虑污染物自然降解的条件下，经水质模型和污染物排放总量控制模型计算得到。由于研究海域沿岸有31个排污口，环境容量估算设置的水质有215个，各排污口每种污染物对各水质控制点分担率的计算结果是一个31×215的矩阵，数据量大，故不列出。

11.6.10 研究海域环境容量估算

按照研究海域海洋功能区划及《海水水质标准（GB 3097—1997）》，综合考虑研究海域各排污口污染物对水质控制点的分担率及响应系数等各种因素的影响，估算研究海域各排污口的背景环境容量。

背景环境容量是指在特定的水质目标和背景浓度影响条件下所求出的各污染源污染物的允许排放量，它反映的是某水体的最大纳污能力，是一种静态容量。当排污布局和排污量发生变化时，影响会发生反馈作用。因此，在实际操作中，可以根据实际排污布局和排污量重新带入模型，求得在真实海域环境中各水质控制点的水质指标值，以控制各水质控制点满足水质保护目标。

11.6.10.1 珠江口深圳海域

珠江口深圳海域各排污口主要污染物的背景环境容量见表11-9，剩余环境容量见表11-10。环境容量估算结果显示，Ⅳ区块COD、石油类、无机氮和磷酸盐的背景环境容量分别为20 037.5 t、703.2 t、5 379.3 t和758.7 t，Ⅳ区块COD和石油类的剩余环境容量分别为1 226.6 t和255.4 t，无机氮和磷酸盐无剩余环境容量。Ⅴ区块COD、石油类、无机氮和磷酸盐的背景环境容量分别为94 406.9 t、2 426.2 t、20 320.0 t和1 644.3 t，Ⅴ区块COD和石油类的剩余环境容量分别为5 662.8 t和1 072.8 t，无机氮和磷酸盐无剩余环境容量。珠江口深圳海域COD、石油类、无机氮和磷酸盐的背景环境容量分别为114 444.4 t、3 129.4 t、25 699.3 t和2 403.0 t。珠江口深圳海域COD和石油类的剩余环境容量分别为6 889.4 t和1 328.2 t，无机氮和磷酸盐无剩余环境容量。

表11-9 珠江口深圳海域各排污口主要污染物背景环境容量 单位：t/a

编号	区块	排污口	背景环境容量			
			COD	石油类	无机氮	磷酸盐
P1	Ⅴ	茅洲河	11 044.4	226.5	6 341.7	511.5
P2	Ⅴ	德丰围涌	1 969.5	25.2	571.1	34.7
P3	Ⅴ	西堤石围涌	1 748.9	29.4	612.7	27.1
P4	Ⅴ	西堤下涌	8 987.3	349.4	5 424.5	288.5
P5	Ⅴ	沙涌	3 881.9	112.8	887.1	64.1
P6	Ⅴ	和二涌	4 914.8	81.0	1 114.2	168.1
P7	Ⅴ	沙福河	1 294.4	37.2	350.8	11.2
P8	Ⅴ	塘尾涌	4 634.8	187.5	646.7	106.3
P9	Ⅴ	和平涌	4 243.9	86.4	77.6	1.0
P10	Ⅴ	玻璃围涌	4 968.1	225.8	204.4	10.6
P11	Ⅴ	四兴涌	4 117.9	54.7	51.3	12.2
P12	Ⅴ	坳颈涌	6 822.5	185.2	2 077.9	132.8
P13	Ⅴ	灶下涌	4 491.5	75.6	457.5	35.2
P14	Ⅴ	福永河	31 287.0	749.5	1 502.5	241.0

续表

编号	区块	排污口	背景环境容量			
			COD	石油类	无机氮	磷酸盐
V区块合计			94 406. 9	2 426. 2	20 320. 0	1 644. 3
P15	Ⅳ	机场外排洪渠	7 995. 8	302. 3	3 280. 6	623. 7
P16	Ⅳ	新涌	3 587. 9	77. 4	603. 1	42. 9
P17	Ⅳ	铁岗水库排洪河	3 821. 1	77. 4	868. 9	24. 4
P18	Ⅳ	南昌涌	2 115. 4	125. 6	307. 5	50. 7
P19	Ⅳ	固戍涌	1 367. 1	38. 6	195. 2	8. 1
P20	Ⅳ	共乐涌	989. 1	80. 0	108. 0	8. 1
P21	Ⅳ	西乡大道分流渠道	161. 1	1. 9	16. 0	0. 8
Ⅳ区块合计			20 037. 5	703. 2	5 379. 3	758. 7
总合计			114 444. 4	3 129. 4	25 699. 3	2 403. 0

表 11-10　珠江口深圳海域各排污口主要污染物剩余环境容量　　单位：t/a

编号	区块	排污口	剩余环境容量			
			COD	石油类	无机氮	磷酸盐
P1	V	茅洲河	586. 4	112. 3	/	/
P2	V	德丰围涌	83. 1	15. 8	/	/
P3	V	西堤石围涌	104. 2	19. 8	/	/
P4	V	下涌	1 071. 1	194. 2	/	/
P5	V	沙涌	329. 0	58. 6	/	/
P6	V	和二涌	353. 9	63. 0	/	/
P7	V	沙福河	129. 6	23. 2	/	/
P8	V	塘尾涌	392. 8	72. 4	/	/
P9	V	和平涌	411. 7	75. 7	/	/
P10	V	玻璃围涌	368. 7	69. 3	/	/
P11	V	四兴涌	234. 0	45. 2	/	/
P12	V	坳颈涌	251. 0	50. 4	/	/
P13	V	灶下涌	238. 1	47. 9	/	/
P14	V	福永河	1 109. 2	225. 0	/	/
V区块合计			5 662. 8	1 072. 8	/	/
P15	Ⅳ	机场外排洪渠	595. 8	120. 9	/	/
P16	Ⅳ	新涌	195. 0	39. 6	/	/
P17	Ⅳ	铁岗水库排洪河	143. 5	31. 3	/	/
P18	Ⅳ	南昌涌	91. 5	19. 9	/	/
P19	Ⅳ	固戍涌	150. 2	32. 8	/	/
P20	Ⅳ	共乐涌	42. 3	9. 2	/	/
P21	Ⅳ	西乡大道分流渠	8. 3	1. 7	/	/
Ⅳ区块合计			1 226. 6	255. 4	/	/
总合计			6 889. 4	1 328. 2	/	/

注：“/”表示没有剩余容量。

11.6.10.2 深圳湾海域

基于广东省海洋功能区划海洋环境管理目标，深圳湾海域各排污口主要污染物的背景环境容量见表 11-11，剩余环境容量见表 11-12。环境容量估算结果显示，Ⅱ区块 COD、石油类、无机氮和磷酸盐的背景环境容量分别为 2 720.6 t、23.0 t、404.1 t 和 19.7 t，Ⅱ区块 COD 和石油类的剩余环境容量分别为 141.1 t 和 2.2 t，无机氮和磷酸盐无剩余环境容量。Ⅰ区块 COD、石油类、无机氮和磷酸盐的背景环境容量分别为 13 977.7 t、310.3 t、5 201.9 t 和 144.9 t，Ⅰ区块 COD、石油类、无机氮和磷酸盐均无剩余环境容量。深圳湾海域 COD、石油类、无机氮和磷酸盐的背景环境容量分别为 16 698.3 t、333.3 t、5 606.0 t 和 164.6 t；深圳湾海域的无机氮无剩余环境容量；深圳湾海域的 COD、石油类和磷酸盐的背景环境容量仅在湾口海域有少量剩余，湾顶海域均无剩余环境容量。

表 11-11 深圳湾海域各排污口主要污染物背景环境容量 单位：t/a

编号	区块	排污口	背景环境容量			
			COD	石油类	无机氮	磷酸盐
P27	Ⅱ	蛇口污水处理厂	1 011.1	10.6	228.8	15.1
P28	Ⅱ	南海玫瑰园	466.3	6.4	58.3	2.9
P29	Ⅱ	后海河	1 243.2	6.0	117.0	1.7
Ⅱ区块合计			2 720.6	23.0	404.1	19.7
P30	Ⅰ	大沙河	207.7	8.3	51.5	1.9
P31	Ⅰ	凤塘河	93.8	3.5	29.8	1.1
P33	Ⅰ	深圳河	13 676.2	298.5	5 120.6	141.9
Ⅰ区块合计			13 977.7	310.3	5 201.9	144.9
总合计			16 698.3	333.3	5 606.0	164.6

表 11-12 深圳湾海域各排污口主要污染物剩余环境容量 单位：t/a

编号	区块	排污口	剩余环境容量			
			COD	石油类	无机氮	磷酸盐
P27	Ⅱ	蛇口污水处理厂	56.7	1.5	/	0.1
P28	Ⅱ	南海玫瑰园排污口	95.4	0.7	/	/
P29	Ⅱ	后海河	/	/	/	/
Ⅱ区块合计			141.1	2.0	/	/
P30	Ⅰ	大沙河	/	/	/	/
P31	Ⅰ	凤塘河	/	/	/	/
P33	Ⅰ	深圳河	/	/	/	/
Ⅰ区块合计			/	/	/	/
总合计			/	/	/	/

注：“/”表示没有剩余容量。

11.6.10.3 大铲湾（又称前海湾）海域

大铲湾（又称前海湾）海域各排污口主要污染物的背景环境容量见表 11-13，剩余环境容量见

表 11-14。环境容量估算结果显示，大铲湾（又称前海湾）海域（Ⅲ区块）COD、石油类、无机氮和磷酸盐的背景环境容量分别为 30 820.8 t、360.4 t、5 324.4 t 和 183.9 t。大铲湾（又称前海湾）海域（Ⅲ区块）COD 和石油类的剩余环境容量分别为 525.7 t 和 91.5 t，无机氮和磷酸盐无剩余环境容量。

表 11-13 大铲湾（又称前海湾）海域各排污口主要污染物背景环境容量 单位：t/a

编号	区块	排污口	背景环境容量			
			COD	石油类	无机氮	磷酸盐
P22	Ⅲ	西乡河	4 528.5	46.9	1 476.4	58.2
P23	Ⅲ	新圳河	658.2	29.1	35.7	2.2
P24	Ⅲ	双界河	23 885.4	269.5	3 625.8	114.7
P25	Ⅲ	桂庙渠	1 748.7	14.9	186.5	8.8
Ⅲ区块合计			30 820.8	360.4	5 324.4	183.9

表 11-14 大铲湾（又称前海湾）海域各排污口主要污染物剩余环境容量 单位：t/a

编号	区块	排污口	剩余环境容量			
			COD	石油类	无机氮	磷酸盐
P22	Ⅲ	西乡河	90.7	23.3	/	/
P23	Ⅲ	新圳河	19.8	3.5	/	/
P24	Ⅲ	双界河	402.9	62.5	/	/
P25	Ⅲ	桂庙渠	12.3	2.2	/	/
Ⅲ区块合计			525.7	91.5	/	/

注："/" 表示没有剩余容量。

11.7 小结

本章对深圳西部海域各排污口的环境容量进行了计算，主要结论如下。

（1）采用 ECOMDED 水动力模型对深圳西部海域的潮流场进行了模拟和检验，结果表明：珠江口伶仃洋的潮汐受南海潮波系统控制，属不正规半日混合潮类型，受喇叭状湾型的收缩作用，潮差从湾口向湾顶逐渐增大，潮流动力比较强劲。受岸线边界的约束，湾腰以北水域的潮流基本以往复流形式运动，涨潮流向偏于西北，落潮流向偏于东南；内伶仃以南开阔水域由于横比降的作用以及受汉道分流的影响，潮流形态介于往复流与旋转流之间变化。涨潮平均流速一般为 0.4~0.5 m/s，落潮平均流速约在 0.5~0.6 m/s 之间，纵向流速分布均呈由湾口向湾顶逐渐增大的特点。

深圳湾潮流主流受地形约束的影响，大体呈西南—东北走向，落潮流向为西南向，涨潮流向为东北向，并且表现出显著的往复流的性质，湾口流速明显大于湾内，涨落潮流速水平分布总体呈现从湾顶到湾口递增态势，并且最大流速出现在湾中和湾口的水道部分；湾内北侧自深圳河口到大沙河口沿岸海域，水深很浅，流速很小，水体呆滞；而湾内自大沙河口至赤湾处深圳侧海岸水深较深，流速较大。整体而言，模拟海域表现出往复流的性质，潮流的最大流速表层在 76~102 cm/s 之间，中层为 80~106 cm/s，底层为 56~88 cm/s。

大铲湾（又称前海湾）潮流主流受地形约束，湾口流向大体呈西南—东北走向，落潮流向为西南向，涨潮流向为东北向；湾内流向大体呈南—北走向，落潮流向向南，涨潮流向向北。整体流态表现出显著的往复流的性质。受港区航道深槽潮流对其的影响，湾口流速明显大于湾内，涨落潮流速水平分布总体呈现从湾顶到湾口递增态势，并且最大流速出现在湾口，潮流的最大流速表层在40~25 cm/s之间，中层为35~18 cm/s，底层为22~8 cm/s。

（2）从主要污染物的响应系数场分析可以看出，以单位源强排污对珠江口深圳海域造成显著影响的是西堤石围涌、沙涌、玻璃围涌以及福永河排污口，对深圳湾海域造成显著影响的是深圳河和凤塘河排污口，对大铲湾（又称前海湾）海域造成显著影响的是西乡河和新圳河排污口，而其他河流排污口由于其所在位置水动力条件较好，影响相对较小。

（3）允许排放量估算结果表明，在现有的排污布局和排污量下，珠江口深圳海域（Ⅳ区块、Ⅴ区块）COD、石油类、无机氮和磷酸盐的背景环境容量分别为114 444.4 t、3 129.4 t、25 699.3 t和2 403.0 t。其中，Ⅳ区块COD、石油类、无机氮和磷酸盐的背景环境容量分别为20 037.5 t、703.2 t、5 379.3 t和758.7 t；Ⅴ区块COD、石油类、无机氮和磷酸盐的背景环境容量分别为94 406.9 t、2 426.2 t、20 320.0 t和1 644.3 t。

珠江口深圳海域（Ⅳ区块、Ⅴ区块）COD和石油类的剩余环境容量分别为6 889.4 t和1 328.2 t，无机氮和磷酸盐无剩余环境容量。其中，Ⅳ区块COD和石油类的剩余环境容量分别为1 226.6 t和255.4 t，无机氮和磷酸盐无剩余环境容量；Ⅴ区块COD和石油类的剩余环境容量分别为5 662.8 t和1 072.8 t，无机氮和磷酸盐无剩余环境容量。

深圳湾海域COD、石油类、无机氮和磷酸盐的背景环境容量分别为16 698.3 t、333.3 t、5 606.0 t和164.6 t。其中，深圳湾大桥以北海域（Ⅰ区块）COD、石油类、无机氮和磷酸盐的背景环境容量分别为13 977.7 t、310.3 t、5 201.9 t和144.9 t；深圳湾大桥以南海域（Ⅱ区块）COD、石油类、无机氮和磷酸盐的背景环境容量分别为2 720.6 t、23.0 t、404.1 t和19.7 t。深圳湾海域的无机氮无剩余环境容量；深圳湾海域的COD、石油类和磷酸盐的背景环境容量仅在湾口海域有少量剩余，湾顶海域均无剩余环境容量。

大铲湾（又称前海湾）海域（Ⅲ区块）COD、石油类、无机氮和磷酸盐的背景环境容量分别为30 820.8 t、360.4 t、5 324.4 t和183.9 t。大铲湾（又称前海湾）海域（Ⅲ区块）COD和石油类的剩余环境容量分别为525.7 t和91.5 t，无机氮和磷酸盐无剩余环境容量。

参考文献

陈朝华，詹兴旺 . 2001. 厦门东侧海域表层海水质量现状与评价 . 台湾海峡，20：157-160.
陈慈美，林月玲 . 1993. 厦门西海域磷的生物地球化学行为和环境容量 . 海洋学报，15：43-48.
崔江瑞，张珞平 . 2009. 厦门湾环境容量研究中污染物迁移转化模式的确定及其应用 . 环境科学与管理，34（11）：10-14.
葛明，王修林，阎菊，等 . 2003. 胶州湾营养盐环境容量计算 . 海洋科学，27（3）：36-42.
耿姗姗 . 2011. 长江口杭州湾海洋动力要素对风场响应的FVCOM模拟研究（硕士学位论文）. 南京：南京信息工程大学 .
龚煌 . 2013. 采用三维潮流模型分析人工岛对海湾污染物运动的影响（硕士学位论文）. 大连：大连理工大学 .
郭良波，江文胜，李凤岐，等 . 2007. 渤海COD与石油烃环境容量计算 . 中国海洋大学学报，37（2）：310-316.
郭为军 . 2007. 基于POM的溢油数值模拟研究（硕士学位论文）. 大连：大连理工大学 .
贾振邦，赵智杰，吕殿录，等 . 1996. 柴河水库流域主要重金属平衡估算及水环境容量研究 . 环境保护科学，22（2）：49-52.
姜太良 . 1991. 莱州湾西南部的物理自净能力 . 海洋通报，2：73-79.
匡国瑞，杨殿荣，喻祖祥，等 . 1987. 海湾水交换的研究——乳山东湾环境容量初步探讨 . 海洋环境科学，（1）：13-23.
李克强，王修林，阎菊，等 . 2003. 胶州湾石油烃污染物环境容量计算 . 海洋环境科学，22（4）：13-17.
李适宇，李耀初，陈炳禄，等 . 1999. 分区达标控制法求解海域环境容量 . 环境科学，4：96-99.
栗苏文，李红艳，夏建新 . 2005. 基于Delft 3D模型的大鹏湾水环境容量分析 . 环境科学研究，18（5）：91-95.
林辉，张元标 . 2008. 厦门西海域水质状况及其环境容量评估 . 台湾海峡，27：214-220.

刘浩，尹宝树．2006. 辽东湾氮、磷和COD环境容量的数值计算．海洋通报，25（2）：46-54.
刘鲁燕．2010. HAMSOM模式在东海内潮研究中的应用（硕士学位论文）．青岛：中国海洋大学．
刘晓波．2004. 基于POM模型的三维潮流及物质输运数值模拟研究（硕士学位论文）．南京：河海大学．
马绍赛．1998. 乳山湾东流区丰水期（8月）有机物及营养盐的环境容量．海洋水产研究，19（2）：33-36.
慕金波，郝光前，张洪秀，等．2009. 泗河水环境容量及最大允许排污量计算．环境科学与技术，32（11）：177-180.
邱照宇．2010. 基于FVCOM模拟河流输入对胶州湾水质的影响（硕士学位论文）．青岛：中国海洋大学．
饶开艳，古秋森，黎夏，等．1990. 伶仃洋N，P静态环境容量的研究．海洋科学，（3）：49-52.
申霞．2006. 基于POM的近海三维水质模型研究及其应用（硕士学位论文）．南京：河海大学．
沈明球，房建孟．1996. 宁波石浦港的环境质量现状及环境容量的初步研究．海洋通报，15（6）：51-59.
唐献力，郭宗楼．2006. 水环境容量价值及其影响因素研究．农机化研究，45-48.
王修林，崔正国，李克强，等．2008. 环渤海三省一市溶解态无机氮容量总量控制．中国海洋大学学报，38（4）：619-622.
王修林，崔正国，李克强，等．2009. 渤海COD入海通量估算及其分配容量优化研究．海洋环境科学，28（5）：497-500.
王修林，邓宁宁，李克强，等．2004. 渤海海域夏季石油烃污染状况及其环境容量估算．海洋环境科学，23（4）：14-18.
王卓，宋春艳，王树恩．2007. 关于环境质量控制模型的研究．生态经济：学术版，347-350.
吴俊，王振基．1983. 大连湾海水交换及自净能力的研究．海洋科学，6（3）：32-35.
吴力川．2013. 南海区域海洋模式适应性比较分析及改进（硕士学位论文）．武汉：武汉理工大学．
吴伦宇．2009. 基于FVCOM的浪、流、泥沙模型耦合及应用（博士学位论文）．青岛：中国海洋大学．
叶德赞，倪纯治，周宗澄，等．1994. 厦门西海域水体的细菌动力学研究和环境容量评估．海洋学报，16（4）：102-112.
尹超．2013. 随机波浪作用下黑泥湾冲淤演变的数值模拟研究（硕士学位论文）．青岛：中国科学院研究生院（海洋研究所）．
余静，孙英兰，张越美，等．2006. 宁波—舟山海域入海污染物环境容量研究．环境污染与防治，2（1）：21-24.
张存智，韩康，张砚峰，等．1998. 大连湾污染排放总量控制研究——海湾纳污能力计算模型．海洋环境科学，17（3）：1-5.
张学庆．2003. 胶州湾三维环境动力学数值模拟及环境容量研究（硕士学位论文）．青岛：中国海洋大学．
张艳飞．2008. ECOMSED模型动边界处理及其应用（硕士学位论文）．天津：天津大学．
张宗坤．2011. 河口水域盐水入侵的试验研究和数值模拟（硕士学位论文）．太原：太原理工大学．
赵婉璐．2013. 基于ECOMSED模型的潮流场和温度场数值模拟（硕士学位论文）．太原：太原理工大学．
郑庆华，何悦强，张银英，等．1995. 珠江口咸淡水交汇区营养盐的化学自净研究．热带海洋，14（2）：68-75.
周密，王华东，张义生．1987. 环境容量．长春：东北师范大学出版社，82-150.
周名江，朱明远，张经．2001. 中国赤潮的发生趋势和研究进展．生命科学，13（2）：54-59.
朱静，王靖飞，田在峰，等．2009. 海洋环境容量研究进展及计算方法概述．水科学与工程技术，4：8-11.
邹景忠．1983. 渤海湾富营养化和赤潮问题探讨．海洋环境科学，2（2）：45-54.
Duka G G, Goryacheva N V, Romanchuk L S. 1996. Investigation of natural water self-purification capacity under simulated conditions. Water Resource, 23 (6): 619-622.
Galperin B, Kantha L H, Hassid S A. 1988. Rosati. A quasi equilibrium Turbulent Energy Model for Geophysical Flows. J. Atmosph. Sci., 45: 55-62.
Krom M D, Hornung H, Cohen Y. 1990. Determination of the environmental capacity of Haifa Bay with respect to the input of mercury. Marine pollution bulletin, 21: 349-354.
Mahajan A U, Chalapatirao C V, Gadkari S K. 1999. Mathematical modeling - A tool for coastal water quality management. Water Science and Technology, 40: 151-157.
Margeta J, Baric A, Gacic M. 1989. Environmental capacity of kastela Bay. EIGHTH INTERNATIONAL OCEAN DISPOSAL SYMPOSIUM, 9-13.
Mellor G L, Yamada T. 1982. Development of a Turbulence Closure Model for Geophysical Fluid Problems. Rev, Geophy.

Space Phys., 20: 851-975.

Mellor G L. 1973. J. Atmos. Sci, 30: 1 061-1 069.

Nordvarg L, Hakanson L. 2002. Predicting the environmental response of fish farming in coastal areas of the Aland archipelago using management models for coastal water planning. Aquaculture, 206: 217-243.

Takeoka H. 1984. Fundamental concepts of exchange and transport time scales in a coastal sea. Continental shelf Research, 3 (3): 311-326.

Tedeschi S. 1991. Assessment of the environmental capacity of enclosed coastal sea. Marine pollution bulletin, 23: 449-455.

Wang X L, Yu A, Jun Z. 2002. Contribution of biological processes to self-purification of water with respect to petroleum hydrocarbon associated with No. 0 diesel in Changjiang estuary and Jiaozhou Bay. Hydrobiologia, 469: 179-191.

Yoon Y Y, Martin J M, Cotte M H. 1999. Dissolved trace metals in the western Mediterranean Sea: total concentration and fraction isolated by C18 Sep-Pak technique. Marine Chemistry, 66: 129-148.

第 12 章 环境容量分配和总量控制

总量控制是控制污染源发展趋势、改善环境质量、实现经济和环境可持续发展的重要途径；实行总量控制后，各个排污单位或污染源之间如何科学、合理地分配允许排放污染物的量，成为总量控制的核心问题（张玉清，2001）。深圳市是我国第一个经济特区，经济发展快速，但环境污染形势也非常严峻，环境容量分配的合理性关系到深圳市海洋生态环境和地区经济的可持续性发展。

12.1 污染物总量控制要求和目标

总量控制是指以控制一定时段内一定区域内排污单位排放污染物总量为核心的环境管理方法体系。它包含了 3 个方面的内容：一是排放污染物的总量；二是排放污染物总量的地域范围；三是排放污染物的时间跨度。通常有 3 种类型：目标总量控制、容量总量控制和行业总量控制，其中容量总量控制的理论基础是环境容量（郭希利，李文岐，1997；蔡载昌，1991）。污染物容量总量控制是通过环境目标可达性评价和污染源可控性研究进行环境、技术、经济效益的系统分析，并制定出可供实施的规划方案，调整和控制人为排污，使之满足环境保护目标的要求（国家环保局计划司，1994）。海域污染物排放总量控制就是在海洋环境功能区划、海洋环境目标管理的前提下，合理利用海域的自净能力，控制入海污染物的种类、数量和速度，维持或恢复海域环境质量及协调海域资源使用（国家海洋环境监测中心，2000）。

《“十二五”主要污染物总量控制规划编制指南》指出在“十一五”化学需氧量（COD_{Cr}）和二氧化硫（SO_2）两项主要污染物的基础上，“十二五”期间国家将氨氮和氮氧化物（NOx）纳入总量控制指标体系，对上述 4 项主要污染物实施国家总量控制，统一要求、统一考核。“十二五”期间水污染物总量控制还将把污染源普查口径的农业源纳入总量控制范围，以规模化畜禽养殖场和养殖小区为主要切入点，将农业污染源纳入污染物总量减排体系。

12.2 环境容量分配原则和方法

12.2.1 环境容量分配原则

污染物总量控制关键是如何科学、公平、合理、简易地分配允许排放总量，即总量分配，其分配原则有以下几个方面。

12.2.1.1 公平性原则

排放相等的污染物量或造成相同的环境影响的污染源应该承担相同的消除环境污染的责任，所以污染负荷量的分配应体现公平的原则，即每个人、每个地区、每个企业在某一条件约束下获得各自对应当量的排污权。

12.2.1.2 尊重区域差异原则

特别是在以地区为分配对象的水平上，要求更多地考虑到各区域在人口数、经济贡献水平、水资源状况等多因素角度，权衡利弊得失，尊重区域间差异，采取有倾向的分配策略。

12.2.1.3 良好的可操作性原则

要求具体的分配方法在具备目标可达性的基础上，分配方法要简单易行，过于复杂的手续和管理很可能使允许排放量的分配流于形式。因此要最大程度地简化分配方法，减轻各级环境部门管理成本。

12.2.1.4 科学性原则

要求以科学思想为指导，以事实为依据，宏观分配体系与微观具体分配方法均要求反映事物内在本质与发展规律，在具象化层面则要求论据充分，实验材料可靠，实验数据可信，实验结果经得起考验，实验方法符合科学标准等。

12.2.2 容量分配方法

容量分配方法主要有：①等比例分配；②按贡献率分配；③数学规划方法；④基于公平原则问题分析方法；⑤基于排污权交易研究的总量分配方法；⑥层次分析法；⑦基尼系数修正法；⑧综合分配模型。层次分析法、基尼系数修正法和综合分配模型具有较好的科学性，是目前应用最广的容量分配方法。

层次分析法（Analytichi—hyProcess，简称 AHP 方法）是美国运筹学家 A. L Saaty 在 20 世纪 70 年代提出的，是一种对方案的多指标系统进行分析，将决策者对复杂系统的决策思维过程模型化、数量化、层次化、结构化的决策方法（孙伟，2008；幸娅等，2011）。此方法建立在大量数据基础之上，计算繁琐，可操作性不强。

基尼系数（Gini coeficient）是意大利经济学家基尼（Corrado Gini，1884—1965）在 1922 年提出的，用于定量测定收入分配差异程度。容量分配采用基尼系数的概念，反映各个区域的单位经济、社会或环境资源指标所负荷污染物排放强度的平等程度，即根据区域的人口、经济和环境容量来分配排污权，保证分配的排污权和人口、经济和环境容量规模相匹配。基尼系数越小，区域间单位的人口数量或经济规模所负荷的污染物量越平等，分配越公平（王媛等，2008）。

综合分配模型：该方法在充分考虑社会因素、经济因素、自然因素、环境容量等因子情况下，讨论各因素的加权值，进而计算各区域或排污源的分配比例。此方法计算简单、科学性好，数据量小，可操作性强。

12.3 珠江口深圳海域容量分配方法和内容

12.3.1 环境容量分配区域和控制因子

通过入海河流和排污口的调查，珠江口深圳海域污染物主要来自光明新区、宝安区、南山区、福田区、罗湖区，以及龙岗区 2 座污水处理厂尾水，经陆源污染负荷计算，龙岗区 2 座污水处理厂尾水排放的污染负荷较小，分配中将其合并于罗湖区进行讨论。因此，本研究的区域分配将以上述行政区为分配单元。

珠江口深圳海域陆源输入的点源有生活源、工业源、规模化畜禽养殖等，非点源有城市地表径流和农业径流，海上面源主要为大气沉降。由于深圳市已无农业人口，耕地面积少，畜禽养殖也仅在光明新区有部分分布，海上大气沉降所占源强份额小，因此在本研究的容量分配中不对这些农业点源和非点源进行单独分配，整体附加在安全保证额中。

根据珠江口深圳海域水质监测和污染源调查结果，珠江口深圳海域主要控制因子为 COD_{Cr}，无机氮、TP、TN、磷酸盐和石油类污染物，因此本章将对 COD_{Cr}、无机氮、磷酸盐和石油类 4 种污染物的环境容量进行分配。氨氮为“十二五”新增控制因子，本项目中以无机氮代表氨氮因子讨论。

12.3.2　珠江口深圳海域环境容量分配方法

珠江口深圳海域陆源输入的区域有宝安区、光明新区、南山区、福田区和罗湖区，5个区具有均等的发展权。因此，考虑到深圳西部周边地区社会经济高速发展的趋势以及对环境资源的需求，在保障珠江口深圳海域海洋环境功能区水质整体达标的情况下，本项目基于公平性和科学性原则，以环境容量最大最有效利用为目标函数，采用等比例和综合分配模型进行污染物的容量分配，其中综合分配模型通过计算指标因子的熵权值，最终得到各行政区污染物的分配比例和容量，其过程如下所述。

1）指标因子选择

影响容量分配的因子有：社会因素，包括人口、经济产值和排污口情况等；自然因素，包括土地面积、河流长度、水资源量和水质状况等；综合因素，包括人口密度、水环境容量、排污量和环境保护投入等（陈丁江等，2010）。一般地，环境容量分配的指标因子应涉及人口、资源、经济、水污染承受能力4个方面。

2）权重计算

权重系数的计算方法有熵值法、层次分析法等，本项目采用熵值法。熵权法是根据各指标的变异程度，利用信息熵计算出各指标的熵权，再通过熵权对各指标的权重进行修正，从而得出较为客观的指标权重，计算过程如下（李志萍等，2007）。

（1）原始数据矩阵归一化

设 m 个评价指标 n 个评价对象的原始数据矩阵为 $A=(a_{ij})\ m\times n$，对其归一化后得到 $R=(r_{ij})\ m\times n$，归一化公式为：

$$r_{ij} = \frac{a_{ij} - \min_j\{a_{ij}\}}{\max_j\{a_{ij}\} - \min_j\{a_{ij}\}} \tag{12-1}$$

（2）定义熵

在有 m 个指标、n 个被评价对象的评估问题中，第 i 个指标的熵为：

$$h_i = -k\sum_{j=1}^{n} f_{ij}\ln f_{ij} \qquad f_{ij} = r_{ij}/\sum_{j=1}^{n} r_{ij} \tag{12-2}$$

其中，$k=1/\ln n$；当 $f_{ij}=0$ 时，令 $f_{ij}\ln f_{ig}=0$

（3）定义熵权

定义了第 i 个指标的熵之后，可得到第 i 个指标的熵权 W_i，见公式（12-3）。

$$W_i = \frac{1 - h_i}{\sum_{i=1}^{m}(1 - h_i)}\left(0 \leqslant W_i \leqslant 1,\ \sum_{i=1}^{m} W_i = 1\right) \tag{12-3}$$

3）污染源分配比例的确定

采用加权平均法，计算污染源总量分配的比例因子：

$$b_j = \sum_{i=1}^{m} W_i b_{ij},\quad \sum_{i=1}^{m} W_i = 1 \tag{12-4}$$

$$b_{ij} = \frac{V_{ij}}{\sum_{j=1}^{n} V_{ij}},\quad \sum_{j=1}^{n} b_{ij} = 1 \tag{12-5}$$

式中，b_j 为在第 i 个指标条件下第 j 个排污者分配比例（$j=1,\ 2,\ \cdots,\ n$）；b_{ij} 为在第 i 个指标因子条件下第 j 个排污单元指标值所占的比例；W_i 为第 i 个指标因子的权重（$k=1,\ 2,\ \cdots,\ m$）；V_{ij} 为第 i 个指标因子条件下第 j 个排污单元指标值。

4）排污单元的分配量

$$Q_i = b_j Q_{aim} \tag{12-6}$$

式中，G_j 为在第 i 个控制控制物条件下第 j 个排污者的分配量（t）；G_{aim} 为第 i 个控制控制物的目标控制总量（t）。

12.3.3 珠江口深圳海域环境容量分配方案

根据环境管理和污染控制的需要，环境容量分配可分为空间分配、时间分配和行业（产业）3个方面。本项目研究中，空间分配是指为充分利用海水的自净能力、使整个珠江口深圳海域海区的纳污能力最大，将环境容量在珠江口深圳海域海区进行的优化分配。环境容量的空间优化分配除了与水质现状有关外，主要与各海区水动力情况有关，因此将其放在环境容量的计算部分完成（黄秀清等，2008）。

环境容量分配一般仅对点源，海域主要是入海排污口污染物允许排放量的分配，面源由于监控难度大而不予考虑。然而，本研究中城市地表径流面源的贡献较大，因此本项目环境容量优化分配时将考虑地表径流的面源污染。根据珠江口深圳海域地理位置、经济行业等特点本项目将从3个方面对珠江口深圳海域控制污染物的环境容量进行分配，分配方案见图12-1。

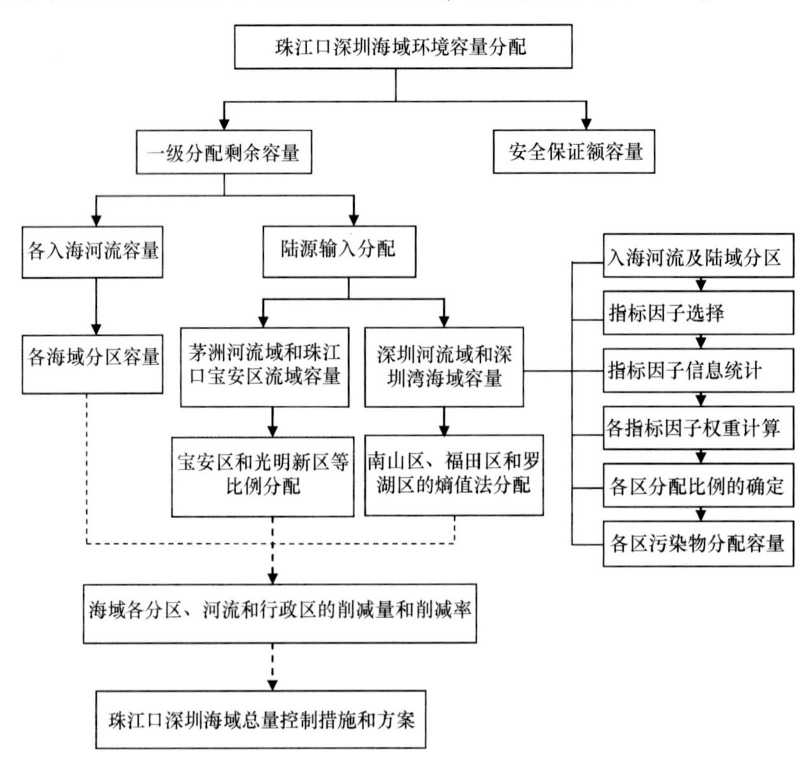

图12-1 珠江口深圳海域控制污染物容量分配方案

12.3.3.1 安全保证额分配

在污染源强和环境容量的计算过程中，人们认识自然规律的能力和数学模型还原现实状态的能力都是有限的，客观存在着无法排除的不确定性，因此需要在分配时预先保留一定的百分比，以确保环境水质目标的实现。美国环保局把水污染物排放总量控制中这一预留的份额称为安全保证额（Margin of Safety，MOS）（黄秀清等，2008）。安全保证额按一般情况取为待分配环境容量的10%。

在第8章陆源污染负荷计算农业源和海面大气沉降的贡献较小，约占总源强的5%，因此不再进行单独分配，将此部分容量整体计入安全保证额中。

综上所述，本研究中安全保证额分配取待分配环境容量的15%。

12.3.3.2 环境容量的二级分配，即陆源输入分配

陆源输入分配以入海河流流域为基础，将珠江口深圳海域周围陆地划分为5个区，分配各区污染物的容量。宝安区和光明新区属于茅洲河流域和珠江口宝安区流域，南山区、福田区和罗湖区属于深圳河和深圳湾流域。由于光明新区于2007年成立的新区，原属于宝安区，两者由于历史原因城市基础设施、经济发展等各方面紧密相连，因此两者在流域内进行等比例容量分配；南山区、福田区和罗湖区经济构成、社会发展等存在较大差异，因此在流域内3个行政区的容量分配采用熵值法分配。

12.4 珠江口深圳海域控制污染物环境容量一级分配过程

12.4.1 珠江口深圳海域控制污染物的现有源强和容量

珠江口深圳海域污染物的输入主要是陆域点源和非点源污染物通过地表入海河流或河涌（渠）进入海域，因此研究区域陆域的现有源强即为入海河流污染物的排放通量，则入海河流深圳区域COD_{Cr}、石油类、无机氮和磷酸盐的排放通量分别为148 904.6 t/a、2 327.5 t/a、35 538.1 t/a和2 793.9 t/a。根据第10章容量计算结果，珠江口深圳海域各入海河流污染物总容量分别为161 963.5 t/a（COD_{Cr}）、3 823.2 t/a（石油类）、36 629.5 t/a（无机氮）和2 751.5 t/a（磷酸盐）。此研究中，由于东宝河和深圳河为交界河，根据彭溢等和赵晨辰等的研究（彭溢等，2014；赵晨辰等，2014），茅洲河深圳一侧的贡献约为58.8%，深圳河污染主要来自深圳一侧，本研究中深圳一侧的贡献约为90%，因此研究区域陆域的待分配容量分别为156 045.6 t/a（COD_{Cr}）、3 700.0 t/a（石油类）、33 504.6 t/a（无机氮）和2 526.5 t/a（磷酸盐）。

根据珠江口深圳海域入海河流调查，共有33条主要河流或涌渠汇入海域，但分布极其不均匀，如在宝安区有24条入海河流（涌渠），福田区仅1条凤塘河，罗湖区仅1条深圳河，其中P26（蛇口SCT码头）和P32（上沙涌）流量小，污染物排放量也小，因此本章中的源强和容量分配不对其进行讨论，只讨论其他31条主要河流。根据深圳市规划，河流作为陆源污染物的受体，需要接受不同行政区陆源排放的污染物，如南山污水处理厂需要处理福田区污水，排放于南山区海域，双界河同时要接受宝安区和南山区的污水，深圳河需要接受福田区、罗湖区，以及龙岗布吉镇的污水。由此可以看出，深圳西部入海河流分布的不均性，以及污染物排放区域的复杂性，不能简单地将某一河流归属于某一行政区。本研究中，根据污水的去向将入海河流整体上分为两大流域：一为茅洲河流域和珠江口宝安区流域，涉及河流P1（茅洲河）~P24（双界河），排污区域主要为光明新区和宝安区；另为深圳河流域和深圳湾流域，涉及河流P24（双界河）~P33（深圳河），排污区域主要有南山区、福田区和罗湖区，见表12-1。在两大流域内，根据各行政区陆源污染负荷计算结果等比例地分配现有原源强和进行容量的初次分配，双界河两大流域各50%，无机氮的分配比例参照氨氮，石油类为各污染物比例的平均值。根据第8章表8-33中各行政区陆域污染负荷计算结果，研究区域各行政区现有源强和环境容量结果见表12-2。

表12-1 珠江口深圳海域入海河流流域分区

流域	入海河流	陆域排污区	备注
茅洲河流域和珠江口宝安区流域	P1（茅洲河）~P24（双界河）	光明新区	茅洲河深圳区域的贡献为58.8%，深圳河深圳的贡献为90%，双界河两大区域各50%
		宝安区	
深圳河流流域和深圳湾流域	P24（双界河）~P33（深圳河）	南山区	
		福田区	
		罗湖区	

表 12-2　珠江口深圳海域污染物源强和容量统计　　单位：t/a

项目	流域	行政区域	COD_{Cr}	石油类	无机氮	磷酸盐
现有源强	茅洲河流域和珠江口宝安区流域	宝安区	89 837.5	1 495.0	23 087.7	1 935.1
		光明新区	30 226.2	412.8	4 897.4	549.5
		总量	120 063.7	1 906.8	27 985.1	2 484.6
	深圳河流流域和深圳湾流域	南山区	13 470.1	173.4	2 475.9	136.6
		福田区	8 781.7	143.5	2 996.1	99.6
		罗湖区	6 589.0	103.8	2 080.9	73.1
		总量	28 840.9	420.6	7 552.9	309.4
	总量		148 904.6	2 327.5	35 538.1	2 793.9
环境容量	茅洲河流域和珠江口宝安区流域	宝安区	95 045.2	2 545.7	21 789.3	1 799.1
		光明新区	31 978.3	701.2	4 622.0	510.8
		总量	127 023.5	3 246.9	26 412.3	2 309.9
	深圳河流流域和深圳湾流域	南山区	13 554.8	186.7	2 325.3	95.7
		福田区	8 836.9	154.5	2 813.7	69.7
		罗湖区	6 630.4	111.8	1 954.3	51.2
		总量	29 022.1	453.1	7 093.3	216.6
	总量		156 045.6	3 700.0	33 504.6	2 526.5

茅洲河流域和珠江口宝安区流域的污染物排放量大，同时容量也较大，COD_{Cr}、石油类、有机氮和磷酸盐的源强分别为 120 063.7 t/a、1 906.8 t/a、27 985.1 t/a 和 2 484.6 t/a，容量分别为 127 023.5 t/a、3 246.9 t/a、26 412.3 t/a 和 2 309.9 t/a，总体上 COD_{Cr}和石油类还有剩余容量，无机氮和磷酸盐则需要削减。相对地，深圳河流域和深圳湾流域的污染物排放量小，但因位于深圳湾，容量也相对较小，COD_{Cr}、石油类、无机氮和磷酸盐的源强分别为 28 840.9 t/a、420.6 t/a、7 552.9 t/a 和 309.4 t/a，容量分别为 29 022.1 t/a、453.1 t/a、7 093.3 t/a 和 216.6 t/a。

12.4.2　一级分配结果（安全保证额分配）

深圳市社会经济发展速度领跑全国，但环境污染状况也不容乐观，近年来深圳市投入大量的财力和人力用于环境的治理和改善，并取得较好的成绩。根据《深圳市人居环境保护与建设“十二五”规划》要求 2015 年深圳城市污水处理率中心城区不小于 95%，其他地区不小于 80%，工业废水排放达标率达 95%以上，化学需氧量排放量累计下降 23.1%，氮氧化物排放量累计下降 35.4%，目前深圳市已提前完成“十二五”规划的任务。

表 12-3　珠江口深圳海域控制污染物安全保证额分配　　单位：t/a

项目	流域	COD_{Cr}	石油类	无机氮	磷酸盐
安全保证额	茅洲河流域和珠江口宝安区流域	19 053.5	487.0	3 961.7	346.5
	深圳河流域和深圳湾流域	4 353.3	68.0	1 064.0	32.5
	总量	23 406.8	555.0	5 025.7	378.9
一级分配剩余容量	茅洲河流域和珠江口宝安区流域	107 970.0	2 759.9	22 449.6	1 963.5
	深圳河流流域和深圳湾流域	24 668.7	385.1	6 029.3	184.1
	总量	132 638.7	3 145.0	28 478.9	2 147.6
总量		156 045.6	3 700.0	33 504.6	2 526.5

综合考虑研究区域现有源强和深圳市规划目标，以及目前农业源、城市地表径流和海面大气沉降的贡献，珠江口深圳海域环境容量的安全保证额为最大允许排放量的15%，一级分配结果见表12-3。经过安全保证额的分配，茅洲河流域和珠江口宝安区流域COD_{Cr}、石油类、无机氮和磷酸盐的剩余容量分别为10 797.0 t/a、2 759.9 t/a、22 449.6 t/a和1 963.5 t/a，深圳河流域和深圳湾流域分别为24 668.7 t/a、385.1 t/a、6 029.3 t/a和184.1 t/a。

12.5　珠江口深圳海域控制污染物环境容量二级分配过程

根据一级分配后的剩余容量进行二级分配，即陆源的分区分配。

12.5.1　茅洲河流域和珠江口宝安区流域的等比例分配

茅洲河流域和珠江口宝安区流域排污区主要为宝安区和光明新区，两个行政区域的二级分配根据现有源强进行等比例分配，分配结果见表12-4。宝安区COD_{Cr}、石油类、无机氮和磷酸盐分配的容量分别为80 788.4 t/a、2 163.8 t/a、18 520.9 t/a和1 529.2 t/a，光明新区分别为27 181.6 t/a、596.0 t/a、3 928.7 t/a和434.2 t/a。

表12-4　宝安区和光明新区环境容量二级分配结果　　单位：t/a

行政区域	COD_{Cr}	石油类	无机氮	磷酸盐
安全保证额	19 053.5	487.0	3 961.7	346.5
宝安区	80 788.4	2 163.8	18 520.9	1 529.2
光明新区	27 181.6	596.0	3 928.7	434.2
总量	127 023.5	3 246.9	26 412.3	2 309.9

12.5.2　深圳河流域和深圳湾流域的熵值法分配

12.5.2.1　指标因子设置

珠江口深圳海域周围行政区污染物排放主要生活源、工业和城市地表径流，因此容量分配的指标因子首先选择人口、GDP和城市地表径流量。水资源量和环境容量是环境和经济可持续发展的限制因子，因此两者也将作为容量分配的指标因子。污水处理厂的建设和设计规划是实现城市污染物总量控制目标的重要手段，因此污水处理规模也将纳入分配指标。本研究中容量分配的指标因子设置见表12-5，各区人口、GDP等信息见表12-6，水资源数据来自深圳市《2013年水资源公报》，污水处理规模来自《深圳市污水系统布局规划修编2011—2020年》，城市地表径流量见表8-30。

表12-5　容量分配的指标因子设置

序号	指标因子	属性
1	环境容量	水环境自净能力（充分利用环境容量）
2	水资源量	水资源利用权
3	人口	居民生存权
4	GDP	经济发展权
5	城市地表径流	降雨影响
6	污水处理规模	实现总量控制目标的可能性

表 12-6　各行政区的基本信息

行政区域	人口（万人）	GDP（亿元）	水资源（$\times10^8$ m^3）	地表径流（$\times10^8$ m^3）	污水处理规模（$\times10^4$ t/d）	容量（t/a）			
						COD_{Cr}	油类	无机氮	磷酸盐
南山区	114	3 464.09	8 719	0.80	94	13 554.8	186.7	2 325.3	95.7
福田区	136	2 958.85	10 088	0.38	60	8 836.9	154.5	2 813.7	69.7
罗湖区	95	1 625.34	10 359	0.25	65	6 630.4	111.8	1 954.3	51.2

12.5.2.2　分配权重计算

1）数据归一化

根据公式（12-1），各区信息归一化结果见表 12-7。

表 12-7　环境容量分配的指标因子归一化结果

r_{ij}	人口	GDP	水资源	地表径流	污水处理规模	容量			
						COD_{Cr}	石油类	无机氮	磷酸盐
南山区	0.45	1.00	0.00	1.00	1.00	1.00	1.00	0.43	1.00
福田区	1.00	0.73	0.83	0.24	0.00	0.32	0.57	1.00	0.42
罗湖区	0.00	0.00	1.00	0.00	0.15	0.00	0.00	0.00	0.00
总量	1.45	1.73	1.83	1.24	1.15	1.32	1.57	1.43	1.42

2）指标因子的熵和熵权

根据公式（12-2）和公式（12-3），各指标因子的熵和熵权，见表 12-8 和表 12-9，各污染物熵权值最大的是地表径流和污水处理规模。

表 12-8　指标因子的熵

h_i	人口	GDP	水资源	地表径流	污水处理规模	容量			
						COD_{Cr}	石油类	无机氮	磷酸盐
熵	0.39	0.42	0.43	0.30	0.24	0.34	0.41	0.38	0.38

表 12-9　指标因子的熵权值

W_i	人口	GDP	水资源	地表径流	污水处理规模	容量	总和
COD_{Cr}	0.159	0.149	0.147	0.180	0.196	0.169	1.000
石油类	0.161	0.151	0.150	0.183	0.199	0.155	1.000
无机氮	0.160	0.150	0.149	0.181	0.198	0.161	1.000
磷酸盐	0.160	0.150	0.149	0.181	0.198	0.162	1.000

12.5.2.3　分配结果

根据公式（12-4）和公式（12-5），得到各区的分配比例，见表 12-10 和表 12-11；根据公式（12-6），得到各区污染物的分配容量，见表 12-12。COD_{Cr}、石油类、无机氮和磷酸盐各区容量分配的结果为：南山区分别为 10 376.7 t/a、213.9 t/a、2 397.4 t/a 和 73.8 t/a；福田区为 7 863.4 t/a、168.7 t/a、2 009.9 t/a 和 57.0 t/a；罗湖区为 6 234.1 t/a、133.0 t/a、1 569.1 t/a 和 45.1 t/a。

表 12-10　各区指标因子所占比例　单位:%

b_{ij}	人口	GDP	水资源	地表径流	污水处理规模	容量			
						COD_{Cr}	石油类	无机氮	磷酸盐
南山区	0.33	0.43	0.30	0.56	0.43	0.47	0.41	0.33	0.44
福田区	0.39	0.37	0.35	0.27	0.27	0.30	0.34	0.40	0.32
罗湖区	0.28	0.20	0.36	0.17	0.30	0.23	0.25	0.28	0.24
总和	1.00	1.00	1.00	1.00	1.00	1.00	1.00	1.00	1.00

表 12-11　各区污染物容量的分配比例　单位:%

b_j	COD_{Cr}	石油类	无机氮	磷酸盐
南山区	0.42	0.41	0.40	0.42
福田区	0.32	0.33	0.34	0.32
罗湖区	0.25	0.26	0.26	0.26
总和	1.00	1.00	1.00	1.00

表 12-12　各区容量分配结果　单位: t/a

Q_i	COD_{Cr}	石油类	无机氮	磷酸盐
南山区	10 459.2	159.7	2 418.4	77.2
福田区	7 925.9	126.0	2 027.8	59.7
罗湖区	6 283.6	99.4	1 583.1	47.2
总和	24 668.7	385.1	6 029.3	184.1

12.6　珠江口深圳海域受控污染物的削减

12.6.1　入海河流污染物的削减

在第 12.5 节环境容量分配中，考虑到珠江口深圳海域周围行政区未来的发展和规划，环境容量需预留 15%的安全容量，相对应地各入海河流环境容量也需预留 15%的安全保证额容量。根据各入海河流的现有排放量和允许排放量（即容量）可得到各河流污染物的削减量和削减率，当削减量大于 0 时，表示该污染源需要减排相应的污染物；当削减量小于 0 时，表示该污染源现有排放量小于允许排放量，仍有剩余容量，不需要削减。

12.6.1.1　入海河流排放量和容量的整体特征

图 12-2 为 31 条入海河流 COD_{Cr}、石油类、无机氮和磷酸盐的排放通量和除去安全保证额后剩余容量的比例图。从图中可以看出，31 条河流 COD_{Cr}、无机氮和磷酸盐大部分无剩余容量，而石油类部分河流还有剩余容量。

12.6.1.2　入海河流污染物削减量和削减率

表 12-13 为入海河流 COD_{Cr}的排放量、容量、削减量和削减率。除 P28（南海玫瑰园排污口）外，其他入海河流无剩余容量，均需减排。虽然入海河流 COD_{Cr}容量的计算值普遍高于排放量，具有一定的剩余容量，但由于二次分配中预留了 15%的安全保证额容量，导致入海河流 COD_{Cr}的容量减少，各入海河流 COD_{Cr}均需要削减，削减率为 3.5%～21.8%。P28（南海玫瑰园排污口）COD_{Cr}

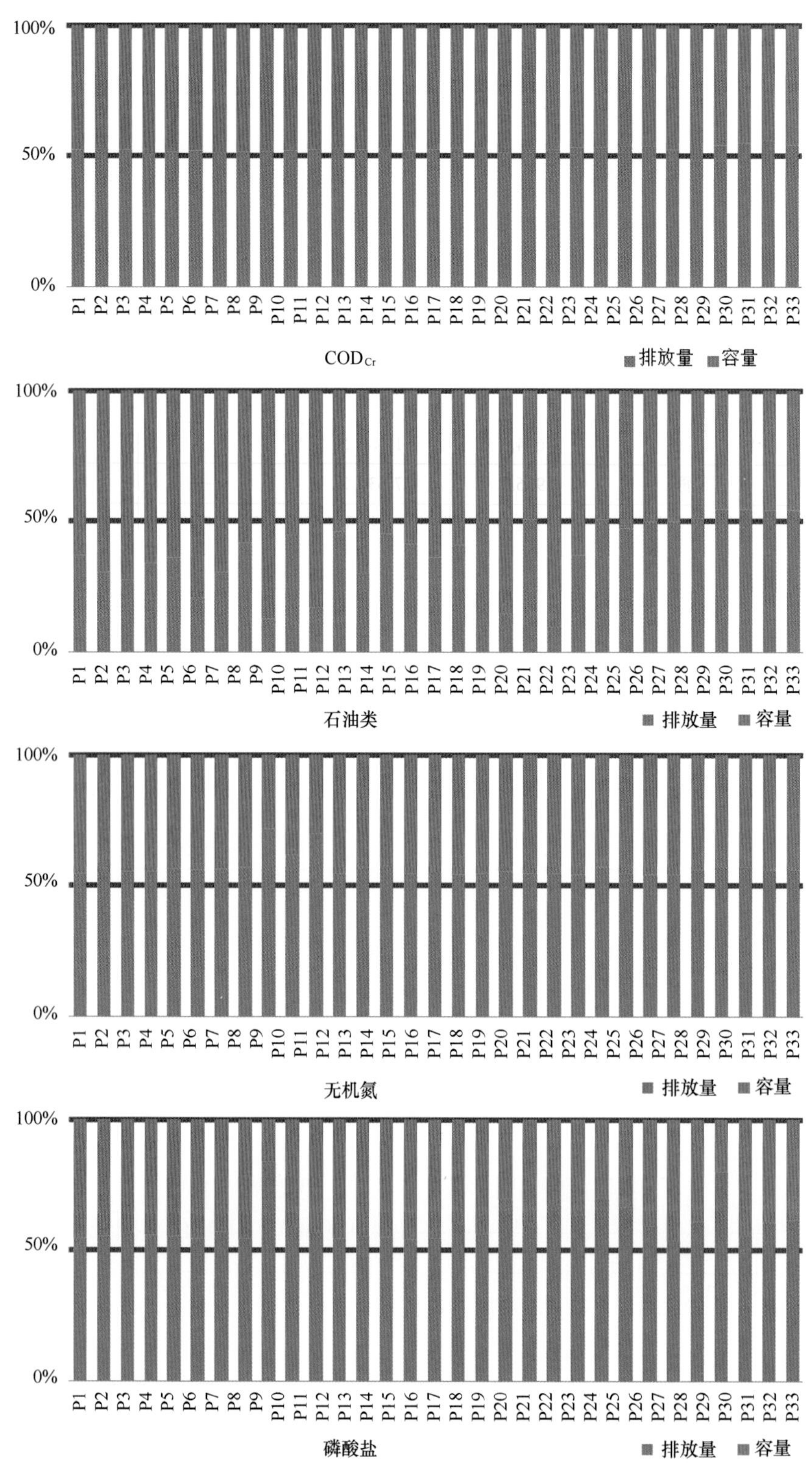

图 12-2　入海河流污染物排放通量和容量的比例

排放量和容量分别为 370.9 t/a 和 396.4 t/a，还有剩余容量 25.5 t/a。

31 条入海河流中有 22 条石油类还有剩余容量，其中 P14 的剩余容量最多，剩余 112.6 t/a，占排放量的 21.5%。深圳湾流域入海河流石油类污染物均无剩余容量，需减排，减排率为 0.6%~17.8%。

所有31条入海河流无机氮均无剩余容量，均需要削减排放量，珠江口深圳海域无机氮的总排放量和总容量分别为38 782.8 t/a和31 135.0 t/a，需削减7 647.7 t/a，削减率为19.7%，其中P27的削减率最低，为15.2%，P9的削减率最高，为61.0%。与无机氮一样，珠江口深圳海域已无磷酸盐的剩余容量，总排放量和总容量分别为3 031.2 t/a和2 338.8 t/a，需要削减692.5 t/a，削减率为22.8%，P27的削减率最低，为14.4%，P9的削减率最高，为80.5%。

表12-13 入海河流COD_{Cr}排放量、环境容量、削减量和削减率

COD_{Cr}	河流名称	现有排放量(t/a)	环境容量(t/a)	剩余容量(t/a)	削减量(t/a)	削减率(%)
P1	茅洲河	10 458.0	9 387.8	—	1 070.2	10.2
P2	德丰围涌	1 886.4	1 674.1	—	212.3	12.3
P3	西堤石围涌	1 644.7	1 486.5	—	158.2	9.6
P4	西堤下涌	7 916.2	7 639.2	—	277.0	3.5
P5	沙涌	3 552.9	3 299.6	—	253.2	7.1
P6	和二涌	4 560.9	4 177.6	—	383.3	8.4
P7	沙福河	1 164.8	1 100.2	—	64.6	5.5
P8	塘尾涌	4 242.0	3 939.6	—	302.4	7.1
P9	和平涌	3 832.2	3 607.3	—	224.9	5.9
P10	玻璃围涌	4 599.4	4 222.9	—	376.6	8.2
P11	四兴涌	3 883.9	3 500.2	—	383.7	9.9
P12	坳颈涌	6 571.5	5 799.1	—	772.4	12.8
P13	灶下涌	4 253.4	3 817.8	—	435.6	10.2
P14	福永河	30 177.8	26 593.9	—	3 583.9	12.9
P15	机场外排洪渠	7 400.0	6 796.4	—	603.6	8.2
P16	新涌	3 392.9	3 049.7	—	343.2	10.1
P17	铁岗水库排洪河	3 677.6	3 248.0	—	429.7	12.7
P18	南昌涌	2 023.9	1 798.1	—	225.8	12.2
P19	固戍涌	1 216.9	1 162.0	—	54.8	4.5
P20	共乐涌	946.8	840.7	—	106.1	12.2
P21	西乡大道分流渠	152.8	136.9	—	15.8	10.4
P22	西乡河	4 437.8	3 849.3	—	588.6	13.3
P23	新圳河	638.4	559.5	—	78.9	12.4
P24	双界河	23 482.5	20 302.6	—	3 179.9	13.5
P25	桂庙渠	1 736.4	1 486.4	—	250.0	14.4
P27	蛇口污水处理厂	954.4	859.4	—	94.9	9.9
P28	南海玫瑰园	370.9	396.4	25.5	—	—
P29	后海河	1 254.2	1 056.7	—	11.6	15.7
P30	大沙河	218.5	176.5	—	11.6	19.2
P31	凤塘河	101.9	79.7	—	19.5	21.8
P33	深圳河	13 840.7	11 624.8	—	2 675.3	16.0
总量		154 590.5	137 669.0		17 162.1	10.9

表 12-14 入海河流石油类排放量、环境容量、削减量和削减率

石油类	河流名称	排放量（t/a）	环境容量（t/a）	剩余容量（t/a）	削减量（t/a）	削减率（%）
P1	茅洲河	114. 2	192. 5	78. 4	—	—
P2	德丰围涌	9. 4	21. 4	12. 0	—	—
P3	西堤石围涌	9. 6	25. 0	15. 4	—	—
P4	西堤下涌	155. 2	297. 0	141. 7	—	—
P5	沙涌	54. 2	95. 8	41. 7	—	—
P6	和二涌	18. 0	68. 9	50. 8	—	—
P7	沙福河	14. 0	31. 7	17. 7	—	—
P8	塘尾涌	115. 1	159. 3	44. 3	—	—
P9	和平涌	10. 7	73. 4	62. 8	—	—
P10	玻璃围涌	156. 5	191. 9	35. 4	—	—
P11	四兴涌	9. 5	46. 5	37. 0	—	—
P12	坳颈涌	134. 8	157. 4	22. 6	—	—
P13	灶下涌	27. 7	64. 3	36. 6	—	—
P14	福永河	524. 5	637. 1	112. 6	—	—
P15	机场外排洪渠	181. 4	257. 0	75. 6	—	—
P16	新涌	37. 8	65. 8	28. 0	—	—
P17	铁岗水库排洪河	46. 1	65. 8	19. 7	—	—
P18	南昌涌	105. 7	106. 8	1. 1	—	—
P19	固戍涌	5. 8	32. 8	27. 0	—	—
P20	共乐涌	70. 8	68. 0	—	2. 8	3. 9
P21	西乡大道分流渠	0. 2	1. 6	1. 5	—	—
P22	西乡河	23. 6	39. 8	16. 2	—	—
P23	新圳河	25. 6	24. 7	—	0. 9	3. 7
P24	双界河	207. 0	229. 1	22. 1	—	—
P25	桂庙渠	12. 7	12. 6	—	0. 1	0. 6
P27	蛇口污水处理厂	9. 1	9. 0	—	0. 1	0. 6
P28	南海玫瑰园	5. 7	5. 4	—	0. 3	4. 6
P29	后海河	6. 2	5. 1	—	1. 1	17. 8
P30	大沙河	8. 5	7. 1	—	1. 4	16. 5
P31	凤塘河	3. 6	3. 0	—	0. 6	16. 4
P33	深圳河	301. 6	253. 7	—	47. 9	15. 9
总量		2 404. 7	3 249. 7	845. 0	—	—

表 12-15　入海河流无机氮排放量、环境容量、削减量和削减率

无机氮	河流名称	排放量（t/a）	环境容量（t/a）	剩余容量（t/a）	削减量（t/a）	削减率（%）
P1	茅洲河	6 530. 8	5 390. 4	—	1 140. 4	17. 5
P2	德丰围涌	597. 9	485. 4	—	112. 5	18. 8
P3	西堤石围涌	646. 4	520. 8	—	125. 5	19. 4
P4	西堤下涌	5 744. 3	4 610. 8	—	1 133. 5	19. 7
P5	沙涌	970. 3	754. 0	—	216. 3	22. 3
P6	和二涌	1 202. 2	947. 1	—	255. 2	21. 2
P7	沙福河	382. 7	298. 2	—	84. 5	22. 1
P8	塘尾涌	734. 0	549. 7	—	184. 4	25. 1
P9	和平涌	168. 9	65. 9	—	103. 0	61. 0
P10	玻璃围涌	284. 1	173. 8	—	110. 4	38. 8
P11	四兴涌	101. 5	43. 6	—	58. 0	57. 1
P12	坳颈涌	2 133. 7	1 766. 2	—	367. 4	17. 2
P13	灶下涌	510. 3	388. 9	—	121. 5	23. 8
P14	福永河	1 754. 1	1 277. 1	—	477. 0	27. 2
P15	机场外排洪渠	3 370. 9	2 788. 5	—	582. 4	17. 3
P16	新涌	632. 7	512. 7	—	120. 1	19. 0
P17	铁岗水库排洪河	880. 6	738. 6	—	142. 0	16. 1
P18	南昌涌	315. 0	261. 4	—	53. 6	17. 0
P19	固戍涌	207. 4	165. 9	—	41. 5	20. 0
P20	共乐涌	110. 9	91. 8	—	19. 1	17. 3
P21	西乡大道分流渠	16. 3	13. 6	—	2. 8	16. 9
P22	西乡河	1 484. 1	1 254. 9	—	229. 2	15. 4
P23	新圳河	40. 5	30. 3	—	10. 2	25. 1
P24	双界河	3 712. 8	3 081. 9	—	629. 9	17. 0
P25	桂庙渠	189. 0	158. 5	—	30. 4	16. 1
P27	蛇口污水处理厂	229. 2	194. 5	—	34. 8	15. 2
P28	南海玫瑰园	63. 4	49. 6	—	13. 9	21. 9
P29	后海河	133. 6	99. 5	—	34. 1	25. 5
P30	大沙河	58. 8	43. 8	—	15. 0	25. 5
P31	凤塘河	32. 1	25. 3	—	6. 8	21. 2
P33	深圳河	5 544. 9	4 352. 5	—	1 192. 4	21. 5
总量		38 782. 8	31 135. 0		7 647. 7	19. 7

表 12-16　入海河流磷酸盐排放量、容量、削减量和削减率

磷酸盐	河流名称	排放量（t/a）	环境容量（t/a）	剩余容量（t/a）	削减量（t/a）	削减率（%）
P1	茅洲河	529.3	434.8	—	94.5	17.9
P2	德丰围涌	37.2	29.5	—	7.6	20.6
P3	西堤石围涌	30.1	23.0	—	7.1	23.6
P4	西堤下涌	312.2	245.3	—	67.0	21.5
P5	沙涌	68.2	54.4	—	13.8	20.2
P6	和二涌	172.3	142.9	—	29.4	17.1
P7	沙福河	12.7	9.5	—	3.2	24.8
P8	塘尾涌	109.5	90.4	—	19.2	17.5
P9	和平涌	4.4	0.8	—	3.5	80.5
P10	玻璃围涌	13.3	9.0	—	4.2	31.9
P11	四兴涌	13.7	10.4	—	3.3	24.4
P12	坳颈涌	135.1	112.9	—	22.2	16.4
P13	灶下涌	37.4	30.0	—	7.4	19.9
P14	福永河	253.1	204.9	—	48.3	19.1
P15	机场外排洪渠	626.9	530.1	—	96.8	15.4
P16	新涌	44.0	36.5	—	7.5	17.1
P17	铁岗水库排洪河	31.6	20.7	—	10.9	34.4
P18	南昌涌	55.3	43.1	—	12.2	22.1
P19	固戍涌	15.6	6.9	—	8.8	56.2
P20	共乐涌	10.4	6.9	—	3.6	34.2
P21	西乡大道分流渠	1.4	0.7	—	0.7	51.9
P22	西乡河	87.2	49.5	—	37.7	43.3
P23	新圳河	4.3	1.8	—	2.5	57.4
P24	双界河	194.6	97.5	—	97.1	49.9
P25	桂庙渠	12.0	7.5	—	3.5	31.8
P27	蛇口污水处理厂	15.0	12.8	—	2.2	14.4
P28	南海玫瑰园	3.9	2.5	—	1.4	36.5
P29	后海河	5.7	1.4	—	4.3	74.7
P30	大沙河	2.0	1.6	—	0.4	20.4
P31	凤塘河	1.4	0.9	—	0.5	35.4
P33	深圳河	192.2	120.6	—	71.6	37.2
总量		3 031.2	2 338.8		692.5	22.8

12.6.2　海域分区污染物削减

本研究中珠江口深圳海域分为 5 个区，对应的入海河流见第 8 章表 8-2，各区污染物排放量和环境容量见图 12-3，削减量和削减率见表 12-17。总体上，珠江口深圳海域各区 COD_{Cr}、无机氮和磷酸盐均无剩余容量，仅石油类污染物还有一定剩余容量。从区域来看，Ⅰ区由于是深圳湾内，水

动力交换差，污染物排放量大但容量相对较小，污染物的削减率是5个区中最大的，COD_{Cr}、石油类、无机氮和磷酸盐的削减率分别为16.1%、15.9%、21.5%和37.1%。

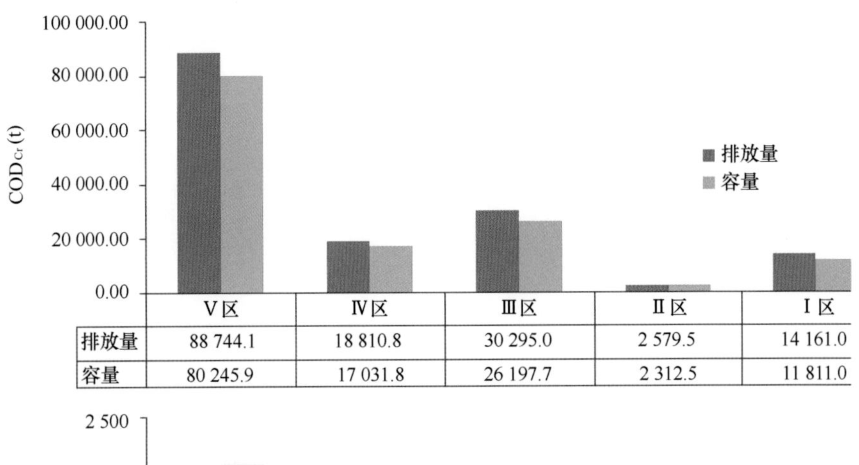

	V区	Ⅳ区	Ⅲ区	Ⅱ区	Ⅰ区
排放量	88 744.1	18 810.8	30 295.0	2 579.5	14 161.0
容量	80 245.9	17 031.8	26 197.7	2 312.5	11 811.0

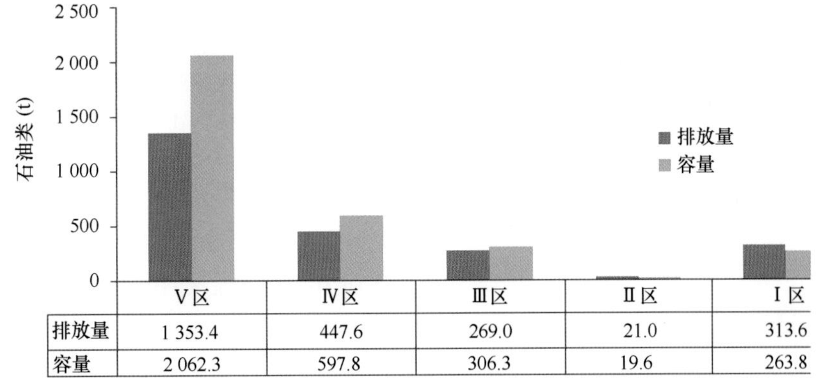

	V区	Ⅳ区	Ⅲ区	Ⅱ区	Ⅰ区
排放量	1 353.4	447.6	269.0	21.0	313.6
容量	2 062.3	597.8	306.3	19.6	263.8

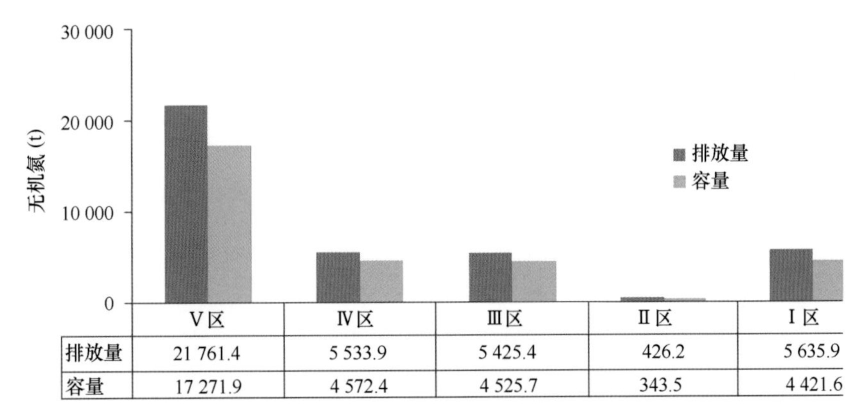

	V区	Ⅳ区	Ⅲ区	Ⅱ区	Ⅰ区
排放量	21 761.4	5 533.9	5 425.4	426.2	5 635.9
容量	17 271.9	4 572.4	4 525.7	343.5	4 421.6

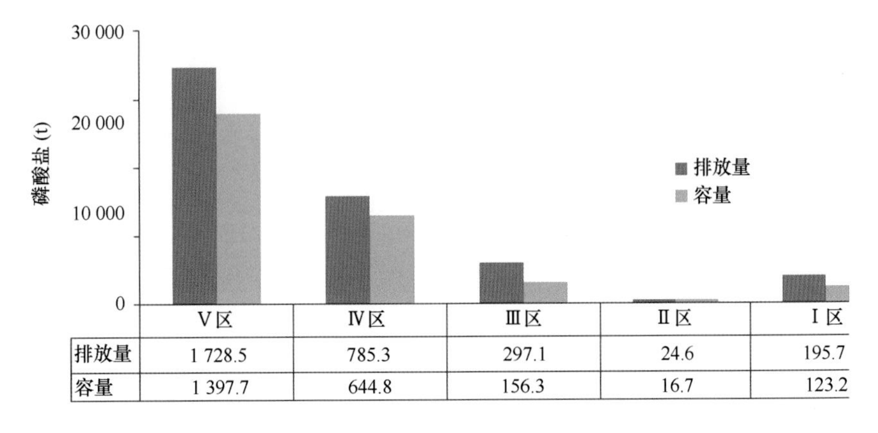

	V区	Ⅳ区	Ⅲ区	Ⅱ区	Ⅰ区
排放量	1 728.5	785.3	297.1	24.6	195.7
容量	1 397.7	644.8	156.3	16.7	123.2

图12-3　珠江口深圳海域各分区污染物的排放量和容量

表 12-17　珠江口深圳海域各分区污染物的削减量和削减率

海域分区	削减量（t/a）				削减率（%）			
	COD_{Cr}	石油类	无机氮	磷酸盐	COD_{Cr}	石油类	无机氮	磷酸盐
Ⅴ区	8 498.2	-708.9	4 489.5	330.8	9.6	—	20.6	19.1
Ⅳ区	1 779.0	-150.1	961.5	140.5	9.5	—	17.4	17.9
Ⅲ区	4 097.3	-37.3	899.7	140.8	13.5	—	16.6	47.4
Ⅱ区	267.0	1.4	82.7	7.8	10.3	6.8	19.4	31.9
Ⅰ区	2 280.0	49.9	1 214.2	72.5	16.1	15.9	21.5	37.1
总量	16 921.5	-845.0	7 647.7	692.5	10.9	—	19.7	22.8

注："—"表示剩余容量，无需削减。

在Ⅰ区，COD_{Cr}的现有排放量和背景容量分别为 14 161.0 t/a 和 11 881.0 t/a，需削减 2 280.0 t/a，削减率为 16.1%；石油类的现有排放量和背景容量分别为 313.6 t/a 和 263.8 t/a，需削减 49.9 t/a，削减率为 15.9%；无机氮的现有排放量和背景容量分别为 5 635.9 t/a 和 4 421.6 t/a，削减量为 1 214.2 t/a，削减率为 21.5%；磷酸盐的现有排放量和背景容量分别为 195.7 t/a 和 123.2 t/a，需削减 72.5 t/a，削减率为 37.1%。

在Ⅱ区，COD_{Cr}的现有排放量和背景容量分别为 2 579.5 t/a 和 2 312.5 t/a，需削减 267.0 t/a，削减率为 10.3%；石油类的现有排放量和背景容量分别为 21.0 t/a 和 19.6 t/a，需削减 1.4 t/a，削减率为 6.8%；无机氮的现有排放量和背景容量分别为 426.2 t/a 和 343.5 t/a，削减量为 82.7 t/a，削减率为 19.4%；磷酸盐的现有排放量和背景容量分别为 24.6 t/a 和 16.7 t/a，需削减 7.8 t/a，削减率为 31.9%。

在Ⅲ区，COD_{Cr}的现有排放量和背景容量分别为 30 295.0 t/a 和 26 197.7 t/a，需削减 4 097.3 t/a，削减率为 13.5%；无机氮的现有排放量和背景容量分别为 5 425.5 t/a 和 4 525.7 t/a，削减量为 899.7 t/a，削减率为 16.6%；磷酸盐的现有排放量和背景容量分别为 297.1 t/a 和 156.3 t/a，需削减 140.8 t/a，削减率为 47.4%。石油类的现有排放量和背景容量分别为 269.0 t/a 和 306.3 t/a，剩余容量 37.3 t/a，占排放量的 13.9%。

在Ⅳ区，COD_{Cr}的现有排放量和背景容量分别为 18 810.8 t/a 和 17 031.8 t/a，需削减 1 779.0 t/a，削减率为 9.5%；无机氮的现有排放量和背景容量分别为 5 533.9 t/a 和 4 572.4 t/a，削减量为 961.5 t/a，削减率为 17.4%；磷酸盐的现有排放量和背景容量分别为 785.3 t/a 和 644.8 t/a，需削减 140.5 t/a，削减率为 17.9%。石油类的现有排放量和背景容量分别为 447.6 t/a 和 597.8 t/a，剩余容量 150.1 t/a，占排放量的 33.5%。

在Ⅴ区，COD_{Cr}的现有排放量和背景容量分别为 88 744.1 t/a 和 80 245.9 t/a，需削减 8 498.2 t/a，削减率为 9.6%；无机氮的现有排放量和背景容量分别为 21 761.4 t/a 和 17 271.9 t/a，削减量为 4 489.5 t/a，削减率为 20.6%；磷酸盐的现有排放量和背景容量分别为 1 728.5 t/a 和 1 397.7 t/a，需削减 330.8 t/a，削减率为 19.1%。石油类的现有排放量和背景容量分别为 1 353.4 t/a 和 2 062.3 t/a，剩余容量 708.9 t/a，占排放量的 52.4%。

12.7　陆域行政区污染物的削减

各行政区陆源污染物的现有排放量和背景环境容量见图 12-4，削减量和削减率见表 12-18。总体上，各行政区 COD_{Cr}、无机氮和磷酸盐均无剩余容量，石油类污染物还有一定剩余容量。从区域来看，南山区 COD_{Cr}和磷酸盐的削减率最大，福田区无机氮的削减率最大；从污染物来看，无机氮和磷酸盐是主要的削减污染物。

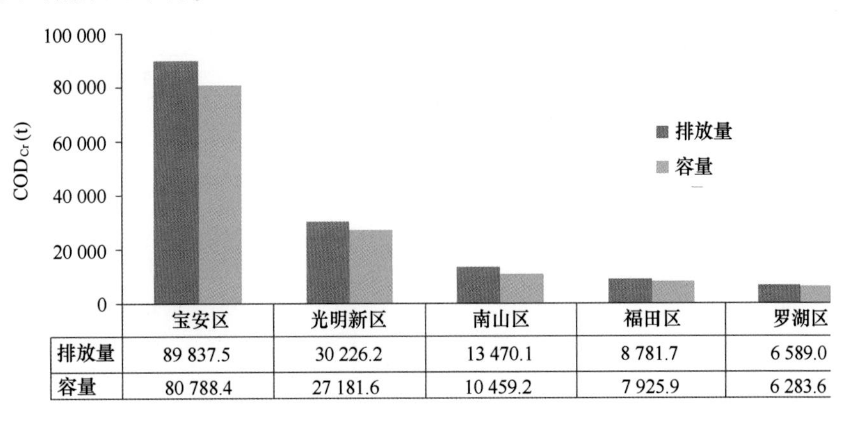

	宝安区	光明新区	南山区	福田区	罗湖区
排放量	89 837.5	30 226.2	13 470.1	8 781.7	6 589.0
容量	80 788.4	27 181.6	10 459.2	7 925.9	6 283.6

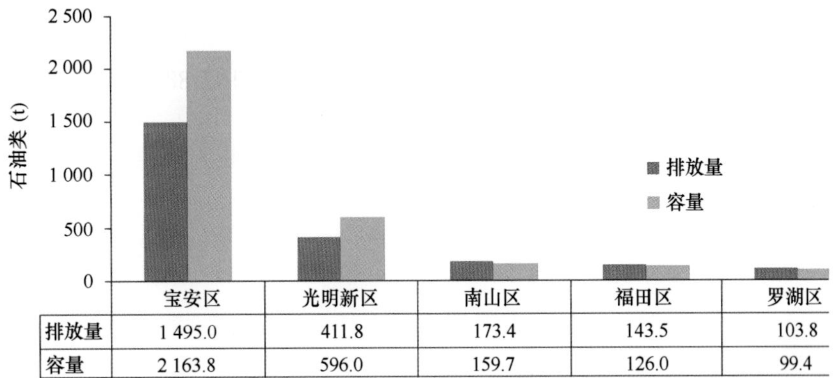

	宝安区	光明新区	南山区	福田区	罗湖区
排放量	1 495.0	411.8	173.4	143.5	103.8
容量	2 163.8	596.0	159.7	126.0	99.4

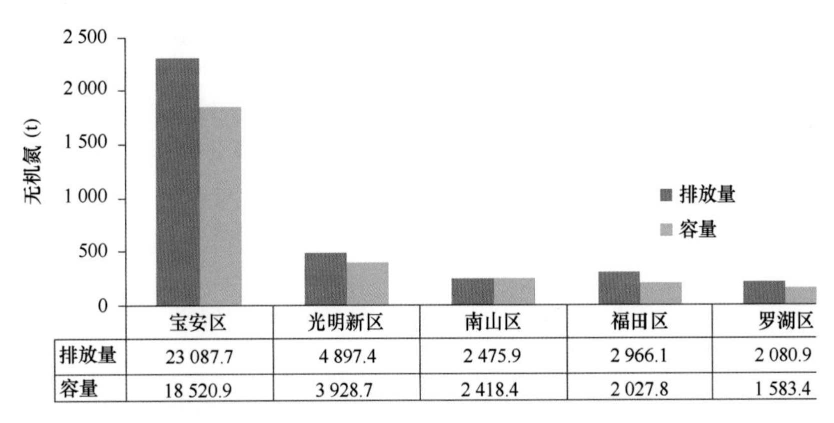

	宝安区	光明新区	南山区	福田区	罗湖区
排放量	23 087.7	4 897.4	2 475.9	2 966.1	2 080.9
容量	18 520.9	3 928.7	2 418.4	2 027.8	1 583.4

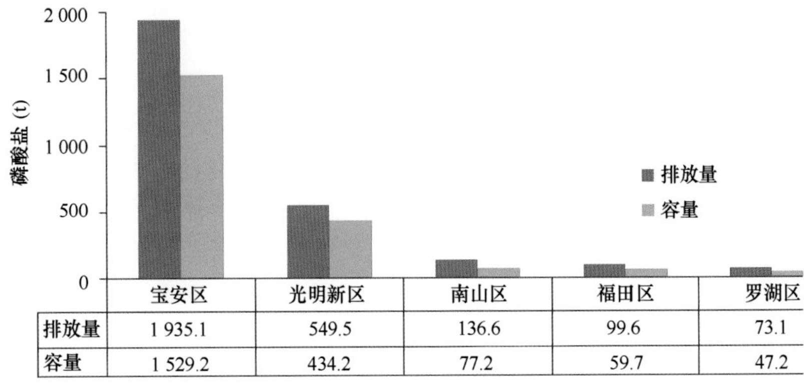

	宝安区	光明新区	南山区	福田区	罗湖区
排放量	1 935.1	549.5	136.6	99.6	73.1
容量	1 529.2	434.2	77.2	59.7	47.2

图 12-4　陆域行政区污染物排放量、容量和削减率

表 12-18　陆域行政区污染物削减量和削减率

行政区域	削减量（t/a）				削减率（%）			
	COD_{Cr}	石油类	无机氮	磷酸盐	COD_{Cr}	石油类	无机氮	磷酸盐
宝安区	9 049. 1	-668. 8	4 566. 8	405. 9	10. 1	—	19. 8	21. 0
光明新区	3 044. 6	-184. 2	968. 7	115. 2	10. 1	—	19. 8	21. 0
南山区	3 010. 9	13. 7	57. 5	59. 4	22. 4	7. 9	2. 3	43. 5
福田区	855. 8	17. 4	968. 2	39. 9	9. 7	12. 1	32. 3	40. 1
罗湖区	305. 4	4. 5	497. 9	26. 0	4. 6	4. 3	23. 9	35. 5
总量	16 265. 8	-817. 5	7 059. 1	646. 4	10. 9	—	19. 9	23. 1

在宝安区，COD_{Cr}、无机氮和磷酸盐的现有排放量分别为 89 837. 5 t/a、23 087 t/a 和 1 935. 1 t/a，分配容量分别为 80 788. 4 t/a、18 520. 9 t/a 和 1 529. 2 t/a，需削减 9 049. 1 t/a、4 566. 8 t/a 和 405. 9 t/a，削减率分别为 10. 1%、19. 8%和 21. 0%。

在光明新区，COD_{Cr}、无机氮和磷酸盐的现有排放量分别为 30 226. 2 t/a、4 897. 4 t/a 和 549. 5 t/a，分配容量分别为 27 181. 6 t/a、3 928. 7 t/a 和 434. 2 t/a，需削减 3 044. 6 t/a、968. 7 t/a 和 115. 1 t/a，削减率分别为 10. 1%、19. 8%和 21. 0%。

在南山区，COD_{Cr}、石油类、无机氮和磷酸盐的现有排放量分别为 13 470. 1 t/a、173. 4 t/a、2 475. 9 t/a 和 136. 6 t/a，分配容量分别为 10 459. 2 t/a、159. 7 t/a、2 418. 4 t/a 和 77. 2 t/a，需削减 3 010. 9 t/a、13. 7 t/a、57. 5 t/a 和 59. 4 t/a，削减率分别为 22. 4%、7. 9%、2. 3%和 43. 5%。

在福田区，COD_{Cr}、石油类、无机氮和磷酸盐的现有排放量分别为 8 781. 7 t/a、143. 5 t/a、2 996. 1 t/a 和 99. 6 t/a，分配容量分别为 7 925. 9 t/a、126. 0 t/a、2 027. 8 t/a 和 59. 7 t/a，需削减 855. 8 t/a、17. 4 t/a、968. 2 t/a 和 39. 9 t/a，削减率分别为 9. 7%、12. 1%、32. 3%和 40. 1%。

在罗湖区，COD_{Cr}、石油类、无机氮和磷酸盐的现有排放量分别为 6 589. 0 t/a、103. 8 t/a、2 080. 9 t/a 和 73. 1 t/a，分配容量分别为 6 283. 6 t/a、99. 4 t/a、1 583. 1 t/a 和 47. 2 t/a，需削减 305. 4 t/a、4. 5 t/a、497. 9 t/a 和 26. 0 t/a，削减率分别为 4. 6%、4. 3%、23. 9%和 35. 5%。

12. 8　污染物总量控制措施

根据深圳市西部海域入海河流及周围行政区污染物现有的排放量和剩余容量计算和分配结果，深圳市西部海域污染物总量控制需采取多项措施。

1）污染源控制以居民生活污水排放控制为主，其次为城市地表径流

根据第 8 章陆域污染负荷计算，珠江口深圳海域陆域居民生活和城市地表径流共同对 COD_{Cr}、BOD_5、氨氮、TP 和 TN 的贡献在 50%以上，其中居民生活的贡献分别为 31. 5%、29. 6%、65. 9%、40. 1%和 51. 0%，因此居民生活污染物排放仍然是深圳总量控制的重点。目前深圳市工业污水的收集率较高，但生活污水收集率区域性差异较大。虽然深圳市近年来不断提高生活污水的收集率，但由于污染物排放量的基数大，对总量控制具有重要影响，因此提高生活污水的收集和处理效率是深圳市削减污染物的重要手段。

与其他研究相同，在点源得到有效控制后，非点源，特别是城市地表径流的污染贡献将不断增加，根据第 8 章陆源污染负荷计算，城市地表径流对研究区域 COD_{Cr}、BOD_5 和 TN 的贡献分别为 41. 9%、53. 1%和 28. 0%，是另一重要排放源。然而，由于深圳市气候特点，降水集中，雨强大，降雨形成的地表径流控制难度大，加之深圳市雨污分离管网建设不完善等因素使得地表径流目前还不能得到有效控制，对总量控制目标的实现影响较大。

2）污染物控制短期以无机氮和磷酸盐为重点，COD_{Cr}为中长期控制目标

珠江口深圳海域重点控制的污染物是无机氮和磷酸盐，入海河流削减率分别为15.2%~61.0%和14.4%~80.5%，是总量控制的重点污染物。目前COD_{Cr}的现有排放量与背景环境容量大致相当，但要实现深圳市长远的环境和生态规划，COD_{Cr}仍然需要控制，在满足安全保证容量分配（15%）的情况，入海河流COD_{Cr}仍然需要削减10%~20%的排放量。

3）原特区外提高污水的收集和处理率

根据深圳市水务局《关于加强污水管网建设与管理的工作方案》，2015年年底深圳市中心城区的污水处理率将达95%，其他区域达到80%。在原特区内，污水收集率较高，南山区、福田区和罗湖区市管企业全部纳管，生活污水收集率较高，污水处理率可达90%以上。在原特区外，污水处理率相对较低，如2014年宝安区和光明新区污水处理厂的规模为81.5×10^4 t/d，而污水排放量约100×10^4 t/d，污水处理率仅有80%，生活和工业源COD_{Cr}、TN和TP直排量分别为43 338.8 t/a、7 353.1 t/a和673.7 t/a。根据容量分配结果，宝安区和光明新区COD_{Cr}、无机氮和磷酸盐的削减量分别为12 093.7 t/a、5 535.5 t/a和521.1 t/a，若宝安区和光明新区生活和工业污水处理率提高10%，则可减少30%~40%的直排量，达到削减目标的50%以上。因此，原特区外区域要达到总量控制目标，必须加强污水处理厂的新扩建，提高污水的收集率和处理率。

根据《深圳市污水系统布局规划修编2011—2020年说明书》，除深圳河流域外，2020年深圳湾流域、茅洲河流域和珠江口流域污水处理厂的规模将大幅度增加，但在雨季仍存在较大缺口，见表12-19。2020年深圳市旱季污水量662×10^4 t/d，雨季进厂污染量为802.3×10^4 t/d，污水处理规模为696.2×10^4 t/d，其中研究区域旱季和雨季污水量分别为400.4×10^4 t/d和474×10^4 t/d，处理规模为424.6×10^4 t/d，基本满足旱季污水处理要求，但雨季存在49.4×10^4 t/d的缺口，则需要通过其他方法解决，如生态湿地等。解决雨季污水的处理。由此可看出，到2020年，茅洲河流域和珠江口流域除扩大现在污水处理厂的规模外，还要加强雨水的收集处理，特别是提高初期雨水的处理率。

表12-19 2020年研究区域污水量预测和污水处理厂规划 单位：×10^4 t/d

流域	项目名称	现状规模	旱季污水量	雨季进厂污水量	规划规模	规划情况
深圳湾流域	南山污水处理厂	56	69.3	77.6	73.6	规划扩建
	蛇口污水处理厂	3	6.4	7.1	8	规划扩建
	西丽污水处理厂	5	5.5	6.2	5	现状保留
	福田污水处理厂	—	52.6	59	55	规划新建
	小计	64	133.8	149.8	141.6	
深圳河流域	滨河污水处理厂	30	25.4	28.4	30	现状保留
	罗芳污水处理厂	35	24.5	27.4	35	现状保留
	埔地吓污水处理厂	5	10.8	13.4	10	规划扩建
	布吉污水处理厂	20	17.5	21.7	20	现状保留
	小计	90	78.1	90.8	95	
茅洲河流域	公明污水处理厂	—	13.5	16.7	15	规划新建
	光明污水处理厂	15	26.0	32.2	25	规划扩建
	燕川污水处理厂	15	27.3	33.8	25	规划扩建
	小计	30	66.8	82.7	65	

续表

流域	项目名称	现状规模	旱季污水量	雨季进厂污水量	规划规模	规划情况
珠江口流域	沙井污水处理厂	15	47.0	58.2	48	规划扩建
	福永污水处理厂	12.5	23.6	29.2	25	规划扩建
	固戍污水处理厂	24	51.1	63.3	50	规划扩建
	小计	51.5	121.7	150.7	123	

4）完善雨污分流管网建设

城市地表径流是除居民生活污水以外的另一重要污染源，主要由雨水冲刷产生，降雨初期，雨水溶解了排入大气中的大量酸性气体、汽车尾气、工厂废气等污染性气体新含有的酸性污染物。而在降落时，又冲刷屋面、沥青混凝土道路、建筑工地等，使得初期雨水中含有大量的有机物、病原体、重金属、油脂、悬浮固体等污染物质，污染程度较高，甚至超出普通城市污水的污染程度。

根据《深圳福田河流域降雨初期径流截流研究》（王福祥，2009），占径流总量30%～40%的初期径流携带了分别占总污染负荷47.6%～60.2%、49.3%～61.7%、41.8%～53.5%的COD、SS、BOD污染负荷，径流体积截流率取前30%～40%为宜。根据第8章计算结果，研究区域地表径流量约2.53×10^8 t，COD_{Cr}、TP、TN和BOD_5的排放量分别为51 241.8 t/a、424.9 t/a、916.0 t/a和25 445.3 t，按35%的初期雨水截流量计算，则需截流0.88×10^8 t，COD_{Cr}、TP、TN和BOD_5削减量按50%计算，则分别能减少排放量25 620.9 t/a、212.5 t/a、158.0 t/a和12 722.7 t/a，其中COD_{Cr}削减量基本可以满足总量控制要求，但TN和TP还需进一步削减。

然而，根据表12-19，在深圳湾流域和深圳河流域，2020年污水处理厂规模基本能满足旱季和雨季污水处理的要求，污水收集率和处理率可达95%以上，但在茅洲河流域和珠江口宝安区流域，污水处理厂规模符合旱季污水排放量，但雨季的缺口分别为17.7×10^4 t/d和27.7×10^4 t/d。根据水务部门2008年原特区外排水管网普查资料成果，原特区外雨污分流制管线整体比例不足50%，大部分区域为雨污合流或混流排水，原特区内尚存在约24%的雨污合流管道，原特区外宝安区和光明新区雨污合流管道所占的比例最高，达到60%，造成雨季时污水溢流、雨水收集率低等问题。因此，深圳市雨污分流改造、雨水的收集处理工作还任重而道远。

5）陆域管理以流域或行政区域为单元，采取措施各有重点

宝安区和光明新区污染物的削减率相对较小，对应地入海河流和临海海域污染物的削减率也小，但由于污染物排放量基数大，削减量也大。在宝安区，COD_{Cr}、无机氮和磷酸盐的削减量分别为9 049.1 t/a、4 566.8 t/a和405.9 t/a。在南山区、福田区和罗湖区，污染物的削减率较高，但削减量较小，如南山区COD_{Cr}和磷酸盐的削减率达22.4%和43.5%，是5个研究区中最高的。因此，茅洲河流域和珠江口深圳流域总量控制的重点是扩大现有污水处理厂的规模，提高污水处理率。

在南山区、福田区和罗湖区，市管企业大部分已有效纳管，但生活污水目前还不能达到100%的有效处理，而生活源是目前深圳市主要的排放源。虽然这些区域污水处理厂已具有一定规模，但还需要进一步的优化，如福田区目前还没有污水处理厂，其污水由南山污水处理厂和滨海污水处理厂共同处理，不仅增加了南山区和罗湖区的污水处理压力和尾水排放，还会导致管网建设不完善所带来的雨水溢流、污水收集困难等问题，从而增加污染物的排放量。因此，在深圳湾和深圳河流域，总量控制的重点是加强污水管网和泵站的建设和现有污水处理厂的优化。根据深圳市相关规划，福田污水处理厂正在筹建中，处理规划为60×10^4 t/d，可以有效缓解南山污水处理厂的压力，提高福田区的污水处理率，有效控制污染物的入海通量。另一方面，城市地表径流，特别是降雨初期的雨水收集和处理工作是有效减少面源污染物排海通量的重要途径，因此深圳市要加强雨水和污水收集管网、泵站等相关配套设施的建设，以期有效控制面源污染。

6）加强监管，有效控制不达标或不规范污水排放

根据入海河流的水质调查和陆源污染负荷计算结果，在宝安区海域的入海河流水质较差，不达标排放情况严重，入海河流污染物实际排放量远高于陆源污染负荷计算值，表明存在偷排漏排情况。因此，深圳市的总量控制必须严格监管重点企业，以及不规范污水排放现象。

12.9 小结

本章在第 11 章环境容量计算的基础上对珠江口深圳海域控制污染物容量进行二次分配和总量控制，主要结论如下所述。

（1）在珠江口深圳海域环境质量调查基础上，珠江口深圳海域总量控制污染物除国家和广东省要求的 COD_{Cr}和无机氮外，本项目还对石油类和磷酸盐进行了讨论和容量分配。入海河流 COD_{Cr}、石油类、无机氮和活性磷酸盐的待分配容量分别为 161 963.5 t/a、3 823.5 t/a、36 629.5 t/a 和 2 751.5 t/a；由于深圳与东莞和香港接界，则陆域总量控制讨论中待分配容量分别为 156 045.6 t/a、3 700.0 t/a、33 504.6 t/a 和 2 526.5 t/a。

（2）容量分配方案为二级分配，一级分配为安全保证额分配，二级为陆源的分区分配。

①一级分配结果。珠江口深圳海域环境容量的安全保证额为最大允许排放量的 15%，则 COD_{Cr}、石油类、无机氮和磷酸盐的安全保证额分别为 23 406.8 t/a、555.0 t/a、5 625.7 t/a 和 379.0 t/a。

②二级分配结果。本研究中将宝安区和光明新区整体归为茅洲河流域和珠江口宝安区流域，两行政区污染物的容量分配根据现有源强的比例进行等比例分配，则宝安区 COD_{Cr}、石油类、无机氮和磷酸盐的容量分别为 80 788.4 t/a、2 163.8 t/a、18 520.9 t/a 和 1 529.2 t/a，光明新区分别为 27 181.6 t/a、586.0 t/a、3 928.7 t/a 和 434.2 t/a。南山区、福田区和罗湖区属于深圳河流域和深圳湾流域，容量分配采用熵值法，南山区 COD_{Cr}、石油类、无机氮和磷酸盐的容量分别为 10 459.2 t/a、159.7 t/a、2 418.4 t/a 和 77.2 t/a，福田区分别为 7 925.9 t/a、126.0 t/a、2 027.8 t/a 和 59.7 t/a，罗湖区分别为 6 283.6 t/a、99.4 t/a、1 583.1 t/a 和 47.2 t/a。

（3）根据入海河流、海域分区和陆域行政区的现有源强和容量，珠江口深圳海域除石油类还有剩余容量外，COD_{Cr}、无机氮和磷酸盐已无剩余容量，需削减。从入海河流来看，污染物排放量大的河流削减量也较大，茅洲河、福永河、双界河、茅洲河等都是削减的重点河流；从海域来看，深圳湾由于水动力差，以及福田红树林保护区，容量较小，海域Ⅰ区的削减率最高，COD_{Cr}、石油类、无机氮和磷酸盐的削减率分别为 16.1%、15.9%、21.5%和 37.1%；从行政区来看，宝安区和光明新区污染物的削减率虽然不高，但削减量却较大，宝安区需要削减 9 049.1 t/a（COD_{Cr}）、4 566.9 t/a（无机氮）和 405.9 t/a（磷酸盐），南山区、福田区和罗湖区虽然污染物削减量少，但削减率却高。

（4）珠江口深圳海域总量控制任务艰巨，污水处理厂的新建和扩建，以及优化是实现污染物总量控制的有效途径，同时污水处理厂的配套设施的建设，如泵站建设，雨污分流等也同等重要。面源是珠江口深圳海域，特别是对深圳湾的贡献较大，因此控制城市地表径流污染物的排放量，特别是降雨初期的污染物排放是削减深圳湾周围陆域污染物排放量的关键。

参考文献

蔡载昌．1991．环境污染总量控制．北京：中国环境科学出版社．

陈丁江，吕军，沈晔娜．2010．区域间水环境容量多目标公平分配的水环境基尼系数法．环境污染与防治，32（1）：88-91．

程玲玲，夏峰．2012．水污染物总量分配原则及方法研究进展．环境科学导刊．31（1）：30-34．

郭希利，李文岐．1997. 总量控制方法类型及分配原则．中国环境管理，(5)：47-48.
郭希利．1997. 总量控制方法类型及分配原则．中国环境管理，(5)：47-48.
国家海洋环境监测中心．2000. 陆源污染物入海问题控制模型研究报告．
国家环保局计划司《环境规划指南》编写组．1994. 环境规划指南．北京：清华大学出版社．
黄秀清，王金辉，蒋晓山．2008. 象山港海洋环境容量及污染物总量控制研究．北京：海洋出版社．
柯兴．2012. 湖北省水污染物总量分配方案研究．武汉科技大学硕士学位论文．11-21.
李志萍，何雨江，朱中道．2007. 熵权法在农村安全饮水水质评价中的应用．人民黄河．29（5）：35-36.
彭溢，廖国威，陈纯兴，等．2014. 茅洲河污染来源分析及治理对策研究．广东化工．41（281）：191-192.
孙伟．2008. 层次分析应用研究．市场研究，12：35-39.
王福祥．2009. 深圳福河流域降雨初期径流截流研究（硕士论文）．
王媛，牛志广，王伟．2008. 基尼系数法在水污染物总量区域分配中的应用．中国人口、资源与环境，18（3）：177-180.
幸娅，张万顺，王艳，等．2011. 层次分析法在太湖典型区域污染物总量分配中的应用．中国水利水电科学研究院学报．9（2）：155-160.
张玉清．2001. 河流功能区水污染物容量总量控制的原理和方法．北京：中国环境科学出版社，2-9.
赵晨辰，张世彦，毛献忠．2014. 深圳湾流域 TN 和 TP 入海年通量变化规律研究．环境科学，35（11）：4 111-4 117.

第 13 章　基于污染排放总量控制的深圳西部海域环境质量综合管理策略

总量控制是指以控制一定时段内一定区域内排污单位排放污染物总量为核心的环境管理方法体系。海域污染物排放总量控制就是在海洋环境目标管理的前提下，合理利用海域的自净能力，控制入海污染物的种类、数量和速度，维持或恢复海域环境质量及协调海域资源使用。它包含了以下核心内容：一是有确定的海洋环境管理目标；二是可计算海域的自净能力大小（背景环境容量）；三是污染物的现有排放总量及其涉及的地域范围。因此，基于污染排放总量控制的海洋环境管理措施的制定必须充分反映总量控制的核心本质，才能获得预期的管理效果。

13.1　确定适宜的海洋环境管理目标，设定陆域污染物排放控制标准

根据本项目对深圳市西部海域各分区污染物的现有排放量、背景环境容量及剩余环境容量的核算和分配结果可知，深圳市西部海域主要污染物（COD、无机氮、磷酸盐、石油类等）海洋环境管理目标按以下方式确定：①确定深圳西部海域各分区海水水质管控目标；②设定深圳西部陆域污染物排放浓度控制标准；③设定深圳西部陆域污染物排放总量控制标准，简称为“一控双达标”措施。

13.1.1　海水水质管控目标的确定

13.1.1.1　海水水质管控目标的设定

海水的水质类别是衡量海洋环境质量好坏最直接的判别依据之一，也是海洋环境质量改善与否的最重要指标，因此，确定一定海域的海水水质类别是海洋有关部门管控海洋环境的最有效手段之一。目前，某一海域的海洋环境管理目标主要是根据海洋功能区划所确定该海域的主体功能区类别及其相应的海洋环境管理要求来确定。

依据《广东省海洋功能区划》（粤府〔2013〕9 号）文件精神，结合珠江口深圳海域的环境质量现状、陆域入海污染物排海特征及珠江口深圳海域包含的海洋功能区类别及其环境管理要求，并充分考虑深圳市政府为改善深圳市海洋生态环境所采取的各种方针政策及相关环境治理措施，本项目推荐如表 13-1 所示深圳西部海域各分区主要污染物（无机氮、磷酸盐、COD 及石油类等）在短期（5 年内）、中期（5~10 年）及长期（10 年后）的水质管理目标。对其他已达标的环境指标水质类别维持当期现状水平。

表 13-1　深圳西部海域主要污染物海水水质管理推荐目标

区　块	Ⅰ区	Ⅱ区	Ⅲ区	Ⅳ区	Ⅴ区
海　域	深圳湾跨海大桥以里	深圳湾跨海大桥以外	大铲湾海域	珠江口小铲岛以南海域	珠江口小铲岛以北海域
水质要求最严功能区及水质类别	深圳湾海洋保护区，二类	蛇口湾港口航运区，四类	前海工业与城镇用海区，三类	伶仃洋保留区，维持现状	大铲湾港口航运区，四类
水质要求最宽功能区及水质类别	深圳湾保留区，维持现状	蛇口湾港口航运区，四类	前海工业与城镇用海区，三类	沙井—福永工业与城镇用海区，四类	狮子洋保留区，维持现状

续表

区块		Ⅰ区	Ⅱ区	Ⅲ区	Ⅳ区	Ⅴ区
主要污染物现状水质类别		无机氮、磷酸盐为劣四类，COD和石油类为三类	无机氮、磷酸盐为四类，COD和石油类为三类	无机氮、磷酸盐为劣四类，COD和石油类为三类	无机氮、磷酸盐为四类，COD和石油类为二类	无机氮、磷酸盐为劣四类，COD和石油类为三类
推荐水质管理目标	短期（5年内）	四类	四类	四类	三类	四类
	中期（5~10年）	三类	三类	三类	三类	三类
	长期（10年后）	二类	三类	三类	二类	三类

13.1.1.2 预设海水水质管控目标可达性分析

1）深圳湾海域

依据《广东省海洋功能区划》（粤府〔2013〕9号）文件精神，深圳湾跨海大桥以里的海域涉及深圳湾海洋保护区和深圳湾保留区，其中深圳湾海洋保护区明确严格执行二类海水水质标准，保留区为维持现状。

由于深圳湾跨海大桥以里海域水体中的无机氮和磷酸盐含量目前均为劣四类水质标准，深圳湾跨海大桥以外海域的水体无机氮和磷酸盐含量符合四类海水水质标准，其他主要污染物符合三类海水水质标准。由于陆域污染排海短期内难以达标排放，同时深圳湾跨海大桥以外水体大多数环境指标含量均超过二类海水水质标准限值，因此，深圳湾跨海大桥以里水质短期内（5年内）难以达到深圳湾海洋保护区所要求的二类水质标准限值，即使长期要达到该目标难度也非常大，故拟设定二类海水水质标准作为深圳湾跨海大桥以里海域的最终管控目标，即：近期通过海岸带环境整合治理及湾内清淤疏浚，短期内（5年内）深圳湾跨海大桥以里海域力争达到四类海水水质标准、中期（5~10年）达到三类海水水质标准、长期（10年后）有望达到深圳湾海洋保护区所要求的二类海水水质管理目标。

深圳湾跨海大桥以外海域的水体无机氮和磷酸盐含量目前符合四类海水水质标准，其他主要污染物符合三类海水水质标准，总体符合该海域所在的大铲湾—蛇口湾港口航运区的水质管理目标（Ⅳ类）。因此，深圳湾跨海大桥以外海域水质短期内（5年内）可暂时维持现状，待深圳湾跨海大桥内海域水质改善后，同时通过减排湾内陆域污染及实施珠江口环境的综合整治，中期（5~10年）深圳湾跨海大桥以外海域水体质量可改进至三类海水水质标准，并长期（10年后）维持。

2）大铲湾海域

大铲湾海域属于前海工业与城镇用海区，其海洋环境管理要求明确水质执行三类海水水质标准。鉴于目前大铲湾主要污染物中的无机氮和磷酸盐均属于劣四类海水水质，短期内难以达到该海域功能区海洋环境管理所要求的三类海水水质标准限值。因此，必须通过陆域截污减排、海岸带污染整治等防治措施，短期内（5年内）整体水质力争达到四类海水水质标准，通过综合整治，中期（5~10年）该海域水质有望改进至三类海水水质标准，并长期（10年后）维持。

3）珠江口深圳海域

珠江口深圳小铲岛以北海域涉及的海洋功能区有沙井—福永工业与城镇用海区和狮子洋保留区，其中沙井—福永工业与城镇用海区明确执行四类海水水质标准，狮子洋保留区的海洋环境维持现状水平。由于该海域水体中的无机氮和磷酸盐含量均为劣四类海水水质标准，其他环境指标含量均在三类海水水质标准限值以内。因此，通过陆域截污减排、海岸带污染整治及珠江流域环境污染联合整治，短期内（5年内）该海域水质有望达到四类海水水质标准，通过持续努力，中期（5~10年）该海域水体有望改进至三类海水水质标准，并长期（10年后）维持。

珠江口深圳小铲岛以南海域涉及大铲湾—蛇口湾港口航运区和伶仃洋保留区，大铲湾—蛇口湾港口航运区明确执行四类海水水质标准，伶仃洋保留区维持现状。该海域目前除无机氮和磷酸盐处于四类海水水质标准外，其他污染物总体符合二类海水水质标准。由于该海域更接近外海，有更多的洁净海水进行交换，同时通过上游及周边海域的综合整治，因此该海域水质短期内（5年内）很容易改善为三类海水水质，通过持续努力，中期（5~10年）该海域水体总体有望改进至二类海水水质标准，并长期（10年后）维持。

因此，根据《广东省海洋功能区划》（粤府〔2013〕9号）对深圳西部海域确定的海域环境功能区及相应的海水水质管控要求，通过以上分析，本研究推荐如表13-1所示深圳西部海域各分区主要污染物（无机氮、磷酸盐、COD及石油类等）在短期（5年内）、中期（5~10年）及长期（10年后）的水质管理目标。对其他已达标的环境指标水质类别维持当期现状水平。

13.1.2　陆域入海污染物排放浓度控制标准

13.1.2.1　陆域污染物入海浓度控制标准的设定

为达到确定的海水水质管理目标，必须对陆域入海污染物的排放浓度加以控制。根据第8章的调查和研究结果可知，深圳市西部海域入海河流污染物的浓度差异大，主要的入海污染物是氨氮、总氮、总磷、COD_{Cr}、BOD_5、LAS（阴离子表面活性剂）等污染物，且这些污染物的入海浓度均处于劣五类水平［参照《地表水环境质量标准》（GB 3838—2002）］，同时，这些污染物还是导致深圳西部海域环境质量长期较差的主要污染物；监测的其他环境指标基本符合地表水四类海水水质标准。因此，为确保深圳西部海域环境管理目标的实现，持续改善其生态环境质量，非常有必要对深圳西部陆域入海污染物的排放浓度进行限定，其推荐标准如表13-2所示［参照《地表水环境质量标准》（GB 3838—2002）］，该推荐标准主要适用于汇入深圳西部海域流量较大或浓度非常高的河流和排污渠。

表13-2　深圳西部陆域主要入海污染物排放浓度推荐标准类别

主要入海污染物		氨氮	总氮	总磷	COD_{Cr}	BOD_5	LAS
现状水质类别		劣五类	劣五类	劣五类	劣五类	劣五类	劣五类
超标倍数（按五类计）		1.1~21.9	1.4~32.6	0.6~18.2	0.6~5.3	0.5~5.5	0.2~12.8
推荐排放标准	短期（5年内）	五类	五类	五类	五类	五类	五类
	中期（5~10年）	四类	四类	四类	四类	四类	四类
	长期（10年后）	四类	四类	四类	四类	四类	四类

13.1.2.2　陆域污染物入海浓度控制标准可达性分析

由于氨氮、总氮、总磷、COD_{Cr}、BOD_5、LAS（阴离子表面活性剂）等主要来自于居民生活污水，即深圳西部陆域污染排放具有居民生活污水排放为主、工业污染贡献相对较小的特点。因此，可通过陆域雨污分流减少雨水中污染物的入海量，通过截污减排、集中收集处置及提高处置效率等防治措施，能大幅度降低生活污水和工业废水处理后尾水中各污染物的含量，在短期内（5年内）可使汇入深圳西部海域的主要河流和排污渠中水体的氨氮、总氮、总磷、COD_{Cr}、BOD_5、LAS（阴离子表面活性剂）等污染物浓度达到五类地表水水质标准，通过污染减排和环境整治等多项措施的持续实施，中期（5~10年）总体有望改进至四类地表水水质标准，并长期（10年后）维持。

此外，对表13-2中未涉及的其他已达标的环境指标符合或优于地表水四类水质标准限值以内，其水质类别建议维持现状水平。

13.1.3 陆域污染物排放总量控制目标

实施污染物排放总量控制是我国环境保护的一大措施，也是国际上广泛采用的减轻近岸海域环境污染的重要控制方式，具有较强的科学性和实用性。

13.1.3.1 陆域污染物排放总量控制目标的设定

根据深圳市西部海域入海河流及周围行政区污染物现有的排放量和剩余容量计算和分配结果，深圳市西部海域入海污染物总量控制目标的确定需考虑以下实际情况。

（1）为便于管理及明确责任主体，需考虑陆域河流或排污渠流经的行政区域范围、城区发展规模和成熟度及人口密度等实际情况，按对深圳西部海域环境质量是否有影响对陆域污染排放总量控制目标进行区块划分，共分为5大区块进行界定，分别为宝安区、光明新区、南山区、福田区和罗湖区等陆域行政区。

（2）深圳西部海域需重点控制的污染物主要是无机氮和磷酸盐，所有海域已无剩余环境容量，石油类虽然目前在部分区域有一定的剩余环境容量，而 COD_{Cr} 的现有排放量与背景环境容量大致相当，但要实现深圳市长远的环境和生态保护规划，持续改善深圳西部海域生态环境质量，对有剩余环境容量 COD_{Cr} 和石油类海域仍需要进行适当控制，拟预留15%容量作为安全保证容量。

（3）陆域5大区块和主要入海河流和排污渠的污染物排放总量控制期限与需达到的海水水质管理目标及陆域污染物排放浓度目标所设定的时间同步，同样分为短期（5年内）、中期（5~10年）及长期（10年后）3个管控时期。

（4）无剩余环境容量的污染物通过相关污染防治措施在短期（5年内）达到背景环境容量水平，然后中期（5~10年）再改善至有约15%的安全保证容量，并长期维持。

（5）有剩余环境容量的污染物在考虑15%安全保证容量后再无剩余容量的污染物以背景环境容量扣除15%安全保证容量后的结果作为设定为短期（5年）内的控制目标，中期、长期仍持续维持该目标。

（6）有剩余环境容量的污染物在考虑15%安全保证容量后仍有剩余环境容量的污染物，如所在区块内无重要用海规划，其排放总量控制目标设定为维持现状。

基于以上考虑，深圳西部海域陆域污染物排放总量控制目标拟按表13-3中设定目标进行管控，具体到每条河流入海的污染物（主要为无机氮、磷酸盐、COD_{Cr} 及石油类）排放总量控制推荐目标如表13-4至表13-7结果所示。

表13-3 深圳西部海域陆域污染物排放总量控制推荐目标

行政区域	容量（t/a）		无机氮	磷酸盐	COD_{Cr}	石油类
宝安区	现有排放量		23 087.7	1 935.1	89 837.5	1 495.0
	背景环境容量		21 789.3	1 799.1	95 045.2	2 545.7
	剩余环境容量		-1 298.4	-136.0	5 207.7	1 050.7
	推荐排放总量控制目标	短期（5年内）	21 790 （年均减260）	1 800 （年均减27）	80 790 （年均减1 808）	1 495 （维持现状）
		中期（5~10年）	18 520 （年均减674）	1 530 （年均减54）	80 790 （继续维持）	1 495 （继续维持）
		长期（10年后）	18 520 （长期维持）	1 530 （长期维持）	80 790 （长期维持）	1 495 （长期维持）

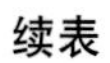

续表

行政区域	容量（t/a）		无机氮	磷酸盐	COD_{Cr}	石油类
光明新区	现有排放量		4 897.4	549.5	30 226.2	411.8
	背景环境容量		4 622.0	510.8	31 978.3	701.2
	剩余环境容量		-275.4	-38.7	1752.1	289.4
	推荐排放总量控制目标	短期（5年内）	4 622（年均减55）	511（年均减8）	27 180（年均减609）	412（维持现状）
		中期（5~10年）	3 929（年均减139）	434（年均减15）	27 180（持续维持）	412（持续维持）
		长期（10年后）	3 929（长期维持）	434（长期维持）	27 180（长期维持）	412（长期维持）
南山区	现有排放量		2 475.9	136.6	13 470.1	173.4
	背景环境容量		2 325.3	95.7	13 554.8	186.7
	剩余环境容量		-150.6	-40.9	84.7	13.3
	推荐排放总量控制目标	短期（5年内）	2 325（年均减30.2）	96（年均减8.1）	11 522（年均减407）	159（年均减5.6）
		中期（5~10年）	1 976（年均减69.8）	82（年均减2.9）	11 522（持续维持）	159（持续维持）
		长期（10年后）	1 976（长期维持）	82（长期维持）	11 522（长期维持）	159（长期维持）
福田区	现有排放量		2 996.1	99.6	8 781.8	143.5
	背景环境容量		2 813.7	69.7	8 836.9	154.5
	剩余环境容量		-182.4	-29.9	55.1	11.0
	推荐排放总量控制目标	短期（5年内）	2 814（年均减36.4）	70（年均减6.0）	7 511（年均减265）	132（年均减4.7）
		中期（5~10年）	2 392（年均减84.4）	60（年均减2）	7 511（持续维持）	132（持续维持）
		长期（10年后）	2 392（长期维持）	60（长期维持）	7 511（长期维持）	144（长期维持）
罗湖区	现有排放量		2 080.9	73.1	6 589.0	103.8
	背景环境容量		1 954.3	51.2	6 630.4	111.8
	剩余环境容量		-126.6	-21.9	41.4	8.0
	推荐排放总量控制目标	短期（5年内）	1 954（年均减25.4）	51（年均减4.4）	5 636（年均减199）	95（年均减3.4）
		中期（5~10年）	1 661（年均减58.6）	43（年均减1.5）	5 636（持续维持）	95（持续维持）
		长期（10年后）	1 661（长期维持）	43（长期维持）	5 636（长期维持）	95（长期维持）

表 13-4 深圳西部海域入海河流（排污渠）无机氮排放总量控制推荐目标 单位：t/a

无机氮	现有排放量	背景环境容量	剩余环境容量	推荐排放总量控制目标		
				短期（5年内）	中期（5~10年）	长期（10年后）
茅洲河	6 530.8	5 390.4	-1 140.4	5 390（年均减228）	4 851（年均减108）	4 851（长期维持）
德丰围涌	597.9	485.4	-112.5	485（年均减23）	437（年均减9.7）	437（长期维持）
西堤石围涌	646.4	520.8	-125.6	521（年均减25）	469（年均减10）	469（长期维持）
西堤下涌	5 744.3	4 610.8	-1 133.5	4 611（年均减227）	4 150（年均减92）	4 150（长期维持）
沙涌	970.3	754.0	-216.3	754（年均减43）	679（年均减228）	679（长期维持）
和二涌	1 202.2	947.1	-255.1	947（年均减51）	852（年均减19）	852（长期维持）
沙福河	382.7	298.2	-84.5	298（年均减17）	268（年均减6.0）	268（长期维持）
塘尾涌	734.0	549.7	-184.3	550（年均减228）	495（年均减11）	495（长期维持）
和平涌	168.9	65.9	-103.0	66（年均减21）	59（年均减1.3）	59（长期维持）
玻璃围涌	284.1	173.8	-110.3	174（年均减22）	156（年均减3.5）	156（长期维持）
四兴涌	101.5	43.6	-57.9	44（年均减12）	39（年均减0.9）	39（长期维持）
坳颈涌	2 133.7	1 766.2	-367.5	1 766（年均减74）	1 590（年均减36）	1 590（长期维持）
灶下涌	510.3	388.9	-121.4	389（年均减24）	350（年均减7.8）	350（长期维持）
福永河	1 754.1	1 277.1	-477.0	1 277（年均减95）	1 149（年均减26）	1 149（长期维持）
机场外排洪渠	3 370.9	2 788.5	-582.4	2 789（年均减117）	2 510（年均减56）	2 510（长期维持）
新涌	632.7	512.7	-120.0	513（年均减24）	461（年均减11）	461（长期维持）
铁岗水库排洪河	880.6	738.6	-142.0	739（年均减28）	665（年均减15）	665（长期维持）
南昌涌	315.0	261.4	-53.6	261（年均减11）	235（年均减5.2）	235（长期维持）
固戍涌	207.4	165.9	-41.5	166（年均减8.3）	149（年均减3.3）	149（长期维持）
共乐涌	110.9	91.8	-19.1	92（年均减3.8）	83（年均减1.8）	83（长期维持）

续表

无机氮	现有排放量	背景环境容量	剩余环境容量	推荐排放总量控制目标		
				短期（5年内）	中期（5~10年）	长期（10年后）
西乡大道分流渠	16.3	13.6	-2.7	14 （年均减0.5）	12 （年均减0.3）	12 （长期维持）
西乡河	1 484.1	1 254.9	-229.2	1 255 （年均减46）	1 129 （年均减25）	1 129 （长期维持）
新圳河	40.5	30.3	-10.2	30 （年均减2.0）	27 （年均减0.6）	27 （长期维持）
双界河	3 712.8	3 081.9	-630.9	3 082 （年均减126）	2 774 （年均减62）	2 774 （长期维持）
桂庙渠	189.0	158.5	-30.5	159 （年均减6.1）	143 （年均减3.2）	143 （长期维持）
蛇口污水处理厂	229.2	228.8	-0.4	229 （年均减0.1）	195 （年均减6.9）	195 （长期维持）
南海玫瑰园	63.4	58.3	-5.1	58 （年均减1.1）	49 （年均减1.8）	49 （长期维持）
后海河	133.6	117.0	-16.6	117 （年均减3.3）	99 （年均减3.5）	99 （长期维持）
大沙河	58.8	51.5	-7.3	51 （年均减1.6）	43 （年均减1.6）	43 （长期维持）
凤塘河	32.1	29.8	-2.3	30 （年均减0.5）	26 （年均减0.9）	26 （长期维持）
深圳河	5 544.9	5 120.6	-424.3	5 120 （年均减85）	4 352 （年均减154）	4 352 （长期维持）

表13-5 深圳西部海域入海河流（排污渠）磷酸盐排放总量控制推荐目标 单位：t/a

磷酸盐	现有排放量	背景环境容量	剩余环境容量	推荐排放总量控制目标		
				短期（5年内）	中期（5~10年）	长期（10年后）
茅洲河	529.3	434.8	-94.5	435 （年均减19）	391 （年均减8.8）	391 （长期维持）
德丰围涌	37.2	29.5	-7.7	30 （年均减1.5）	27 （年均减0.6）	27 （长期维持）
西堤石围涌	30.1	23	-7.1	23 （年均减1.4）	21 （年均减0.5）	21 （长期维持）
西堤下涌	312.2	245.3	-66.9	245 （年均减14）	221 （年均减4.9）	221 （长期维持）
沙涌	68.2	54.4	-13.8	54 （年均减2.8）	49 （年均减1.1）	49 （长期维持）
和二涌	172.3	142.9	-29.4	143 （年均减5.9）	129 （年均减2.9）	129 （长期维持）
沙福河	12.7	9.5	-3.2	10 （年均减0.6）	8.6 （年均减0.2）	8.6 （长期维持）

续表

磷酸盐	现有排放量	背景环境容量	剩余环境容量	推荐排放总量控制目标		
				短期（5年内）	中期（5~10年）	长期（10年后）
塘尾涌	109.5	90.4	-19.1	90（年均减3.8）	81（年均减1.8）	81（长期维持）
和平涌	4.4	0.8	-3.6	0.8（年均减0.7）	0.7（年均减0.02）	0.7（长期维持）
玻璃围涌	13.3	9	-4.3	9（年均减0.9）	8.0（年均减0.2）	8.0（长期维持）
四兴涌	13.7	10.4	-3.3	10（年均减0.7）	9.0（年均减0.2）	9.0（长期维持）
坳颈涌	135.1	112.9	-22.2	113（年均减4.4）	101（年均减2.3）	101（长期维持）
灶下涌	37.4	30	-7.4	30（年均减1.5）	27（年均减0.6）	27（长期维持）
福永河	253.1	204.9	-48.2	205（年均减9.6）	185（年均减4.1）	185（长期维持）
机场外排洪渠	626.9	530.1	-96.8	530（年均减20）	477（年均减11）	477（长期维持）
新涌	44.0	36.5	-7.5	36（年均减1.5）	33（年均减0.7）	33（长期维持）
铁岗水库排洪河	31.6	20.7	-10.9	20（年均减2.2）	18（年均减0.4）	18（长期维持）
南昌涌	55.3	43.1	-12.2	43（年均减2.4）	39（年均减0.9）	39（长期维持）
固戍涌	15.6	6.9	-8.7	6.9（年均减1.7）	6.2（年均减0.15）	6.2（长期维持）
共乐涌	10.4	6.9	-3.5	6.9（年均减0.7）	6.2（年均减0.15）	6.2（长期维持）
西乡大道分流渠	1.4	0.7	-0.7	0.7（年均减0.1）	0.6（年均减0.01）	0.6（长期维持）
西乡河	87.2	49.5	-37.7	50（年均减7.5）	45（年均减1.0）	45（长期维持）
新圳河	4.3	1.8	-2.5	1.8（年均减0.5）	1.6（年均减0.04）	1.6（长期维持）
双界河	194.6	97.5	-97.1	98（年均减20）	88（年均减2.0）	88（长期维持）
桂庙渠	12.0	7.5	-4.5	7.5（年均减0.9）	6.8（年均减0.2）	6.8（长期维持）
蛇口污水处理厂	15.0	15.1	0.1	15（年均减0）	13（年均减0.3）	13（长期维持）

续表

磷酸盐	现有排放量	背景环境容量	剩余环境容量	推荐排放总量控制目标		
				短期（5年内）	中期（5~10年）	长期（10年后）
南海玫瑰园	3.9	2.9	-1.0	2.9（年均减0.2）	2.5（年均减0.1）	2.5（长期维持）
后海河	5.7	1.7	-4.0	1.7（年均减0.8）	1.4（年均减0.1）	1.4（长期维持）
大沙河	2.0	1.9	-0.1	1.9（年均减0.1）	1.6（年均减0.1）	1.6（长期维持）
凤塘河	1.4	1.1	-0.3	1.1（年均减0.1）	0.9（年均减0.03）	0.9（长期维持）
深圳河	192.2	141.9	-50.3	142（年均减10.1）	121（年均减4.3）	121（长期维持）

表13-6　深圳西部海域入海河流（排污渠）化学需氧量排放总量控制推荐目标　单位：t/a

化学需氧量（COD_{Cr}）	现有排放量	背景环境容量	剩余环境容量	推荐排放总量控制目标		
				短期（5年内）	中期（5~10年）	长期（10年后）
茅洲河	10 458.0	9 387.8	-1 070.2	9 388（年均减214）	8 449（年均减188）	8 449（长期维持）
德丰围涌	1 886.4	1 674.1	-212.3	1 674（年均减43）	1 507（年均减33）	1 507（长期维持）
西堤石围涌	1 644.7	1 486.5	-158.2	1 487（年均减32）	1 338（年均减30）	1 338（长期维持）
西堤下涌	7 916.2	7 639.2	-277.0	7 639（年均减56）	6 875（年均减153）	6 875（长期维持）
沙涌	3 552.9	3 299.6	-253.3	3 300（年均减51）	2 970（年均减66）	2 970（长期维持）
和二涌	4 560.9	4 177.6	-383.3	4 178（年均减77）	3 760（年均减84）	3 760（长期维持）
沙福河	1 164.8	1 100.2	-64.6	1 100（年均减13）	990（年均减22）	990（长期维持）
塘尾涌	4 242.0	3 939.6	-302.4	3 940（年均减61）	3 546（年均减79）	3 546（长期维持）
和平涌	3 832.2	3 607.3	-224.9	3 607（年均减45）	3 247（年均减72）	3 247（长期维持）
玻璃围涌	4 599.4	4 222.9	-376.5	4 223（年均减76）	3 801（年均减85）	3 801（长期维持）
四兴涌	3 883.9	3 500.2	-383.7	3 500（年均减77）	3 150（年均减70）	3 150（长期维持）
坳颈涌	6 571.5	5 799.1	-772.4	5 799（年均减155）	5 219（年均减116）	5 219（长期维持）

续表

化学需氧量 (COD_{Cr})	现有排放量	背景环境容量	剩余环境容量	推荐排放总量控制目标		
				短期（5年内）	中期（5~10年）	长期（10年后）
灶下涌	4 253.4	3 817.8	-435.6	3 818（年均减87）	3 436（年均减75）	3 436（长期维持）
福永河	30 177.8	26 593.9	-3 583.9	26 954（年均减717）	23 935（年均减532）	23 935（长期维持）
机场外排洪渠	7 400.0	6 796.4	-603.6	6 796（年均减121）	6 117（年均减136）	6 117（长期维持）
新涌	3 392.9	3 049.7	-343.2	3 050（年均减69）	2 745（年均减61）	2 745（长期维持）
铁岗水库排洪河	3 677.6	3 248.0	-429.6	3 248（年均减86）	2 923（年均减65）	2 923（长期维持）
南昌涌	2 023.9	1 798.1	-225.8	1 798（年均减45）	1 618（年均减36）	1 618（长期维持）
固戍涌	1 216.9	1 162.0	-54.9	1 162（年均减11）	1 046（年均减23）	1 046（长期维持）
共乐涌	946.8	840.7	-106.1	841（年均减212）	757（年均减17）	757（长期维持）
西乡大道分流渠	152.8	136.9	-15.9	137（年均减3.5）	123（年均减2.8）	123（长期维持）
西乡河	4 437.8	3 849.3	-588.5	3 849（年均减118）	3 464（年均减77）	3 464（长期维持）
新圳河	638.4	559.5	-78.9	560（年均减16）	504（年均减11）	504（长期维持）
双界河	23 482.5	20 302.6	-3 179.9	20 303（年均减636）	18 272（年均减406）	18 272（长期维持）
桂庙渠	1 736.4	1 486.4	-250.0	1 486（年均减50）	1 338（年均减30）	1 338（长期维持）
蛇口污水处理厂	954.4	1011.1	56.7	859（年均减30.5）	859（持续维持）	859（长期维持）
南海玫瑰园	370.9	466.3	95.4	371（维持现状）	371（持续维持）	371（长期维持）
后海河	1 254.2	1 243.2	-11.0	1 243（年均减2.2）	1 057（年均减37）	1 057（长期维持）
大沙河	218.5	207.7	-10.8	208（年均减2.1）	177（年均减6.2）	177（长期维持）
凤塘河	101.9	93.8	-8.1	94（年均减1.6）	80（年均减2.8）	80（长期维持）
深圳河	13 840.7	13 676.2	-164.5	13 676（年均减32.9）	11 625（年均减410）	11 625（长期维持）

表 13-7　深圳西部海域入海河流（排污渠）石油类排放总量控制推荐目标　　单位：t/a

石油类物质	现有排放量	背景环境容量	剩余环境容量	推荐排放总量控制目标		
				短期（5年内）	中期（5~10年）	长期（10年后）
茅洲河	114.2	192.5	78.3	114（维持现状）	114（维持现状）	114（长期维持）
德丰围涌	9.4	21.4	12.0	9.4（维持现状）	9.4（维持现状）	9.4（长期维持）
西堤石围涌	9.6	25.0	15.4	9.6（维持现状）	9.6（维持现状）	9.6（长期维持）
西堤下涌	155.2	297.0	141.8	155（维持现状）	155（维持现状）	155（长期维持）
沙涌	54.2	95.8	41.6	54（年均减51）	54（维持现状）	54（长期维持）
和二涌	18	68.9	50.9	18（维持现状）	18（维持现状）	18（长期维持）
沙福河	14	31.7	17.7	14（维持现状）	14（维持现状）	14（长期维持）
塘尾涌	115.1	159.3	44.2	115（维持现状）	115（维持现状）	115（长期维持）
和平涌	10.7	73.4	62.7	11（维持现状）	11（维持现状）	11（长期维持）
玻璃围涌	156.5	191.9	35.4	157（维持现状）	157（维持现状）	157（长期维持）
四兴涌	9.5	46.5	37.0	9.5（维持现状）	9.5（维持现状）	9.5（长期维持）
坳颈涌	134.8	157.4	22.6	135（维持现状）	135（维持现状）	135（长期维持）
灶下涌	27.7	64.3	36.6	28（维持现状）	28（维持现状）	28（长期维持）
福永河	524.5	637.1	112.6	525（维持现状）	525（维持现状）	525（长期维持）
机场外排洪渠	181.4	257.0	75.6	181（维持现状）	181（维持现状）	181（长期维持）
新涌	37.8	65.8	28.0	38（维持现状）	38（维持现状）	38（长期维持）
铁岗水库排洪河	46.1	65.8	19.7	46（维持现状）	46（维持现状）	46（长期维持）
南昌涌	105.7	106.8	1.1	96（年均减1.94）	91（持续维持）	91（长期维持）
固戍涌	5.8	32.8	27.0	5.8（维持现状）	5.8（维持现状）	5.8（长期维持）

续表

石油类物质	现有排放量	背景环境容量	剩余环境容量	推荐排放总量控制目标		
				短期（5年内）	中期（5~10年）	长期（10年后）
共乐涌	70.8	68.0	-2.8	61 （年均减1.96）	58 （持续维持）	58 （长期维持）
西乡大道分流渠	0.2	1.6	1.4	0.2 （维持现状）	0.2 （维持现状）	0.2 （长期维持）
西乡河	23.6	39.8	16.2	24 （维持现状）	24 （维持现状）	24 （长期维持）
新圳河	25.6	24.7	-0.9	22 （年均减0.72）	21 （持续维持）	21 （长期维持）
双界河	207	229.1	22.1	195 （年均减2.40）	195 （持续维持）	195 （长期维持）
桂庙渠	12.7	12.6	-0.1	11 （年均减0.34）	11 （持续维持）	11 （长期维持）
蛇口污水处理厂	9.1	10.6	1.5	9.0 （年均减0.02）	9.0 （持续维持）	9.0 （长期维持）
南海玫瑰园	5.7	6.4	0.7	5.4 （年均减0.06）	5.4 （持续维持）	5.4 （长期维持）
后海河	6.2	6.0	-0.2	6.0 （年均减0.04）	5.1 （年均减0.18）	5.1 （长期维持）
大沙河	8.5	8.3	-0.2	8.3 （年均减0.04）	7.1 （年均减0.25）	7.1 （长期维持）
凤塘河	3.6	3.5	-0.1	3.5 （年均减0.02）	3.0 （年均减0.1）	3.0 （长期维持）
深圳河	301.6	298.5	-3.1	298 （年均减0.72）	253 （年均减9.0）	253 （长期维持）

13.1.3.2 陆域入海污染物排放总量控制目标可达性分析

根据表13-3推荐的控制目标可知，深圳市各行政区面临的污染减排压力各不相同。宝安区面临的减排压力主要来自无机氮和磷酸盐，其中无机氮在短期（5年内）要减排至其背景环境容量值，则年均需减排260 t，而要达到15%的安全保证额，中期（5~10年），每年需减排674 t。COD的现有排放量尽管小于背景环境容量，但为了达到具有15%的安全保证额，短期（5年内）年均还需削减1 808 t。鉴于宝安区陆域污染物排海量基数大，污水收集管网及处理设施还不完善，因此，在不断落实截污减排、雨污分离等污染防治措施，严格项目污水排放管理，并杜绝偷排事件，实现预定给宝安区的减排目标具有较大的可能。光明新区的污染来源主要是生活污水及畜牧养殖废水，并通过宝安区各河流最终汇入海洋。光明新区排放的污染物类型相对单一，排放量占比较小，需减排的总量也较少。因此，通过采取截污减排、雨污分离等污染防治措施，其预定的减排目标完全能够实现。

南山区、福田区及罗湖区三区的污染主要来自生活污水，工业废水较少，该三区主要的减排指标为无机氮和磷酸盐。由于该三区的无机氮和磷酸盐现有排放量不大，年均减排的绝对量也相对较小，其中无机氮短期（5年内）年均减排在25.4～36.4 t之间，因此，南山区、福田区及罗湖区三区的预定减排目标容易实现。

为细化管理，具体到每条河流或排污渠入海的污染物（主要为无机氮、磷酸盐、COD_{Cr}及石油类）排放总量控制推荐目标如表13-4至表13-7结果所示。所有31条入海河流无机氮均无剩余容量，均需要削减排放量，总体需削减7 647.7 t/a，削减率为19.7%；年均削减压力较大的河流为茅洲河、西堤下涌、塘尾涌等，短期（5年内）年均削减需超过200 t才能达到预定目标，这些河流要达到预定的控制目标具有较大的难度；其他河流无机氮年均削减量较小，其预定控制目标容易实现。与无机氮一样，珠江口深圳海域已无磷酸盐的剩余容量，总体需要削减692.5 t/a，削减率为22.8%；年均削减量较大的河流有茅洲河、西堤下涌、深圳河等，要达到预定的控制目标，短期内（5年内）该三条河流磷酸盐的削减量均超过10 t，具有一定的削减难度；其他河流磷酸盐年均削减量较小，其预定控制目标容易实现。

所有31条入海河流中，除蛇口污水处理厂和南海玫瑰园排污口外，其他入海河流COD无剩余容量，均需减排。为达到预定的控制目标，短期内（5年内）年均减排量较大的河流有福永河、双界河、茅洲河、共乐涌等，年均需减排均超过200 t，这几条河流的COD减排具有一定的压力；其他河COD年均削减量较小，其预定控制目标容易实现。福永河、深圳河、双界河、茅洲河在中期（5～10年）的减排压力仍然比较大。31条入海河流中的22条河流石油类还有剩余容量，其中福永河的剩余容量最多，剩余112.6 t/a，占排放量的21.5%。深圳湾流域入海河流石油类污染物均无剩余容量，需减排，减排率为0.6%～17.8%，但年均减排量不大，预定的控制目标容易实现。

13.2 明确管控责任主体及其管控内容，严格总量考核

在深圳西部海域海洋环境管理目标确定后，必须明确为完成其“一控双达标”管控目标的各责任方，制订可行的控制计划，并贯彻执行。根据深圳西部海域及沿岸陆域的行政管辖范围，建议落实本报告所提出的“一控双达标”海洋环境管控目标的责任主体划分如表13-8所示。

表13-8 实施“一控双达标”管控目标的责任主体划分一览表

序号	责任主体	主要责任内容
1	深圳市海洋局	“一控双达标”管控目标的确定与分配； 海洋工程项目的污染排放达标管控
2	深圳市水务局	河流/排污渠污染排放达标管控； 生活污水污染排放达标管控
3	深圳市人居环境委员会	海岸工程项目污染排放达标管控； 陆域工程项目污染排放达标管控
4	深圳市各区政府	管辖行政区内的污染排放达标管控
5	深圳海事局	海上船舶污染排放达标管控

根据表13-8所划分的责任主体，为有效推动总量控制工作，各责任主体应尽快做好相应总量控制计划分解工作，将总量指标分解到各区，最后落实到具体污染源。同时，由于削减污染物排放量是确保完成“一控双达标”海洋环境质量管控目标的关键，各责任主体应尽快制订削减计划，加紧落实各项削减措施并启动相关治理工程。

为保证深圳西部海域污染总量控制目标的实现，深圳市还需将污染物排放总量控制作为环境目标管理责任制的一项主要考核内容。全市及各区政府及相关的行业部门与市长签订的年度环保目标责任书中需将相关的污染排放总量控制指标纳入其中，作为年度达标考核工作的重要组成部分。

13.3 海陆统筹，多途径控制污染物排放

13.3.1 加大深圳城区环境综合整治力度

由于影响深圳西部海域环境质量的主要污染源来自城市居民生活污水源及城市径流面源，因此，为全面实现全市的污染物总量控制目标，须不断加大城市环境综合整治力度，严格控制居民生活和城市无组织污染源的污染物排放总量。现阶段可大力推进的整治措施如下。

（1）加快污水处理厂的新建和扩建，提升污水处理能力。由于目前全市污水处理能力不足（尤其是宝安区和光明新区），导致深圳西部海域总量控制目标的污水减排任务艰巨。因此，加快污水处理厂的新建和扩建及其他配套设施的建设（如泵站建设），可以在较短时间期内减少外排污染物的浓度和排放量，是实现深圳西部海域污染物总量控制的最有效的途径。

（2）加快全市陆域雨污分流管网的规划和建设。面源是深圳西部海域，特别是深圳湾的主要污染贡献之一（通过深圳河流域），因此通过陆域雨污分流管网的建设，可以防止无组织的污染物随雨水汇入河流，大大减少城市地表径流污染物的排放量，特别是降雨初期的无组织污染物排放量。因此，陆域实施雨污分流，是削减深圳湾周围陆域污染物排放量的关键之一。

13.3.2 对全市已有企业污染源限期达标治理，促进产业结构调整

（1）推进全市已有企业污染源开展限期达标综合治理。对深圳全市已有企业，尤其是深圳西部沿岸、沿河企业，开展企业排污达标状况排查，对污染排放不达标的企业，由环保部门责令其限期开展治污减排工作。被限期治理的排污企业，应在规定的期限内完成相关治污减排工作，同时向环保部门申报登记污染物排放和减排情况。

（2）对通过治理不能达标排放的企业实行关停治理。对已采取规定的污染防治措施后仍不能按期达标排放的企业实行关停治理。对生产工艺特殊不能实施完全停产治理的超标排污企业，必须要求相关企业书面说明暂时不能停产治理的原因、采取的临时减排措施和达标排放时限，经核实批准后，将有关信息向社会公布，接受公众监督。

（3）对污染严重、治理困难的产业实施产业结构调整。对已停产治理后仍不能做到达标排放的企业坚决关停退园。若整个园区出现多个类似企业做不到达标排放，建议园区关停该类产业或整体外迁，并对园区的产业结构进行升级调整。

13.3.3 对新建、改扩建项目的审批严把总量关

为实现全市的污染排放总量控制目标，对新建、改扩建项目不仅要达到国家和地方规定的污染物排放标准，在实行深圳西部海域和陆源还须执行污染物排放总量控制。对新建项目进行审批时，除对不符合产业政策、重复建设、污染严重、选址不当的申报项目依法否决外，还要对超过项目所在行政区设定的污染排放总量控制目标的新建项目进行否决；在剩余环境容量较大的行政区，应以其管辖区域内污染物排放总量控制指标为依据，对同意建设的新建项目提出总量控制要求，对同意建设的改扩建项目也要求其通过采用清洁生产、以新带老、改造老污染源和区域削减等方式，实现“以新带老、总量减少”。

在对新建、改扩建项目生产工艺进行评估时，要积极推行清洁生产工艺，实现污染全过程控制，减少生产过程中的污染物排放量；在对工艺设备选型评估时，要看其是否为目前国内外最先进的工艺设备，污染物排放总量是否达到最小化，以从根本上减少污染物排放总量。

13.3.4　严格实施排污申报登记与排污许可证制度

实施排污申报登记与排污许可证制度作为总量控制的一项重要措施，在国内其他省市经常使用，并取得不错的管控效果。通过开展排污申报登记，可及时掌握深圳全市污染物排放动态；通过对陆域工业污染源和饮食、服务业颁发水污染物排污许可证并加强管理，可对全市陆域水污染物外排总量得到有效控制。

13.3.5　积极运用经济手段削减污染物排放总量

为保证污染治理设施最大限度地发挥作用，必须不断加强全市污染治理设施的现场监督检查，对未经批准擅自闲置设施的排污单位依法予以重罚。与此同时，参照2014年9月1日国家发展改革委、财政部和环境保护部发布了《关于调整排污费征收标准等有关问题的通知》的精神，依法全面实施污染物排放总量收费，以排污许可证核准的总量作为收费依据，有效制约过高申请排放总量的不良现象。对超过排污许可证许可的排污总量，应实行加倍收费，或者实行高额的惩罚性罚款。

13.4　海陆联动，多措施确保总量控制目标的实现

13.4.1　明确各行政区管控重点，制定差异化管控措施

由于深圳西部海域隶属深圳市多个行政区，入海河流/排污渠排放的污染物种类及其排放量差异明显，且超标的污染物种类和超标程度差异较大。因此，在制定管控目标和管控措施时各区须明确管控重点，有效管控。

1）宝安区和光明新区侧重于生活污水和工业污水排放的管控

尽管宝安区和光明新区污染物的削减率相对较小，对应地入海河流和临海海域污染物的削减率也小，但由于污染物排放量基数大，削减量也大。例如，宝安区 COD_{Cr}、无机氮和磷酸盐的削减量分别为9 049.1 t/a、4 566.8 t/a和405.9 t/a，其中管辖的分区海域（Ⅴ区）中 COD_{Cr}、无机氮和磷酸盐的削减量分别为8 498.2 t/a、4 489.5 t/a和330.8 t/a；在入海河流中，福永河（编号：P14）的 COD_{Cr} 的削减量达3 583.9 t/a，双界河（编号：P24）的磷酸盐削减量为97.1 t/a。由于宝安区生活源和工业源污水排放量大，目前宝安区和光明新区污水处理厂的规模为 81.5×10^4 t/d，而污水排放量约 100×10^4 t/d，因此2014年宝安区污水处理率仅有80%。根据入海河流的水质调查和陆源污染负荷计算结果，在宝安区海域的入海河流水质较差，不达标排放和偷排情况严重，特别是河涌和排洪渠的偷排现象严重。

因此，宝安区和光明新区的总量控制一方面要加强污水处理厂的新扩建，根据相关规划，茅洲河流域和珠江口流域污水处理厂的规模2030年才能达到 237×10^4 t/d，因此宝安区和光明新区目前的削减任务还比较重；另一方面要加强监管，严格监管重点企业，以及不达标排放和偷排的情况。

2）南山区、福田区和罗湖区侧重于生活污水及地表径流等污染排放的管控

南山区、福田区和罗湖区陆域行政区污染物的削减率较高，但削减量较小。如南山区 COD_{Cr} 和磷酸盐的削减率达23.1%和46.0%，是5个研究区块中最高的，对应的入海河流和海域的削减率也较高，如Ⅰ区（深圳湾跨海大桥以里海域）COD_{Cr}、无机氮和磷酸盐的削减率分别为19.4%、22.8%和41.0%；深圳河 COD_{Cr}、无机氮和磷酸盐的削减率分别为19.6%、22.7%和78.5%。

在南山区、福田区和罗湖区，市管企业大部分已有效纳管，但生活污水目前还不能达到100%的有效处理，而生活源是目前深圳市主要的排放源。虽然这些区域污水处理厂已具有一定规模，但还需要进一步的优化，如福田区目前还没有污水处理厂，其污水由南山污水处理厂和滨海污水处理

厂共同处理，不仅增加了南山区和罗湖区的污水处理压力和尾水排放，还会导致管网建设不完善所带来的雨水溢流、污水收集困难等问题，从而增加污染物的排放量。

与其他研究相同，在点源得到有效控制后，非点源，特别是城市地表径流的污染贡献将不断增加，根据本报告第 8 章陆源污染负荷计算，南山区、福田区和罗湖区面源的贡献都较大，甚至达到 50%以上，但目前深圳市还不能有效控制城市地表径流所带来的污染物。

综上分析，南山区、福田区和罗湖区要实现 COD_{Cr}、无机氮和磷酸盐的削减任务，要从两个方面着手。一方面，需加强污水处理厂的建设和现有污水处理厂的优化。根据深圳市相关规划，福田污水处理厂正在筹建中，处理规划为 60×10^4 t/d，可以有效缓减南山污水处理厂的压力，提高福田区的污水处理率。福田区临海为红树林保护区，海域水质环境质量要求高，容量相对较小，因此福田区无机氮的削减率达 33. 1%，福田污水处理厂的建成能有效控制该区污染物的入海通量。另一方面，城市地表径流，特别是降雨初期的雨水收集和处理工作是有效减少面源污染物排海通量的重要途径，因此深圳市要加强雨污分离的规划和建设，加快雨水和污水收集管网、泵站等相关配套设施的建设，以期有效控制面源污染。

13. 4. 2 加强市管河流/排污渠全流域的污染防治，确保各河流/排污渠达到设定的污染排放管理目标

深圳西部海域的主要污染来自陆域，陆源点源污染和面源污染入海的途径基本通过汇入河流或排污渠的方式最终排向海洋。通过 2014 年入海河流污染物的排海通量和污染负荷的计算，深圳西部海域 33 条入海河流水质较差，主要污染物为氨氮、总氮和总磷、COD_{Cr}及阴离子洗涤剂等，这些污染物在几乎所有的河流水体中均处于超标排放，其中在所监测的 12 个指标中，2014 年氨氮、总磷和总氮的污染负荷分别高达 17 004. 7 t、10 508. 8 t、22 791. 9 t。这些陆源污染物长期超量排海是深圳西部海域海洋环境质量长期得不到有效改善的主要原因。因此，必须加强市管河流/排污渠全流域的污染防治，以确保各河流/排污渠达到预设污染排放管理目标的实现。

13. 4. 3 加强区域合作，促进跨界河流的污染排放达标管控

深圳市涉及跨界的河流有与东莞市交界的茅洲河和香港特区交界的深圳河，同时，珠江口深圳市管辖海域还与东莞、广州、中山、珠海及香港特区等地市管辖海域直接相连。2014 年核算结果显示，在所监测的 12 个环境指标中，茅洲河和深圳河的等标污染负荷比分别为 14. 1%和 10. 5%；在所统计的 31 条河流中，茅洲河及时按 58. 8%核算，其无机氮、磷酸盐、COD_{Cr}和石油类等排放量占总排放通量的比例分别高达 16. 7%、17. 5%、6. 8%及 4. 7%，深圳河（按 80%核算）则分别为 14. 3%、6. 3%、9. 0%和 12. 5%。可见，茅洲河、深圳河的入海污染物浓度高，排放量大，对入海口区的海洋环境质量影响很大。

由第 5 章分析结果可知，受上游广州、东莞等地区污染排放的影响，由上游长期汇入的污染物是恶化珠江口深圳海域水质的主要因素，因此，必须加强整个珠江流域污染的联防联控。

对跨界河流的治理，可考虑以下区域合作措施。

（1）加强区域合作，成立区域协作平台。由于跨境治理难度很大，夸流域河流污染治理的成功需要整个流域利益相关方的精诚合作，区域协作平台建立有利于协调流域内各地市统一总量控制政策和措施，有利于同步总量控制计划，有利于统筹规划利用区域各类资源及相关信息的交流和共享。因此，加强区域合作、成立区域协作平台，是解决跨流域污染治理的最好办法。

（2）在区域合作平台的基础上，各利益相关方共同协商污染排放总量的控制目标、控制计划、控制措施及相关考核目标等。

（3）强化环境信息公开，提高公众的环境意识。环境治理需要对污染状况进行精确的定量分析，明确责任需要准确的环境影响评价。公众希望与政府和企业分享准确的环境信息，政府也有必

要利用越来越严重的环境问题对公众进行环境宣传教育，以唤起公众的环境意识，倡导公众积极参与环保活动。

（4）流域的环境治理与该流域陆域生态环境建设同步进行。陆域生态环境的修复和改善，是减轻流域污染的有效补充措施。通过流域周边陆域生态治理和修复，可有效防止水土流失，减少陆域无组织污染汇入相关河流，也最终减少污染物通过跨界河流汇入海洋的总量。

13.4.4　加快“扩容提质”防治工程的实施，改善污染严重海域的海洋环境质量

目前，大铲湾、深圳湾湾内淤积相对严重，在退潮时均有大量的浅滩外露，其中深圳湾湾内浅滩分布主要集中在跨海大桥以里、大沙河与深圳河之间，大铲湾除狭窄航道外，包括湾口区的大部分海床在退潮时外露。因此，可以根据深圳湾、大铲湾现有水动力条件和淤积分布特征，对两湾湾内淤积区及污染严重的沉积物实施清淤工程，扩大海湾的环境容量，改善海水水质。其中前海实验区管辖的、位于广深沿江高速以里的海域于2014年完成了首期清淤工程，清淤后海域海水质量有较大程度的改善。因此，建议加快深圳湾湾内和大铲湾其他海域的清淤疏浚工程，快速改善深圳湾湾内和大铲湾等海洋环境质量。

13.4.5　开展岸滩生态环境综合整治，改善近岸海域环境质量

海洋与陆地交接的岸滩地带，是陆源污染的最大受纳体，历来都是污染最严重的区域，同时，岸滩地带又是城市居民亲近海洋、接触海洋、感受海洋的前沿地带。因此，开展岸滩污染整治、美化岸滩生态环境等历来是城市生态文明建设的主要内容之一，也是改善沿岸海域环境质量的重要措施。目前，深圳西部沿岸污染严重，海洋环境质量较差，生态系统退化严重，入海河口/排污渠临近海域的生态环境质量尤其堪忧，迫切需要开展岸滩的污染整治，改善深圳西部沿岸的海洋环境质量。

13.4.6　加强海域污染排放的监管，杜绝用海项目污染海洋环境

尽管珠江口深圳海域海上面源的污染通量占比较小，但船舶出入、船舶修造及海砂开采等用海活动仍然在局部海域导致石油类、悬浮泥沙和营养盐等物质含量的异常增大。因此，必须加强用海项目污染排放的监管，切实做到达标减量排放；对深圳湾蛇口至赤湾港海域，侧重加强石油类排放的管控，对珠江口深圳开阔海域需严控海砂开采规模；此外，还需严格新用海项目的审批，对无环境容量的区域，禁止该海域上马排放管控污染物的用海项目。

13.5　加强基础工作，提高总量控制支持能力

1）加强环境监测和监视工作

通过强化海上、入海口混合区及陆域河流/排污渠的环境监测和监视工作，可以及时了解和掌握监测区海洋环境质量现状及其改善情况，污染物排放状况及污染排放达标状况、现阶段主要污染物种类及其演变等，为下一步制定污染总量控制计划及开展相关污染防治工作提供基础数据。

强化环境监测监视工作，一方面是加大监测频次，由于污染源的年监测频率通常只有一到两次，以如此低的监测频率来核算全年的排污总量其合理性和科学性有所欠缺，因此必须切实加强监督性监测频次；另一方面，环境监控能力和水平的高低直接关系到污染物排放总量控制管理的成效性，因此必须加快污染物排放在线监控设施的建设步伐。

2）加强环境统计，获得准确总量基数

基于可靠性、可比性和法律权威性的环境统计数据，可以获得较为准确的污染排放总量基数，为制定下一步总量控制计划和控制措施打下基础。由于环境统计工作涉及面广，工作量大，技术性强，为力保统计数据的可靠、准确，必须切实加强对环境统计工作的领导并加强统计力量尤其是基层统计力量。

3）加大环境管理政策科研力度

开展环境统计和排污申报登记数据相关性和统一性研究；建立全市总量控制基础数据库，提供持久有效的技术支持；研究重点海湾（深圳湾、大铲湾）、重点流域（深圳河、福永河、茅洲河等）、区域宏观总量控制政策；开发容量总量控制软件，规范目标总量控制技术方法；开展经济补偿、排污交易政策的研究，优化资源配置，调动企业治理污染的积极性。

4）加强海域与陆域环境质量相连接的基础科研工作

海域与陆域衔接区是陆地系统和海洋系统相互耦合的复合地带，陆海协调良好的生态环境是海陆经济健康快速发展的基础。由于直接受纳大量的陆排放污染物，与陆域直接相连的衔接区是污染最严重海域，为有效地改善衔接区的环境质量，加强海域与陆域环境质量相连接的基础科研工作，是改善近岸海域环境质量的迫切需求。

陆域与海域开发中环境质量相衔接，要求将沿海污染的末端治理转变为以陆域为重点的全过程治理，将陆源污染与海域环境质量的考量有机统一；同时，要加强衔接区自净能力和资源承载力的调查研究，为控制陆域排海污染物总量及海洋管理提供科学依据。

5）加强陆域污染科学排海方式的研究

在控制陆域排污总量的同时，还要提倡科学的排放方式。海水具有的巨大动能、化学能和生物能，能够加快大部分污染物的降解。但必须是科学合理地利用这一自净能力，必须遵循海水自净的规律。在深圳西部海域内的海流活跃区（如深圳湾湾口）与滞缓区（深圳湾湾顶），污染物的净化能力有较大差别。在海流活跃区可以很快地使污染物降解、稀释，并带出外海；但在深圳湾湾内、大铲湾等海流滞缓区，海水流动缓慢，且可能形成局部涡流，污染物难以扩散出去，污染物流出外海的速度可相差几十倍、几百倍或更多。深圳湾湾内及大铲湾海域的自净能力已很有限，对岸边排放方式应当加以限制。在条件许可下，可适当考虑将直接汇入深圳湾湾内及大铲湾内污染物采取离岸深海排放方式，减轻深圳湾湾内及大铲湾内严重污染的态势。

6）加强涉及海洋环境的相关区划和规划研究

大力开展关于污染防治、清洁生产、污水管网、生态红线等改善生态环境质量的相关规划研究，以规划的手段从顶层设计、源头控制、区域管控等方式，达到减排污染物总量、改善生态环境质量的目的。尽快完成《深圳市海洋功能区划》修编工作，启动《深圳市近岸海域环境功能区划》的修编，尽快对深圳市近岸海域实施环境功能分区管理，防止个别海域和岸线的盲目开发利用、无节制地占用海洋资源和污染海洋环境。

第14章 结 语

14.1 深圳西部海域海洋环境压力

14.1.1 深圳西部海域海洋环境主要问题

根据本研究对深圳西部海域现状调查和已有资料集成结果显示，深圳西部海域海洋环境面临的主要环境压力如下所述。

1）深圳西部海域环境质量总体较差，已有污染防治措施对水质的改善效果有限

（1）深圳西部海域水体长期受到营养盐的严重污染，水体富营养化严重。

（2）相比于珠江口深圳海域，深圳湾和大铲湾水体污染更严重，而深圳湾和大铲湾等湾内区的污染尤为严重。

（3）从沿岸至离岸开阔海域，深圳西部海域水体和沉积物中各监测指标含量总体呈逐渐降低的变化规律。

（4）珠江口深圳海域上游边界区各监测指标污染程度显著高于下游边界区的污染，西侧边界区外来污染贡献不显著。

（5）深圳湾中部海域石油类物质含量比周边其他海域的含量高。

（6）在丰水期小潮期间，深圳西部海域各监测指标的含量均比其他水期含量要高，由此引起的污染更为严重。

2）陆源排放污染物入海通量减排有限，入海口附近环境质量非常差

（1）深圳西部海域33条入海河流水质较差，主要污染物为氨氮、TP和TN，污染严重的河流主要为茅洲河河口和宝安区入海河流，在所监测的12个指标中，2014年氨氮、TP和TN的污染负荷分别为17 004.7 t、10 508.8 t、22 791.9 t。

（2）深圳西部海域近岸陆源污染入海口附近海域水体和沉积物环境质量最差，污染最为严重；陆源污染入海后呈现显著的衰减态势。

（3）深圳西部海域污染特征体现为居民生活排放占主体、工业污染贡献相对较小的特点，但在茅洲河和宝安区海域工业污染存在不达标排放情况。

3）海湾水动力条件有限，自净能力较弱，剩余环境容量有限

（1）深圳湾整体流向基本呈东北—西南走向，流速在湾顶浅水区较小，在水深较深的航道流速相对较大；余流流速水平分布基本呈现从湾口向湾顶递减态势，余流流向均指向湾口，表明物质运输朝湾口进行，总体上有利于污染物的稀释。

在现有的排污布局和排污量下，深圳湾跨海大桥以内海域（Ⅰ区）COD、石油类、无机氮、磷酸盐、总氮和总磷的背景环境容量分别为13 977.7 t、310.3 t、5 201.9 t、144.9 t、5 466.4 t和528.2 t，这6个污染物均无剩余环境容量；深圳湾跨海大桥以外海域（Ⅱ区块）COD、石油类、无机氮、磷酸盐、总氮和总磷的背景环境容量分别为2 720.4 t、23.0 t、404.1 t、19.7 t、418.6 t和25.3 t，COD、石油类的剩余环境容量分别为141.1 t和2.0 t，无机氮、磷酸盐、总氮和总磷均无剩余环境容量。

（2）大铲湾流速水平分布特征呈现为湾内站位流速小，湾外航道站位流速大；湾内潮流整体流向受地形约束显著，基本呈东北—西南走向；余流流速水平分布基本呈现从湾内向湾外递增态势，余流流向指向湾顶，不利于污染物的稀释。

在现有的排污布局和排污量下，大铲湾海域（Ⅲ区块）COD、石油类、无机氮、磷酸盐、总氮和总磷的允许排放总量分别为30 820.8 t、360.4 t、5 324.4 t、183.9 t、5 596.1 t和320.9 t，COD和石油类的剩余环境容量分别为525.7 t和91.5 t，无机氮、磷酸盐、总氮和总磷无剩余环境容量。

（3）珠江口深圳海域流速的垂向分布基本上呈现为从表层向底层递减态势，水平分布特征呈现为浅滩站位流速小，深槽及周边站位流速大；潮流整体流向基本呈西北—东南走向，与水道地形基本一致；余流流速水平分布基本呈现从虎门向伶仃洋递减态势，余流流向指向伶仃洋，有利于污染物的稀释。

在现有的排污布局和排污量下，珠江口深圳海域（Ⅳ区与Ⅴ区合计）COD、石油类、无机氮和磷酸盐的背景环境容量分别为114 444.4 t、3 129.4 t、25 699.3 t和2 403.0 t；COD和石油类的剩余环境容量分别为6 889.4 t和1 328.2 t，无机氮和磷酸盐无剩余环境容量。其中，宝安区块COD和石油类的剩余环境容量分别为5 662.8 t和1 072.8 t，南山区块COD和石油类的剩余环境容量分别为1 226.6 t和255.4 t。

4）深圳西部海域海洋生物面临种类减少、群落结构单一、多样性指数较低的生态环境恶化态势

深圳西部海域浮游植物和浮游动物的多样性呈一般至较差水平，大型底栖生物属一般水平或较差水平，其中深圳湾和大铲湾在靠近陆源污染入海口附近有不少站位未发现任何大型底栖生物。

14.1.2 引起深圳西部海域海洋环境污染的主要原因

（1）深圳西部沿岸主要入海污染物是氨氮、总氮、总磷、COD_{Cr}、BOD_5、LAS（阴离子表面活性剂），它们的入海浓度均劣于五类地表水水质标准，这些陆源污染物长期超量排海是深圳西部海域海洋环境质量长期得不到有效改善的主要原因。

（2）由于海湾的半封闭性特点，从湾口至湾内的水动力条件逐渐减弱，水体交换能力也逐渐变差，排入海湾的污染物经历稀释、扩散、降解、转化的过程较为缓慢，导致越是靠近湾内的海域环境污染越严重，这即为深圳湾和大铲湾海洋环境质量显著差于珠江口深圳海域环境质量的主要原因。

（3）受上游广州、东莞等地区污染排放的影响，由上游汇入珠江口深圳海域的污染贡献远大于珠江口深圳海域西侧边界区的污染汇入贡献，也大于深圳西部沿岸污染汇入的影响，因此，上游无机磷、无机氮等污染物的长期持续超标输入，是导致珠江口深圳海域上游边界区环境质量显著劣于下游边界区的环境质量的主要原因。

（4）受深圳湾蛇口客运码头、蛇口太子湾港码头以及蛇口港集装箱码头等码头大量船舶停靠和往来的影响，该区域石油类物质含量比周边其他区域高，其污染程度更严重。

（5）由于受丰水期雨水对陆源面源污染物冲刷、溶解等的影响，雨季汇入海域的陆源污染物总量更多；同时，由于小潮期进入河口和海湾的外来洁净海水量更少，就会导致整个海域污染更严重。因此，深圳西部海域水体的环境质量在丰水期小潮期比其他水期更差。

14.2 定位准确的海洋功能区划是深圳西部海域海洋环境容量计算的核心

海洋环境容量的大小不仅取决于目标海域的自然客观属性，而且同时取决于人为的主观属性。自然客观属性是指特定海域所具有环境性质和条件，如海域环境空间的大小、位置、形态（如海

湾、河口）等地理条件，潮流、温度、盐度等水文条件，物理、化学、生物等迁移—转化过程，以及污染物的物理化学性质等。人为主观属性一般指人们为维持目标海域特定环境功能，所确定的应该达到的环境质量标准，一般是由海洋环境管理部门确定。因此，在计算环境容量时必须同时考虑海域自然客观属性和人为主观属性，前者集中体现在污染物在目标海域环境中的自净过程，后者反映了海洋管理部门海洋环境管理目标，并在海洋功能区划中得到具体体现。

在本项目对深圳西部海域各污染物的环境容量核算中，其中的环境管理目标——海水水质类别的选取主要是根据《广东省海洋功能区划》（2013 年）对深圳西部海域各功能区的环境管理要求来确定。由于《广东省海洋功能区划》（2013 年）对各海洋功能区的划分较宏观，对各功能区侧重于对区域环境提出总体管理要求，而更细化的《深圳市海洋功能区划》（2004 年）在深圳市管辖海域已实施了 11 年，有些海洋功能区所在海域实际环境状况已发生了很大的变化，已不能真实反映当前深圳市对该海域的环境管理要求。因此，尽快启动新时期的《深圳市海洋功能区划》的修编，确定更细化准确的功能区环境管理目标是精确计算深圳市西部海域各区块环境容量的需要，也是保证基于污染排放总量控制提出的各项海洋环境管理措施有效性的需要。

14.3 加强现有污染源强的调查和统计是深圳西部陆域污染源强减排分配的重要依据

总量控制指标及其削减量的确定是以某一行政区域（包括陆域与海域）的环境统计为依据，以某一年环境统计的排放量为基数。因此，污染物排放的准确计量关系到各海域区块的剩余环境容量大小，并上溯到陆域河流或排污渠的削减量大小。由于深圳市目前还未建立起完善的排污基础设施和齐备的现代计量装置，难以准确掌握各入海河流/排污渠的实时入海通量；同时，部分工厂污染治理设施不能保证全部正常运转，存在偷排、漏排的现象（宝安辖区较严重）；此外，部分沿岸用海项目的排污管道在海平面以下，其排放量的统计存在缺漏。基于上述原因，现有排放量的统计结果与真实的排放量存在一定的偏差，影响总量控制指标的准确性。为此，建议加强对深圳西部陆域河流/排污渠、沿岸用海项目、海上项目等污染排放的计量统计工作。

14.4 污染排放总量控制管理措施的落实是实现深圳西部海域环境管理预定目标的有效保证

全面推行污染物排放总量控制制度是“十五”期间我国环境保护的重大举措之一。目前，通过核算海域环境容量，提出以环境容量核算为基础的污染排放总量控制管理措施的做法在全国已有多起案例，如 908 专项对大连湾、锦州湾、莱州湾、胶州湾、杭州湾、罗源湾、三门湾、厦门湾和大鹏湾等众多海湾进行了环境容量核算并对各海湾提出了相应的管理措施。然而，并不是所有制定了以环境容量核算为基础的污染排放总量控制管理措施的海湾或河口的环境质量得到了较大的改善，个别海湾或河口的污染仍然严重，如 2013 年辽东湾、渤海湾、莱州湾、长江口、杭州湾等近岸海域水质仍然为劣于四类海水水质（2014 年全国海洋环境质量公报）。这些海湾或河口水体环境长期未得到改善的一个主要原因在于未全面落实污染排放总量控制制度，陆域污染长期超标超量入海，使陆源入海口附近海域环境受到严重污染，海水环境质量非常差。因此，要实现深圳西部海域环境管理预定目标需确实落实本项目提出的各项基于污染总量控制的海洋环境管理措施。

14.5 珠江上游同步减排提质是最终实现深圳西部海域环境质量全面改善的根本保证

珠江河口海域位于珠江三角洲地区核心区域，北起黄埔港、西至新会港、东至深圳湾顶、南至领海线，包括狮子洋、伶仃洋、黄茅海等海域，面积约 9 689 km^2。珠江河口海域是东江、西江、北江三大水系的出海口，也是三大水系及沿岸地市污染排放的纳污池。据近 10 年《全国海洋环境质量公报》披露的结果显示，珠江口海域水质长期处于严重污染状态，由无机氮和磷酸盐污染物造成的劣四类海水水质的态势一致未得到有效的改善，而上游的污染态势更严重。

本项目的研究结果也表明，对整个珠江口海域而言，以虎门大桥为界，珠江口上游河流对珠江口海域的环境影响占比最大，珠江口西侧对珠江口的环境影响紧随其后，深圳西部海域对珠江口的环境影响排第三；对珠江口深圳海域而言，珠江口上游河流对珠江口海域的环境影响占比最大，深圳西部近岸海域对珠江口深圳海域的环境影响排第二，珠江口西侧海域对珠江口深圳海域的环境影响相对较弱。因此，要最终实现深圳西部海域环境质量的全面改善，必须对珠江口周边海域，尤其是珠江口上游的污染排放实施同步减排提质措施。

资料来源说明

（1）“深圳西部海洋生态环境现状与历史性回顾评价”资料的主要来源

①深圳市海洋环境与资源调查中心（含原“深圳市海洋与渔业环境监测站”）近十几年在丰水期对深圳西部海域的监测数据，包含深圳湾（5个站位）和珠江口深圳海域（9个站位）。

②近10年深圳市海洋局发布的《深圳海洋环境质量公报》公布数据和相关结果。

③2014年本项目组针对目标海域开展的6个航次补充调查数据，调查范围覆盖深圳湾（23个站位）、大铲湾（10个站位）及珠江口深圳海域（18个站位）。

④近5年来，本单位及其他兄弟单位在深圳西部海域开展的专项和区域调查及研究结果，如2010年4月本单位《大铲湾港区水文测验和海洋环境监测报告》以及2013年11月中国水产科学研究院东海水产研究所《深圳前海湾清淤工程海洋环境影响报告书》等。

⑤其他针对珠江口及深圳西部海域的文献资料，如公开发表的学术论文、公开出版的专著及政府通过文件或网站等公开发布的信息等（均在正文中已标注）。

（2）“深圳西部海域污染物入海通量核算”资料的主要来源

①深圳市环境保护与水务局2014年每月1次的监测数据（其中深圳西部海域涉及33条河流/排污渠）。

②本项目组于2014年至2015年开展的2次补充调查数据；

③深圳市海洋环境与资源调查中心（含原“深圳市海洋与渔业环境监测站”）自2008年起对深圳西部海域主要入海河流/排污口的监测数据（6个重点入海河流/排污口）。

④各入海河口的监测数据来源于“深圳市宝安区环境监测站”。

⑤入海通量核算其他参数的数值确定引自公开发表的学术论文、公开出版的专著及政府通过文件或网站等公开发布的信息等（均在正文中做了标注）。

（3）“深圳西部海域潮流动力特征分析”资料的主要来源

①本项目组于2014—2015年间在深圳西部海域开展的潮流动力观测结果，共布设8个观测站位，进行了7个观测航次。

②其他已公开发表的学术论文、公开出版的专著等深圳西部海域海洋水文气象资料和历史研究资料。

（4）“深圳西部海域主要污染物环境容量核算、总量控制等特征参数值”等资料的主要来源

①深圳西部海域主要污染物的现状浓度取2014年全年监测结果的平均值。

②深圳西部海域各区域环境管理现状目标根据《广东省海洋功能区划》（2013年）和《深圳市海洋功能区划》（2004年）等对相关功能区的环境管理要求确定。

③深圳西部海域主要污染物的迁移转化等相关参数值取之于本项目组开展的现场围隔实验、沉积物释放模拟实验等调查和研究结果。

④深圳西部海域主要污染物环境容量核算、总量控制等其他特征参数的数值确定引自公开发表的学术论文、公开出版的专著及政府通过文件或网站等公开发布的信息等（均在正文中做了标注）。

（5）其他资料的来源

包括深圳市、广东省及珠江口其他周边地市的《海洋环境质量公报》《海洋功能区划》及其他涉及海洋生态环境、海洋经济等相关的规划、区划等，均为已公开发布的政府权威信息、已公开发表的学术论文和公开出版的专著等资料（已在正文中做了标注）。